실내건축
기사 필기

I 권 | 이론

예문사

실내건축기사는 출제기준 변경에 따라 실내디자인 계획, 실내디자인 색채 및 사용자 행태분석, 실내디자인 시공 및 재료, 실내디자인 환경 등 4과목으로 구성됩니다.

본 교재는 건축분야 전공자는 물론이고 비전공자인 수험생도 쉽게 이해할 수 있도록 개정된 과목의 출제경향을 철저히 분석하여 이론개념, 실전문제, 기출문제, CBT 모의고사의 4단계로 단기간에 시험을 확실하게 준비할 수 있도록 하는 데 중점을 두었습니다.

이에 본 교재는 다음과 같이 구성하였습니다.

[이론개념]
- 기출문제를 꼼꼼하게 분석하여 핵심개념 위주로 요약정리
- 이해를 돕기 위해 표, 그림 등 시각자료 다수 활용
- 이해도를 높이는 상세한 실전문제 풀이

[문제 풀이]
- 과년도 기출문제, CBT 모의고사 풀이
- 빈출문제로만 엄선한 콕집 120세

[동영상 강의 및 CBT 온라인 모의고사]
- 최근 과년도 3회분 기출문제 동영상 강의
- CBT 온라인 모의고사 5회분 무료 제공

이 교재를 통하여 실내건축기사 필기시험을 대비하는 수험생들이 효과적으로 지식을 습득할 수 있길 바라며 모두 합격하시기를 진심으로 응원합니다.

끝으로 이 책을 출간하는 데 애써 주신 도서출판 예문사 직원 여러분의 많은 노고에 다시 한 번 감사드립니다.

저자 일동

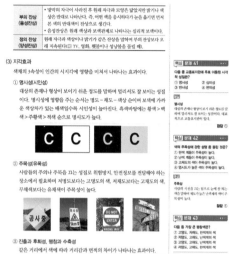

1 기출문제를 꼼꼼하게 분석한 핵심이론

- 기출문제를 철저하게 분석하여 핵심이론 요약정리
- 신규문제 해결능력을 향상해 주는 심화 개념 수록
- 이해를 돕는 표, 그림 등 시각자료 활용

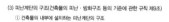

2 개념을 탄탄하게 다지는 핵심문제 · TIP

- 이론 내용과 연계되는 핵심문제로 개념 확립 → 적용 → 이해과정을 반복하여 확실하게 개념 잡기
- 이론 내용을 보충하는 용어 설명, TIP으로 학습효과 올리기

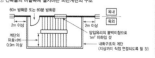

실/전/문/제

01 그림과 같은 구조를 갖는 벽체의 열관류저항은? [19년 1회]

- 실내 측 표면 열전달률 : 9.3W/m² · K
- 실외 측 표면 열전달률 : 23.2W/m² · K
- 콘크리트 열전도율 : 1.8W/m · K
- 모르타르 열전도율 : 1.6W/m · K

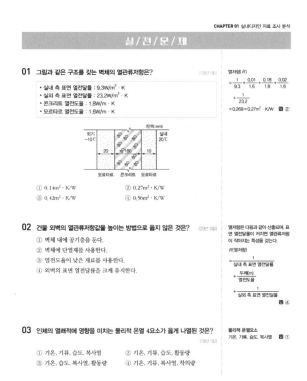

① 0.14m² · K/W
② 0.27m² · K/W
③ 0.42m² · K/W
④ 0.56m² · K/W

열저항량 R

$$= \frac{1}{9.3} + \frac{0.01}{1.6} + \frac{0.18}{1.8} + \frac{0.02}{1.6}$$
$$+ \frac{1}{23.2}$$
$$= 0.269 = 0.27m² · K/W \quad 답 ②$$

02 건물 외벽의 열관류저항값을 높이는 방법으로 옳지 않은 것은? [20년 3회]

① 벽체 내에 공기층을 둔다.
② 벽체에 단열재를 사용한다.
③ 열전도율이 낮은 재료를 사용한다.
④ 외벽의 표면 열전달률을 크게 유지한다.

열저항은 다음과 같이 산출되며, 표면 열전달률이 커지면 열관류저항이 작아지는 특성을 갖는다.

R(열저항)

$$= \frac{1}{\text{실내 측 표면 열전달률}}$$
$$+ \frac{\text{두께}(m)}{\text{열전도율}}$$
$$+ \frac{1}{\text{실외 측 표면 열전달률}}$$

답 ④

03 인체의 열쾌적에 영향을 미치는 물리적 온열 4요소가 옳게 나열된 것은? [19년 1회]

① 기온, 기류, 습도, 복사열
② 기온, 기류, 습도, 활동량
③ 기온, 습도, 복사열, 활동량
④ 기온, 기류, 복사열, 착의량

물리적 온열요소
기온, 기류, 습도, 복사열 답 ①

2024년 3회 실내건축기사

1과목 실내디자인 계획

01 실내디자인에서 추구하는 목표와 가장 거리가 먼 것은?

① 기능성
② 경제성
③ 주관성
④ 심미성

해설
실내디자인의 목표
인간에게 적합한 환경, 생활공간을 쾌적하게 하는 것이 가장 중요하며 가장 우선시되어야 하는 것은 기능적인 면이고, 더불어 미적, 조형적 기술적 면까지 고려해야 한다(기능성, 경제성, 심미성, 독창성).

02 다음의 공간에 대한 설명으로 옳지 않은 것은?

① 내부공간의 형태는 바닥, 벽, 천장의 수직, 수평적 요소에 의해 이루어진다.
② 평면, 입면, 단면의 비례에 의해 내부공간의 특성이 달라지며, 사람의 심리상태에 따라 다르게 영향을 받는다.
③ 내부공간의 형태에 따라 가구 유형과 형태, 가구배치 등 실내의 요소들이 달라진다.
④ 불규칙한 형태의 공간은 일반적으로 한 개 이상의 축을 가지며 자연스럽고 대칭적이어서 안정되어 있다.

해설
불규칙한 형태의 공간은 한 개 이상의 축을 가지기 때문에 비대칭적인 것이 특징이다.

03 다음의 ( )안에 들어갈 용어로 알맞은 것은?

(㉠)은/는 상대적인 크기, 즉 척도를 말하며 (㉡)은/는 인간의 신체를 기준으로 파악, 측정되는 척도기준이다.

① ㉠ 모듈, ㉡ 스케일
② ㉠ 스케일, ㉡ 휴먼 스케일
③ ㉠ 모듈, ㉡ 그리드
④ ㉠ 그리드, ㉡ 황금비

해설
• 척도(스케일) : 물체와 인간의 상호관계를 말하며 관측 대상의 속성을 측정하여 그 값이 숫자로 나타나도록 일정한 규칙을 정하여 바꾸는 도구이다.
• 휴먼스케일 : 인간의 신체를 기준으로 파악되고 측정되는 척도로 물체의 크기와 인체의 관계, 물체 상호간의 관계를 말한다.

04 바로크 시대의 건축적 특징과 가장 거리가 먼 것은?

① 곡선의 도입
② 풍부한 장식
③ 유동하는 벽체
④ 고전건축의 복원

해설
바로크건축의 특징
곡선의 도입, 파동치는 벽체, 현란한 장식(풍부한 장식), 타원 평면의 선호가 있다.

정답 01 ③ 02 ④ 03 ② 04 ④

---

3 단기 실력 완성을 돕는 실전문제

- 실전문제를 통해 실력 점검 및 단기 실력 완성
- 유형이 비슷한 문제를 나열하여 문제 적응력 향상

4 과년도 기출문제 · CBT 모의고사

- 정답을 바로 확인하고 오답을 체크할 수 있도록 해설 구성
- 건축, 소방 관련 최신 개정 법령 반영
- 계산문제는 계산과정을 상세하게 풀이

INFORMATION ● 시험출제기준

직무 분야	건설	중직무 분야	건축	자격 종목	실내건축기사	적용 기간	2025.1.1.~2027.12.31.

○ 직무내용 : 기능적, 미적 요소를 고려하여 건축 실내공간을 계획하고, 제반 설계도서를 작성하며, 완료된 설계도서에 따라 시공 및 공정관리를 총괄하는 직무

필기검정방법	객관식	문제수	80	시험시간	2시간

필기과목명	문제수	주요항목	세부항목	세세항목
1. 실내디자인 계획	20	1. 실내디자인 기획	1. 사용자 요구사항 파악	1. 조사방법(문헌, 현장, 관찰, 인터뷰) 2. 실내디자인 역사 및 트렌드 3. 사용자 요구사항 분석
			2. 설계 개념 설정	1. 설계 기본개념 설정 2. 세부공간 개념 설정 3. 디자인 프로세스
		2. 실내디자인 기본 계획	1. 디자인 요소	1. 점, 선, 면, 형태 2. 질감, 문양, 공간 등
			2. 디자인 원리	1. 스케일과 비례 2. 균형, 리듬, 강조 3. 조화, 대비, 통일 등
			3. 공간 기본 구상 및 계획	1. 조닝 계획 2. 동선 계획
			4. 실내디자인 요소	1. 고정적 요소(1차적 요소) 2. 가동적 요소(2차적 요소)
		3. 실내디자인 세부공간 계획	1. 주거세부공간 계획	주거세부공간별 계획
			2. 업무세부공간 계획	업무세부공간별 계획
			3. 상업세부공간 계획	상업세부공간별 계획
			4. 전시세부공간 계획	전시세부공간별 계획
		4. 실내디자인 설계도서 작성	1. 실시설계 도서작성 수집	실내디자인 설계도서의 종류
			2. 실시설계도면 작성	1. 설계도면 작성 기준 2. KS제도통칙 3. 도면의 표시방법
2. 실내디자인 색채 및 사용자 행태 분석	20	1. 실내디자인 프레젠테이션	1. 프레젠테이션 기획	1. 프레젠테이션 방법 2. 커뮤니케이션 방법
			2. 프레젠테이션 작성	프레젠테이션 표현기법
			3. 프레젠테이션	단계별 프레젠테이션
		2. 실내디자인 색채계획	1. 색채 구상	1. 부위 및 공간별 색채 구상 2. 도료 색채 구상 3. 색채 트렌드

필기과목명	문제수	주요항목	세부항목	세세항목
2. 실내디자인 색채 및 사용자 행태 분석	20	2. 실내디자인 색채계획	2. 색채 적용 검토	1. 부위 및 공간별 색채 구상 2. 색채 지각 3. 색채 분류 및 표시 4. 색채 조화 5. 색채 심리 6. 색채 관리
			3. 색채계획	1. 부위 및 공간별 색채계획 2. 도료 색채 계획
		3. 실내디자인 가구계획	1. 가구 자료 조사	1. 가구 디자인 역사ㆍ트렌드 2. 가구 구성 재료
			2. 가구 적용 검토	1. 사용자의 행태적ㆍ심리적 특성 2. 가구의 종류 및 특성
			3. 가구 계획	1. 공간별 가구계획 2. 업종별 가구계획
		4. 사용자 행태분석	2. 인간ㅡ기계시스템과 인간요소	1. 인간ㅡ기계시스템의 정의 및 유형 2. 인간의 정보처리와 입력 3. 인터페이스 개요
			3. 시스템 설계와 인간요소	1. 시스템 정의와 분류 2. 시스템의 특성
			4. 사용자 행태분석 연구 및 적용	1. 인간변수 및 기준 2. 기본설계 3. 계면설계 4. 촉진물설계 5. 사용자 중심설계 6. 시험 및 평가 7. 감성공학
		5. 인체계측	1. 신체활동의 생리적 배경	1. 인체의 구성 2. 대사 작용 3. 순환계 및 호흡계 4. 근골격계 해부학적 구조
			2. 신체반응의 측정 및 신체 역학	1. 신체활동의 측정원리 2. 생체신호와 측정 장비 3. 생리적 부담척도 4. 심리적 부담척도 5. 신체동작의 유형과 범위 6. 힘과 모멘트
			3. 근력 및 지구력, 신체활동의 에너지 소비, 동작의 속도와 정확성	1. 생체 역학적 모형 2. 근력과 지구력 3. 신체활동의 부하측정 4. 작업부하 및 휴식시간
			4. 신체계측	1. 인체 치수의 분류 및 측정원리 2. 인체측정 자료의 응용원칙
3. 실내디자인 시공 및 재료	20	1. 실내디자인 시공관리	1. 공정 계획 관리	1. 설계도 해석ㆍ분석 2. 소요 예산 계획 3. 공정계획서 4. 공사 진도관리 5. 자재 성능 검사

필기과목명	문제수	주요항목	세부항목	세세항목
3. 실내디자인 시공 및 재료	20	1. 실내디자인 시공관리	2. 안전관리	1. 안전관리 계획 수립 2. 안전관리 체크리스트 작성 3. 안전시설 설치 4. 안전교육 5. 피난계획 수립
			3. 실내디자인 협력 공사	1. 가설공사 2. 콘크리트공사 3. 방수 및 방습공사 4. 단열 및 음향공사 5. 기타 공사
			4. 시공 감리	1. 공사 품질관리 기준 2. 자재 품질 적정성 판단 3. 공사 현장 검측 4. 시공 결과 적정성 판단 5. 검사장비 사용과 검·교정
		2. 실내디자인 마감계획	1. 목공사	1. 목공사 조사 분석 2. 목공사 적용 검토 3. 목공사 시공 4. 목공사 재료
			2. 석공사	1. 석공사 조사 분석 2. 석공사 적용 검토 3. 석공사 시공 4. 석공사 재료
			3. 조적공사	1. 조적공사 조사 분석 2. 조적공사 적용 검토 3. 조적공사 시공 4. 조적공사 재료
			4. 타일공사	1. 타일공사 조사 분석 2. 타일공사 적용 검토 3. 타일공사 시공 4. 타일공사 재료
			5. 금속공사	1. 금속공사 조사 분석 2. 금속공사 적용 검토 3. 금속공사 시공 4. 금속공사 재료
			6. 창호 및 유리공사	1. 창호 및 유리공사 조사 분석 2. 창호 및 유리공사 적용 검토 3. 창호 및 유리공사 시공 4. 창호 및 유리공사 재료
			7. 도장공사	1. 도장공사 조사 분석 2. 도장공사 적용 검토 3. 도장공사 시공 4. 도장공사 재료
			8. 미장공사	1. 미장공사 조사 분석 2. 미장공사 적용 검토 3. 미장공사 시공 4. 미장공사 재료

필기과목명	문제수	주요항목	세부항목	세세항목
3. 실내디자인 시공 및 재료	20	2. 실내디자인 마감계획	9. 수장공사	1. 수장공사 조사 분석 2. 수장공사 적용 검토 3. 수장공사 시공 4. 수장공사 재료
		3. 실내디자인 실무도서 작성	1. 실무도서 작성	1. 물량 산출 적산 기준 2. 물량 산출서 3. 공정별 내역서 4. 원가계산서 5. 표준품셈 활용 6. 일위대가 7. 시방서
4. 실내디자인 환경	20	1. 실내디자인 자료 조사 분석	1. 주변 환경 조사	1. 열 및 습기환경 2. 공기환경 3. 빛환경 4. 음환경
			2. 건축법령 분석	1. 총칙 2. 건축물의 구조 및 재료 3. 건축설비 4. 보칙
			3. 건축관계법령 분석	1. 건축물의 설비기준 등에 관한 규칙 2. 건축물의 피난 · 방화구조 등의 기준에 관한 규칙 3. 장애인 · 노인 · 임산부 등의 편의증진 보장에 관한 법률
			4. 소방시설 설치 및 관리에 관한 법령 분석	1. 총칙 2. 소방시설 등의 설치 · 관리 및 방염
		2. 실내디자인 조명계획	1. 실내조명 자료 조사	1. 조명 방법 2. 조도 분포와 조도 측정
			2. 실내조명 적용 검토	조명 연출
			3. 실내조명 계획	1. 공간별 조명 2. 조명 설계도서 3. 조명기구 시공계획 4. 물량 산출
		3. 실내디자인 설비계획	1. 기계설비 계획	1. 기계설비 조사 · 분석 2. 기계설비 적용 검토 3. 각종 기계설비 계획
			2. 전기설비 계획	1. 전기설비 조사 · 분석 2. 전기설비 적용 검토 3. 각종 전기설비 계획
			3. 소방설비 계획	1. 소방설비 조사 · 분석 2. 소방설비 적용 검토 3. 각종 소방설비 계획

CONTENTS • 목차

제 권 **이 론**

PART 1

실내디자인 계획

01 실내디자인 기획   2
02 실내디자인 기본계획   28
03 실내디자인 세부공간계획   76
04 실내디자인 설계도서 작성   119

PART 2

실내디자인 색채 및 사용자 행태분석

01 실내디자인 프레젠테이션   140
02 실내디자인 색채계획   146
03 실내디자인 가구계획   192
04 사용자 행태분석   207
05 인체계측   231

PART 3

실내디자인 시공 및 재료

01 실내디자인 시공관리   266
02 실내디자인 마감계획   298

PART 4

실내디자인 환경

01 실내디자인 자료 조사 분석   344
02 실내디자인 조명계획   432
03 실내디자인 설비계획   445

2 문제

제 권

PART 5

과년도 기출문제

01	2018년 1회	2
02	2018년 2회	25
03	2018년 4회	48
04	2019년 1회	71
05	2019년 2회	94
06	2019년 4회	117
07	2020년 1 · 2회	139
08	2020년 3회	162
09	2020년 4회	186
10	2021년 1회	209
11	2021년 2회	233
12	2021년 4회	256
13	2022년 1회	279
14	2022년 2회	295
15	2022년 4회	311
16	2023년 1회	327
17	2023년 2회	344
18	2023년 4회	360
19	2024년 1회	376
20	2024년 2회	392
21	2024년 3회	408

PART 6

CBT 모의고사

01	제1회 CBT 모의고사	426
02	제2회 CBT 모의고사	437
03	제3회 CBT 모의고사	448
04	제1회 정답 및 해설	459
05	제2회 정답 및 해설	465
06	제3회 정답 및 해설	472

▪ 콕집 120제	479

STUDY PLAN • 학습 계획

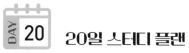

20일 스터디 플랜

과목	일차	내용
1과목 실내디자인 계획	Day – 1	☐ 실내디자인 기획
	Day – 2	☐ 실내디자인 기본계획
	Day – 3	☐ 실내디자인 세부공간계획
	Day – 4	☐ 실내디자인 설계도서 작성
2과목 실내디자인 색채 및 사용자 행태분석	Day – 5	☐ 실내디자인 프레젠테이션, 색채계획
	Day – 6	☐ 실내디자인 가구계획
	Day – 7	☐ 사용자 행태분석, 인체계측
3과목 실내디자인 시공 및 재료	Day – 8	☐ 실내디자인 시공관리
	Day – 9	☐ 실내디자인 마감계획 1(목공사, 석공사, 조적공사, 타일공사, 금속공사)
	Day – 10	☐ 실내디자인 마감계획 2(창호 및 유리, 도장공사 및 미장공사, 수장공사, 합성수지)
4과목 실내디자인 환경	Day – 11	☐ 실내디자인 자료 조사 분석
	Day – 12	☐ 실내디자인 조명계획
	Day – 13	☐ 실내디자인 설비계획
기출문제	Day – 14	☐ 2024년 기출문제
	Day – 15	☐ 2023년 기출문제
	Day – 16	☐ 2022년 기출문제
	Day – 17	☐ 2021년 기출문제
	Day – 18	☐ 2020년 기출문제
	Day – 19	☐ 2019년 기출문제
	Day – 20	☐ 2018년 기출문제

1

실내디자인 계획

실내디자인 기획

❶ 실내디자인 총론

1. 실내디자인 일반

1) 실내디자인의 개념

인간과 실내환경이라는 관계성에서 필요한 요소들을 기능적, 미적, 경제적으로 구성하여 인간을 위해 쾌적한 생활문화를 유지하는 데 필요한 실내공간을 창조하는 일이다.

2) 실내디자인의 목적

인간에게 적합한 환경, 즉 생활공간을 쾌적성 추구가 최대의 목적이며 기능적인 면과 더불어 환경적, 심미적, 경제적인 면까지 함께 고려되어야 한다.

3) 실내디자인의 조건

(1) 외부적 조건

① 입지적 조건 : 계획대상에 대한 교통수단, 도로관계, 방위, 기후, 일조조건 등
② 건축적 조건 : 주출입구, 개구부 위치와 치수 등
③ 설비적 조건 : 위생설비, 소화설비, 전기설비 등의 위치와 방화구획 등

(2) 내부적 조건

계획의 목적, 분위기, 실의 개수와 규모, 의뢰인의 요구사항과 사용자의 행위 및 성격, 개성, 경제적 예산

구분	내용
기능적 조건	인간공학, 규모, 배치, 동선, 사용빈도 등을 고려해야 한다(기능 : 작업, 휴식, 취식, 취침기능).
물리적·환경적 조건	쾌적한 환경의 요소인 기후, 기상 상태를 고려해야 한다(공기, 열, 음, 빛, 설비).
심미적 조건	사용자에 대한 정서적인 욕구 및 미적, 예술욕구를 충족시킨다.
경제적 조건	최소한 비용으로 최대의 효과가 이루어지도록 한다.

핵심 문제 01 •••

실내디자인에 관한 설명으로 옳은 것은?
[21년 3회]
① 실내공간을 사용목적에 따라 편리하고 쾌적한 분위기가 되도록 설계하는 것이다.
② 실내공간의 기능적·정서적 측면을 다루는 분야로 환경적·기술적인 부분은 제외된다.
③ 사용자를 위한 기능적 공간의 완성보다는 예술적 공간의 창조에 더 많은 가치를 둔다.
④ 사용자의 심미적이고 심리적인 면을 충족시키기 위하여 디자이너의 독창성과 개성은 배제한다.

해설

실내디자인은 인간에게 적합한 환경, 즉 생활공간의 쾌적성 추구가 최대의 목표로, 가장 우선시되어야 하는 것은 기능적인 면이다.
정답 ①

핵심 문제 02 •••

실내디자인 전개에서 계획조건 중 외부적 조건에 속하지 않는 것은? [12년 1회]
① 개구부의 위치
② 소화설비의 위치
③ 도로관계 및 상권
④ 공간 사용자들의 행태

해설

외부적 조건
입지적 조건, 건축적 조건, 설비적 조건
정답 ④

2. 사용자 요구사항

1) 사용자 요구사항의 분석

사용자가 원하는 설계 방향은 무엇이며 사용자의 특성 파악을 위하여 행태와 연령대 등을 고려하여 설계의 취지·목적·성격·기능·용도 등의 요구사항을 숙지하고 이해한다.

(1) 요구사항 조사

① 사용자 요구사항의 특성

사용자가 요구하는 주제를 이해하고 그에 따른 요구사항을 분석할 수 있다.

② 설계의 목적과 용도

사용자가 요구하는 설계의 목적과 방향을 정확히 파악하고 계획할 수 있다.

③ 형태와 기능

사용자가 요구하는 목적에 부합하는 기능을 충족시키고 형태적 요소를 추론할 수 있다.

(2) 체크리스트를 통한 분석

현재 문제점을 파악하고 특성 항목을 전개하고 이를 토대로 수정하고 개선할 수 있다.

(3) 요구사항 반영

① 사용자의 연령대, 취향, 성격, 심리 행태 등을 고려하여 적합한 디자인을 제시한다.

② 수정 및 사용자의 요구사항이 있는 경우 용도와 목적에 맞도록 설계에 반영한다.

2) 조사방법

(1) 문헌조사

자료조사의 가장 기본적인 절차이고 신뢰도 있는 자료를 구축하는 좋은 방법이다.

① 오프라인 문헌조사 : 학교, 국회도서관, 도서관 등에서 신문, 잡지, 학술검색을 통한 조사

② 온라인 문헌조사 : 웹사이트 및 인터넷을 통한 자료조사

(2) 인터뷰조사

디자이너와 실사용자의 생각 차이를 줄여줄 수 있다.

핵심 문제 03 •••

실내디자인의 프로세스 중 아이디어를 스케치하려고 할때 쓰이지 않는 작도법은?

[04년 1회]

① 스크래치 스케치(Scratch Sketch)
② 러프 스케치(Rough Sketch)
③ 프리핸드 스케치(Freehand Sketch)
④ 프리젠테이션 모델 스케치(Presenta-tion Model Sketch)

해설

아이디어 스케치
기획자의 생각을 스케치하여 사용자에게 대략적으로 전달하는 방식으로 스크래치 스케치, 러프 스케치, 프리핸드 스케치 등이 있다.

정답 ④

핵심 문제 04 •••

공간을 형성하는 부분(바닥, 벽, 천장)과 설치되는 가구, 기구들의 위치를 정하는 단계는 디자인 단계 중 어느 단계인가?

[03년 4회]

① 공간설정의 단계
② 디자인 이미지의 구축단계
③ 레이아웃(Lay-out)단계
④ 생활패턴의 파악단계

해설

레이아웃(Lay-out)
공간을 형성하는 부분인 바닥, 벽, 천장과 가구들의 위치를 정하는 단계를 말한다.

정답 ③

(3) 관련 프로젝트 및 트렌드 조사

프로젝트에 따라 최근 현황을 파악하고 해외 트렌드 및 국내와의 관점 차이, 문화 차이 등을 조사한다.

3. 설계 기본개념 설정

설계(Concept, 콘셉트)는 건축조형 언어를 통해 나타내고자 하는 주제, 특이점, 의도를 말하며 대상에 대한 조사 및 분석 결과를 토대로 디자인 방향성을 수립할 수 있다.

1) 설계방향

(1) 아이디어 스케치

기획자의 생각을 스케치하여 사용자에게 대략적으로 전달한다.

(2) 도면화

아이디어 스케치를 발전시켜 도면화하여 사용자에게 방향성을 전달한다.

(3) 콘셉트를 적용한 사용자 요구공간 제시

콘셉트와 유사한 사례이미지를 제시한다.

2) 공간계획

조닝, 동선계획, 색채, 마감재료, 가구배치는 전체적인 개념의 콘셉트를 통해 공간을 계획 및 배치할 수 있다.

3) 세부공간 설정

사용자의 요구에 부합된 설계개념과 콘셉트를 토대로 세부공간을 도출한다.

(1) 공간의 레이아웃

① 공간을 형성하는 부분인 바닥, 벽, 천장과 가구들의 위치를 정하는 단계를 말한다.

② 공간 상호 간의 연계성, 출입 및 동선체계, 인체공학적 치수, 가구설치를 고려해야 한다.

(2) 디자인 프로그래밍 단계

목표설정 → 조사 → 분석 → 종합 → 결정

핵심 문제 05 ◆◆◆

실내디자인의 아이디어 개발방법으로 적당하지 않은 것은?
① 디자이너 자신의 경험을 최우선으로 한다.
② 과거의 성공적인 사례를 조사, 분석한다.
③ 참고문헌의 자료를 수집한다.
④ 고객과의 인터뷰 자료를 분석한다.

해설
아이디어 개발방법
디자이너 자신의 경험을 최우선해서는 안되며 경험을 토대로 참고하여 아이디어를 개발한다.

정답 ①

핵심 문제 06 ◆◆◆

다음 중 공간의 레이아웃에 관한 설명으로 가장 알맞은 것은? [17년 3회]
① 조형적 아름다움을 부각하는 작업이다.
② 생활행위를 분석해서 분류하는 작업이다.
③ 공간에서의 이동패턴을 계획하는 동선계획이다.
④ 공간을 형성하는 부분과 설치되는 물체의 평면상 배치계획이다.

해설
공간의 레이아웃
공간을 형성하는 부분과 설치되는 물체의 평면상의 계획이다.

정답 ④

① 목표설정 : 목표설정을 위해서는 문제점을 찾아 인식하는 단계이다.
② 조사 : 문제점, 사용자의 요구사항을 조사하여 아이디어 조사 및 수집을 하는 단계이다(클라이언트의 요구사항 파악, 정보수집, 문제점 인식, 체크리스트 분석, 종합분석).
③ 분석 : 조사된 문제점과 자료를 분석하는 단계로 분류 및 통합작업이 이루어진다(자료분류 및 정보의 해석).
④ 종합 : 해결방법에 관한 신중한 평가와 검토를 진행하는 단계이다.
⑤ 결정 : 최종분석, 검증결과를 기초로 해결안을 결정하는 단계이다.

4. 디자인 프로세스

실내공사관리는 공사계획에 의하여 이루어진다. 일반적으로 계획, 실시, 시공, 평가의 순환 프로세스(Cycle Process)로 반복된다.

계획 → 실시 → 시공 → 평가

1) 계획 단계

(1) 기획설계

공간디자인을 위한 설계방향을 확정하는 단계로 사용자 요구사항을 분석 및 프로젝트에 대한 전반적인 설계개념을 파악·검토하고 요구사항에 부응하는 설계개념을 도출하여 공간프로그램을 작성하는 단계이다.

(2) 기본설계

설계방향과 전반적인 그래픽도서를 기반으로 디자인하는 확정 단계로, 기획 단계의 내용을 토대로 공간의 성격 및 특징을 분석하여 공간 콘셉트를 설정하며 동선 및 조닝 등 실내공간을 계획하고 기본계획을 수립하여 도면을 작성하는 단계이다.

2) 실시 단계(실시설계)

기본설계 내용을 기초로 시공에 필요한 설계도면, 시방서 등을 작성하며 기본설계를 바탕으로 시공에 필요한 치수와 마감이 표시된 상세도면, 건축구조도면 및 협력설계도면(전기, 설비, 소방) 등을 종합해 실시설계도면을 작성하는 단계이다.

3) 시공 및 평가

설계도서를 바탕으로 공사계획을 수립하고, 인력, 자재, 예산 및 안전 제반사항을 관리하며 시공의 전반적 사항을 관리할 수 있다.

핵심 문제 07 ◆◆◆

실내디자인의 프로그래밍 진행단계로 가장 알맞은 것은? [11년 2회]
① 조사 – 분석 – 결정 – 종합 – 목표설정
② 목표설정 – 조사 – 분석 – 종합 – 결정
③ 목표설정 – 분석 – 조사 – 종합 – 결정
④ 조사 – 분석 – 종합 – 목표설정 – 결정

해설

실내디자인의 프로그래밍 진행단계
목표설정 – 조사 – 분석 – 종합 – 결정

정답 ②

핵심 문제 08 ◆◆◆

실내디자인 과정을 기획, 구상, 설계, 구현, 완공의 다섯 단계로 구분할 경우, 문제에 대한 인식과 규명 및 정보를 조사, 분석, 종합하는 단계는? [14년 1회]
① 기획   ② 구상
③ 설계   ④ 구현

해설

기획 단계
실내디자인을 위한 설계방향을 확정하는 단계로, 사용자 요구사항을 분석하고 프로젝트에 대한 전반적인 설계개념을 파악·검토하며 문제점에 대한 인식과 규명 및 정보를 조사·분석하여 문제점에 부응하는 단계이다.

정답 ①

핵심 문제 09 ◆◆◆

실내디자인 프로세스 순서로 가장 알맞은 것은? [11년 1회]
① 기획 – 계획·설계 – 시공 – 감리 – 평가
② 기획 – 감리 – 계획·설계 – 시공 – 평가
③ 계획·설계 – 기획 – 시공 – 감리 – 평가
④ 계획·설계 – 평가 – 기획 – 감리 – 시공

해설

실내디자인 프로세스
기획 → 계획·설계단계 → 시공 → 감리 → 평가

정답 ①

핵심 문제 10　　●●●

POE(Post – Occupancy Evaluation)의 의미로 가장 알맞은 것은? [18년 3회]
① 건축물을 사용해 본 후에 평가하는 것이다.
② 낙후 건축물의 이상 유무를 평가하는 것이다.
③ 건축물을 사용해 보기 전에 성능을 예상하는 것이다.
④ 건축도면 완성 후 건축주가 도면의 적정성을 평가하는 것이다.

해설

POE(거주 후 평가)
완공된 후 건물의 사용자에 대한 반응을 조사하여 설계한 본래의 요구기능이 충족되어 수행되는지 평가하는 과정을 말한다.

정답 ①

핵심 문제 11　　●●●

다음 중 서양건축의 변천과정으로 옳은 것은? [24년 1회]
① 이집트 → 그리스 → 로마 → 비잔틴 → 로마네스크 → 고딕 → 르네상스 → 바로크
② 이집트 → 로마 → 그리스 → 로마네스크 → 비잔틴 → 고딕 → 르네상스 → 바로크
③ 이집트 → 그리스 → 비잔틴 → 로마 → 고딕 → 로마네스크 → 바로크 → 르네상스
④ 그리스 → 이집트 → 비잔틴 → 로마 → 로마네스크 → 고딕 → 르네상스 → 바로크

해설

서양건축의 변천과정
이집트 → 그리스 → 로마 → 비잔틴 → 로마네스크 → 고딕 → 르네상스 → 바로크

정답 ①

4) POE(거주 후 평가)

① POE(거주 후 평가)는 완공된 후 건물의 사용자에 대한 반응을 조사하여 설계한 본래의 요구기능이 충족되어 수행되는지 평가하는 과정을 말한다.
② 평가방법 : 인터뷰, 현지답사, 관찰

❷ 실내디자인 역사

1. 서양건축사

1) 서양건축양식의 발달

고대건축 → 고전건축 → 중세건축 → 근세건축 → 근대건축 → 현대건축

고대건축	이집트, 서아시아(바빌로니아)
고전건축	그리스, 로마
중세건축	초기기독교, 비잔틴, 사라센, 로마네스크, 고딕
근세건축	르네상스, 바로크, 로코코
근대건축	신고전주의, 낭만주의, 절충주의, 건축기술
	미술공예운동, 아르누보운동, 시카고파, 세제션(Secession)운동, 독일공장연맹
	바우하우스, 유기적 건축, 국제주의, 거장시대
	형태주의, 브루탈리즘, 포스트모더니즘과 레이트모더니즘
현대건축	대중주의, 신합리주의, 지역주의, 구조주의, 신공업기술주의, 해체주의

(1) 이집트건축

① 특성 : 분묘건축(피라미드), 신전건축(콘스대신전)
② 외부형태 : 뒤로 갈수록 단형으로 낮아지고 정면의 탑문은 높다.
③ 내부공간 : 중앙에 성소로 들어갈수록 바닥이 높아지고 천장이 낮아진다.

(2) 그리스건축

① 착시교정기법 : 엔타시스(Entasis, 기둥의 배흘림), 기둥의 안쏠림, 처마선의 휨, 기둥간격
② 포스트와 린텔식 구조
③ 도시형태 : 아고라, 아트로폴리스, 아테네의 스타디움
④ 기둥양식 : 도리아식, 이오니아식, 코린트식

도리아식 (Doric)	주초(Base)가 없고 남성적, 엔타시스(아테네의 파르테논신전)
이오니아식 (Ionia)	주초가 있고 여성적, 나선형, 엔타시스가 약함(에렉테이온신전)
코린트식 (Corinthia)	아칸터스 나뭇잎장식, 소규모 기념건축에 사용

(3) 로마건축

① 에트러스컨(Etruscan)의 건축영향을 받았다(아치와 배럴볼트 사용).

② 석재 사용과 콘크리트(화산재 + 석회석)를 발명하였다.

③ 돔, 볼트, 교차볼트를 창안하여 사용하였다.

④ 시민생활과 관련하여 욕장, 극장, 상수도 교량 등의 축조가 발달했다.

⑤ 5가지 기둥양식(도리아식 오더, 이오니아식 오더, 코린트식 오더, 콤퍼지트 오더, 터스칸 오더)

　㉠ 터스칸(Tuscan) 오더 : 절제된 장식으로 도리아식 오더의 기본적인 특징을 가지고 있어 단순화되어 있고 장식이 거의 없다.

　㉡ 콤퍼지트(Composite) 오더 : 이오니아식 오더와 코린트식 오더를 합친 것으로 복합양식이다.

◆ 로마 건축사례

포럼 (Forum)	시장의 성격을 가진 공공 집회광장
판테온신전 (Pantheon)	8개의 코린트 주범의 기둥과 로툰다위 지붕은 돔형으로 되어 있음
콜로세움 (Colosseum)	원형투기장(1층 - 도리아식, 2층 - 이오니아식, 3층 - 고린트식)
인술라 (Insula)	1층은 점포, 6~7층 이상의 고층 집합주거지(하층민 거주)

(4) 고딕건축

① 첨두아치, 플라잉 버트레스(외벽을 지탱하는 반아치의 석조구조물)

② 수직성과 수평성(하늘을 향한 종교적 신념과 사상을 표현)

③ 장미창, 착색유리(스테인드글라스)

④ 리브볼트

⑤ 건축사례 : 파리 노트르담사원, 밀라노대성당, 아미앵대성당, 샤르트르대성당 등

핵심 문제 12 ◆◆◆

기둥 밑의 초반이 있고 2~3개의 수평 테가 있으며 주두에는 소용돌이 형상의 특징이 있는 주범형식은?　[23년 4회]

① 콤포지트　　② 이오니아
③ 도리아　　　④ 코린트

해설

이오니아 오더
기둥 밑 주초가 있고, 여성적이며 소용돌이 형상의 나선형 형태이다.

정답 ②

핵심 문제 13 ◆◆◆

스테인드글라스(Stained Glass)에 관한 설명으로 옳지 않은 것은?　[22년 1회]

① 스테인드글라스는 빛의 투과광을 주로 이용한다.
② 르네상스 시대에 스테인드글라스 예술이 대규모로 활성화되었다.
③ 스테인드글라스의 기원은 로마시대 초기의 교회건물 내에서 찾아볼 수 있다.
④ 아르누보를 통해 스테인드글라스 예술이 부활하였으나 곧 근대건축운동에 의해 쇠퇴하였다.

해설

스테인드글라스는 고딕시대에 활성화되었다.

정답 ②

(5) 르네상스건축

① 건축비례와 미적대칭을 중요시하였다.

② 건축물의 층마다 돌림띠로 수평성을 강조하였다.

③ 로마시대의 배럴볼트, 대아치를 사용하면서 새로운 구조기술을 도입하였다.

◆ 르네상스 건축사례

필리포 브루넬레스키 (Filippo Brunelleschi)	피렌체대성당(돔), 산타크로체대성당(파치 예배당)
레온 바티스타 알베르티 (Leon Battista Alberti)	건축론(10권 저술), 피렌체 산타마리아노벨라성당
미켈로초 디 바르톨로메오 미켈로치 (Michelozzo di Bartolomeo Michelozzi)	메디치리카르디궁전
미켈란젤로 (Michelangelo di Lodovico Buonarroti Simoni)	메디치 가문의 분묘, 파르네제궁전, 카피톨리노광장

핵심 문제 14 ◆◆◆

바로크 시대의 건축적 특징과 가장 거리가 먼 것은? [24년 3회]
① 곡선의 도입
② 풍부한 장식
③ 유동하는 벽체
④ 고전건축의 복원

해설

바로크건축의 특징
곡선의 도입, 파동 치는 벽(유동하는 벽체), 현란한 장식(풍부한 장식), 타원 평면의 선호

정답 ④

(6) 바로크건축

① 곡선의 도입, 파동 치는 벽, 타원평면의 선호, 현란한 장식을 많이 사용하였다.

② 강렬한 극적효과를 추가하며 감각적이고 관찰자의 주관적 감흥을 중시하였다.

③ 형태와 색을 통한 강렬함으로 역동성과 기념성을 강조하였다.

◆ 바로크 건축사례

카를로 마데르나 (Carlo Maderna)	산타 수잔나성당, 성 베드로성당(정면부와 네이브 부분)
잔 로렌초 베르니니 (Gian Lorenzo Bernini)	성 베드로성당(대성당의 장식), 퀴리날레 성안드레아교회
프렌체스코 보로미니 (Borromini, Francesco)	산 카를리노성당, 산티보 알라 사피엔차성당
피에트로 다 코르토나 (Pietro da Cortona)	산티 루카에 마르티나성당

(7) 로코코건축

① 개인 위주의 프라이버시를 중요시한 양식이다.

② 장식하는 데 중점을 두고, 특히 부분적 효과를 중시했다.

③ 수평한 직선과 직각을 피하여 곡선을 표현하였다.

◆ 로코코 건축사례

프랑스	• 제르망 보프랑(Germain Boffrand) : 스비스 호텔의 공작부인 내실, 암로 호텔 • 장 쿠르톤(Jean Courtonne) : 드 마티뇽 호텔
영국	더비경 주택, 조지아식 주택, 배스의 광장
독일	상수시 궁전, 뷔르첸 하일리겐 교회당

(8) 미술공예운동

① 19세기 말 영국에서 현대건축의 이념을 확립하는 데 공헌한 운동이다.

② 대량생산되던 조잡한 제품과 차별화되는 수공예 부활을 주장하였다.

③ 윌리엄 모리스(William Morris) : 수공예운동의 선구자며 근대 예술운동의 지도자(붉은 집)

④ 건축가 : 리처드 노만 쇼(Richard Norman Shaw), 필립 웹(Philip Webb), 존 러스킨(John Ruskin)

(9) 아르누보운동

① 영국의 수공예운동의 자극과 영향을 받아 정직한 디자인과 장인정신을 강조하였다.

② 윌리엄 모리스와 미술공예운동의 영향을 받았다.

③ 산업혁명으로 인해 실증주의, 실용주의, 합리주의적 사조에 대한 반발이 있었다.

④ 자연의 유기적 형태를 통해 식물의 곡선미를 많이 이용하였다.

⑤ 바로크의 조형적 형태와 로코코의 비대칭원리를 적용하였다.

⑥ 특성 : 역사주의 거부, 장식수법(곡선을 강조), 철을 사용하여 곡선장식을 표현하였다.

⑦ 건축가 : 앙리 반 데 벨데(Henry van de Velde), 빅토르 오르타(Victor Horta), 안토니오 가우디(Antoni Gaudi)

◆ 아르누보 건축사례

앙리 반 데 벨데 (Henry van de Velde)	베르크분트 극장
빅토르 오르타 (Victor Horta)	타셀주택, 인민의 집(민중의 집), 솔베이 주택
안토니오 가우디 (Antoni Gaudi)	카사밀라, 카사 바트요, 구엘공원, 사그라다 파밀리아 대성당

(10) 세제션(빈 분리파)운동

① 오스트리아의 빈에서 생겨난 예술운동으로 바그너의 영향을 받았다.

② 객관적, 합리적, 합목적인 건축사상을 추진하였다.

③ 과거양식에서 분리와 해방을 지향하는 건축운동이다.

④ 기하학적 형태를 실현하는 경향을 가지고 있다.

◆ 세제션 건축사례

오토 바그너 (Otto Wagner)	빈 우정저축은행, 카를스플라츠역, 슈타인호프교회
요제프 호프만 (Josef Hoffmann)	스토클레저택
조셉 마리아 올브리히 (Joseph Maria Olbrich)	세제션(빈 분리파) 전시관

(11) 바우하우스

① 수공예방식보다 공업과 협력을 통해 조형예술을 종합화하였다.

② 이론교육과 실제교육을 병행하였다.

③ 기계화와 표준화를 통한 대량생산방식을 도입하였다.

④ 건축가 : 월터 그로피우스(Walter Gropius) – 퀼른전람회 공장

2) 건축가와 작품 연결

(1) 르 코르뷔지에(Le Corbuiser) – 사보아주택, 롱샹성당

황금비례와 인체측정학, 피보나치수 등을 이용하여 만든 모듈러(Modulor)라는 치수를 설계에 적용했는데, 이런 정교한 법칙을 통해 건축물이 중심이 아닌 사람의 신체에 맞는 건축물과 가구 등의 치수를 정의하였다.

① 도미노(Domino)시스템 : 최소한의 숫자의 얇은 철근 콘크리트 기둥들이 모서리에서 지지하는 단순한 구조이다.

② 근대건축의 5원칙 : 필로티, 옥상정원 자유로운 입면, 자유로운 평면, 수평 띠창

③ 모듈러(Modulor)치수 : 황금비와 인체측정학, 피보나치수 등을 이용하여 치수를 정의

(2) 오스카 니마이어(Oscar Niemeyer) – 브라질 국회의사당

핵심 문제 17 ◆◆◆

황금비를 바탕으로 한 대수 개념의 모듈 체계인 모듈러(Modulor)의 개념을 만든 건축가는? [12년 1회]

① 알바 알토
② 르 코르뷔지에
③ 미스 반 데 로에
④ 프랭크 로이드 라이트

해설

르 코르뷔지에(Le Corbusier)
황금비례와 인체 측정학, 피보나치수 등을 이용하여 만든 모듈러(Modulor)라는 치수를 만들었다.

정답 ②

(3) 미스 반 데어 로에(Mies van der Rohe) – 일리노이 공과대학의 크라운홀, 뉴욕의 시그램빌딩

    ① 포스트모더니즘을 대표하는 건축가로 "Less is More"(단순한 것)와 "Universal Space"(보편적 공간)라는 개념을 주장하였다.

    ② 강철과 유리라는 새로운 재료, 공법을 폭넓게 연구하고 받아들였다.

(4) 고든 번샤프트(Gordon Bunshaft) – 뉴욕 레버하우스(유리 커튼월 공법)

2. 한국건축사

1) 한국건축의 시대별 특징

(1) 고구려 건축

    ① 청암리 사지 : 고구려 사찰의 가장 오래된 절터로 1탑 3금당 형식의 가람배치이다.

    ② 분묘건축

석총(묘)	돌을 이용하여 쌓아 올린 무덤양식(장군총, 태왕릉)
토총(묘)	돌로 쌓아서 만든 매장시설 위를 흙으로 덮은 무덤양식 (무염총, 쌍영총)

(2) 백제건축

    ① 미륵사지 : 1탑 1금당 형식의 가람배치로 중원에는 목탑이, 동원과 서원에는 석탑이 있어 3탑 3금당 형식이라고도 한다.

    ② 정림사지 : 전형적인 백제의 1탑 1금당 형식의 가람배치이다.

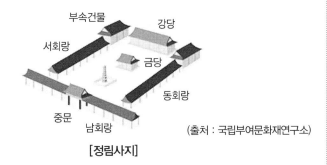

(출처 : 국립부여문화재연구소)

[정림사지]

(3) 신라건축

    ① 황룡사지 : 신라의 가장 크고 높은 절로 1탑 형식의 가람배치이다.

    ② 분황사 : 선덕여왕 당시 창건한 사찰로 신라석탑 중 가장 오래된 석탑이다. 대표적으로 모전석탑(돌을 벽돌모양으로 다듬어 쌓은 탑)이 있다.

핵심 문제 18 ◆◆◆

"Less is More"와 "Universal Space" (보편적 공간)의 개념을 주장한 건축가는? [22년 2회]

① 르 코르뷔지에
② 루이스 설리반
③ 미스 반 데어 로에
④ 프랭크 로이드 라이트

해설

미스 반 데어 로에
포스트모더니즘을 대표하는 건축가로 "Less is More"(단순한 것)와 "Universal Space"(보편적 공간)라는 개념을 주장하였다. 자연과 인간이 유연하게 함께 변화할 수 있는 자유로운 공간을 구현하기 위해 가변성을 담으려고 했다.

정답 ③

③ 첨성대 : 별을 관측하기 위한 천문관측소이다(총 높이 9.51m로 노출된 표면은 화강석으로 다듬어져 있으며, 석재의 개수는 365개 추정).

(4) 통일신라건축

① 감은사지 : 2탑 1금당 형식의 가람배치로 석탑이 두 개가 세워져 있어 **쌍탑식 가람배치**이다.

② 불국사 : 2탑 1금당 형식의 가람배치로 대웅전 마당에 8.2m의 석가탑, 10.29m의 다보탑인 2개의 탑으로 구성되어 있다.

(출처 : 문화재청국가문화유산)

[감은사지]　　　　　　　[불국사]

(5) 고려건축

① 봉정사 극락전 : 가장 오래된 목조건물로 앞면 3칸, 옆면 4칸 크기에 단층 맞배지붕으로 기둥은 배흘림 형태이다. 처마 내밀기를 길게 하기 위해 공포가 기둥 위에만 있는 주심포양식이다.

② 부석사 무량수전 : 앞면 5칸, 옆면 3칸으로 지붕은 팔각지붕이며 추녀 하부에는 활주를 세워 받쳤다. 천장은 상부의 부재들을 모두 노출시킨 연등천장이며 공포가 기둥 위에만 있는 주심포 양식이다.

③ 수덕사 대웅전 : 앞면 3칸, 옆면 4칸 크기의 단층건물로 지붕은 맞배지붕이며 공포가 기둥 위에만 있는 주심포양식이다.

(6) 조선건축

① 안동 봉정사 대웅전 : 앞면 3칸, 옆면 3칸 규모로 지붕은 팔각지붕이다. 공포가 기둥 위, 기둥 사이에도 있는 다포식 양식으로 천장은 정(井)자 모양의 우물천장으로 되어 있다.

② 양산 통도사 대웅전 : 앞면 3칸, 옆면 5칸 규모로 겹처마 팔각지붕이다. 공포가 기둥 위, 기둥 사이에도 있는 다포식 양식으로 천장은 층단천장을 이루면서 우물천장으로 마무리하였다.

③ 구례 화엄사

㉠ 대웅전 : 앞면 5칸, 옆면 3칸의 건물로 팔각지붕이다. 공포가 기둥 위, 기둥 사이에도 있는 다포식 양식으로 건물 안쪽 천장은 우물천장이다.

※ **쌍탑식 가람배치**
중문과 금당 사이 좌우로 두 개의 탑을 배치하는 형식

핵심 문제 19　◆◆◆

현존하는 한국 목조건축 중 가장 오래된 것은?　[24년 3회]

① 송광사 국사전　② 봉정사 극락전
③ 창경사 명정전　④ 경북궁 근정전

해설

봉정사 극락전
1363년(공민왕 12년)에 세워진 고려 후기의 목조건축물로 가장 오래된 목조건물이다.

정답 ②

핵심 문제 20　◆◆◆

조선시대 건축에서 사용된 장식물인 것은?　[12년 1회]

① 잡상　　　② 닫집
③ 일월오악병　④ 보개

해설

잡상
궁전이나 전각의 지붕 위 네 귀에 여러 가지 신상을 새겨 넣는 장식 기와이다.

정답 ①

ⓒ 각황전 : 앞면 7칸, 옆면 5칸의 2층 건물로 지붕은 팔각지붕이다. 다포양식으로 화려한 느낌을 주며 건물 안쪽 천장은 우물천장이다.

(7) 근대건축

① **약현성당** : 1892년에 건립된 우리나라 최초의 근대식 벽돌조의 고딕성당이다. 정면 중앙에 종탑을 두고 양측에 측랑(側廊)을 둔 라틴 십자형 삼랑식(三廊式) 평면구성이다.

② **명동성당** : 1898년에 건립된 고딕양식의 연와조 건물로서 적색과 회색의 이형벽돌로 고딕적인 디테일을 추구하였다. 평면은 라틴 십자형 삼랑식(三廊式) 구성으로 모든 창은 아치형이고 열주는 이형벽돌을 사용하여 석재의 조각적인 효과를 내고 있다.

③ **덕수궁 – 정관헌** : 1900년대에 건립된 덕수궁 안에 지은 회랑 건축물로 고종이 휴식을 취하거나 외교사절단을 맞이하던 곳이다. 앞면 7칸, 옆면 5칸의 로마네스크 양식의 전통 목조건축물로서 동서양의 양식을 모두 갖추었고 지붕은 팔작지붕의 동양식이며, 건물은 차양칸과 난간이 서양식처럼 되어 있다.

④ **서울 성공회 성당** : 1926년에 대지면적 1,346평에 건평 300평으로 지은 3층 건물로, 화강석과 붉은 벽돌을 아울러 쌓은 조적구조의 로마네스크양식 건물이다. 앞부분은 전체를 붉은 벽돌로 마감하였고, 정면에 아치(Arch)문과 장미창을 내고 측면에는 반원형 아치 모양을 장식적으로 되풀이하면서 건물 전체에 율동감을 주고 있다.

2) 한국건축의 공포구조

(1) 공포

① **정의**
전통 목조건축에서 처마 끝의 하중을 받치기 위해 기둥머리 같은 곳에 짜맞추어 댄 나무부재로, 건물의 가장 중요한 의장적 표현으로서 장식의 기능도 겸한다. 형식에 따라 주심포식, 다포식으로 나뉜다.

② **기능**
ⓐ 건물 지붕의 무게를 분산 혹은 집중시켜 구조적으로 안전한 완충적 기능
ⓑ 내부공간을 확장하고 건물을 높여 웅장함과 장식적 기능

(2) 주심포형식

목조건축양식으로 기둥머리 바로 위에 짜놓은 공포형식으로 비교적 간단한 형식이다.

핵심 문제 21 ◆◆◆

한국의 근대건축 중 고딕양식을 가지고 있는 건축물은? [24년 1회]
① 약현성당　② 서울 성공회성당
③ 덕수궁 정관헌　④ 조선총독부 청사

해설

약현성당
1892년 건립된 우리나라 최초의 근대식 벽돌조의 고딕성당이다.

정답 ①

핵심 문제 22 ◆◆◆

한국의 전통사찰 본당에서 내부공간 구성의 1차 인지요소로서 주두, 소로, 첨차 등으로 이루어져 있으며 심리적이고 극적인 효과를 유도하는 구성요소는? [21년 1회]
① 마루　② 개구부
③ 천장　④ 공포

해설

공포(拱包)
전통목조건축에서 처마의 무게를 받치기 위해 기둥머리에 짜맞추어 댄 부재로 궁궐, 사찰, 기념적인 건축에 쓰인다.

정답 ④

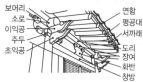

핵심 문제 23 ◆◆◆

주심포양식에 관한 설명으로 옳지 않은 것은?

① 고려시대 건물에 주류를 이룬다.
② 기둥 상부에만 공포를 배치한다.
③ 우리나라 공포양식 중 가장 오래된 것이다.
④ 익공양식에서 유래된 것이다.

해설

익공양식
목조건축양식으로 창방과 직교하여 보방향으로 새 날개처럼 뾰족하게 생긴 공포이다. 주심포, 다포, 익공계의 세 가지 형식 중 가장 간결하게 꾸며진 형식이다.

정답 ④

핵심 문제 24 ◆◆◆

다음 중 다포식 건축양식의 특징으로 옳지 않은 것은? [24년 2회]

① 기둥 위에 평방이 있다.
② 공포는 주심과 주간에 배치한다.
③ 내부천장은 연등천장으로 한다.
④ 기둥은 민흘림기둥과 통기둥을 사용한다.

해설

다포식 건축양식의 내부천장은 우물천장으로 한다.

정답 ③

핵심 문제 25 ◆◆◆

한국건축의 지붕형태 중 맞배지붕에 대한 설명으로 옳지 않은 것은? [24년 3회]

① 가장 화려하고 장식적인 지붕이다.
② 일자형 건물평면에 알맞은 형태이다.
③ 주심포 계통의 건물에 많이 사용되었다.
④ 건물의 모서리에 추녀가 없고 용마루까지 측면 벽이 삼각형으로 된 지붕이다.

해설

맞배지붕
가장 간단한 지붕형식으로 일자형 건물평면에 알맞은 형태이며 가장 간결한 구성미를 가진다. 건물의 모서리에 추녀가 없고 용마루까지 측면 벽이 삼각형으로 된 지붕으로 주심포 계통의 건물에 많이 사용되었다.

정답 ①

특징	건축사례
• 고려 중기~조선 초 • 단아한 외관 • 중요도가 낮은 건물에 사용 • 맞배지붕 사용 • 기둥 위에 주두를 놓고 공포 배치 • 내부천장 : 연등천장(서까래가 다 보이는 구조)	• 봉정사 극락전(주심포양식 중 가장 오래됨) • 부석사 무량수전(팔각지붕) • 수덕사 대웅전 • 강릉 객사문

(3) 다포형식

목조건축양식으로 기둥머리 위와 기둥과 기둥 사이의 공간에 짜올린 공포형식으로 가장 장중하고 복잡한 구조와 형식을 가지며 중국에서 전래되었다.

특징	건축사례
• 고려 후기~조선 • 화려하고 장식적이다. • 중요도가 높은 건축물에 사용(궁궐 및 사찰 등) • 팔각지붕 사용 • 기둥 위에 창방과 평방, 그 위에 공포 배치 • 내부천장 : 우물천장	• 심원사 보광전(가장 오래됨) • 석왕사 응진전 • 성불사 응진전 • 서울 남대문(숭례문) • 봉정사 대웅전

[주심포형식]

[다포형식]

(4) 지붕

① **팔작지붕(합각지붕)** : 우진각 지붕 위에 맞배지붕을 올려놓은 형태로 용마루와 내림마루, 추녀마루를 모두 갖추어 가장 화려하고 장식적인 지붕이다. 다포계통의 건물에 많이 사용되어 궁궐, 사찰 등 권위 있는 중심건축에 많이 사용되었다.

② **맞배지붕** : 가장 간단한 지붕형식으로 일자형 건물평면에 알맞은 형태로 가장 간결한 구성미를 가진다. 건물의 모서리에 추녀가 없고 용마루까지 측면 벽이 삼각형으로 된 지붕으로 주심포 계통의 건물에 많이 사용되었다.

③ **우진각지붕** : 건물 사면에 지붕면이 있고, 추녀마루가 용마루 끝에 만나는 지붕이다. 일자형 평면의 지붕형태로 주로 초가집에 많이 쓰였다.

[팔작지붕]

[맞배지붕]

[우진각지붕]

(5) 한국 주거공간의 특성

① 북쪽지역 : 방한, 방온을 위해 방이 두 줄로 배열되는 겹집구조

② 남쪽지역 : 살림채 규모는 비교적 작고 방이 한 줄로 배열되며, 통풍에 유리한 홑집구조

서울지방형	ㄱ, ㄴ, ㅁ자형
중부지방형	부엌과 안방을 남쪽으로 배치하여 햇볕을 많이 받도록 함
북부지방형	田(밭전)자형, 함경도지방
서부지방형	방 앞에 좁은 툇마루 설치
남부지방형	• ─(일)자형 • 더위가 심해 바람이 잘 통하도록 함
제주도지방형	• 남부형과 비슷하고 방 뒤에 폭이 좁은 방을 설치 • 소규모 주택일 경우 田(밭전)자형과 유사

핵심 문제 26 ◆◆◆

우리나라의 한옥에 관한 설명으로 옳지 않은 것은? [20년 4회]

① 창과 문은 좌식생활에 따른 인체치수를 고려하여 만들어졌다.

② 기단을 높여 통풍이 잘되도록 하여 땅의 습기를 제거하였다.

③ 미닫이문, 들문 등의 사용으로 내부공간의 융통성을 도모하였다.

④ 남부지방의 경우 겨울철 난방을 고려하여 기밀하고 폐쇄적인 내부공간 구성으로 계획하였다.

해설

남부지방

다른 지역보다 더위가 심해 바람이 잘 통하도록 개방적인 내부공간으로 구성하고, 특히 일자형으로 계획하였다.

정답 ④

실 / 전 / 문 / 제

실내디자인
가장 우선시되어야 하는 것은 기능적인 면이며 이와 더불어 미적, 조형적, 기술적인 면까지 함께 고려되어야 한다. 답 ①

01 실내디자인에 관한 설명으로 옳은 것은? [17년 4회]
① 실내공간을 사용목적에 따라 편리하고 쾌적한 분위기가 되도록 설계하는 것이다.
② 실내공간의 기능적, 정서적 측면을 다루는 분야로 환경적, 기술적인 부분은 제외된다.
③ 사용자를 위한 기능적 공간의 완성보다는 예술적 공간의 창조에 더 많은 가치를 둔다.
④ 사용자의 심미적이고 심리적인 면을 충족시키기 위하여 디자이너의 독창성과 개성은 배제한다.

문제 01번 해설 참고 답 ①

02 실내디자인의 개념에 관한 설명으로 옳지 않은 것은? [21년 1회]
① 기능보다 장식을 고려한 심미적 공간 창조행위이다.
② 디자인요소를 반영하여 인간환경을 구축하는 작업이다.
③ 디자인의 한 분야로서 인간생활의 쾌적성을 추구하는 활동이다.
④ 목적을 위한 행위이지만 그 자체가 목적이 아니고 특정한 효과를 얻기 위한 수단이다.

실내디자인의 개념
인간과 실내환경이라는 관계성에서 필요한 요소들을 기능적, 미적, 경제적으로 구성하고 특히 사용자의 편의성이 강조되어야 한다. 답 ④

03 다음 중 실내디자인의 개념과 가장 관계가 먼 것은? [11년 1회]
① 실내디자인은 대상 공간의 기능을 만족시켜야 한다.
② 실내디자인은 건축적 구조 및 환경과의 관계를 고려해야 한다.
③ 실내디자인은 인간 생활에 대한 쾌적함, 인간적 감성을 만족시켜야 한다.
④ 실내디자인은 사용자의 편의성보다 디자이너의 주관적 창의성이 강조되어야 한다.

실내디자인 평가 시 고려사항
심미성, 기능성, 경제성, 독창성 답 ④

04 다음 중 실내디자인의 평가 시 고려하여야 할 사항과 가장 거리가 먼 것은? [19년 1회]
① 심미성   ② 기능성
③ 경제성   ④ 유행성

05 다음 중 실내디자인의 개념과 가장 거리가 먼 것은? [24년 1회]

① 순수예술
② 공간예술
③ 디자인 행위계획
④ 실행과정, 결과

06 실내디자인에서 추구하는 목표와 가장 거리가 먼 것은? [24년 3회]

① 기능성
② 경제성
③ 주관성
④ 심미성

07 실내디자인의 궁극적인 목적으로 가장 알맞은 것은? [19년 2회]

① 공간의 품격을 높이는 것이다.
② 경제성 있는 공간을 창조하는 것이다.
③ 인간생활의 쾌적성을 추구하는 것이다.
④ 공간예술로서 모든 분야의 통합에 의한 감성적 요소의 부여에 있다.

08 결정된 디자인으로 견적, 입찰, 시공 등 설계 이후의 후속작업과 시공을 위한 제반 도서를 제작하는 설계과정은? [22년 1회]

① 기획설계
② 기본설계
③ 실시설계
④ 기본계획

09 실내디자인의 프로세스를 조사분석 단계와 디자인 단계로 나눌 경우, 다음 중 조사분석 단계에 속하지 않는 것은? [24년 2회]

① 종합분석
② 정보의 수집
③ 문제점의 인식
④ 아이디어 스케치

ⓐ 외부적 조건 : 입지적 조건, 건축
적 조건, 설비적 조건
ⓑ 내부적 조건 : 계획의 목적, 분위
기, 실의 개수와 규모, 의뢰인의
요구사항과 사용자의 행위 및 성
격, 개성, 경제적 조건 답 ②

10 실내디자인의 계획조건을 외부적 조건과 내부적 조건으로 구분할 경우, 다음 중 외부적 조건에 속하지 않는 것은?
[22년 2회]

① 입지적 조건
② 경제적 조건
③ 건축적 조건
④ 설비적 조건

문제 10번 해설 참고 답 ④

11 다음 중 실내디자인을 준비하는 과정에서 기본적으로 파악되어야 할 내부적 작용요소에 해당되는 것은?
[24년 1회]

① 입지적 조건
② 건축적 조건
③ 설비적 조건
④ 경제적 조건

레이아웃(Layout)의 고려사항
공간 상호 간의 연계성, 출입형식 및
동선체계, 인체공학적 치수, 가구의
크기 및 면적 답 ③

12 다음 중 기능분석내용을 바탕으로 하여 구성요소의 배치(Layout)를 행할 때 고려해야 할 사항과 가장 거리가 먼 것은?
[18년 4회]

① 공간 상호 간의 연계성
② 출입형식 및 동선체계
③ 색채 및 재료의 유사성
④ 인체공학적 치수와 가구크기

공간의 레이아웃에서는 동선계획
을 가장 우선적으로 고려해야 한다.
답 ②

13 공간의 레이아웃(Layout)과 가장 밀접한 관계를 가지고 있는 것은?
[24년 3회]

① 재료계획
② 동선계획
③ 설비계획
④ 색채계획

평면계획 시 고려사항
공간의 동선 처리, 가구 배치, 실의
배치, 출입구의 위치 등 답 ②

14 다음 중 실내공간의 평면계획에서 가장 우선적으로 고려해야 할 것은?
[17년 2회]

① 마감재료
② 공간의 동선
③ 공간의 색채
④ 공간의 환기

15 실내디자인 과정을 기획, 구상, 설계, 구현, 완공의 다섯 단계로 구분할 경우 문제에 대한 인식과 규명 및 정보를 조사, 분석, 종합하는 단계는? [14년 1회]

① 기획 ② 구상
③ 설계 ④ 구현

기획 단계
공간디자인을 위한 설계방향을 확정하는 단계로 사용자 요구사항을 분석하고 프로젝트에 대한 전반적인 설계개념을 파악·검토하고 요구사항에 부응하는 설계개념을 도출하여 공간프로그램을 작성하는 단계이다. 🖺 ①

16 실내디자인 프로세스의 기본계획 단계에 포함되지 않는 것은? [15년 1회]

① 내부적 요구 분석
② 계획의 평가기준 설정
③ 기본계획 대안들의 도면화
④ 건축적 요소와 설비적 요소의 분석

기본계획 단계
내부적 요구분석, 계획의 평가기준 설정, 건축적 요소와 설비적 요소의 분석 🖺 ③

17 실내디자인의 프로그래밍 진행 단계로 알맞은 것은? [예상문제]

① 분석 – 목표설정 – 종합 – 조사 – 결정
② 종합 – 조사 – 분석 – 목표설정 – 결정
③ 목표설정 – 조사 – 분석 – 종합 – 결정
④ 조사 – 분석 – 목표설정 – 종합 – 결정

실내디자인 진행 단계
목표설정 – 조사 – 분석 – 종합 – 결정 🖺 ③

18 실내디자인의 전개 과정에서 실내디자인을 착수하기 전, 프로젝트의 전모를 분석하고 개념화하며 목표를 명확하게 하는 초기 단계는? [예상문제]

① 조닝(Zoning) ② 레이아웃(Layout)
③ 프로그래밍(Programing) ④ 개요설계(Schematic Design)

프로그래밍
실내디자인의 과정에서 디자인을 착수하기 전, 프로젝트를 조사 및 분석하고 개념화하며 목표를 명확하게 하는 초기단계이다. 🖺 ③

19 실내디자인의 과정을 "프로그래밍 – 디자인 – 시공 – 사용 후 평가"로 볼 때 사용 후 평가에 관한 설명으로 옳지 않은 것은? [19년 1회]

① 문제점을 발견하고 다음 작업의 기초자료로 활용한다.
② 시공 후 실내디자인에 대한 거주자의 만족도를 조사하는 것이다.
③ 다음 작업의 시행착오를 줄이기 위하여 디자이너가 평가하는 것이 보통이다.
④ 입주 후 충분한 시간이 경과한 후 실시하는 것이 결과의 정확도를 높일 수 있다.

사용 후 평가(POE, 거주 후 평가)
사용자에 대한 반응을 조사하여 설계의 본래의 요구기능이 충족되어 수행되는지 평가하는 것이다. 🖺 ③

20 공사 완료 후 디자인 책임자가 시공이 설계에 따라 성공적으로 진행되었는지의 여부를 확인할 수 있는 것은?
[20년 4회]

① 계약서 ② 시방서
③ 공정표 ④ 감리보고서

21 POE(Post-Occupancy Evaluation)의 의미로 가장 알맞은 것은?
[18년 4회]

① 건축물을 사용해 본 후에 평가하는 것이다.
② 낙후 건축물의 이상 유무를 평가하는 것이다.
③ 건축물을 사용해 보기 전에 성능을 예상하는 것이다.
④ 건축도면 완성 후 건축주가 도면의 적정성을 평가하는 것이다.

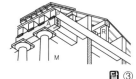
22 그리스의 파르테논신전에서 사용된 착시교정수법에 관한 설명으로 옳지 않은 것은?
[예상문제]

① 기둥의 중앙부를 약간 부풀어 오르게 만들었다.
② 모서리 쪽의 기둥간격을 보다 좁혀지게 만들었다.
③ 기둥과 같은 수직부재를 위쪽으로 갈수록 바깥쪽으로 약간 기울어지게 만들었다.
④ 아키트레이브, 코니스 등에 의해 형성되는 긴 수평선을 위쪽으로 약간 볼록하게 만들었다.

23 그리스의 오더 중 기단부는 단 사이에 수평홈이 있으며, 주두는 소용돌이 형태의 나선형으로 구성된 것은?
[22년 1회]

① 도리아 오더 ② 이오니아 오더
③ 터스칸 오더 ④ 코린트 오더

24 스테인드글라스(Stained Glass)에 관한 설명으로 옳지 않은 것은?

[22년 1회]

① 스테인드글라스는 빛의 투과광을 주로 이용한다.
② 르네상스시대에 스테인드글라스 예술이 대규모로 활성화되었다.
③ 스테인드글라스의 기원은 로마시대 초기의 교회건물 내에서 찾아볼 수 있다.
④ 아르누보를 통해 스테인드글라스 예술이 부활하였으나 곧 근대건축운동에 의해 쇠퇴하였다.

25 아르누보 디자인에 관한 설명으로 옳지 않은 것은?

[22년 2회]

① 정직한 디자인과 장인정신 강조
② 색감이 풍부한 일본예술의 영향
③ 지역의 문화적 전통을 디자인에서 배제
④ 바로크의 조형적 형태와 로코코의 비대칭원리 적용

26 19세기 말부터 20세기 초에 걸쳐 벨기에와 프랑스를 중심으로 모리스와 미술공예운동의 영향을 받아서 과거의 양식과 결별하고 식물이 갖는 단순한 곡선형태를 인테리어가구 구성에 이용한 예술운동은?

[20년 1회]

① 아르데코
② 아르누보
③ 아방가르드
④ 컨템퍼러리

27 황금비를 바탕으로 모듈체계인 모듈러(Modulor)의 개념을 만든 건축가는?

[16년 1회]

① 알바 알토
② 르 코르뷔지에
③ 미스 반 데어 로에
④ 프랭크 로이드 라이트

미스 반 데어 로에
포스트모더니즘을 대표하는 건축
가로 "Less is More"(단순한 것)와
"Universal Space"(보편적 공간)라
는 개념을 주장하였다. 자연과 인간
이 유연하게 함께 변화할 수 있는 자
유로운 공간을 구현하기 위해 가변
성을 담으려고 했다. 📖 ③

28 "Less is More"와 "Universal Space"(보편적 공간)의 개념을 주장한 건축
가는? [22년 2회]

① 르 코르뷔지에   ② 루이스 설리반

③ 미스 반 데어 로에   ④ 프랭크 로이드 라이트

문제 28번 해설 참고   📖 ②

29 생활에 적합한 건축을 위해 인체와 관련된 모듈의 사용에 있어 단순한 길이
의 배수보다는 황금비례를 이용함이 타당하다고 주장한 사람은? [22년 1회]

① 알바 알토   ② 르 코르뷔지에

③ 월터 그로피우스   ④ 미스 반 데어 로에

건축양식의 순서
초기 기독교(중세건축) → 비잔틴
(중세건축) → 고딕(중세건축) → 르
네상스(근세건축)
📖 ④

30 건축양식이 시대순으로 바르게 나열된 것은? [14년 2회]

① 초기 기독교양식 − 르네상스양식 − 비잔틴양식 − 고딕양식

② 초기 기독교양식 − 고딕양식 − 르네상스양식 − 비잔틴양식

③ 초기 기독교양식 − 고딕양식 − 비잔틴양식 − 르네상스양식

④ 초기 기독교양식 − 비잔틴양식 − 고딕양식 − 르네상스양식

서양건축양식의 순서
그리스(고전건축) → 로마(고전건
축) → 비잔틴(중세건축) → 로마네
스크(중세건축) → 고딕(중세건축)
→ 르네상스(근세건축) → 바로크
(근세건축)
📖 ①

31 서양건축양식의 역사 순서를 옳게 나열한 것은? [16년 4회]

① 그리스 − 로마 − 비잔틴 − 로마네스크 − 고딕 − 르네상스 − 바로크

② 그리스 − 로마 − 비잔틴 − 로마네스크 − 르네상스 − 고딕 − 바로크

③ 그리스 − 로마 − 비잔틴 − 르네상스 − 로마네스크 − 고딕 − 바로크

④ 그리스 − 로마 − 비잔틴 − 고딕 − 로마네스크 − 르네상스 − 바로크

엔타시스(기둥의 배흘림)
기둥의 중심부가 상·하부에 비해
더 두꺼워 중심부에서 위, 아래로 갈
수록 점점 굵기가 얇아지는 형태의
기둥으로 모서리 쪽 기둥간격을 좁
혔다.
📖 ①

32 고대 그리스 신전 건축에서 사용된 착시보정방법으로 옳지 않은 것은? [14년 2회]

① 모서리 쪽의 기둥간격을 넓혔다.

② 기둥의 전체적인 윤곽을 중앙부에서 약간 부풀게 만들었다.

③ 기둥 같은 수직부재들은 올라가면서 약간 안쪽으로 기울였다.

④ 기단, 아키트레이브, 코니스들이 이루는 긴 수평선들은 약간 위로 볼록하게
만들었다.

33 다음 중 그리스 신전 건축에서 사용된 착시교정수법이 아닌 것은? [예상문제]

① 모서리 쪽의 기둥간격을 보다 좁아지게 만들었다.

② 기둥을 옆에서 볼 때 중앙부가 약간 부풀어 오르도록 만들었다.

③ 기둥과 같은 수직부재를 위쪽으로 갈수록 약간 안쪽으로 기울어지게 만들었다.

④ 아키트레이브, 코니스 등에 의해 형성되는 긴 수평선을 아래쪽으로 약간 불룩하게 만들었다.

그리스건축 착시교정 수법
아키트레이브, 코니스 등에 의해 형성되는 긴 수평선을 위쪽으로 약간 불룩하게 만들었다.　답 ④

34 로마건축의 5가지 오더(Order)에 속하지 않는 것은? [12년 4회]

① 콤퍼지트(Composite)식　　② 도리아(Doric)식

③ 터스칸(Tuscan)식　　④ 로마네스크(Romanesque)식

로마건축의 5가지 오더
도리아, 이오니아, 코린트, 터스칸, 콤퍼지트　답 ④

35 판테온(Pantheon)에 나타난 디자인의 특징이 아닌 것은? [17년 2회]

① 그리스 헬레니즘의 영향이 남아 있다.

② 완전수라 여겨지던 6을 디자인의 출발점으로 삼았다.

③ 벽화나 그림을 제외한 실내공간의 골격은 대칭으로 구성되었다.

④ 원과 정사각형을 도형적 기초로 삼았다.

판테온
로마인은 16을 완전수 가운데 가장 완벽한 숫자로 믿었다. 판테온의 골격은 16개의 큰 기둥과 16개의 작은 기둥이 교대로 한 쌍씩 반복되어 있다.　답 ②

36 다음 중 프랑스 고딕양식의 건축물이 아닌 것은? [12년 2회]

① 랭스대성당　　② 아미앵대성당

③ 링컨대성당　　④ 노트르담대성당

링컨대성당(Lincoln Cathedral)
영국의 고딕건축을 대표한다.　답 ③

37 비잔틴건축의 특징적인 구성요소와 가장 거리가 먼 것은? [15년 1회]

① 펜덴티브(Pendentive)　　② 아치(Arch)

③ 부주두(Dosseret)　　④ 플라잉 버트레스(Flying Buttress)

플라잉 버트레스(Flying Buttress)
고딕식 교회건축의 특징적 요소의 하나로, 외벽을 지탱하는 반아치형의 석조구조물이다.　답 ④

고딕양식
㉠ 랭스대성당
㉡ 아미앵대성당
㉢ 노트르담대성당 **답** ①

38 다음 중 비잔틴양식의 건축물은?

[15년 4회]

① 성 소피아성당
② 랭스대성당
③ 아미앵대성당
④ 노트르담대성당

파일론(Pylon)
고대 이집트에서 주로 신전의 정문
으로 사용되었던 탑문 혹은 건축물
의 탑 모양의 문이다. **답** ③

39 고딕건축양식의 특징이 아닌 것은?

[13년 1회]

① 첨두아치(Pointed Arch)
② 리브볼트(Rib Vault)
③ 파일론(Pylon)
④ 플라잉 버트레스(Flying Buttress)

로코코양식
개인의 프라이버시를 중요시한 양
식으로, 장식하는 데 중점을 두어 부
분적 효과를 중요시하였다. **답** ①

40 로코코양식의 특징에 대한 설명 중 거리가 먼 것은?

[12년 2회]

① 공적인 생활을 위주로 한 실내장식에 중점을 둔 양식이다.
② 18세기 프랑스를 중심으로 발전된 양식이다.
③ 부드러운 곡선이 디자인 구성의 주조가 되었다.
④ 바로크양식의 장중함이 로코코양식에서는 세련미로 바뀌었다.

르 코르뷔지에(Le Corbusier)의 건축
빌라 사보아, 유니테 다비타시옹, 롱
상성당 **답** ④

41 특이한 조형과 규칙이 없는 평면으로 대표되는 롱샹성당을 건축한 건축가 는?

[예상문제]

① 존 포프(John C. Pope)
② 미스 반 데어 로에(Mies van der Rohe)
③ 프랭크 로이드 라이트(Frank Lloyd Wright)
④ 르 코르뷔지에(Le Corbusier)

르 코르뷔지에(Le Corbusier)
필로티, 옥상정원, 자유로운 평면,
수평창, 자유로운 파사드, 도미노시
스템 **답** ④

42 다음 중 르 코르뷔지에(Le Corbusier)와 가장 관계가 먼 것은?

[예상문제]

① 도미노시스템
② 자유로운 파사드
③ 옥상정원
④ 유기적 건축

어거스트 페레(Auguste Perret)
프랑스의 건축가로, 철근 콘크리트
구조의 중요한 개척자로서 근대의
새로운 건축양식을 추구하였다.
답 ②

43 르 코르뷔지에(Le Corbusier)의 스승으로서 구조의 대가이며 평지붕, 옥상 정원을 그의 프랭클린가의 저택에서 설계했던 건축가는?

[16년 4회]

① 토니 가르니에(Tony Garnier)
② 어거스트 페레(Auguste Perret)
③ 피에르 잔느레(Pirre Janneret)
④ 오장팡(A. Ozenfant)

44 아르누보 건축가와 작품의 연결이 잘못된 것은? [12년 1회]

① 빅토르 오르타(Victor Horta) – 타셀주택

② 안토니오 가우디(Antoni Gaudi) – 카사밀라

③ 엑토르 기마르(Hector Guimard) – 파리 지하철역 입구

④ 피터 베렌스(Peter Behrens) – 구엘공원

45 전통한옥의 구조에서 중채 또는 바깥채에 있어 주로 남자가 기거하고 손님을 맞이하는 데 쓰이던 곳은? [예상문제]

① 안방　　　　　　　② 대청

③ 사랑방　　　　　　④ 건넌방

46 우리나라의 한옥에 관한 설명으로 옳지 않은 것은? [20년 4회]

① 창과 문은 좌식생활에 따른 인체치수를 고려하여 만들어졌다.

② 기단을 높여 통풍이 잘되도록 하여 땅의 습기를 제거하였다.

③ 미닫이문, 들문 등의 사용으로 내부공간의 융통성을 도모하였다.

④ 남부지방의 경우 겨울철 난방을 고려하여 기밀하고 폐쇄적인 내부공간구성으로 계획하였다.

47 주심포식 건물의 구성부재가 아닌 것은? [12년 1회]

① 보아지　　　　　　② 평방

③ 종도리　　　　　　④ 외목도리

48 다음과 같은 특징을 갖는 한국 전통건축의 공포양식은? [14년 2회]

> • 기둥 상부 이외에 기둥 사이에도 공포를 배열한 방식
> • 고려 말에 나타나서 조선시대에 널리 사용
> • 주로 궁궐이나 사찰 등의 중요 정전에 사용

① 주심포양식　　　　② 민도리양식

③ 다포양식　　　　　④ 익공양식

익공양식
목조건축양식으로 창방과 직교하여 보방향으로 새 날개처럼 뾰족하게 생긴 공포로 주심포, 다포, 익공계 세 가지 형식 중 가장 간결하게 꾸며진 형식이다. 🈰 ④

49 주심포양식에 관한 설명으로 옳지 않은 것은? [14년 3회]

① 고려시대 건물이 주류를 이룬다.

② 기둥 상부에만 공포를 배치한 것이다.

③ 우리나라 공포양식 중 가장 오래된 것이다.

④ 익공양식에서 유래된 것이다.

공포(栱包)
전통목조건축에서 처마의 무게를 받치기 위해 기둥머리에 짜맞추어 댄 부재로 궁궐, 사찰, 기념적인 건축에 쓰인다. 🈰 ④

50 한국의 전통사찰 본당에서 내부공간 구성의 1차 인지요소로서 주두, 소로, 첨차 등으로 이루어져 있으며 심리적이고 극적인 효과를 유도하는 구성요소는? [12년 1회]

① 마루   ② 개구부

③ 천장   ④ 공포

도리
서까래 바로 밑에 가로로 길게 놓인 부재로 홀수의 도리를 가지고 있다. 🈰 ④

51 한국 전통목구조에 대한 설명으로 옳지 않은 것은? [12년 1회]

① 3량집 구조는 한국건축에 가장 많이 사용된 구조이다.

② 부석사 무량수전과 수덕사 대웅전은 7량집 구조이다.

③ 도리수와 건축규모는 비례하지 않는다.

④ 한국의 전통건축물은 일반적으로 짝수의 도리를 가지고 있다.

봉정사 극락전
672년에 세워진 고려후기의 목조건축물로, 신라의 건축기술을 계승하여 배흘림양식과 주심포양식을 사용하였다. 1363년(공민왕 12년)에 지붕을 크게 수리하였다. 🈰 ②

52 현존하는 한국 목조건축 중 가장 오래된 것은? [예상문제]

① 송광사 국사전   ② 봉정사 극락전

③ 창경궁 명정전   ④ 경복궁 근정전

한국 목조건축에서 입면 구성요소에 실용성은 속하지 않는다. 🈰 ①

53 한국 목조건축에서 입면 구성요소에 의해 이루어지는 특성과 가장 거리가 먼 것은? [예상문제]

① 실용성   ② 장식성

③ 외장성   ④ 구조성

54 한국 목조건축 입면에서 벽면구성을 위한 의장의 성격을 결정지어 주는 기본적인 요소는? [예상문제]

① 기둥 – 주두 – 창방
② 기둥 – 창방 – 평방
③ 기단 – 기둥 – 주두
④ 기단 – 기둥 – 창방

기둥, 창방, 평방이 입면에서 벽면구성을 위한 성격을 결정지어 준다.
답 ②

55 田자형 주택에 관한 설명 중 옳지 않은 것은? [12년 2회]

① 대청이나 마루공간이 있다.
② 부엌, 정주간, 방의 온돌기능을 최대한 활용한 주택이다.
③ 후면이 북향으로 되므로 균등한 일조, 일사를 이루지 못한다.
④ 제주도지방의 독특한 평면형태이다.

제주도형
남부형과 비슷한 형태를 취하나 방 뒤에 좁은 방을 설치하는 것이 특징이다. 마루가 매우 넓으며 마루방이 없는 소규모일 경우 田자형이 되어 북부형과 유사한 형이지만 마루가 차지하는 면적이 크다.

※ 평면형태에 따른 전통주거 양식의 분류
  ㉠ 서울지방 : ㄱ, ㄴ, ㅁ자형
  ㉡ 북부지방(함경도) : 田자형 (폐쇄적 형태)
  ㉢ 서부지방(평안도, 황해도) : 방 앞에 좁은 툇마루 설치
  ㉣ 남부지방(전라도, 경상도) : 一자형(개방적 형태)
답 ④

56 조선시대 건축에서 사용된 장식물인 것은? [12년 2회]

① 잡상
② 단집
③ 일월오악병
④ 보개

잡상
궁전이나 전각의 지붕 위 네 귀에 여리 가지 신상을 새겨 얹는 장식기와이다.
답 ①

57 한국 전통주택의 벽 및 창호에 대한 설명 중 거리가 먼 것은? [12년 4회]

① 창호지는 실외에 면한 부분에 바르기 때문에 내부에서 창살의 아름다운 모습이 그대로 보인다.
② 서민주택의 실내 벽면은 일반적으로 토벽 그대로 두거나 굴림백토로 마감하였다.
③ 상류주택의 실내벽면은 일반적으로 회벽이나 벽지로 마감하였다.
④ 벽은 정면이 대부분 창호로 구성되고 옆면과 뒷면이 벽체로 구성되었다.

창호지는 실내에 면한 부분에 바르기 때문에 외부에서 창살의 아름다운 모습이 그대로 보인다. 답 ①

실내디자인 기본계획

❶ 디자인요소

1. 점, 선, 면, 형태

1) 점

(1) 점의 특징

① 점은 가장 단순하고 작은 시각적 요소로서 형태의 가장 기본적인 생성원이며 2 · 3차원의 공간에 위치하는 가장 작은 시각표시이다.

② 크기가 없고 위치만 있으며, 정적이고 방향성이 없어 자기중심적이며, 어떠한 크기, 치수, 넓이, 깊이가 없고 위치와 장소만을 가지고 있다.

③ 두 점의 크기가 같을 때 주의력은 균등하게 작용하고 나란히 있는 점의 간격에 따라 집합, 분리의 효과를 얻는다.

④ 명암 또는 색채에 의해 부각되는 가장 작은 면이라고도 할 수 있다.

(2) 점의 조형효과

① 하나의 점은 관찰자의 시선을 집중시키는 효과가 있다.

② 점을 연속해서 배열하면 선의 느낌을 받는다.

③ 많은 점을 근접시켜 배열하면 면으로 느껴진다.

④ 점에 약간의 선을 가하면 방향성이 생긴다.

⑤ 크고 작은 점이 집결될 때 구조성과 종속성이 생긴다.

⑥ 두 점 사이에는 상호 간 인장력이 발생하여 보이지 않는 선이 생긴다.

⑦ 크기가 다른 두 개의 점에서 작은 점은 큰 점에 흡수되는 것으로 지각된다.

⑧ 가까운 거리에 있는 점은 선으로 지각되어 도형을 느끼게 한다.

⑨ 선의 양 끝, 교차, 굴절, 면과 선의 교차에서도 나타난다.

2) 선

(1) 선의 특징

① 선은 1차원으로 디자인의 가장 기본적인 요소이며 두 점 사이에 놓인 점들의 집합으로 직선, 곡선, 수직선, 사선으로 분류되어 방향성을 가지고 있다.

핵심 **문제 01** ◆ ◆ ◆

디자인요소 중 점에 관한 설명으로 옳은 것은? [19년 2회]

① 면의 한계, 면들의 교차에서 나타난다.
② 기하학적으로 크기가 없고 위치만 있다.
③ 두 점의 크기가 같을 때 주의력은 한 점에만 작용한다.
④ 배경의 중심에 있는 점은 동적인 효과를 느끼게 한다.

해설

점의 특징
크기가 없고 위치만 있으며, 정적이고 방향성이 없어 자기중심적이며 어떠한 크기, 치수, 넓이, 깊이가 없고, 위치와 장소만을 가지고 있다.

정답 ②

핵심 **문제 02** ◆ ◆ ◆

점에 관한 설명으로 옳지 않은 것은? [15년 2회]

① 점을 연속해서 배열하면 선의 느낌을 받는다.
② 많은 점을 근접시켜 배열하면 면으로 느껴진다.
③ 어떤 물체든지 확대하거나, 가까이서 보면 점으로 보인다.
④ 나란히 있는 점의 간격에 따라 집합, 분리의 효과를 얻는다.

해설

가까운 거리에 있는 점은 선으로 지각되어 도형을 느끼게 한다.

정답 ③

② 점들의 집합이며, 점 이동한 자취가 선을 이루고, 길이와 방향은 있으나 높이, 깊이, 넓이, 폭의 개념은 없다.

③ 많은 선을 근접시키면 면이 되고, 굵기를 늘리면 입체 또는 공간이 된다.

④ 면의 한계, 교차, 굴절부분에서 나타나고 형상을 규정하거나 면적을 분할한다.

⑤ 여러 개의 선을 이용하여 움직임, 속도감, 방향을 시각적으로 표현할 수 있다.

⑥ 선의 굵기와 간격, 방향을 변화시키면 2차원에서 부피와 깊이를 표현할 수 있다.

⑦ 패턴 및 장식을 위한 기본이 되며 명함, 색채, 질감 등의 특성을 표현할 수 있다.

⑧ 점이 이동한 궤적에 의한 선을 포지티브선(Positive Line), 면의 한계 또는 면들의 교차에 의한 선을 네거티브선(Negative Line)으로 구분하기도 한다.

(2) 선의 조형효과

① **수평선** : 한 평면이나 공간의 길이를 길어 보이게 하며 주로 정적인 느낌을 준다(안정, 균형, 정적, 무한, 확대, 평등, 영원, 안정, 고요, 평화, 넓음).

② **수직선** : 구조적 높이감을 주며 심리적으로 강한 의지의 느낌을 준다(엄격성, 위엄성, 절대, 위험, 단정, 남성적, 엄숙, 의지, 신앙, 상승).

③ **사선** : 생동감 넘치는 에너지와 속도감를 주며, 불안정한 느낌을 준다(생동감, 운동감, 약동감, 불안함, 불안정, 변화, 반항).

④ **곡선** : 우아함, 유연함과 부드러움을 나타내고, 여성적인 섬세함을 준다.

3) 면

(1) 면의 특징

① 면은 2차원의 평면으로 모든 방향으로 펼쳐진 무한히 넓은 영역이다.

② 형태가 없어 선의 고유한 방향과 다른 방향으로 움직임에 따라 생성된다.

③ 점이나 선으로 간주되지 않는 평면의 형태이다.

④ 절단에 의해서 새로운 면을 얻을 수 있다.

⑤ 셋 이상의 점이 연결된 면에 의해 정의된 공간이다.

⑥ 면적을 지닌 2차원의 평면으로 사물의 외곽을 나타낸다.

⑦ 면에 의하여 형, 형태가 형성되며 면이 입체화되면 덩어리(부피감)를 나타낸다.

⑧ 깊이는 없고 길이와 폭(높이)은 가지고 있으며, 공간을 구성하는 기본단위이다.

(2) 면의 조형효과

① **사각형**

㉠ 단순함, 합리성, 구조의 내연성, 최적의 활용력이 있고 안정적이다.

핵심 문제 03 ◆◆◇

디자인 요소로서 선에 관한 설명으로 옳지 않은 것은? [23년 2회]

① 어떤 형상을 규정하거나 한정하고 면적을 분할한다.

② 점이 이동한 궤적이며 면의 한계, 교차에서 나타난다.

③ 기하학적인 관점에서 길이의 개념은 있으나 폭과 부피의 개념은 없다.

④ 선은 수직선, 수평선, 사선, 곡선이 있으며 이 중에서 사선이 가장 안정적이다.

해설

• 사선 : 약동감, 속도감, 운동성, 불안정, 변화, 반항

• 수평선 : 안정, 균형, 침착, 평등, 고요

정답 ④

핵심 문제 04 ◆◆◇

선의 종류에 따른 조형 효과에 관한 설명으로 옳지 않은 것은? [19년 4회]

① 사선은 운동감, 속도감 등의 느낌을 준다.

② 수직선은 심리적으로 상승감, 엄숙함 등의 느낌을 준다.

③ 수평선은 영원, 안정 등 주로 정적인 느낌을 준다.

④ 곡선은 위험, 긴장, 변화 등의 불안정한 느낌을 준다.

해설

④는 사선에 대한 설명이다.

※ 곡선은 우아함, 유연함과 부드러움, 여성적인 섬세함을 준다.

정답 ④

핵심 문제 05 •••

면에 관한 설명으로 옳지 않은 것은?

[21년 4회]

① 곡면과 평면의 결합으로 대비효과를 얻을 수 있다.
② 면의 구성방법에는 지배적 구성, 분리구성, 일렬구성, 자유구성 등이 있다.
③ 실내공간에서의 모든 형태는 면의 요소로 간주되며, 크게 이념적 면과 현실적 면으로 대별된다.
④ 면의 심리적 인상은 그 면이 놓인 위치, 질감, 색, 패턴 또는 다른 면과의 관계 등에 따라 차이를 나타낸다.

해설

실내공간에서 모든 형태는 면에 의하여 형, 형태가 되며 면이 입체화되면 덩어리(부피감)를 나타낸다.

정답 ③

핵심 문제 06 •••

다음 설명에 알맞은 형태의 종류는?

[16년 4회]

• 인간의 지각, 즉 시각과 촉각 등으로는 직접 느낄 수 없고 개념적으로만 제시될 수 있는 형태이다.
• 순수형태 또는 상징적 형태라고도 한다.

① 자연형태   ② 인위형태
③ 이념적 형태   ④ 현실적 형태

해설

이념적 형태
기하학적으로 취급하는 도형으로 직접적으로 지각할 수 없는 형태로 순수형태, 상징적 형태, 추상적 형태라고도 한다.

정답 ③

핵심 문제 07 •••

추상적 형태에 관한 설명으로 옳은 것은?

[17년 4회]

① 순수형태 또는 상징적 형태라고도 한다.
② 기하학적으로 취급되는 점, 선, 면, 입체 등이 속한다.
③ 구체적 형태를 생략 또는 과장의 과정을 거쳐 재구성한 형태이다.
④ 인간에 의해 인위적으로 만들어진 모든 사물, 구조체에서 볼 수 있는 형태이다.

해설

㉠ 이념적 형태 : 기하학적 취급한 점, 선, 면, 입체 등이 이에 속함
㉡ 현실적 형태 : 우리 주위에 실제 존재하는 모든 물상을 말함
㉢ 추상적 형태 : 구체적 형태를 생략 또는 과장의 과정을 거쳐 재구성된 형태

정답 ③

㉡ 정돈된 아름다움, 순수성, 시대를 초월하는 영원불변의 상징을 부여한다.
㉢ 가옥들의 방, 창문, 문, 가구들의 모양들이 사각형을 이루고 있다.

② 삼각형

㉠ 속도감과 방향성을 가지고 있으며 운동감을 갖는다.
㉡ 꼭짓점을 향해 측선이 가기 때문에 방향을 암시하여 매우 역동적이다.
㉢ 날카로운 각도의 지나친 사용은 불안감과 피로감을 준다.

③ 곡면형

㉠ 곡면의 성질에 움직임과 방향성이 포함되어 유연성과 부드러움을 준다.
㉡ 표현주의적 창조성이 강력하고 자연과 자연물의 형상을 표현하기도 한다.
㉢ 유기적인 형태의 자연스러운 곡선과 볼륨감으로 미적 감수성을 준다.

4) 형태

(1) 형태의 특징

형태는 구성된 윤곽, 내부구조 등 3차원적인 덩어리(Mass)와 연관 지어 방향이나 각도에 따라 공간과 구분된다. 즉, 모양, 부피, 구조로써 정의한다.

(2) 형태의 종류

① 이념적 형태

기하학적으로 취급하는 도형으로 직접적으로 지각할 수 없는 형태이다.

순수형태	시각과 촉각 등으로 직접 느낄 수 없고 개념적인 형태인 점, 선, 면, 입체 등이 이에 속한다.
추상형태	구체적 형태를 생략 또는 과장의 과정을 거쳐 재구성한 형태로 재구성 전 원래의 형태를 알아보기 어렵다.

② 현실적 형태

우리 주위에 시각적으로나 촉각적으로 느껴지는 모든 존재의 형태이다.

자연형태	• 주위에 존재하는 모든 물상을 말하며 자연현상에 따라 끊임없이 변화하며 새로운 형태를 만들어 낸다. • 기하학형태는 불규칙한 형태보다 가볍게 느껴지고, 인간의 의지와 요구에 관계없이 변화하며 운동하고 있는 형태이다.
인위형태	• 인간이 인위적으로 만들어 낸 사물로서 구조체에서 볼 수 있는 형태이다. • 시대성을 가지고 있으며 인간이 만들어 낸 3차원적인 물체의 형태이다.

(3) 형태의 지각심리

게슈탈트 심리학(Gestalt Psychology)은 독일의 베르트하이머에 의해 이론화되었다. 시지각, 기억과 연상, 학습과 사고 심리학 등 주요사항을 다루고 있다.

① 그룹의 법칙(Law of Grouping)

　㉠ 근접성 : 일정한 간격으로 규칙적으로 반복되어 있을 경우, 이를 그룹화하여 평면처럼 지각하고 가까이 있는 시각요소들이 그룹이나 패턴으로 보이는 현상을 말한다.

　㉡ 유사성 : 형태, 규모, 색채, 질감, 명암, 패턴 등 비슷한 성질의 요소들이 떨어져 있더라도 동일한 집단으로 그룹화되어 지각하려는 경향을 말한다.

　㉢ 연속성 : 유사한 배열로 구성된 형들이 방향성을 지니어 하나의 묶음으로 인식되는 현상을 말한다. 공동운명의 법칙이라고도 한다.

　㉣ 폐쇄성 : 도형의 선이나 외곽선이 끊어져 있다고 해도 불완전한 시각적 요소들이 완전한 하나의 형태로 그룹되어 지각되는 법칙을 말한다.

② 프래그넌츠의 법칙(The law of Pragnanz)

　㉠ 관찰자가 형태를 지각하는 데 최소한의 에너지(시간)가 요구되어야 하며 이미지를 좀 더 쉽게 파악할 수 있도록 여러 개의 부분으로 나누는 법칙이다.

　㉡ 단순성 : 대상을 가능한 간단한 구조로 지각하려는 것으로 눈에 익숙한 간단한 형태로 도형을 지각하게 되는 것이다.

③ 도형과 배경의 법칙(The Law of Figure－Ground)

서로 근접하는 두 가지의 영역이 동시에 도형으로 되어 자극조건을 충족시키고 있는 경우, 어느 쪽 하나는 도형이 되고 다른 것은 바탕으로 보인다.

[반전도형의 원리]

루빈의 항아리는 항아리와 얼굴의 옆모습이 반전되어 나타나며 형과 배경이 교체하는 것을 모호한 형(Ambiguous Figure) 또는 반전도형(反轉圖形)이라고도 한다.

핵심 문제 10 ◆◆◆

뮐러–리어도형과 관련된 착시의 종류
는?   [22년 2회]
① 방향의 착시
② 길이의 착시
③ 다의도형 착시
④ 위치에 의한 착시

해설

뮐러–리어의 도형
동일한 두 개의 선분이 화살표 머리의 방향
때문에 길이가 달라져 보인다. 바깥쪽으
로 향한 화살표 선분이 더 길게 보인다.

                          정답 ②

핵심 문제 11 ◆◆◆

착시현상의 사례 중 분트도형의 내용으로
옳은 것은?   [15년 4회]
① 같은 길이의 수직선이 수평선보다 길
  어 보인다.
② 같은 길이의 직선이 화살표에 의해 길
  이가 다르게 보인다.
③ 사선이 2개 이상의 평행선으로 중단되
  면 서로 어긋나 보인다.
④ 같은 크기의 2개의 부채꼴에서 아래쪽
  의 것이 위의 것보다 커 보인다.

해설

분트(Wundt) 도형
동일한 길이의 수직선이 수평선보다 길어
보인다.

                          정답 ①

(4) 형태의 착시현상

시각의 착오라는 뜻으로 눈이 받은 자극의 지각이 다르게 보이는 현상을 말한다.

① 기하학적 착시

ⓐ 거리의 착시 : 같은 형태의 요소지만, 크기에 따라 공간감, 거리, 깊이를 느끼게 한다.

ⓑ 길이의 착시

뮐러–리어 (Muller Lyer) 도형	동일한 두 개의 선분이 화살표 머리의 방향 때문에 길이가 달라져 보인다. 바깥쪽으로 향한 화살표 선분이 더 길게 보인다.
분트(Wundt) 도형	동일한 길이의 수직선이 수평선보다 길어 보인다.

ⓒ 방향의 착시

포겐도르프 (Poggendorf) 도형	사선이 두 개 이상의 평행선으로 인해 어긋나 보인다.
횔너(Zöllner) 도형	평행하는 수직선들이 교차하는 사선으로 인해 비스듬하게 보인다.
헤링(Hering) 도형	두 직선은 실제로는 평행이지만 사선 때문에 휘어져 보인다.

ⓓ 크기의 착시

자스트로(Jastrow) 도형	같은 크기의 두 개 도형 중 아래에 있는 도형이 더 커 보인다.
폰초(Ponzo) 도형	주변의 사선 때문에 같은 크기이지만 뒤에 있는 것이 더 길어 보인다.

ⓔ 위치의 착시

쾨니히(Koning)의 목걸이	원을 동일 선상에 배열하면 목걸이처럼 보인다.
카니자(Kanizsa) 삼각형	가운데에 삼각형이 보이지만 아무것도 없는 빈 공간이다.

ⓕ 대비의 착시

동일한 두 요소가 주변상황에 따라 상반된 느낌을 갖게 하며 선의 길이, 원의 길이, 활모양의 곡률 등 부가도형으로 인해 과대, 과소하게 보이는 착시현상이다.

[뮐러–리어 도형]　　[분트 도형]　　[포겐도르프 도형]　　[횔너 도형]　　[헤링 도형]

[자스트로 도형]   [폰초 도형]   [쾨니히의 목걸이]   [카니자 삼각형]   [대비의 착시]

② 역리도형 착시

모순도형, 불가능한 도형이라고 하며 펜로즈의 삼각형(Penrose Triangle)처럼 2차원적 평면 위에 나타나는 안길이의 특징을 부분적으로 보면 해석이 가능하지만 전체적인 형태는 3차원적으로 불가능한 것처럼 보이는 도형이다.

③ 운동의 착시

어떤 움직이는 물체를 지각할 때 실제의 움직임과 우리가 느끼는 움직임과의 차이에 의해 일어나는 현상으로 대표적인 예로 가현운동 착시, 유도운동 착시 등이 있다.

ⓐ 가현운동 착시 : 움직이지 않는데 움직이는 것처럼 느껴지는 현상을 말한다.

ⓑ 유도운동 착시 : 정지해 있는 것을 움직이는 것으로 느끼거나 반대로 운동하고 있는 것을 정지해 있는 것으로 느끼는 현상을 말한다.

2. 질감, 문양, 공간

1) 질감

(1) 질감의 특징

① 물체가 갖고 있거나 인위적으로 만들어 낸 표면적 성격 또는 특징으로 시각적 환경에서 여러 종류의 물체들을 구분하는 데 큰 도움을 줄 수 있는 중요한 특성이다.

② 질감의 선택에서 스케일, 빛의 반사와 흡수, 촉감 등이 중요하며 효과적인 질감 표현을 위해서는 색채와 조명을 동시에 고려해야 한다.

③ 질감의 대비를 통해 실내공간의 변화와 다양성을 표현할 수 있고, 통일시킬 수 있다.

④ 나무, 돌, 흙 등의 자연재료는 인공적인 재료에 비해 따뜻함과 친근감을 준다.

핵심 문제 12 ◆◆◆

펜로즈의 삼각형과 가장 관련이 깊은 착시의 종류는?   [12년 2회]
① 운동의 착시   ② 다의도형 착시
③ 역리도형 착시   ④ 기하학적 착시

해설

역리도형 착시
모순도형, 불가능한 도형이라고 하며 펜로즈의 삼각형(Penrose Triangle)처럼 2차원적 평면 위에 나타나는 안길이의 특징을 부분적으로 보면 해석이 가능하지만 전체적인 형태는 3차원적으로 불가능한 것처럼 보이는 도형이다.

정답 ③

핵심 문제 13 ◆◆◆

질감에 관한 설명으로 옳지 않은 것은?   [17년 2회]
① 모든 물체는 일정한 질감을 갖는다.
② 시각적으로만 지각되는 재료 표면상의 특징이다.
③ 매끄러운 재료는 빛을 많이 반사하므로 가볍고 환한 느낌을 준다.
④ 효과적인 질감 표현을 위해서는 색채와 조명을 동시에 고려해야 한다.

해설

질감
시각적 질감과 촉각적 질감으로 지각되는 재료 표면상의 특징이다.

정답 ②

핵심 문제 14 ◆◆◆

질감에 관한 설명으로 옳지 않은 것은?
[17년 2회]
① 거친 질감은 빛을 흡수하여 시각적으로 가볍고 안정된 느낌을 준다.
② 촉각 또는 시각으로 지각할 수 있는 어떤 물체 표면상의 특징을 말한다.
③ 효과적인 질감 표현을 위해서는 색체와 조명을 동시에 고려하여야 한다.
④ 질감의 선택에서 중요한 것은 스케일, 빛의 반사와 흡수, 촉감 등이다.

해설

• 거친 재료 : 울퉁불퉁한 표면은 음영을 나타내며 빛을 흡수하여 무겁고 안정적인 느낌을 준다.
• 매끄러운 재료 : 빛을 많이 반사하므로 가볍고 환한 느낌을 주며 주의를 집중시키고 같은 색채라도 강하게 느껴진다.

정답 ①

핵심 문제 15 ◆◆◆

공간 내 패턴의 사용에 관한 설명으로 옳지 않은 것은?
[21년 4회]
① 수평의 줄무늬는 공간을 넓고 낮게 보이게 한다.
② 패턴은 선, 형태, 조명, 색채 등의 사용으로 만들어진다.
③ 지루하게 긴 벽체는 수직의 패턴을 이용하여 지루함을 줄인다.
④ 작은 공간에서 여러 패턴을 혼용하여 사용할 경우, 공간이 크게, 넓게 보이게 된다.

해설

작은 공간에서 여러 패턴을 혼용하여 사용할 경우, 공간이 좁아 보이게 된다.

정답 ④

(2) 질감의 유형

① 촉각적 질감

㉠ 실제 손으로 만져서 느낄 수 있는 질감을 의미하며 촉각적인 경험을 통한 피부감각으로 빛의 반사와 흡수, 스케일 촉감 등에 따라 분위기가 변하며 질감 선택 시 고려해야 할 사항이다.

㉡ 피부에 닿음으로써 재료의 질감을 피부로 느끼며 이러한 많은 감각들이 우리의 머릿속에 저장되어 있다가 유사한 표면을 시각적으로 볼 때 느낌을 기억에서 떠올리는 것이다.

② 시각적 질감

㉠ 시각적으로 느껴지는 재질감으로서, 모든 실내공간은 시각적 질감에 의해 그 윤곽과 인상이 형성되며, 질감에 대한 시각적 반응은 재료의 표면이 빛을 반사하거나 흡수하는 정도에 따라서도 다르게 나타난다.

㉡ 질감이 거칠수록 빛을 흡수하여 무겁고 안정된 시각적 느낌을 주며, 표면이 매끄러울수록 빛을 많이 반사하여 가볍고 환한 느낌을 준다.

③ 구조적 질감

㉠ 실내공간의 표면에서 인간감각에 부딪치는 모든 재료는 일단 구조적 질감으로 와닿는다. 물질의 표면질감은 형성된 본질이나 구성 상태가 나타나는데, 이는 그것을 만드는 방법이나 재료로부터 나오게 되기 때문이다.

㉡ 유리계통은 유리를 구성하는 성분의 조밀성 때문에 소리, 빛 등을 반사하며, 반대로 카펫은 이들을 흡수하는데, 이는 재료의 구조적 특징 때문에 나타나는 물리적 현상이다.

2) 문양

(1) 문양의 특징

① 선, 형태, 공간, 빛, 색채의 사용으로 만들어진 패턴은 2차원적이거나 3차원적인 장식의 질서를 부여하는 배열이다.

② 시각적 효과가 상호작용을 일으켜 결정적 영향을 미친다. 문양의 양식에는 자연적, 양식적, 추상적 문양이 있다.

(2) 문양의 양식

① 자연적 문양

자연의 형상을 묘사한 것으로 자연계에 있는 모든 생물을 소재로 하여 만든 문양이다.

② 양식적 문양

　　자연을 모티브로 디자인에 적용한 것으로 경쾌하고 현대적 감각을 주는 문양이다.

③ 추상적 문양

　　자유스러운 형태, 기하학적 형태를 복합한 것으로 사물의 형태와 상관없이 상상력에 의해 디자인되어 크기, 형태, 컬러, 배열 등 자유로운 발상으로 표현되는 문양이다.

(3) 문양의 속성

① 일반적으로 연속성에 의한 운동감이 있어 전체적 리듬과 어울리게 하고 운동감을 지닌다(연속성, 운동감, 형태를 보완하는 기능).

② 공간에서 서로 다른 문양의 혼용을 피하는 것이 좋으며 작은 공간일수록 문양을 배제하고 단순하게 처리해야 넓게 보인다.

③ 수직 줄무늬는 공간을 좁고 높게 보이며, 수평 줄무늬는 더 넓고 낮게 보인다.

④ 긴 벽체에 수직선을 사용하여 지루한 느낌을 줄일 수 있다.

⑤ 두 개 이상의 패턴이 겹쳐지면 무아레(Moires) 패턴이 만들어진다.

3) 공간

(1) 공간의 특징

　　공간이란 3차원으로 길이, 폭, 깊이가 있으며, 규칙적 형태와 불규칙 형태로 구분되고, 모든 물체의 안쪽이며, 항상 보는 사람과 일정한 관계를 가지고, 인상이나 어떤 메시지를 준다. 또한 인간이 거주하고 있는 모든 삶의 공간을 창조한다.

(2) 공간의 형태

　　공간의 형태는 바닥, 벽, 천장의 수평, 수직의 요소에 의해 구성되어 평면, 입면, 단면의 비례에 의해 내부공간의 특성이 달라지며 사람은 심리적으로 다르게 영향을 받는다. 내부공간의 형태에 따라 가구 유형과 형태, 배치 등 실내의 요소들이 달라진다.

① 규칙적 형태

　　질서 있게 서로 관련되고 일반적으로 한 개 이상의 축을 가지며 자연스럽고 대칭적이어서 안정되어 있다.

② 불규칙적 형태

　　복잡하고 많은 면으로 이루어져 변화가 많고 여러 개의 대칭축을 갖는다.

핵심 문제 16 ◆◆◆

디자인요소 중 패턴에 관한 설명으로 옳지 않은 것은? [15년 2회]

① 인위적인 패턴의 구성은 반복을 명확히 함으로써만 이루어진다.

② 패턴을 취급할 때 중요한 것은 그 공간 속에 있는 모든 패턴성을 갖는 것과의 조화방법이다.

③ 연속성 있는 패턴은 리듬감이 생기는데 그 리듬이 공간의 성격이나 스케일과 맞도록 해야 한다.

④ 패턴은 인위적으로 구성되는 것도 있으나 어떤 단위화된 재료가 조합될 때 저절로 생기는 것이다.

해설

문양(패턴)

인위적인 패턴의 구성은 연속성에 의한 운동감이 있어 전체적 리듬과 어울리게 하고 운동감을 지닌다.

정답 ①

핵심 문제 17 ◆ ◆ ◆

공간의 분할방법은 차단적 구획, 심리 · 도덕적 구획, 지각적 구획으로 구분할 수 있다. 다음 중 지각적 구획에 속하는 것은? [14년 2회]

① 커튼의 사용
② 마감재료의 변화
③ 천장면의 높이 변화
④ 바닥면의 높이 변화

해설

지각적 구획(분할)
조명, 색채, 마감재료의 변화, 패턴을 이용하여 공간의 형태를 분할하는 방법이다.

정답 ②

핵심 문제 18 ◆ ◆ ◆

공간의 분할방법을 차단적, 상징적, 지각적(심리적) 분할로 구분할 경우, 다음 중 상징적 분할에 속하는 것은? [17년 1회]

① 조명에 의한 분할
② 고정벽에 의한 분할
③ 식물화분에 의한 분할
④ 마감재의 변화에 의한 분할

해설

상징적 분할
가구, 기둥, 식물화분 등 실내 구성요소로 가변적인 분리방법이다.

정답 ③

핵심 문제 19 ◆ ◆ ◆

휴먼스케일(Human Scale)에 관한 설명으로 옳지 않은 것은? [17년 1회]

① 휴먼스케일은 실내 공간계획에만 국부적으로 적용된다.
② 휴먼스케일은 인간의 신체를 기준으로 파악, 측정되는 척도 기준이다.
③ 휴먼스케일이 적절히 적용된 공간은 안정되고 안락감을 주는 환경이 된다.
④ 휴먼스케일은 인간을 기준으로 계산하여 공간에 대해 감각적으로 가장 쾌적한 비율이다.

해설

휴먼스케일
물체의 크기와 인체의 관계, 물체 상호간의 관계를 말하며 실내공간계획 말고 외부공간 및 건축 등에서 다양하고 폭넓게 적용된다.

정답 ①

(3) 공간의 분할과 연결

① 공간의 분할

공간에서의 분할은 일반적으로 입구, 동선축을 기본으로 구성하며, 공간 성격에 따라 완전히 차단하는 방법과 간접적인 공간구획으로 차단효과를 얻는 방법이 있다.

상징적 분할	가구, 기둥, 벽, 난로, 식물, 화분 등과 같은 실내 구성요소 또는 바닥의 레벨차, 천장의 높이차 등을 이용하여 공간을 분할하는 방법이다.
지각적 분할	조명, 색채, 마감재료의 변화, 패턴을 이용하여 공간의 형태를 분할하는 방법이다.
차단적 분할	칸막이에 의해 내부공간을 수평, 수직방향으로 구획해서 분할하는 방법으로 높이에 따라 영향을 받게 되며 눈높이가 1.5m 이상 되어야 한다.

② 공간의 연결

공간을 칸막이로 구획하여 분할하지 않고 목적에 맞는 공간을 연결할 수 있다.

인접된 공간으로 연결	공간을 구분하는 벽에 개구부를 두어 직접 연결하는 방법이다.
공유공간으로 연결	두 공간을 공유공간으로 두 공간을 연결하는 방식이다.
공통공간으로 연결	분리되어 있는 두 공간을 제3의 매개공간으로 상호 연결하여 확장시키는 방식이다.
공간 속에 공간을 두어 연결	크기가 큰 공간 속에 작은 공간을 두는 방식이다.

❷ 디자인 원리

1. 스케일, 비례

1) 스케일

① 공간이나 물건의 크기에 대한 상대적인 크기를 말한다.
② 실내의 크기나 내부에 배치되는 가구, 집기 등을 인간의 척도와 인간의 동작범위를 고려하는 공간관계 형성의 측정기준이 된다.
③ 휴먼스케일은 인간의 신체를 기준으로 측정되는 척도의 기준으로, 인간의 크기에 비해 너무 크거나 작지 않은 쾌적한 비율을 나타낸다.

2) 비례

(1) 비례의 개념

① 선이나 면, 형태를 균형적으로 분할하여 조화로운 상태를 만들고, 황금분할의 비례를 사용하는 경우를 말한다.

② 대소의 분량, 장단의 차이, 부분과 부분 또는 부분과 전체와의 수량적 관계를 비율로 표현한 것이다.

③ 형태의 부분과 부분, 부분과 전체 사이의 크기, 모양 등의 시각적 질서, 균형을 결정하는 데 유효하게 사용되고 있다.

(2) 비례의 종류

① 황금비례

1 : 1.618의 비율로서 고대 그리스인들이 발명해 낸 기하학적 분할법으로, 선이나 면적을 나눌 때, 작은 부분과 큰 부분의 비율이 큰 부분과 전체에 대한 비율과 동일하게 되는 방식이다.

② 루트직사각형 비례

대각선에 직각을 이루는 또 다른 대각선이 긴 변에 교차되는 점을 중심으로 작은 직사각형을 만들 수 있으며 그 작은 직사각형 또는 동일한 방법으로 세분화할 수 있다.

③ 정수비례

1, 2, 3과 같은 정수에 의한 비례로 일정한 배수관계가 있어 원리가 간단하고, 정적균형에 의한 단순한 반복이 요구될 때 적합하며 실용가치가 높다.

④ 수열에 의한 비례(피보나치 수열)

수열은 각 항이 앞의 항과 일률적인 법칙에 의해 관련되어 연속적으로 진행되는 수를 의미한다. 1 : 2 : 3 : 5와 같이 앞의 두 항의 합이 다음 수와 같다.

2. 균형, 리듬, 강조

1) 균형

(1) 균형의 개념

① 중량을 갖고 있는 두 개의 요소가 나누어져 하나의 지점에서 지탱되었을 때 역학적으로 평형을 이루는 상태를 말한다.

② 서로 다른 디자인요소들의 시각적 무게의 평행상태를 의미하고 실내공간에 침착함과 평형감을 부여하는 데 가장 효과적인 디자인 원리이다.

핵심 문제 20 ◆◆◆

황금비례에 관한 설명으로 옳지 않은 것은?
[17년 4회]

① 1 : 1.618의 비율이다.
② 고대 로마인들이 창안했다.
③ 몬드리안의 작품에서 예를 들 수 있다.
④ 건축물과 조각 등에 이용된 기하학적 분할방식이다.

해설

황금비례
고대 그리스인들이 발명해 낸 기하학적 분할법으로 작은 부분과 큰 부분의 비율이 큰 부분과 전체에 대한 비율과 동일하게 되는 방식이며 1 : 1.618의 비율이다.

정답 ②

핵심 문제 21 ◆◆◆

한 선분을 길이가 다른 두 선분으로 분할했을 때 긴 선분에 대한 짧은 선분의 길이의 비가 전체 선분에 대한 긴 선분의 길이의 비와 같을 때 이루어지는 비례는?
[21년 3회]

① 황금비   ② 정수비례
③ 비대칭 분할   ④ 피보나치 비율

해설

황금비
고대 그리스인들이 발명해낸 기하학적 분할방법으로 작은 부분과 큰 부분의 비율이 큰 부분과 전체에 대한 비율과 동일하게 되는 분할방식으로 1 : 1.618의 비율이다.

정답 ①

(2) 균형의 원리

① 사선이 수직선, 수평선보다 시각적 중량감이 크다.
② 작은 것은 큰 것보다 가볍고, 크기가 큰 것은 중량감이 크다.
③ 밝은색은 시각적 중량감이 작고, 어두운색은 무겁게 느껴진다.
④ 불규칙적인 형태가 시각적 중량감이 크고, 기하학적인 형태는 가볍게 느껴진다.
⑤ 부드럽고 단순한 것은 가볍게 느껴지고, 복잡하고 거친 질감은 무겁게 느껴진다.

(3) 균형의 유형

① 대칭균형
　　㉠ 가장 완전한 균형의 상태로 공간에 질서를 주기가 용이하다.
　　㉡ 좌우에 같은 크기, 형태를 이루고 있는 것이다.
　　㉢ 완고하거나 여유, 변화가 없이 엄격, 경직될 수 있다.

② 비대칭균형
　　㉠ 좌우의 균형이 다르지만 시각적으로 균형 잡힌 듯이 느껴지는 것이다.
　　㉡ 풍부한 개성을 표현할 수 있어 능동의 균형이라고도 한다.

③ 방사균형
　　중앙을 중심으로 방사향으로 균형을 이루는 형태이다.

2) 리듬

(1) 리듬의 개념

규칙적인 요소들의 반복에 의해 통제된 운동감으로 디자인에 시각적인 질서를 부여하며, 청각적 요소의 시각화를 꾀한다. 어떤 공간에 규칙성의 흐름을 주어 경쾌하고 활기 있는 표정을 준다.

(2) 리듬의 원리

① 반복 : 디자인 구성요소인 선, 면, 형태, 질감, 무늬 등을 일정하게 반복하여 사용한다.
② 점이(점진) : 형태의 크기, 방향, 색상 등의 점차적인 변화로 생기는 증가 또는 감소함에 따라 나타나는 변천을 말한다(점이는 점진, 점증, 계조라고도 한다).
③ 대립 : 서로 다른 성격의 디자인요소가 교차할 때 나타난다.
④ 변이 : 상반된 분위기가 형성될 수 있도록 형태, 크기, 방향 등을 변화시키는 원리를 말하며 대조라고도 한다.

⑤ 방사 : 중심축으로부터 외부로 퍼져나가는 리듬감으로, 생동감 있는 분위기를 준다.

3) 강조

① 시각적인 힘의 강약에 단계를 주어 디자인 일부분에 주어지는 초점이나 흥미를 부여하는 것이다.

② 공간에서 색채나 형태를 강조함으로써 전체의 성격을 명백하게 규정하며 평범하고 단순한 실내를 흥미롭게 만드는 데 가장 효과적이다.

③ 균형과 리듬의 기초가 되어 명백하게 해주는 역할을 하고 비대칭적 균형에 많이 나타나며 대칭적이고 단조로움을 깨뜨려 흥미로운 형식을 만들어 낸다.

④ 강조는 두 곳 이상은 피하도록 하며 다른 디자인 원리가 깨지지 않도록 주의해야 한다.

⑤ 최소한의 표현으로 최대의 가치를 표현하고 미의 상승효과를 가져오게 한다.

3. 조화, 대비, 통일

1) 조화

(1) 조화의 개념

① 둘 이상의 요소들이 상호 관련성에 의해 어울림을 느끼게 되는 상태이다.

② 디자인요소의 상호관계에 미적 현상을 발생시킨다. 즉, 형태, 질감, 조명, 색, 등의 디자인요소들 중 대부분이 일관성을 띠면서도 한두 개씩 다를 때 이루어지며, 통합적으로 일체감을 느끼게 되는 현상이다.

③ 전체적인 조립이 모순 없이 질서를 갖는 것으로 다양성의 통일이다.

④ 유사조화(동일한 요소의 조합)와 대비조화(복합조화)가 있다.

(2) 조화의 종류

① 유사조화

㉠ 형식적이나 외형적으로 동일한 요소의 조합에 의하여 만들어지는 것이다.

㉡ 여성적인 편안함과 온화함, 안정감을 느끼게 하며, 단조로움과 진부함을 주의해야 한다.

② 대비조화

㉠ 질적, 양적으로 상반된 두 개의 요소가 조합되었을 때 반대성에 의해 성립하는 것이다.

㉡ 화려하고, 남성적인 이미지를 주며 지나친 사용은 난잡, 혼란스럽고 통일성을 방해한다.

핵심 문제 25 ◆◆◆

디자인 원리 중 점이(Gradation)에 관한 설명으로 옳은 것은? [23년 4회]

① 서로 다른 요소들 사이에서 평형을 이루는 상태

② 공간, 형태, 색상 등의 점차적인 변화로 생기는 리듬

③ 이질의 각 구성요소들이 전체로서 동일한 이미지를 갖게 하는 것

④ 시각적 형식이나 한정된 공간 안에서 하나 이상의 형이나 형태 등이 단위로 계속 되풀이되는 것

해설

①균형, ③통일, ④반복

점이

형태의 크기, 방향, 질감, 색상 등 단계적인 변화로 나타내는 원리로 반복의 경우보다는 동적이다.

정답 ②

핵심 문제 26 ◆◆◆

다음 중 리듬의 효과를 위해 사용되는 요소와 가장 거리가 먼 것은? [20년 3회]

① 반복   ② 강조

③ 방사   ④ 점이

해설

리듬의 원리

반복, 점이, 대립, 변이, 방사

정답 ②

핵심 문제 27 ◆◆◆

디자인의 원리 중 조화(Harmony)에 관한 설명으로 가장 적합한 것은? [19년 1회]

① 인간의 주의력에 의해 감지되는 시각적 무게의 평형 상태를 의미한다.

② 디자인요소들의 규칙적인 순환으로 나타나는 통제된 운동감을 의미한다.

③ 전체적인 구성방법이 질적, 양적으로 모순 없이 질서를 이루는 것이다.

④ 중심점으로부터 확산되거나 집중된 양상을 구성하여 리듬을 이루는 것이다.

해설

조화

둘 이상의 요소들이 상호 관련성에 의해 어울림을 느끼게 되는 상태이다.

정답 ③

③ 단순조화

　㉠ 형식적·외형적으로 시각적 제반요소의 단순화를 통하여 성립된다.

　㉡ 온화하며 부드럽고 안정감이 있으나 단조로울 경우 신선함을 상실할 우려가 있다.

④ 복합조화

　㉠ 다양한 주제와 이미지들이 요구될 때 주로 사용하는 방식이다.

　㉡ 일반적으로 다양한 요소를 사용하므로 풍부한 감성과 다양한 경험을 줄 수 있다.

2) 대비

① 질적, 양적으로 다른 둘 이상의 요소가 동시적 혹은 계속적으로 배열될 때 상호의 특징이 한층 강하게 느껴지는 통일적 현상을 말한다.

② 상반된 형상은 이질성과는 다른 것으로 색상 내에서 흑과 백, 질감에서 거칠고 부드러움, 거리상으로는 멀고 가까움, 촉감에서 차고 따뜻함 등과 같이 동일 영역 내에서 반대되는 개념의 대비가 그 대상이 된다.

③ 성질이나 질량이 전혀 다른 둘 이상의 것이 동일한 공간에 배열될 때 서로의 특징을 한층 돋보이게 하는 현상이다.

④ 대비(대조)는 모든 시각적 요소에 대하여 극적 분위기를 주는 상반된 성격의 결합에서 극적인 분위기를 연출하는 데 효과적이다.

3) 통일

(1) 통일의 개념

① 이질의 각 구성요소들이 전체로서 동일한 이미지를 갖게 하는 것으로, 변화와 함께 모든 조형에 대한 미의 근원이다.

② 다양한 요소, 소재 혹은 조건을 선택하고 정리하여 서로 관계를 맺도록 하여 하나의 완성체로 종합하는 것을 말한다.

③ 여러 요소에는 서로 관계없거나 제약, 배제되는 것 등이 있으나 이들을 원만히 연관 지어 하나의 전체로 결합시키는 계기가 통일이다.

④ 디자인 대상의 전체에 미적 질서를 주는 기본원리로 모든 형식의 출발점이다.

(2) 통일의 유형

① 정적통일

동일한 디자인요소가 적용되거나 균일한 대상물이 연속적으로 반복하여 적용될 때 나타나는 디자인 유형으로 안정감을 느끼게 한다.

핵심 문제 28 ••••

다음 설명에 알맞은 디자인 원리는?

[21년 1회]

질적, 양적으로 전혀 다른 둘 이상의 요소가 동시적 혹은 계속적으로 배열될 때 상호의 특징이 한층 강하게 느껴지는 통일적 현상을 말한다.

① 균형　　　　② 대비
③ 조화　　　　④ 리듬

해설

대비
모든 시각적 요소에 대하여 극적 분위기를 주는 상반된 성격의 결합에서 극적인 분위기를 연출하는 데 효과적이다.

정답 ②

핵심 문제 29 ••••

디자인 원리 중 디자인 대상의 전체에 미적 질서를 부여하는 것으로 변화와 함께 모든 조형에 대한 미의 근원이 되는 것은?

[14년 4회]

① 리듬　　　　② 통일
③ 강조　　　　④ 대비

해설

통일
디자인 대상의 전체에 미적 질서를 주는 기본원리로 모든 형식의 출발점이다.

정답 ②

② 동적통일

　　변화가 있고 성장성이 있는 흐름의 전개가 가능한 디자인 유형으로 생동감을 준다.

③ 양식통일

　　동시대적 양식을 나열하거나 기능의 유사성을 이용하여 통일감을 형성한다.

❸ 공간 기본 구상 및 계획

1. 조닝계획

1) 조닝(Zoning)의 개념

공간은 비슷한 기능을 가진 공간끼리 인접하여 배치하거나 인간의 행동, 사용빈도, 사용시간 등을 고려하여 연관되어 사용할 수 있도록 '공간을 구획'할 수 있다. 이를 공간의 구역화(Zoning) 또는 존(Zone)이라고 한다.

2) 조닝계획 시 고려사항

단위공간 사용자의 특성, 사용목적, 사용시간, 사용빈도, 행동반사

2. 동선계획

1) 동선의 개념

사람이나 물건이 움직이는 선을 연결한 것으로 평면공간 구상에서 동선의 표현을 통해 필요 없는 가구, 장애물을 확인하여 제거하거나 재배치하는 것을 동선(Circulation)이라 한다.

2) 동선의 계획

① 인간의 움직임을 평면도에 선을 이용하여 표현한 것으로, 동선의 시작에서 목적지에 도달하는 지점까지 자연스럽고 원활한 흐름이 되어야 한다.

② 동선이 복잡해질 경우는 별도의 통로공간을 두어 동선을 독립시키며 동선은 대체로 짧을수록 효율적이지만 공간의 성격에 따라 길게 하여 오래 머물도록 유도되기도 한다.

　㉠ 짧아야 하는 동선 : 주택에서 주부의 동선, 상업공간에서 종업원의 동선

　㉡ 길어야 하는 동선 : 상업공간에서의 손님의 동선(충동구매의 효과, 판매 증대의 효과)

③ 서로 다른 동선은 가능한 분리시키고 필요이상의 교차는 피한다.

핵심 문제 30 ••••

이질(異質)의 각 구성요소들이 전체로서 동일한 이미지를 갖게 하는 것으로, 변화와 함께 모든 조형에 대한 미의 근원이 되는 원리는? [20년 4회]

① 조화　　　　② 강조
③ 통일　　　　④ 균형

해설

통일

이질의 각 구성요소들이 동일한 이미지를 갖게 하는 것으로 변화와 함께 모든 조형에 대한 미의 근원이 되며 하나의 완성체로 종합하는 것을 말한다.

정답 ③

핵심 문제 31 ••••

다음 중 조닝(Zoning)계획에서 존(Zone)의 설정 시 고려할 사항과 가장 거리가 먼 것은? [19년 4회]

① 사용빈도　　② 사용시간
③ 사용행위　　④ 사용재료

해설

조닝계획(Zoning)

행동의 목적, 사용시간, 사용빈도, 사용행위, 사용목적, 사용자의 범위, 사용자의 특성에 따른 분류로 구분하여 조닝한다.

정답 ④

핵심 문제 32 ••••

동선계획에 관한 설명으로 옳은 것은? [19년 2회]

① 동선의 속도가 빠른 경우 단 차이를 두거나 계단을 만들어 준다.
② 동선의 빈도가 높은 경우 동선거리를 연장하고 곡선으로 처리한다.
③ 동선이 복잡해질 경우 별도의 통로공간을 두어 동선을 독립시킨다.
④ 동선의 하중이 큰 경우 통로의 폭을 좁게 하고 쉽게 식별할 수 있도록 한다.

해설

동선계획

동선이 복잡해질 경우 별도의 통로공간을 두어 동선을 독립시키며 동선은 대체로 짧을수록 효율적이지만 공간의 성격에 따라 길게 하여 오래 머물도록 유도되기도 한다.

정답 ③

④ 중요한 동선부터 우선 처리하고 교통량이 많은 동선은 직선으로 최단거리로 한다.

3) 동선의 3요소

빈도, 하중, 속도

4) 동선의 유형

(1) 직선형

최단거리의 연결로 통과시간이 가장 짧다.

(2) 방사형

중앙에서 시작하여 바깥쪽으로 주위를 회전하면서 목적지로 가는 동선이다.

(3) 격자형

규칙적인 간격을 두고 정방형 공간을 가짐으로써 평행하는 동선이다.

(4) 혼합형

모든 형을 종합하여 사용하며, 통로 간에 위계질서를 갖도록 한다.

❹ 실내디자인요소

1. 고정적 요소

1차적 요소는 바닥, 벽, 천장, 기둥, 보, 계단, 개구부를 말한다.

1) 바닥

(1) 바닥의 개념

① 실내공간을 구성하는 기초적 요소로서 수평적 요소이다.
② 인간 생활을 지탱하며 시각적, 촉각적 요소와 밀접한 관계를 갖는다.

(2) 바닥의 기능

① 습기와 추위로부터 보호하며 사람의 보행과 가구배치를 위한 기준면을 제공한다.
② 벽이나 천장에 비해 변형이 쉽지 않고 제약을 많이 받아 고정적이다.
③ 고저차가 가능하여 필요에 따라 공간의 영역을 조정할 수 있다.
④ 안정성, 견고성, 내구성, 유지관리성 등을 고려하여 선택해야 한다.

핵심 문제 33 ◆◆◆

동선의 3요소에 속하지 않는 것은?
[15년 2회]

① 시간   ② 하중
③ 속도   ④ 빈도

해설

동선의 3요소
빈도, 하중, 속도

정답 ①

핵심 문제 34 ◆◆◆

실내공간 구성요소 중 바닥에 관한 설명으로 옳지 않은 것은?
[20년 4회]

① 바닥차가 없는 경우 색, 질감, 재료 등으로 공간의 변화를 줄 수 있다.
② 신체와 직접 접촉되는 요소로서 촉각적인 만족감을 중요시해야 한다.
③ 상승된 바닥면은 공간의 흐름이 연속되고 주위공간과 연계성이 강조된다.
④ 다른 요소들이 시대와 양식에 의한 변화가 현저한 데 비해 매우 고정적이다.

해설

상승된 바닥은 기준면보다 높거나 낮으면 공간의 흐름이 끊겨 공간과 분리가 된다.

정답 ③

2) 벽

(1) 벽의 개념

① 실내공간을 에워싸는 수직적 요소로 수평방향을 차단하여 공간을 형성한다.

② 공간의 형태와 크기를 결정하며 공간과 공간을 구분한다.

(2) 벽의 기능

① 실내공간 구성요소 중 가장 많은 면적을 차지하며 일반적으로 가장 먼저 인지된다.

② 인간의 시선이나 동선을 차단하고 외부의 침입 방어 · 안전 및 프라이버시를 확보한다.

③ 공간과 공간을 구분하고 공간의 형태에 영향을 끼치는 윤곽적 요소이다.

④ 단열 및 소음 차단, 도난 방지 등에 중요한 역할을 한다.

⑤ 시각적 대상물이 되거나 공간에 집중이 되는 요소가 되기도 한다.

⑥ 가구, 조명 등 실내에 놓이는 설치물에 대해 배경적 요소가 되기도 한다.

(3) 높이에 따른 종류

벽의 높이에 따라 시각적 특성을 달리하게 되며 높이를 결정할 때에는 공간의 용도와 목적에 맞게 심리적인 면을 충분히 고려해야 한다.

① 상징적 벽체 – 600mm 이하

두 공간을 상징적으로 분리하고 구분하여 공간 상호 간에는 통행이 용이하다.

② 개방적 벽체 – 1,200mm 이상 1,500mm 이하

공간을 감싸는 분위기 조성과 시선의 개방 및 프라이버시를 제공하는 데 유효하다. 눈높이 정도가 1,500mm인 벽은 공간을 분할하기 시작한다.

③ 차단적 벽체 – 1,800mm 이상

눈높이보다 높은 벽체로 시각적으로 완전히 차단되어 프라이버시가 보장된다.

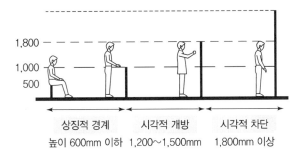

[벽의 높이에 따른 시각적 특성]

핵심 문제 35 ◆◆◆

벽에 관한 설명으로 옳지 않은 것은?
[21년 4회]

① 실내공간의 형태와 규모를 결정하는 기본적인 요소이다.

② 외부환경으로부터 인간을 보호하고 프라이버시를 지켜준다.

③ 다른 요소들에 비해 시대와 양식에 의한 변화가 거의 없다.

④ 일반적으로 벽의 높이가 600mm 정도이면 공간을 한정할 수 있지만 감싸는 효과는 없다.

해설

벽은 다른 요소들에 비해 조형적으로 가장 자유롭고 바닥은 다른 요소들에 비해 시대와 양식에 변화가 없다.

정답 ③

핵심 문제 36 ◆◆◆

실내공간 구성요소 중 벽에 관한 설명으로 옳지 않은 것은?
[12년 1회]

① 높이 600mm 이하의 벽은 상징적 경계로서 두 공간을 상징적으로 분할한다.

② 높이 1,200mm 정도의 벽은 통행은 어려우나 시각적으로 개방된 느낌을 준다.

③ 실내공간 구성요소 중 가장 많은 면적을 차지하며 일반적으로 가장 먼저 인지된다.

④ 인간의 시선과 동작을 차단하며 소리의 전파, 열의 이동을 차단하는 수평적 요소이다.

해설

벽은 인간의 시선과 동작을 차단하며 소리의 전파, 열의 이동을 차단하는 수직적 요소이다.

정답 ④

3) 천장

(1) 천장의 개념

① 상부층 슬래브(Slab)의 아래에 조성되어 실내공간을 형성하는 수평적 요소
이다.

② 접촉빈도가 낮으나 소리, 빛, 열 및 습기환경의 중요한 조절매체가 된다.

(2) 천장의 기능

① 시각적 흐름이 최종적으로 멈추는 곳이다.

② 조형적으로 형태, 패턴, 색채의 변화를 통해 다양한 공간의 변화를 줄 수
있다.

③ 천장의 일부를 높이거나 낮추는 것을 통해 공간의 영역을 한정할 수 있다.

④ 낮은 천장은 아늑한 느낌을, 높은 천장은 확대감을 준다.

(3) 천장의 유형

[나비형] [단저형] [물매형] [호형(코브형)] [꺾임형]

4) 기둥

① 기둥은 공간 내의 수직적인 요소로 상부의 하중을 지지하는 구조적인 요소이다.

② 상부로부터의 하중, 특히 보가 전달하는 하중을 받고 이에 수직 전달한다.

③ 내부공간에 위치한 기둥은 수와 위치에 따라 공간을 분할하거나 동선을 유도
한다.

5) 보

① 보는 바닥판(Slab) 아래에 위치한 수평적 요소이다.

② 상부로부터의 하중을 받아 기둥으로 전달하는 중요한 구조재이다.

③ 바닥에 작용하는 하중을 기둥이나 벽에 전달하는 역할을 한다.

6) 계단

(1) 계단의 개념

수직적으로 공간을 연결하는 상하 통행공간이다.

(2) 계단 설치 시 고려사항

① 통행자의 밀도, 빈도, 연령, 통행자의 상태에 따라 고려되어야 한다.

② 큰 규모의 공간일 경우 계단실을 내부에 도입해서 동적인 공간으로 처리한다.

③ 재료나 구조방법은 공간의 성격, 공간구성, 내구성, 경제성을 고려해야 한다.

④ 직선계단, 꺾인 계단, U자 계단, 나선계단, 곡선계단 등이 있다.

⑤ 계단의 단 높이, 단 너비는 건물의 용도에 따라 다르며 건축법(제16조 계단의 설치기준)에 규정되어 있다.

◆ 계단의 설치기준

계단의 종류	유효폭	단 높이	단 너비
공동으로 사용하는 계단	120cm 이상	18cm 이하	26cm 이상
건축물의 옥외계단	90cm 이상	20cm 이하	24cm 이상

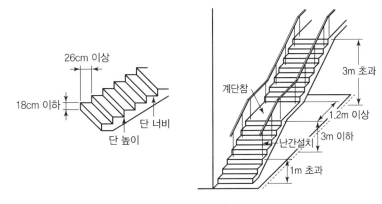

[계단의 설치기준]

⑥ 연면적 200m²를 초과하는 건축물에 설치하는 계단의 설치기준(건축물의 피난·방화구조 등의 기준에 관한 규칙 제15조제2항)

㉠ 높이 3m를 넘는 계단에는 높이 3m 이내마다 유효너비 120cm 이상의 계단참을 설치한다.

㉡ 높이 1m를 넘는 계단 및 계단참의 양옆에는 난간(벽 또는 이에 대치되는 것 포함)을 설치한다.

㉢ 너비 3m를 넘는 계단에는 계단의 중간에 너비 3m 이내마다 난간을 설치한다(단, 계단의 단 높이가 15cm 이하이고, 계단의 단너비가 30cm 이상인 경우에는 예외).

㉣ 계단의 유효높이(계단의 바닥면부터 상부 구조의 하부 마감면까지의 연직방향의 높이)는 2.1m 이상으로 설치한다.

핵심 문제 40 ◆◆◆

개구부에 관한 설명으로 옳지 않은 것은?
[16년 1회]

① 한 공간과 인접된 공간을 연결한다.
② 가구배치와 동선계획에 영향을 미친다.
③ 벽체를 대신하여 건축구조 요소로 사용된다.
④ 창의 크기와 위치, 형태는 창에서 보이는 시야의 특징을 결정한다.

해설

개구부
문, 창문같이 벽의 일부분이 오픈된 부분을 말하며 건축구조 요소에 속하지 않는다.

정답 ②

핵심 문제 41 ◆◆◆

실내 구성요소 중 문에 관한 설명으로 옳지 않은 것은?
[17년 4회]

① 실내에서의 문의 위치는 내부공간에서의 동선을 결정한다.
② 사람이 출입하는 문의 폭은 일반적으로 900mm 정도이다.
③ 문의 치수는 기본적으로 사람의 출입을 기준으로 결정된다.
④ 여닫이문은 문틀의 홈으로 2~4개의 문이 미끄러져 닫히는 문이다. 일반적으로 슬라이딩 도어라고 한다.

해설

여닫이문
문틀에 경첩을 달아 작동이 용이하고, 개폐 시 회전을 위한 허용공간이 필요하다. 또한 개폐방법에 따라 안여닫이, 밖여닫이로 구분한다.

정답 ④

핵심 문제 42 ◆◆◆

다음과 같은 특징을 갖는 문의 종류는?
[21년 3회]

• 출입하는 사람이 충돌할 위험이 없으며 방풍실을 겸할 수 있는 장점이 있다.
• 호텔이나 은행 등 사람의 출입이 많은 장소에 설치된다.

① 회전문   ② 접이문
③ 미닫이문   ④ 여닫이문

해설

회전문
원통을 중심축으로 서로 직교하는 4짝문을 달아 회전시키는 문으로 출입하는 사람이 충돌할 위험이 없으며 방풍실을 겸할 수 있는 장점이 있다.

정답 ①

7) 개구부

(1) 개구부의 개념

① 문, 창문같이 벽의 일부분이 오픈된 부분을 말한다.
② 건축물의 표정과 실내공간의 성격을 규정하는 요소로, 프라이버시 확보의 역할을 한다.

(2) 개구부의 기능

① 공간과 공간을 연결하는 기능과 통풍 및 채광의 기능을 가지고 있다.
② 문, 창문, 특수개구부가 있으며 특수개구부에는 점검구, 환기구 등이 포함되어 있다.

(3) 문

사람과 물건이 실내외로 출입하기 위한 개구부로, 실의 성격과 사용목적, 공간의 동선계획, 실내분위기, 실내외부의 연관성 등에 따라 문의 크기나 형태가 결정되며 사람이 출입할 수 있는 폭은 600~900mm 정도 치수로 계획한다.

① 문의 기능

㉠ 공간을 연결하는 개구부로서 실내공간의 구성 패턴, 사용목적 등에 의해 결정된다.
㉡ 실내공간을 규정짓는 중요한 요소로서 프라이버시 확보의 역할을 한다.
㉢ 문의 치수는 사람이나 물건의 동선, 빈도에 따라 계획한다.
㉣ 문의 위치는 가구배치와 동선에 결정적인 영향을 미친다.

② 문의 종류

여닫이문	안여닫이, 밖여닫이로 구분하며 개폐 시 허용공간이 필요하다.
미서기문	두 줄로 홈을 파서 문 한짝을 다른 한짝 옆에 밀어붙이게 한 것이다.
미닫이문	문짝을 밑틀에 레일을 밀어서 문이 개폐되어 열리고 닫히는 문이다.
접이문	문짝이 접히거나 펼쳐지는 형식으로 개폐되는 문이다(주름문, 아코디언 도어, 폴딩 도어).
회전문	원통형의 중심축으로 서로 직교하는 4짝문을 달아 회전시키는 문이다.
자동문	출입자의 움직임을 감지하여 자동으로 개폐되는 문이다.

(4) 창문

채광, 통풍, 환기, 전망을 주목적으로 설치되는 것으로 실의 용도나 방위, 기후, 장식적 효과 등을 고려하여 크기, 형태, 위치 등이 결정된다.

① 창문의 기능

　　㉠ 인접한 공간과 공간을 시각적으로 연결, 확장한다.

　　㉡ 창의 크기와 위치, 형태는 창에서 보이는 시야를 결정짓는다.

　　㉢ 실내공간에 교차환기가 이루어질 수 있도록 계획해야 한다.

　　㉣ 창문의 방향은 냉난방을 해결하는 데 최선의 방법이다.

② 개폐방식에 의한 종류

고정창	열리지 않는 고정된 창으로 채광과 조망을 위해 설치하여 빛을 유입시키는 기능을 한다(종류 : 베이 윈도, 픽처 윈도, 고창 등).
여닫이창	좌우측의 창을 각각 여닫으며 창문이 열리는 만큼 여유공간이 필요하다.
미서기창	두 줄의 홈을 파서 두 장의 창문을 좌우로 움직여 개폐되는 방식이다.
오르내리기창	창을 상하로 오르내릴 수 있도록 개폐의 방향이 수직인 창문이다.
회전창	회전축을 설치하여 창의 넓이만큼 개폐를 자유롭게 조절 가능하다.

③ 위치에 의한 종류

측창	채광량이 적어 눈부심이 적고 물체의 명암을 확실하게 해주어 입체감이 좋으며 일반적인 창으로 편측창, 양측창, 고정창, 정측창이 있다. • 정측창 : 직사광선의 실내 유입이 많아 미술관, 박물관에서 사용된다. • 편측창 : 실 전체의 조도 분포가 비교적 균일하지 못하다는 단점이 있다.
고창	• 눈높이보다 높고 창의 상부가 천장면이나 그 아래에 설치하여 조도 분포가 균일하게 할 수 있어 채광 및 프라이버시 확보에 유리하다. • 천장면 가까이에 높게 위치한 창으로 주로 환기를 목적으로 설치된다.
천창	• 지붕이나 천장면에 채광·환기를 목적으로 설치하여 조도 분포를 균일하게 할 수 있으며 벽면의 활용성을 높일 수 있다. • 빗물처리 및 비막 유지보수가 용이하지 않다.

2. 가동적 요소

　2차적 요소는 일광조절장치, 직물, 장식물, 가구 등이며, 그중 일광조절장치는 창문을 통해 입사되는 빛의 조절기능, 열과 음의 차단, 온도의 조절기능, 실내의 프라이버시를 차단하고 인테리어적인 기능이 있다.

1) 커튼

　(1) 드레이퍼리 커튼(Drapery Curtain)

　　창문에 느슨하게 걸려 있는 무거운 커튼으로 방음성, 보온성, 차광성 등의 효과를 가지는 커튼이다.

핵심 문제 45 ◆◆◆

창문 전체를 커튼으로 처리하지 않고 반 정도만 친 형태를 갖는 커튼의 종류는?

[17년 2회]

① 새시 커튼　　② 글라스 커튼
③ 드로우 커튼　④ 드레이퍼리 커튼

해설

새시 커튼
창문 전체를 반 정도만 가리도록 만든 형태의 커튼이다.

정답 ①

핵심 문제 46 ◆◆◆

날개의 각도를 조절하여 일광, 조망 그리고 시각의 차단 정도를 조정하는 수평형 블라인드는?

[20년 4회]

① 롤 블라인드(Roll Blind)
② 로만 블라인드(Roman Blind)
③ 버티컬 블라인드(Vertical Blind)
④ 베네시안 블라인드(Venetian Blind)

해설

베네시안 블라인드(Venetian Blind)
수평블라인드로 날개각도를 조절하여 일광, 조망 그리고 시각의 차단 정도를 조정할 수 있지만, 날개 사이에 먼지가 쌓이기 쉽다.

정답 ④

핵심 문제 47 ◆◆◆

다음 설명에 알맞은 블라인드의 종류는?

[14년 1회, 18년 4회, 19년 4회, 21년 1회]

• 셰이드 블라인드라고도 한다.
• 천을 감아올려 높이 조절이 가능하며 칸막이나 스크린의 효과도 얻을 수 있다.

① 롤 블라인드
② 로만 블라인드
③ 버티컬 블라인드
④ 베네시안 블라인드

정답 ①

(2) 글라스 커튼(Glass Curtain)

투시성이 있는 소재의 얇은 커튼으로 유리면 바로 앞에 설치하여 실내에 빛을 유입하는 형태의 커튼이다.

(3) 드로우 커튼(Draw Curtain)

반투명하거나 불투명한 직물로 창문 위에 설치하여 좌우로 끌어당겨 개폐하는 형태의 커튼이다.

(4) 새시 커튼(Sash Curtain)

창문 전체를 반 정도만 가리도록 만든 형태의 커튼이다.

2) 블라인드

(1) 베네시안 블라인드(Venetian Blind)

수평블라인드로 날개각도를 조절하여 일광, 조망 그리고 시각의 차단 정도를 조정할 수 있지만, 날개 사이에 먼지가 쌓이기 쉽다.

(2) 버티컬 블라인드(Vertical Blind)

수직블라인드로 수직의 날개가 좌우로 동작이 가능하여 좌우 개폐 정도에 따라 일광, 조망의 차단 정도를 조절한다.

(3) 롤 블라인드(Roll Blind)

셰이드라고도 하며 천을 감아올려 높이 조절이 가능하고, 칸막이나 스크린의 효과도 얻을 수 있다.

(4) 로만 블라인드(Roman Blind)

천의 내부에 설치된 체인에 의해 당겨져 아래가 접혀 올라가는 것으로 풍성한 느낌과 우아한 분위기를 조성할 수 있다.

3) 루버

평평한 부재를 전면에 설치하여 일조를 차단하는 것으로 창 전면에 설치하여 환기, 일조량을 조절하며 수직형, 수평형, 격자형 등이 있다.

3. 심미적 요소

3차적 요소는 조명, 재료와 질감, 색채, 그래픽 등을 말한다.

1) 조명의 정의

조명은 물체의 형태를 지각하고 쾌적한 활동이 이루어질 수 있도록 양적으로는 적정 조도를 부여하고 질적으로는 광원들의 스펙트럼 구성에 따른 빛의 내용을 파악, 효율적인 공간 연출의 매개수단이 된다. 또한 개구부를 통한 태양광의 자연조명과 인공광원을 사용한 인공조명으로 구분할 수 있다.

구분	내용	단위
조도 (Illuminance)	밝기를 표시한 것으로 작업면에 도달하는 빛을 양	lx(lux)
휘도 (Luminance)	빛을 발하거나 빛을 받아 반사하는 표면의 밝기	nt(nit), cd/m²

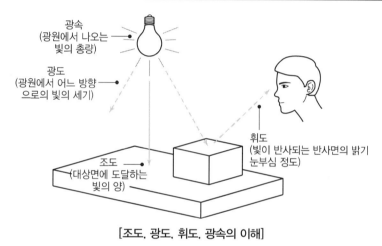

[조도, 광도, 휘도, 광속의 이해]

2) 조명의 4요소

명도, 대비, 크기, 움직임(노출시간)

3) 조명의 분류

(1) 조명방식에 의한 분류

① 전반조명(전체조명)

조명기구를 일정한 높이의 간격으로 배치하여 실 전체를 균등하게 조명하는 방법으로 전체조명이라고도 한다. 대체로 편안하고 온화한 분위기를 조성한다.

② 국부조명

일정한 장소에 높은 조도로 집중적인 조명효과를 주는 방법으로 하나의 실에서 영역을 구획하거나, 물품을 강조하기 위한 악센트조명으로 구분된다.

핵심 문제 48 ◆◆◆

단위 면적당 표면에서 반사 또는 방출되는 빛의 양을 무엇이라 하는가?
[19년 2회]

① 조도   ② 휘도
③ 광도   ④ 반사율

해설

- 휘도 : 단위면적당 표면에서 반사 또는 방출하는 빛의 양
- 광도 : 광원에서 어느 방향으로 나오는 빛의 세기를 나타내는 양
- 조도 : 어떤 물체가 표면에 도달하는 빛의 단위면적당 밀도
- 반사율 : 표면에 도달하는 빛과 결과로서 나오는 광도와의 관계

정답 ②

핵심 문제 49 ◆◆◆

비교적 면적이 작고 정해진 부분에 높은 조도로 집중적인 조명효과가 필요한 곳에 이용되는 조명방식은?
[21년 2회]

① 전반조명   ② 국부조명
③ 장식조명   ④ 기능조명

해설

국부조명
일정한 장소에 높은 조도로 집중적인 조명효과를 주는 방법으로 하나의 실에서 영역을 구획하거나, 물품을 강조하기 위한 악센트조명으로 구분된다.

정답 ②

③ 장식조명

실내에 생동감을 주고 조명기구 자체가 장식품과 같은 분위기를 연출한다.
펜던트(Pendant), 샹들리에(Chandelier), 브래킷(Bracket) 등이 있다.

(2) 배광방식에 의한 분류

① 직접조명

빛의 90~100%를 사용하고자 하는 방향으로 직접 투사시키는 방식으로 경제적이며 조명효율은 높으나 조도 분포가 불균일하다. 눈부심현상과 강한 그림자가 생기는 단점이 있다.

② 반직접조명

빛의 60~90%를 사용하고자 하는 방향으로 향하도록 투사하는 방식이다. 직접 표면을 향해 아래로 비추고 적은 양의 빛은 천장면으로 향한다. 광원을 감싸는 조명기구에 의해 상하 모든 방향으로 빛이 확산된다.

③ 전반확산조명(직접간접조명)

빛의 40~60%로 균등하게 확산 분배되는 조명방식이다. 직접간접조명과 간접조명방식을 병용하여 위·아래로 향하는 빛 전반확산조명이라고 한다.

④ 간접조명

빛의 90~100%를 반사면에 투과시켜 반사광으로 조도를 구하는 조명방식이다. 천장이나 벽에 투사하여 반사, 확산된 광원을 이용하는 것으로 눈부심이 없고 조도 분포가 균등하나 조명의 효율이 낮고 유지보수가 힘들어 비경제적이다.

⑤ 반간접조명

빛의 60~90%를 반사면에 투사시킨 반사광과 나머지는 직접 투사되는 조명방식이다. 조도의 균질성이 있고 그늘짐이 부드러우며 눈부심이 적다.

직접조명	반직접조명	전반확산 조명	반간접조명	간접조명
↑ 0~10%	↑ 10~40%	↑ 40~60%	↑ 60~90%	↑ 90~100%
↓ 90~100%	↓ 60~90%	↓ 40~60%	↓ 10~40%	↓ 10~0%

핵심 문제 50 ◆◆◆

조명의 배광방식에 관한 설명으로 옳지 않은 것은?   [21년 1회]
① 반간접조명은 조도가 균일하고 은은하며 전반확산조명이라고도 한다.
② 직접조명은 경제적이지만 눈부심현상과 강한 그림자가 생기는 단점이 있다.
③ 간접조명은 상향광속이 90~100%로, 반사광으로 조도를 구하는 조명방식이다.
④ 반직접조명은 마감재의 반사율에 의해 밝기의 정도가 영향을 받게 되므로 마감재의 질감과 색채 등을 고려한다.

해설

반간접조명은 조도가 균일하고 은은하며 부드러워 눈부심현상도 거의 생기지 않는다. 반면 전반확산조명은 직접간접조명이라고 불리며, 직접조명과 간접조명의 중간방식으로 방 전체를 균일하게 조명하는 방식이다.

정답 ①

핵심 문제 51 ◆◆◆

조명방법 중 간접조명에 관한 설명으로 옳은 것은?   [15년 2회]
① 작업상 필요한 장소만 조명하는 방법이다.
② 효율이 좋으나 음영이 생기기 쉽다.
③ 광원을 천장에 매달기 때문에 파손의 위험이 적으나 전력소비량이 많다.
④ 광이 천장면이나 벽면에 부딪친 다음 반사된 광선이 조명면에 비치는 방법이다.

해설

간접조명

천장이나 벽에 투사하여 반사, 확산된 광원을 이용하는 것으로 눈부심이 없고 조도 분포가 균등하다.

정답 ④

(3) 설치방식에 의한 분류

① 매입형
조명기구를 천장 속에 매입시켜 조명기구가 보이지 않는 방식으로 빛이 수직으로 하향 직사한다. 일명 다운라이트(Downlight)라고 한다.

② 직부형
조명기구를 천장면에 부착시키는 방식으로 배광이나 조명효율은 좋으나 매입등보다 눈부심현상이 일어나는 단점이 있다.

③ 벽부형
조명기구를 벽체에 부착하여 빛이 투사하는 방식으로 브래킷(Bracket)으로 불린다. 부착되는 위치가 시선 내에 있으므로 휘도 조절이 가능한 조명기구나 휘도가 낮은 광원을 사용한다.

④ 펜던트
천장에 파이프나 와이어로 조명기구를 매단 방식으로 시야 내에 조명이 위치하면 눈부심현상이 일어나므로 휘도를 조절하거나 상하이동이 가능한 것이 좋다.

⑤ 이동형
조명기구를 필요에 따라 자유로이 이동시켜 사용 시 융통성이 좋다. 배광방식에 따라 장식적, 기능적, 보조 조명 등으로 다양하게 사용된다. 테이블스탠드, 플로어스탠드 등이 있다.

4) 건축화조명

건축화조명이란 건축구조체의 일부분이나 구조적인 요소를 이용하여 조명하는 방식으로 조명이 건축과 일체가 되고 건축의 일부가 광원화되는 것을 말한다.

(1) 광천장조명(Luminous Ceiling Light)
건축구조체로 천장에 조명기구를 설치하고 그 밑에 루버나 유리, 플라스틱 같은 확산투과판으로 천장을 마감처리하는 조명방식이다. 천장면 전체가 발광면이 되고 균일한 조도의 부드러운 빛을 얻을 수 있다.

(2) 광창조명(Luminous Beam Light)
광원을 넓은 면적의 벽면 또는 천장에 매입하는 조명방식으로 비스타(Vista)적인 효과를 낼 수 있다. 또한 광원을 확산판이나 루버로 걸러 은은한 분위기를 낸다.

(3) 코브조명(Cove Light)

천장, 벽의 구조체 안에 조명기구를 매입시키고 광원의 빛을 가린 후 반사광으로 간접 조명하는 방식이다. 조도가 균일하며 눈부심이 없고 보조조명으로 주로 사용된다.

(4) 밸런스조명(Balance Light)

창이나 벽의 커튼 상부에 설치하는 방식의 조명이다. 상향 조명일 경우 천장에 반사하는 간접조명으로 전체조명 역할을 하고 하향 조명일 경우 벽이나 커튼을 강조한다.

(5) 코니스조명(Cornice Light)

벽면의 상부에 위치하여 모든 빛이 아래로 직사하도록 하는 조명방식이다.

(6) 캐노피조명(Canopy Light)

벽면이나 천장면의 일부에 돌출로 조명을 설치하여 강한 조명을 아래로 비추는 조명방식이다. 카운터 상부, 욕실의 세면대 상부 등에 설치된다.

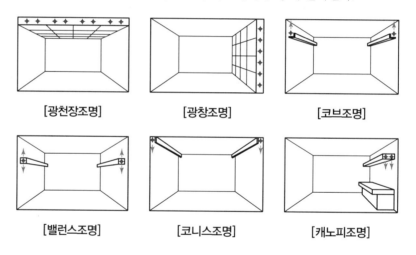

[광천장조명]　　[광창조명]　　[코브조명]

[밸런스조명]　　[코니스조명]　　[캐노피조명]

5) 광원의 종류

(1) 백열등

① 전류를 필라멘트에 흘려보내서 빛을 얻는 광원으로 연색성이 좋고 점등이 빠르며 배광의 억제가 용이하다.
② 전력소비가 많아 효율이 낮으며 실온 상승의 원인이 된다.

(2) 형광등

① 수은과 아르곤의 혼합가스를 봉입한 방전등의 일종으로 발광 시 열이 발생되지 않는다.

② 연색성이 좋고 경제적이며 비교적 수명이 길고 눈부심이 없는 편이다.

③ 조명의 효율이 좋아 실내조명에 많이 사용한다.

(3) 할로겐램프

① 백열등의 단점을 개량한 것으로 전구에 할로겐을 넣어 필라멘트의 소모를 억제하고 수명이 길다.

② 연색성이 좋아 안정된 빛을 얻을 수 있으며, 태양광과 흡사하다.

③ 흑화현상을 방지하는 램프이다.

(4) 수은등

① 방전등의 일종으로 휘도가 높고 자외선을 다량으로 발하므로 효율이 비교적 높다.

② 수명이 길고 가격이 저렴하지만, 점등시간이 다소 걸리며 연색성이 떨어진다.

③ 주로 스포츠시설, 강당, 전시장, 특히 천장이 높은 실내에 적합하다.

(5) 메탈할라이드등

① 고압수은등의 효율 및 연색성을 한층 더 개선하기 위하여 수은 외에 메탈펄라이트를 첨가한 수은등의 일종이다.

② 발광효율과 연색성이 우수하여 미술관, 상점, 경기장 등에 사용된다.

(6) 나트륨등

① 다른 광원에 비해 발광효율이 높으며 수명도 길지만 연색성이 나쁘고 설비비, 유지비가 비싼 편이다.

② 주로 가로등, 터널, 체육관, 도로, 광장 등에 사용된다.

6) 조명의 연출요소

(1) 연색성

① 광원에 의하여 조명되어 나타나는 물체의 색을 연색이라 하고, 태양광(주광)을 기준으로 하여 어느 정도 주광과 비슷한 색상을 연출할 수 있는지 나타내는 지표를 말한다.

② 어떠한 물체든지 자연광과 인공조명에서 비교해 보면 색감이 서로 다르게 보이는데 이를 연색성이라 한다.

③ 백열등의 조명에서는 빨간색, 노란색이 강조되어 대체로 붉은 계통의 색은 생생하게 보이는 반면, 회색, 푸른색 계통의 색은 침체되어 보인다.

④ 형광등의 조명에서는 파란색, 녹색이 강조되어 푸른 계통의 색은 선명하고 보다 서늘하게 보이고 빨간색은 흐릿하게 보인다.

핵심 문제 57 ◆◆◆

다음 중 연색성이 가장 우수한 것은?

[17년 4회]

① 할로겐전구
② 고압수은램프
③ 고압나트륨램프
④ 메탈할라이드램프

해설

연색성

할로겐램프(전구, Ra : 100) > 메탈할라이드램프(Ra : 78) > 고압나트륨램프(Ra : 29) > 고압수은램프(Ra : 25)

정답 ①

핵심 문제 58 ◆◆◆

조명에 의하여 물체의 색을 결정하는 광원의 성질은?

[22년 2회]

① 조명성　　② 기능성
③ 연색성　　④ 조색성

해설

연색성

같은 물체색이라도 조명에 따라 색이 다르게 보이는 현상이다.

정답 ③

핵심 문제 59 ◆ ◆ ◆

광원의 온도가 높아짐에 따라 광원의 색이 변한다. 색온도 변화의 순으로 옳게 짝지어진 것은?   [14년 4회]
① 빨간색, 주황색, 노란색, 파란색, 흰색
② 빨간색, 주황색, 노란색, 흰색, 파란색
③ 빨간색, 주황색, 파란색, 보라색, 흰색
④ 빨간색, 주황색, 노란색, 파란색, 보라색

해설

색온도
온도에 따라 어두운 빨강 → 빨강 → 오렌지 → 노랑 → 흰색 → 파랑의 과정으로 변한다.

정답 ②

⑤ 단일 광원으로 전체를 조명하는 것보다 2종류 이상의 광원을 혼합하여 사용하는 것이 연색성을 좋게 한다.

(2) 색온도

① 물체의 온도에 따라 빛의 색이 변하는데 저온도의 경우 발생하는 빛의 색은 붉은색으로 변하고 온도가 높아지면 빛이 달라진다. 이와 같이 온도에 따라 색이 변하는 것을 색온도라 한다.

② 온도에 따라 어두운 빨강 → 빨강 → 오렌지 → 노랑 → 흰색 → 파랑의 과정으로 변한다.

(3) 조명과 마감재료

① 재료와 마감 처리에 따라 재질감이 다르게 나타나기 때문에 표면재질감의 광택과 요철은 조명과 깊은 관계를 가지고 있다.

② 백열등은 지향성(指向性)의 빛이어서 광택이 뚜렷하고 요철이 명쾌하게 나타나 질감의 효과가 뚜렷이 표현된다.

③ 형광등은 확산되는 빛을 발하므로 부드러운 재질감을 느끼게 한다.

④ 조도가 크면 음영이 뚜렷해 재질감, 입체감이 강조되므로 확산광이 필요하다.

⑤ 밝은 고명도의 마감재일 경우 반사율이 높아져 더욱 밝게 느껴지며 어두운 저명도일 경우는 반사율이 낮아져 빛을 흡수하게 되므로 실내가 어두워 보인다.

(4) 조명과 공간감

① 조명은 주어진 공간을 축소·확대시키거나 긴장, 이완시키므로 시각적, 심리적 효과의 연출요소로 해석이 가능하다.

② 조명에 의한 실내의 벽, 바닥, 천장면의 명암은 천장의 높이 변화 등에 영향을 미치는 중요한 요소이다.

③ 어두운 벽면은 공간을 축소시켜 보이게 하는 반면 밝은 벽면은 확장시켜 보이고 어두운 천장은 시각적으로 낮게 보인다.

7) 조명의 연출기법

(1) 강조(Highlighting)기법

물체를 강조하거나 시야 내의 어느 한 부분에 주의를 집중시키고자 할 때 사용하는 기법이며 하이라이팅(Highlighting)이라고도 한다.

(2) 빔플레이(Beam Play)기법

강조하고자 하는 물체에 광선을 비추어 광선 그 자체가 시각적인 특성을 지니게 하는 기법으로 공간에 생동감을 준다.

핵심 문제 60 ◆ ◆ ◆

조명의 연출기법 중 강조하고자 하는 물체에 의도적인 광선을 조사시킴으로써 광선 그 자체가 시각적인 특성을 지니게 하는 기법은?
① 강조기법   ② 월워싱기법
③ 빔플레이기법   ④ 그림자연출기법

해설

빔플레이기법(Beam Play)
강조하고자 하는 물체에 광선을 비추어 광선 그 자체가 시각적인 특성을 지니게 하는 기법으로 공간에 생동감을 준다.

정답 ③

(3) 월워싱(Wall Washing)기법

① 균일한 조도의 빛을 수직벽면에 빛으로 쓸어내리는 듯하게 비추는 기법이다.

② 공간 확대의 느낌을 주며 광원과 조명기구의 종류에 따라, 어떤 건축화조명으로 처리하느냐에 따라 다양한 효과를 가질 수 있다.

③ 바닥이나 천장에도 조명을 비추어 같은 효과를 가질 수 있는데 이를 플로어 워싱(Floor Washing), 실링워싱(Ceiling Washing)이라 한다.

(4) 그림자연출(Shadow Play)기법

빛과 그림자를 이용하여 시각적 의미를 전달하고 질감과 깊이를 표현한 기법이다.

(5) 실루엣(Silhouette)기법

물체의 형상만을 강조하는 기법으로 눈부심은 없으나 세밀한 묘사에는 한계가 있다.

(6) 글레이징(Glazing)기법

① 빛의 각도를 조절함으로써 마감의 재질감을 강조하는 기법으로 수직면과 평행한 조명을 벽에 비춤으로써 마감재의 질감을 효과적으로 연출한다.

② 조명에 의하여 벽면의 윗부분은 어둡고 아랫부분은 밝은 형태로 벽면이 시각적으로 이분화되어 천장이 낮아 보인다.

③ 마감재의 질감이 클수록 음영효과가 크며, 빛의 각도를 변화시킴에 따라 시각적 효과도 다양해진다. 매입등은 천장 끝에서 150~300mm 정도 거리를 두고 설치한다.

(7) 후광조명(Back Lighting)기법

아크릴, 스테인드글라스와 같이 반투명 재료와 불투명 재료를 대조하여 빛을 통과시켜 효과를 얻는 기법이다. 무광택의 반투명 확산판을 통해 빛을 분산시켜 상품의 배경조명으로 효과적이다.

(8) 상향 조명(Up Lighting)기법

빛 방향을 위로 향하는 상향등을 이용하여 윗부분을 강조하고자 할 때 사용하는 기법이다. 공간의 벽면, 천장면을 간접적으로 비추며 낭만적이고 은은한 느낌의 공간 분위기를 자아낸다.

(9) 스파클(Sparkle)기법

어두운 배경에서 광원 자체의 흥미로운 반짝임(스파클)을 이용해 연출하는 기법이다. 호기심을 유발하나 장기간 사용 시 눈이 피로하고 불쾌감을 줄 수 있다.

핵심 문제 61 ◆◆◆

수직벽면을 빛으로 쓸어내리는 듯한 효과를 주기 위해 비대칭 배광방식의 조명기구를 사용하여 수직벽면에 균일한 조도의 빛을 비추는 조명연출기법은? [21년 4회]

① 글레이징(Glazing)기법
② 빔플레이(Beam Play)기법
③ 월워싱(Wall Washing)기법
④ 그림자연출(Shadow Play)기법

해설

월워싱기법

균일한 조도의 빛을 수직벽면에 빛으로 쓸어내리는 듯하게 비추는 기법으로 공간 확대의 느낌을 주며 광원과 조명기구의 종류에 따라, 어떤 건축화조명으로 처리하느냐에 따라 다양한 효과를 가질 수 있다.

정답 ③

핵심 문제 62 ◆◆◆

빛의 각도를 이용하는 방법으로 벽면 마감재료의 재질감을 강조하는 조명의 연출기법은? [15년 1회]

① 스파클기법   ② 실루엣기법
③ 글레이징기법   ④ 빔플레이기법

해설

글레이징기법

빛의 각도를 조절함으로써 마감의 재질감을 강조하는 기법으로, 수직면과 평행한 조명을 벽에 비춤으로써 마감재의 질감을 효과적으로 연출한다.

정답 ③

8) 조명의 설계

(1) 조명의 설계순서

소요조도 결정 → 광원의 선택 → 조명기구 선택 → 조명기구 배치 → 검토

(2) 조명의 설계과정

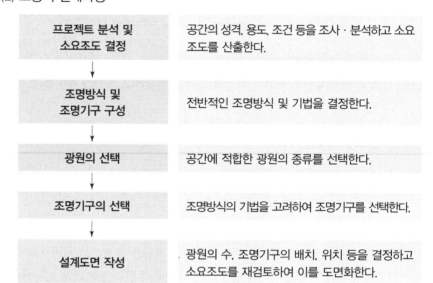

프로젝트 분석 및 소요조도 결정	공간의 성격, 용도, 조건 등을 조사·분석하고 소요조도를 산출한다.
조명방식 및 조명기구 구성	전반적인 조명방식 및 기법을 결정한다.
광원의 선택	공간에 적합한 광원의 종류를 선택한다.
조명기구의 선택	조명방식의 기법을 고려하여 조명기구를 선택한다.
설계도면 작성	광원의 수, 조명기구의 배치, 위치 등을 결정하고 소요조도를 재검토하여 이를 도면화한다.

(3) 조명의 선택기준

배광 특성을 고려하고, 설치방법 및 운영경비, 전기적 안전성, 공간 및 가구와 조화성, 관리의 편이성, 조명의 용도 및 목적에 따라 적합한 디자인 등을 고려하여 선택한다.

실/전/문/제

01 디자인요소 중 점에 관한 설명으로 옳은 것은?
[19년 2회]

① 면의 한계, 면들의 교차에서 나타난다.
② 기하학적으로 크기가 없고 위치만 있다.
③ 두 점의 크기가 같을 때 주의력은 한 점에만 작용한다.
④ 배경의 중심에 있는 점은 동적인 효과를 느끼게 한다.

점의 특징
크기가 없고 위치만 있으며, 정적이고 방향성이 없어 자기중심적이며, 어떠한 크기, 치수, 넓이, 깊이가 없고 위치와 장소만을 가지고 있다.
탑 ②

02 점의 조형효과에 대한 설명 중 옳지 않은 것은?
[24년 3회]

① 점이 연속되면 선으로 느끼게 한다.
② 두 개의 점이 있을 경우 두 점의 크기가 같을 때 주의력은 균등하게 작용한다.
③ 배경의 중심에 있는 하나의 점은 점에 시선을 집중시키고 역동적인 효과를 느끼게 한다.
④ 배경의 중심에서 벗어난 하나의 점은 점을 둘러싼 영역과의 사이에 시각적 긴장감을 생성한다.

배경의 중심에 있는 점은 시선을 집중시키고 정적인 효과를 느끼게 한다.
탑 ③

03 선의 종류에 따른 조형효과에 관한 설명으로 옳지 않은 것은?
[19년 4회]

① 사선은 운동감, 속도감 등의 느낌을 준다.
② 수직선은 심리적으로 상승감, 엄숙함 등의 느낌을 준다.
③ 수평선은 영원, 안정 등 주로 정적인 느낌을 준다.
④ 곡선은 위험, 긴장, 변화 등의 불안정한 느낌을 준다.

곡선의 효과
곡선은 우아함 유연함, 부드러움, 여성적인 섬세함을 준다.
탑 ④

04 사선이 주는 느낌과 가장 관계가 먼 것은?
[17년 2회]

① 생동감
② 안정감
③ 운동감
④ 약동감

사선의 효과
생동감, 운동감, 약동감, 불안함, 불안정, 변화, 반항
탑 ②

수평선의 효과
안정감, 균형감, 정적, 무한, 확대, 평등, 고요　　　🔖 ④

05 선의 종류별 조형효과가 옳지 않은 것은?　　　[18년 1회]

① 수직선 – 위엄, 절대

② 사선 – 약동감, 속도감

③ 곡선 – 유연함, 미묘함

④ 수평선 – 우아함, 풍요로움

수직선이 강조된 실내에서는 구조적 높이감을 주며 심리적으로 강한 의지의 느낌을 준다(엄격성, 위엄성, 절대, 위험, 단정, 남성적, 엄숙, 의지, 신앙, 상승).
　　　🔖 ③

06 실내디자인의 요소에 관한 설명으로 옳지 않은 것은?　　　[24년 2회]

① 디자인에서의 형태는 점, 선, 면, 입체로 구성되어 있다.

② 벽면, 바닥면, 문, 창 등은 모두 실내의 면적 요소이다.

③ 수직선이 강조된 실내에서는 아늑하고 안정감이 있으며 평온한 분위기를 느낄 수 있다.

④ 실내공간에서의 선은 상대적으로 가느다란 형태를 나타내므로 폭을 갖는 창틀이나 부피를 갖는 기둥도 선적 요소이다.

곡선의 효과
우아함, 유연함, 부드러움을 나타내고 여성적인 섬세함을 준다.
　　　🔖 ③

07 점과 선에 관한 설명으로 옳지 않은 것은?　　　[24년 1회]

① 선은 면의 한계, 면들의 교차에서 나타난다.

② 크기가 같은 두 개의 점에는 주의력이 균등하게 작용한다.

③ 곡선은 약동감, 생동감 넘치는 에너지와 속도감을 준다.

④ 배경의 중심에 있는 하나의 점은 시선을 집중시키는 효과가 있다.

실내공간에서 모든 형태는 면에 의하여 형성되며 면이 입체화되면 덩어리(부피감)를 나타낸다.　🔖 ③

08 면에 관한 설명으로 옳지 않은 것은?　　　[21년 4회]

① 곡면과 평면의 결합으로 대비효과를 얻을 수 있다.

② 면의 구성방법에는 지배적 구성, 분리구성, 일렬구성, 자유구성 등이 있다.

③ 실내공간에서의 모든 형태는 면의 요소로 간주되며, 크게 이념적 면과 현실적 면으로 대별된다.

④ 면의 심리적 인상은 그 면이 놓인 위치, 질감, 색, 패턴 또는 다른 면과의 관계 등에 따라 차이를 나타낸다.

09 추상적 형태에 관한 설명으로 옳은 것은? [17년 4회]

① 순수형태 또는 상징적 형태라고도 한다.

② 기하학적으로 취급되는 점, 선, 면, 입체 등이 속한다.

③ 구체적 형태를 생략 또는 과장의 과정을 거쳐 재구성한 형태이다.

④ 인간에 의해 인위적으로 만들어진 모든 사물, 구조체에서 볼 수 있는 형태이다.

10 현실적 형태에 관한 설명으로 옳지 않은 것은? [15년 4회]

① 자연형태는 조형의 원형으로서도 작용한다.

② 인위형태는 그것이 속해 있는 시대성을 갖는다.

③ 디자인에 있어서 형태는 대부분이 인위형태이다.

④ 모든 자연형태는 휴먼스케일과 일정한 관계를 갖는다.

11 다음 중 인간과 실내환경의 이론 중 행태학을 가장 올바르게 설명한 것은? [17년 1회]

① 인간 신체의 해부학적 특성을 디자인에 적용시키기 위한 연구

② 인간의 시각, 청각, 촉각적 특징을 디자인에 적용시키기 위한 연구

③ 환경에서 인간의 잠재적 심리상태를 패턴화하여 디자인에 적용시키기 위한 연구

④ 인간의 지각, 심리, 행동의 특징을 패턴화하여 디자인에 적용시키기 위한 연구

12 형태의 지각에 관한 설명으로 옳지 않은 것은? [예상문제]

① 폐쇄성 : 폐쇄된 형태는 빈틈이 있는 형태들보다 우선적으로 지각된다.

② 근접성 : 거리적, 공간적으로 가까이 있는 시각적 요소들은 함께 지각된다.

③ 유사성 : 비슷한 형태, 규모, 색채, 질감, 명암, 패턴의 그룹은 하나의 그룹으로 지각된다.

④ 프래그넌츠의 원리 : 어떠한 형태도 그것이 될 수 있는 단순하고 명료하게 볼 수 있는 상태로 지각하게 된다.

단순성

대상을 가능한 간단한 구조로 지각하려는 것으로 눈에 익숙한 간단한 형태로 도형을 지각하게 되는 것이다.
답 ①

13 형태의 지각에 관한 설명으로 옳지 않은 것은? [예상문제]

① 대상을 가능한 한 복합적인 구조로 지각하려고 한다.

② 형태를 있는 그대로가 아니라 수정된 이미지로 지각하려고 한다.

③ 이미지를 파악하기 위하여 몇 개의 부분으로 나누어 지각하려고 한다.

④ 가까이 있는 유사한 시각적 요소들을 하나의 그룹으로 지각하려고 한다.

게슈탈트(Gestalt)

다양한 내용에서 하나의 그룹으로 묶어 인지한다는 이론으로 인간의 정신현상을 개개의 감각적 부분이나 요소의 집합이 아니라 하나의 그 자체로서 전체성으로 구성된 구조나 갖고 있는 특징에 중점을 두고 파악한다.
답 ③

14 게슈탈트(Gestalt)법칙을 설명한 내용 중 틀린 것은? [17년 4회]

① Gestalt는 형, 형태를 의미하는 독일어에서 유래되었다.

② 지각에 있어서의 분리(Segregation)를 규정하는 요인을 도출하는 법칙이다.

③ 다양한 내용에서 각자 다른 원리를 표현하고자 하는 것의 이론화 작업이다.

④ 최대질서의 법칙으로서 분절된 Gestalt마다의 어떤 질서를 가지는 것을 의미한다.

뮐러 – 리어의 도형

동일한 두 개의 선분이 화살표 머리의 방향 때문에 길이가 다르게 보이며 바깥쪽으로 향한 화살표 선분이 더 길게 보인다.
답 ②

15 뮐러 – 리어도형과 관련된 착시의 종류는? [22년 2회]

① 방향의 착시   ② 길이의 착시

③ 다의도형 착시   ④ 위치에 의한 착시

루빈의 항아리(형과 배경의 법칙, 반전도형)

서로 근접하는 두 가지의 영역이 동시에 도형으로 되어 자극조건을 충족시키고 있는 경우 어느 쪽 하나는 도형이 되고 다른 것은 바탕으로 보인다.
답 ④

16 다음 그림이 나타내는 형태지각의 원리는? [20년 4회]

① 유사성   ② 접근성

③ 폐쇄성   ④ 형과 배경의 법칙

루빈의 항아리

① 형과 배경의 법칙
② 반전도형
답 ③

17 '루빈의 항아리'와 관련된 형태의 지각심리는? [20년 1 · 2회]

① 유사성   ② 그룹핑법칙

③ 형과 배경의 법칙   ④ 프래그넌츠(Pragnanz)의 법칙

18 다음 중 다의도형 착시의 사례로 가장 알맞은 것은? [예상문제]

① 루빈의 항아리
② 펜로즈의 삼각형
③ 쾨니히의 목걸이
④ 포겐도르프의 도형

다의도형 착시
같은 도형이지만 음영변화에 따라 다른 도형으로 보이는 현상으로 대표적인 사례로 루빈의 항아리가 있다.
답 ①

19 포겐도르프 도형과 관련된 착시의 유형은? [14년 1회]

① 방향의 착시
② 길이의 착시
③ 다의도형 착시
④ 역리도형 착시

방향의 착시
포겐도르프(Poggendorf) 도형은 사선이 2개 이상의 평행선으로 인해 어긋나 보인다.
답 ①

20 펜로즈의 삼각형에서 나타나는 착시의 유형은? [17년 1회]

① 거리의 착시
② 크기의 착시
③ 역리도형 착시
④ 다의도형 착시

펜로즈의 삼각형(역리도형 착시)
모순도형, 불가능한 도형이라고 말하며 2차원 평면 위에 3차원적으로 보이는 도형으로, 특히 삼각형은 단면이 사각형인 입체인 것처럼 보이지만, 2차원 그림으로만 가능하다.

답 ③

21 형태의 지각심리 중 도형과 배경의 법칙에 관한 설명으로 옳지 않은 것은? [18년 2회]

① 형은 가깝게 느껴지고 배경은 멀게 느껴진다.
② 명도가 낮은 것보다는 높은 것이 배경으로 인식되기 쉽다.
③ 대체적으로 면적이 작은 부분이 형이 되고, 큰 부분은 배경이 된다.
④ 형과 배경이 순간적으로 번갈아 보이면서 다른 형태로 지각되는 심리의 대표적인 예로 '루빈의 항아리'를 들 수 있다.

도형과 배경의 법칙(다의도형, 반전도형)
도형과 배경이 동시에 도형으로 지각이 불가능하며, 특히 명도가 높은 것이 도형으로, 낮은 것이 배경으로 인식되기 쉽다.
답 ②

22 질감(Texture)에 관한 설명으로 옳지 않은 것은? [22년 1회]

① 시각적으로만 지각할 수 있는 어떤 물체 표면상의 특징을 말한다.
② 질감의 선택에서 중요한 것은 스케일, 빛의 반사와 흡수 등이다.
③ 효과적인 질감 표현을 위해서는 색채와 조명을 동시에 고려해야 한다.
④ 나무, 돌, 흙 등의 자연재료는 인공적인 재료에 비해 따뜻함과 친근감을 준다.

질감
손으로 만져서 느낄 수 있는 촉각적 질감과 시각적으로 느껴지는 재질감으로 윤곽과 인상이 형성된다.
답 ①

질감
질감은 재료 자체가 주는 느낌으로
서 조명의 효과에 영향을 받는다.
🖐 ②

23 질감에 관한 설명으로 옳지 않은 것은? [15년 1회]

① 시각적 질감과 촉각적 질감으로 분류할 수 있다.

② 질감은 재료 자체가 주는 느낌으로서 조명의 효과에 영향을 받지 않는다.

③ 질감은 시각적 환경에서 여러 종류의 물체들을 구분하는 데 큰 도움을 줄 수 있는 중요한 특성 중 하나이다.

④ 좁은 실내 공간을 넓게 느껴지도록 하기 위해서는 밝은색을 선택하고, 표면 이 곱고 매끄러운 재료를 사용한다.

문양(패턴)
작은 공간에서 여러 패턴을 혼용하
여 사용할 경우, 공간이 좁아 보이게
된다.
🖐 ④

24 공간 내 패턴의 사용에 관한 설명으로 옳지 않은 것은? [21년 4회]

① 수평의 줄무늬는 공간을 넓고 낮게 보이게 한다.

② 패턴은 선, 형태, 조명, 색채 등의 사용으로 만들어진다.

③ 지루하게 긴 벽체는 수직의 패턴을 이용하여 지루함을 줄인다.

④ 작은 공간에서 여러 패턴을 혼용하여 사용할 경우, 공간이 크게, 넓게 보이 게 된다.

상징적 분할
가구, 기둥, 식물화분 등 실내 구성
요소로 가변적인 분리방법이다.
🖐 ③

25 공간의 분할방법을 차단적, 상징적, 지각적(심리적) 분할로 구분할 경우, 다 음 중 상징적 분할에 속하는 것은? [17년 1회]

① 조명에 의한 분할   ② 고정벽에 의한 분할

③ 식물화분에 의한 분할   ④ 마감재의 변화에 의한 분할

열주를 이용한 구획은 기둥의 간격
과 높이에 관계있어 상징적 분할효
과가 있다.

※ 열주(列柱) : 줄지어 선 기둥
🖐 ①

26 공간을 분할하는 방법에 관한 설명으로 옳지 않은 것은? [12년 1회]

① 열주를 이용한 구획은 기둥의 간격과 높이에 관계없이 동일한 공간분할의 효과가 있다.

② 이동 스크린벽을 사용할 경우 필요에 따라 공간을 구획할 수 있으므로 공간 사용에 융통성이 있다.

③ 공간을 어떤 요소로 구획하느냐에 따라 차단적 구획, 심리·도덕적 구획, 지각적 구획으로 구분할 수 있다.

④ 마감재료의 재질감, 패턴, 색 등을 이용한 변화나 서로 다른 재료를 사용하 여 공간분할의 효과를 얻을 수 있다.

27 실내디자인의 원리 중 휴먼스케일에 관한 설명으로 옳지 않은 것은?

[예상문제]

① 인간의 신체를 기준으로 파악되고 측정되는 척도의 기준이다.
② 공간의 규모가 웅대한 기념비적인 공간은 휴먼스케일의 적용이 용이하다.
③ 휴먼스케일이 잘 적용된 실내공간은 심리적, 시각적으로 안정된 느낌을 준다.
④ 휴먼스케일의 적용은 추상적, 상징적이 아닌 기능적인 척도를 추구하는 것이다.

휴먼스케일
인간의 신체를 기준으로 파악하고 측정되는 척도의 기준이며 공간의 규모가 웅대한 기념비적인 공간은 휴먼스케일의 적용이 용이하지 않다. 📖 ②

28 황금비례에 관한 설명으로 옳지 않은 것은?

[17년 4회]

① 1 : 1.618의 비율이다.
② 고대 로마인들이 창안했다.
③ 몬드리안의 작품에서 예를 들 수 있다.
④ 건축물과 조각 등에 이용된 기하학적 분할방식이다.

황금비례
고대 그리스인들이 발명해 낸 기하학적 분할방법으로 작은 부분과 큰 부분의 비율이 큰 부분과 전체에 대한 비율과 동일하게 되는 분할방식으로 1 : 1.618의 비율이다. 📖 ②

29 균형의 원리에 관한 설명으로 옳지 않은 것은?

[18년 2회]

① 크기가 큰 것이 작은 것보다 시각적 중량감이 크다.
② 색의 중량감은 색의 속성 중 명도, 채도에 영향을 받는다.
③ 불규칙적인 형태가 기하학적 형태보다 시각적 중량감이 크다.
④ 단순하고 부드러운 질감이 복잡하고 거친 질감보다 시각적 중량감이 크다.

균형
단순하고 부드러운 질감이 복잡하고 거친 질감보다 시각적 중량감이 작다. 📖 ④

30 비대칭균형에 관한 설명으로 옳은 것은?

[17년 2회]

① 완고하거나 여유, 변화가 없이 엄격, 경직될 수 있다.
② 가장 완전한 균형의 상태로 공간에 질서를 주기가 용이하다.
③ 자연스러우며 풍부한 개성을 표현할 수 있어 능동의 균형이라고도 한다.
④ 형이 축을 중심으로 서로 대칭적인 관계로 구성되어 있는 경우를 말한다.

비대칭균형
좌우가 불균형을 이룰 때 느껴지는 자유로움과 활발한 생명감, 긴장감을 주며 대칭적 균형에 비해 자연스럽고, 풍부한 개성표현이 용이하다. 📖 ③

균형
밝은색은 시각적 중량감이 작고 어두운색은 시각적 중량감이 크기 때문에 밝은색은 가볍게 느껴지고, 어두운색은 무겁게 느껴진다. **정답** ①

비정형균형(비대칭균형)
물리적으로 불균형이지만 시각적으로 힘의 정도에 의해 균형을 이룬 것으로 풍부한 개성을 표현할 수 있어 능동의 균형이라고도 한다. **정답** ④

리듬
규칙적인 요소들의 반복에 의해 통제된 운동감으로 디자인에 시각적인 질서를 부여하며, 청각적 요소의 시각화를 꾀한다. 리듬의 원리에는 반복, 점진, 대립, 변이, 방사가 있다. **정답** ③

리듬
규칙적인 요소들의 반복으로 의해 통제된 운동감으로 디자인에 시각적인 질서를 부여하여 청각적 요소를 시각화한다. **정답** ③

조화
둘 이상의 요소들이 상호 관련성에 의해 어울림을 느끼게 되는 상태다. **정답** ③

31 시각적 중량감에 관한 설명으로 옳지 않은 것은? [18년 1회]

① 밝은색이 어두운색보다 시각적 중량감이 크다.

② 크기가 큰 것이 작은 것보다 시각적 중량감이 크다.

③ 불규칙적인 형태가 기하학적 형태보다 시각적 중량감이 크다.

④ 색의 중량감은 색의 속성 중 특히 명도, 채도에 영향을 받는다.

32 다음 중 비정형균형에 대한 설명으로 옳은 것은? [24년 2회]

① 좌우대칭, 방사대칭으로 주로 표현된다.

② 대칭의 구성형식이며, 가장 완전한 균형의 상태이다.

③ 단순하고 엄숙하며 완고하고 변화가 없는 정적인 것이다.

④ 물리적으로는 불균형이지만 시각적으로 힘의 정도에 의해 균형을 이룬 것이다.

33 디자인 표현 중에서 반복, 교체, 점진 등을 통해 나타나는 디자인 원리는? [19년 2회]

① 균형　　　　　　　　② 강조
③ 리듬　　　　　　　　④ 대비

34 디자인의 원리에 관한 설명으로 옳은 것은? [22년 1회]

① 균형은 정적인 경우에만 시각적 안정성을 가져올 수 있다.

② 강조는 힘의 조절로써 전체 조화를 파괴하는 데 주로 사용된다.

③ 리듬은 청각의 원리가 시각적으로 표현된 것이라 할 수 있다.

④ 통일과 변화는 서로 대립되는 관계로, 동시 사용이 불가능하다.

35 디자인의 원리 중 조화(Harmony)에 관한 설명으로 가장 적합한 것은? [19년 1회]

① 인간의 주의력에 의해 감지되는 시각적 무게의 평형 상태를 의미한다.

② 디자인요소들의 규칙적인 순환으로 나타나는 통제된 운동감을 의미한다.

③ 전체적인 구성방법이 질적, 양적으로 모순 없이 질서를 이루는 것이다.

④ 중심점으로부터 확산되거나 집중된 양상을 구성하여 리듬을 이루는 것이다.

36 실내디자인의 원리 중 조화에 관한 설명으로 옳지 않은 것은? [24년 1회]

① 복합조화는 동일한 색채와 질감이 자연스럽게 조합되어 만들어진다.
② 유사조화는 시각적으로 성질이 동일한 요소의 조합에 의해 만들어진다.
③ 동일성이 높은 요소들의 결합은 조화를 이루기 쉬우나 무미건조, 지루할 수 있다.
④ 성질이 다른 요소들의 결합에 의한 조화는 구성이 어렵고 질서를 잃기 쉽지만 생동감이 있다.

복합조화
다양한 주제와 이미지들이 요구될 때 주로 사용하는 방식으로 일반적으로 다양한 요소를 사용하므로 풍부한 감성과 다양한 경험을 줄 수 있다. 🖋 ①

37 조화에 관한 설명으로 옳은 것은? [14년 2회]

① 단순조화는 대체적으로 온화하며 부드럽고 안정감이 있다.
② 유사조화는 통일보다 대비에 더 치우쳐 있다고 볼 수 있다.
③ 단순조화는 다양한 주제와 이미지들이 요구될 때 주로 사용하는 방식이다.
④ 대비조화는 형식적, 외형적으로 시각적인 동일 요소의 조합을 통하여 주로 성립된다.

단순조화
온화하며 부드럽고 안정감이 있으나 단조로울 경우 신성함을 상실할 우려가 있다. 🖋 ①

38 다음 설명에 알맞은 디자인 원리는? [21년 1회]

> 질적, 양적으로 전혀 다른 둘 이상의 요소가 동시적 혹은 계속적으로 배열될 때 상호의 특징이 한층 강하게 느껴지는 통일적 현상을 말한다.

① 균형   ② 대비
③ 조화   ④ 리듬

대비
모든 시각적 요소에 대하여 극적 분위기를 주는 상반된 성격의 결합에서 극적인 분위기를 연출하는 데 효과적이다. 🖋 ②

39 이질(異質)의 각 구성요소들이 전체로서 동일한 이미지를 갖게 하는 것으로, 변화와 함께 모든 조형에 대한 미의 근원이 되는 원리는? [20년 4회]

① 조화   ② 강조
③ 통일   ④ 균형

통일
이질의 각 구성요소들이 동일한 이미지를 갖게 하는 것으로 변화와 함께 모든 조형에 대한 미의 근원이 되며 하나의 완성체로 종합하는 것을 말한다. 🖋 ③

40 다음 중 조닝(Zoning)계획 시 고려해야 할 사항과 가장 거리가 먼 것은? [24년 2회]

① 행동반사   ② 사용목적
③ 사용빈도   ④ 지각심리

조닝계획 시 고려사항
사용자의 특성, 사용목적, 사용시간, 사용빈도, 행동반사 🖋 ④

동선계획
동선이 복잡해질 경우는 별도의 통로공간을 두어 동선을 독립시키며 동선은 대체로 짧을수록 효율적이지만 공간의 성격에 따라 길게 하여 오래 머물도록 유도되기도 한다.
📖 ③

41 동선계획에 관한 설명으로 옳은 것은? [19년 2회]

① 동선의 속도가 빠른 경우 단 차이를 두거나 계단을 만들어 준다.

② 동선의 빈도가 높은 경우 동선거리를 연장하고 곡선으로 처리한다.

③ 동선이 복잡해질 경우 별도의 통로공간을 두어 동선을 독립시킨다.

④ 동선의 하중이 큰 경우 통로의 폭을 좁게 하고 쉽게 식별할 수 있도록 한다.

동선계획의 혼합형
모든 형을 종합하여 사용하며, 통로 간에 위계질서를 갖도록 한다.
📖 ④

42 다음의 동선계획에 대한 설명 중 옳지 않은 것은? [예상문제]

① 동선의 유형 중 직선형은 최단거리의 연결로 통과 시간이 가장 짧다.

② 많은 사람들이 통행하는 곳은 공간 자체에 방향성을 부여하고 주요 통로를 식별할 수 있도록 한다.

③ 통로가 교차하는 지점은 잠시 멈추어 방향을 결정할 수 있도록 어느 정도 충분한 공간을 마련해 준다.

④ 동선의 유형 중 혼합형은 직선형과 방사형을 혼합한 것으로 통로 간의 위계적 질서를 고려하지 않고 단순하게 동선을 처리한다.

바닥
상승된 바닥은 기준면보다 높거나 낮으면 공간의 흐름이 끊겨 공간과 분리가 된다.
📖 ③

43 실내공간 구성요소 중 바닥에 관한 설명으로 옳지 않은 것은? [20년 1·2회]

① 바닥차가 없는 경우 색, 질감, 재료 등으로 공간의 변화를 줄 수 있다.

② 신체와 직접 접촉되는 요소로서 촉각적인 만족감을 중요시해야 한다.

③ 상승된 바닥면은 공간의 흐름이 연속되고 주위공간과 연계성이 강조된다.

④ 다른 요소들이 시대와 양식에 의한 변화가 현저한 데 비해 매우 고정적이다.

바닥
실내공간을 구성하는 수평적인 요소로 고저차가 가능하여 필요에 따라 공간의 영역을 조정할 수 있다.

※ 시선과 동선을 차단하는 것은 벽에 관한 개념이다.
📖 ④

44 실내공간을 구성하는 기본요소 중 바닥에 관한 설명으로 옳지 않은 것은?

[18년 1회]

① 천장과 더불어 공간을 구성하는 수평적 요소이다.

② 외부로부터 추위와 습기를 차단하고 사람과 물건을 지지한다.

③ 바닥은 고저차가 가능하므로 필요에 따라 공간의 영역을 조정할 수 있다.

④ 인간의 시선이나 동선을 차단하고 공기의 움직임, 소리의 전파, 열의 이동을 제어한다.

45 벽에 관한 설명으로 옳지 않은 것은? [21년 4회]

① 실내공간의 형태와 규모를 결정하는 기본적인 요소이다.

② 외부환경으로부터 인간을 보호하고 프라이버시를 지켜준다.

③ 다른 요소들에 비해 시대와 양식에 의한 변화가 거의 없다.

④ 일반적으로 벽의 높이가 600mm 정도이면 공간을 한정할 수 있지만 감싸는 효과는 없다.

> 벽은 다른 요소들에 비해 조형적으로 가장 자유롭고 바닥은 다른 요소들에 비해 시대와 양식에 변화가 거의 없다. 답 ③

46 실내공간의 구성요소인 벽에 관한 설명으로 옳지 않은 것은? [24년 3회]

① 벽면의 형태는 동선을 유도하는 역할을 담당하기도 한다.

② 벽체는 공간의 폐쇄성과 개방성을 조절하여 공간감을 형성한다.

③ 비내력벽은 건물의 하중을 지지하며 공간과 공간을 분리하는 칸막이 역할을 한다.

④ 낮은 벽은 영역과 영역을 구분하고 높은 벽은 공간의 폐쇄성이 요구되는 곳에 사용된다.

> **비내력벽**
> 벽 자체만의 하중만 받는 벽체이기 때문에 공간과 공간을 분리하는 칸막이 역할을 한다. 답 ③

47 실내공간 구성요소 중 벽(Wall)에 관한 설명으로 옳지 않은 것은? [17년 2회]

① 공간을 에워싸는 수직적 요소이다.

② 다른 요소에 비해 조형적으로 가장 자유롭다.

③ 외부세계에 대한 침입방어의 기능을 갖는다.

④ 가구, 조명 등 실내에 놓여지는 설치물에 대해 배경적 요소가 된다.

> ②는 천장에 대한 설명이며, 천장은 공간을 형성하는 수평적 요소이다. 벽은 바닥과 천장 사이에 있는 내부공간을 규정하며 내부공간요소 중 가장 조형적으로 자유롭다. 답 ②

48 실내 기본요소 중 천장에 관한 설명으로 옳은 것은? [22년 1회]

① 바닥과 함께 실내공간을 구성하는 수직적 요소이다.

② 바닥이나 벽에 비해 접촉빈도가 높으며 공간의 크기에 영향을 끼친다.

③ 천장을 낮추면 친근하고 아늑한 공간이 되고 높이면 확대감을 줄 수 있다.

④ 바닥은 시대와 양식에 의한 변화가 현저한 데 비해 천장은 매우 고정적이다.

> **천장**
> 천장의 일부를 높이거나 낮추는 것을 통해 공간의 영역을 한정할 수 있으며 낮은 천장은 아늑한 느낌, 높은 천장은 확대감을 준다. 특히, 시각적 흐름이 최종적으로 멈추는 곳으로 내부공간요소 중 가장 자유롭게 조형적으로 공간의 변화를 줄 수 있다. 답 ③

천장
- 실내공간을 형성하는 수평적 요소로 소리, 빛, 열 및 습기환경의 중요한 조절매체이다.
- 천장의 일부를 높이거나 낮추는 것을 통해 공간의 영역을 한정할 수 있다.
- 형태, 패턴, 색채의 변화를 통해 공간의 변화를 줄 수 있다.
- 시각적 흐름이 최종적으로 멈추는 곳으로 내부공간요소 중 가장 자유롭게 조형적으로 공간의 변화를 줄 수 있다. **답** ③

49 실내공간을 구성하는 기본요소 중 천장에 관한 설명으로 옳은 것은?

[18년 2회]

① 천장의 형태는 실내공간의 음향에 영향을 주지 않는다.

② 내부공간의 어느 요소보다도 조형적으로 제약을 많이 받는다.

③ 천장의 일부를 높이거나 낮추는 것을 통해 공간의 영역을 한정할 수 있다.

④ 천장은 시각적 흐름이 시작되는 곳이기에 지각의 느낌에 영향을 주지 않는다.

난간의 높이
바닥의 마감면으로부터 1,200mm 이상으로 하고, 위험이 적은 장소에 설치하는 난간의 경우는 900mm 이상으로 할 수 있다. **답** ②

50 실내공간의 계단에 관한 설명으로 옳지 않은 것은?

[12년 2회]

① 계단의 경사도는 $30 \sim 35°$ 정도가 일반적이다.

② 계단의 난간 높이는 $500 \sim 650mm$ 정도가 일반적이다.

③ 계단은 수직방향으로 공간을 연결하는 상하 통행공간이다.

④ 계단은 통행자의 밀도, 빈도, 연령 등에 따른 사용상의 고려가 필요하다.

여닫이문
문틀에 경첩을 달아 작동이 용이하고, 개폐 시 회전을 위한 허용공간이 필요하다. 또한 개폐방법에 따라 안여닫이, 밖여닫이로 구분한다. **답** ④

51 실내 구성요소 중 문에 관한 설명으로 옳지 않은 것은?

[17년 4회]

① 실내에서의 문의 위치는 내부공간에서의 동선을 결정한다.

② 사람이 출입하는 문의 폭은 일반적으로 900mm 정도이다.

③ 문의 치수는 기본적으로 사람의 출입을 기준으로 결정된다.

④ 여닫이문은 문틀의 홈으로 $2 \sim 4$개의 문이 미끄러져 닫히는 문이다. 일반적으로 슬라이딩 도어라고 한다.

회전문
원통을 중심축으로 서로 직교하는 4짝문을 달아 회전시키는 문으로 출입하는 사람이 충돌할 위험이 없으며 방풍실을 겸할 수 있는 장점이 있다. **답** ①

52 다음과 같은 특징을 갖는 문의 종류는?

[21년 4회]

> - 출입하는 사람이 충돌할 위험이 없으며 방풍실을 겸할 수 있는 장점이 있다.
> - 호텔이나 은행 등 사람의 출입이 많은 장소에 설치된다.

① 회전문

② 접이문

③ 미닫이문

④ 여닫이문

53 창(Window)에 관한 설명으로 옳은 것은? [14년 1회]

① 고정창은 크기와 형태에 제약 없이 자유로이 디자인할 수 있다.
② 미서기창은 경사지게 열리므로 비나 눈이 올 때도 창을 열 수 있는 장점이 있다.
③ 여닫이창은 2짝 이상의 창문이 좌우로 개폐되며, 개폐에 있어 실내공간을 고려할 필요가 없다.
④ 윈도우 월(Window Wall)은 밖으로 창과 함께 평면이 돌출된 형태로 아늑한 구석공간을 형성할 수 있다.

고정창
눈높이보다 높고 창의 상부가 천장면이나 그 아래에 설치되어 조도 분포를 균일하게 할 수 있어 채광 및 프라이버시 확보에 유리하며 크기와 형태에 제약 없이 디자인할 수 있다.
📝 ①

54 측창에 관한 설명으로 옳지 않은 것은? [17년 2회]

① 천창에 비해 채광량이 많다.
② 천창에 비해 비막이에 유리하다.
③ 편측창의 경우 실내 조도 분포가 불균일하다.
④ 근린의 상황에 의한 채광 방해의 우려가 있다.

측창
창의 면이 수직 벽면에 설치되는 창으로 같은 면적의 천창에 비해 채광량이 적어 눈부심이 적다. 📝 ①

55 고정창에 관한 설명으로 옳지 않은 것은? [22년 1회]

① 적정한 자연환기량 확보를 위해 사용된다.
② 크기에 관계없이 자유롭게 디자인할 수 있다.
③ 형태에 관계없이 자유롭게 디자인할 수 있다.
④ 유리와 같이 투명재료일 경우 창이 있는 것을 알지 못해 부딪힐 위험이 있다.

고정창
열리지 않는 고정된 창으로 채광과 조망을 위해 설치하여 빛을 유입시키는 기능을 한다. 📝 ①

56 설치위치에 따른 창의 종류에 관한 설명으로 옳지 않은 것은? [22년 2회]

① 편측창은 실 전체의 조도 분포가 비교적 균일하지 못하다는 단점이 있다.
② 천창은 같은 면적의 측창보다 광량이 많으며 조도 분포도 비교적 균일하다.
③ 고창은 천장면 가까이에 높게 위치한 창으로 주로 환기를 목적으로 설치된다.
④ 정측창은 직사광선의 실내 유입이 많아 미술관, 박물관에서는 사용이 곤란하다.

정측창
지붕면 수직에 가까운 창에 의한 채광방식으로, 공장 및 미술관 등 조도면을 높이고자 할 때 사용한다.
📝 ④

천창
지붕이나 천장면에 수평에 가까운 창으로 채광, 환기를 목적으로 설치한다.

장점	• 벽면의 활용성을 높일 수 있다. • 건축계획의 자유도가 증가한다. • 프라이버시 침해가 적다. • 채광량이 많으며, 조도 분포가 균일하다.
단점	• 시공, 관리가 난해하다. • 빗물 처리 및 비막, 유지 보수가 용이하지 않다. • 통풍과 내부 온도 조절이 불리하다.

달 ②

57 천창을 건축에 사용했을 때 장점으로 옳지 않은 것은? [17년 1회]

① 건축계획의 자유도가 증가한다.

② 비막이 및 유지보수가 용이하다.

③ 벽면을 더욱 다양하게 활용할 수 있다.

④ 밀집된 건물에 둘러싸여 있어도 일정량의 채광을 확보할 수 있다.

드레이퍼리 커튼(Drapery Curtain)
창문에 느슨하게 걸려 있는 무거운 커튼으로 방음성, 보온성 차광성 등의 효과가 있다. **달** ①

58 커튼(Curtain)에 관한 설명으로 옳지 않은 것은? [예상문제]

① 드레이퍼리 커튼은 일반적으로 투명하고 막과 같은 직물을 사용한다.

② 새시 커튼은 창문 전체를 커튼으로 처리하지 않고 반 정도만 친 형태이다.

③ 글라스 커튼은 실내로 들어오는 빛을 부드럽게 하며 약간의 프라이버시를 제공한다.

④ 드로우 커튼은 창문 위의 수평 가로대에 설치하는 커튼으로 글라스 커튼보다 무거운 재질의 직물로 처리한다.

새시 커튼
창문 전체를 반 정도만 가리도록 만든 형태의 커튼이다. **달** ①

59 창문 전체를 커튼으로 처리하지 않고 반 정도만 친 형태를 갖는 커튼의 종류는? [17년 2회]

① 새시 커튼   ② 글라스 커튼

③ 드로우 커튼   ④ 드레이퍼리 커튼

베네시안 블라인드(Venetian Blind)
수평블라인드로 날개각도를 조절하여 일광, 조망 그리고 시각의 차단 정도를 조정할 수 있지만, 날개 사이에 먼지가 쌓이기 쉽다. **달** ④

60 날개의 각도를 조절하여 일광, 조망 그리고 시각의 차단 정도를 조정하는 수평형 블라인드는? [20년 4회]

① 롤 블라인드(Roll Blind)

② 로만 블라인드(Roman Blind)

③ 버티컬 블라인드(Vertical Blind)

④ 베네시안 블라인드(Venetian Blind)

61 블라인드(Blind)에 관한 설명으로 옳지 않은 것은? [22년 2회]

① 롤 블라인드는 셰이드라고도 한다.

② 베네시안 블라인드는 수평형 블라인드이다.

③ 로만 블라인드는 날개의 각도로 채광량을 조절한다.

④ 베네시안 블라인드는 날개 사이에 먼지가 쌓이기 쉽다.

로만 블라인드
천의 내부에 설치된 체인에 의해 당겨져 아래가 접혀 올라가는 것으로 풍성한 느낌과 우아한 분위기를 조성할 수 있다. 🗒 ③

62 셰이드라고도 하며, 창 이외에 칸막이, 스크린으로도 효과적으로 사용할 수 있는 것은? [17년 2회]

① 롤 블라인드

② 로만 블라인드

③ 버티컬 블라인드

④ 베네시안 블라인드

롤 블라인드
셰이드 블라인드라고도 하며 천을 감아올려 높이 조절이 가능하고 칸막이나 스크린의 효과도 얻을 수 있다. 🗒 ①

63 다음 중 단위면적당 표면에서 반사 또는 송출되는 광량을 무엇이라 하는가? [14년 2회]

① 휘도(Luminance)

② 광속(Luminous Flux)

③ 조도(Illuminance)

④ 반사율(Reflectance)

휘도(Luminance)
광원의 단위면적당 밝기의 정도로 발광원 또는 투과면이나 반사면의 표면 밝기를 나타낸다. 🗒 ①

64 비교적 면적이 작고 정해진 부분에 높은 조도로 집중적인 조명효과가 필요한 곳에 이용되는 조명방식은? [21년 2회]

① 전반조명 ② 국부조명

③ 장식조명 ④ 기능조명

국부조명
일정한 장소에 높은 조도로 집중적인 조명효과를 주는 방법으로 하나의 실에서 영역을 구획하거나, 물품을 강조하기 위한 악센트조명으로 구분된다. 🗒 ②

반간접조명은 조도가 균일하고 은
은하며 부드러워 눈부심현상도 거
의 생기지 않는다. 반면 전반확산조
명은 직접조명과 간접조명의 중간
방식으로 방 전체를 균일하게 조명
하는 방식이다. 정답 ①

65 조명의 배광방식에 관한 설명으로 옳지 않은 것은? [21년 1회]

① 반간접조명은 조도가 균일하고 은은하며 전반확산조명이라고도 한다.

② 직접조명은 경제적이지만 눈부심현상과 강한 그림자가 생기는 단점이 있다.

③ 간접조명은 상향광속이 90~100%로, 반사광으로 조도를 구하는 조명방식이다.

④ 반직접조명은 마감재의 반사율에 의해 밝기의 정도가 영향을 받게 되므로 마감재의 질감과 색채 등을 고려한다.

펜던트(Pendant)
천장에 파이프나 와이어로 조명기
구를 매단 방식으로 생동감을 주고
조명 자체가 장식품과 같은 분위기
를 연출한다. 특히, 시야 내에 조명
이 위치하면 눈부심현상이 일어나
므로 휘도를 조절하는 것이 좋다.
정답 ③

66 펜던트조명에 관한 설명으로 옳지 않은 것은? [24년 1회]

① 천장에 매달려 조명하는 조명방식이다.

② 조명기구 자체가 빛을 발하는 액세서리 역할을 한다.

③ 노출 펜던트형은 전체조명이나 작업조명으로 주로 사용된다.

④ 시야 내에 조명이 위치하면 눈부심이 일어나므로 조명기구에 의해 휘도를 조절하는 것이 좋다.

펜던트(Pendant)
천장에 파이프나 와이어로 조명기
구를 매단 방식으로 생동감을 주고
조명 자체가 장식품과 같은 분위기
를 연출한다. 정답 ③

67 조명기구의 설치방법에 따른 분류에서 천장에 매달려 조명하는 방식으로 조명기구 자체가 빛을 발하는 액세서리 역할을 하는 것은? [예상문제]

① 코브 ② 브래킷
③ 펜던트 ④ 스탠드

연색성
할로겐램프(전구, Ra : 100)>메탈
할라이드램프(Ra : 78)>고압나트
륨램프(Ra : 29)>고압수은램프
(Ra : 25) 정답 ①

68 다음 중 연색성이 가장 우수한 것은? [17년 4회]

① 할로겐전구 ② 고압수은램프
③ 고압나트륨램프 ④ 메탈할라이드램프

할로겐전구(램프)
증발하는 텅스텐을 할로겐화물질
의 열과학적인 순환반응(할로겐 사
이클)을 이용하여 흑화현상의 발생
을 방지하는 램프이다. 정답 ②

69 할로겐전구에 관한 설명으로 옳은 것은? [예상문제]

① 백열전구보다 수명이 짧다.

② 흑화가 거의 일어나지 않는다.

③ 휘도가 낮아 현휘가 발생하지 않는다.

④ 소형, 경량화가 불가능하여 사용 개소에 제한을 받는다.

70 건축화조명에 관한 설명으로 옳지 않은 것은? [21년 2회]

① 별도의 조명기구를 사용하지 않는 에너지 절약형 조명이다.

② 간접조명방식으로는 코브(Cove)조명, 캐노피(Canopy)조명 등이 있다.

③ 건축구조체의 일부분이나 구조적인 요소를 이용하여 조명하는 방식이다.

④ 코니스(Cornice)조명은 벽면의 상부에 위치하여 모든 빛이 아래로 직사하도록 하는 조명방식이다.

71 건축화조명 중 코브(Cove)조명에 관한 설명으로 옳은 것은? [20년 2회]

① 광원을 넓은 면적의 벽면에 매입하여 비스타(Vista)적인 효과를 낼 수 있다.

② 벽면의 상부에 위치하여 모든 빛이 아래로 직사하도록 하는 직접조명방식이다.

③ 천장, 벽의 구조체에 의해 광원의 빛이 천장 또는 벽면으로 가려지게 하여 반사광으로 간접조명하는 방식이다.

④ 건축구조체로 천장에 조명기구를 설치하고 그 밑에 루버나 유리, 플라스틱 같은 확산투과판으로 천장을 마감 처리하여 설치하는 조명방식이다.

72 다음 설명에 알맞은 건축화조명방식은? [24년 2회]

- 천장, 벽의 구조체에 의해 광원의 빛이 천장 또는 벽면으로 가려지게 하여 반사광으로 간접조명하는 방식이다.
- 천장고가 높거나 천장높이가 변화하는 실내에 적합하다.

① 광천장조명　　　　　② 코브조명

③ 코니스조명　　　　　④ 캐노피조명

73 건축화조명에 관한 설명으로 옳지 않은 것은? [18년 1회]

① 캐노피조명은 카운터 상부, 욕실의 세면대 상부 등에 설치된다.

② 광창조명은 광원을 넓은 면적의 벽면에 매입하여 비스타(Vista)적인 효과를 낼 수 있다.

③ 코니스조명은 벽면의 상부에 위치하여 모든 빛이 아래로 직사하도록 하는 조명방식이다.

④ 코브조명은 창이나 벽의 상부에 부설된 조명으로 하향일 경우 벽이나 커튼을 강조하는 역할을 한다.

74 광원을 넓은 면적의 벽면에 매입하여 비스타(Vista)적인 효과를 낼 수 있는 건축화조명방식은?   [20년 4회]

① 광창조명   ② 광천장조명

③ 코니스조명   ④ 밸런스조명

75 조명에 의하여 물체의 색을 결정하는 광원의 성질은?   [22년 2회]

① 조명성   ② 기능성

③ 연색성   ④ 조색성

76 수직벽면을 빛으로 쓸어내리는 듯한 효과를 주기 위해 비대칭 배광방식의 조명기구를 사용하여 수직벽면에 균일한 조도의 빛을 비추는 조명연출기법은?   [21년 4회]

① 글레이징(Glazing)기법

② 빔플레이(Beam Play)기법

③ 월워싱(Wall Washing)기법

④ 그림자연출(Shadow Play)기법

77 조명을 설계할 때 고려해야 할 사항으로 옳지 않은 것은?   [21년 4회]

① 작업부분과 배경 사이에 콘트라스트(대비)가 있어서는 안 된다.

② 작업면은 작업의 종류에 따라 적당한 밝기로 일정하게 비추어야 한다.

③ 광원에 의한 직사 눈부심은 휘도를 줄이거나 광원을 시선에서 멀리 위치시킨다.

④ 일반적으로는 전반조명 또는 간접조명을 적용하여 눈의 피로를 줄이도록 한다.

78 조명연출기법 중 실루엣(Silhouette)기법에 관한 설명으로 옳은 것은?

[17년 4회]

① 물체의 형상만을 강조하는 기법으로 시각적인 눈부심이 없다.

② 빛의 각도를 이용하는 기법으로 벽면 마감재료의 재질감을 강조시킨다.

③ 물체를 강조하기 위해 사용되는 기법으로 하이라이팅(Highlighting)이라고도 한다.

④ 강조하고자 하는 물체에 의도적인 광선으로 조사시킴으로써 광선 그 자체가 시각적인 특성을 지니게 하는 기법이다.

실루엣기법
물체의 형상만을 강조하는 기법으로 눈부심은 없으나 세밀한 묘사에는 한계가 있다. 📖 ①

79 다음과 같은 특징을 갖는 조명의 연출기법은?

[24년 3회]

> 물체의 형상만을 강조하는 기법으로 시각적인 눈부심은 없으나 물체면의 세밀한 묘사는 할 수 없다.

① 스파클기법   ② 실루엣기법

③ 월워싱기법   ④ 글레이징기법

실루엣기법
물체의 형상만을 강조하는 기법으로 눈부심은 없으나 세밀한 묘사에는 한계가 있다.
📖 ②

실내디자인 세부공간계획

❶ 주거공간

1. 주거공간의 계획

1) 주거공간의 개념

주거공간 디자인은 사람의 거주를 목적으로 하므로 심리적 안정감과 안락함 그리고 편리함을 제공해야 한다. 아울러 사용자의 심리적 만족감을 위하여 심리적, 물리적, 경제적 요인을 분석하여 공간구성과 표현요소로 제공할 수 있도록 한다.

2) 주거공간의 기능

① 가족생활을 영위하기 위한 인간생활의 가장 기본적인 안식처이다.
② 일정한 장소를 점유하여 생활의 편리함과 쾌적한 환경을 생활할 수 있는 장소이다.
③ 자연적, 인위적 환경에 생명과 재산을 보호하고 재충전의 휴식을 위한 장소이다.
④ 삶과 가치, 인격 등 개개인의 정체성이 표현되는 곳이며 가족생활의 터전이다.
⑤ 개인생활의 프라이버시를 고려해야 한다.

3) 주거공간계획 시 고려사항

① 사용자의 특성과 거주계획
② 가족구성원의 인원과 요구사항
③ 클라이언트의 경제적 가용 예산
④ 거주자 개성과 취향 등

4) 주거공간의 조닝방법

① 사용자 특성에 의한 구분
② 사용빈도에 의한 구분
③ 주 행동에 의한 구분
④ 사용시간에 의한 구분
⑤ 프라이버시 정도에 따른 구분

5) 주거공간의 동선계획

① 동선의 3요소 : 속도, 빈도, 하중에 따라 거리의 장단, 폭의 대소가 결정된다.

② 서로 다른 동선은 가능한 한 분리하고 필요 이상의 교차는 피한다. 동선이 짧을수록 효율적이나 공간의 성격에 따라 길게 유도하기도 한다.

③ 주부는 실내에 머무는 시간이 길고 작업량이 많으므로 짧고 직선적으로 처리한다.

④ 동선의 분기점이 되는 곳은 거실이며 가구배치계획에 따라 동선이 변하기도 한다.

2. 주거공간의 공간구성

1) 주거공간의 행동에 의한 분류

(1) 정적공간

소음 및 시각적, 청각적 프라이버시가 확보되어야 하며 독립성을 추구한다.

• 개인공간 : 침실, 서재, 경의실(Dressing Room)

(2) 공적공간

실의 활동과 능률을 중요시하며 독립성보다 개방성을 필요로 한다.

① 공동공간(사회적 공간) : 거실, 식사실, 가족실, 현관, 복도

② 작업공간 : 부엌, 세탁실, 다용도실

(3) 생리위생공간

세면실, 욕실, 화장실

2) 현관

(1) 현관의 기능

① 주출입구의 기능과 내방객을 처음 맞이하는 접객공간으로서 방범의 기능도 갖고 있다.

② 외부출입에 필요한 일상용품(우산, 신발)을 수납할 수 있는 기능도 겸한다.

(2) 현관의 위치

① 도로의 위치와 경사도에 따라 영향을 받으며 방위의 영향이 거의 없다.

② 입지조건, 도로의 위치, 대지의 형태 등에 영향을 받아 결정되는 경우가 많다.

③ 현관을 열었을 때 실내가 지나치게 노출되지 않도록 계획한다.

④ 거실이나 침실의 내부와 연결되지 않도록 배치한다.

핵심 문제 03 ◆◆◆

주거공간을 주행동에 따라 개인공간, 작업공간, 사회적 공간으로 분류할 경우, 다음 중 작업공간에 속하는 것은?
[17년 1회]
① 서재　　　　② 침실
③ 응접실　　　④ 다용도실

해설

작업공간
주방, 세탁실, 가사실, 다용도실

정답 ④

핵심 문제 04 ◆◆◆

단독주택의 현관에 관한 설명으로 옳지 않은 것은?
[18년 1회]
① 거실, 계단, 화장실과 가까이 위치하는 것이 좋다.
② 거실의 일부를 현관으로 만드는 것은 지양하도록 한다.
③ 현관의 위치는 도로의 위치와 대지의 형태에 영향을 받는다.
④ 주택 측면에 현관을 배치한 경우 동선처리가 편리하고 복도길이가 짧아진다.

해설

현관
주택 측면에 현관을 배치한 경우 동선처리가 불편하고 복도길이가 길어진다.

정답 ④

(3) 현관의 세부계획

   ① 면적구성 : 연면적 7%

   ② 최소면적 : 1,200 × 900mm

   ③ 현관의 바닥차 : 150~210mm

   ④ 마감재 : 청소 및 유지관리가 용이한 재료(타일, 테라초, 대리석 등)를 사용해야 한다.

핵심 문제 05   ◆◆◆

단독주택의 거실에 관한 설명으로 옳지 않은 것은?   [17년 4회]
① 현관과 직접 면하도록 배치하는 것이 좋다.
② 식당, 부엌과 가까운 곳에 배치하는 것이 좋다.
③ 평면의 한쪽 끝에 배치할 경우 통로의 면적 증대의 우려가 있다.
④ 거실의 규모는 가족수, 가족구성, 전체 주택의 규모 등에 따라 결정된다.

해설

거실
현관에서 가까운 곳에 위치하되 직접 면하는 것은 피하는 것이 좋다.

정답 ①

3) 거실

(1) 거실의 기능

   ① 다목적, 다기능적인 공간으로 생활공간의 중심이 되며 실과 실을 연결해 준다.

   ② 가족의 단란한 장소이며 휴식, 접객, 독서, 사교 등이 이루어지는 장소이다.

(2) 거실의 위치

   ① 남향, 남동향, 남서향으로 다른 방의 중심적 위치이며, 침실과는 대칭된 위치가 좋다.

   ② 중앙에 거실을 배치하면 독립된 실로서 면적 손실이 적고 동선 절약의 효과가 있다.

   ③ 현관, 복도, 계단에 근접하게 위치하되 직접 면하는 것은 피하는 것이 좋다.

   ④ 거실과 연결되는 테라스는 유지관리상 10~12cm 정도의 바닥차를 준다.

   ⑤ 동쪽 및 서쪽 끝에 배치하면 다른 공간과 분리가 되어 독립적 안정감 조성에 유리하다.

(3) 거실의 세부계획

   ① 면적구성 : 연면적 20~30%

   ② 최소면적 : 1인당 소요면적 $4\sim6m^2$

   ③ 천장의 높이 : 2,100mm 이상

   ④ 규모 : 가족수, 가족구성, 전체 주택의 규모

핵심 문제 06   ◆◆◆

거실의 가구배치에 관한 설명으로 옳지 않은 것은?   [16년 2회]
① ㄱ자형은 시선이 마주치지 않아 안정감이 있다.
② 일자형은 거실의 폭이 좁은 경우에 많이 이용된다.
③ 대면형은 일자형에 비해 가구 자체가 차지하는 면적이 작다.
④ ㄷ자형은 단란한 분위기를 주며 여러 사람과의 대화 시에 적합하다.

해설

대면형
일자형에 비해 가구 자체가 차지하는 면적이 크다. 특히, 중앙의 테이블 중심으로 좌석이 마주 볼 수 있게 배치하여 동선이 길어진다.

정답 ③

(4) 거실의 가구배치

   ① 대면형 : 중앙의 테이블 중심으로 좌석이 마주 볼 수 있게 배치하여 동선이 길어진다.

   ② 코너형 : 두 벽면을 연결시켜 배치하는 형식으로 공간의 활용도가 높다.

   ③ U자형(ㄷ자형) : 한 방향을 바라보게 하는 배치형식으로 단란한 분위기를 형성한다.

   ④ 직선형 : 좌석을 일렬로 배치하는 형식으로 면적을 가장 작게 차지한다.

   ⑤ 복합형 : 규모가 넓은 거실에 사용되며 여러 유형으로 조합이 가능하다.

4) 식당 및 부엌

(1) 식당의 유형

① 독립형 식당

ㄱ 거실과 완전히 독립된 식사실이다.

ㄴ 동선이 길고 대규모의 주택에 적합하다.

② 리빙다이닝(LD : Living Dining)

ㄱ 거실, 식탁으로 혼합된 형태이다.

ㄴ 실을 효율적으로 이용할 수 있고 능률적이다.

③ 다이닝키친(DK : Dining Kitchen)

ㄱ 부엌 일부에 식탁을 배치한 형태이다.

ㄴ 주부의 동선을 단축하여 가사 노동력을 경감할 수 있다.

④ 리빙다이닝키친(LDK : Living Dining Kitchen)

ㄱ 거실, 식탁, 부엌의 기능을 한 곳에 집중시킨 형태이다.

ㄴ 공간의 활용이 가능하며 소규모 주거에서 이용되고 있다.

⑤ 다이닝알코브(Dining Alcove)

ㄱ 거실 일부에 식탁을 꾸미는 것이다.

ㄴ 보통 6~9m² 정도의 크기이다.

ㄷ 한 구석에 ㄷ자 형태로 식탁을 꾸미는 것이다.

⑥ 다이닝포치(Dining Porch)

옥외의 테라스에 식사공간으로 식탁을 설치한 형태이다.

(2) 부엌의 위치

① 남쪽 및 동쪽으로 햇빛이 잘 들고 일광에 의한 건조소독을 할 수 있어야 한다.

② 일사가 긴 서쪽은 음식물이 부패하기 쉬워 피해야 한다.

(3) 부엌의 세부계획

① 면적구성 : 연면적 8~10%

② 주택의 연면적, 작업대의 면적 등 패턴에 맞는 부엌의 유형으로 설계한다.

③ 전기, 물, 가스(불)를 사용하는 공간이므로 안전하고 편리하도록 해야 한다.

④ 조리작업의 흐름에 따른 작업대의 배치와 작업자의 동선에 맞게 계획한다.

부엌크기의 결정기준	• 작업대의 면적 • 작업인의 동작에 필요한 공간 • 수납공간 • 연료의 종류와 공급방법 • 주택의 연면적, 가족수, 평균 작업인수, 경제수준

(4) 부엌의 작업대 배치유형

① 일렬형
ㄱ 소규모 부엌에서 사용된다.
ㄴ 경제적이나 동선이 길어지므로 길이가 3,000mm 이상 되지 않도록 한다.

② L자형
ㄱ 두 벽면을 이용하여 작업대를 배치한 형식이다.
ㄴ 작업공간을 여유롭게 할 수 있고 동선을 짧게 처리할 수 있다.

③ ㄷ자형(U자형)
ㄱ 인접한 3면의 벽에 작업대를 배치하는 형식이다.
ㄴ 가장 편리하고 능률적인 배치나 소요면적이 크다.
ㄷ 작업면이 넓어 작업효율이 가장 좋은 작업대의 배치이다.

④ 병렬형
ㄱ 양쪽 벽면에 작업대를 마주 보도록 배치하는 형식이다.
ㄴ 동선을 짧게 처리할 수 있어 효율적인 배치유형이다.
ㄷ 작업대 사이의 간격은 1,000~1,200mm 정도로 한다.

⑤ 아일랜드형
기존 부엌에 독립적인 작업대를 설치하는 형식이다.

(5) 부엌의 작업순서

① 준비대 – 개수대 – 조리대 – 가열대 – 배선대의 순서로 배치한다.
② 작업대의 길이는 3.6~6.6m 범위로 하는 것이 능률적이다.
③ 작업 삼각형(Work Triangle)인 냉장고 – 개수대 – 가열대의 합이 짧을수록 유리하다.
④ 개수대는 창에 면하는 것이 좋고, 작업순서는 오른쪽 방향으로 하는 것이 편리하다.
⑤ 작업대의 크기 : 작업대의 높이는 800~850mm, 폭은 550~600mm이다.

5) 침실

(1) 침실의 기능

① 하루의 일과를 마친 후 긴장을 풀고 에너지를 재충전할 수 있는 정적인 공간이다.
② 취침, 휴식, 수납 등 사적이고 독립성이 있다.

(2) 침실의 위치

① 남향 또는 동남향에 위치하여 통풍, 일조, 환기, 조건이 유리하도록 한다.

② 침실은 가장 내측에 위치하며 소음과 동선이 복잡한 공간과 멀리한다.

③ 현관에서 떨어진 조용한 곳으로 교통소음과 복잡한 시선을 피해 가로변에 두지 않는다.

④ 외부에서 출입문을 통해 침실이 직접 보이지 않도록 배치한다.

(3) 침실의 세부계획

① **최소면적**: 1인은 5m², 2인은 7m², 3인은 10~13m²이다.

② 침실의 사용 인원수에 따른 1인당 소요 바닥면적

성인 1인당 필요로 하는 신선 공기 요구량은 50m³/h(시간당)이다.

소요 공간의 크기	자연 환기횟수를 2회/h로 가정하면 50m³/h ÷ 2 = 25m³
1인당 소요 바닥면적	천장높이가 2.5m인 경우 25m³ ÷ 2.5m = 10m²(아동은 1/2)

③ 기능별 분류로 부부침실, 아동침실, 노인침실로 분류할 수 있다.

④ 소음이 작고, 가구 및 액세서리로 인해 어수선하지 않도록 계획되어야 한다.

(4) 침대의 배치

① 침대에 누운 채로 출입문이 보이도록 하는 것이 좋다.

② 침대 머리 쪽에는 창이 없는 외벽에 면하도록 한다.

③ 통로폭은 여유공간을 900mm 정도 확보하고 양쪽 통로일 경우 750mm 이상이 되어야 한다.

④ 싱글베드는 1,500~1,800mm, 더블·트윈베드는 2,100~2,600mm의 벽면이 확보되어야 한다.

6) 욕실

(1) 욕실의 위치

① 북쪽에 면하게 설비배관상 부엌과 인접하게 형성한다.

② 가족 모두가 사용하기 쉽도록 공동생활구역과 개인생활구역의 중간지점에 위치한다.

(2) 욕실의 세부계획

① **표준면적**: 1.6~1.8m × 2.4~2.7m

② **최소면적**: 0.9 × 1.8m 및 1.8 × 1.8m

핵심 문제 12 ◆◆◆

주택의 침실계획에 관한 설명으로 옳지 않은 것은? [21년 2회]

① 침대의 측면을 외벽에 붙이는 것이 이상적이다.

② 침대 배치는 실의 크기와 침대와의 균형, 통로 부분의 확보 등을 고려한다.

③ 침대의 머리(Head)부분에 조명기구를 둘 경우 빛이 눈에 직접 들어오지 않도록 한다.

④ 침대 하부(머리부분의 반대편)는 통행에 불편하지 않도록 여유공간을 두는 것이 좋다.

해설

주택의 침실계획

침대의 측면은 외벽에 붙이지 않는 것이 좋다. 외부와 내부의 온도차에 따라 습기가 많이 생기므로 벽에서 거리를 두어 배치한다.

정답 ①

핵심 문제 13 ◆◆◆

주택의 욕실계획에 관한 설명으로 옳지 않은 것은? [18년 4회]

① 방수성, 방오성이 큰 마감재료를 사용한다.

② 욕실의 조명은 방습형 조명기구를 사용한다.

③ 욕실바닥은 미끄럼을 방지할 수 있는 재료를 사용한다.

④ 모든 욕실에는 기능상 욕조, 변기, 세면기가 통합적으로 갖추어져야 한다.

해설

주택의 욕실계획

욕실은 기능 및 규모에 따라 욕조, 변기, 세면기를 분리하여 배치할 수 있다.

정답 ④

③ 욕조, 세면기, 변기를 한 공간에 둘 경우 : $4m^2$

④ 100lux 전후의 방습형 조명기구를 사용한다.

⑤ 방수성, 방오성이 큰 마감재료인 타일을 주로 사용한다.

7) 복도 및 계단

(1) 복도

① 내부의 통로 및 방을 차단하는 역할로 소규모 주택에는 비경제적이다.

② 면적구성 : 연면적 10%

③ 최소폭 : 900mm 이상

(2) 계단

① 최소폭 : 750mm 이상(900~1,200mm가 적당)

② 챌판높이 : 180mm 이하

③ 디딤바닥 폭 : 260mm 이상

❷ 업무공간

1. 업무공간의 계획

1) 업무공간의 개념

업무공간은 사무노동이 이루어지는 사무공간으로 각종 데이터의 수집과 기록, 분류, 정리, 분석함으로써 정보를 발생시켜 교환하고 보관하는 기능을 갖는다. 특히, 기업의 업무형태 및 용도에 따라 차이는 있으나 업무 능률을 극대화하기 위해 다양하게 계획되고 있다.

2) 업무공간의 면적구성

(1) 연면적(총면적)

① 건축물 각 층의 바닥면적을 합계로 지하층, 지상층의 주차용, 주민공동시설, 초고층 건축물의 피난안전구역은 제외한다.

② 연면적은 유효면적과 공용면적으로 나눌 수 있다.

유효면적 (대실면적)	건축물 전체의 면적 중 목적에 적합하게 사용될 수 있는 면적을 의미한다.
공용면적	복도, 계단, 엘리베이터 등 공동으로 사용하는 부분의 바닥면적을 말한다.

핵심 문제 14 ◆◆◆

아파트의 2세대 이상이 공동으로 사용하는 복도의 유효폭은 최소 얼마 이상이어야 하는가?(단, 갓복도의 경우)

[14년 1회]

① 90cm ② 120cm
③ 150cm ④ 180cm

해설

공동주택의 2세대 이상 복도의 유효폭
공동주택과 오피스텔에 설치하는 복도의 유효너비는 갓복도는 120cm 이상, 중복도는 180cm 이상, 세대수가 5세대 이하이면 150cm 이상으로 할 수 있다.

정답 ②

핵심 문제 15 ◆◆◆

사무소 건축에서 유효율(Rentable Ratio)의 의미로 알맞은 것은? [21년 1회]
① 연면적에 대한 대실면적의 비율
② 연면적에 대한 건축면적의 비율
③ 대지면적에 대한 바닥면적의 비율
④ 대지면적에 대한 건축면적의 비율

해설

유효율
연면적에 대한 대실면적의 비율로, 연면적에 대하여 70~75%, 기준층에 대하여 80% 정도이다.

정답 ①

(2) 유효율(Rentable Ratio, %)

$$유효율 = \frac{대실면적}{연면적} \times 100\%$$

① 연면적에 대한 대실면적의 비율이다.

② 연면적에 대해서는 70~75%이고 기준층에 대해서는 80% 정도이다.

(3) 사무실의 크기

건축의 규모와 사원 수에 따라 결정된다.

① 임대면적 : 5.5~6.5m²/인(1인당)

② 연면적 : 8~11m²/인(1인당)

2. 업무공간의 평면구성

1) 실단위에 의한 분류

(1) 개실시스템(복도형, 세포형 오피스)

복도를 통해서 각 층, 각 실로 들어가는 형식으로 복도를 따라 구성되어 있다.

장점	• 독립성이 우수하고 쾌적성 및 자연채광 조건이 좋다. • 공간의 길이에 변화를 줄 수 있다.
단점	• 공사비가 높고 직원 간의 소통이 불리하다. • 연속된 복도 때문에 방의 깊이에는 변화를 줄 수 없다.

(2) 개방시스템

공간분할을 위한 칸막이나 벽을 설치하지 않은 단일공간에 직급별·업무별로 책상이나 사무기기를 배치하여 서열에 따라 일정하게 평행 배치된다.

장점	• 동선이 자유롭고 소통에 유리하다. • 전면적을 사용할 수 있어 실의 길이나 깊이에 변화를 줄 수 있다. • 공용의 커뮤니티 형성이 쉽다. • 칸막이벽이 없어 공사비가 저렴하다.
단점	• 소음 및 프라이버시의 확보가 떨어진다. • 인공조명이 필요하다.

(3) 오피스 랜드스케이프(개방식 배치 유형)

고정된 칸막이를 쓰지 않고 이동식 파티션이나 가구, 식물 등으로 공간이 구분되는 형식으로 적당한 프라이버시를 유지하는 동시에 효율적인 사무공간을 연출할 수 있다.

핵심 문제 16 ◆◆◆

사무소 건축의 실단위계획 중 개실시스템에 관한 설명으로 옳지 않은 것은?

[17년 2회]

① 독립성 확보가 용이하다.
② 공간의 길이에 변화를 줄 수 있다.
③ 연속된 복도 때문에 공간의 깊이에 변화를 줄 수 없다.
④ 전면적을 유효하게 이용할 수 있어 공간절약상 유리하다.

해설

개실시스템
복도를 통해 각 층의 여러 부분으로 들어가는 방법으로 소음이 적고 프라이버시가 좋다. 또한 공사비가 비교적 높고, 채광, 환기가 유리하다.

정답 ④

핵심 문제 17 ◆◆◆

사무소의 실단위계획 중 개방식 배치에 관한 설명으로 옳지 않은 것은?

[16년 1회]

① 전 면적을 유효하게 이용할 수 있다.
② 개인의 프라이버시가 결여되기 쉽다.
③ 방의 길이나 깊이에 변화를 줄 수 있다.
④ 자연채광 외에 별도의 인공조명이 불필요하다.

해설

개방식 배치
자연채광 외에 별도의 인공조명이 필요하다.

정답 ④

핵심 문제 18 ◆◆◆

개방식 배치의 한 형식으로 업무와 환경을 경영관리 및 환경적 측면에서 개선한 것으로 오피스 작업을 사람의 흐름과 정보의 흐름을 매체로 효율적인 네트워크가 되도록 배치하는 방법은?

① 세포형 오피스
② 집단형 오피스
③ 싱글 오피스
④ 오피스 랜드스케이프

해설

오피스 랜드스케이프
고정된 칸막이를 쓰지 않고 이동식 파티션이나 가구, 식물 등으로 공간이 구분되는 형식으로 적당한 프라이버시를 유지하는 동시에 효율적인 사무공간을 연출할 수 있다.

정답 ④

장점	• 동선이 자유롭고 소통에 유리하다. • 전면적을 사용할 수 있어 실의 길이나 깊이에 변화를 줄 수 있다.
단점	• 소음 및 프라이버시의 확보가 떨어진다. • 인공조명이 필요하다.

2) 복도에 의한 분류

(1) 편복도식(단일지역 배치)

자연채광이 좋으며 통풍이 유리하고, 경제성보다 건강, 분위기 등이 필요한 경우에 적당하나 비교적 고가이다.

(2) 중복도식(2중 지역 배치)

중간 정도 크기의 사무실에 적당하고, 방향을 동서로 사무실을 면하게 한다. 또한 주계단, 부계단을 두어 사용할 수 있고 유틸리티 코어의 설계에 주의한다.

(3) 2중 복도식, 중앙홀식(3중 지역 배치)

방사선형태의 평면형식으로 고층 전용 사무실에 주로 하며 교통시설, 위생설비는 건물 내부의 제3 또는 중심지역에 위치하고, 사무실은 외벽을 따라서 배치한다.

3. 업무공간의 코어계획

1) 코어의 개념

사무실의 공간 효율성에 대한 유효면적을 높이기 위해 집중된 공간으로 오피스빌딩의 핵이 되는 부분을 말한다. 코어에 해당되는 제실과 기능은 계단실, 엘리베이터, 화장실, 설비실, 공조실 등이다.

2) 코어의 종류

(1) 편심코어형

① 코어가 한쪽으로 치우친 형태로 기준층 면적이 작은 경우에 적합하다.
② 코어의 위치를 사무소 평면상의 어느 한쪽에 편중하여 배치한 유형이다.
③ 고층일 때 구조상 불리하다.
④ 설비 덕트 및 배관을 코어로 부터 사무실 공간으로 연결하는데 제약이 많다.

(2) 중심코어형

① 코어가 중앙에 위치한 형태로 내진구조가 가능함으로써 구조적으로 바람직한 형식이다.

핵심 문제 19 ◆◆◆

사무소 건축의 평면유형에 관한 설명으로 옳지 않은 것은? [18년 4회]
① 2중 지역 배치는 중복도식의 형태를 갖는다.
② 3중 지역 배치는 저층의 소규모 사무소에 주로 적용된다.
③ 2중 지역 배치에서 복도는 동서방향으로 하는 것이 좋다.
④ 단일지역 배치는 경제성보다는 쾌적한 환경이나 분위기 등이 필요한 곳에 적합한 유형이다.

해설

3중 지역 배치(2중 복도식, 중앙홀식)
방사선형태의 평면형식으로 고층 전용 사무실에 주로 하며 교통시설, 위생설비는 건물 내부의 제3 또는 중심지역에 위치하고, 사무실은 외벽을 따라서 배치한다.

정답 ②

핵심 문제 20 ◆◆◆

사무소 건축의 코어 유형에 관한 설명으로 옳지 않은 것은? [16년 4회]
① 중심코어형은 유효율이 높은 계획이 가능한 형식이다.
② 편심코어형은 기준층 바닥면적이 작은 경우에 적합하다.
③ 양단코어형은 2방향피난에 이상적이며, 방재상 유리하다.
④ 독립코어형은 코어 프레임을 내진구조로 할 수 있어 구조적으로 가장 바람직한 유형이다.

해설

독립코어형
코어를 업무공간에서 분리, 독립시킨 유형으로, 공간활용의 융통성은 높으나 대피·피난의 방재계획이 불리하다.

정답 ④

② 바닥면적이 클 경우 적합하며 고층 · 초고층에 적합하다.

③ 유효율이 높은 계획이 가능한 형식이다.

(3) 독립코어형

① 코어를 업무공간에서 분리, 독립시킨 유형으로 공간활용의 융통성이 높다.

② 대피 · 피난의 방재계획이 불리하다.

③ 설비덕트나 배관을 코어로부터 사무실 공간으로 연결하는 데 제약이 많다.

④ 경제성보다는 쾌적한 환경이나 분위기 등이 필요한 곳에 적합한 유형이다.

(4) 양단코어형

① 공간의 분할, 개방이 자유로운 형태로 재난 시 두 방향으로 대피가 가능하다.

② 단일용도의 대규모 전용 사무소에 적합한 유형이다.

③ 2방향피난에 이상적인 형태로 방재, 피난상 유리하다.

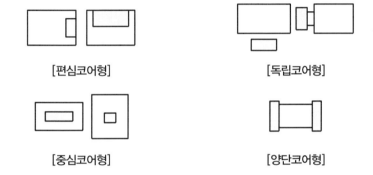

[편심코어형]　　　　　　[독립코어형]

[중심코어형]　　　　　　[양단코어형]

4. 업무공간의 가구계획

1) 가구계획

(1) 워크스테이션(Work Station)

① 업무공간에 대한 가구는 일반적인 사무공간의 전체 배치를 결정한다.

② 책상, 의자 등 업무를 위한 점유면적을 말하며, 업무유형에 따라 면적은 달라진다.

(2) OA가구(Office Automation)

① 한 사람의 작업공간면적은 책상, 컴퓨터 테이블, 의자로 구성되어 4.8m²가 필요하다.

② 사무기능의 합리화, 정보의 효율화, 시스템화, 사무작업의 기계화로 요약할 수 있다.

핵심 문제 21　◆◆◇

사무소 건축의 코어에 관한 설명으로 옳은 것은?　[17년 2회]

① 양단코어형은 2방향피난에 이상적인 형태로 방재상 유리하다.

② 편심코어형은 기준층 바닥면적이 작은 경우에 적용이 불가능하다.

③ 독립코어형은 고층, 초고층의 대규모 사무소 건축에 주로 사용된다.

④ 중심코어형은 외코어라고도 하며 코어를 업무공간에서 별도로 분리시킨 유형이다.

해설

양단코어형

공간의 분할, 개방이 자유로운 형태로 재난 시 2방향으로 대피가 가능하고 2방향피난에 이상적인 형태로 방재, 피난상 유리하다.

정답 ①

핵심 문제 22　◆◆◇

OA(Office Automation)에 관한 설명 중 틀린 것은?　[24년 3회]

① 기기의 사용으로 업무절차가 간소화된다.

② 생산성은 증대하나 개인과 조직의 융통성은 결여된다.

③ 개인의 프라이버시가 침해당할 수 있다.

④ 업무의 정확성이 개선된다.

해설

OA(Office Automation)

생산성이 증대하고 사무기능을 자동화해서 사무 처리의 생산성을 높여 개인과 조직의 융통성을 발휘한다.

정답 ②

핵심 문제 23 ◆◆◆

다음 설명에 알맞은 사무실의 책상배치유형은? [12년 2회]

- 강의실 또는 배연식이라고도 한다.
- 대향식에 비해 면적효율이 떨어지나 프라이버시의 침해가 적다.

① 동향식 ② 벤젠식
③ 서가식 ④ 좌우대향식

해설

동향식 배치
책상을 같은 방향으로 배치하는 형태로 면적효율이 떨어지나, 비교적 프라이버시 침해가 적으며 통로를 명확하게 구분한다.

정답 ①

핵심 문제 24 ◆◆◆

업무공간의 책상배치유형에 관한 설명으로 옳지 않은 것은? [18년 1회]

① 십자형은 팀작업이 요구되는 전문직 업무에 적용할 수 있다.
② 좌우대향(대칭)형은 비교적 면적손실이 크며 커뮤니케이션 형성도 다소 힘들다.
③ 동향형은 책상을 같은 방향으로 배치하는 형태로 비교적 프라이버시의 침해가 적다.
④ 대향형은 커뮤니케이션 형성이 불리하여, 주로 독립성 있는 데이터 처리업무에 적용된다.

해설

책상배치 대향형
면적효율이 좋고 커뮤니케이션 형성에 유리하며 공동작업으로 자료를 처리하는 영업관리에 적합하다.

정답 ④

핵심 문제 25 ◆◆◆

대형 업무용 빌딩에서 공적인 문화공간의 역할을 담당하기에 가장 적절한 공간은? [24년 2회]

① 로비공간 ② 회의실공간
③ 직원 라운지 ④ 비즈니스센터

해설

로비공간
처음 맞이하는 공간으로 내외부를 유기적으로 연결해주며 공적인 문화공간의 역할을 담당한다. 또한 기업의 이미지 표현에서 중요한 공간이다.

정답 ①

2) 책상배치유형

사무공간은 동료들과 지속적으로 커뮤니케이션하는 데 동선적으로 편리하고 팀워크 정신을 살릴 수 있는 사무공간시스템(가구 및 사무용품 등)이 필요하다.

(1) 동향형

① 책상을 같은 방향으로 배치하는 형태로 면적효율이 떨어진다.
② 비교적 프라이버시 침해가 적으며 통로를 명확하게 구분한다.

(2) 대향형

① 면적효율이 좋고 커뮤니케이션 형성에 유리하다.
② 공동작업으로 자료를 처리하는 영업관리에 적합하다.
③ 전기배선관리가 용이하지만 대면시선에 의해 프라이버시를 침해할 우려가 있다.

(3) 좌우대향형

① 조직의 관리가 용이하며 정보처리 등 독립성이 있는 데이터 처리업무에 적합하다.
② 비교적 면적손실이 크며 커뮤니케이션 형성이 어렵다.

(4) 십자형

① 4개의 책상이 맞물려 십자를 이루도록 배치하는 형태이다.
② 팀작업이 요구되는 전문직 업무에 적합하다.

(5) 자유형

① 개개인의 작업을 위하여 독립된 영역이 주어지는 형태로 독립성이 요구되는 형태이다.
② 낮은 칸막이로 독립성을 요하는 전문직이나 간부급에 적합하다.

3) 세부공간계획

(1) 로비

① 처음 맞이하는 공간으로 내외부를 유기적으로 연결해주는 공간이다.
② 기업의 이미지 표현이 중요한 부분이다.
③ 도로와의 관계, 건물의 평면, 코어의 위치 등을 고려하여 계획하여야 한다.

(2) 회의실

① 회의실은 독립적이면서, 공통적 성격이 동시에 존재한다.

② 룸형태의 공간으로 의견을 나누어 협업을 이끌어내는 공간이다.

③ 회의에 필요한 배선계획은 가구를 통해 계획되어야 한다.

(3) 엘리베이터

① 주요 출입구홀에 직면 배치하도록 한다.

② 교통동선의 중심에 설치하여 보행거리가 짧도록 배치한다.

③ 4대 이하는 일렬배치(직선)로 하며, 4~8대인 경우에는 알코브, 대면배치로 한다.

④ 대면배열 시 대면거리는 3.5~4.5m로 한다.

⑤ 고층과 저층으로 분리하여 그룹별로 한다.

⑥ 정원 합계의 50% 정도를 수용하며 1인당 점유면적은 0.5~0.8m² 로 계산한다.

⑦ 한곳에 집중 배치하여 외래자에게 잘 알려질 수 있는 위치로 계획해야 한다.

⑧ 교통수량이 많은 경우에는 출발기준층이 1개 층이 되도록 계획한다.

(4) 에스컬레이터

① 건축적 점유면적이 가능한 한 작도록 배치한다.

② 출발 기준층에서 쉽게 눈에 띄도록 하고 보행동선 흐름의 중심에 설치한다.

③ 수직이동서비스 대상인원의 70~80% 정도를 부담하도록 계획한다.

4) 은행계획

서비스가 영업의 근본이기 때문에 능률화, 쾌적성 신뢰감, 친근감에 중점을 두어야 하며 카운터를 경계로 고객과 접하며 능률적인 업무처리가 되도록 계획한다.

(1) 평면계획

① 면적비율 = 영업장 : 객장(3 : 2, 1 : 0.8~1.5)

② 영업실 면적 = 행원수 × 4~6m²

③ 객장(고객용 로비)면적 = 1일 평균 고객수 × 0.13~0.2m²

(2) 세부계획

① 현관 및 주출입구

㉠ 겨울철과 여름철을 위한 냉난방과 방풍스크린 작업이 필요하다.

㉡ 출입문은 도난 방지상 안여닫이로 한다.

㉢ 전실(방풍실)을 둘 경우 바깥문은 바깥여닫이 또는 자재문, 회전문으로 한다.

핵심 문제 28 ◆◆◆

은행의 실내계획에 관한 설명으로 옳지 않은 것은?
[14년 2회]
① 은행의 고유의 색채, 심볼마크 등을 실내에 도입하여 이미지를 부각한다.
② 객장은 대기공간으로 고객에게 안전하고 편리한 서비스를 제공하는 시설을 구비하도록 한다.
③ 영업장과 객장의 효율적 배치로 사무 동선을 단순화하여 업무가 신속히 처리되도록 한다.
④ 도난방지를 위해 고객에게 심리적 긴장감을 주도록 영업장과 객장은 시각적으로 차단한다.

해설

은행의 실내계획
영업장과 객장의 사이에는 구분이 없어야 하며 객장은 시각적으로 차단하면 안 된다.

정답 ④

② 객장

　㉠ 객장은 은행의 구성공간 중 고객이 많이 출입하는 공간이다.

　㉡ 객장 내에는 대기를 위한 충분한 여유가 있어야 하며 최소폭은 3.2m 정도로 한다.

　㉢ 방풍실문, 회전문 근처에는 계단을 설치하지 않으며 방풍실문은 옥외 측을 반투명유리, 옥내 측을 투명유리로 한다.

③ 영업장

　㉠ 1인당 영업장면적 : $10m^2$

　㉡ 소요조도 : 책상면 300~400lux를 표준으로 한다.

　㉢ 영업장 후방과 벽 사이는 2m 정도의 공간이 필요하다.

　㉣ 양측 벽면으로 1.5m의 통로를 확보한다.

　㉤ 책상의 뒤나 옆은 최소 600mm 이상의 여유공간을 확보한다.

　㉥ 시선을 차단시키는 구조벽체나 기둥은 피하여 배치한다.

　㉦ 채광은 좌측 또는 전면에 오는 것을 원칙으로 한다.

④ 영업 카운터

　㉠ 카운터 크기 : 고객방향으로 높이는 1,000~1,100mm, 업무방향으로 높이는 900~950mm, 폭은 600~750mm, 길이는 1,500~1,800mm이다.

　㉡ 영업장 면적 $1m^2$당 카운터 길이 : 1,000mm

⑤ 금고

　㉠ 구조 : 벽, 천장, 바닥 모두 철근 콘크리트 구조

　㉡ 구조두께 : 300~450mm, 대규모 은행은 600mm 이상을 표준으로 한다.

　㉢ 금고 종류 : 현금고, 증권고, 보호금고, 대여금고, 화재고, 야간금고, 서고

　㉣ 지하 또는 외부에 배치할 때는 외벽을 2중으로 하여 다습한 환경에 대처한다.

　㉤ 사고에 대비해서 전선 케이블을 금고 벽체 안에 위치해 경보장치와 연결한다.

　㉥ 금고는 밀폐된 공간이기 때문에 환기설비를 한다.

❸ 상업공간

1. 상업공간의 계획

1) 상업공간의 개념

상업공간은 이윤을 추구하는 목적으로 운영되는 공간으로 목적의 주체가 되는 상품과 브랜드의 종류, 점포의 규모, 판매방식 등에 따라 소비자에게 상품 또는 브랜드의 가치와 이미지를 전달하여 구매를 유도하도록 디자인한다.

2) 상업공간의 기능

생산과 소비를 연결하는 매개역할로 구매의욕을 증가시켜 이윤을 얻는 것이 목적이며, 기업의 이념이나 상품의 이미지를 부각시키기 위해 독창적인 공간계획이 필요하다.

3) 상업공간의 광고요소(소비자의 구매심리 5단계, AIDMA의 법칙)

A(Attention, 주의)	상품에 대한 관심으로 주의를 갖게 한다.
I(Interest, 흥미)	고객의 흥미를 갖게 한다.
D(Desire, 욕망)	구매욕구를 일으킨다.
M(Memory, 기억)	개성적인 공간으로 기억하게 한다.
A(Action, 행동)	구매의 동기를 실행하게 한다.

4) 상업공간계획 시 고려사항

① 시장조사와 트렌드 파악
② 주변상권 및 교통분석
③ 목표고객과 운영방법
④ 경제적 타당성 검토
⑤ 클라이언트의 요구사항 그리고 예산

2. 상업공간의 공간계획

1) 상업공간의 공간구성

(1) 판매부분

도입공간, 통로공간, 상품전시공간, 서비스공간

(2) 부대부분

상품관리공간, 종업원공간, 영업관리공간, 시설관리공간, 주차장 등

핵심 문제 29 ◆◆◆

상점계획에서 파사드 구성에 요구되는 소비자 구매심리 5단계(AIDMA)에 속하지 않는 것은? [21년 1회]
① 욕망(Desire) ② 기억(Memory)
③ 주의(Attention) ④ 유인(Attraction)

해설

상점의 광고요소(AIDMA 법칙)
주의(Attention), 흥미(Interest), 욕망(Desire), 기억(Memory), 행동(Action)

정답 ④

핵심 문제 30 ◆◆◆

상업공간의 설계 시 고려되는 고객의 구매심리(AIDMA)에 속하지 않는 것은? [22년 2회]
① Attention ② Interest
③ Design ④ Memory

해설

상점의 광고요소(AIDMA 법칙)
• A(Attention, 주의) : 상품에 대한 관심으로 주의를 갖게 한다.
• I(Interest, 흥미) : 고객의 흥미를 갖게 한다.
• D(Desire, 욕망) : 구매 욕구를 일으킨다.
• M(Memory, 기억) : 개성적인 공간으로 기억하게 한다.
• A(Action, 행동) : 구매의 동기를 실행하게 한다.

정답 ③

핵심 문제 31 ◆◆◆

상점의 동선계획에 관한 설명으로 옳지 않은 것은? [21년 1회]
① 고객동선은 고객의 편의를 위해 가능한 한 짧게 한다.
② 동선의 흐름은 공간적, 물리적인 흐름뿐만 아니라 시각적인 흐름도 원활하도록 한다.
③ 고객동선은 흐름의 연속성이 상징적, 지각적으로 분할되지 않도록 수평적 바닥이 되도록 한다.
④ 동선은 고객동선, 종업원동선, 상품동선으로 구분할 수 있으며, 각각의 동선은 교차되지 않도록 한다.

해설

고객동선
고객동선은 충동구매를 유도하기 위해 길게 배치하는 것이 좋으며, 종업원동선과 교차되지 않도록 하고 고객을 위한 통로폭은 900mm 이상으로 한다.

정답 ①

① 고객동선

⊙ 가장 우선순위는 고객의 동선을 원활히 처리하는 것이다.

ⓛ 충동구매를 유도하기 위해 길게 하며, 종업원동선과 교차되지 않도록 한다.

ⓒ 고객을 위한 주 통로는 900mm(90cm)가 적당하고, 두 사람의 통로폭은 1,200mm가 적당하다.

② 판매원동선

⊙ 종업원의 판매행위를 위한 동선으로 고객동선과 교차되지 않도록 한다.

ⓛ 동선을 최대한 짧게 하여 작업의 효율성과 피로도를 줄인다.

③ 상품동선

⊙ 상품을 반입 또는 반품, 포장, 발송하는 동선이다.

ⓛ 매장, 창고 등이 최단거리로 연결되는 것이 이상적이다.

2) 상업공간의 판매형식

(1) 대면판매

고객과 종업원이 진열장을 사이로 상담, 판매하는 형식이다(귀금속, 시계, 화장품, 카메라 같은 소형 고가품판매점에 적합).

① 장점 : 고객과 마주하기 때문에 상품설명이 용이하고, 카운터를 별도로 둘 필요가 없다.

② 단점 : 진열면적이 감소하고 쇼케이스가 많으면 분위기가 부드럽지 않다.

(2) 측면판매

진열상품을 같은 방향으로 보며 판매하는 형식이다(서적, 의류, 침구, 운동용품, 문방구류, 전기제품판매점에 적합).

① 장점 : 상품에 직접 접촉하므로 선택이 용이하며 상품에 친근감을 느낄 수 있다.

② 단점 : 판매원의 위치를 정하기 어렵고 포장대, 카운터가 별도로 요구된다.

3) 상업공간의 평면배치형태

(1) 굴절배열형

① 진열케이스와 고객동선이 곡선, 굴절형으로 구성된 형식이다.

② 대면판매와 측면판매의 조합에 의해 이루어진다.

예 안경점, 문방구점, 양품점 등

핵심 **문제 32** ◆◆◆

상점의 판매형식 중 대면판매에 관한 설명으로 옳지 않은 것은? [18년 1회]
① 포장대나 계산대를 별도로 둘 필요가 없다.
② 귀금속과 같은 소형 고가품판매점에 적합하다.
③ 고객과 마주 대하기 때문에 상품설명이 용이하다.
④ 진열된 상품을 자유롭게 직접 접촉하므로 선택이 용이하다.

해설

대면판매
진열장을 사이에 두고 판매하는 형식으로 귀금속 및 소형 고가품판매점에 적합하다.

※ 반면 진열된 상품을 자유롭게 직접 접촉이 가능한 판매형식은 측면판매에 해당한다.

정답 ④

핵심 **문제 33** ◆◆◆

상점의 판매형식 중 측면판매에 관한 설명으로 옳지 않은 것은? [24년 2회]
① 대면판매에 비해 넓은 진열면적의 확보가 가능하다.
② 판매원이 고정된 자리 및 위치를 설정하기 어렵다.
③ 소형으로 고가품인 귀금속, 시계, 화장품 판매점 등에 적합하다.
④ 고객이 직접 진열된 상품을 접촉할 수 있으므로 상품의 선택이 용이하다.

해설

측면판매
진열상품을 같은 방향으로 보며 판매하는 형식으로 서적, 의류, 침구, 운동용품, 문방구류, 전기제품판매점에 적합하다.

정답 ③

(2) 직렬배열형

① 입구에서 안으로 직선적으로 배치되므로 상품진열이 용이하다.

② 부분별로 상품진열이 용이하고 대량 판매방식에 적합하다.

예 전자대리점, 서점, 주방용품점, 의류점, 침구용품점 등

(3) 환상배열형

① 중앙부분에 진열대를 직선이나 곡선에 의한 고리모양으로 배치하는 형식이다.

② 중앙에는 소형 고가상품을 배치하고, 벽면에는 대형 저가상품을 진열한다.

예 수예품, 민속용품점 등

(4) 복합형

직렬 · 굴절 · 환상 형태를 조합시킨 형식으로 접객용 카운터나 대면판매대를 둔다. 예 서점, 피혁제품점, 부인복점 등

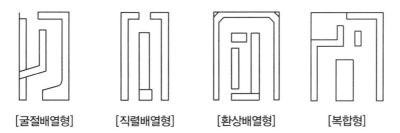

[굴절배열형]　　　[직렬배열형]　　　[환상배열형]　　　[복합형]

4) 상업공간의 파사드(Facade)

(1) 파사드 디자인 시 고려사항

① 상품의 판매 증진을 위해 개성적인 측면과 경제적인 측면을 고려하여 계획함으로써 고객에게 깊은 인상을 주어 구매욕구를 불러일으키고 도시 미관적 측면도 고려해야 한다.

② 개성, 인상적 감각표현, 상점 내로 고객유도, 상점의 취급상품에 대한 시각적 표현을 고려해야 한다.

(2) 파사드 구성요소

간판, 네온, 쇼윈도가 있다.

5) 상업공간의 쇼윈도(Show Window)

쇼윈도는 도로변에 설치하여 상점의 얼굴부분의 역할을 하는 파사드의 일부분으로 취급상품이나 상점의 특색 등 새로운 정보를 고객에게 제공한다. 또한 상품이 돋보이도록 전시하여 구매욕구를 촉구시켜 상점 내로 유도하게 하는 중요한 역할을 한다.

(1) 쇼윈도계획 시 고려사항

① 상점의 위치, 보도폭과 교통량, 출입구, 상품의 종류 및 크기, 진열방법 및 상태를 고려하여 상점의 규모와 전면의 폭너비에 따라 결정한다.

② 창대의 높이는 0.3∼1.2m(보통 0.6∼0.9m), 유리의 크기는 2.0∼2.5m이다.

③ 상품이 작은 경우 쇼윈도의 면적을 작게 하고 시선의 높이에 맞게 바닥의 높이를 올린다.

④ 진열대높이는 스포츠용품점·구두점은 낮게, 시계·귀금속은 높게 계획한다.

⑤ 주상품은 사람의 눈높이보다 약간 낮게 하여 주목성을 준다.

(2) 쇼윈도의 평면형식

① **평형** : 기본형으로 눈부심이 일어나기 쉽고 상점 내의 면적활동이 좋다.

② **곡면형** : 곡면유리를 사용하여 형태의 변화로 시선을 유도하고 흥미를 유발한다.

③ **경사형** : 경사지게 처리하여 눈부심이 적고 시선·동선을 자연스럽게 유도한다.

④ **만입형** : 입구가 깊이 들어가 있어 혼잡한 도로에서 진열상품을 볼 수 있도록 한 형식으로 점두의 진열면이 크다.

⑤ **홀형** : 만입형의 만입부를 넓게 잡아 진열창을 둘러놓고 홀을 두는 형식이다.

⑥ **혼합형** : 곡면형, 경사형을 전면의 크기·계획의 처리에 따라 혼합한 형식이다.

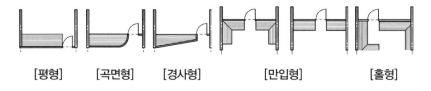

[평형]　　　[곡면형]　　　[경사형]　　　[만입형]　　　[홀형]

(3) 쇼윈도의 단면형식

① **단층형** : 건물 한 층의 전면에 쇼윈도를 설치하는 형식이다.

② **다층형** : 2∼3개 층의 전면에 쇼윈도를 설치하는 형식으로 넓은 도로폭을 지닌 상점에 적용하는 것이 좋다.

③ **오픈 스페이스형** : 다층과 유사하나 건물의 전면에 쇼윈도를 설치하는 형식이다.

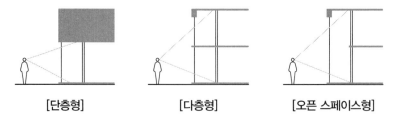

[단층형]　　　　　[다층형]　　　　　[오픈 스페이스형]

핵심 문제 37 ◆◆◆

상점의 쇼윈도에 관한 설명으로 옳지 않은 것은?
[22년 1회]

① 쇼윈도의 평면형식 중 만입형은 점두의 진열면이 크다.

② 쇼윈도의 진열 바닥높이는 일반적으로 상품의 종류에 따라 결정된다.

③ 쇼윈도의 단면형식 중 다층형은 넓은 도로폭을 지닌 상점에 적용하는 것이 좋다.

④ 쇼윈도의 배면처리형식 중 개방형은 폐쇄형에 비해 쇼윈도 진열 자체에 대한 주목성이 강조된다.

해설

폐쇄형

상점 내부가 보이지 않고 쇼윈도의 디스플레이에 대한 주목성이 커지므로 상품에 대한 강조효과가 크다.

정답 ④

(4) 쇼윈도의 배면처리

① **개방형** : 밖에서 내부를 볼 수 있어 상점 내부의 인상이 고객한테 전달되어 친근감을 줄 수 있으며 고객이 상점 내 잠시 머물거나 출입이 많은 곳에 적합하다(서점, 제과점, 철물점 등).

② **폐쇄형** : 상점 내부가 보이지 않고 쇼윈도의 디스플레이에 대한 주목성이 커지므로 상품에 대한 강조효과가 크다. 고객이 상점 내에 오래 머물거나 출입이 적은 업종에 적합하다(이발소, 미용실, 보석점, 귀금속점, 카메라 매장).

③ **반개방형** : 개방형과 폐쇄형이 혼합된 형태로 가장 많이 사용되고, 쇼윈도와 상점 내 판매공간의 영역을 구분한 형식으로 개구부 일부는 개방하고 안쪽을 폐쇄한 형태이다.

(5) 쇼윈도의 눈부심 방지

① 쇼윈도의 상부에 차양 설치로 햇빛을 차단한다.

② 쇼윈도의 외부 도로면보다 내부를 더 밝게 한다.

③ 가로수를 심어 도로 건너편의 건물이 비치지 않도록 한다.

④ 곡면유리를 사용하거나 유리를 경사지게 처리한다.

⑤ 상점 내부의 전체 조명보다 2~4배 높은 조도로 한다.

(6) 쇼윈도의 조명계획

① 근접한 상점의 조도, 보행자의 속도에 상응하여 주목성 있는 조도를 결정한다.

② 진열상품의 입체감은 밝은 하이라이트 부분과 그림자 부분이 명확히 구분되어 형상의 입체감이 강조되도록 한다.

③ 자연광에서 보는 것과 같이 연색성이 좋아야 하며 풋라이트는 상부 조도의 약 20%로 한다.

④ 광원이 보는 사람 눈에 직접적으로 보이지 않게 한다.

6) 상업공간의 디스플레이

(1) 디스플레이(Display)

상품판매를 위해 상품의 특징과 성격을 효과적으로 나타내어 판매공간에 진열함으로써 구매의욕을 돋궈 판매에 이르도록 하는 판매촉진수단이다.

① **상품진열범위**

㉠ 눈높이 1,500mm를 기준으로 시야범위는 상향 10°에서 하향 20° 사이가 가장 좋다.

핵심 문제 38 •••

상점 쇼윈도의 눈부심 방지 방법으로 옳지 않은 것은? [16년 1회]

① 곡면유리를 사용한다.

② 쇼윈도 상부에 차양을 설치하여 햇빛을 차단한다.

③ 내부 조도를 외부 도로면의 조도보다 어둡게 처리한다.

④ 유리를 경사지게 처리하여 외부영상이 시야에 들어오지 않게 한다.

해설

내부 조도를 외부 도로면의 조도보다 더 밝게 처리한다.

정답 ③

ⓛ 상품의 진열범위는 바닥에서 600~2,100mm이다.

ⓒ 가장 편안한 높이는 850~1,250mm이며, 이 범위를 골든 스페이스(Golden
Space)라고 한다.

ⓔ 고객의 시선은 왼쪽에서부터 오른쪽으로 움직인다.

ⓜ 시선을 고려하여 작은 상품은 앞에, 큰 상품은 뒤에 배치한다.

② 상품진열위치

ⓖ 상품의 진열위치는 통로 측, 중간, 벽면에 위치한다.

ⓛ 통로측 높이는 1,200mm 이하로 중점상품을 소량으로 진열한다.

ⓒ 중간부 진열은 1,200~1,500mm의 높이로 다량의 상품을 진열한다.

ⓔ 벽면부 진열은 2,200~2,700mm의 높이로 할 경우 다양한 상품을 수납식
으로도 진열이 가능하다.

(2) VMD

① VMD의 개념

VMD는 V(Visual : 전달기술로서의 시각화), MD(Merchandising : 상품계
획)를 조합한 말로, 상품과 고객 사이에서 치밀하게 계획된 정보전달수단으
로 장식된 시각과 통신을 꾀하고자 하는 디스플레이의 기법으로 상품계
획, 상점계획, 판촉 등을 시각화시켜 상점이미지를 고객에게 인식시키는
판매전략이다.

② VMD의 3요소

구분	역할	위치
IP (Item Presentation)	상품의 분류정리	각종 집기(선반, 행거)
PP (Point of Sale Presentation)	한 유닛에서 대표되는 상품진열	벽면 상단 및 집기류 상단 디스플레이 테이블
VP (Visual Presentation)	상점의 이미지, 패션테마의 종합적인 표현	쇼윈도, 파사드

(3) POP(Point Of Purchase)

① 상점 내에서 상품의 사용법과 특성, 가격, 브랜드에 대한 정보 제공 등 상품
과 관련된 것과 원하는 부분으로 안내하는 역할을 하는 모든 것을 말한다.

② 특별 행사나 특매 등의 행사 분위기를 연출하기도 하며 시선을 끌 수 있도록
기업의 이미지와 배색의 기능을 높여 매장의 환경을 좋게 해야 한다.

➍ 전시공간

1. 전시공간의 계획

1) 전시공간의 개념

전시공간은 전시물의 구성과 공간연출을 통해 관람객의 흥미와 관심을 유발하여 전시기획의 메시지를 전달하는 공간디자인이다.

2) 전시공간의 기능

① 주제나 이미지를 전달할 목적으로 진열이라는 전달의 행위수단이 이루어지는 공간이다.

② 전시매체를 통해 대상물인 전시자료가 관람자와 커뮤니케이션이 이루어지는 장소이다.

③ 기업 상품이미지 전달, 판매율 향상, 효율적인 매장구성, 전시효과를 극대화할 수 있으며 박물관, 미술관, 박람회, 전람회, 쇼룸 등의 유형이 있다.

④ 규모에 영향을 주는 요인
전시방법, 전시의 목적, 전시자료의 크기와 수량 등이 있다.

3) 전시공간의 공간유형

① 비영리적 전시 : 일반 대중을 상대로 한 교육 및 문화적 행사를 목적으로 한다.

② 영리적 전시 : 상품 판매, 브랜드 홍보를 목적으로 한다.

4) 전시공간의 규모

① 면적 : 최소 50m², 폭 5.5m 이상, 천장높이 3.6~4m 이상

② 길이 : 폭의 1.5~2배 정도(소형 : 1.8m 이상, 대형 6.0m 이상)

③ 벽면의 총길이 : 300m 이하, 단위 전시규모의 최대한도 300~500m

④ 벽면 간의 거리 : 7.5~10m, 한쪽 벽만 사용하는 경우 5.5~6m

5) 전시공간 계획 시 고려사항

① 전시목표에 따른 관람층이 설정되고 전시에 대한 기초가 조사되어 그 결과를 계획에 반영해야 한다.

② 전시물의 특징, 관람객, 관람객의 동선, 관람형식을 중심으로 고려한다.

③ 전시의 기본이념 설정 → 전시주제 설정 → 전시자료 설정 → 전시방법 설정 → 전시시나리오 작성 → 전시공간의 계획단계별로 진행하는 것이 바람직하다.

④ 자료보존을 위하여 직사광선에 노출되지 않도록 한다.

핵심 문제 42 ◆◆◆

다음 중 전시에 대한 설명으로 가장 알맞은 것은? [05년 1회]
① 전시용도만을 위해 설계된 전시 전용 공간에서만 이루어진다.
② 일반적으로 전시는 감상, 교육, 계몽의 역할을 한다.
③ 전시공간은 호환성이 없는 고정형이어야만 한다.
④ 전시는 실내공간에 국한되어 이루어진다.

해설

전시공간
전시매체를 통해 대상물인 전시자료가 관람자와 커뮤니케이션이 이루어지는 형태로 실내 · 실외 공간에 국한되어 있지 않으며, 다양한 전시가 이루어지도록 호환성이 있는 변동형이어야 한다. 종류에는 박물관, 미술관, 박람회, 전람회, 쇼룸 등의 유형이 있다.

정답 ②

핵심 문제 43 ◆◆◆

전시공간의 실내계획에 관한 기술 중 옳지 않은 것은? [03년 2회]
① 전시장 내의 자료 보존을 위하여 자료가 직사광선에 노출되지 않도록 한다.
② 전시장 바닥의 재료는 관람에 집중할 수 있도록 발소리가 나지 않는 재료를 사용한다.
③ 천장면을 메쉬(Mesh)나 루버식으로 처리하면 설비기기가 눈에 잘 띄지 않아 시각적으로 편안하다.
④ 전시장의 벽면은 예술적인 분위기를 주기 위해 여러 가지 색으로 화려하게 한다.

해설

전시장의 벽면은 전시자료의 배경이 되므로 줄눈과 벽 마감재의 바탕 모양이 눈에 띄지 않도록 해야 한다.

정답 ④

⑤ 바닥의 마감재는 벽보다 어둡고 반사율이 낮은 것이 좋고, 요철이나 잦은 단차는 피하며 미끄럽지 않고 발소리가 나지 않는 재료를 사용한다.

⑥ 천장의 마감재는 메시(Mesh)나 루버(Louver)로 처리하면 설비기기가 눈에 잘 띄지 않아 시각적으로 편안감을 준다.

6) 전시공간의 동선계획

① 전체 동선체계는 관람객 동선, 관리자 동선, 자료의 동선으로 구분된다.

② 관람객뿐만 아니라 전시품 이동을 고려하여 복도는 3m 이상의 폭과 높이가 요구된다.

③ 관람객 동선은 일반적으로 접근, 입구, 전시실, 출구, 야외전시 순으로 연결된다.

④ 감상의 방향과 이동의 방향이 일치되도록 하며 왼쪽에서 오른쪽으로 계획되어야 한다.

⑤ 지그재그식의 동선이 발생되지 않도록 한다.

⑥ 동선의 정체현상은 일반적으로 입구부분에서 가장 심하므로 입구와 출구를 분리한다.

7) 전시공간의 순회형식

(1) 연속 순회형

① 긴 직사각형 또는 다각형 평면의 전시실이 연속적으로 관람할 수 있도록 동선이 연결되는 형태로 단순하고 공간을 절약할 수 있는 장점이 있다.

② 전시벽면이 최대화되고 공간 절약효과가 있어 소규모 전시실에 적당하다.

③ 많은 실을 순서에 따라 관람해야 하고 한 실을 폐쇄하면 다음 실로의 이동이 불가능한 단점이 있다.

(2) 갤러리 및 복도형

① 중앙에 중정이나 오픈 스페이스를 중심으로 형성된 복도를 통해 각 실로 연결되는 형태로 실의 폐쇄가 가능한 형태이다.

② 관람자가 자유로이 선택하여 관람할 수 있고 전시규모, 교체 등 필요에 따라 각 실을 독립적으로 폐쇄할 수 있다.

③ 복도의 벽을 전시공간으로 이용할 수 있다는 장점이 있다.

(3) 중앙홀형

① 중심부에 하나의 큰 홀을 두고 주위에 전시실을 배치하여 자유로이 출입하는 형식이다.

② 대지 이용률이 크고 중앙홀이 크면 동선의 혼잡이 없으나 장래의 확장에는 무리가 있다.

핵심 문제 44 ◆◆◆

긴 직사각형 또는 다각형의 각 전시실이 연속적으로 동선을 형성하고 있으며 비교적 소규모 대지에서 효율적인 전시공간의 형식은? [03년 2회]

① 연속 순회형 　② 갤러리 및 복도형
③ 중앙홀형 　　④ 중정형

해설

연속 순회형
긴 직사각형 또는 다각형 평면의 전시실이 연속적으로 관람할 수 있도록 동선이 연결되는 형태로 단순하고 공간을 절약할 수 있는 장점이 있으며 전시 벽면이 최대화되고 공간 절약효과가 있어 소규모 전시실에 적당하다.

정답 ①

③ 중앙의 홀에 높은 천장을 설치하여 채광하는 형식이 많다.

[연속 순회형]　　　　[갤러리 및 복도형]　　　　[중앙홀형]

2. 전시공간의 평면구성

1) 평면형태

(1) 직사각형

공간의 형태가 단순하여 주제를 확실하게 나타낼 수 있고 체계적인 경로를 따라 이동할 수 있다. 또한 관리적 측면에서 통제와 감시가 다른 유형에 비해 수월하다.

(2) 부채꼴형

형태가 복잡하여 한눈에 전체를 파악하는 것이 어렵지만 관람객에게 폭넓은 관람의 선택을 제공할 수 있으며 소규모의 전시장에 적합하다.

(3) 자유형

형태가 복잡하여 대규모 공간에는 부적합하며 내부를 전체적으로 볼 수 있는 제한된 공간에서 사용한다.

(4) 작은 실의 조합형

관람자가 자유롭게 관람할 수 있도록 공간형태에 의한 동선 유도가 필요하다.

(5) 원형

고정된 축이 형성되지 않아 산만해질 우려가 있으며 위치 파악이 어려워 방향감각을 잃어버릴 수 있기에 중앙에 전시물을 배치하여 공간이 주는 불확실성을 극복할 수 있다.

2) 전시방법

(1) 개별전시

공간을 구성하는 바닥, 벽, 천장의 면에 의지하거나 이용하여 전시하는 방법으로, 벽면전시, 바닥전시, 천장전시로 구분된다.

핵심 문제 45　　　•••

미술관 전시실의 순회유형에 관한 설명으로 옳은 것은?　　[18년 2회]
① 연속 순회형은 각 전시실을 독립적으로 폐쇄할 수 있다.
② 연속 순회형은 각각의 전시실에 바로 들어갈 수 있다는 장점이 있다.
③ 중앙홀형에서 중앙홀이 크면 동선의 혼란은 없으나 장래의 확장에는 무리가 있다.
④ 갤러리 및 코리도형은 하나의 전시실을 폐쇄하면 전체 동선의 흐름이 막히게 되므로 비교적 소규모 전시실에 적합하다.

해설

중앙홀형
중심에 큰 홀을 두고 그 주위에 각 전시실을 배치하여 자유롭게 출입하는 형식으로 중앙홀이 크면 동선의 혼란이 없으나 장래의 확장에 많은 무리가 있다.

정답 ③

핵심 문제 46　　　•••

다음 설명과 같은 특징을 갖는 전시공간의 평면형태는?　　[12년 2회]
• 형태가 복잡하여 한눈에 전체를 파악하는 것이 어려우며 일반적으로 전체적인 조망이 가능한 규모에 적합하다.
• 많은 관람객이 밀집한 경우 입구에서 병목현상의 발생 우려가 높다.

① 원형　　　　　② 사각형
③ 자유형　　　　④ 부채꼴형

해설

부채꼴형
형태가 복잡하여 한눈에 전체를 파악하는 것이 어렵지만 관람객에게 폭넓은 관람의 선택을 제공할 수 있으며 소규모의 전시장에 적합하다.

정답 ④

(2) 입체전시

벽체와 독립되어 전시하는 방법으로 전시의 시각이 사방에서 개방되어 전시물과 가까운 거리에서 관람이 가능하며 전시물의 크기, 상태, 보존성에 따라 진열장, 전시대, 전시스크린 등을 이용하는 방법이 있다.

(3) 특수전시

전시매체가 복잡하고 종합적으로 구성되며 빛(조명), 음향, 영상 등의 연출 요소를 적극 활용하는 전시형식을 특수전시라고 한다.

디오라마 전시	현장감을 실감나게 표현하는 방법으로 하나의 사실 또는 주제의 시간상황을 고정시켜 연출하는 전시방법이다.
파노라마 전시	연속적인 주제를 표현하기 위해 선형으로 연출되는 전시기법으로 전시물의 전경으로 펼쳐 전시하는 방법이다.
아일랜드 전시	벽이나 바닥을 이용하지 않고 섬형으로 바닥에 배치하는 형태로 대형 전시물, 소형 전시물의 경우 배치하는 전시방법이다.
하모니카 전시	하모니카의 흡입구와 같은 모양으로 동일 종류의 전시물을 연속하여 배치하는 전시방법이다.
영상전시	실물을 직접 전시하지 못할 때 영상매체(멀티비전, 스크린)를 사용하여 전시하는 방법이다.

핵심 문제 47 ◆◆◆

전시공간의 특수전시방법 중 사방에서 감상해야 할 필요가 있는 조각물이나 모형을 전시하기 위해 벽면에서 띄어 놓아 전시하는 방법은? [19년 1회]
① 디오라마 전시 ② 파노라마 전시
③ 하모니카 전시 ④ 아일랜드 전시

해설

아일랜드 전시
벽이나 바닥을 이용하지 않고 섬형으로 바닥에 배치하는 형태로 대형 전시물, 소형 전시물의 경우 배치하는 전시방법이다.

정답 ④

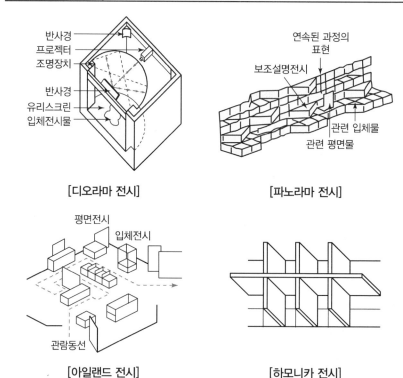

[디오라마 전시]   [파노라마 전시]

[아일랜드 전시]   [하모니카 전시]

3) 조명계획

① 창에 의한 자연채광방식과 광원의 위치에 따라 정광창형식, 측광창형식, 고측광창형식, 정측광창형식, 특수채광형식으로 분류할 수 있다.

② 인공조명은 자연채광의 단점을 보완하며 부분조명, 국부조명방식으로 사용된다.

③ 광원에 의한 현휘를 방지하며 관람객의 그림자가 전시물에 생기지 않도록 해야 한다.

④ 시야 내 고휘도 광원이나 주광창을 설치하지 않는다.

⑤ 전반조도를 낮추고 균제도를 높여 부분적으로 고휘도가 되지 않도록 한다.

⑥ 적당한 조도로 균등하게 조명하며, 눈부심이 적어야 한다.

⑦ 연색성이 좋아야 하며, 입체물인 경우는 입체감을 살려준다.

3. 극장 및 공연장 계획

1) 평면계획

(1) 프로시니엄형(Proscenium)

① 프로시니엄벽에 의해 공간이 분리되어 무대 정면을 관람객들이 바라보는 형태이다.

② 연기자와 관객의 접촉면이 한정되어 있으며 많은 관람석을 두려면 거리가 멀어져 객석수용능력에 있어서 제한을 받는다.

(2) 아레나형(Arena)

① 중앙무대형으로 관객이 연기자를 360° 둘러싸서 관람하는 형식이다.

② 무대배경이 없는 형태로 관객이 공연자와 밀접한 위치에서 공연을 관람할 수 있으며, 많은 인원을 수용할 수 있다.

(3) 오픈 스테이지형(Open Stage)

① 관객이 3방향으로 둘러싸인 형태로 연기자에게 근접하게 관람할 수 있는 형태이다.

② 공연자가 다소 산만한 분위기를 느낄 수 있고 혼란스러운 방향감 때문에 전체적인 통일효과를 내는 것이 쉽지 않다.

(4) 가변형

① 상황에 따라서 무대와 객석이 변화될 수 있어 최소한의 비용으로 극장표현이 가능하다.

② 공연작품의 성격에 따라 가장 적합한 공간을 만들어 낼 수 있다.

핵심 문제 48 ◆◆◆

박물관 및 미술관의 전시조명계획에 관한 설명으로 옳지 않은 것은? [12년 2회]

① 주광에 근접한 색채감각을 재현한다.

② 시야 내 고휘도 광원이나 주광창을 설치하지 않는다.

③ 자연광의 영향을 강하게 받는 곳은 색온도가 낮은 광원을 사용한다.

④ 전시물의 전반조도를 낮추고 균제도를 높여 부분적으로 고휘도가 되지 않도록 한다.

해설

㉠ 자연광의 영향이 있는 곳 : 색온도가 높은 광원을 사용한다.

㉡ 자연광의 영향이 없는 곳 : 색온도가 낮은 광원을 사용한다.

정답 ③

핵심 문제 49 ◆◆◆

강연, 콘서트, 독주, 연극공연 등에 가장 많이 사용되며, 연기자가 일정한 방향으로만 관객을 대하는 극장의 평면형은? [20년 4회]

① 아레나(Arena)형

② 프로시니엄(Proscenium)형

③ 오픈 스테이지(Open Stage)형

④ 센트럴 스테이지(Central Stage)형

해설

프로시니엄형

프로시니엄벽에 의해 공간이 분리되어 무대 정면을 관람객들이 바라보는 형태로, 연기자와 관객의 접촉면이 한정되어 있으며 많은 관람석을 두려면 거리가 멀어져 객석수용능력에 있어서 제한을 받는다.

정답 ②

[프로시니엄형]

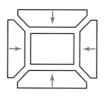

[아레나형]

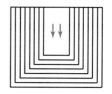

[오픈 스테이지형]

핵심 문제 50 ◆◆◆

다음의 특징을 갖는 극장의 평면형은?

[15년 2회]

- 중앙무대형이라고도 하며 관객이 연기자를 360°로 둘러싸고 관람하는 형식이다.
- 무대의 배경을 만들지 않으므로 경제적이지만 무대장치의 설치에 어려움이 따른다.

① 가변형
② 아레나형
③ 프로시니엄형
④ 오픈 스테이지형

해설

아레나형
중앙무대형으로 관객이 연기자를 360°둘러싸서 관람하는 형식으로 무대배경이 없는 형태로 관객이 공연자와 밀접한 위치에서 공연을 관람할 수 있으며, 많은 인원을 수용할 수 있다.

정답 ②

2) 관람석계획

(1) 관람석 크기

① 건축 연면적의 50% 정도

② 1인당 바닥면적 : $0.5 \sim 0.6m^2$

③ 관람석의 의자크기 : 폭 45~50cm

④ 전후의 간격

횡렬 6석 이하	80cm 이상
횡렬 7석 이상	85cm 이상

⑤ 통로폭

가로	100cm 이상
세로	80cm 이상

(2) 관람거리

A구역(생리적 한계)	연기자의 세밀한 표정, 몸동작을 볼 수 있는 생리적 한계는 일반적으로 15m 정도이다(인형극, 아동극).
B구역(제1차 허용한도)	많은 관람객을 수용하고자 할 때 22m까지를 허용한도로 할 수 있다(국악, 실내악, 소규모 오페라).
C구역(제2차 허용한도)	동작만 보이며 감상할 수 있는 거리로 최대 35m의 범위에 객석을 만든다(오페라, 발레, 뮤지컬, 국악, 고전무용).

※ 무대 중심의 수평 편각의 허용도는 중심선에서 60° 이내 범위

핵심 문제 51 ◆◆◆

극장의 관객석에서 무대 위 연기자의 세밀한 표정이나 몸동작을 볼 수 있는 시선거리의 생리적 한도는?

[15년 4회]

① 10m
② 15m
③ 22m
④ 35m

해설

생리적 한도(A구역, 생리적 한계)
연기자의 세밀한 표정, 몸동작을 볼 수 있는 생리적 한계는 일반적으로 15m 정도이다(인형극, 아동극).

정답 ②

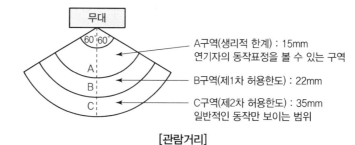

[관람거리]

실/전/문/제

01 주거공간을 주행동에 따라 개인공간, 작업공간, 사회적 공간으로 분류할 경우, 다음 중 작업공간에 속하는 것은? [17년 1회]

① 서재
② 침실
③ 응접실
④ 다용도실

작업공간
주방, 세탁실, 가사실, 다용도실
답 ④

02 다음 중 주거공간의 조닝(Zoning)방법과 가장 거리가 먼 것은? [18년 1회]

① 융통성에 의한 구분
② 주행동에 의한 구분
③ 사용시간에 의한 구분
④ 프라이버시 정도에 따른 구분

조닝방법
사용자의 특성, 사용빈도, 주 행동, 사용시간, 프라이버시 정도에 따라 구분하여 공간을 조닝한다. 답 ①

03 주거공간의 영역구분(Zoning)으로 가장 부적당한 것은? [03년 4회, 19년 4회]

① 행동의 목적에 따른 구분
② 공간의 사용시간에 따른 구분
③ 공간의 분위기에 따른 구분
④ 사용자의 범위에 따른 구분

주거공간의 영역구분(Zoning)
행동의 목적, 사용시간, 사용자의 범위, 프라이버시 정도에 따른 구분 등
답 ③

04 주거공간을 주 행동에 의해 구분할 경우, 다음 중 사회적 공간에 속하지 않는 것은? [24년 2회]

① 거실
② 식당
③ 서재
④ 응접실

사회적 공간(공동공간)
거실, 식사실, 가족실, 현관, 복도
답 ③

05 주택의 동선계획에 관한 설명으로 옳지 않은 것은? [21년 1회]

① 가사노동의 동선은 가능한 한 남측에 위치시키도록 한다.
② 사용빈도가 높은 공간은 동선을 길게 처리하는 것이 좋다.
③ 동선이 교차하는 곳은 공간적 두께를 크게 하는 것이 좋다.
④ 개인, 사회, 가사노동권 등의 동선은 상호 간 분리하는 것이 좋다.

동선
단순하고 명쾌하게 하며, 사용빈도가 높은 공간은 동선을 짧게 한다.
답 ②

06 일반적인 주거공간의 각 실 배치방법 중 가장 적절하지 못한 것은?

[03년 2회]

① 거실 – 남쪽
② 아동실, 노인실 – 남쪽
③ 현관 – 동쪽이나 서쪽
④ 부엌, 욕실 – 서쪽

07 다음 중 단독주택의 거실크기를 결정하는 요소와 가장 거리가 먼 것은?

[17년 2회]

① 가족구성
② 생활방식
③ 거실의 조도
④ 주택의 규모

08 단독주택의 현관에 관한 설명으로 옳지 않은 것은?

[18년 1회]

① 거실, 계단, 화장실과 가까이 위치하는 것이 좋다.
② 거실의 일부를 현관으로 만드는 것은 지양하도록 한다.
③ 현관의 위치는 도로의 위치와 대지의 형태에 영향을 받는다.
④ 주택 측면에 현관을 배치한 경우 동선 처리가 편리하고 복도길이가 짧아진다.

09 주택의 현관에 관한 설명 중 옳은 것은?

[24년 1회]

① 출입문의 폭은 최소 600mm 이상이 되도록 한다.
② 남쪽에 현관을 배치하는 것은 가급적 피하는 편이 좋다.
③ 현관문은 외기와의 환기를 위해 거실과 직접 연결되도록 하는 것이 좋다.
④ 전실을 두지 않으며 출입문은 스윙 도어(Swing Door)를 사용하는 것이 좋다.

10 단독주택의 거실에 관한 설명으로 옳지 않은 것은?

[17년 4회]

① 현관과 직접 면하도록 배치하는 것이 좋다.
② 식당, 부엌과 가까운 곳에 배치하는 것이 좋다.
③ 평면의 한쪽 끝에 배치할 경우 통로의 면적 증대의 우려가 있다.
④ 거실의 규모는 가족수, 가족구성, 전체 주택의 규모 등에 따라 결정된다.

11 거실의 가구배치형식 중 소파를 서로 직각이 되도록 연결해서 배치하는 형식으로, 시선이 마주치지 않아 안정감이 있는 것은? [18년 2회]

① 대면형
② 코너형
③ U자형
④ 복합형

코너형
두 벽면을 연결시켜 배치하는 형식으로 시선이 마주치지 않아 안정감이 있고 공간의 활용도가 높다.

답 ②

12 다음 설명에 알맞은 거실의 가구배치방법은? [15년 4회]

> • 시선이 마주치지 않아 안정감이 있다.
> • 비교적 작은 면적을 차지하기 때문에 공간 활용이 높고 동선이 자연스럽게 이루어지는 장점이 있다.

① 대면형
② ㄱ자형
③ ㄷ자형
④ 자유형

ㄱ자형
두 벽면을 연결하여 배치하는 형식으로 비교적 작은 면적을 차지하기 때문에 공간 활용도가 높고 동선이 자연스럽게 이루어져 안정감을 준다.

답 ②

13 주택계획에서 LDK(Living Dining Kitchen)형에 관한 설명으로 옳지 않은 것은? [24년 3회]

① 동선을 최대한 단축시킬 수 있다.
② 소요면적이 많아 소규모 주택에서는 도입이 어렵다.
③ 거실, 식탁, 부엌을 개방된 하나의 공간에 배치한 것이다.
④ 부엌에서 조리를 하면서 거실이나 식당의 가족과 대화할 수 있는 장점이 있다.

리빙다이닝키친(LDK : Living Dining Kitchen)
거실과 부엌, 식탁을 한 공간에 집중시킨 경우로 소규모 주거공간에서 사용된다. 최대한 면적을 줄일 수 있고 공간의 활용도가 높다. 답 ②

14 주택에서 부엌의 일부에 간단한 식탁을 설치하거나 식당과 부엌을 한 공간에 구성한 형식은? [21년 2회]

① 독립형
② 다이닝키친
③ 리빙다이닝
④ 다이닝테라스

식당의 유형
① 독립형 식당 : 거실과 부엌이 완전히 독립된 식사실이다.
② 다이닝키친(DK) : 부엌의 일부에 식탁을 설치한 형태이다.
③ 리빙다이닝(LD) : 거실의 일부에 식탁을 설치한 형태이다.
④ 다이닝테라스(DT) : 테라스에서 식사를 하는 형태이다.

답 ②

15 주택의 부엌가구 배치에 관한 설명으로 옳지 않은 것은? [22년 2회]

① ㄷ자형의 작업대의 통로폭은 1,200~1,500mm가 적당하다.

② 작업면이 넓어 작업효율이 가장 좋은 작업대의 배치는 ㄴ자형 배치이다.

③ 냉장고, 개수대, 가열대를 연결하는 작업삼각형의 각 변의 합은 6,600mm를 넘지 않도록 한다.

④ 작업대는 작업순서에 따라 준비대, 개수대, 조리대, 가열대, 배선대의 순으로 배열하는 것이 효율적이다.

16 주택의 부엌가구 배치유형에 관한 설명으로 옳지 않은 것은? [20년 4회]

① ㄷ자형은 작업면이 넓어 작업효율이 좋다.

② 一자형은 좁은 면적 이용에 효과적이므로 소규모 부엌에 주로 이용되는 형식이다.

③ 병렬형은 작업대 사이에 식탁을 설치하여 부엌과 식당을 겸할 경우 많이 활용된다.

④ ㄴ자형은 두 벽면을 이용하여 작업대를 배치한 형태로 한쪽 면에 싱크대를, 다른 면에는 가스레인지를 설치하면 능률적이다.

17 다음 설명에 알맞은 주택 부엌의 유형은? [20년 1·2회]

- 작업대 길이가 2m 정도인 소형 주방가구가 배치된 간이부엌의 형식이다.
- 사무실이나 독신자 아파트에 주로 설치된다.

① 키친네트 　　　　　　② 오픈키친
③ 독립형 부엌 　　　　　④ 다용도 부엌

18 단독주택에서 부엌의 합리적인 규모 결정 시 고려할 사항과 가장 관계가 먼 것은? [19년 4회]

① 작업대의 면적

② 주택의 연면적

③ 가족구성원의 연령

④ 작업인의 동작에 필요한 공간

19 주방작업대의 배치유형 중 ㄷ자형에 관한 설명으로 옳은 것은? [22년 2회]

① 인접한 세 벽면에 작업대를 붙여 배치한 형태이다.

② 두 벽면을 따라 작업이 전개되는 전통적인 형태이다.

③ 좁은 면적 이용에 효과적이므로 소규모 부엌에 주로 이용된다.

④ 작업동선이 길고 조리면적은 좁지만 다수의 인원이 함께 작업할 수 있다.

20 부엌에서의 작업순서에 따른 작업대의 효율적인 배치순서로 가장 알맞은 것은? [18년 2회]

① 준비대 – 조리대 – 개수대 – 가열대 – 배선대

② 준비대 – 개수대 – 조리대 – 가열대 – 배선대

③ 준비대 – 배선대 – 개수대 – 조리대 – 가열대

④ 준비대 – 조리대 – 개수대 – 배선대 – 가열대

21 주택의 침실계획에 관한 설명으로 옳지 않은 것은? [21년 2회]

① 침대의 측면을 외벽에 붙이는 것이 이상적이다.

② 침대배치는 실의 크기와 침대와의 균형, 통로부분의 확보 등을 고려한다.

③ 침대의 머리(Head)부분에 조명기구를 둘 경우 빛이 눈에 직접 들어오지 않도록 한다.

④ 침대 하부(머리부분의 반대편)는 통행에 불편하지 않도록 여유공간을 두는 것이 좋다.

22 노인침실계획에 관한 설명으로 옳지 않은 것은? [24년 3회]

① 일조량이 충분하도록 남향에 배치한다.

② 식당이나 화장실, 욕실 등에 가깝게 배치한다.

③ 바닥에 단 차이를 두어 공간에 변화를 주는 것이 바람직하다.

④ 소외감을 갖지 않도록 가족공동공간과의 연결성에 주의한다.

주택의 욕실계획
욕실은 기능 및 규모에 따라 욕조, 변기, 세면기를 분리하여 배치할 수 있다. 　**답** ④

23 주택의 욕실계획에 관한 설명으로 옳지 않은 것은? 　　　　[18년 4회]

① 방수성, 방오성이 큰 마감재료를 사용한다.
② 욕실의 조명은 방습형 조명기구를 사용한다.
③ 욕실바닥은 미끄럼을 방지할 수 있는 재료를 사용한다.
④ 모든 욕실에는 기능상 욕조, 변기, 세면기가 통합적으로 갖추어져야 한다.

데드 스페이스(Dead Space)
거의 쓸 수 없는 건물의 공간, 방의 구석, 수납부분의 귀퉁이를 말하며 기능과 목적에 따라 독립된 실로 계획하면 데드 스페이스가 발생한다. 　**답** ②

24 다음 중 주거공간의 효율을 높이고, 데드 스페이스(Dead Space)를 줄이는 방법과 가장 거리가 먼 것은? 　　　　[21년 1회]

① 플랫폼가구를 활용한다.
② 기능과 목적에 따라 독립된 실로 계획한다.
③ 침대, 계단 밑 등을 수납공간으로 활용한다.
④ 가구와 공간의 치수체계를 통합하여 계획한다.

중복도형
개구부방향의 한정으로 각 주호의 일조조건 및 채광, 통풍조건이 불리하다. 　**답** ③

25 아파트의 평면형식 중 중복도형에 관한 설명으로 옳지 않은 것은?

　　　　[20년 1·2회]

① 부지의 이용률이 높다.
② 프라이버시가 좋지 않다.
③ 각 주호의 일조조건이 동일하다.
④ 도심지 내의 독신자용 아파트에 적용된다.

집중형
대지의 이용률이 높고 많은 세대를 집중시킬 수 있으며 중앙에 코어(Core) 및 설비를 집중시킬 수 있다. 또한 고층으로 할 때 구조공사비 면에서 유리하며 세대별 규모 변화가 가능하다. 　**답** ④

26 공동주택의 평면형식에 관한 설명으로 옳지 않은 것은? 　　　　[20년 4회]

① 계단실형은 거주의 프라이버시가 높다.
② 중복도형은 엘리베이터 이용효율이 높다.
③ 편복도형은 거주성이 균일한 배치구성이 가능하다.
④ 집중형은 대지의 이용률은 낮으나 대규모 세대의 집중적 배치가 가능하다.

27 사무소 건축에서 유효율(Rentable Ratio)의 의미로 알맞은 것은? [21년 1회]

① 연면적에 대한 대실면적의 비율

② 연면적에 대한 건축면적의 비율

③ 대지면적에 대한 바닥면적의 비율

④ 대지면적에 대한 건축면적의 비율

유효율
연면적에 대한 대실면적의 비율로
연면적에 대하여 70~75%, 기준층
에 대하여 80% 정도이다. **답** ①

28 사무소 건축의 실단위계획 중 개실시스템에 관한 설명으로 옳지 않은 것은?

[17년 2회, 22년 1회]

① 독립성 확보가 용이하다.

② 공간의 길이에 변화를 줄 수 있다.

③ 연속된 복도 때문에 공간의 깊이에 변화를 줄 수 없다.

④ 전면적을 유효하게 이용할 수 있어 공간절약상 유리하다.

개실시스템
복도를 통해 각 층의 여러 부분으로
들어가는 방법으로 소음이 적고 프
라이버시가 좋다. 또한 공사비가 비
교적 높고, 채광, 환기가 유리하다.
답 ④

29 사무소 건축의 평면유형에 관한 설명으로 옳지 않은 것은? [18년 4회]

① 2중 지역 배치는 중복도식의 형태를 갖는다.

② 3중 지역 배치는 저층의 소규모 사무소에 주로 적용된다.

③ 2중 지역 배치에서 복도는 동서방향으로 하는 것이 좋다.

④ 단일지역 배치는 경제성보다는 쾌적한 환경이나 분위기 등이 필요한 곳에
적합한 유형이다.

3중 지역 배치(2중 복도식, 중앙홀식)
방사선형태의 평면형식으로 고층
전용 사무실에 주로 하며 교통시설,
위생설비는 건물 내부의 제3 또는
중심지역에 위치하고, 사무실은 외
벽을 따라서 배치한다. **답** ②

30 사무소 건축의 코어에 관한 설명으로 옳은 것은? [17년 2회]

① 양단코어형은 2방향피난에 이상적인 형태로 방재상 유리하다.

② 편심코어형은 기준층 바닥면적이 작은 경우에 적용이 불가능하다.

③ 독립코어형은 고층, 초고층의 대규모 사무소 건축에 주로 사용된다.

④ 중심코어형은 외코어라고도 하며 코어를 업무공간에서 별도로 분리시킨
유형이다.

양단코어형
공간의 분할, 개방이 자유로운 형태
로 재난 시 두 방향으로 대피가 가능
하고 2방향피난에 이상적인 형태로
방재, 피난상 유리하다. **답** ①

31 다음 설명에 알맞은 사무소 건축의 코어유형은? [17년 4회, 21년 4회]

> • 유효율이 높은 계획이 가능한 형식이다.
> • 내진구조가 가능함으로써 구조적으로 바람직한 형식이다.

① 편심코어형　　　　　　　　② 독립코어형
③ 중심코어형　　　　　　　　④ 양단코어형

32 업무공간의 책상배치유형에 관한 설명으로 옳지 않은 것은? [18년 1회]

① 십자형은 팀작업이 요구되는 전문직 업무에 적용할 수 있다.
② 좌우대향(대칭)형은 비교적 면적손실이 크며 커뮤니케이션 형성도 다소 힘들다.
③ 동향형은 책상을 같은 방향으로 배치하는 형태로 비교적 프라이버시의 침해가 적다.
④ 대향형은 커뮤니케이션 형성이 불리하여, 주로 독립성 있는 데이터 처리업무에 적용된다.

33 사무실의 책상배치유형 중 면적효율이 좋고 커뮤니케이션(Communica-tion) 형성에 유리하여 공동작업의 형태로 업무가 이루어지는 사무실에 적합한 유형은? [19년 2회, 21년 4회]

① 동향형　　　　　　　　　② 대향형
③ 자유형　　　　　　　　　④ 좌우대칭형

34 오피스 랜드스케이프(Office Landscape)에 관한 설명으로 옳지 않은 것은? [19년 2회]

① 시각적인 프라이버시 확보가 어렵고, 소음상의 문제가 발생할 수 있다.
② 산만하고 인위적인 분위기를 정리하기 위해 고정된 칸막이벽으로 구획한다.
③ 오피스작업을 사람의 흐름과 정보의 흐름을 매체로 효율적인 네트워크가 되도록 배치하는 방법이다.
④ 사무공간의 능률 향상을 위한 배려와 개방공간에서의 근무자의 심리적 상태를 고려한 사무공간 계획방식이다.

35 개방식 배치의 한 형식으로 업무와 환경을 경영관리 및 환경적 측면에서 개선한 것으로 오피스작업을 사람의 흐름과 정보의 흐름을 매체로 효율적인 네트워크가 되도록 배치하는 배치방법은? [20년 4회]

① OA 시스템
② 워크스테이션
③ One-Room 시스템
④ 오피스 랜드스케이프

오피스 랜드스케이프
개방식 평면형의 한 형태로 고정된 칸막이를 쓰지 않고 이동식 파티션이나 가구, 식물 등으로 공간이 구분되는 형식으로 적당한 프라이버시를 유지하는 동시에 효율적인 사무공간을 연출할 수 있다. **답** ④

36 사무소 건축에서 엘리베이터 배치에 관한 설명으로 옳지 않은 것은? [17년 4회]

① 교통동선의 중심에 설치하여 보행거리가 짧도록 배치한다.
② 대면배치 시 대면거리는 동일군 관리의 경우 3.5~4.5m로 한다.
③ 여러 대의 엘리베이터를 설치하는 경우, 그룹별, 배치와 군관리 운전방식으로 한다.
④ 일렬배치는 8대를 한도로 하고, 엘리베이터 중심 간 거리는 8m 이하가 되도록 한다.

일렬배치
4대를 한도로 하고, 엘리베이터 중심 간 거리는 8m 이하가 되도록 한다. **답** ④

37 사무소 건축과 관련하여 다음 설명에 알맞은 용어는? [21년 2회, 22년 2회]

> • 고대 로마건축의 실내에 설치된 넓은 마당 또는 주위에 건물이 둘러 있는 안마당을 의미한다.
> • 실내에 자연광을 유입시켜 여러 환경적 이점을 갖게 할 수 있다.

① 코어
② 바실리카
③ 아트리움
④ 오피스 랜드스케이프

아트리움(Atrium)
사무소 아트리움공간은 내외부공간의 중간영역으로서 개방감을 확보하고 외부의 자연요소를 실내로 도입할 수 있도록 계획한다. 특히 아트리움은 휴게공간으로 중앙홀을 활용하여 휴식 및 소통의 공간으로 활용한다. **답** ③

38 업무공간에 칸막이(Partition)를 계획할 때 주의할 사항으로 옳지 않은 것은? [17년 2회]

① 흡음을 고려한 마감재를 사용한다.
② 기둥과 보의 위치를 고려해야 한다.
③ 창의 중간에 배치되는 것을 피한다.
④ 설비적인 분포에 차별화를 두어야 한다.

업무공간의 칸막이계획
기둥, 보의 위치를 고려하여 칸막이를 구획하고, 중간에 배치되는 것을 피한다. **답** ④

엘리베이터 계획
교통수요량이 많은 경우는 출발기
준층이 1개 층이 되도록 계획한다.
답 ③

39 사무소 건물의 엘리베이터 계획에 관한 설명으로 옳지 않은 것은? [24년 2회]

① 조닝영역별 관리운전의 경우 동일 조닝 내의 서비스층은 같게 한다.

② 서비스를 균일하게 할 수 있도록 건축물의 중심부에 설치한다.

③ 교통수요량이 많은 경우는 출발기준층이 2개 층 이상이 되도록 계획한다.

④ 초고층, 대규모 빌딩인 경우는 서비스 그룹을 분할(조닝)하는 것을 검토한다.

은행의 영업장계획
고객부분과 업무부분 사이에는 원
칙적으로 구분이 없어야 하므로 시
선을 차단시키는 구조벽체나 기둥
은 피하여 배치한다.
답 ④

40 은행의 영업장계획에 관한 설명으로 옳지 않은 것은? [19년 2회]

① 고객이 지나는 동선은 되도록 짧게 한다.

② 책임자석은 담당계가 보이는 위치에 배치한다.

③ 사무의 흐름을 고려하여 서로 상관관계가 깊은 부분은 가능한 한 접근 배치한다.

④ 시선을 차단시키는 구조벽체나 기둥을 사용하여 고객부분과 업무부분을 차단한다.

상점의 광고요소(AIDMA 법칙)
주의(Attention), 흥미(Interest), 욕망
(Desire), 기억(Memory), 행동(Action)
답 ④

41 상점계획에서 파사드구성에 요구되는 소비자 구매심리 5단계(AIDMA)에 속하지 않는 것은? [21년 1회]

① 욕망(Desire)

② 기억(Memory)

③ 주의(Attention)

④ 유인(Attraction)

파사드디자인 시 고려사항
개성, 인상적 감각표현, 상점 내로
고객유도, 상점의 취급상품에 대한
시각적 표현을 고려해야 한다.
답 ①

42 다음 중 상점의 점두(Shop Facade)디자인에서 고려할 사항과 가장 거리가 먼 것은? [21년 4회]

① 경제성을 배제한 시각효과

② 개성적이고 인상적인 표현

③ 상점 내부로의 고객유도효과

④ 취급상품에 대한 시각적 표현

43 상점의 동선계획에 관한 설명으로 옳지 않은 것은? [17년 4회]

① 고객동선은 고객의 편의를 위해 가능한 한 짧게 한다.

② 동선의 흐름은 공간적, 물리적인 흐름뿐만 아니라 시각적인 흐름도 원활하도록 한다.

③ 고객동선은 흐름의 연속성이 상징적, 지각적으로 분할되지 않도록 수평적 바닥이 되도록 한다.

④ 동선은 고객동선, 종업원동선, 상품동선으로 구분할 수 있으며, 각각의 동선은 교차되지 않도록 한다.

44 상점의 판매형식 중 대면판매에 관한 설명으로 옳지 않은 것은? [18년 1회]

① 포장대나 계산대를 별도로 둘 필요가 없다.

② 귀금속과 같은 소형 고가품판매점에 적합하다.

③ 고객과 마주 대하기 때문에 상품설명이 용이하다.

④ 진열된 상품을 자유롭게 직접 접촉하므로 선택이 용이하다.

45 상점의 판매형식 중 측면판매에 관한 설명으로 옳지 않은 것은? [24년 3회]

① 직원동선의 이동성이 많다.

② 고객이 직접 진열된 상품을 접촉할 수 있다.

③ 대면판매에 비해 넓은 진열면적의 확보가 가능하다.

④ 시계, 귀금속점, 카메라점 등 전문성이 있는 판매에 주로 사용된다.

46 상점의 가구배치에 따른 평면유형 중 직렬형에 관한 설명으로 옳지 않은 것은? [17년 4회]

① 부분별로 상품진열이 용이하다.

② 협소한 매장에서는 적용이 곤란하다.

③ 쇼케이스를 일직선형태로 배열한 형식이다.

④ 상품의 전달 및 고객의 동선상 흐름이 빠르다.

폐쇄형
출입구 외에는 벽, 장식장으로 차단되는 형식이다. 📖 ②

47 상점의 숍 프런트(Shop Front) 구성형식 중 출입구 이외에는 벽 등으로 외부와의 경계를 차단한 형식은?　[예상문제]

① 개방형　　　　　　② 폐쇄형

③ 돌출형　　　　　　④ 만입형

상업공간의 진열장 배치계획 시 가장 먼저 고려할 사항은 동선흐름이다. 📖 ①

48 다음 중 상점 내 진열장 배치계획에서 가장 우선적으로 고려하여야 할 사항은?　[18년 4회]

① 동선의 흐름　　　　② 조명의 조도

③ 바닥 마감재료　　　④ 진열장의 치수

골든 스페이스(Golden Space)의 범위는 850~1,250mm이다. 📖 ②

49 상품의 유효진열범위 내에서 고객의 시선이 편하게 머물고 손으로 잡기에도 가장 편안한 높이인 골든 스페이스의 범위로 알맞은 것은?　[18년 1회]

① 450~850mm　　　　② 850~1,250mm

③ 1,300~1,500mm　　　④ 1,500~1,700mm

폐쇄형
상점 내부가 보이지 않고 쇼윈도의 디스플레이에 대한 주목성이 커지므로 상품에 대한 강조효과가 크다. 📖 ④

50 상점의 쇼윈도에 관한 설명으로 옳지 않은 것은?　[22년 1회]

① 쇼윈도의 평면형식 중 만입형은 점두의 진열면이 크다.

② 쇼윈도의 진열 바닥높이는 일반적으로 상품의 종류에 따라 결정된다.

③ 쇼윈도의 단면형식 중 다층형은 넓은 도로폭을 지닌 상점에 적용하는 것이 좋다.

④ 쇼윈도의 배면처리형식 중 개방형은 폐쇄형에 비해 쇼윈도 진열 자체에 대한 주목성이 강조된다.

파사드(Facade)
상점 내로 고객유도, 상점의 취급상품에 대한 시각적 표현을 고려해야 하며 구성요소에 는 아케이드 간판, 네온사인, 쇼윈도 등이 있다. 📖 ①

51 상점건축에서 쇼윈도, 출입구 및 홀의 입구 부분을 포함한 평면적인 구성요소와 아케이드, 광고판, 사인, 외부장치를 포함한 입체적인 구성요소의 총체를 의미하는 것은?　[16년 1회, 19년 4회]

① 파사드(Facade)　　　② 스테이지(Stage)

③ 쇼케이스(Show Case)　　④ POP(Point Of Purchase)

52 상점 쇼윈도의 눈부심 방지방법으로 옳지 않은 것은?　　　[16년 1회]

① 곡면유리를 사용한다.

② 쇼윈도 상부에 차양을 설치하여 햇빛을 차단한다.

③ 내부 조도를 외부 도로면의 조도보다 어둡게 처리한다.

④ 유리를 경사지게 처리하여 외부영상이 시야에 들어오지 않게 한다.

53 상점의 디스플레이기법으로서 VMD(Visual Merchandising)의 구성요소에 속하지 않는 것은?　　　[22년 2회]

① IP(Item Presentation)

② VP(Visual Presentation)

③ SP(Special Presentation)

④ PP(Point of Sale Presentation)

54 VMD에 관한 설명으로 옳지 않은 것은?　　　[19년 2회]

① VMD는 Visual Merchandisng의 약자이다.

② VMD는 고객이 지향하는 이미지를 구체화시키는 판매전략으로서 디스플레이와 동일한 개념이다.

③ VMD는 상품계획에서부터 광고, 판매에 이르기까지 각 기능이 체계적으로 움직여야 하는 전략수단이다.

④ 성공적인 VMD 전개는 VP(Visual Presentation), PP(Point of Sale Presentation), IP(Item Presentation)가 충실할 때 가능하다.

55 VMD(Visual Merchandising)에 관한 설명으로 옳지 않은 것은? [20년 4회]

① 쇼윈도와 VP는 하나의 통일성 있는 방법으로 상점정책에 맞게 표현되도록 한다.

② 다른 상점과 차별화하여 상업공간을 아름답고 개성 있게 하는 것도 VMD의 기본전개방법이다.

③ VMD의 구성요소 중 VP는 점포의 주장을 강하게 표현하며, IP는 구매시점상에 상품정보를 설명한다.

④ 상점의 영업방침을 기본으로 고객의 시각에 비치는 파사드만을 상점의 개성에 따라 통일된 이미지를 만들어 전개한다.

56 상업공간에서 비주얼 머천다이징(VMD) 전개시스템에 관한 설명으로 옳은 것은?
[20년 4회]

① 아이템 프레젠테이션(IP)은 테이블, 벽면 상단이나 상판 등에서 기본상품을 표현한다.

② 아이템 프레젠테이션(IP)은 블록별 상품의 포인트를 표현하며, 블록의 이미지를 높인다.

③ 비주얼 프레젠테이션(VP)은 고객의 시선이 처음 닿는 곳을 중심으로 상점 이미지를 표현한다.

④ 포인트 프레젠테이션(PP)은 쇼윈도, 층별 메인 스테이지 등에서 블록이미지를 표현한다.

57 쇼룸의 공간구성은 상품전시공간, 상담공간, 어트랙션(Attraction)공간, 서비스공간, 통로공간, 출입구를 포함한 파사드로 구성된다. 다음 중 어트랙션(Attraction)공간에 관한 설명으로 가장 알맞은 것은?
[20년 4회]

① 구매상담을 도와주고 관람자를 통제하는 공간이다.

② 전시상품에 대한 정보를 알리거나 관람자를 안내하기 위한 공간이다.

③ 입구에서 관람객의 시선을 집중시켜 쇼룸의 내부로 관람객을 유인하는 역할을 한다.

④ 진열되는 상품을 디스플레이하기 위한 공간으로 진열대와 진열가구, 연출기구 등이 필요하다.

58 VMD(Visual Merchandising) 전개를 위한 상품 제안(Merchandising Presentation)의 세 가지 형식 중 IP(Item Presentation)의 설명으로 옳지 않은 것은?
[21년 1회]

① 색상, 사이즈, 스타일을 분류하여 진열한다.

② 개개의 상품을 분류, 정리하여 보기 쉽고, 그리기 쉽게 진열한다.

③ 행거, 쇼케이스, 선반류 등 매장 내의 모든 집기류를 활용하여 진열한다.

④ 상반신, 소도구류 등을 활용하여 품목, 스타일, 색상 등을 중점적으로 표현한다.

59 연면적 200m²를 초과하는 판매시설에 설치하는 계단의 유효너비는 최소 얼마 이상으로 하여야 하는가? [20년 1·2회]

① 90cm
② 120cm
③ 150cm
④ 180cm

계단의 설치기준(피난방화규칙 제15조 제1항)
연면적 200m²를 초과하는 판매시설의 계단 유효너비는 120cm 이상으로 하며, 높이 3m를 넘는 계단에는 높이 3m 이내마다 유효너비 120cm 이상 계단참을 설치하고, 높이 1m를 넘는 계단 및 계단참의 양옆에는 난간을 설치해야 한다.
답 ②

60 백화점 에스컬레이터 배치유형 중 교차식 배치에 관한 설명으로 옳은 것은? [17년 2회]

① 연속적으로 승강할 수 없다.
② 점유면적이 다른 유형에 비해 작다.
③ 고객의 시야가 다른 유형에 비해 넓다.
④ 고객의 시선이 1방향으로 한정된다는 단점이 있다.

에스컬레이터 – 교차식 배치
승강·하강 모두 연속적으로 갈아탈 수 있으며 승강장이 혼잡하지 않다. 또한 설치하는 점유면적이 가장 작고, 승객의 시야가 좁으며 일반적으로 대형 백화점에 적합하다.
답 ②

61 전시공간의 실내계획에 관한 기술 중 옳지 않은 것은? [03년 2회]

① 전시장 내의 자료 보존을 위하여 자료가 직사광선에 노출되지 않도록 한다.
② 전시장 바닥의 재료는 관람에 집중할 수 있도록 발소리가 나지 않는 재료를 사용한다.
③ 천장면을 메시(Mcsh)나 루버식으로 처리하면 설비기기가 눈에 잘 띄지 않아 시각적으로 편안하다.
④ 전시장의 벽면은 예술적인 분위기를 주기 위해 여러 가지 색으로 화려하게 한다.

전시공간의 실내계획
전시장의 벽면은 전시품에 집중할 수 있도록 단순한 색으로 한다.
답 ④

62 전시공간의 바닥에 대한 설명 중 옳지 않은 것은? [11년 1회]

① 요철이나 잦은 단차는 피한다.
② 색은 벽보다 밝고 반사율이 높은 것이 좋다.
③ 바닥재의 문양은 전시실을 압도하지 않는 것으로 한다.
④ 미끄럽지 않고 발소리가 나지 않는 마감재료가 요구된다.

전시공간의 바닥
바닥의 마감재는 벽보다 어둡고 반사율이 낮은 것이 좋다. 또한 요철이나 잦은 단차는 피하고 미끄럽지 않고 발소리가 나지 않는 재료를 사용한다.
답 ②

전시공간의 천장
천장의 조명 및 설비기기가 눈에 잘 띄지 않도록 시각적으로 편안함을 주는 색채 및 마감재를 사용한다.
답 ②

63 전시공간에서 천장의 처리에 관한 설명으로 옳지 않은 것은? [24년 3회]

① 천장 마감재는 흡음 성능이 높은 것이 요구된다.

② 시선을 집중시키기 위해 강한 색채를 사용한다.

③ 조명기구, 공조설비, 화재경보기 등 제반 설비를 설치한다.

④ 이동스크린이나 전시물을 매달 수 있는 시설을 설치한다.

전시공간의 동선
동선의 정체현상은 일반적으로 입구부분에서 가장 심하므로 입구와 출구를 분리한다. **답** ①

64 다음의 전시공간의 동선에 관한 설명 중 가장 적절하지 않은 것은?

[03년 4회]

① 동선의 정체현상은 입구와 출구가 분리된 경우 일반적으로 마지막 전시장과 출구부분에서 가장 심하다.

② 동선은 대부분 복도 형식으로 이루어지는데, 일반적으로 복도는 3m 이상의 폭과 높이가 요구된다.

③ 전시공간 내의 전체 동선체계는 주체별로 분류하면 관람객 동선, 관리자 동선 및 자료의 동선으로 구분된다.

④ 관람객 동선은 일반적으로 접근, 입구, 전시실, 출구, 야외전시 순으로 연결된다.

부채꼴형
형태가 복잡하여 한눈에 전체를 파악하는 것이 어렵지만 관람객에게 폭넓은 관람의 선택을 제공할 수 있으며 소규모의 전시장에 적합하다.

※ 원형은 고정된 축이 형성되지 않아 산만해질 우려가 있으며 위치 파악이 어려워 방향감각을 잃어버릴 수 있기에 중앙에 전시물을 배치하여 공간이 주는 불확실성을 극복할 수 있다. **답** ②

65 전시공간의 평면형태에 관한 설명으로 옳지 않은 것은? [14년 4회]

① 직사각형은 공간형태가 단순하고 분명한 성격을 지니기 때문에 지각이 쉽다.

② 부채꼴형은 관람자의 자유로운 선택이 가능하므로 대규모 전시공간에 적합하다.

③ 원형은 고정된 축이 없어 안정된 상태에서 지각이 어려워 방향감각을 잃을 수도 있다.

④ 자유형은 형태가 복잡하여 전체를 파악하기 곤란하므로 큰 규모의 전시공간에는 부적당하다.

66 미술관 전시실의 순회유형에 관한 설명으로 옳은 것은? [18년 2회]

① 연속순회형식은 각 전시실을 독립적으로 폐쇄할 수 있다.

② 연속순회형식은 각각의 전시실에 바로 들어갈 수 있다는 장점이 있다.

③ 중앙홀형식에서 중앙홀이 크면 동선의 혼란은 없으나 장래의 확장에는 무리가 있다.

④ 갤러리 및 코리도 형식은 하나의 전시실을 폐쇄시키면 전체 동선의 흐름이 막히게 되므로 비교적 소규모 전시실에 적합하다.

중앙홀형
중심에 큰 홀을 두고 그 주위에 각 전시실을 배치하여 자유롭게 출입하는 형식으로 중앙홀이 크면 동선의 혼란이 없으나 장래의 확장에 많은 무리가 있다. **답** ③

67 전시공간의 순회형식 중 중앙홀형식에 관한 설명으로 옳은 것은? [17년 4회]

① 대지 이용률이 낮아 소규모 전시공간에 주로 사용된다.

② 중앙홀이 크면 동선의 혼잡이 없으나 장래의 확장에 무리가 따른다.

③ 직사각형 또는 다각형 평면의 전시실이 연속적으로 연결된 형식이다.

④ 중앙의 중정이나 오픈 스페이스를 중심으로 형성된 복도를 따라 각 실이 배치된다.

문제 66번 해설 참고 **답** ②

68 긴 직사각형 또는 다각형의 각 전시실이 연속적으로 동선을 형성하고 있으며 비교적 소규모 대지에서 효율적인 전시공간의 순회유형은? [17년 2회]

① 중정형식　　　　　　② 중앙홀형식

③ 연속 순회형식　　　　④ 갤러리 및 복도형식

연속 순회형
긴 직사각형 전시실로 전시벽면이 최대화되고 공간의 절약효과가 있어 소규모 전시에 적합하다. 많은 실을 순서에 따라 관람해야 하고 1실을 폐쇄하면 다음 실로 이동이 불가능한 단점이 있다. **답** ③

69 전시공간의 특수전시방법 중 사방에서 감상해야 할 필요가 있는 조각물이나 모형을 전시하기 위해 벽면에서 띄어 놓아 전시하는 방법은? [19년 2회]

① 디오라마 전시　　　　② 파노라마 전시

③ 하모니카 전시　　　　④ 아일랜드 전시

아일랜드 전시
벽이나 바닥을 이용하지 않고 섬형으로 바닥에 배치하는 형태로 대형 전시물, 소형 전시물의 경우 배치하는 전시방법이다. **답** ④

70 다음 설명에 알맞은 특수전시기법은? [18년 4회, 22년 1회]

> • 연속적인 주제를 연관성 있게 표현하기 위해 선으로 연출하는 전시기법이다.
> • 전체의 맥락이 중요하다고 생각될 때 사용된다.

① 디오라마 전시　　　　② 파노라마 전시

③ 아일랜드 전시　　　　④ 하모니카 전시

파노라마 전시
연속적인 주제를 표현하기 위해 선형으로 연출되는 전시기법으로 전시물의 전경으로 펼쳐 전시하는 방법이다. **답** ②

디오라마 전시
현장감을 실감나게 표현하는 방법
으로 하나의 사실 또는 주제의 시간
상황을 고정시켜 연출하는 전시방
법이다. **답** ②

71 현장감을 실감나게 표현하는 방법으로 하나의 사실 또는 주제의 시간상황을 고정시켜 연출하는 것으로 현장에 임한 느낌을 주는 특수전시기법은?

[17년 1회]

① 영상전시
② 디오라마 전시
③ 아일랜드 전시
④ 하모니카 전시

하모니카 전시
하모니카의 흡입구와 같은 모양으
로 동일 종류의 전시물을 연속하여
배치하는 전시방법이다. **답** ①

72 전시공간의 특수전시기법에 관한 설명으로 옳은 것은? [15년 2회]

① 하모니카 전시는 통일된 전시내용이 규칙적으로나 반복적으로 나타날 때 적용이 용이하다.
② 파노라마 전시는 벽이나 천장을 직접 이용하지 않고 전시공간의 중앙에 전시물을 배치하는 전시기법이다.
③ 아일랜드 전시는 현장감을 가장 실감 나게 표현하는 기법으로 한정된 공간 속에서 배경 스크린과 실물의 종합전시가 이루어진다.
④ 디오라마 전시는 연속적인 주제를 연관성 깊게 표현하기 위해 선형으로 연출하는 전시기법으로 맥락이 중요하다고 생각될 때 사용된다.

프로시니엄형
프로시니엄벽에 의해 공간이 분리
되어 무대 정면을 관람객들이 바라
보는 형태로, 연기자와 관객의 접촉
면이 한정되어 있으며 많은 관람석
을 두려면 거리가 멀어져 객석수용
능력에 제한을 받는다.
답 ②

73 강연, 콘서트, 독주, 연극공연 등에 가장 많이 사용되며, 연기자가 일정한 방향으로만 관객을 대하는 극장의 평면형은?

[20년 1 · 2회]

① 아레나(Arena)형
② 프로시니엄(Proscenium)형
③ 오픈 스테이지(Open Stage)형
④ 센트럴 스테이지(Central Stage)형

가변형
상황에 따라 무대와 객석이 변화될
수 있어 최소한의 비용으로 극장표
현이 가능하며 공연작품의 성격에
따라 가장 적합한 공간을 만들어 낼
수 있다. **답** ①

74 다음 설명에 알맞은 극장의 평면형식은? [24년 1회]

- 무대와 관람석의 크기, 모양, 배열 등을 필요에 따라 변경할 수 있다.
- 공연작품의 성격에 따라 적합한 공간을 만들어 낼 수 있다.

① 가변형
② 아레나형
③ 프로시니엄형
④ 오픈 스테이지

CHAPTER 04 실내디자인 설계도서 작성

❶ 실내디자인 설계

1. 실내디자인 설계 단계

실내건축설계 프로세스는 공간이 어떤 용도일지라도 기획설계, 기본설계, 실시설계, 현장설계의 프로세스로 전개한다.

기획설계 → 기본설계 → 실시설계 → 현장설계

설계 단계	설계과정 및 목적
기획설계	공간디자인을 위한 설계방향 확정
기본설계	설계방향을 기반으로 공간디자인 확정
실시설계	기본설계의 실제구현을 위한 기술도면 작성
현장설계	시공환경을 고려한 실시설계도서의 조성

1) 기획설계

(1) 기획설계의 개념

① 설계의 초기 단계로 설계 범위, 기간, 금액 등 설계의 조건을 결정한다.
② 의뢰자의 요구에 따라 프로젝트에 관련된 기초자료를 연구, 조사, 분석하고 계획한다.
③ 기존 설계를 진행하는 데 필요한 기능적, 물리적 자료를 제공한다.
④ 디자인에 대한 디자인 방향, 배치, 재료, 색상을 설정하여 설계의 방향을 제시한다.
⑤ 전체 사업의 예산을 편성, 배분하는 등 기본설계의 근거를 만드는 역할을 한다.

핵심 문제 01

실내디자인 프로세스 순서로 가장 알맞은 것은? [11년 1회]
① 기획-계획·설계-시공-감리-평가
② 기획-감리-계획·설계-시공-평가
③ 계획·설계-기획-시공-감리-평가
④ 계획·설계-평가-기획-감리-시공

해설

실내디자인 프로세스
기획→계획·설계→시공→감리→평가

정답 ①

핵심 문제 02

실내디자인 과정을 기획, 구상, 설계, 구현, 완공의 다섯 단계로 구분할 경우, 문제에 대한 인식과 규명 및 정보의 조사, 분석, 종합을 하는 단계는? [10년 2회]
① 기획 　 ② 구상
③ 설계 　 ④ 구현

해설

기획설계
디자인의 의도와 고객의 요구사항에 맞추어 결정된 내용을 도면화하는 과정이다.

정답 ①

실내디자인의 계획과정에 대한 설명 중
옳지 않은 것은?   [07년 2회]
① 기획은 공간의 사용목적, 예산, 환성 후
  운영에 이르기까지의 전체 관련사항을
  종합 검토한다.
② 설계는 구체적이고 세부적인 검토를
  하여 시공자, 제작자에게 제작, 시공할
  수 있도록 지시하는 실제적 과정이다.
③ 계획은 공사감리 및 시공에 관한 분
  야를 집중적으로 다루는 마지막 과정
  이다.
④ 설계는 기본설계와 실시설계로 구분
  한다.

해설

시공 및 평가는 공사감리와 시공에 관한 분
야를 집중적으로 다루는 마지막 과정이다.
                            정답 ③

(2) 기획설계의 진행과정

설계 단계	설계내용
설계계획 수립	설계개요 및 범위설정, 일정협의, 설계비 산출 및 협의, 설계팀 구성, 설계계약
설계자료 수집	요구사항 정리, 사례연구, 기존시설물 조사, 건축현황조사, 기본도면 취득, 현장 사진촬영
분석 및 종합	종합분석표, 문제점 파악 및 협의, 디자인 방향 및 목표설정, 설계 자료작성
공간계획	면적배분계획, 조닝계획, 동선계획
디자인 결정	디자인 방식설정[주제(Theme), 콘셉트(Concept), 스타일(Style)], 단위평면, 가구 등

(3) 기획설계의 성과물

문서(제안서)	• 설계 계약(설계 범위, 내용, 기간, 설계비 등) • 자료수집(요구사항, 사례조사, 시설물 조사 등) • 프로젝트의 분석(조사된 설계자료의 분석 및 종합) • 공간계획(디자인 방향, 동선 및 면적계획, 평면계획) • 예산편성(추정공사비 산출)

실내디자인 과정에서 설계를 기본계획과
실시설계로 구분할 경우, 다음 중 기본계
획의 내용에 속하는 것은?   [10년 1회]
① 가구를 디자인하거나 기성품 중에서
  선택, 결정한다.
② 전기배선도, 적정 조도 계산서를 작성
  한다.
③ 투시도, 특기시방서를 작성한다.
④ 계획안 전체의 기본이 되는 형태, 기능
  등을 다이어그램으로 표현한다.

해설

기본계획
계획안 전체의 기본이 되는 형태, 기능 등을
다이어그램으로 표현하며 구체화된 디자
인을 스케치나 투시도 등 비주얼한 렌더링
작업을 거쳐 프레젠테이션을 통해 발주자
와 합의하여 디자인을 확정하는 과정이다.
                            정답 ④

2) 기본설계

(1) 기본설계의 개념

① 기획설계 단계에서 제시된 각종 설계 자료, 프로그램된 물리적 자료, 기본적
인 설계 원칙, 책정된 사업비의 범위 내에서 디자인을 발전시키되 여러 차례
발주자와 협의를 통해 수정, 보완하여 디자인을 구체적으로 정리한다.

② 구체화된 디자인을 스케치나 투시도 등 비주얼한 렌더링 작업을 거쳐 프레
젠테이션을 통해 발주자와 합의하여 디자인을 확정하는 과정이다.

(2) 기본설계의 진행과정

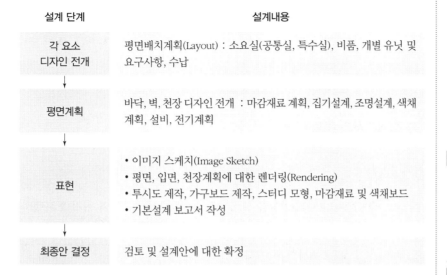

설계 단계	설계내용
각 요소 디자인 전개	평면배치계획(Layout) : 소요실(공통실, 특수실), 비품, 개별 유닛 및 요구사항, 수납
평면계획	바닥, 벽, 천장 디자인 전개 : 마감재료 계획, 집기설계, 조명설계, 색채 계획, 설비, 전기계획
표현	• 이미지 스케치(Image Sketch) • 평면, 입면, 천장계획에 대한 렌더링(Rendering) • 투시도 제작, 가구보드 제작, 스터디 모형, 마감재료 및 색채보드 • 기본설계 보고서 작성
최종안 결정	검토 및 설계안에 대한 확정

3) 실시설계

(1) 실시설계의 개념

① 기본설계 단계에서 결정된 디자인을 견적, 입찰, 시공 등 설계 이후의 후속 작업과 시공을 위한 제반 도서로 제작하는 과정이다.

② 실시설계 도서로 제작되기 위해서는 객관화된 일정한 도서표기 방식에 따라 도서로 제작해야 한다.

③ 실시설계는 시공을 하기 위한 기본적인 시공치수, 방법, 재료 등이 상세도와 시방서, 공정표, 설계예산서 그리고 기타 설계 자료로 제시된다.

(2) 실시설계의 진행과정

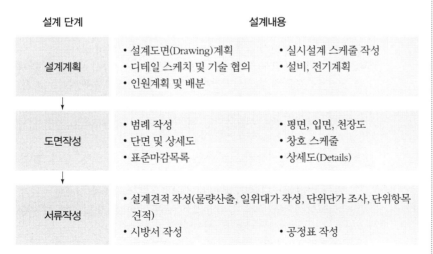

설계 단계	설계내용	
설계계획	• 설계도면(Drawing)계획 • 디테일 스케치 및 기술 협의 • 인원계획 및 배분	• 실시설계 스케줄 작성 • 설비, 전기계획
도면작성	• 범례 작성 • 단면 및 상세도 • 표준마감목록	• 평면, 입면, 천장도 • 창호 스케줄 • 상세도(Details)
서류작성	• 설계견적 작성(물량산출, 일위대가 작성, 단위단가 조사, 단위항목 견적) • 시방서 작성	• 공정표 작성

2. 실내디자인 설계도서

「주택의 설계도서 작성기준」 제5조 설계도서의 작성 등에서 설계도면은 기본설계도면과 실시설계도면으로 구분하여 도서작성을 원칙으로 한다. 또한 건축물에 사용하는 건축재료는 품명 및 규격 등을 설계도면에 표기하여야 하고 설계도면에 표기할 수 없는 재료의 성능 및 재질 등에 관한 사항은 시방서에 표기할 수 있다.

1) 설계도서의 종류

(1) 기본설계도면

기획설계 방향과 기본적인 중요사항만 집약하여 나타낸 도면으로, 실내공간을 측정하여 설계의 방향을 선정하고 공간의 구분, 가구와 집기의 선택과 배치, 조명과 설비의 위치 등을 고려하여 기본적인 실내계획을 완료한 도면을 말한다.

문서 (제안서)	• 디자인 개요(디자인 설계에 대한 설명서 작성, 이미지 사례 첨부) • 스펙북 작성(마감재료 및 조명 등 해당 이미지 및 제품명 기입) • 시방서 작성(공사비 예산 및 공정표 작성)
도면	• 평면도(면적표시, 레이아웃, 실명, 기구 및 집기표시, 마감재, 기호 등) • 천장도(천장형태와 구조, 마감재, 조명 및 설비 표시, 범례표 등) • 입면도(4방향 벽면 표현, 벽면 높이, 가구집기, 마감재료 표시) • 투시도(공간 및 물체를 3차원적으로 표현하고 마감재, 색채 등을 실감 나게 표현)

(2) 실시설계도면

기본설계도서를 바탕으로 실내디자인 시공에 필요한 구체적인 치수와 마감이 표기된 상세도면 건축구조도면 및 협력설계도면(전기, 설비, 소방) 등을 종합해 실시설계 도면작성이 되며, 설계자는 마감재 시공방법 및 도면작성기준에 관한 지식 등을 기반으로 실시설계도서를 작성해야 한다.

문서 (제안서)	• 스펙북 작성(재료, 구입가구, 하드웨어, 조명 등의 사양서) • 내역서 작성(공종에 따른 수량 산출 및 공사비 작성) • 시방서 작성(시공기술, 재료 및 품질, 성능, 공사 시행을 위한 사항 등) • 공정표 작성(공사기간에 공사를 진행시키고자 관리하는 계획)
도면	• 주요 범례표(도면목록표, 약어표기표, 마감재료표, 기호, 일반사항) • 평면도(레이아웃, 실명, 치수, 창호, 출입문, 가구배치, 마감재, 패턴 및 기호화된 도면정보 등) • 천장도(천장의 형태와 높이, 치수, 마감재, 조명, 설비, 범례표 등) • 입면도(벽면형태와 마감재, 패턴, 창호, 출입문, 기호 등) • 단면도(바닥, 벽두께 및 구조 천장구조, 설치방법, 상세한 마감재 기입 등) • 상세도(구조 및 설치방법, 마감재 기입, 전기 및 설비 설치방법 등) • 가구도(가구 구조 및 설치방법, 마감재 등) • 창호도(위치, 종류, 치수, 수량, 하드웨어, 색상 등) • 협력설계도면(소방, 전기, 공조, 냉난방, 급배수 위치, 수량, 설치방법 등)

---

❷ 실시설계도면 작성

1. 실시설계도면 작성기준

실시설계도면은 설계 개요(표지, 주요 범례), 평면도(구조평면도, 마감평면도, 가구 배치평면도), 천장도, 입면도, 단면도, 표준단면상세도, 창호도, 일반상세도, 가구상 세도 등으로 구성된다.

1) 실시설계도면의 구성

(1) 표지

① 고딕체로 가능한 간결하게 표기한다.

② 내용은 프로젝트명, 설계자, 설계 납품일을 기입한다.

③ 표지는 도면이 완성된 후 활용되는 과정에서 항상 노출되는 표지면이다.

(2) 주요 범례

① 도면에 적용된 각종 도면 표시기호 및 안내도를 모아 놓은 것으로 도면을 읽기 전에 참고할 수 있도록 도면의 전반부에 배치한다.

② 주요 범례에 표기될 내용 : 도면목록표, 약어표기표, 마감재료표, 마감코드표, 각종 기호, 일반사항(General Note)

(3) 평면도

① 평면도는 건축물을 지면이나 슬래브면에서 1.2m 높이에서 잘라낸 모습을 그린 도면이다.

② 건축물의 평면상 배치를 한눈에 알아볼 수 있도록 그린 것이다.

③ 구조평면도, 마감평면도, 가구배치도, 전기·설비 기구배치도 등으로 분류할 수 있다.

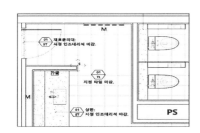

[평면도(마감평면도, 패턴도)]

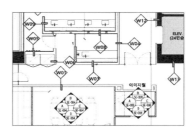

[평면도(기호평면도)]

핵심 문제 09 ◆◆◆

실내디자인 과정에서 설계를 기본계획과 실시설계로 구분할 경우, 다음 중 기본계획의 내용에 속하는 것은? [10년 1회]
① 가구를 디자인하거나 기성품 중에서 선택, 결정한다.
② 전기배선도, 적정 조도 계산서를 작성한다.
③ 투시도, 특기시방서를 작성한다.
④ 계획안 전체의 기본이 되는 형태, 기능 등을 다이어그램으로 표현한다.

해설

기본계획
공간의 성격 및 특징을 분석하여 계획안 전체의 기본이 되는 형태, 기능 등을 다이어그램으로 표현한다.

정답 ④

핵심 문제 10 ◆◆◆

다음 중 실내공간의 평면계획에서 가장 우선적으로 고려해야 할 것은?
① 마감재료   ② 공간의 동선
③ 공간의 색채   ④ 공간의 환기

해설

평면계획 시 고려사항
공간의 동선처리, 가구배치, 실의 배치, 출입구의 위치 등을 고려한다.

정답 ②

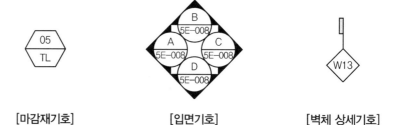

[마감재기호]　　　　　　[입면기호]　　　　　　[벽체 상세기호]

핵심 문제 11 ◆◆◆

다음 중 천장도에 관한 설명으로 틀린 것은?
① 평면도와 동일한 형태로 표현한 도면이다.
② 천장의 형태, 높이를 포함한 단차, 치수, 마감재를 표현한다.
③ 등박스 및 커튼박스 등 천장의 높이 차이는 해치선을 활용해 단면을 표현한다.
④ 상세도를 위한 인출기호와 치수를 표시할 필요 없다.

해설

상세도를 위한 인출기호와 치수를 표시한다.

정답 ④

(4) 천장도

① 평면도와 동일한 형태로 표현한 도면이다.
② 천장의 형태, 높이를 포함한 단차, 치수, 마감재, 소재패턴 및 취부방향을 표현한다.
③ 등박스 및 커튼박스 등 천장의 높이 차이는 해치선을 활용해 단면을 표현하고 상세도를 위한 인출기호와 치수를 표시한다.

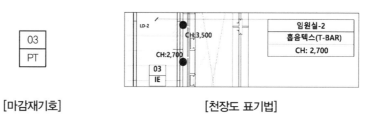

[마감재기호]　　　　　　　　[천장도 표기법]

핵심 문제 12 ◆◆◆

다음 중 입면도에 속하지 않는 것은?
① 정면도　　② 측면도
③ 배면도　　④ 단면도

해설

건축도면에서 입면도에는 정면도, 측면도, 배면도가 속한다.

정답 ④

(5) 입면도

① 실내의 벽면을 일정한 면이 기준이 되도록 펼쳐 전개하여 그린 도면이다.
② 벽면이 꺾인 경우 면의 위치에 '▼' 표기를 하여 꺾인 위치를 알 수 있게 한다.
③ 입면 전개방향은 단위실에서 윗면을 기준으로 하여 시계반대방향으로 전개한다.
④ 건축도면에서 입면도에는 정면도, 측면도, 배면도가 속한다.

[마감재기호]　　　　　　　　[입면도 표기법]

(6) 단면도

① 건축물 또는 구조물을 절단하여 그 절단된 면을 보이는 그대로 작도한 도면이다.

    ㉠ 단면도 : 건축물의 전체 공간의 형태를 설명하기 위한 도면이다.

    ㉡ 단면상세도 : 실내건축 시공을 위해 구조체의 내부에 제작방법을 제시하는 도면이다.

② 전체 도면을 1장의 도면에 표현하기 위하여 보통 1/30 이하의 축척을 사용한다.

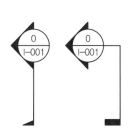

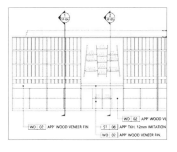

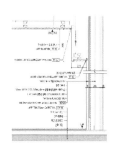

[단면도기호]   [입면도에 단면기호 적용]   [단면상세도]

(7) 표준단면상세도

① 실내를 구성하는 기본벽체 구조들의 단면형태를 일괄 표기한 도면이다.

② 벽면형태를 절단한 모습으로 표기하고, 축척은 1/3 또는 1/5로 도면을 작도한다.

③ 내부재료의 표기는 가는선으로 하고 최종 외부마감의 형태를 굵은선으로 표기한다.

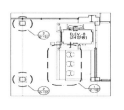

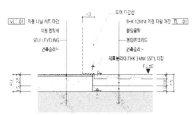

[상세도기호]   [평면도에 상세기호 적용]   [바닥상세도]

(8) 창호도

창호의 제작, 설치에 관련된 도면으로 창호일람표와 창호단면상세도로 구성된다.

① **창호일람표** : 실내공간에 있는 창호에 일련번호를 부여하고 규격, 마감재료의 종류, 하드웨어의 종류, 디자인형태, 디테일 안내 등을 구체적으로 표기한다.

② **창호단면상세도** : 시공 디테일을 상세히 표기한다.

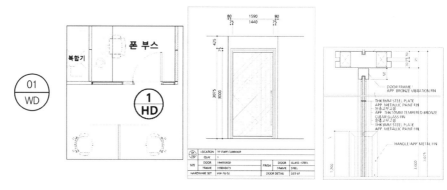

[창호도기호]　　[평면도에 창호기호 적용]　　　　[창호일람표]　　　　　　[창호단면상세도]

핵심 문제 15 ◆◆◆

다음 중 실시설계의 도면순서로 옳은 것은?
① 평면도 – 천장도 – 입면도 – 단면도 –
　협력도면
② 협력도면 – 평면도 – 천장도 – 입면도
　– 단면도
③ 평면도 – 입면도 – 천장도 – 협력도면
　– 단면도
④ 천장도 – 평면도 – 입면도 – 단면도 –
　협력도면

해설

실시설계의 도면순서
평면도 – 천장도 – 입면도 – 단면도 – 협
력도면

정답 ①

2) 도면의 순서

시공이 가능한 완성된 도면을 한 권의 설계도로 제작할 경우의 도면순서는 다음과
같다.

(1) 표지

프로젝트의 명칭, 설계도가 완성된 날짜, 회사명을 기입하며, 필요에 따라 표제란
을 생략하기도 한다. 단, 표제란이 생략될 경우 설계회사명을 하단에 표기한다.

(2) 도면목록표

도면의 목차를 나타내는 것으로 Sheet No./ Drawing No./ Drawing Title 등을
기입한다.

(3) 범례표

설계도면에 사용되는 각종 기호 · 부호 · 약어 등을 설명해 놓은 것으로 소형
프로젝트에서는 생략될 수 있다.

(4) 재료마감표

각 실별로 사용되는 바닥, 벽, 천장 등의 주요 마감재를 기입한다.

(5) 평면도

여러 층일 경우에는 저층부터 고층으로 배치하며, 1개 층별로 평면도 천장도,
입면도 등의 순서로 배치한다.

(6) 천장도

전체천장도와 부분천장도 순으로 배치하며, 부분천장도의 경우에는 Key –
Plan을 표기한다. 또한 조명기구의 색인을 포함한다.

(7) 입면도

중요 실부터 순서적으로 배치하며, 저층부터 고층 순으로 배치한다. 벽면이 직선이 아닌 경우 입면도는 전개도의 형식으로 표현할 수도 있다.

(8) 부분평면도 · 부분천장도

평면이나 천장을 확대하여 상세하고 정밀한 표현을 할 때 적용한다.

(9) 부분상세도

평면, 천장 또는 입면 등의 내부구조 또는 특정 부분에 대한 내용을 전달하기 위하여 제시되는 도면으로 단면이나 입면을 상세하게 표현한다.

(10) 단면도

주단면도, 부분단면도의 순으로 배치한다.

(11) 단면상세도

중요한 부분부터 배치한다.

(12) 집기도

현장 또는 가구공장에서 제작되는 집기로 중요한 순으로 배치한다.

(13) 협력업체도면

① **소방설비도** : 스프링클러도면과 전기도면으로 구분하여 배치한다.
② **전기설비도** : 조명배선도, 강전(전열)배선도, 약전배선도, 소방배선도 순으로 배치한다.
③ **공조설비도** : 공조설비와 관련된 도면을 배치한다.
④ **급배수설비도** : 급배수설비, 소방설비 순으로 배치한다.

2. KS건축제도통칙

제도통칙의 규정은 국가기술표준원에서 한국산업규격의 기본 일반분야로 1966년에 제정되어 2019년까지 6차 개정되었으며, 한국산업규격 KS A 0005 → KS F 1501 (건축제도통칙)에 해당한다.

핵심 문제 16 ◆◆◆

가구배치계획에 대한 설명으로 옳지 않은 것은? [24년 1회]
① 실의 사용목적과 행위에 적합한 가구 배치를 한다.
② 가구사용 시 불편하지 않도록 충분한 여유공간을 두도록 한다.
③ 평면도에 계획되며 입면계획을 고려하지 않는다.
④ 가구의 크기 및 형상은 전체공간의 스케일과 시각적, 심리적 균형을 이루도록 한다.

해설

가구배치
평면도에 계획되며 입면계획도 함께 고려해야 한다.

정답 ③

(출처 : https://www.standard.go.kr)

[국가표준인증 통합정보시스템]

핵심 문제 17 ◆◆◆

다음 중 건축제도 시 도면의 크기에 관한 설명으로 틀린 것은? [24년 3회]

① 용지 끝에서 10mm 정도로 하여 테두리선을 그린다.
② A3의 사이즈는 290×420이다.
③ 접은 도면의 크기는 A4의 크기를 원칙으로 한다.
④ 도면을 칠하는 경우에는 좌측에 25mm 정도의 여백을 둔다.

───────

해설

도면의 크기
A3의 사이즈는 297 × 420이다.

정답 ②

1) 도면의 크기

① 도면용지의 정위치는 긴 방향을 좌우로 놓는 위치를 말하며 일반적으로 용지 끝에서 10mm 정도로 하여 테두리선을 그린다.

② 도면을 철하는 경우에는 좌측 25mm 정도의 여백을 둔다.

③ 접은 도면의 크기는 A4의 크기를 원칙으로 한다.

(단위 : mm)

구분	A0	A1	A2	A3	A4	A5	A6
세로×가로	841×1,189	594×841	420×594	297×420	210×297	148×210	105×148
묶지 않을 때	10	10	10	5	5	5	5
묶을 때	25	25	25	25	25	25	25

핵심 문제 18 ◆◆◆

건축제도에서 사용하는 척도에서 실척을 나타낸 것은? [23년 4회]

① 2/1   ② 1/1
③ 1/5   ④ 1/10

───────

해설

• 실척 : 물체의 크기를 실제 그대로 도면에 나타낸 척도(1/1)
• 배척 : 물체의 크기를 확대해 나타낸 척도(2/1)
• 축척 : 물체의 크기를 비율에 맞게 축소한 척도(1/5, 1/10)

정답 ②

2) 척도

① 도면마다 척도를 기입해야 하며 다른 척도를 사용할 때에는 각 도면마다 기입한다.

② 도면형태가 치수에 비례하지 않을 때는 NS(None Scale)로 표시한다.

③ **척도의 종류** : 실척, 축척, 배척으로 구분한다.

　㉠ 실척 : 물체의 크기를 실제 그대로 도면에 나타낸 척도(1/1)

　㉡ 축척 : 물체의 크기를 비율에 맞게 축소한 척도(1/2, 1/3, 1/30, 1/50, 1/100, 1/200, 1/500)

　㉢ 배척 : 물체의 크기를 확대해 나타낸 척도(2/1, 5/1)

④ 평면도, 천장도에는 1/30, 1/50, 1/100, 입면도는 1/30을 사용하는 것이 유리하다.

⑤ 단면도, 가구도면 등은 1/5, 1/10, 1/20, 1/30, 1/50 등을 사용한다.

⑥ 상세도는 1/1, 1/2, 1/5 등을 사용한다.
  ㉠ 미터축척인 경우＝SCALE 1/100, SCALE 1/1, SCALE 1/2
  ㉡ 인치축척인 경우＝SCALE 1/4 ˝
  ㉢ 축척에 맞추지 않은 경우＝SCALE NONE

3) 선

실선, 파선, 일점쇄선, 이점쇄선 4가지로 구분된다.

선의 종류		사용 방법(보기)
실선	———	단면의 윤곽 표시
	———	보이는 부분의 윤곽 표시 또는 좁거나 작은 면의 단면 부분 윤곽 표시
	———	치수선, 치수 보조선, 인출선, 격자선 등의 표시
파선 또는 점선	- - - - - - -	보이지 않는 부분이나 절단면보다 양면 또는 윗면에 있는 부분의 표시
1점 쇄선	—·—·—	중심선, 절단선, 기준선, 경계선, 참고선 등의 표시
2점 쇄선	—··—··—	상상선 또는 1점 쇄선과 구별할 필요가 있을 때

4) 치수

① 치수는 특별히 명시하지 않는 한 마무리치수로 표시한다.
② 치수선 중앙 윗부분에 기입하는 것이 원칙이다.
③ 치수선의 양끝 표시는 화살 또는 점으로 표시하며 같은 도면에 2종을 혼용하지 않는다.
④ 치수의 단위는 밀리미터(mm)를 원칙으로 하며 단위는 쓰지 않는다.
⑤ 도면의 왼쪽에서 오른쪽으로 읽을 수 있도록 기입한다.

5) 글자

① 글자체는 고딕체로 하고 수직 또는 15° 경사로 쓰는 것을 원칙으로 한다.
② 숫자는 아라비아숫자를 원칙으로 한다.
③ 문장은 왼쪽에서부터 가로쓰기를 원칙으로 한다.

3. 도면의 표시방법

1) 도면 표시기호

복잡한 도면을 효과적으로 표현하기 위하여 용어들을 약자로 표기하는 경우 도면의 공간을 절약할 수 있어 도면이 명료해진다.

다음 중 도면 표시기호의 연결이 잘못된 것은?
① 두께 : THK(Thickness)
② 너비 : W(Width)
③ 길이 : L(Length)
④ 반지름 : D(Diameter)

해설

D는 지름의 기호이고, 반지름의 기호는 R(Radius)이다.

정답 ④

다음 중 창호기호의 연결이 옳은 것은?
① 방화문 : FD
② 목재창 : WD
③ 스틸셔터 : SS
④ 알루미늄창 : RW

해설

① 방화문 : FSD
② 목재창 : WW
④ 알루미늄창 : AW

정답 ③

다음 그림은 평면 표시기호 중 무엇을 뜻하는가?

① 자재문   ② 회전문
③ 여닫이문   ④ 미닫이문

해설

창호 표시기호(평면) 중 회전문에 관한 설명이다.

정답 ②

표시사항	기호	표시사항	기호
길이	L(Length)	무게	Wt(Weight)
높이	H(Height)	면적	A(Area)
너비	W(Width)	지름	D(Diameter), ϕ
두께	THK(Thickness)	반지름	R(Radius)
용적	V(Volume)		

2) 창호기호

기호는 원을 사용하며 윗부분에는 창호의 번호를, 아랫부분에는 창호를 구성하는 주재료의 속성을 표현한다.

구분	창호기호	구분	문기호
목재창	WW(WOOD WINDOW)	목재문	WD(WOOD DOOR)
강재창	SW(STEEL WINDOW)	강재문	SD(STEEL DOOR)
알루미늄창	AW(ALUMINIUM WINDOW)	알루미늄문	AD(ALUMINIUM DOOR)
스틸셔터	SS(STEEL SHUTTER)	유리문	GD(GLASS DOOR)
플라스틱창 (하이새시)	PW(PLASTIC WINDOW)	방화문	FSD(FIRE PROTECT STEEL DOOR)

3) 창호 표시기호(평면)

외여닫이문	쌍여닫이문	자재문
미서기문	미닫이문	회전문
외여닫이창	쌍여닫이창	붙박이창
오르내리기창	미들창	망사창

셔터 달린 창	연속창	미서기창

4) 구조 표시기호(평면)

표시사항		축척 1/100, 1/200	축척 1/20, 1/50
벽돌벽			
블록벽			
철골철근 콘크리트 기둥 및 철근 콘크리트 벽			
철근 콘크리트 기둥 및 장막벽			
목조벽	양쪽 심벽		펠대
	안 심벽 및 밖 평벽		
	안팎 평벽		샛기둥

5) 재료 표시기호(단면)

지반		콘크리트	
잡석다짐		벽돌	
자갈, 모래		블록	
석재		목재	치장재	
인조석			구조재	보조재 구조재

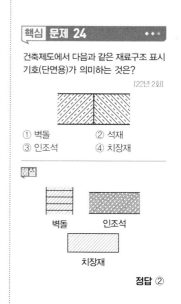

핵심 문제 24 ◆◆◆

건축제도에서 다음과 같은 재료구조 표시
기호(단면용)가 의미하는 것은?

[22년 2회]

① 벽돌
② 석재
③ 인조석
④ 치장재

해설

벽돌 인조석

치장재

정답 ②

실/전/문/제

실시설계 단계
기본설계 단계에서 분석된 자료를 바탕으로 도면화한다.
답 ③

01 결정된 디자인으로 견적, 입찰, 시공 등 설계 이후의 후속작업과 시공을 위한 제반 도서를 제작하는 설계과정은?   [22년 1회]

① 기획설계   ② 기본설계

③ 실시설계   ④ 기본계획

건축제도의 글자 및 치수
글자체는 고딕체로 하고 수직 또는 15° 경사로 쓰는 것을 원칙으로 한다.
답 ④

02 건축제도의 글자 및 치수에 관한 설명으로 옳지 않은 것은?   [22년 2회]

① 숫자는 아라비아숫자를 원칙으로 한다.

② 문장은 왼쪽에서부터 가로쓰기를 원칙으로 한다.

③ 치수 기입은 치수선 중앙 윗부분에 기입하는 것이 원칙이다.

④ 글자체는 수직 또는 15° 경사의 명조체로 쓰는 것을 원칙으로 한다.

②는 기획설계에 관한 설명이다.
답 ②

03 실시설계의 개념으로 옳지 않은 것은?   [예상문제]

① 기본설계 단계에서 결정된 디자인을 견적, 입찰, 시공 등 설계 이후의 후속작업과 시공을 위한 제반도서로 제작하는 과정이다.

② 의뢰자의 요구에 따라 프로젝트에 관련된 기초자료를 연구, 조사, 분석하고 계획한다.

③ 실시설계도서로 제작되기 위해서는 객관화된 일정한 도서표기방식에 따라 도서로 제작해야 한다.

④ 시공을 하기 위한 기본적인 시공치수, 방법, 재료 등이 상세도와 시방서, 공정표, 설계예산서 그리고 기타 설계자료로 제시된다.

04 실시설계의 업무내용 및 성과물이 아닌 것은? [예상문제]

① 평면도, 천장도, 입면도의 작성

② 단면도, 창호도, 상세도 등의 작성

③ 가구도면의 배치 및 제작도 작성

④ 설계계약

05 다음 중 실시설계도면에 속하지 않는 것은? [예상문제]

① 가구상세도 ② 실내투시도(3D)

③ 단면도 ④ 창호도

06 기본설계 단계에서 결정된 디자인을 견적, 입찰, 시공 등 설계 이후의 후속 작업과 시공을 위한 제반 도서로 제작하는 과정은 무엇인가? [예상문제]

① 실시설계 ② 현장설계

③ 기획설계 ④ 기본설계

07 설계도서에 관한 종류 중 틀린 것은? [예상문제]

① 기획설계는 공간디자인을 위한 설계방향을 확정하기 위한 단계이다.

② 기본설계는 시공을 위한 단계로 공사와 관련된 세부사항을 명시해야 한다.

③ 실시설계는 기본설계의 실제 구현을 위한 기술도면 작성 단계이다.

④ 현장설계는 시공환경을 고려한 실시설계도서의 조정 단계이다.

08 주요 범례표에 표기될 내용이 아닌 것은? [예상문제]

① 도면목록표 ② 마감재료표

③ 시공견적서 ④ 마감코드표

건축제도 글자
숫자는 아라비아숫자를 원칙으로
한다. 답 ②

09 다음 중 건축제도 글자 쓰기에 관한 설명 중 잘못된 것은? [24년 1회]

① 글자체는 고딕체로 한다.

② 숫자는 로마자를 원칙으로 한다.

③ 문장은 왼쪽에서부터 가로쓰기를 원칙으로 한다.

④ 글자체는 수직 또는 15° 경사로 쓰는 것을 원칙으로 한다.

건축제도 치수
치수선 중앙 윗부분에 기입하는 것
이 원칙이다. 답 ③

10 다음 중 치수 기입에 관한 설명 중 틀린 것은? [예상문제]

① 치수는 특별히 명시하지 않는 한 마무리치수로 표시한다.

② 치수선의 양끝 표시는 화살 또는 점으로 표시하며 같은 도면에 2종을 혼용
하지 않는다.

③ 치수선 중앙 아랫부분에 기입하는 것이 원칙이다.

④ 치수의 단위는 밀리미터(mm)를 원칙으로 하며 기호는 쓰지 않는다.

도면의 크기
접은 도면의 크기는 A4의 크기를 원
칙으로 한다. 답 ④

11 다음 중 도면의 크기에 관한 설명 중 옳지 않은 것은? [예상문제]

① 도면용지의 정위치는 긴 방향을 좌우로 놓는 위치를 말한다.

② 도면은 일반적으로 용지 끝에서 10mm 정도로 하여 테두리선을 그린다.

③ 도면을 칠하는 경우에는 좌측 25mm 정도의 여백을 둔다.

④ 접은 도면의 크기는 A3의 크기를 원칙으로 한다.

③은 입면도에 대한 설명이다.
답 ③

12 다음 중 도면에 관한 설명으로 틀린 것은? [예상문제]

① 평면도는 건축물을 지면이나 슬래브면에서 1.2m 높이에서 잘라낸 모습을
그린 도면이다.

② 천장도는 천장의 형태, 높이를 포함한 단차, 치수, 마감재, 소재패턴 및 취부
방향을 표현한다.

③ 단면도는 실내의 벽면을 일정한 면이 기준이 되도록 펼쳐 전개하여 그린 도
면이다.

④ 단면도는 건축물 또는 구조물을 절단하여 그 절단된 면을 보이는 그대로 작
도한 도면이다.

13 다음 중 척도의 종류에 관한 설명 중 옳지 않은 것은? [24년 2회]

① 배척은 물체의 크기를 축소해 나타낸 척도이다.

② 척도의 종류는 실척, 축척, 배척으로 구분한다.

③ 실척은 물체의 크기를 실제 그대로 도면에 나타낸 척도이다.

④ 축척은 물체의 크기를 비율에 맞게 축소한 척도이다.

배척
물체의 크기를 확대해 나타낸 척도이다(2/1, 5/1). 🔖 ①

14 제도 선굵기에 관한 설명 중 옳지 않은 것은? [예상문제]

① 일점쇄선은 중심선, 기준선으로 사용한다.

② 파선은 내부에 숨어 있어 표현되지 않는 부분을 표시한다.

③ 굵은선은 건물의 기본구조가 되는 기둥, 벽 등에 사용한다.

④ 이점쇄선은 치수선, 재료 표시, 재질, 무늬 등 도면을 치장하는 데 사용한다.

이점쇄선
접속선, 경계선 등에 사용한다. 🔖 ④

15 목재문 표시기호로 옳은 것은? [예상문제]

① 　② 　③ 　④

① 목재창 : WW(WOOD WINDOW)
② 목재문 : WD(WOOD DOOR)
③ 강재문 : SD(STEEL DOOR)
④ 알루미늄문 : AD(ALUMINIUM DOOR) 🔖 ②

16 유리문 표시기호로 옳은 것은? [예상문제]

① 　② 　③ 　④

창호기호
① 알루미늄문 : AD(Aluminium Door)
② 유리문 : GD(Glass Door)
③ 스틸셔터 : SS(Steel Shutter)
④ 목재문 : WD(Wood Door) 🔖 ②

17 다음 중 도면 표시사항의 약자로 표기할 경우 알맞은 것은? [예상문제]

① 용적 : THK(Thickness)　　② 면적 : Wt(Weight)

③ 길이 : L(Length)　　④ 반지름 : D(Diameter)

① 용적 : V(Volume)
② 면적 : A(Area)
④ 반지름 : R(Radius) 🔖 ③

① 쌍여닫이문
③ 자재문
④ 미서기문 ②

18 여닫이 평면 표시기호로 옳은 것은? [예상문제]

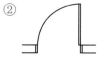

수평투상도
건축물을 지면이나 슬래브면에서 1.2m 높이에서 잘라낸 모습을 그린 도면으로 건축물의 평면상 배치를 한눈에 알아볼 수 있다.  ①

19 건축물을 각 층마다 창문 위에서 수평으로 자른 수평투상도로서 실의 배치 및 크기를 나타내는 도면은 무엇인가? [예상문제]

① 평면도　　　　　　② 입면도
③ 단면도　　　　　　④ 천장도

건축제도 치수
치수의 단위는 밀리미터(mm)를 원칙으로 하며 기호는 쓰지 않는다.  ③

20 도면에 표시하지 않아도 무방한 것은? [예상문제]

① 치수　　　　　　　② 축척
③ 단위　　　　　　　④ 재료표시

① 연속창

② 미서기창

④ 여닫이창
 ③

21 다음 그림은 평면 표시기호 중 무엇을 뜻하는가? [예상문제]

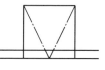

① 연속창　　　　　　② 미서기창
③ 미들창　　　　　　④ 여닫이창

④는 석재에 관한 재료 표시기호이다.  ④

22 재료구조 표시기호(단면)로 알맞지 않은 것은? [예상문제]

① 지반 　　② 잡석다짐

③ 콘크리트 　　④ 벽돌

23 건축제도에서 다음과 같은 재료구조 표시기호(단면)가 의미하는 것은?

[22년 2회]

① 벽돌   ② 석재

③ 인조석   ④ 치장재

① 벽돌

③ 인조석

④ 치장재

閏 ②

24 다음 그림과 같은 구조 표시기호(평면도)가 의미하는 것은 무엇인가?

[예상문제]

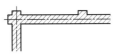

① 벽돌벽   ② 철근 콘크리트 기둥

③ 블록벽   ④ 목조벽

② 철근콘크리트 기둥

③ 블록벽

④ 목조벽

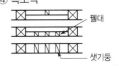

閏 ①

실내디자인 색채 및
사용자 행태분석

실내디자인 프레젠테이션

❶ 프레젠테이션 기획

1. 프레젠테이션의 방법

1) 프레젠테이션의 정의

프레젠테이션은 발표자가 원하는 목표를 달성하기 위해 클라이언트에게 어떠한 사실이나 정보, 자신의 의견 등을 전달하고 설득하는 작업이다.

2) 프레젠테이션의 목적

프레젠테이션은 디자인, 아이디어, 설계, 성과물을 클라이언트에게 설득력 있게 전달하기 위하여 관련 자료, 정보, 설계내용을 시각화하여 합리적인 의사 결정을 유도하는 것을 목적으로 한다.

| 내용
(Contents) | + | 시각화
(Visualization) | → | 전달
(Delivery) |

3) 프레젠테이션의 목표(3P)

청중(People)	누구에게 발표하는가?
목적(Purpose)	무엇을 발표하는가?, 왜 발표하는가?
장소(Place)	언제 발표하는가?, 어디서 발표하는가?

2. 프레젠테이션의 주제, 방향 및 유형

1) 프레젠테이션의 주제

프레젠테이션의 자료를 면밀히 조사하고 분석한 후 타당한 주제를 선정한다. 해당 클라이언트의 요구사항 중 중점적으로 다루어야 할 부분을 핵심으로 하여 프레젠테이션을 통해 달성해야 할 목표를 결정하고 논리적으로 기술하도록 한다.

핵심 문제 01 • • •

프레젠테이션은 목적에 따라 세 가지로 정리할 수 있는데 여기에 해당하지 않는 것은?
① 프로젝트의 성격
② 클라이언트의 유형
③ 공사금액
④ 설계내용

해설

프로젝트의 목적에 따른 분류
프로젝트의 성격, 클라이언트의 유형, 설계내용 등

정답 ③

핵심 문제 02 • • •

프레젠테이션의 3P에 속하지 않는 것은 무엇인가?
① 계획(Plan)　　② 청중(People)
③ 목적(Purpose)　④ 장소(Place)

해설

프레젠테이션의 3P
청중(People), 목적(Purpose), 장소(Place)

정답 ①

2) 프레젠테이션의 방향

프레젠테이션의 콘셉트에 따른 명확한 판단력으로 방향을 설정한다. 프레젠테이션은 한정된 시간 안에 진행되기 때문에 전달의 범위를 구체화하고 설명 및 설득을 통한 효과적인 프레젠테이션을 위해 기본적인 방향성을 제시한다.

① 사전에 합의된 목표와 의도를 정확하게 구성한다.
② 자료와 정보, 설계내용을 효율적으로 시각화한다.
③ 디자인, 아이디어, 설계, 결과물을 설득력 있게 전달한다.
④ 논리적으로 전달하여 합리적인 의사결정을 유도한다.

3) 프레젠테이션의 유형

성공적인 프레젠테이션을 위해서 가장 우선적으로 고려해야 할 사항은 프레젠테이션에 대한 명확한 목표의 설정이다. 성공적인 프레젠테이션을 위해서는 프레젠테이션을 하는 이유, 청중들이 원하는 기대, 청중으로부터 최종적으로 얻고자 하는 것에 대한 분석과 분명한 목표 설정이 우선시되어야 한다. 프레젠테이션은 대개 진행 목적에 따라 다음과 같이 구분할 수 있다.

① 행동 유발을 위한 프레젠테이션
② 정보 제공을 위한 프레젠테이션
③ 동기 부여를 위한 프레젠테이션

❷ 프레젠테이션의 작성

1. 프레젠테이션의 작성과정

1) 요구사항 자료수집

제안하고자 하는 방안에 대해 기초자료를 수집한다.

2) 구성 설계

프로젝트에 대한 기술영역 등 목차를 구성한다.

(1) 시나리오 작성

프레젠테이션에 들어갈 내용에 대한 스토리 구상 및 자료수집이 완료된 후, 스토리를 바탕으로 시나리오를 작성한다. 프레젠테이션의 내용을 알기 쉽게 전달할 수 있는 시나리오를 작성하기 위해 프레젠테이션의 목적이 무엇인지, 어떤 메시지로 설득할 것인지, 내용을 어떻게 조합하는 것이 가장 효과적일 것인지를 생각한다. 시나리오 작성 시 전체 내용에 대한 줄거리를 요약하여 자료의 방향과 틀을 잡는다.

핵심 문제 03 ◆◆◆

프레젠테이션의 유형에 해당하지 않는 것은?
① 정보제공을 위한 프레젠테이션
② 행동유발을 위한 프레젠테이션
③ 동기부여를 위한 프레젠테이션
④ 영상미를 위한 프레젠테이션

해설

프레젠테이션의 유형
정보제공을 위한 프레젠테이션, 행동유발을 위한 프레젠테이션, 동기부여를 위한 프레젠테이션

정답 ④

핵심 문제 04 ◆◆◆

다음 중 시나리오 작성 단계의 순서가 올바른 것은?
① 콘셉트 설정 – 디자인계획 – 결과물 도출
② 디자인계획 – 콘셉트 설정 – 결과물 도출
③ 디자인 도출 – 콘셉트 개선 – 결과물 검토
④ 콘셉트 계획 – 디자인 검토 – 결과물 개선

해설

시나리오 작성 단계
콘셉트 설정 – 디자인계획 – 결과물 도출

정답 ①

$$콘셉트\ 설정 \longrightarrow 디자인계획 \longrightarrow 결과물\ 도출$$

콘셉트 설정	계획	작성목적 및 내용 개발·분석
디자인계획	구조화	요청대로 구성 및 요약하여 작성
	초안 작성	초안 작성 및 강조기법을 활용
결과물 도출	검토	초안 정교화 및 상세한 검토
	개선	간결하고 정확하게 개선

(2) 스토리보드 제작

슬라이드를 디자인하기 전에 시나리오를 바탕으로 청중이 알기 쉽도록 슬라이드를 스케치하는 작업을 말한다. 스토리보드를 작성하면 슬라이드 작업 시간이 단축되고, 전체 슬라이드에 대한 구조를 한눈에 파악할 수 있어 통일성 있는 프레젠테이션을 준비할 수 있다. 또한 스토리보드를 사용하면 다이어그램이나 브레인스토밍 등의 스토리 구상을 통해 나온 각종 아이디어를 반영할 수 있다.

3) 내용 작성

구성하는 목차를 기준으로 내용을 작성한다.

(1) 시각화방법

① 텍스트를 최소화하고 정보를 시각화한다.
② 창조적인 우뇌를 사용하여 이미지를 활용한다.
③ 시각적 사고로 표현하도록 연상법을 활용한다.

(2) 내용 작성 시 주의사항

① 체계적으로 설명 : 대화용 도구이기에 제안하고자 하는 성격에 부합되도록 설명한다.
② 객관적으로 작성 : 과대포장은 피하며 실현 가능성과 현실 타당성을 염두하여 작성한다.
③ 논리적으로 구성 : 자료가 많은 경우에는 첨부파일을 활용하고 프로젝트에 대한 방향과 기술력이 잘 표현되도록 구성한다.

4) 발표 준비

발표장 및 참석자의 파악, 발표기술의 습득과 발표의상을 준비한다.

2. 프레젠테이션의 구성요소 제작

1) 레이아웃

레이아웃은 서체 및 폰트, 그래픽요소, 일러스트레이션, 색상 등의 구성요소를 제한된 공간 안에 시각적, 기능적 조화를 효과적으로 배열, 배치하는 것이다. 구성요소를 조화롭고 균형 있게 배열하여, 조형미를 고려한 시각 전달을 목적으로 한다. 이때 내용을 논리적으로 전달하여 효과적인 의사소통이 가능할 수 있도록 구성되어야 한다.

주목성	청중의 시선을 집중시킴으로써 내용에 주목하도록 하는 것
가독성	읽기 쉽고 이해하기 쉬우며 한눈에 알 수 있도록 하는 것
조형성	보기 좋고 시각적으로 안정되고 흥미를 유발하도록 하는 것
기억성	청중의 기억에 오래 남도록 하는 것
창조성	차별화되고 단조롭지 않도록 개성을 부여하는 것

(1) 무거운 사진, 그림은 좌측에 배치

텍스트보다 무거운 느낌의 사진, 그림을 좌측에 배치하면 안정감을 부여한다.

(2) 텍스트만 쓸 경우 우측에 배치

시선이 최종적으로 머물게 되는 우측에 배치하면 안정감을 부여한다.

(3) 집중도를 높일 경우 중앙에 배치

시선을 중앙으로 유도하면 집중도를 증가시키므로 허전하지 않으며 자연스럽고 완성도 있는 효과를 준다.

2) 색상

① 색상은 정보를 효과적으로 인지하고 기억할 수 있도록 시각적 주목성을 높여준다.
② 프레젠테이션은 시각적으로 효율적인 전달이 가능한 시각언어의 역할로 충분하다.
③ 프레젠테이션 슬라이드의 메인색상과 보조색상을 선정하여 전체적인 통일감을 유지하도록 한다.
④ 색상 선택의 핵심은 수용자를 중심으로 계획되고 디자인되어야 한다.

3) 이미지

① 이미지는 내용을 설명할 때 시각적 효과를 극대화할 수 있고, 슬라이드 디자인 시 균형감과 비례감을 준다.

핵심 문제 06 •••

다음 중 레이아웃의 구성요소 중 청중의 시선을 집중시킴으로써 내용에 주목하도록 하는 것을 무엇이라고 하는가?
① 창조성　　　② 기억성
③ 주목성　　　④ 조형성

해설

주목성
레이아웃에서 청중의 시선을 집중시킴으로써 내용에 주목하도록 하는 것이다.

정답 ③

핵심 문제 07 •••

프레젠테이션 작성 시 고려해야 할 사항이 아닌 것은?
① 색상　　　② 이미지
③ 시간　　　④ 다이어그램

해설

프레젠테이션 작성 시 고려사항
색상, 이미지, 다이어그램, 사운드 및 효과

정답 ③

② 이미지는 기록성과 현장성, 시사성, 과학성 등의 장점을 가지고 있어 내용 전달의 보조적인 역할을 하기 때문에 기술적인 부분과 디자인적인 요소를 모두 고려하여 적절한 이미지를 사용해야 한다.

4) 다이어그램

① 다이어그램은 점, 선, 면 등의 기하학적인 기본요소들과 기호 및 그래픽 디자인의 일러스트레이션, 사진, 구조 등을 도해하여 표현한 그림이다.
② 추상적인 개념이나 전체적인 흐름 등을 나타낼 때 다이어그램을 사용하면 정보 전달이나 이해를 쉽게 하는 데 도움을 준다.
③ 메시지를 단순하게 텍스트 위주로 제시하기보다는 도해화하여 제시함으로써 효과적인 전달이 가능한 것이 큰 장점이다.

5) 사운드 및 효과

① 사운드는 프레젠테이션 진행 시 주의와 주목을 끌 수 있는 요소로 내용 전달 시 청중의 몰입도 이끌 수 있다.
② 애니메이션, 화면전환 등의 효과는 크기, 비례, 각도 등의 변화를 통해서 내용의 집중과 주목을 이끌어내고 흥미를 유발함으로써 전달하려는 내용을 현실감 있게 표현할 수 있다.
③ 과한 효과의 사용은 오히려 역효과를 일으킬 수 있으므로 적절한 곳에 포인트로 사용해야 한다.

3. 프레젠테이션의 표현기법

1) 프리핸드 스케치

① 현재 대부분의 설계과정은 컴퓨터를 이용한 디자인(Computer Aided Design)으로 진행되는 것이 현실이지만, 컴퓨터작업의 경우 수작업에 비해 직관적이지 못한 것이 사실이다.
② 실내건축설계 초기단계에서는 프리핸드 스케치기법을 활용하여 실내디자인에서 요구되는 아이디어와 그 과정을 설득력 있게 구체화하고 시각화할 수 있다.

2) 스케치업(Sketchup)

스케치업 프로그램은 디자인의 능력을 보조하는 툴로, 표현하고 싶은 디자인을 모델링할 때 빠른 속도로 3D 이미지 작업이 가능하다.

핵심 문제 08 ● ● ●

다이어그램에 관한 설명으로 틀린 것은?
① 글자보다는 그림으로 표현한다.
② 효과적인 전달이 불가능하다.
③ 그래픽요소를 사용하여 도식화한다.
④ 전체적인 흐름을 이해하기 쉽도록 한다.

해설

다이어그램
메시지를 단순하게 이미지화하여 효과적인 전달이 가능한 점이 큰 장점이다.

정답 ②

핵심 문제 09 ● ● ●

다음 중 프레젠테이션 표현기법에 속하지 않는 것은?
① 프리핸드 스케치 ② 도면화
③ 견적서　　　　 ④ 2D 그래픽

해설

표현기법
프리핸드 스케치, 2D 그래픽, 스케치업(3D), 도면(CAD), 3D 모델링 등

정답 ③

3) 도면

① 실내디자인 분야에서 프레젠테이션 도구의 가장 기본이 되는 것이 도면이라 할 수 있다.

② 과거에는 트레이싱지에 연필로 그리던 방식에서 1990년대 이후 컴퓨터기술의 발달로 캐드(CAD : Computer Aided Design)를 이용하여 도면을 그리고 있다.

4) 3D 모델링

① 최근에는 토목, 건축 분야부터 단순히 도면 작성의 한계를 넘어 계획단계에서부터 3차원 개념을 적용하여 계획성 향상, 통합협업업체의 구축, 시공성 향상, 경제성 향상을 목적으로 3D로 작업하여 이해를 돕는다.

② 건축 및 디자인의 전문적인 지식이 기본적으로 갖추어져야 이해와 활용이 가능하므로 종합적인 선행교육이 필요하다.

5) 2D 그래픽

2D 그래픽 프로그램으로 다양한 편집과 수정을 할 수 있다. 사진이미지의 색상 보정, 이미지 합성, 편집디자인, 웹디자인 등 작업이 가능하다.

핵심 문제 10 ◆ ◆ ◆

다음 중 도면을 보기 쉽고 현실감 있도록 마감재를 입히거나 명도, 채도 등을 보정하는 작업은 무엇인가?

① Photoshop
② Mock up
③ Auto Cad
④ Rhino

해설

2D 그래픽
포토샵(Photoshop), 일러스트(Illustrator) 등이 있다.

정답 ①

실내디자인 색채계획

❶ 색채구성

1. 색채의 지각

1) 색채의 이해

(1) 색채의 지각원리

색채지각은 외부환경으로부터 인간이 다양한 정보를 받아들이는 과정 중 색채정보를 파악하는 과정으로 색채지각을 위한 시각의 3요소는 빛, 물체, 눈(시각기관)이 있다.

(2) 색채의 지각과정

실내공간 속에서 사용자가 색을 눈으로 보거나 느끼는 행위는 단순한 물리적 빛의 자극이 아니며 매우 복잡하고 체계적인 과정을 거쳐 사용자 개인이 기억하고 있는 색채정보와의 결합으로 나타난다.

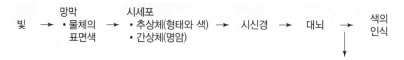

빛 → 망막·물체의 표면색 → 시세포·추상체(형태와 색)·간상체(명암) → 시신경 → 대뇌 → 색의 인식

색의 이미지와 감정이 발생, 뇌에 저장되어 있는 정보와 결합되어 의미를 판단

[색채의 지각과정]

① 빛과 색

색은 빛의 한 현상이며 우리가 지각하는 색은 가시광선범위의 파장(380~780nm)으로 물체의 표면 특성에 따라 파장을 반사, 흡수, 투과하는지에 의해 물체의 색이 결정된다.

㉠ 자외선 : 380nm 이하의 짧은 파장으로 살균작용을 하며 눈에 보이지 않는다.

㉡ 가시광선 : 380nm 이상~780nm 이하 범위의 파장으로 인간의 눈으로 지각할 수 있다.

단파장역		중파장역		장파장역	
보라	파랑	초록	노랑	주황	빨강
380~450	450~500	500~570	570~590	590~620	620~780

ⓒ 적외선 : 780nm 이상의 파장으로 열효과가 있고 라디오 전파에 이용된다.

			380~780			
감마선	X선	자외선	가시광선	적외선	초단파	라디오파

파장이 짧고 진동이 크다.   파장이 길고 진동이 작다.

[빛의 파장범위]

② 눈의 시세포

ㄱ 원추세포(추상체)

- 낮처럼 조도 수준이 높을 때 기능을 한다.
- 색을 구별하며, 황반에 집중되어 있다.
- 색상을 구분(이상 시 색맹 또는 색약이 나타남)한다.
- 카메라의 컬러필름

ㄴ 간상세포(간상체)

- 1억 3,000만 개의 간상세포가 망막 주변에 있다.
- 밤처럼 조도 수준이 낮을 때 기능을 한다.
- 흑백의 음영만을 구분하며 명암을 구분한다.

2) 색채의 자극과 반응

(1) 순응

① 명순응

어두운 곳에서 밝은 곳으로 나가게 되면 눈이 부시지만 주위의 밝기에 적응하여 정상적으로 보이게 되는 현상으로 추상체만 움직인다(예 터널조명 배치).

② 암순응

밝은 곳에서 어두운 곳으로 들어가면 앞이 제대로 보이지 않지만 시간이 흐르면 주위의 물체를 식별할 수 있는 현상으로 간상체만 움직인다(예 영화관 입장 시).

③ 색순응

눈이 조명, 빛, 색광에 대하여 익숙해지면서 순응하는 것으로 색이 순간적으로 변해 보이는 현상이지만, 원래의 사물색으로 돌아간다(예 선글라스를 벗을 때).

핵심 문제 04 ◆◆◆

가시광선은 파장 380~780nm의 전자파를 말하는데 380nm 이하의 파장을 갖고 있으면서 화학작용 및 살균작용을 하는 전자파는? [18년 4회]

① 적외선   ② 자외선
③ 휘선   ④ 흑선

해설

자외선
380nm보다 짧은 파장의 영역으로 살균작용과 비타민 D 생성의 화학작용으로 화학선으로 불린다. 그 외에는 X선, γ선 등이 있다.

정답 ②

핵심 문제 05 ◆◆◆

우리 눈에서 무채색의 지각뿐 아니라 유채색의 지각도 함께 일으키는 능력은 어디서 이루어지는가? [15년 2회]

① 추상체   ② 간상체
③ 수정체   ④ 홍채

해설

추상체(원추세포)
- 낮처럼 조도 수준이 높을 때 기능을 한다.
- 색을 구별하며, 황반에 집중되어 있다.
- 색상을 구분(이상 시 색맹 또는 색약이 나타남)

정답 ①

핵심 문제 06 ◆◆◆

다음 중 암순응 현상에 관한 설명으로 틀린 것은? [14년 1회]

① 암조응을 위하여 원추세포가 왕성하게 작용한다.
② 들어오는 빛의 양을 늘리기 위해 동공이 확대된다.
③ 명순응보다 오래 걸리며, 완전 암순응에는 30~40분 정도가 소요된다.
④ 암조응이 되어 있는 눈은 적색이나 보라색에 둔감해진다.

해설

암순응
밝은 곳에서 어두운 곳으로 들어가면 앞이 제대로 보이지 않지만 시간이 흘러야 주위의 물체를 식별할 수 있는 현상으로, 간상체만 움직인다.

정답 ①

④ 박명시

명순응과 암순응이 동시에 활동하는 시점으로 추상체와 간상체가 모두 활동하고 있을 때를 말한다(예 동틀 무렵, 해 질 무렵).

(2) 푸르킨예현상

해 질 무렵 낮에 화사하게 보이던 빨간꽃은 어둡게 보이고 그 대신 파랑이나 초록의 물체들이 밝게 보이는 현상으로 암순응 전에는 빨간 물체가 잘 보이다가, 암순응 후에는 파란 물체가 더 잘 보이는 현상이다.

(3) 항상성

광원이나 조명이 되는 빛의 강도와 조건이 달라져도 색의 본래 모습 그대로 지각하는 현상을 말한다. 일종의 색순응현상으로 실제로 물리적 자극의 변화가 있음에도 사물의 성질에는 아무런 변화가 없는 것처럼 보인다.

3) 색의 지각효과

(1) 연색성

조명이 물체의 색감에 영향을 미치는 현상으로, 같은 물체색이라도 어떤 조명에서 보느냐에 따라 색감이 달라진다.

(2) 조건등색(메타메리즘)

두 가지의 물체색이 다르더라도 어떤 조명 아래에서는 같은 색으로 보이는 현상이다.

(3) 애브니효과

파장이 같아도 색의 채도가 변함에 따라 색상이 변화하는 현상으로 색의 순도(채도)가 높아질수록 색상의 변화를 함께 해야 같은 색상임을 느낀다.

(4) 색음현상

물체의 그림자에서 보색의 색상을 느끼는 현상으로 작은 면적의 회색이 채도가 높은 유채색으로 둘러싸일 때 회색이 유채색의 보색으로 보인다.

(5) 허먼그리드효과(명도대비)

흰색 바탕에 검은색 정방향을 일정 간격으로 나열하면 격자가 교차되는 지점에 회색 잔상이 보이는 현상으로 명도대비에 의한 착시라고 한다.

(6) 리프만효과

색상 차이가 커도 명도가 비슷하면 두 색의 경계가 모호해서 명시성이 떨어져 보이는 현상이다.

2. 색채의 구조 및 분류

1) 색의 3속성

(1) 색상

색상은 빛의 파장에 의해 식별되는 빨강(R), 주황(YR), 노랑(Y), 초록(G), 파랑(B), 남색(PB), 보라(P)처럼 색을 구별하는 명칭이다.

(2) 명도

색의 밝고 어두운 정도를 말하며 밝음의 감각을 척도화한 것이라고 할 수 있다. 먼셀 색체계에서 흰색을 10, 검정을 0으로 하고 그 사이의 회색단계를 11단계로 나눈다.

(3) 채도

채도는 색의 선명함 정도, 색감의 강약 정도로 순도가 높은 색에서 순도가 낮은 탁색에 이르기까지 단계별로 표현되는 색의 속성이다. 채도 정도에 따라 고채도, 중채도, 저채도로 구분한다.

2) 색채의 분류

색에는 빛의 색(Light, 색광)과 물체의 색(Color, 색료)이 있다. 물체의 색을 색채라 하며, 색채에는 무채색과 유채색이 있다.

(1) 무채색

① 색이 구별되는 성질인 색상을 갖지 않으며 밝고 어두움만을 갖는 색을 말한다.

② 흰색, 회색, 검은색 등과 같은 색상이 전혀 섞이지 않은 색이며 색의 밝기(명도)만 존재하고, 빛의 반사율에 의해 결정된다.

핵심 **문제 10** ◆◆◆

색의 삼속성이 아닌 것은? [19년 1회]
① 색상 – Hue   ② 명도 – Value
③ 채도 – Chroma   ④ 색조 – Tone

해설

색의 삼속성
색상, 명도, 채도

정답 ④

핵심 **문제 11** ◆◆◆

무채색 계통색의 온도감의 요인으로 가장 강하게 작용하는 것은? [12년 2회]
① 색상   ② 채도
③ 명도   ④ 순도

해설

명도
무채색은 색상과 채도 없이 오직 명도의 차이만 가지고 있는 색이다.

정답 ③

(2) 유채색

① 색상, 명도, 채도가 모두 존재하며 순수한 무채색을 제외한 모든 색, 색감을 가진 모든 색을 말한다.
② 인간이 볼 수 있는 가시광선 범위의 색인 빨강, 주황, 노랑, 초록, 파랑, 보라 등의 색과 이 색들의 혼합에서 나오는 색들은 모두 유채색에 포함된다.
　㉠ 한색 : 저채도일수록 차분한 느낌을 준다.
　㉡ 난색 : 고채도일수록 따뜻한 느낌을 준다.

(3) 색의 물리적 분류

독일의 심리학자 카츠(D. Katz 1884~1953)는 현상학적 관찰, 즉 편견 없는 태도로 직접 경험한 것을 있는 그대로 관찰하여 지각적인 색을 분류하였다.

① **평면색(면색)**

면색이라고도 불리며 순수하게 색 자체만 끝없이 보이는 색으로, 하늘의 색과 같이 넓이의 느낌은 있으나 거리감은 불확실하고, 물체감 없이 색채만 느끼게 하는 색이다.

② **표면색**

물체 표면에 빛이 반사하여 나타나는 색으로, 방향감, 거리감, 입체감, 질감 등을 확인할 수 있다.

③ **공간색**

유리컵이나 아크릴액자와 같은 투명체 속의 일정한 공간에 3차원적인 덩어리가 꽉 차 있는 듯한 부피감을 느끼게 해주는 색이다.

④ **경영색**

어떤 물체 위에서 빛이 투과하거나 흡수되지 않고 거의 완전반사에 가까운 색을 볼 수 있는 경우로서 거울에 나타나는 색이다.

(4) 색의 현상(빛의 현상)

① **굴절**

하나의 매질로부터 다른 매질로 진입하는 파동이 그 경계면에서 진행하는 방향을 바꾸는 현상이다. 예 아지랑이, 무지개, 프리즘현상

② **회절**

파동이 장애물을 만났을 때 빛이 물체의 그림자부분에 휘어들어 가는 현상이다. 예 CD표면색, 곤충 날개색

③ **투과**

색유리와 같이 빛을 투과하여 나타내는 현상이다.

④ 간섭

얇은 막에서 빛이 확산 또는 반사되어 나타나는 현상이다.

예 진주조개, 전복 껍질, 비누거품

⑤ 산란

빛이 거친 표면에 입사했을 경우 여러 방향으로 빛이 분산되어 보이는 현상이다. 예 노을, 흰구름, 먹구름

3. 색의 혼합(혼색)

2가지 이상의 색광이나 색채를 혼합하여 새로운 색을 만들어 내는 것으로 색의 혼합이라고 한다. 컬러 TV, 사진이나 인쇄물, 직물 등은 혼색의 법칙을 활용한 것이다.

1) 가법혼색(가산혼합, 색광혼합)

(1) 가법혼색의 개념

① 빛의 혼합으로 빨강(Red), 초록(Green), 파랑(Blue) 3종의 색광을 혼합했을 때 원래의 색광보다 밝아지는 혼합이다.

② 백색 스크린에 비춰 보면 색광의 겹침으로 인한 혼합색을 볼 수 있다(컬러 모니터, 빔프로젝터, 컬러 TV, 무대조명 등 사용).

(2) 가법혼색의 종류

동시 가법혼색	2종류 이상의 색자극이 망막의 같은 곳에 동시에 입사하여 생기는 색자극의 혼합방법이다(무대조명 등).
계시 가법혼색	2종류 이상의 색자극이 망막의 같은 곳에 급속히 교대로 입사하여 생기는 색자극의 혼합방법이다(바람개비, 팽이, 회전원판 등).
병치 가법혼색	2종류 이상의 색자극이 눈으로 구별할 수 없을 정도로 선이나 점이 조밀하게 병치되어 인접색과 혼합하는 방법이다(컬러 TV 등).

(3) 빛의 3원색의 원색

① 빨강(R) + 초록(G) = 노랑(Y)

② 초록(G) + 파랑(B) = 시안(C)

③ 파랑(B) + 빨강(R) = 마젠타(M)

④ 빨강(R) + 초록(G) + 파랑(B) = 흰색(W)

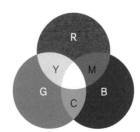

핵심 문제 15 ◆◆◆◇

비눗방울이나 기름막, CD 표면에서 나타나는 무지개색이나 곤충의 날개에서 보이는 것과 관련한 빛의 성질은? [15년 1회]
① 산란   ② 회절
③ 굴절   ④ 간섭

해설

간섭
얇은 막에서 빛이 확산 또는 반사되어 밝고 어두운 무늬가 반복되어 나타나는 현상이다.

정답 ④

핵심 문제 16 ◆◆◆◇

다음 색의 혼합에 대한 설명으로 옳은 것은? [19년 1회]
① C+M+Y를 가법혼색하면 암회색이 된다.
② C+M+Y를 감법혼색하면 백색이 된다.
③ R+G+B를 감법혼색하면 백색이 된다.
④ R+G+B를 가법혼색하면 백색이 된다.

해설

가법혼색(색광혼합)
빨강(R) + 초록(G) + 파랑(B) = 흰색(W)

정답 ④

핵심 문제 17 ◆◆◆◇

가법혼색이란? [05년 1회]
① 마젠타(Magenta), 노랑(Yellow), 시안(Cyan)이 기본색인 안료의 혼합이다.
② 빨강, 녹색, 파랑이 기본인 색광혼합이다.
③ 기본색을 혼합하면 더 어둡고 칙칙해진다.
④ 마이너스 효과라고도 한다.

해설

가법혼색(가산혼합, 색광혼합)
빛의 3원색으로 빨강(R), 초록(G), 파랑(B) 3종의 색광을 혼합했을 때 원래의 색광보다 밝아지는 혼합이다.

정답 ②

2) 감법혼색(감산혼합, 색료혼합)

(1) 감법혼색의 개념

색료혼합으로 시안(Cyan), 마젠타(Magenta), 노랑(Yellow)이 기본색으로 3종의 색료를 혼합하면 명도와 채도가 낮아져 어두워지고 탁해진다.

특징	• 혼합하면 혼합할수록 명도, 채도가 저하된다. • 색상환에서 근거리혼합은 중간색이 나타난다. • 원거리색상의 혼합은 명도, 채도가 저하되어 회색에 가깝다. • 보색끼리의 혼합은 검은색에 가까워진다.

(2) 색료의 3원색의 원색

① 노랑(Y)＋시안(C)＝초록(G)

② 노랑(Y)＋마젠타(M)＝빨강(R)

③ 시안(C)＋마젠타(M)＝파랑(B)

④ 시안(C)＋마젠타(M)＋노랑(Y)＝검정(B)

※ 색료를 혼합해서 만들 수 없는 색 : 노랑

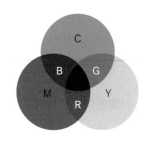

3) 중간혼색(회전판혼합, 병치혼합)

(1) 회전판 혼합

다른 2가지 색을 회전판에 적당한 비례로 붙이고 2,000~3,000회/min의 속도로 돌리면 판면은 혼색되어 보인다. 이러한 현상을 맥스웰 회전판이라고 한다.

특징	• 명도는 두 색의 중간 명도가 된다. • 색상은 두 색의 중간 색상이 된다. • 채도는 채도가 강한 쪽보다도 약해진다. • 보색관계의 혼합은 중간 명도의 회색이 된다. • 가법혼합(가산혼합)에 속한다.

(2) 병치혼합

색이 조밀하게 병치되어 있어 서로 혼합되어 보이는 현상을 말한다. 색이 직접적으로 혼합하는 것이 아닌, 공간적으로 인접 배치함으로써 색이 혼합되어 보이는 현상으로 색점이 서로 인접해 있으므로 명도와 채도가 저하되지 않는다[점묘파 화가인 쇠라(G. P. Seurat)와 시냐크(P. Signac) 등이 이 혼색의 법칙을 사용].

4. 색채의 체계

1) 먼셀 표색계(Munsell Color System)

(1) 먼셀 표색계의 정의

① 색상, 명도, 채도의 3속성에 의해 색을 기술하는 체계로 1905년 미국의 화가이자 색채연구가였던 먼셀(Albert. H. Munsell)에 의해 처음 창안되었다.

② 1929년 ≪색표집(The Munsell Book of Color)≫으로 출판되고 그 후 여러 차례 개량을 거쳐 1943년 미국광학회(OSA)의 측색학회에 의해 수정된 ≪수정 먼셀 색체계≫는 현재 세계적으로 가장 널리 사용되며 한국산업표준으로 채택되어, 교육용으로 제정된 색체계이다.

③ H V/C로 표시하며 H(Hue, 색상), V(Value, 명도), C(Chroma, 채도) 순서대로 기호화해서 표시한다. **예** 5R 4/14 : 색상은 5R, 명도는 4, 채도는 14

(2) 색상(H, Hue)

① 적(R), 황(Y), 녹(G), 청(B), 자(P)의 5가지 기본색에 보색을 추가하여 R(적), YR(주황), Y(황), GY(황록), G(녹), BG(청록), B(청), PB(청자), P(자), RP(적자)의 10색상을 나누어 척도화하였다.

② 10색상을 각각 10등분하여 전체가 100색상이 되는데 색상 표시는 R은 1R, 2R, 3R …… 10R과 같이 숫자로 먼저 표시하고 각 색상의 대표색 5는 색표에 표시할 때 5R, 5YR …… 5RP와 같은 10색상을 표시한다.

(3) 명도(V, Value)

① 명도는 빛의 반사율에 따른 색의 밝고 어두운 정도를 말하며 검은색을 0, 흰색을 10으로 하고 그 사이를 밝기의 감각치가 시각적으로 등간격이 되도록 9단계의 무채색으로 분할하였다.

② 1단계씩의 변화로 숫자가 높을수록 밝은 명도이고 숫자가 낮아질수록 어두운 명도를 나타내며 총 11단계의 명도단계를 적용하였다.

③ 무채색임을 나타내기 위하여 Neutral의 머리글자인 N에 숫자를 붙여 나타낸다. 무채색의 명도단계는 평균명도 N5, 저명도N1~N 3, 중명도 N4~N6, 고명도 N7~N9를 사용하고 있다.

(4) 채도(C, Chroma)

① 채도는 회색을 띠고 있는 정도로, 색의 맑고 탁한 정도를 나타낸다. 무채색의 채도를 0으로 잡았을 때 2단계씩 변화하면서 채도가 높아지도록 구성하고 있다.

② 14단계로 나누는 채도는 2, 4, 6, 8, 10, 12, 14 등과 같이 등보간격을 2단위로 구분하였으나 저채도부분에는 1, 3을 추가하였다.

핵심 문제 21 ◆◆◆

먼셀(Munsell)의 색상환에서 주요 5색상에 해당되지 않는 조건은? [05년 2회]
① Blue
② Purple
③ Orange
④ Green

해설

먼셀 색상환
색상은 적(R), 황(Y), 녹(G), 청(B), 자(P), 5가지 기본색으로 보색을 추가하여 10색상을 나누어 척도화하였다.

정답 ③

핵심 문제 22 ◆◆◆

다음의 먼셀기호로 표기된 색상 중 가장 유목성(주목성)이 높은 색상은? [06년 4회]
① 10P
② 10B
③ 10G
④ 10R

해설

주목성
사람의 시선을 끄는 힘으로 눈에 잘 띄는 색을 말하며 난색계의 색이 주목성을 갖는다. RED는 1~10단계로 5R은 순수 빨강, 1R은 퍼플에 가까운 빨강, 10R은 옐로우에 가까운 빨강으로 분류하여 주목성이 높은 색상이다.

정답 ④

핵심 문제 23 ◆◆◆

먼셀 색체계의 색표기방법 중 명도가 가장 높은 색은? [15년 2회]
① 2.5R 2/8
② 10R 9/1
③ 5R 4/14
④ 7.5Y 7/12

해설

먼셀 색표계
H V/C로 표시하고 H(색상), V(명도), C(채도) 순서대로 기호화하며, 명도는 총 11단계로 숫자가 클수록 밝은 명도이고, 작을수록 어두운 명도이다.

정답 ②

③ 번호가 증가하면 채도가 높게 되지만 가장 채도가 높은 색의 번호는 색상에 따라 달라진다. 각 색상에서 가장 채도가 높은 색을 순색이라고 하는데 현재 가능한 색표에서는 적색의 채도 14, 황색 12, 청색 8로 되어 있다.

2) 먼셀 색입체(Munsell Color Tree)

① 색의 삼속성에 기반을 두고 색채를 3차원적 공간에 질서 정연하게 계통적으로 배치한 3차원적 표색구조물을 말한다.

② 수직방향은 명도, 원주방향은 색상, 중간의 명도축에서 방사상으로 뻗는 축에는 채도를 설정하여 각각에 있어서 지각적인 차이가 등간격이 되도록 척도화되어 있다.

③ 먼셀의 색입체를 수직으로 절단하면 동일 색상면이 나타나고, 수평으로 절단하면 명도의 채도단계를 관찰할 수 있다.

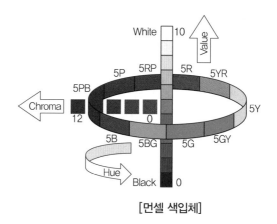

[먼셀 색입체]

❷ 색채 적용

1. 색채의 조화

1) 색채조화론

(1) 색채의 개념 및 목적

① 2색 또는 3색 이상의 다색배색에 질서를 부여하는 것으로 통일과 변화, 질서와 다양성과 같은 반대요소를 모순이나 충돌이 일어나지 않도록 조화시키는 것이다.

② 조화로운 배색을 위해서는 색채조화와 배색감정과의 관계, 구성색과 기호와의 관계, 개인의 색채에 있어서 조화의 특수성을 이해해야 한다.

③ 색의 3속성(색상, 명도, 채도)을 고려해야 하며 색상이 다르면 색조를 유사하게 한다. 또한 면적비에 따라 조화의 느낌이 달라질 수 있다.

(2) 색채조화의 원리

① 질서의 원리

색채조화는 의식할 수 있고, 질서 있는 계획에 따라 선택된 색채들이 생긴다.

② 비모호성(명료성)의 원리

명료한 두 색 이상의 색을 선택하여 배색을 선택할 때 생긴다.

③ 동류의 원리

가까운 색채끼리의 배색은 친근감을 주고, 조화를 느끼게 한다.

④ 유사의 원리

배색된 색채들이 서로 공통되는 상태·속성에 관계되어 있을 때 조화를 느끼게 한다.

⑤ 대비의 원리

배색된 색채들의 상태와 속성이 반대됨에도 불구하고 조화를 느끼게 되는 것이다.

2) 슈브뢸(M. E. Chevreul)의 색채조화론

(1) 정의

프랑스 화학자 슈브뢸(M. E. Chevreul)은 색의 조화와 대비의 법칙 및 4가지 조화의 법칙을 발표하였다. 1839년 ≪색채조화와 대비의 법칙≫이라는 책을 통해 색의 배색으로 인하여 여러 가지 효과를 낼 수 있다는 이론을 유사와 대비의 조화를 분류하여 설명하였다.

(2) 4가지 조화의 법칙

① 동시대비의 원리 : 명도가 비슷한 인접 색상을 동시에 배색하면 조화를 이룬다.
② 도미넌트 컬러의 조화 : 지배적인 색조의 느낌, 즉 통일감이 있어야 조화를 이룬다.
③ 세퍼레이션 컬러의 조화 : 두 색이 부조화일 때 그 사이에 흰색, 검은색을 더하면 조화를 이룬다.
④ 보색배색의 조화 : 두 색이 원색에 강한 대비로 성격을 강하게 표현하면 조화를 이룬다.

핵심 문제 26 ◆◆◆

색채조화의 공통되는 원리가 아닌 것은?
[20년 2회]

① 질서의 원리　　② 유사의 원리
③ 대비의 원리　　④ 모호성의 원리

해설

색채조화의 원리
질서의 원리, 유사의 원리, 대비의 원리, 비모호성(명료성)의 원리

정답 ④

핵심 문제 27 ◆◆◆

슈브뢸(M. E. Chevreul)의 색채조화론과 관계가 없는 것은?
[19년 1회]
① 도미넌트 컬러
② 보색배색의 조화
③ 세퍼레이션 컬러
④ 동일색상의 조화

해설

슈브뢸의 색채조화론
동시대비의 원리, 도미넌트 컬러의 조화, 세퍼레이션 컬러의 조화, 보색배색의 조화

정답 ④

3) 저드(D. B Judd)의 색채조화론

(1) 정의

1955년 미국의 색채학자 저드(D. B. Judd, 1900~1972)는 색채조화에 대한 견해와 이론을 조사 및 정리하여 색채조화 4원칙을 발표하였다. 색채조화는 좋고 싫음의 기호문제이며, 배색에 싫증 나거나 자주 보게 되면 기호가 변할 수 있다고 주장하였다.

핵심 문제 28 • • •

두 색이 부조화한 색일 경우, 공통의 양상과 성질을 가진 것으로 배색하면 조화한다는 저드(D. B. Judd)의 색채조화원리는?
[19년 2회]

① 질서의 원리   ② 숙지의 원리
③ 유사의 원리   ④ 비모호성의 원리

해설

저드의 색채조화 4원칙(유사의 원리)
두 색이 부조화한 색이라면 서로의 색을 적당히 섞어 어느 정도 공통의 양상과 성질을 가진 것으로 배색하면 조화한다는 원리이다.

정답 ③

(2) 색채조화 4원칙

① 질서의 원리 : 색상이나 톤의 일정한 질서나 규칙이 있을 때 색들의 조합은 대체로 조화한다는 원리이다.

② 비모호성의 원리(명료성의 원리) : 색에서 명도 차이가 크게 나는 배색은 애매함이 없고 명료함을 주어 조화롭다는 원리이다.

③ 친근성의 원리 : 빛의 명암 또는 자연에서 느껴지는 익숙한 색의 배색은 조화롭다는 원리이다.

④ 유사의 원리 : 배색된 색채 간의 색상이나 톤의 공통성을 부여하면 조화한다는 원리이다.

4) 파버 비렌(Faber Birren)의 색채조화론

(1) 정의

① 미국 색채학자 파버 비렌(Faber Birren, 1900~1988)은 인간은 단순히 기계적인 지각이 아닌 심리적인 반응에 의해 색을 지각한다고 주장하였다.

② 비렌의 색삼각형(Birren Color Triangle)으로 불리는 개념도를 통해 조화론이 필요하다고 주장하였다. 또한 장파장의 색상은 시간의 경과를 길게 느끼고 단파장의 색상은 시간의 경과를 짧게 느낀다는 색채의 기능주의적 사용법을 주장하였다.

핵심 문제 29 • • •

파버 비렌(Faber Birren)의 색채조화론 중 순색과 흰색의 조화로 이루어지는 용어는?
[20년 2회]

① Tint   ② Shade
③ Tone   ④ Gray

해설

파버 비렌의 색채조화론
① Tint : 순색과 흰색이 합쳐진 밝은 색조를 말한다.
② Shade : 순색과 검은색이 합쳐진 어두운 농담이다.
③ Tone : 순색과 흰색 그리고 검은색이 합쳐진 톤이다.
④ Gray : 흰색과 검은색이 합쳐진 회색조이다.

정답 ①

(2) 7개의 기본개념

톤(Tone), 흰색(White), 검정(Black), 회색(Gray), 순색(Color), 틴트(Tint), 색조(Shade)가 필요하다고 하였다. 이 이론은 PCCS 색체계의 근본이라고 할 수 있다.

Tone(Color + White + Black)	순색과 흰색 그리고 검은색이 합쳐진 톤이다.
White	흰색을 말한다.
Black	검은색을 말한다.
Gray(White + Black)	흰색과 검은색이 합쳐진 회색조이다.
Color	색상의 순수한 순색이다.
Tint(Color + White)	순색과 흰색이 합쳐진 밝은 색조를 말한다.
Shade(Color + Black)	순색과 검은색이 합쳐진 어두운 농담이다.

① Color(순색) – Shade(색조) – Black(검정) : 색채의 깊이와 풍부함과 관련한 배색조화이다.

② Color(순색) – Tint(틴트) – White(흰색) : 인상주의처럼 밝고 깨끗한 느낌의 배색조화이다.

③ Tint(틴트) – Tone(톤) – Shade(색조) : 가장 세련되고 미묘하며, 감동적인 배색조화이다.

④ White(흰색) – Gray(회색) – Black(검정) : 무채색을 이용한 안정된 조화이다.

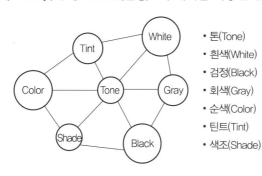

• 톤(Tone)
• 흰색(White)
• 검정(Black)
• 회색(Gray)
• 순색(Color)
• 틴트(Tint)
• 색조(Shade)

[비렌의 색삼각형]

(3) 색채와 형태

색과 형태는 빨강은 정사각형(중량감, 안정감), 주황은 직사각형(긴장감), 노랑은 삼각형(주목성), 녹색은 육각형(원만함), 파랑은 원형(유동성), 보라는 타원형(유동성)이라고 하였다.

빨강	주황	노랑	초록	파랑	보라
정사각형	직사각형	삼각형	육각형	원형	타원형

핵심 문제 30 ◆ ◇ ◇

비렌의 조화론에서 사용되는 색조군에 대한 설명 중 옳은 것은? [06년 2회]
① 흰색과 검정이 합쳐진 밝은 색조(Tint)
② 순색과 흰색이 합쳐진 톤(Tone)
③ 순색과 검정이 합쳐진 어두운 색조(Shade)
④ 순색과 흰색 그리고 검정이 합쳐진 회색조(Gray)

해설

파버 비렌의 색채조화론
• Tint(틴트) : 순색과 흰색이 합쳐진 밝은 색조
• Tone(톤) : 순색과 흰색 그리고 검정이 합쳐진 톤
• Shade(색조) : 순색과 검정이 합쳐진 어두운 농담
• Gray(회색) : 흰색과 검정이 합쳐진 회색조

정답 ③

핵심 문제 31 ◆ ◇ ◇

비렌(Birren)의 색과 형의 연결로 틀린 것은? [11년 2회]

① 빨강색 – 정사각형
② 노랑색 – 삼각형
③ 파랑색 – 오각형
④ 주황색 – 직사각형

해설

비렌의 색채와 형태
• 빨강 : 정사각형
• 주황 : 직사각형
• 노랑 : 삼각형
• 초록 : 육각형
• 파랑 : 원
• 보라 : 타원

정답 ③

핵심 문제 32 ◆◆

정량적(定量的) 색채 조화론으로 1944년
에 발표되었으며, 고전적인 색채조화와
기하학적 공식화, 색채조화의 면적, 색채
조화에 적용되는 심미도 등의 내용으로
구성되어 있는 것은?

① 쉐브릴(M.E. Chevreul)의 조화론
② 저드(Judd)의 조화론
③ 그레이브스(M. Graves)의 조화론
④ 문(P. Moon)과 스펜서(D.E. Spencer)
  의 조화론

해설

문 스펜서의 색채조화론
배색의 아름다움에 관한 면적비나 아름다
움의 정도 등의 문제를 정량적으로 취급하
여 계산에 의해 계량이 가능하도록 했다.

정답 ④

핵심 문제 33 ◆◆

문 · 스펜서의 면적효과에 관한 설명 중
틀린 것은?   [23년 2회]

① N5 순응점을 중심으로 한다.
② 균형점(Balance Point)에 의해서 배색
  의 심리적 효과가 결정된다.
③ 순응점을 중심으로 높은 채도의 색은
  넓게 배색하는 것이 조화롭다.
④ 순응점으로부터 지정된 색까지의 입체
  적 거리는 스칼라 모멘트이다.

해설

문 · 스펜서의 면적효과
무채색의 중간 지점이 되는 N5(명도5)를
순응점으로 하고 순응점을 중심으로 저채
도의 색은 넓게 배색하는 것이 조화롭다.

정답 ③

5) 문 · 스펜서의 색채조화론

(1) 정의

① 정량적 색채 조화론으로 1944년에 발표되었으며, 문(P. Moon)과 스펜서(D. E. Spencer)가 먼셀 시스템을 바탕으로 한 색채조화론을 미국광학회 'OSA'의 학회지에 발표하였는데 이것을 문 · 스펜서의 색채조화론이라고 부른다.

② 고전적인 색채조화의 기하학적 공식화, 색채조화의 면적, 색채조화에 적용되는 심미도 등의 내용으로 구성되어 있고 배색의 아름다움에 관한 면적비나 아름다움의 정도의 문제를 과학적이고 정량적인 방법의 조화론을 주장하였다.

③ 지각적으로 고른 감도의 오메가 공간을 만들어 조화를 이루는 색채와 그렇지 않은 색채의 두 종류로 나누었다. 이러한 오메가 공간은 먼셀의 색입체와 같은 개념으로 먼셀 표색계의 3속성에 대응될 수 있으며, H, V, C 단위로 설명하였고 조화이론을 정량적으로 다루는 데 색채연상, 색채기호 색채의 적합성을 고려하지 않았다.

(2) 조화와 부조화의 범위

미적 가치가 있는 것을 조화라고 부르고 좋은 배색을 위해서는 2색의 간격이 애매하지 않고, 오메가 색공간에 나타난 점이 기하학적 관계에 있도록 선택된 배색이 조화롭다고 하였다.

① 조화

동일조화(Identity)	같은 색의 조화
유사조화(Similarity)	유사한 색의 조화
대비조화(Contrast)	반대색의 조화

② 부조화

제1부조화(First Ambiguity)	아주 유사한 색의 부조화
제2부조화(Second Ambiguity)	약간 다른 색의 부조화
눈부심의 부조화(Glare)	극단적 반대색의 부조화

(3) 면적효과

① 무채색의 중간 지점이 되는 N5(명도5)를 순응점으로 하고 작은 면적의 강한 색과 큰 면적의 약한 색은 잘 어울린다고 생각하여 색의 균형점을 찾는다.

② 색의 균형점(Balance Point)으로 배색의 심미적 효과를 결정한다. 균형점은 어떤 배색에서 전체의 색조를 말하는 것으로 선택된 색이 면적비에 따라 회전혼색 되었을 때 나타나는 색을 의미한다.

③ N5 순응점을 중심으로 저채도의 색은 넓게 배색하는 것이 조화롭고, 순응점으로부터 지정된 색까지의 입체적 거리는 스칼라 모멘트(Scalar Moment)라고 하며 이 면적비례를 적용하였다.

(4) 미도

① 버크호프(G. D. Birkhoff)의 공식

미의 원리를 수량적으로 표현하기 위해 다음과 같은 미도를 구하는 공식을 제안하였으며 미도(M)가 0.5를 기준으로 그 이상이 되면 좋은 배색이라고 한다.

$$미도(M) = \frac{질서의\ 요소(O)}{복잡성의\ 요소(C)}$$

- 질서의 요소(O) = 색상의 미적계수 + 명도의 미적계수 + 채도의 미적계수
- 복잡성의 요소(C) = 색의 수 + 색상차가 있는 색조합의 수
  + 명도차가 있는 색조합의 수
  + 채도차가 있는 색조합의 수

② 미도의 특징

㉠ 등색상의 조화는 매우 쾌적한 경향이 있으며 동일색상은 조화롭다.

㉡ 균형 있게 잘 선택된 무채색의 배색은 아름다움을 나타내며 미도가 높다.

㉢ 색상, 채도를 일정하게 하고 명도만 변화시키는 경우, 많은 색상 사용 시보다 미도가 높다. 즉, 등색상 및 등채도의 단순한 배색이 미도가 높다.

6) 오스트발트의 색채조화론

(1) 정의

① 오스트발트(Ostwald)는 조화는 질서와 같다는 기본 원리를 바탕으로 색채조화의 조직화에 대하여 정립하였으며 색상은 헤링의 4원색(노랑, 빨강, 파랑, 초록)을 기본으로 24색상환으로 1~24로 표기하였고 명도는 8단계를 기본으로 하였다.

② 혼합비를 흰색량(W) + 검정량(B) + 순색량(C) = 100%로 하며 어떠한 색이라도 혼합량의 합이 항상 일정하다고 주장하였다.

③ 오스트발트의 색입체 모양은 삼각형을 회전시켜 만든 복원추(마름모형)로 명도를 축으로 수직절단하여도 마름모형이며, 중심축은 무채색이다.

핵심 문제 34 ◆◆◆

문 · 스펜서 색채조화론에서 미도(美度)는 일반적으로 얼마 이상이면 좋은가? [03년 1회]

① 0.9　　　　② 0.7
③ 0.5　　　　④ 0.3

해설

문 · 스펜서(미도)
미도(M)는 질서성의 요소를 복잡성의 요소로 나누었을 때 0.5를 기준으로 그 이상이 되면 좋은 배색이라고 한다.

정답 ③

핵심 문제 35 ◆◆◆

미도(美度) M = O/C라는 버크호프(G. D. Birkhoff) 공식에서 O는 질서성의 요소일 때 C는? [21년 1회]

① 복잡성의 요소　② 대비성의 요소
③ 색온도의 요소　④ 색의 중량적 요소

해설

배색의 미도
버크호프의 공식으로 미의 원리를 수량적으로 표현하기 위해 다음과 같은 미도를 구하는 공식을 제안했다.

$$미도(M) = \frac{질서의\ 요소(O)}{복잡성의\ 요소(C)}$$

정답 ①

핵심 문제 36 ◆◆◆

문 · 스펜서 색채조화론에서 미도(美度)는 일반적으로 얼마 이상이면 좋은가? [03년 1회]

① 0.9　　　　② 0.7
③ 0.5　　　　④ 0.3

해설

문 스펜서 색채조화론
미도(M)는 질서성의 요소를 복잡성의 요소로 나누었을 때 0.5를 기준으로 그 이상이 되면 좋은 배색이라고 한다.

정답 ③

17gc
색상번호 : 17, 백색량 : g, 흑색량 : c

기호	a	c	e	g	i	l	n	p
백색량	89	56	35	22	14	8.9	5.6	3.5
흑색량	11	44	65	78	86	91.1	94.4	96.5

(3) 색채조화의 범위

① 무채색의 조화

8단계의 무채색 계열에서 등간격(연속, 2간격, 3간격)으로 선택한 3색에 의한 조화로 28가지가 있다(예 연속간격 a−c−e, 2간격 a−e−i, 3간격 a−g−n, 이간격 c−g−n).

② 동일색상의 조화(등색상 삼각형의 조화)

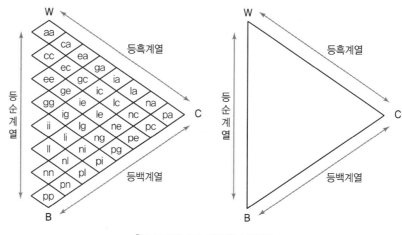

[오스트발트의 등색상 삼각형]

㉠ 등색상 삼각형의 정의

등백색 계열의 조화	단일 색상면 삼각형 내에 동일한 양의 백색을 가지는 색채를 일정한 간격으로 선택하여 배색하면 조화를 이루며 기호의 앞 글자가 같으면 백색량이 같다. 예 pl−pg−pc
등흑색 계열의 조화	단일 색상면에 삼각형 내에서 동일한 양의 흑색을 가지는 색채를 일정한 간격으로 선택하여 배색하면 조화를 이루며 뒤의 기호가 같으면 흑색량이 같다. 예 c−gc−lc
등순색 계열의 조화	단일 색상면 삼각형 내에서 동일한 양의 순색을 가지는 색채를 일정한 간격으로 선택하여 배색하면 조화를 이루며 함유된 순색의 양이 같다. 예 ga−le−pi

---

핵심 문제 37 ◆◆◆

오스트발트 색상환은 무엇을 기본으로 하여 만들어졌는가? [11년 2회]
① 먼셀의 5원색
② 뉴턴의 프리즘
③ 헤링의 4원색
④ 영·헬름홀츠의 3원색

해설

오스트발트 색체계
헤링의 4원색설을 기초로 24색상을 만들어 사용하였다.

정답 ③

핵심 문제 38 ◆◆◆

오스트발트(Ostwald) 조화론의 등색상 삼각형의 조화가 아닌 것은? [19년 2회]
① 등순색 계열의 조화
② 등백색 계열의 조화
③ 등흑색 계열의 조화
④ 등명도 계열의 조화

해설

동일색상의 조화(등색상 삼각형의 조화)
• 등백색 계열의 조화
• 등흑색 계열의 조화
• 등순색 계열의 조화

정답 ④

ⓒ 등색상 삼각형의 특징

- 현실에 존재하지 않는 이상적인 3가지 요소(B, W, C)를 가정하여 물체의 색을 체계화하였다.
- 등색상 삼각형에서 BC와 평행선상에 있는 색들은 백색량이 같은 색계열이다.
- 등색상 삼각형에서 WB와 평행선상에 있는 색들은 순색량이 같은 색계열이다.
- WB 측에서 백색의 혼량비는 베버와 페흐너의 법칙에 따라 등비급수적인 변화를 한다.

(4) 다색조화(윤성조화)

① 색입체의 삼각형 속에서 임의의 색을 지나는 수직선상의 등순 계열, 이 점을 지나는 등흑 계열, 등백색 계열 및 수평 절단면에 놓인 색들은 조화를 이룬다.

② 윤성에 의해서 각 등백, 등흑, 등순 계열의 지점에서 등가색환을 다양하게 얻을 수 있으므로 조화색을 찾아낼 수 있다.

(5) 등가색환에서의 조화

① 유사색조화 : 색상차가 2~4 범위에 있는 색은 조화를 이룬다.
  예 2ic – 4ic

② 이색조화 : 색상차가 6~8 범위에 있는 색은 조화를 이룬다.
  예 8ni – 14ni

③ 보색조화 : 색상차가 12 이상인 경우 두 색은 조화를 이룬다.
  예 2Pa – 14Pa

2. 색채의 심리

1) 시지각적 특성

(1) 대비효과

어떤 색이 다른 색의 영향으로 본래의 색과 다르게 보이는 현상이다.

① 동시대비

서로 가까이 놓인 두 개 이상의 색을 동시에 볼 때 일어나는 색의 대비로 주변의 색의 영향을 받아 본래의 색과는 다른 현상으로 지각되는 현상이다.

명도대비	명도가 다른 두 색이 인접하여 서로 영향을 주는 것으로 밝은색은 더 밝게, 어두운색은 더 어둡게 보이는 현상이다. 예 흰색 배경의 회색보다 검은색 배경의 회색이 더 밝게 보인다.
색상대비	색상이 다른 두 색을 대비시켰을 때 색상 차이가 더욱 크게 느껴지는 것 현상이다. 예 주황색 위에 초록색을 놓으면 주황색은 더욱 붉게 보이고, 초록색은 파랑 기미가 있는 초록으로 보인다.
채도대비	어떤 색이 같은 색상의 선명한 색 위에 위치하면 원래의 색보다 훨씬 탁한 색으로 보이고 무채색 위에 위치하면 원래의 색보다 맑은 색으로 보이는 대비현상이다. 예 중간채도의 빨간색을 회색 바탕 위에 놓은 것보다 선명한 빨강 바탕 위에 놓았을 때 채도가 더 낮아 보인다.
보색대비	색상이 서로 정반대되는 두 색을 주위에 놓으면, 서로의 영향으로 각각의 채도가 더 높게 보이는 현상이다.

② 계시대비

일정한 색채자극이 사라진 이후에도 지속적으로 자극을 느끼는 현상으로 이전의 자극이 망막에 남아 다음 자극에 영향을 준다. 특히, 유채색의 경우 보색의 잔상의 영향으로 먼저 본 색의 보색이 나중에 보는 색에 혼합되어 보인다.

예 적색을 본 후 황색을 보면 색상이 황록색으로 보인다.

③ 연변대비

㉠ 어떤 두 색이 맞붙어 있을 때 경계부분에 색상, 명도, 채도 대비의 현상이 더욱더 강하게 일어나는 현상으로 두 색 사이에 무채색의 테두리를 만들면 연변대비를 감소시킬 수 있다.

㉡ 마하 밴드(Mach Band) : 대비가 감소하는 띠가 서로 인접했을 때, 띠의 경계에서 색이 더 진해 보이거나 더 밝게 보인다.

[마하 밴드]

(2) 잔상효과

눈에 색자극을 없앤 뒤에도 남는 색감각을 잔상이라고 한다. 자극으로 색각이 생기면 자극을 제거한 후에도 상이 나타나는 것을 말하며 잔상 출현은 원래 자극의 세기, 관찰시간, 크기에 의존한다.

핵심 문제 40 ◆◆◆

어떤 색이 같은 색상의 선명한 색 위에 위치하면 원래의 색보다 훨씬 탁한 색으로 보이고 무채색 위에 위치하면 원래의 색보다 맑은 색으로 보이는 대비현상은?

[18년 2회]

① 명도대비 　② 채도대비
③ 색상대비 　④ 연변대비

해설

채도대비
채도가 다른 두 가지 색이 배색되어 있을 때 생기는 대비로 어떤 색이 같은 색상의 선명한 색 위에 위치하면 원래의 색보다 탁한 색으로 보이고, 무채색 위에 위치하면 원래 색보다 맑은 색으로 보이는 현상이다.

정답 ②

핵심 문제 41 ◆◆◆

9개의 검정 정사각형 사이의 교차되는 흰 부분에 약간 희미한 점이 나타나 보이는 착각이 일어난다. 이와 같은 현상은?

[10년 2회]

① 보색대비 　② 채도대비
③ 연변대비 　④ 계시대비

해설

연변대비
어떤 두 색이 맞붙어 있을 때 경계 부분에 나타나는 색상, 명도, 채도대비의 현상이다.

정답 ③

핵심 문제 42 ◆◆◆

우리가 영화 화면을 볼 때 규칙적으로 화면이 연결되어 언제나 지속되어 보이는 것과 관련 있는 것은?

[19년 1회]

① 정의 잔상 　② 부의 잔상
③ 대비효과 　④ 동화효과

해설

정의 잔상(양성잔상)
원래 자극과 색상이나 밝기가 같은 잔상을 말하며 부의 잔상보다 오래 지속된다. 예를 들어 TV, 영화, 햇불이나 성냥불을 돌릴 때 주로 볼 수 있고 양성잔상, 긍정적 잔상, 적극적 잔상, 등색잔상이라고 한다.

정답 ①

부의 잔상 (음성잔상)	• 망막의 자극이 사라진 후 원래 자극과 모양은 닮았지만 밝기나 색상은 반대로 나타난다. 즉, 어떤 색을 응시하다가 눈을 옮기면 먼저 본 색의 반대색이 잔상으로 생긴다. • 음성잔상은 원래 색상과 보색관계로 나타나는 심리적 보색이다.
정의 잔상 (양성잔상)	원래 자극과 색상이나 밝기가 같은 잔상을 말하며 부의 잔상보다 오래 지속된다(예 TV, 영화, 햇불이나 성냥불을 돌릴 때).

(3) 지각효과

색채의 3속성이 인간의 시지각에 영향을 미쳐서 나타나는 효과이다.

① 명시성(시인성)

대상의 존재나 형상이 보이기 쉬운 정도를 말하며 멀리서도 잘 보이는 성질이다. 명시성에 영향을 주는 순서는 명도 – 채도 – 색상 순이며 보색에 가까운 색상차가 있는 배색일수록 시인성이 높아진다. 흑색바탕에는 황색 > 백색 > 주황색 > 적색 순으로 명시도가 높다.

② 주목성(유목성)

사람들의 주의나 주목을 끄는 성질로 위험방지, 안전정보를 전달해야 하는 장소에서 필요하며 저명도보다는 고명도의 색, 저채도보다는 고채도의 색, 무채색보다는 유채색이 주목성이 높다.

③ 진출과 후퇴성, 팽창과 수축성

같은 거리에서 색에 따라 거리감과 면적의 차이가 나타나는 효과이다.

진출색	가깝게 보이는 색이다.
후퇴색	멀리 있는 것처럼 보이는 색이다.
팽창색	하나의 색이 실제 지니고 있는 면적보다 더 크게 보이는 색이다.
수축색	실제 면적보다 작게 보이는 것이다.

핵심 문제 43 ◆◆◆

다음 중 교통표지판에 주로 이용된 시각적 성질은? [11년 4회]

① 명시성   ② 심미성
③ 반사성   ④ 편의성

해설

명시성
대상의 존재나 형상이 보기 쉬운 정도를 말하며 멀리서도 잘 보이는 성질이다. 대표적으로 교통표지판이 있다.

정답 ①

핵심 문제 44 ◆◆◆

색의 주목성에 관한 설명 중 틀린 것은? [21년 4회]

① 한색 계통이 주목성이 높다.
② 난색 계통이 주목성이 높다.
③ 고채도의 색이 주목성이 높다.
④ 명시도가 높은 색이 주목성이 높다.

해설

주목성
사람의 시선을 끄는 힘으로 눈에 잘 띄는 색을 말하며 채도가 높은 난색계의 색이 주목성이 높다.

정답 ①

핵심 문제 45 ◆◆◆

색의 진출과 후퇴 현상에 관한 설명으로 틀린 것은? [19년 1회]

① 적색, 황색과 같은 난색은 진출해 보인다.
② 단파장 쪽의 색이 후퇴해 보인다.
③ 고명도의 색이 진출해 보인다.
④ 진출색은 수축색이 되고, 후퇴색은 팽창색이 된다.

해설

• ④ 진출색은 팽창되고, 후퇴색은 수축된다.
• 난색 : 따뜻한 느낌의 색으로 저명도 장파장인 빨강색 · 주황색 · 황색 등의 색상들로서 팽창 · 진출성이 있다.
• 한색 : 차가운 느낌의 색으로 고명도, 단파장의 색인 파란색 계열, 청록색 등의 색상으로서 수축 · 후퇴성이 있다.

정답 ④

핵심 문제 46 ···

색이 주는 감정적 효과와 색의 3속성과의 관계에서 가장 타당성이 낮은 것은?

[15년 4회]

① 온도감 – 색상
② 중량감 – 명도
③ 경연감 – 채도
④ 흥분과 침정 – 명도

해설

색채의 흥분과 침정
일반적으로 채도의 효과가 강하며 흥분을 주는 색은 난색계열의 채도가 높은 색이며, 진정감을 주는 색은 한색계열의 채도가 낮은 색이다.

정답 ④

핵심 문제 47 ···

색채의 강약감은 색의 3속성 중 주로 무엇에 요인 되는가?

[03년 1회]

① 채도   ② 명도
③ 색상   ④ 배색

해설

색채의 강약감
강약감은 색의 속성에 따라 강한 느낌과 약한 느낌을 주며, 채도와 관련되어 고채도는 강하게, 저채도는 약하게 보인다.

정답 ①

핵심 문제 48 ···

색채의 시간성과 속도감에 대한 설명 중 옳은 것은?

[10년 1회]

① 3속성 중 명도가 주로 큰 영향을 미친다.
② 장파장의 색은 시간이 길게 느껴진다.
③ 단파장의 색은 속도감이 빠르다.
④ 저명도의 색은 속도가 빠르게 느껴진다.

해설

시간성과 속도감
장파장(붉은색 계열)은 시간이 길게 느껴지고, 단파장(파란색 계열)은 시간이 짧게 느껴진다.

정답 ②

④ 면적효과

면적의 크고 작음에 따라 색채가 서로 다르게 보이는 현상으로 면적이 커지면 명도 및 채도가 더욱 증대되어 보인다. 따라서 넓은 면적은 채도가 낮은 색으로, 좁은 면적은 채도가 높은 색으로 하는 것이 좋다.

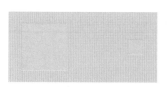

(4) 감정효과

① 온도감

색채를 통해 느껴지는 따뜻하고 차가운 감정을 말하며 인간의 경험과 심리에 의존하는 경향이 많고 자연현상에 근원을 두며 색상의 영향이 가장 크다.

난색	따뜻한 느낌을 주는 색(빨강, 주황, 노란색) – 흥분, 팽창, 진출
한색	차갑고 추운 느낌을 주는 색(청록, 파랑, 청자색) – 후퇴, 진정, 수축
중성색	어느 성질도 갖고 있지 않은 색(연두나 녹색, 보라) – 안정감

② 중량감

중량감은 색채를 대할 때 느끼는 가볍고 무거운 느낌을 말하며 명도에 의해 결정되어 고명도일수록 가볍게, 저명도일수록 무겁게 보인다.

③ 강약감

강약감은 색의 속성에 따라 강한 느낌과 약한 느낌을 주며 채도와 관련되어 고채도는 강하게, 저채도는 약하게 보인다.

④ 경연감

경연감은 딱딱한 느낌과 부드러운 느낌의 효과를 말하며 색조개념에 적용되어 고명도 저채도의 색은 부드럽게 느껴지고, 저명도 고채도의 색은 딱딱하게 느껴진다.

⑤ 시간성과 속도감

난색 계열의 배색공간은 시간의 흐름을 길게 느끼며, 한색 계열은 시간을 짧게 느낀다.

난색 계열	상업공간은 고객 회전율을 높일 수 있다.
한색 계열	병동의 병실색채는 환자들의 입원기간 동안의 지루함을 덜어줄 수 있다.

2) 연상과 상징

(1) 연상효과

① 색의 자극으로 생기는 인상 및 감정의 일종으로 사물이나 사건 또는 경험을 떠올리는 느낌을 말하며 구체적인 연상, 추상적인 연상으로 나눌 수 있다.

② 색의 연상은 경험적이기 때문에 기억색과 밀접한 관련이 있으며 같은 색이라도 생활양식이나 문화적인 배경, 지역과 풍토는 물론 성별, 학력, 직업, 연령 등의 개인차가 있다.

③ 색채연상의 역할은 제품정보, 기능정보, 사회·문화정보, 언어적 기능, 국제언어로서의 역할을 한다.

④ 빨강, 주황 등은 식욕을 증진하는 데 효과적인 색이고, 파랑, 하늘색 등은 일반적으로 청결한 이미지를 나타낸다. 또한 금속색(주로 은회색 등)은 첨단적·현대적인 이미지를 나타낸다.

◆ 색채의 연상효과

구분	연상효과	치료효과
빨강	정열, 위험, 혁명, 분노, 사랑	노쇠, 빈혈, 무활력
주황	원기, 만족, 풍부, 건강	위험표식, 강장제, 초점색
노랑	희망, 광명, 명랑, 유쾌, 명쾌, 발랄, 주의, 경계(안전색채)	신경제, 완화제, 피로회복
연두	위안, 친애, 젊음, 자연	위안, 피로회복, 강장제
초록	건강, 자연, 산뜻함, 안식, 안정, 평화, 이상, 청춘, 희망, 휴식	해독, 피로회복, 안전색
청록	이지, 냉철, 바다, 질투	이론적인 사고 도모, 기술상담실의 벽
청색(Cyan)	우울, 소극, 냉담, 불안	마취성, 격정 저하
파랑	미래지향적, 전진, 차가움, 심원, 명상, 청결, 젊음, 성실	눈의 피로회복, 맥박 저하
보라	창조, 신비, 우아, 신성, 나팔꽃	예술성, 신앙적
자주	애정, 창조, 그리움	저혈압, 노이로제, 우울증
백색	순수, 청결, 그리움	고독감
회색	겸손, 우울, 점잖음, 금속	우울함
검은색	허무, 절망, 불안, 암흑	예복, 상복

핵심 **문제 49**

색과 색의 상징이 잘못 연결된 것은?
[21년 1회]

① 빨강 – 정열, 사랑
② 노랑 – 신앙, 소박
③ 파랑 – 젊음, 성실
④ 초록 – 희망, 휴식

해설

노랑의 상징
희망, 광명, 명랑, 유쾌

정답 ②

핵심 **문제 50**

색채에 대한 연상(連想)과 상징(象徵)을 짝지어 놓은 것 중 잘못된 것은?
[04년 1회]

① 자색(Purple) : 창조, 우미, 신비, 신앙
② 황색(Yellow) : 팽창, 희망, 광명, 유쾌
③ 회색(Gray) : 정지, 허무, 불안, 부활
④ 청색(Blue) : 심원, 냉정, 영원, 성실

해설

• 회색(Gray) : 겸손, 우울, 점잖음, 금속
• 검은색(Black) : 정지, 허무, 불안, 침묵, 암흑

정답 ③

핵심 **문제 51**

색의 추상적 연상으로 틀린 것은?
[04년 4회]

① 노랑 – 명랑, 온화, 화려, 질투, 환희, 팽창
② 검정 – 추위, 혁명, 흥분, 생명, 열광, 에너지
③ 흰색 – 청결, 순결, 순수, 소박, 신성, 정직, 시작
④ 보라 – 고귀, 고독, 창조, 신비, 우아, 위엄

해설

검은색(Black)
정지, 허무, 불안, 침묵, 암흑

정답 ②

(2) 상징효과

눈에 보이지 않는 추상적인 개념이나 사상을 형태나 색을 가진 다른 것으로 직감적이고 알기 쉽게 표현한 것이다. 즉, 기억이나 연상과 관계가 있다. 또한 신분·계급의 구분, 방위의 표시, 지역 구분, 건물의 표시, 주의표시, 국가·단체의 상징 등으로 사용되며 기업의 아이텐티티를 강조하기 위해 하나의 색채로 이미지를 계획하여 사용하기도 한다.

① 색채상징의 역할
- ㉠ 공간감 추상적 개념의 표현역할 : 언어로는 표현하기 어려운 공간감각이나 사회적·종교적 규범 같은 추상적 개념을 색으로 표현하였다.
- ㉡ 전달기호로서의 역할 : 교통신호의 색이나 안전색채 등은 국제적으로 공통되는 의미를 가진 색으로 한가지의 상징적 의미를 가진다.
- ㉢ 지역의 정체성을 대변하는 역할 : 지역색은 특정 지역의 자연환경과 자연스럽게 어울리고 선호되는 색채로 국가나 지방의 특성과 이미지를 부각시킨다.

② 문화별 상징색(오륜기)
- ㉠ 청색, 황색, 흑색, 적색, 초록의 오색고리가 서로 얽혀 있는 형태로 세계를 뜻하는 월드(World)의 이니셜인 W를 시각적으로 형상화하였다.
- ㉡ 오륜기

- 청색 : 유럽
- 황색 : 아시아
- 적색 : 아메리카
- 흑색 : 아프리카
- 녹색 : 오세아니아

③ 종교별 상징색
종교별로 고유한 상징색을 가지고 있다.
- ㉠ 이슬람 : 녹색
- ㉡ 불교 : 노란색
- ㉢ 기독교 : 빨간색, 청색
- ㉣ 천주교 : 흰색, 검은색

(3) 한국의 전통색(오방색)

오방정색이라고도 하며 청, 백, 적, 흑, 황의 5가지 색을 말한다. 음과 양은 하늘과 땅을 의미하고 음양의 두 기운이 화, 수, 목, 금, 토의 오행을 생성한다는 음양오행사상을 바탕으로 한다.

핵심 문제 52 ◆◆◆

오륜기에서 유럽을 상징하는 색은?

[12년 2회]

① 녹색　　② 황색
③ 적색　　④ 청색

해설

오륜기
오륜기는 세계를 뜻하는 World의 이니셜인 W를 시각적으로 형상화한 것으로 청색은 유럽, 황색은 아시아, 적색은 아메리카, 흑색은 아프리카, 녹색은 오세아니아를 상징한다.

정답 ④

핵심 문제 53 ◆◆◆

한국의 전통색 중 오방색이 아닌 것은?

[15년 4회]

① 빨강　　② 파랑
③ 검정　　④ 녹색

해설

한국 전통색(오방색)
오방정색이라고도 하며, 청, 백, 적, 흑, 황의 5가지 색을 말한다.

정답 ④

색채	오행	방위
청색(파랑)	목(木)	동쪽
백색(흰색)	금(金)	서쪽
적색(빨강)	화(火)	남쪽
흑색(검정)	수(水)	북쪽
황색(노랑)	토(土)	중앙

3. 색채의 조절

색채조절은 색채의 생리적 · 심리적 효과를 적극적으로 활용하여 안전하고 효율적인 작업환경과 쾌적한 생활환경의 조성을 목적으로 하는 색채의 기능적 사용법을 의미한다. 미국의 기업체에서 먼저 개발하였고 기능배색이라고도 하며 환경색 또는 안전색 등으로 나누어 활용한다. 특히, 색채조절효과는 직접적인 효과 이외에도 부가적으로 발생하는 다양한 간접적 효과가 있을 수 있다.

1) 색채조절의 4요소

(1) 능률성

조명을 효율화시키며 시야에 적절한 배색으로 시각적 판단을 쉽게 하도록 한다.

(2) 안전성

화재, 충격사고, 오염을 방지하고 위험물과 위험장소에 안전색채로 배색한다.

(3) 쾌적성

공간의 기능과 작업심리에 어울리는 기능적인 배색을 한다.

(4) 심미성

시각전달의 목적에 맞게 배색한다.

2) 색채조절의 효과

(1) 생산성 증진

일에 대한 집중력을 높일 수 있어 실수가 적어진다.

(2) 피로의 경감

신체의 피로를 줄이고 눈의 피로를 막아주는 역할을 한다.

핵심 문제 54 ◆◆◆

한국의 오방색과 방향의 연결로 옳은 것은?
[18년 4회]
① 청색 – 동　② 적색 – 서
③ 황색 – 남　④ 백색 – 북

해설

② 적(赤) – 남쪽
③ 황(黃) – 중앙
④ 백(白) – 서쪽

정답 ①

✿ 토용
오행(五行)에서 땅의 기운이 왕성하다는 절기로, 1년에 4번이며 입춘, 입하, 입추, 입동 전 각 18일 동안이다.

핵심 문제 55 ◆◆◆

색채조절에 대한 설명으로 맞는 것은?
[18년 1회]
① 보통 기기에는 채도를 8 이상으로 유지해야 한다.
② 색을 볼 때 피로를 느끼는 것은 주로 명도에 영향을 받기 때문이다.
③ 기계류의 중요한 부분은 주의를 집중시킬 수 있는 색으로 두드러지게 한다.
④ 기계의 움직이는 부분과 조작의 중심점 같이 집점이 되는 부분은 다른 부분과 비슷한 색채를 사용하는 것이 좋다.

해설

안전색채
기계류와 핸들의 색을 주변과 다르게 함으로써 실수와 오류를 줄여 주며, 위험개소는 주의를 집중시키고 식별이 잘되도록 주황색으로 명시하고, 통로는 흰색선으로 표시하여 생산효율의 향상을 높여준다.

정답 ③

핵심 문제 56 ◆◆◆

다음 중 색채조절의 목적에 해당하는 것은?
[15년 1회]
① 수익증대를 주목적으로 한다.
② 작업의 활동적인 의욕을 높인다.
③ 주변 환경과의 조화를 무엇보다 우선시한다.
④ 심미적인 조화를 우선적으로 고려한다.

해설

색채조절
색채의 생리적 · 심리적 효과를 적극적으로 활용하여 안전하고 효율적인 작업환경과 쾌적한 생활환경의 조성이 목적이다.

정답 ②

(3) 재해율 감소

안전색채를 사용하므로 안전이 유지되고 사고가 줄어들며 벽, 천장의 색채계획을 밝게 하여 조명의 효율을 높인다.

(4) 쾌적한 환경

건물 내외를 보호하고 유지하는 데 효과적이고 깨끗한 환경을 제공하므로 정리정돈 및 청소가 쉬워진다.

3) 색채조절의 활용

(1) 안전색채(한국공업규격)

안전색채는 광원 자체의 색이나 투과색이 아닌, 물체의 표면색으로 적용범위, 색채의 종류 및 사용개수와 색의 지정이 규정되어 있다. 안전색채는 다른 물체의 색과 쉽게 식별되어야 하며 제품안전 라벨에 안전색을 사용하여 주목성을 높인다. 또한 노랑과 검정의 안전표시는 잠재적 위험을 경고하는 의미를 가진다.

(2) 안전색채의 특성

색명	기준표색계	표시사항	사용장소
빨강	5R 4/13	방화, 멈춤, 금지	방화, 멈춤, 금지를 표시하는 장소
주황	2.5YR 6/13	위험	재해, 상해를 일으킬 위험성이 있는 것이나 장소
노랑	2.5Y 8/12	경계, 주의	충돌, 추락, 걸려서 넘어질 수 있는 것이나 장소
녹색	2G 5.5/6	안전, 진행, 구급, 구호	위험하지 않거나 위험을 방지 · 구급과 관계가 있는 것 또는 장소
파랑	2.5PB 5/6	조심	아무렇게 다루어서는 안 되는 것이나 장소
자주	2.5RP 4.5/12	방사능	방사능이 있는 것이나 장소
흰색	N9.5	통로, 정돈	정돈과 청소가 필요한 장소
검정	N1.5	화살표, 금지	주황, 노랑, 흰색을 잘 보이게 하는 보조색

※ 한국산업표준 KS A 3501에 의한 지정된 안전색채규정은 2010년에 폐기되었으나 국제적으로 사용된다.

4. 색채의 배색계획

1) 배색의 구성요소

(1) 주조색

일반적으로 배색의 대상이 되는 부위에서 가장 넓은 면적부분을 차지하는 색으로 주로 바탕색이나 전체적인 느낌을 전달하는 주가 되는 색을 말한다.

(2) 보조색

주조색 다음으로 넓은 면적을 차지하고 보조요소들을 배합색으로 취급함으로써 변화를 주는 역할을 한다. 동일, 유사, 대비, 보색 등의 관계가 생기게 된다.

(3) 강조색

차지하고 있는 면적으로 보면 가장 작은 면적에 사용되지만, 배색 중에서는 가장 눈에 띄는 악센트를 주는 포인트 역할을 하는 색으로 집중시키는 효과가 있다.

2) 배색의 기법

(1) 색상에 의한 배색

동일색상의 배색	동일색상의 범위에서 명도와 채도를 달리하여 배색하는 방법으로, 따뜻함, 차가움, 부드러운 느낌을 준다.
유사색상의 배색	색상환 바로 옆에 있는 인접 색상의 자연스러운 연결로 부드러운 느낌을 준다.
반대색상의 배색	반대색상 관계에 있는 색을 배색하는 방법으로, 화려하고 자극이 강하며 역동적이고 대담한 느낌을 준다.

(2) 명도에 의한 배색

고명도의 배색	맑고 명쾌하며 깨끗한 느낌을 준다.
명도차가 큰 배색	뚜렷하고 확실하며 명쾌한 느낌을 준다.

(3) 채도에 의한 배색

고채도의 배색	화려하고 자극적이며 산만한 느낌을 준다.
저채도의 배색	부드럽고 온화한 느낌을 준다.

(4) 동일한 톤에 의한 배색

차분하고 정적이며 통일감의 효과를 가진다.

핵심 문제 58 ◆◆◆

다음 중 동일색상의 배색은? [10년 4회]
① 노랑 – 갈색 ② 노랑 – 빨강
③ 노랑 – 연두 ④ 노랑 – 검정

해설

동일색상의 배색
동일색상의 범위에서 명도와 채도를 달리하여 배색하는 방법으로, 부드럽고 온화한 느낌을 주며 조화롭다.

정답 ①

핵심 문제 59 ◆◆◆

다음 중 강함, 동적임, 화려함 등을 느낄 수 있는 배색은? [17년 2회]
① 동일색상의 배색
② 유사색상의 배색
③ 반대색상의 배색
④ 포 카마이외의 배색

해설

반대색상의 배색
명도 차이가 크면 뚜렷하며 확실하며 명쾌한 느낌을 준다.

정답 ③

핵심 문제 60   ◆ ◆ ◆

동일색상 내에서 톤의 차이를 두어 배색
하는 방법이며 명도 그라데이션을 주로
활용하는 배색기법은?   [13년 1회]
① 톤온톤(Tone on Tone)배색
② 톤인톤(Tone in Tone)배색
③ 리피티션(Repetition)배색
④ 세퍼레이션(Separation)배색

해설

톤온톤배색
동일색상으로 두 가지 톤의 명도차를 비교
적 크게 잡은 배색이다.

정답 ①

핵심 문제 61   ◆ ◆ ◆

소극적인 인상을 주는 것이 특징으로 중
명도, 중채도인 중간색계의 덜(Dull)톤을
사용하는 배색기법은?   [18년 4회]
① 포 카마이외배색
② 카마이외배색
③ 토널배색
④ 톤온톤배색

해설

토널배색
중명도, 중채도의 색상으로 배색되기 때문
에 안정되고 편안한 느낌을 가지며 다양한
색상을 사용한다는 특징을 가지고 있다.

정답 ③

핵심 문제 62   ◆ ◆ ◆

점진적인 변화를 주어 리듬감을 얻는 배
색법은?   [14년 4회]
① 악센트   ② 그라데이션
③ 세퍼레이션   ④ 도미넌트

해설

그라데이션배색
한 가지 색이 다른 색으로 옮겨갈 때 진행
되는 색의 변조를 뜻하는 것으로, 점진적
인 변화를 주어 리듬감을 얻는다.

정답 ②

3) 배색의 방법

(1) 톤온톤(Tone on Tone)배색, 톤인톤(Tone in Tone)

① **톤온톤** : 동일색상으로 두 가지 톤의 명도차를 비교적 크게 잡은 배색이다.

② **톤인톤** : 동일색상, 인접 또는 유사색상에서 비슷한 톤의 조합에 따른 배색
이다.

(2) 토널(Tonal)배색

중명도, 중채도의 덜(Dull)톤을 사용하여 차분하고 안정된 이미지의 배색이다.

(3) 카마이외(Camaieu)배색, 포 카마이외(Faux Camaieu)배색

색조와 색상 차이가 거의 없어 유사하고 희미한 배색으로 미묘한 색차의 배색
을 말하며 온화하고 조화로운 이미지의 배색이다.

① **카마이외배색** : 거의 동일한 색상에 약간의 톤 변화가 있다.

② **포 카마이외배색** : 약간의 색상차가 있다.

(4) 비콜로(Bicolore)배색, 트리콜로(Tricolore)배색

① **비콜로배색** : 2색 배색으로 주로 고채도를 사용하며 대립적이고 산뜻한 배
색이다.

② **트리콜로배색** : 3색 배색으로 주로 하나의 무채색과 고채도를 사용한 강렬
한 배색이다.

(5) 강조배색(Accent Color), 분리배색(Separation Color)

① **강조배색** : 단조로운 배색에 반대색상 또는 반대색조를 사용하여 악센트를
준 배색이다.

② **분리배색** : 배색이 애매하거나 지나치게 강렬할 때, 사이에 무채색을 삽입
한 배색이다.

(6) 그라데이션배색(Gradation Color), 반복배색(Repetition Color)

① **그라데이션배색** : 한 가지 색이 다른 색으로 옮겨갈 때 진행되는 색의 변조
를 뜻하는 것으로, 점진적인 변화를 주어 리듬감을 얻는다.

② **반복배색** : 2색 이상을 반복하여 리듬감을 주는 배색이다.

❸ 색채계획

1. 색채계획과정

사용목적에 맞는 색을 선택하고 배색을 위한 자료수집과 환경분석을 통해 효율적이고 아름다운 배색효과를 얻기 위한 전반적인 계획을 말한다.

색채환경분석 → 색채심리분석 → 색채전달계획 → 디자인 적용

[색채계획의 기본과정]

1) 색채분석 및 조사

색채를 선정하는 데 영향을 줄 수 있는 다양한 환경을 분석하고 사용자들의 색채에 대한 심리적 반응을 분석해 그 자료를 바탕으로 전달계획을 기획하여 디자인에 적용하는 순서대로 한다.

(1) 색채환경분석

① 기업색, 상품색, 선전색, 포장색 등 업체의 관용색 분석·색채 예측 데이터를 수집한다.
② 색채의 예측 데이터 수집능력, 색채 변별 조색능력이 필요하다.

(2) 색채심리분석

① 기업 이미지, 색채 이미지, 상품 이미지, 형태 이미지, 유행 이미지를 측정한다.
② 심리조사능력, 색채구성능력이 필요하다.

(3) 색채전달계획

① 상품의 색채와 광고 색채를 결정한다.
② 타사의 제품과 차별화하는 마케팅능력과 컬러능력이 필요하다.

(4) 디자인 적용

① 색채의 규격과 시방서의 작성 및 컬러 매뉴얼의 작성이 필요하다.
② 아트 디렉션의 능력이 필요하다.

2) 색채계획 시 고려사항

① 개인적인 기호에 의하지 않고 객관성이 있어야 한다.
② 주변지역과 조화로운 색채를 사용한다.
③ 전체적으로 질서가 있어야 하며 적당한 변화가 있어야 한다.
④ 주거민을 위한 편안한 색채디자인이 되어야 한다.

핵심 문제 63 ◆◆◆

색채계획을 세우기 위하여 어떤 연구단계를 거치는 것이 좋은가?　[17년 4회]
① 색채환경분석 → 색채전달계획 → 색채심리분석 → 디자인 적용
② 색채전달계획 → 색채환경분석 → 색채심리분석 → 디자인 적용
③ 색채환경분석 → 색채심리분석 → 색채전달계획 → 디자인 적용
④ 색채심리분석 → 색채환경분석 → 색채전달계획 → 디자인 적용

해설

색채계획과정
색채환경분석 → 색채심리분석 → 색채전달계획 → 디자인 적용

정답 ③

핵심 문제 64 ◆◆◆

색채계획의 과정에서 색채심리분석에 해당하지 않는 것은?　[15년 2회]
① 색채 이미지 측정
② 유행 이미지 측정
③ 상품 이미지 측정
④ 경영 이미지 측정

해설

색채심리분석
색채 이미지 측정, 유행 이미지 측정, 상품 이미지 측정, 기업 이미지 측정, 형태 이미지 측정 등이 있다.

정답 ④

핵심 문제 65 ◆◆◆

주거 건축물의 색채계획 시 고려해야 할 사항이 아닌 것은?　[19년 4회]
① 개인적인 기호에 의하지 않고 객관성이 있어야 한다.
② 주변에서 가장 부각될 수 있게 독특한 색채를 사용한다.
③ 전체적으로 질서가 있어야 하며 적당한 변화가 있어야 한다.
④ 거주민을 위한 편안한 색채디자인이 되어야 한다.

해설

지역특성에 맞는 통합계획으로 주변환경과 조화로운 도시경관 창출, 지역주민의 심리적 쾌적성 및 질적 향상과 생활공간의 가치를 향상시킨다.

정답 ②

2. 공간별 색채계획

1) 주거공간

(1) 거실

① 공용영역으로 편안한 느낌을 주는 따뜻하고 부드러운 색의 사용이 적합하다.

② 공간의 규모가 작은 경우는 단색이나 유사색을 계획하여 넓어 보이게 할 수 있으며 규모가 큰 경우는 대비색을 이용하여 공간의 활기를 줄 수 있는 색채 선택도 가능하다.

(2) 침실

① 천장이나 넓은 벽면적에는 강렬한 색의 사용을 피하는 것이 좋으며 베개, 침대커버, 쿠션 등의 소품영역들은 계절색을 이용할 수 있다.

② 색채 사용은 2~3가지로 제한하는 것이 좋으며, 단일색의 명도, 채도단계의 변화만으로 큰 효과를 볼 수 있다.

③ 순백색보다는 눈에 자극도 적고, 피로도 낮은 한색 계열로 배색한다.

(3) 자녀실

① 놀이, 학습, 취침 등이 이루어지는 곳으로 밝고 따뜻하며 깨끗한 색채를 사용한다.

② 어린이들의 선호색을 적용하고자 하는 경우에는 정서적 안정감을 떨어뜨리는 채도가 높은 색채 사용을 피하도록 한다.

(4) 주방, 식당

① 부엌가구는 사용자의 취향을 고려한 색상을 선택하고 난색 계열을 사용한다.

② 청결한 느낌을 주기 위해 밝은 톤이나 자연색을 적용한다. 활동의 폭이 넓은 공간이기 때문에 강렬하고 활기 있는 색상계획도 가능하다.

(5) 욕실

① 청결함과 위생적인 측면의 고려와 정서적 안정감과 편안함을 위한 색채선정이 중요하다.

② 강한 색은 피부색에 반사되고 사용자의 모습을 변화시키는 경향이 있으므로 사용 시 신중해야 한다.

2) 공공공간

생리적 · 심리적 효과를 적극적으로 활용하여 안전하고 효율적인 작업환경과 쾌적한 생활환경의 조성을 목적으로 '능률성, 안전성, 쾌적성, 심미성'을 고려해야 한다.

(1) 병원

① 수술실

- ㉠ 녹색계통은 빨간색의 보색으로 잔상을 줄여주며, 눈의 피로를 고려한 진정색이다.
- ㉡ 잔상이라는 생리적 현상과 진정색이라는 심리적 효과를 잘 연결시켜 색채를 선택한 색채조절의 전형적인 컬러이다.

② 환자 입원실

- ㉠ 어두운 조명, 시원한 색(녹색, 청색)으로 휴식을 제공하므로 백열등은 황달기운이 있는 환자의 피부색을 볼 수 없으므로 고려해야 한다.
- ㉡ 약간 어두운 조명과 시원한 색은 휴식을 요하는 환자에게 적합하다.
- ㉢ 병원이나 역대합실의 배색 중 지루함을 줄일 수 있는 색은 청색 계열이 적합하다.

③ 복도 및 대기실

- ㉠ 크림색(5.5YB 5/3.5)을 사용하여 따뜻한 공간을 형성하고 청결함을 유지하는 기능 외에도 병원의 분위기를 부드럽게 하여 심리적 압박감을 줄인다.
- ㉡ 전체적으로 온화하고 안정된 분위기를 창출하도록 조도는 700lux 정도가 필요하다.

(2) 공장

① 공장의 기계류와 핸들의 색을 주변과 다르게 함으로써 실수와 오류를 줄여주며 위험개소는 주의를 집중시키고 식별이 잘 되도록 주황색으로 명시하고 통로는 흰색선으로 표시하여 생산효율의 향상을 보여준다.

② 좁은 면적을 시원하고 넓게 보이게 하려면 밝은색을 적용하고, 실내온도가 높은 직장에서는 한색 계통을 주로 사용한다.

③ 작업장에서는 무거운 물건을 밝은색으로 도장하면 가볍게 느껴지게 하여 작업능률을 높일 수 있고 석유나 가스의 저장탱크는 반사율이 높기 때문에 흰색이나 은색으로 칠한다.

④ 공장에서는 쾌적성과 생산성 향상을 위해 공장의 색채는 초점색, 기계색, 환경색으로 나누어 고려하는 경우가 많다.

초점색	핸들 등 조작의 중심이 되는 부분의 색이다.
기계색	기계 본체의 색으로 초점색과 대비 및 환경색과 조화한다.
환경색	차분한 느낌의 색으로 고온에서 작업하는 곳은 한색으로 한다.

핵심 문제 67 ◆◆◆

잔상에 대한 설명 중 옳은 것은?
[14년 2회]

① 잔상은 색의 대비와는 전혀 관계없이 일어난다.
② 수술실 벽면을 청록색으로 칠하는 것은 잔상을 막기 위해서이다.
③ 자극이 끝난 후에도 보고 있던 상을 그대로 계속하여 볼 수 있는 경우는 음성적 잔상에 속한다.
④ 계시대비는 잔상의 영향을 받지 않는다.

해설

수술실 색채
녹색 계통은 빨간색의 보색으로 잔상을 줄여주며, 눈의 피로를 고려한 진정색이다.

정답 ②

핵심 문제 68 ◆◆◆

공장 안에서 통행에 충돌위험이 있는 기둥은 무슨 색으로 처리하는 것이 안전색채에 적절한가?
[17년 1회]

① 빨강   ② 노랑
③ 파랑   ④ 초록

해설

안전색채
노란색은 경계 및 주의 등 표시사항으로 충돌, 추락 등 걸려서 넘어질 수 있는 장소에 사용되는 안전색채이다.

정답 ②

(3) 오피스

① **색채의 지역 구분(Color Zoning)** : 색채의 특성별로 실내환경을 구획화한다.

② 조명의 효율을 높이기 위해 벽을 흰색으로 하는 경우 눈동자가 축소되고 잘 보이지 않아 주의가 산만해지기 쉽기 때문에 중간 명도의 색을 사용하여 지속된 긴장을 풀어 심리적인 즐거움과 휴식을 준다.

③ 활력이 필요한 영업직의 환경색은 의식이 활발해지는 난색계가 적당하고, 사무의 집중도가 높은 사무는 한색계, OA 기기를 주로 사용하는 작업은 피로를 경감하는 녹색계 색채를 사용한다.

④ 작업자들이 고온의 작업환경에서 일하는 경우 녹색, 파랑 같은 한색을 사용하고 그 반대로 베이지색, 크림색 같은 난색은 천장이 높거나 썰렁한 곳의 분위기를 부드럽게 해주고 자연광의 부족을 보상하기 위해 사용한다.

(4) 학교

① 벽, 바닥, 가구, 설비물 등 휘도비율을 균등하게 해야 하며 학교는 50~60% 빛을 반사할 수 있는 색을 선택하여 바닥은 20~30%의 반사율, 책상, 설비물은 25~40%의 반사율을 갖는 것이 바람직하다.

② 교실명도는 6~7 정도의 밝은 색상이 어울리나 고채도의 색은 좋지 않고 연노랑, 산호색, 복숭아색 등의 온색의 밝은 환경을 권장한다.

③ 복도는 자유롭고 대담한 색채를 사용하고 식당은 산호색 계열의 식욕을 돋우는 색을 사용한다.

④ 도서실, 교무실은 엷은 그린색 등의 차분한 색조를 사용하고 사무실은 한색이 안정적이며, 흰색벽은 눈의 피로를 가져오므로 피한다.

3. 환경색채디자인

1) 환경색채

인간이 살아가는 삶의 현장과 자연 그리고 지구 전체와 우주까지 포함한다. 인간의 생활공간을 아름답고 쾌적하며 기능적으로 생기 있게 만드는 활동으로 인간과 환경을 조화롭게 구축하는 생활터전에 관한 분야의 디자인이라 할 수 있다.

2) 디자인과정

입지조건 조사 분석 → 환경색채 조사 분석 → 색채설계 → 색채 결정 및 시공

---

4. 디지털색채

1) 디지털(Digital)

(1) 디지털의 정의

문자나 음성, 영상 등을 0과 1이라는 수치로 처리하거나 숫자로 나타내는 것으로 색채를 수치화하여 표현한다. 컴퓨터 모니터, TV, 프린터, 휴대폰, PDA, DMB, 모바일 등이 모두 디지털색채에 포함된다.

(2) 디지털의 색채체계

① 수치와 논리의 구성이므로 현색계에서 표현할 수 없는 색좌표를 입출력할 수 있으며 이러한 상태를 컴퓨터의 최소단위인 비트(bit)로 나타낸다.
② 디지털색채는 빛을 디스플레이할 경우에는 R, G, B 색채영상을 이용하고 프린트와 같이 오프라인에서 재현할 때는 C, M, Y를 이용한다.

2) 비트(bit)

(1) 비트의 정의

컴퓨터 데이터의 가장 작은 단위이며 하나의 2진수값(0, 1)을 가진다. 1bit는 모니터상 1개의 픽셀(pixel)당 2진수값을 표현할 수 있으므로 흑과 백, 2가지만 표현할 수 있다.

(2) 비트의 특징

① 많은 비트(bit)를 시스템이 추가하면 할수록 가능한 조합의 수가 늘어나 생성되는 컬러의 수가 증가된다.
② 24비트(bit) 컬러는 사람의 육안으로 볼 수 있는 전체 컬러를 망라하지는 못하지만 거의 가깝게 표현할 수 있다.
③ 2bit는 1bit 2개를 조합하여 흑과 백, 두 단계의 회색이 추가되어 4가지 음영을 표현하고 총 256가지의 다양한 농도를 표현할 수 있으며 256 음영단계라고 한다.

◆ 비트(bit)와 표현색상

1bit	2색(검정, 흰색)
2bit	4색(검정, 흰색, 회색 2단계)
8bit	256색(Index Color)
16bit	6만 5천 색(High Color)
24bit	1,677만 7천 색(True Color)

핵심 문제 71 ●●●

비트(bit)에 대한 내용이 아닌 것은?

[17년 2회]

① 2의 1승인 픽셀(pixel)은 1비트(bit) 픽셀이다.
② 더 많은 비트(bit)를 시스템에 추가하면 할수록 가능한 조합의 수가 늘어나 생성되는 컬러의 수가 증가됨을 뜻한다.
③ 24비트(bit) 컬러는 사람의 육안으로 볼 수 있는 전체 컬러를 망라하지는 못하지만 거의 그에 가깝게 표현할 수 있다.
④ 디지털 컬러에서 각 픽셀(pixel)은 CMYK의 조합으로 표현된다.

해설

디지털 컬러에서 각 픽셀(pixel)은 R, G, B의 조합으로 표현된다.

정답 ④

핵심 문제 72 ●●●

실현가능성이 동일한 4개의 대안이 있을 경우 총정보량 몇 bit인가? [10년 2회]

① 0.5 　　② 1
③ 2 　　　④ 4

해설

비트(Bit)
컴퓨터 데이터의 가장 작은 단위이며 하나의 2진수값(0,1)을 가진다.
1Bit는 모니터상 1개의 픽셀(Pixel)당 2진수값을 표현할 수 있으므로 흑과 백, 2가지만 표현할 수 있다.
• 1Bit : 2색(검정, 흰색)
• 2Bit : 4색(검정, 흰색, 회색 2단계)
• 8Bit : 25색
• 16Bit : 6만 5천색
• 24Bit : 1,677만 7천색

정답 ③

3) 픽셀(pixel)

(1) 픽셀의 정의

그림(Picture)과 요소(Element)의 합성어로 디지털이미지를 이루는 최소한의 점을 화소라 하며 이를 픽셀(pixel)이라는 단위로 나타낸다. X, Y좌표로 된 평면 위에 나타낼 수 있는 이미지의 최소단위가 픽셀이며 더 이상 쪼갤 수 없는 디지털 이미지의 기본요소이다.

(2) 픽셀의 특징

① 자기만의 위치가 있으며 하나의 픽셀은 하나의 점 공간을 차지하고 좌표계를 일반적으로 비트맵이라고 한다.
② 모니터 등에 나타나는 디지털 이미지는 마치 수많은 타일로 구성된 모자이크 그림과 같이 사각형 픽셀의 집합으로 구성된 것이다.

4) 해상도(Resolution)

(1) 해상도의 정의

화면을 구성하고 있는 화소의 수를 해상도라 하며 어떤 패턴을 어느 정도의 세밀한 밀도로 기록 또는 표시할 수 있는 그 밀도를 나타내는 척도로서 그래픽 화면의 선명도를 말한다.

(2) 해상도의 특징

① 해상도는 픽셀의 집합이므로 시스템 내에서 최소단위의 픽셀 개수가 정해져 있지만, 일반적으로 모니터가 고해상도일수록 선명한 색채영상을 제공한다.
② 해상도의 표현방법은 가로 화수와 세로 화수로 나타내며, 디스플레이 모니터 안에 있는 픽셀의 숫자로 가로방향과 세로방향의 픽셀 개수를 곱하면 된다.
③ 1인치×1인치 안에 들어 있는 픽셀의 수가 바로 해상도이며 단위는 ppi를 사용한다. 모니터상의 해상도인 ppi(pixel per inch)와 프린터 인쇄물의 해상도인 dpi(dot per inch)가 주로 쓰인다.
④ 화면에 디스플레이된 색채영상의 선명도는 해상도와 모니터의 크기에 좌우되며 동일한 해상도에서는 크기가 작은 모니터에서 더 선명하고, 큰 모니터로 갈수록 선명도가 떨어지는데, 그 이유는 면적이 더 크면서도 같은 개수의 픽셀이 분포되어 있기 때문이다.

핵심 문제 73 • • •

디지털 이미지의 특징 중 해상도(Re-solution)에 대한 설명으로 잘못된 것은?

[18년 1회]

① 동일한 해상도에서 큰 모니터가 더 선명하고, 작은 모니터일수록 선명도가 떨어진다.
② 하나의 이미지 안에 몇 개의 픽셀을 포함하는가에 대한 척도 단위로는 dpi를 사용한다.
③ 해상도는 픽셀들의 집합으로 한 시스템 내에서 픽셀의 개수는 정해져 있다.
④ 해상도는 디스플레이 모니터 안에 있는 픽셀의 숫자로 가로방향과 세로방향의 픽셀의 개수를 곱하면 된다.

해설

해상도
동일한 해상도에서는 크기가 작은 모니터가 더 선명하고 큰 모니터로 갈수록 선명도가 떨어지는데, 그 이유는 면적이 더 크면서도 같은 개수의 픽셀이 분포되어 있기 때문이다.

정답 ①

5) 디지털의 색채체계(Digital Color System)

(1) RGB 모드

① 컴퓨터 모니터와 스크린 같은 빛의 원리로 컬러를 구현하는 장치에서 사용하며 색광을 혼합해 이루어져 2차색은 원색보다 밝아지므로 가법혼색으로 표현하는 방법이다.

② RGB는 각 8비트 색채인 경우 0~255까지 256단계를 갖는다. R, G, B 각 채널당 8비트를 사용하는 경우 1,600만 컬러의 표현이 가능하며 각각 세계의 컬러가 별도로 작용하여 색의 표현이 가능하다.

③ 컴퓨터 화면의 스크린은 24비트 색배열 조정장치를 사용할 경우 최대 약 1,677만 가지의 색을 만들어 낼 수 있다.

④ 디지털 색채시스템 중 가장 안정적이고 널리 쓰이며, 각각에 R=0, G=0, B=0과 같은 수치를 주어 디스플레이 하면 전압영역이 검은색이 된다.

| 0, 0, 0 | 검은색 | 255, 255, 255 | 흰색 |

(2) CMYK 모드

① 빛의 일부 파장을 흡수하고 표현색만 반사하는 잉크의 특성을 이용하여 색을 표현한다. 그림이나 인쇄물 출력 시 사용하며 특히 프린터, 잉크 그리고 종이의 성질에 따라 매우 많이 변한다.

② 색료에 기초한 색상 구현원리인 감법혼색을 사용하고 모두 혼합해도 순수한 검정을 얻을 수 없으며 별도의 검정(K)잉크를 추가하여 색을 나타낸다.

(3) HSB시스템

① 먼셀의 색채개념인 색상, 명도, 채도를 중심으로 선택히도록 되어 있다.
② 프로그램상에서는 H모드, S모드, B모드를 볼 수 있다.

    ㉠ H(Hue) : 색상

    ㉡ S(Saturation) : 채도

    ㉢ B(Brightness) : 밝기

(4) L*a*b*

① 1976년 CIE가 추천하여 지각적으로 거의 균등한 간격을 가진 색공간으로 색채 측정 및 색채관리에 가장 널리 이용되고 있으며 작업속도가 빠르다.

② 균일 색모델(Uniform Color Model)로 Lab, Luv 등이 존재한다.

③ 색공간에서 L*(명도), a*(빨강과 초록), b*(노랑과 파랑)을 나타내며, 다른 환경에서도 최대한 색상을 유지시켜 주기 위한 디지털 색채체계이다.

④ CYMK 모드를 모두 수용할 수 있는 색영역을 가지기 때문에 RGB 모드로 변환 시에 중간단계로 사용된다.

6) 그래픽이미지(Graphic Image)

(1) 비트맵(Bitmap)

BMP 파일형식은 PC의 표준 그래픽 파일형식으로 불리며 윈도우가 기동하거나 종료될 때 보이는 이미지들이나 바탕화면의 배경그림 등을 표현한다.

(2) JPG

컬러 이미지의 손상을 최소화시키며 압축할 수 있는 기술 또는 포맷을 말한다. 또한 파일 용량이 작고 색감의 표현이 가능해 이미지 제작 프로그램 웹디자인 시 많이 사용되지만 압축률을 높일수록 이미지의 손상이 커지므로 사용 시 압축 정도를 조절해야 한다.

(3) GIF

256 이하의 컬러만을 사용하여 파일을 최소화할 수 있고, 압축력은 떨어지지만 전송속도가 빠르다. 이미지 손상이 작으며 간단한 애니메이션효과를 낼 수 있는 포맷이다.

(4) PNG

JPG, GIF의 장점을 합쳐놓은 그래픽 파일 포맷으로 무손실 압축방식을 사용해 이미지의 변형 없이 원래의 이미지를 웹에서 그대로 표현할 수 있는 저장방식이며 8, 24, 32비트로 나누어 저장할 수 있기 때문에 풍부한 색상표현이 가능하다.

(5) EPS

전자출판의 대표적인 포맷형식으로 인쇄 시 4도 분판기능이 있어 주로 고품질 인쇄를 목적으로 사용되며 비트맵과 백터그래픽 파일을 함께 저장할 수 있다.

7) 디지털의 색채조절(Digital Color Control)

디지털의 색채조절에 대한 CMS(Color Management System)를 살펴보면 다음과 같다.

① 디바이스(장치) 간의 색채재현의 불일치를 보정하거나 조정하여 색상표현을 균일하게 하는 소프트웨어 또는 하드웨어 시스템으로 색일치 모듈을 포함하고 있어 장치 간에 ICC 프로파일을 항상 최적으로 색상재현 및 일치시키는 시스템이다.

② 컬러로 된 그래픽의 작성이나 화상의 준비에 각종 프로그램과의 호환성을 필요로 한다.

③ 주된 목적은 색장치 간에 있어 양호한 일치점을 얻는 것으로 비디오 한 프레임의 색들은 컴퓨터 LCD 모니터, 플라스마 TV 화면, 인쇄된 포스터에 동일하게 나타나야 한다.

핵심 문제 76 ◆◆◆

JPG와 GIF의 장점만을 가진 포맷으로 트루컬러를 지원하고 비손실 압축을 사용하여 이미지 변형 없이 원래 이미지를 웹상에 그대로 표현할 수 있는 포맷형식은?
[18년 1회]

① PCX ② BMP
③ PNG ④ PDF

해설

PNG
JPG, GIF의 장점을 합쳐놓은 그래픽 파일 포맷으로 무손실 압축방식을 사용해 이미지의 변형 없이 원래의 이미지를 웹에서 그대로 표현할 수 있는 저장방식이며 8, 24, 32비트로 나누어 저장할 수 있기 때문에 풍부한 색상표현이 가능하다.

정답 ③

핵심 문제 77 ◆◆◆

정확한 색채를 실현하기 위한 컬러 매니지먼트 시스템(CMS)의 필요조건으로 옳은 것은?
[22년 2회]
① 컬러 매니지먼트 시스템은 복잡해서 전문가만 이용할 수 있도록 해야 한다.
② 처리속도는 중요하지 않다.
③ 컬러로 된 그래픽의 작성이나 화상의 준비에 각종 프로그램과의 호환성을 필요로 한다.
④ 컬러 매니지먼트에 필요한 데이터를 사용자 자신이 입력할 수는 없다.

해설

CMS(컬러 매니지먼트 시스템)
정확한 색상재현을 일치시키는 시스템으로 컬러로 된 그래픽의 작성이나 화상 준비에 각종 프로그램과 호환성을 필요로 한다.

정답 ③

실 / 전 / 문 / 제

01 색의 3속성에 대한 설명으로 가장 관계가 적은 것은? [21년 3회 산업기사]

① 색의 3속성이란 색자극요소에 의해 일어나는 세 가지 지각성질을 말한다.

② 색의 3속성은 색상, 명도, 채도이다.

③ 색의 밝기에 대한 정도를 느끼는 것을 명도라 부른다.

④ 색의 3속성 중 채도만 있는 것을 유채색이라 한다.

색의 3속성 중 명도만 있는 것을 무채색이라고 한다. **답** ④

02 가시광선은 파장 380~780nm의 전자파를 말하는데 380nm 이하의 파장을 갖고 있으면서 화학작용 및 살균작용을 하는 전자파는? [18년 2회, 20년 4회]

① 적외선   ② 자외선

③ 휘선   ④ 흑선

자외선
380nm보다 짧은 파장의 영역으로 살균작용과 비타민 D 생성의 화학작용으로 화학선으로 불린다. 그 외에는 X선, γ선 등이 있다. **답** ②

03 인간의 눈의 구조에서 색을 구별하는 기능을 가진 것은? [24년 1회]

① 각막   ② 간상세포

③ 수정체   ④ 원추세포

원추세포(추상체)
낮처럼 조도 수준이 높을 때 기능을 하며 색을 구별하고, 황반에 집중되어 있다. 특히, 색상을 구분(이상 시 색맹 또는 색약이 나타남)한다. **답** ④

04 똑같은 에너지를 가진 각 파장의 단색광에 의하여 생기는 밝기의 감각은? [21년 4회]

① 시감도   ② 명순응

③ 색순응   ④ 항상성

시감도
파장에 따라 빛 밝기가 다르게 느껴지는 정도를 말하며 사람의 눈이 빛을 느끼는 전자파는 380~760nm 파장범위이며 파장 555nm에서 최대감도를 갖고 있다. **답** ①

05 색에 관한 설명 중 잘못된 것은? [22년 1회]

① 황색은 녹색보다 진출하여 보인다.

② 주황색은 녹색보다 따뜻하게 느껴진다.

③ 황색은 청색보다 커 보인다.

④ 황색은 녹색보다 무겁게 느껴진다.

④ 황색은 녹색보다 가볍게 느껴진다.

※ 한색과 난색
　⊙ 한색 : 명도가 낮고, 채도가 높은색으로 딱딱한 느낌을 준다.
　⊙ 난색 : 명도가 높고, 채도가 낮은 색으로 부드러운 느낌을 준다. **답** ④

푸르킨예현상
명소시에서 암소시로 갑자기 이동할 때 빨간색은 어둡게, 파란색은 밝게 보이는 현상이다. **웹** ③

06 명소시에서 암소시로 이행할 때 붉은색은 어둡게 되고, 청색은 상대적으로 밝아지는 것과 관련이 있는 것은?

[21년 2회]

① 메타메리즘
② 색각이상
③ 푸르킨예현상
④ 착시현상

암순응
밝은 곳에서 어두운 곳으로 갈 때 순간적으로 보이지 않는 현상으로 어둠에 적응하는 데 30분 정도 걸린다. 특히, 터널의 출입구 부근에 조명이 집중되어 있고 중심부로 갈수록 조명수를 적게 배치하는 이유는 암순응을 고려한 것이다. **웹** ③

07 터널의 출입구부분에 조명이 집중되어 있고, 중심부로 갈수록 광원의 수가 적어지며 조도 수준이 낮아지고 있다. 이것은 어떤 순응을 고려한 설계인가?

[21년 1회]

① 색순응
② 명순응
③ 암순응
④ 무채순응

색음현상
물체의 그림자에서 보색의 색상을 느끼는 현상으로 괴테에 의하여 주장되었으며 그림자로 지각되는 현상이다. **웹** ①

08 "색을 띤 그림자"라는 의미로 주변색의 보색이 중심에 있는 색에 겹쳐서 보이는 현상은?

[20년 1·2회]

① 색음현상
② 메타메리즘
③ 애브니효과
④ 메카로효과

애브니효과
파장이 같아도 색의 채도가 변함에 따라 색상이 변화하는 현상으로 색의 순도(채도)가 높아질수록 색상의 변화를 함께 해야 같은 색상임을 느낀다. 즉, 같은 색상이라도 채도 차이에 따라 다른 색으로 지각된다. **웹** ④

09 주변의 색에 순도를 올리면 그대로 색상이 유지되지 않고 채도의 단계에 따라 색상이 달라져 보이는 현상은?

[21년 4회]

① 베졸트 브뤼케현상
② 색음현상
③ 색각항상현상
④ 애브니효과현상

색의 삼속성
색상, 명도, 채도 **웹** ④

10 색의 삼속성이 아닌 것은?

[19년 1회]

① 색상 – Hue
② 명도 – Value
③ 채도 – Chroma
④ 색조 – Tone

11 같은 형태(形態), 같은 면적에서 그 크기가 가장 크게 보이는 색은?(단, 그 색이 동일한 배경색 위에 있을 때) [22년 2회]

① 고명도의 청색　　　　② 고명도의 녹색

③ 고명도의 황색　　　　④ 고명도의 자색

색의 팽창과 수축
고명도인 황색은 난색 계열로 팽창되어 크게 보이며, 저명도인 한색은 수축되어 보인다.　답 ③

12 표면색(Surface Color)에 대한 용어의 정의는? [24년 2회]

① 광원에서 나오는 빛의 색

② 빛의 투과에 의해 나타나는 색

③ 물체에 빛이 반사하여 나타나는 색

④ 빛의 회절현상에 의해 나타나는 색

표면색
물체색으로 스스로 빛을 내는 것이 아니라 물체의 표면에서 빛이 반사되어 나타나는 물체 표면의 색으로 사물의 질감이나 상태를 알 수 있도록 한다.　답 ③

13 먼셀 색체계에 관한 설명 중 잘못된 것은? [22년 1회]

① R, Y, G, B, P의 5색과 그 보색인 5색을 추가하여 10색상을 기본으로 만든 것이다.

② 무채색의 명도는 숫자 앞에 N을 붙인다.

③ 채도단위는 2단위를 기본으로 하였으나 저채도 부분에서는 실용적으로 1과 3을 추가하였다.

④ 유채색의 명도는 0.5단위로 배열되어 0.5부터 9.5까지 19단계로 하였다.

먼셀의 명도(Value)
명도는 0~10까지 총 11단계로 나누며 1단위로 구분하지만 정밀한 비교를 감안하여 0.5단위로 나눈 것도 있다. 숫자가 클수록 밝은 명도, 작을수록 어두운 명도를 나타낸다.　답 ④

14 다음 색의 혼합 설명으로 옳은 것은? [19년 1회]

① C＋M＋Y를 가법혼색하면 암회색이 된다.

② C＋M＋Y를 감법혼색하면 백색이 된다.

③ R＋G＋B를 감법혼색하면 백색이 된다.

④ R＋G＋B를 가법혼색하면 백색이 된다.

가법혼색(색광혼합)
빨강(R)＋초록(G)＋파랑(B)
＝흰색(W)　답 ④

15 색료의 3원색을 혼합한 이론상의 결과는? [22년 1회]

① 초록　　　　② 검정

③ 하양　　　　④ 시안

감법혼색(감산혼합, 색료혼합) 색료
물체의 색으로 시안(Cyan), 마젠타(Magenta), 노랑(Yellow)이 기본색이다. 3종의 색료를 혼합하면 검은색이 되며 명도와 채도가 낮아져 어두워지고 탁해진다.　답 ②

색료혼합(감법혼색, 감산혼합)
청록은 빨강과 보색관계로 보색끼
리의 혼합 시 검은색에 가까워진다.
답 ④

16 다음 중 두 색료를 혼합하여 무채색이 되는 것은? [22년 2회]

① 검정＋보라　　　　　　② 주황＋노랑

③ 회색＋초록　　　　　　④ 청록＋빨강

먼셀 색체계
한국공업규격으로 1965년 한국산
업표준 KS규격(KS A 0062)으로 채
택하고 있고, 교육용으로는 교육부
고시 312호로 지정해 사용되고 있
다.　　　　　　　　　**답** ①

17 현재 우리나라 KS규격 색표집이며 색채교육용으로 채택된 표색계는?

[24년 3회]

① 먼셀 표색계　　　　　　② 오스트발트 표색계

③ 문·스펜서 표색계　　　　④ 저드 표색계

먼셀 표색계
H V/C로 표시하며 H(Hue, 색상),
V(Value, 명도), C(Chroma, 채도)
순서대로 기호화해서 표시한다.
5YR(색상 : Yellow Red) 7(명도)/2
(채도)이다.　　　　　**답** ④

18 먼셀기호 5YR 7/2의 의미는? [22년 2회]

① 색상은 주황의 중심색, 채도 7, 명도 2

② 색상은 빨간 기미를 띤 노랑, 명도 7, 채도 2

③ 색상은 노란 기미를 띤 빨강, 명도 2, 채도 7

④ 색상은 주황의 중심색, 명도 7, 채도 2

먼셀 색입체의 구조
먼셀의 색입체를 수직으로 절단하
면 동일색상면이 나타나는데, 보색
은 중심축을 기준으로 양쪽에 서로
마주 보는 색상이다.　　**답** ②

19 먼셀의 색입체 수직단면도에서 중심축 양쪽에 있는 두 색상의 관계는?

[24년 1회]

① 인접색　　　　　　　　② 보색

③ 유사색　　　　　　　　④ 약보색

5GY 7/6
㉠ 색상 : Green Yellow
㉡ 명도 : 7
㉢ 채도 : 6　　　　　　**답** ③

20 먼셀(Munsell)기호 중 신록이나 목장, 신선한 기운을 상징하기에 가장 적절한 색은?

[21년 4회]

① 10R 6/2　　　　　　　② 10G 2/3

③ 5GY 7/6　　　　　　　④ 10B 4/3

21 먼셀(Munsell) 색체계의 색표기방법 중 명도가 가장 높은 색은? [21년 1회]

① 2.5R 2/8
② 10R 9/1
③ 5R 4/14
④ 7.5Y 7/12

먼셀 색체계의 색표기방법
① 2.5R 2/8(색상 : Red, 명도 : 2, 채도 : 8)
② 10R 9/1(색상 : Red, 명도 : 9, 채도 : 1)
③ 5R 4/14(색상 : Red, 명도 : 4, 채도 : 14)
④ 7.5Y 7/12(색상 : Yellow, 명도 : 7, 채도 : 12) 달 ②

22 먼셀의 색채조화이론 핵심인 균형원리에서 각 색들이 가장 조화로운 배색을 이루는 평균 명도는? [24년 2회]

① N4
② N3
③ N5
④ N2

명도(V, Value)
무채색임을 나타내기 위하여 Neutral의 머리글자인 N에 숫자를 붙여 나타낸다. 중간 명도의 회색 N5를 균형의 중심점으로, 배색을 이루는 각 색의 평균 명도가 N5가 될 때 그 배색은 조화를 이룬다. 달 ③

23 색채조화에 관한 설명 중 틀린 것은? [21년 2회]

① 색의 3속성을 고려한다.
② 색채조화에서 명도는 중요하지 않다.
③ 색상이 다르면 색조를 유사하게 한다.
④ 면적비에 따라 조화의 느낌이 달라질 수 있다.

색채조화
색의 3속성인 색상, 명도, 채도를 고려하여 2색 또는 3색 이상의 다색배색에 질서를 부여하는 것으로 통일과 변화, 질서와 다양성과 같은 반대요소를 모순이나 충돌이 일어나지 않도록 조화시키는 것이다. 달 ②

24 배색된 색채들이 서로 공통되는 상태와 속성을 가질 때의 조화원리는? [21년 1회]

① 질서의 원리
③ 비모호성의 원리
③ 유사의 원리
④ 대비의 원리

저드의 색채조화 4원칙(유사의 원리)
배색 사이에 색상이나 톤의 공통성을 부여하면 조화한다는 원리이다. 달 ③

25 슈브뢸(M. E. Chevreul)의 색채조화론과 관계가 없는 것은? [19년 1회]

① 도미넌트 컬러
② 보색배색의 조화
③ 세퍼레이션 컬러
④ 동일색상의 조화

슈브뢸의 색채조화론
동시대비의 원리, 도미넌트 컬러의 조화, 세퍼레이션 컬러의 조화, 보색배색의 조화 달 ④

저드의 색채조화 4원칙(유사의 원리)
두 색이 부조화한 색이라면 서로의 색을 적당하게 섞어 어느 정도 공통의 양상과 성질을 가진 것으로 배색하면 조화한다는 원리이다. 🔖 ③

26 두 색이 부조화한 색일 경우, 공통의 양상과 성질을 가진 것으로 배색하면 조화한다는 저드(D. B. Judd)의 색채조화원리는? [19년 2회]

① 질서의 원리
② 숙지의 원리
③ 유사의 원리
④ 비모호성의 원리

파버 비렌의 색채조화론
㉠ Tint : 순색과 흰색이 합쳐진 밝은 색조를 말한다.
㉡ Shade : 순색과 검은색이 합쳐진 어두운 농담이다.
㉢ Tone : 순색과 흰색 그리고 검은색이 합쳐진 톤이다.
㉣ Gray : 흰색과 검은색이 합쳐진 회색조이다. 🔖 ①

27 파버 비렌(Faber Birren)의 색채조화론 중 순색과 흰색의 조화로 이루어지는 용어는? [20년 3회]

① Tint
② Shade
③ Tone
④ Gray

문·스펜서의 면적효과
무채색의 중간지점이 되는 N5(명도 5)를 순응점으로 하고 작은 면적의 강한 색과 큰 면적의 약한 색은 잘 어울린다고 생각하여 색의 균형점을 찾았다. 🔖 ④

28 문·스펜서의 색채조화론에 대한 설명 중 틀린 것은? [24년 1회]

① 먼셀 표색계로 설명이 가능하다.
② 정량적으로 표현이 가능하다.
③ 오메가공간으로 설정되어 있다.
④ 색채의 면적관계를 고려하지 않았다.

문·스펜서의 색채조화론(조화)
동일조화, 유사조화, 대비조화 🔖 ①

29 문·스펜서(Moon·Spencer)의 색채조화론에서 조화가 되는 색의 관계에 해당되지 않는 것은? [19년 4회]

① 통일조화
② 대비조화
③ 동일조화
④ 유사조화

오메가공간
문·스펜서는 색을 지각적으로 고른 감도의 오메가공간을 만들어 조화를 이루는 색채와 그렇지 않은 색채의 두 종류로 나누었다. 이러한 오메가 공간은 먼셀의 색입체와 같은 개념으로 먼셀 표색계의 3속성에 대응될 수 있으며, H, V, C 단위로 설명하였다. 🔖 ③

30 색을 지각적으로 고른 감도의 오메가공간을 만들어 조화시킨 색채학자는? [24년 2회]

① 오스트발트
② 먼셀
③ 문·스펜서
④ 비렌

31 미도(美度) $M = O/C$라는 버크호프(G. D. Birkhoff)공식에서 O는 질서성의 요소일 때 C는? [21년 1회]

① 복잡성의 요소
② 대비성의 요소
③ 색온도의 요소
④ 색의 중량적 요소

배색의 미도
버크호프의 공식으로 미의 원리를 수량적으로 표현하기 위해 다음과 같은 미도를 구하는 공식을 제안했다.

$$미도(M) = \frac{질서의\ 요소(O)}{복잡성의\ 요소(C)}$$

답 ①

32 오스트발트(Ostwald) 조화론의 등색상 삼각형의 조화가 아닌 것은? [19년 2회]

① 등순색 계열의 조화
② 등백색 계열의 조화
③ 등흑색 계열의 조화
④ 등명도 계열의 조화

동일색상의 조화(등색상 삼각형의 조화)
등백색 계열의 조화, 등흑색 계열의 조화, 등순색 계열의 조화 답 ④

33 오스트발트(Ostwald) 등가색환에 있어서의 조화를 기호로 나타낸 것 중 보색조화에 해당하는 것은? [21년 4회]

① 2ic − 4ic
② 8ni − 14ni
③ 4pg − 12pg
④ 2pa − 14pa

오스트발트 등가색환에서의 조화
㉠ 유사색조화 : 색상차가 2~4 범위에 있는 색은 조화를 이룬다.
㉡ 이색조화 : 색상차가 6~8 범위에 있는 색은 조화를 이룬다.
㉢ 보색조화 : 색상차가 12 이상인 경우 두 색은 조화를 이룬다.
답 ④

34 오스트발트 색체계의 색상에 대한 설명이 틀린 것은? [21년 2회]

① 24색상환으로 1~24로 표기한다.
② 색상은 헤링의 4원색을 기본으로 한다.
③ Red의 보색은 Sea Green이다.
④ Red는 1R~3R로, 색상번호는 1~3에 해당된다.

오스트발트 색상환
Red는 7R~9R로, 색상번호는 7~9에 해당된다. 답 ④

35 다음 중 색입체에 관한 설명으로 틀린 것은? [17년 4회, 21년 1회]

① 색의 3속성을 3차원공간에 계통적으로 배열한 것이다.
② 오스트발트 색체계의 색입체는 원형이다.
③ 먼셀 색체계의 색입체는 나무형태를 닮아 Color Tree라고 한다.
④ 색입체의 중심축은 무채색축이다.

오스트발트의 색입체
모양은 삼각형을 회전시켜 만든 복원추체(마름모형)이다. 답 ②

채도대비
채도가 다른 두 가지 색이 배색되어 있을 때 생기는 대비로 어떤 색이 같은 색상의 선명한 색 위에 위치하면 원래의 색보다 탁한 색으로 보이고, 무채색 위에 위치하면 원래 색보다 맑은 색으로 보이는 현상이다.
📖 ②

36 어떤 색이 같은 색상의 선명한 색 위에 위치하면 원래의 색보다 훨씬 탁한 색으로 보이고 무채색 위에 위치하면 원래의 색보다 맑은 색으로 보이는 대비 현상은?

[18년 2회]

① 명도대비   ② 채도대비

③ 색상대비   ④ 연변대비

계시대비
일정한 색채 자극이 사라진 이후에도 지속적으로 자극을 느끼는 현상으로, 유채색은 보색의 잔상의 영향으로 먼저 본 색의 보색이 나중에 보는 색에 혼합되어 보인다.
📖 ①

37 유채색의 경우 보색잔상의 영향으로 먼저 본 색의 보색이 나중에 보는 색에 혼합되어 보이는 현상은?

[24년 3회]

① 계시대비   ② 명도대비

③ 색상대비   ④ 면적대비

정의 잔상(양성잔상)
원래 자극과 색상이나 밝기가 같은 잔상을 말하며 부의 잔상보다 오래 지속된다. 예를 들어 TV, 영화, 횃불이나 성냥불을 돌릴 때 주로 볼 수 있다.
📖 ①

38 우리가 영화 화면을 볼 때 규칙적으로 화면이 연결되어 언제나 지속되어 보이는 것과 관련 있는 것은?

[19년 1회]

① 정의 잔상   ② 부의 잔상

③ 대비효과   ④ 동화효과

문제 38번 해설 참고   📖 ①

39 횃불놀이, TV나 영화 등에서 나타나는 색의 현상은?

[21년 1회]

① 정의 잔상   ② 부의 잔상

③ 연변대비   ④ 색상동화

명시성(시인성)
대상의 존재나 형상이 보이기 쉬운 정도를 말하며 멀리서도 잘 보이는 성질이다. 특히, 명시성에 영향을 주는 순서는 명도 – 채도 – 색상 순이며 보색에 가까운 색상차가 있는 배색일수록 시인성이 높아진다.
📖 ④

40 색의 명시성에 주요인이 되는 것은?

[22년 2회]

① 연상의 차이   ② 색상의 차이

③ 채도의 차이   ④ 명도의 차이

41 색의 주목성에 관한 설명 중 틀린 것은? [21년 4회]

① 한색 계통이 주목성이 높다.

② 난색 계통이 주목성이 높다.

③ 고채도의 색이 주목성이 높다.

④ 명시도가 높은 색이 주목성이 높다.

주목성
사람의 시선을 끄는 힘으로 눈에 잘 띄는 색을 말하며 채도가 높은 난색 계의 색이 주목성이 높다.
답 ①

42 색의 지각과 감정효과에 관한 설명으로 틀린 것은? [24년 1회]

① 색의 온도감은 빨강, 주황, 노랑, 연두, 녹색, 파랑, 하양 순으로 파장이 긴 쪽이 따뜻하게 지각된다.

② 색의 온도감은 색의 삼속성 중 명도의 영향을 많이 받는다.

③ 난색 계열의 고채도는 심리적 흥분을 유도하나 한색 계열의 저채도는 심리적으로 침정된다.

④ 연두, 녹색, 보라 등은 때로는 차갑게, 때로는 따뜻하게 느껴질 수도 있는 중성색이다.

색의 온도감은 색의 삼속성 중 색상의 영향을 많이 받는다.   답 ②

43 색과 색의 상징이 잘못 연결된 것은? [18년 2회, 21년 1회]

① 빨강 – 정열, 사랑

② 노랑 – 신앙, 소박

③ 파랑 – 젊음, 성실

④ 초록 – 희망, 휴식

노랑의 상징
희망, 광명, 명랑, 유쾌   답 ②

44 한국의 오방색과 방향의 연결로 옳은 것은? [18년 4회]

① 청색 – 동

② 적색 – 서

③ 황색 – 남

④ 백색 – 북

② 적(赤) – 남쪽
③ 황(黃) – 중앙
④ 백(白) – 서쪽   답 ①

45 색채조절에 대한 설명으로 맞는 것은? [18년 1회]

① 보통 기기에는 채도를 8 이상으로 유지해야 한다.

② 색을 볼 때 피로를 느끼는 것은 주로 명도에 영향을 받기 때문이다.

③ 기계류의 중요한 부분은 주의를 집중시킬 수 있는 색으로 두드러지게 한다.

④ 기계의 움직이는 부분과 조작의 중심점 같이 집점이 되는 부분은 다른 부분과 비슷한 색채를 사용하는 것이 좋다.

안전색채
기계류와 핸들의 색을 주변과 다르게 함으로써 실수와 오류를 줄여 주며, 위험개소는 주의를 집중시키고 식별이 잘 되도록 주황색으로 명시하고, 통로는 흰색선으로 표시하여 생산효율의 향상을 높여준다.
답 ③

반대색상의 배색
명도 차이가 크면 뚜렷하고 확실하며 명쾌한 느낌을 준다. 답 ③

46 다음 중 강함, 동적임, 화려함 등을 느낄 수 있는 배색은? [17년 2회]

① 동일색상의 배색

② 유사색상의 배색

③ 반대색상의 배색

④ 포 카마이외의 배색

토널배색
중명도, 중채도의 색상으로 배색되기 때문에 안정되고 편안한 느낌을 가지며 다양한 색상을 사용한다는 특징이 있다. 답 ③

47 소극적인 인상을 주는 것이 특징으로 중명도, 중채도인 중간색계의 덜(Dull) 톤을 사용하는 배색기법은? [18년 4회]

① 포 카마이외배색

② 카마이외배색

③ 토널배색

④ 톤온톤배색

색채계획과정
색채환경분석 → 색채심리분석 → 색채전달계획 → 디자인 적용 답 ③

48 색채계획을 세우기 위하여 어떤 연구단계를 거치는 것이 좋은가? [17년 4회]

① 색채환경분석 → 색채전달계획 → 색채심리분석 → 디자인 적용

② 색채전달계획 → 색채환경분석 → 색채심리분석 → 디자인 적용

③ 색채환경분석 → 색채심리분석 → 색채전달계획 → 디자인 적용

④ 색채심리분석 → 색채환경분석 → 색채전달계획 → 디자인 적용

지역 특성에 맞는 통합계획으로 주변환경과 조화로운 도시경관 창출 및 지역주민의 심리적 쾌적성 및 질적 향상과 생활공간의 가치를 향상시킨다. 답 ②

49 아파트 건축물의 색채계획 시 고려해야 할 사항이 아닌 것은? [19년 4회]

① 개인적인 기호에 의하지 않고 객관성이 있어야 한다.

② 주변에서 가장 부각될 수 있게 독특한 색채를 사용한다.

③ 전체적으로 질서가 있어야 하며 적당한 변화가 있어야 한다.

④ 거주민을 위한 편안한 색채디자인이 되어야 한다.

안전색채
노란색은 경계 및 주의 등 표시사항으로 충돌, 추락 등 걸려서 넘어질 수 있는 장소에 사용되는 안전색채이다. 답 ②

50 공장 안에서 통행에 충돌위험이 있는 기둥은 무슨 색으로 처리하는 것이 안전색채에 적절한가? [20년 1·2회]

① 빨강

② 노랑

③ 파랑

④ 초록

51 초등학교의 색채계획에 관한 설명으로 틀린 것은? [21년 2회]

① 일반교실은 실내 어느 곳이나 충분한 조도가 있게 한다.

② 일반교실은 안정된 분위기를 위해 색상의 종류를 제한한다.

③ 미술실은 정확한 색분별을 위해 벽면과 바닥을 무채색으로 하는 것이 좋다.

④ 음악실은 즐거운 분위기를 위해 한색 계통의 다양한 색채들을 사용한다.

학교의 색채계획
음악실은 난색 계통의 다양한 색상을 사용하고 과학실은 한색 계열로 하는 것이 좋다. 🖉 ④

52 환경색채디자인을 진행하기 위한 과정이 순서대로 나열된 것은? [22년 2회]

① 색채설계 → 입지조건 조사 분석 → 환경색채 조사 분석 → 색채 결정 및 시공

② 환경색채 조사 분석 → 색채설계 → 입지조건 조사 분석 → 색채 결정 및 시공

③ 입지조건 조사 분석 → 색채설계 → 환경색채 조사 분석 → 색채 결정 및 시공

④ 입지조건 조사 분석 → 환경색채 조사 분석 → 색채설계 → 색채 결정 및 시공

환경색채디자인의 과정
입지조건 조사 분석 → 환경색채 조사 분석 → 색채설계 → 색채 결정 및 시공 🖉 ④

53 디지털 이미지의 특징 중 해상도(Resolution)에 대한 설명으로 잘못된 것은? [21년 4회]

① 동일한 해상도에서 큰 모니터가 더 선명하고, 작은 모니터일수록 선명도가 떨어진다.

② 하나의 이미지 안에 몇 개의 픽셀을 포함하는가에 대한 척도단위로는 dpi를 사용한다.

③ 해상도는 픽셀들의 집합으로 한 시스템 내에서 픽셀의 개수는 정해져 있다.

④ 해상도는 디스플레이 모니터 안에 있는 픽셀의 숫자로 가로방향과 세로방향의 픽셀개수를 곱하면 된다.

해상도
동일한 해상도에서는 크기가 작은 모니터에서 더 선명하고 큰 모니터로 갈수록 선명도가 떨어지는데, 그 이유는 면적이 더 크면서 같은 개수의 픽셀이 분포되어 있기 때문이다. 🖉 ①

54 비트(bit)에 대한 내용이 아닌 것은? [17년 2회]

① 2의 1승인 픽셀(pixel)은 1비트(bit) 픽셀이다.

② 더 많은 비트(bit)를 시스템에 추가하면 할수록 가능한 조합의 수가 늘어나 생성되는 컬러의 수가 증가됨을 뜻한다.

③ 24비트(bit) 컬러는 사람의 육안으로 볼 수 있는 전체 컬러를 망라하지는 못하지만 거의 그에 가깝게 표현할 수 있다.

④ 디지털 컬러에서 각 픽셀(pixel)은 CMYK의 조합으로 표현된다.

디지털 컬러에서 각 픽셀(pixel)은 R, G, B의 조합으로 표현된다. 🖉 ④

55 디지털 색체계의 유형에 대한 설명으로 틀린 것은?

[21년 1회]

① HSB : 색의 3가지 기본 특성인 색상, 채도, 명도에 의해 표현하는 방식이다.

② RGB : 컴퓨터 모니터와 스크린 같은 빛의 원리로 컬러를 구현하는 장치에서 사용된다.

③ CMYK : 표현할 수 있는 컬러범위는 RGB 형식보다 넓다.

④ L*a*b* : CIE가 1976년에 추천한 것으로 지각적으로 거의 균등한 간격을 가진 색공간에 의한 색상모형이다.

56 디지털 색채체계에 대한 설명 중 옳은 것은?

[17년 4회]

① RGB 색공간에서 각 색의 값은 0~100%로 표기한다.

② RGB 색공간에서 모든 원색을 혼합하면 검은색이 된다.

③ L*a*b* 색공간에서 L*은 명도를, a*는 빨강과 초록을, b*는 노랑과 파랑을 나타낸다.

④ CMYK 색공간은 RGB 색공간보다 컬러의 범위가 넓어 RGB 데이터를 CMYK 데이터로 변환하면 컬러가 밝아진다.

57 디지털 색채시스템 중 HSB 시스템에 대한 설명으로 틀린 것은?

[20년 4회, 22년 1회]

① 먼셀의 색채개념인 색상, 명도, 채도를 중심으로 선택하도록 되어 있다.

② 프로그램상에서는 H모드, S모드, B모드를 볼 수 있다.

③ H모드는 색상을 선택하는 방법이다.

④ B모드는 채도, 즉 색채의 포화도를 선택하는 방법이다.

58 JPG와 GIF의 장점만을 가진 포맷으로 트루컬러를 지원하고 비손실 압축을 사용하여 이미지 변형 없이 원래 이미지를 웹상에 그대로 표현할 수 있는 포맷형식은?

[18년 1회]

① PCX
② BMP
③ PNG
④ PDF

59 정확한 색채를 실현하기 위한 컬러 매니지먼트 시스템(CMS)의 필요조건으로 옳은 것은? [22년 2회]

① 컬러 매니지먼트 시스템은 복잡해서 전문가만 이용할 수 있도록 해야 한다.

② 처리속도는 중요하지 않다.

③ 컬러로 된 그래픽의 작성이나 화상의 준비에 각종 프로그램과의 호환성을 필요로 한다.

④ 컬러 매니지먼트에 필요한 데이터를 사용자 자신이 입력할 수는 없다.

CMS(컬러 매니지먼트 시스템)
정확한 색상재현을 일치시키는 시스템으로 컬러로 된 그래픽의 작성이나 화상 준비에 각종 프로그램과 호환성을 필요로 한다. 🖹 ③

60 감마(Gamma)에 대한 설명으로 틀린 것은? [21년 2회]

① 컴퓨터 모니터 또는 이미지 전체의 기준 어둡기(밝기)를 말한다.

② 모니터성능에 따라 CMYK 각각의 감마를 결정할 수 있다.

③ 기본 감마값에서 모니터의 상태에 따라 캘리브레이션을 할 수 있다.

④ 가장 일반적으로 통용되는 감마를 사용하는 것이 좋다.

감마
입력된 밝기의 신호와 출력된 신호의 밸런스를 말하며 모니터성능에 따라 RGB 각각의 감마를 결정할 수 있다. 🖹 ②

61 컴퓨터 화면상의 이미지와 출력된 인쇄물의 색채가 다르게 나타나는 원인으로 거리가 먼 것은? [24년 2회]

① 컴퓨터상에서 RGB로 작업했을 경우 CMYK 방식의 잉크로는 표현될 수 없는 색채범위가 발생한다.

② RGB의 색역이 CMYK의 색역보다 좁기 때문이다.

③ 모니터의 캘리브레이션 상태와 인쇄기, 출력용지에 따라서도 변수가 발생한다.

④ RGB 데이터를 CMYK 데이터로 변환하면 색상 손상현상이 나타난다.

CMYK
색료혼합방식으로 보통 인쇄 또는 출력 시 사용된다. 특히 잉크를 기본 바탕으로 표현되는 색상이다. 색역은 RGB가 CMYK보다 넓다.
🖹 ②

실내디자인 가구계획

❶ 가구의 자료조사

1. 가구의 개념 및 기능

1) 가구의 개념

① 실내디자인에서 중요한 요소의 하나로 인간의 생활을 보다 안락하고 능률적으로 행한다.

② 인간과 건축물을 연결하며 물건을 보관 및 정리하는 수납의 기능을 가지고 있으며 장식적인 요소로 작용하여 미적 기능을 준다.

2) 가구의 기능

휴식, 착석, 수면 등을 할 수 있는 인체지지 구조물로서 사용자의 다양한 행위에 적합하도록 하는 기능과 사용자의 활동에 편리하도록 도움을 주며 공간을 나누거나 형태를 만드는 기능이 있다.

구분	내용
대인적 기능	인간행위의 척도에 맞는 기능
대환경적 기능	생활환경의 질을 높이기 위한 기능
대공간적 기능	수납공간을 형성하거나 각 공간을 분할하는 기능
대사회적 기능	환경적으로 재생에 대해 대처할 수 있는 기능

(1) 가구 선택기준

기능성과 이동성, 경제성, 미와 개성

(2) 가구 선택 시 주의사항

청소가 용이하고 마모성이 좋은 소재를 선택해야 하며 휴먼스케일을 근거로 실용적 · 기능적으로 편안해야 한다.

핵심 문제 01 ◆◆◆

가구의 배치 결정 시 가장 먼저 고려되어야 할 사항은?   [14년 1회]

① 질감   ② 색채
③ 기능   ④ 스타일

해설

가구의 배치 결정 시 기능적, 심미적, 생리적으로 고려해야 하며 그중 기능을 우선시해야 한다.

정답 ③

핵심 문제 02 ◆◆◆

다음 중 가구 선택 시 주의사항으로 옳은 것은?

① 기능적이며 실용적이어야 한다.
② 내구성이 약하며 일회성이어야 한다.
③ 마모성이 좋지 않은 소재를 선택한다.
④ 휴먼스케일을 고려하지 않는다.

해설

가구 선택 시 주의사항
휴먼스케일을 고려한 기능적이며 실용적인 가구를 선택한다.

정답 ①

2. 가구의 분류

1) 인간공학적 분류

(1) 인체계 가구

인체와 밀접하게 관계되어 가구 자체가 직접 인체를 지지하는 가구를 말하며 의자, 침대, 소파 등이 있다.

(2) 준인체계 가구

인간과 간접적으로 관계하고 동작의 보조적인 역할을 하는 가구를 말하며 테이블, 카운터, 책상 등이 있다.

(3) 건축계 가구

건축물의 일부로서의 성격을 지니고 수납크기, 수량, 중량 등과 관계하는 가구를 말하며 벽장, 선반, 붙박이가구 등이 있다.

2) 이동성에 의한 분류

(1) 이동가구

자유롭게 움직일 수 있는 단일가구로 현대가구의 대부분이 여기에 속한다.

(2) 붙박이가구

건물과 일체화시킨 가구로 공간을 활용, 효율성을 높일 수 있고 특정한 사용목적이나 많은 물품을 수납하기 위한 건축화된 가구를 의미한다.

(3) 유닛가구

고정적이며 이동적인 성격을 가지고 있어 공간의 조건에 맞도록 원하는 형태로 조합하여 공간의 효율을 높여준다.

(4) 시스템가구

① 기능에 따라 여러 형태의 조립 및 해체가 가능하며 공간의 융통성을 도모할 수 있다.
② 규격화된 단위구성재의 결합으로 가구의 통일과 조화를 도모할 수 있다.
③ 모듈계획으로 규격화된 부품을 구성하여 시공기간 단축 등의 효과를 가져올 수 있다.
④ 단순미가 강조된 가구로 수납기능이 좋다(종류 : 모듈러가구, 유닛가구 포함).

(5) 모듈러가구

기능에 따라 여러 가지 형태로 조립 및 해체가 가능하며 공간의 융통성을 가지고 있다.

❷ 가구 적용 검토

1. 가구의 종류 및 특성

1) 의자

(1) 라운지 체어

가장 편안하게 앉을 수 있는 휴식용 의자이다.

(2) 이지 체어

라운지 체어보다 작으며 가볍게 휴식을 취할 수 있는 의자이다.

(3) 사이드 체어

암체어보다 크기가 작고 팔걸이가 없는 의자이며 학습용 의자로 적합하다.

(4) 풀업 체어

필요에 따라 이동시켜 사용할 수 있는 간이의자이다.

(5) 오토만

등받이와 팔걸이가 없는 형태로 발을 올려놓는 보조의자이다.

(6) 스툴

등받이와 팔걸이가 없고 다리만 있는 형태의 보조의자로, 가벼운 작업이나 잠시 걸터앉아 휴식을 취할 때 사용된다.

2) 의자설계의 원칙

① 의자폭은 체구가 큰 사람에게 적합하게 설계해야 하며 최소한 의자폭은 앉은 사람의 허벅지너비가 되어야 한다.
② 사용자의 95% 엉덩이너비에 맞도록 규격을 정한다.

3) 소파

(1) 체스터필드

소파의 쿠션성능을 높이기 위해 솜, 스펀지 등을 속에 채워 넣은 형태로 안락성이 좋고, 비교적 크기가 크다.

(2) 카우치

침대와 소파의 기능을 겸한 것으로 몸을 기댈 수 있도록 좌면의 한쪽 끝이 올라 간 형태이고, 고대 로마시대에서 음식을 먹거나 잠을 자기 위해 사용했던 긴 의 자이다.

(3) 라운지 소파

편히 누울 수 있도록 쿠션이 좋으며 머리와 어깨부분을 받칠 수 있도록 한쪽 부 분이 경사진 형태이다.

(4) 세티

동일한 두 개의 의자를 나란히 합하여 2인이 앉을 수 있도록 한 것이다.

(5) 다이밴

등받이와 팔걸이부분은 없지만 기댈 수 있을 정도로 큰 소파이다.

2. 디자이너 의자

1) 토넷 의자(1859)

목재기술자 및 가구 디자이너인 미하엘 토넷(Michael Thonet)이 나무에 증기를 쐬어 구부리는 공법인 벤트우드(Bent Wood) 가공방식으로 최초 대량생산한 가구 이다.

2) 레드블루 의자(1918)

네덜란드 건축가 및 가구 디자이너인 게리드 리드벨드(Gerrit Rietveld)가 몬드리안 의 3원색(적, 청, 황)을 사용하여 디자인한 의자로 대량생산이 가능한 형태로 근대 화운동의 상징이 되었다.

3) 바실리 의자(1925)

미국 건축가 및 가구 디자이너인 마르셀 브로이어(Marcel Breuer)가 강철파이프를 휘어 골조를 만들고 가죽으로 좌판, 등받이, 팔걸이를 만든 의자로, 모더니즘 상징 과도 같은 존재이다.

4) 체스카 의자(1928)

미국 건축가 및 가구 디자이너인 마르셀 브로이어(Marcel Breuer)가 강철파이프를 구부려 지지대 없이 만든 캔버터리식 의자이다.

핵심 문제 08 ◆◆◆

다음의 가구 중 소파의 종류가 아닌 것은?
[03년 1회]

① 체스터필드(Chesterfield)
② 카우치(Couch)
③ 라운지(Lounge)
④ 오토만(Ottoman)

해설

오토만
등받이와 팔걸이가 없는 형태로 발을 올려 놓는 보조의자이다.

정답 ④

핵심 문제 09 ◆◆◆

의자와 디자이너의 연결이 옳지 않은 것은?
[14년 1회]

① 파이미오 의자 – 알바 알토
② 레드블루 의자 – 미하엘 토넷
③ 체스카 의자 – 마르셀 브로이어
④ 바실리 의자 – 마르셀 브로이어

해설

레드블루 의자
게리트 리트벨트가 몬드리안의 3원색(적, 청, 황)을 사용하여 디자인하였다.

정답 ②

핵심 문제 10 ◆◆◆

마르셀 브로이어에 의해 디자인된 의자 로, 강철파이프를 구부려서 지지대 없이 만든 의자는?
[15년 4회]

① 체스카 의자   ② 파이미오 의자
③ 레드블루 의자   ④ 바르셀로나 의자

해설

체스카 의자(마르셀 브로이어)
강철파이프를 구부려 지지대 없이 만든 캔 버터리식 의자이다.

정답 ①

알바 알토가 디자인한 의자로, 자작나무 합판을 성형하여 만들었으며, 목재가 지닌 재료의 단순성을 최대한 살린 것은?
① 바실리 의자   ② 파이미오 의자
③ 레드블루 의자   ④ 바르셀로나 의자

해설

파이미오 의자
알바 알토가 디자인하였으며, 자작나무 합판을 성형하여 접합 부위가 없고 목재의 재료특성을 최대한 살린 의자이다.

정답 ②

핵심 문제 12 ◆ ◆ ◆

전통가구에 관한 설명으로 옳지 않은 것은?
[21년 2회]
① 농(籠)은 각 층이 분리되는 특징이 있다.
② 의걸이장은 보통 2칸으로 구성되며 주로 사랑방에서 사용되었다.
③ 머릿장은 주로 안방에 놓여 여성용품의 수장기능을 담당하였다.
④ 반닫이는 책을 진열할 수 있도록 여러 층의 층널이 있고 네 면의 사방이 트여 있는 문방가구이다.

해설

반닫이
앞면의 반만 여닫도록 만든 수납용 목가구로, 앞닫이라고도 불렀다. 신분계층의 구분 없이 널리 사용되었고 반닫이 위에 이불을 얹거나 기타 가정용구를 올려놓고 실내에서 다목적으로 쓰는 집기였다.

정답 ④

5) 바르셀로나 의자(1929)

독일 건축가인 미스 반 데어 로에(Mies van der Rohe)가 디자인하였고 X자로 된 강철파이프 다리 및 가죽으로 된 등받이와 좌석으로 구성되어 있다.

6) 파이미오 의자(1929)

핀란드 건축가인 알바 알토(Alvar Aalto)가 디자인하였고 자작나무 합판을 성형하여 접합 부위가 없고 목재의 재료특성을 최대한 살린 의자이다.

3. 전통가구(장)

장(欌)은 농(籠)과 더불어 한국의 수납가구로 농(籠)은 각 층이 분리되는 데 비해 장(欌)은 층수에 관계없이 각 층이 측판과 기둥에 의해 고정된다는 점이 가장 큰 특징이다.

구분	내용
의걸이장	보통 2칸으로 구성되며 주로 사랑방에서 사용되었고 외관의장에 따라 만살 의걸이, 평의걸이, 지장의걸이로 구분할 수 있다.
머릿장	주로 안방에 놓여 여성용품의 수장기능을 담당하였다.
단층장	한 층으로 된 장으로 머릿장이라고도 불린다.
이불장	금침과 베개를 겹겹이 쌓아두는 장으로 보통 2층으로 된 것이 많다.
경축장	서책 및 문서를 보관하는 단층장이다.
반닫이	앞면의 반만 여닫도록 만든 수납용 목가구로, 앞닫이라고도 불렀다. 신분계층의 구분 없이 널리 사용되었고 반닫이 위에 이불을 얹거나 기타 가정용구를 올려놓고 실내에서 다목적으로 쓰는 집기였다.
서안	책을 보거나 글씨를 쓰는 데 필요한 사랑방용의 평좌식 책상이다.
사방탁자	책이나 완성품을 진열할 수 있도록 여러 층의 층널이 있고 사랑방에서 쓰인 문방가구로 선반이 정방형에 가깝다.
소반	"작은 상"이라는 뜻으로 식기를 받쳐 나르거나 음식을 차려 먹을 때 사용했다.

※ 남성공간(사랑방) : 서안, 책장, 의걸이장, 사방탁자 등
※ 여성공간(안방) : 머릿장(단층장, 경축장), 반닫이 등

❸ 가구의 계획

1. 실내공간의 가구계획과정

1) 기획 및 분석

(1) 사전준비

전체 일정 확인 후 계약

(2) 자료 수집 및 조사

내외부 환경분석, 사용자 요구사항 조사, 사례 및 트렌드 조사

(3) 분석 및 종합

조사자료 정리 및 분석, 도면분석

(4) 결과 도출 및 콘셉트 설정

분석결과에 따른 콘셉트 설정

2) 제안 및 검증

(1) 가구 레이아웃 제안

도면 작성, 제안서 작성, 가구사양 제안

(2) 검토 및 평가

계획안 검토 및 수정, 최종안 확정

(3) 가구제작 및 시공

견본품 시공, 가구발주, 가구납품 및 시공

(4) 사후평가 및 관리

품질기준 및 안전기준 준수 여부 검토

2. 실내공간의 가구계획 시 고려사항

1) 사용자의 행태적 · 심리적 특성

행태적 특성	특정 집단이나 개인의 행동 특성에 근거하여 적합한 공간의 형태와 가구, 집기, 마감재, 각종 설비 등을 계획해야 한다.
심리적 특성	공간의 형태, 크기, 조도, 색채 등에 따라 인간의 행동이 다양하게 변화하는 것을 고려하여 디자인해야 한다.

핵심 문제 13 ◆◆◆

다음 중 가구계획과정에서 기획 및 분석의 순서로 옳은 것은?
① 사전준비 – 자료수집 및 조사 – 분석 및 종합 – 결과 도출 및 콘셉트설정
② 자료 수집 및 조사 – 사전준비 – 분석 및 종합 – 결과 도출 및 콘셉트설정
③ 사전준비 – 분석 및 종합 – 자료 수집 및 조사 – 결과 도출 및 콘셉트설정
④ 결과 도출 및 콘셉트설정 – 자료 수집 및 조사 – 사전준비 – 분석 및 종합

해설

가구계획의 기획 및 분석
사전준비 – 자료 수집 및 조사 – 분석 및 종합 – 결과 도출 및 콘셉트설정

정답 ①

핵심 문제 14 ◆◆◆

다음 중 가구계획 시 공간의 형태, 크기, 조도, 색채 등에 따라 인간의 행동이 다양하게 변화하는 것을 고려한 특성은 무엇인가?
① 행태적 특성　② 심리적 특성
③ 디자인적 특성　④ 인간공학적 특성

해설

심리적 특성
공간의 형태, 크기, 조도, 색채 등에 따라 인간의 행동이 다양하게 변화하는 것을 고려한다.

정답 ②

2) 가구의 트렌드

실내공간별 사용자의 다양한 행위에 대한 사회적인 경향을 파악하고, 디자인 분야 트렌드를 인터넷, 문헌자료, 방송매체 등을 통해 주기적으로 조사한다.

3) 인간공학적 분석

사용자의 행위, 행동 등에 불편함을 최소화하기 위해 가구 자체에 대한 형태와 구조, 기능 등 인간공학적인 분석이 이루어져야 한다.

핵심 문제 15 ◆◆◆

다음 중 가구계획 시 고려사항이 아닌 것은?
① 사용자의 시선방향을 고려한다.
② 가구의 트렌드를 고려한다.
③ 대지의 위치를 고려한다.
④ 전기 및 설비시설과의 조화를 검토한다.

해설

가구계획 시 고려사항
사용자의 행태적 · 심리적 특성, 가구의 트렌드, 인간공학적 분석, 사용자의 시선방향, 공간별 · 가구별 레이아웃, 디자인적 조화, 전기 및 설비시설, 시공성 및 경제성을 고려해야 한다.

정답 ③

4) 사용자의 시선방향

프라이버시를 유지할 수 있는 시선의 방향이 좋은지를 판가름하는 등 사용자의 시선방향에 대하여 고려한 가구계획이 이루어져야 한다.

5) 공간별 · 영역별 가구 레이아웃

공간 실사용자의 목적에 부합하는 가구 레이아웃을 하기 위해 공간의 형태, 비율 등을 고려하여 사용자와 공간에 합리적인 레이아웃을 한다.

6) 실내공간의 디자인적 조화 검토

공간의 심미적 요소로서 실내공간의 바닥, 벽, 천장 등의 마감재와의 디자인적인 조화가 이루어지는 조건을 갖춘 가구인지를 검토해야 한다.

7) 색채 콘셉트 및 마감재료 검토

실내공간을 구성하고 있는 기본요소인 바닥, 벽, 천장의 마감재와 색채에 따라 전체적인 조화를 이루게 할 수 있는 가구의 선택 혹은 가구의 마감재 선정이 중요하다.

8) 전기 및 설비시설과의 조화 검토

이동식 가구의 경우 배치방식에 따라 유동성 있는 조명의 위치를 고려해야 하고, 로비 카운터, 드레스룸 화장대 등과 같은 붙박이식 가구의 경우 조명 등의 배치에 큰 영향을 준다.

9) 가구의 시공성 및 경제성

설치기준을 정리한 가이드북을 제작하여 현장 시공성이 용이하도록 하며, 저렴하고 유지관리가 쉬우며 수명이 긴 마감재를 사용한다.

3. 실내공간의 가구배치

1) 가구배치의 유형

(1) 분산적 배치

행동이나 목적이 자유로운 경우에 사용되며 혼란스러운 느낌을 준다.

(2) 집중적 배치

행동이나 목적이 분명한 경우에 사용되며 딱딱하고 경직된 느낌을 준다.

2) 가구 배치 시 유의사항

① 실의 사용목적과 행위에 적합한 가구배치를 한다.

② 가구 사용 시 불편하지 않도록 충분한 여유공간을 준다.

③ 데드 스페이스(Dead Space)가 생기지 않도록 공간활용을 극대화한다.

④ 가구의 크기와 형태는 공간의 스케일과 심리적 균형에 어울리도록 한다.

⑤ 사용자의 동선에 알맞게 배치하되 타인의 동작을 방해해서는 안 된다.

⑥ 큰 가구는 벽체에 붙여 실의 통일감을 갖도록 한다.

⑦ 문이나 창이 있는 경우 높이를 고려한다.

⑧ 평면도와 입면계획을 모두 고려해야 한다.

핵심 문제 16 ◆◆◆

공간의 목적이나 행위가 비교적 자유로운 장소에 좋으며, 자칫하면 혼란스러우나 편안한 느낌을 주기도 하는 가구배치방법은? [04년 4회]

① 분산적 가구배치
② 집중적 가구배치
③ 붙박이 가구배치
④ 부분적 가구배치

해설

분산적 가구배치
행동이나 목적이 자유로운 경우에 사용되며 혼란스러운 느낌을 준다.

정답 ①

핵심 문제 17 ◆◆◆

가구배치에 관한 설명 중 옳지 않은 것은? [10년 4회]

① 가구의 크기 및 형상은 전체공간의 스케일과 시각적, 심리적 균형을 이루도록 한다.
② 실의 천장고가 높으면 수평적 형상의 가구를, 낮으면 수직적 형상의 가구를 배치한다.
③ 문이나 창문이 있는 부분에 위치하는 가구는 이들의 개폐를 위한 여유공간을 고려해야 한다.
④ 실의 크기에 비해 가구 종류나 그 수가 너무 많으면 활동면적이 적을 뿐 아니라 답답한 실이 되므로 되도록 사용목적 이외의 가구는 배치하지 않는다.

해설

실의 천장고가 높으면 수직적 형상의 가구를 배치하고, 실의 천장고기 낮으면 수평적 형상의 가구를 배치한다.

정답 ②

실/전/문/제

가구배치계획 시 평면도와 입면계획을 모두 고려해야 한다. 답 ①

01 가구배치계획에 관한 설명으로 옳지 않은 것은? [24년 1회]

① 평면도에 계획하며, 입면계획은 고려하지 않는다.

② 실의 사용목적과 행위에 적합한 가구배치를 한다.

③ 가구 사용 시 불편하지 않도록 충분한 여유공간을 두도록 한다.

④ 가구의 크기 및 형상은 전체 공간의 스케일과 시각적, 심리적 균형을 이루도록 한다.

침대의 종류
㉠ 킹베드 : 2,000mm×2,000mm
㉡ 퀸베드 : 1,500mm×2,000mm
㉢ 싱글베드 : 1,000mm×2,000mm
㉣ 더블베드 : 1,400mm×2,000mm
답 ③

02 침대의 종류 중 퀸(Queen)의 크기로 가장 알맞은 것은? [21년 2회]

① 1,200mm × 2,000mm   ② 1,350mm × 2,000mm

③ 1,500mm × 2,000mm   ④ 2,000mm × 2,000mm

건축계 가구
건축물의 일부로서의 성격을 지니고 수납크기, 수량, 중량 등과 관계하는 가구를 말하며 벽장, 선반, 옷장, 수납용 가구 등이 있다. 답 ③

03 가구를 인체공학적 입장에서 분류하였을 경우에 관한 설명으로 옳지 않은 것은? [20년 3회]

① 침대는 인체계 가구이다.

② 책상은 준인체계 가구이다.

③ 수납장은 준인체계 가구이다.

④ 작업용 의자는 인체계 가구이다.

유닛가구
고정적이며 이동적인 성격을 갖는다. 공간의 조건에 맞도록 원하는 형태로 조합하여 공간의 효율을 높여준다. 답 ②

04 유닛가구(Unit Furniture)에 관한 설명으로 옳지 않은 것은? [18년 2회]

① 고정적이면서 이동적인 성격을 갖는다.

② 특정한 사용목적이나 많은 물품을 수납하기 위해 건축화된 가구이다.

③ 공간의 조건에 맞도록 조합시킬 수 있으므로 공간의 이용효율을 높여준다.

④ 규격화된 단일가구를 원하는 형태로 조합하여 사용할 수 있으므로 다목적 사용이 가능하다.

05 시스템가구의 디자인조건에 관한 설명으로 옳지 않은 것은? [19년 4회]

① 규격화된 디자인으로 한다.

② 통일된 디자인으로 조화를 추구한다.

③ 안정성 있고 가벼워 이동에 편리하도록 한다.

④ 용도를 단일화하여 영구적으로 사용할 수 있게 한다.

시스템가구의 디자인조건
기능에 따라 조립, 해체가 가능해서 다양한 용도로 쓰일 수 있어 영구적으로 사용할 수 있게 한다. 답 ④

06 건축계획 시 함께 계획하여 건축물과 일체화하여 설치되는 가구는? [24년 2회]

① 유닛가구   ② 붙박이가구

③ 인체계 가구   ④ 시스템가구

붙박이가구
건물과 일체화시킨 가구로 공간 활용 및 효율성을 높일 수 있다.
답 ②

07 시스템가구에 관한 설명으로 옳은 것은? [18년 1회]

① 기능보다 디자인 측면에서 단순미가 강조되어야 한다.

② 특정한 사용목적이나 많은 물품을 수납하기 위해 건축화된 가구이다.

③ 기능에 따라 여러 가지 형태로 조립 및 해체가 가능하여 공간의 융통성을 꾀할 수 있다.

④ 모듈화된 단위구성재의 결합을 통해 다양한 디자인으로 변형이 가능해야 하기 때문에 대량생산이 어렵다.

시스템가구
디자인 측면보다는 기능적인 측면을 강조함으로써 공간의 융통성을 도모한다. 모듈화된 단위구성재의 결합을 통해 가구의 통일과 조화를 이루며 규격화된 부품을 구성하여 시공시간 단축과 대량생산이 가능하다. 답 ③

08 특정한 사용목적이나 많은 물품을 수납하기 위해 건축화된 가구를 의미하는 것은? [22년 2회]

① 유닛가구   ② 모듈러가구

③ 붙박이가구   ④ 수납용 가구

붙박이가구
건물과 일체화시킨 가구로 공간을 활용, 효율성을 높일 수 있고 특정한 사용목적이나 많은 물품을 수납하기 위한 건축화된 가구이다.
답 ③

시스템가구
기능에 따라 여러 가지 형태의 조립 및 해체가 가능하며 공간의 융통성 도모할 수 있고 단순미가 강조된 가구로 수납기능이 좋다. **답** ①

09 시스템가구에 관한 설명으로 옳지 않은 것은? [19년 2회]

① 단순미가 강조된 가구로 수납기능은 떨어진다.

② 규격화된 단위구성재의 결합으로 가구의 통일과 조화를 도모할 수 있다.

③ 기능에 따라 여러 가지 형태로 조립, 해체가 가능하여 배치의 합리성을 도모할 수 있다.

④ 모듈계획을 근간으로 규격화된 부품을 구성하여 시공기간 단축 등의 효과를 가져올 수 있다.

의자의 종류
㉠ 스툴 : 등받이와 팔걸이가 없고 다리만 있는 형태의 보조의자이다.
㉡ 오토만 : 등받이와 팔걸이가 없는 형태로 발을 올려놓는 보조의자이다. **답** ①

10 다음의 가구에 관한 설명 중 ( ) 안에 알맞은 용어는? [24년 3회]

(㉠)은 등받이와 팔걸이가 없는 형태의 보조의자로 가벼운 작업이나 잠시 걸터앉아 휴식을 취할 때 사용된다. 더 편안한 휴식을 위해 발을 올려놓는 데도 사용되는 (㉠)을 (㉡)이라 한다.

① ㉠ 스툴, ㉡ 오토만　　② ㉠ 스툴, ㉡ 카우치

③ ㉠ 오토만, ㉡ 스툴　　④ ㉠ 오토만, ㉡ 카우치

풀업 체어
필요에 따라 이동시켜 사용할 수 있는 간이의자이다. **답** ②

11 의자의 종류 중 필요에 따라 이동시켜 사용할 수 있는 간이의자로 크지 않으며 가벼운 느낌의 형태를 갖는 것은? [17년 4회]

① 카우치　　　　　　　　② 풀업 체어

③ 체스터필드　　　　　　④ 라운지 체어

카우치
침대와 소파의 기능을 겸한 것으로 몸을 기댈 수 있도록 좌면의 한쪽 끝이 올라간 형태이고, 고대 로마시대에서 음식물을 먹거나 잠을 자기 위해 사용했던 긴 의자이다. **답** ②

12 다음 설명에 알맞은 가구의 종류는? [18년 1회]

고대 로마시대에 음식물을 먹거나 잠을 자기 위해 사용했던 긴 의자로 몸을 기댈 수 있도록 좌판 한쪽 끝이 올라간 형태이다.

① 세티(Settee)　　　　　② 카우치(Couch)

③ 체스터필드(Chesterfield)　　④ 라운지 소파(Lounge Sofa)

13 의자 및 소파에 관한 설명으로 옳지 않은 것은? [20년 3회]

① 카우치(Couch)는 몸을 기댈 수 있도록 좌판의 한쪽 끝이 올라간 형태를 갖는다.

② 체스터필드(Chesterfield)는 쿠션성이 좋도록 솜, 스펀지 등을 채워 넣은 소파이다.

③ 풀업 체어(Pull – Up Chair)는 필요에 따라 이동시켜 사용할 수 있는 간이의자로 가벼운 느낌의 형태를 갖는다.

④ 세티(Settee)는 몸을 축 늘여 쉰다는 의미를 가진 소파로 머리와 어깨부분을 받칠 수 있도록 한쪽 부분이 경사져 있다.

세티(Settee)
동일한 두 개의 의자를 나란히 합하여 2인이 앉을 수 있도록 한 것이다. 답 ④

---

14 의자에 관한 설명으로 옳지 않은 것은? [14년 4회, 20년 4회]

① 스툴은 등받이와 팔걸이가 없는 형태의 보조의자이다.

② 오토만은 라운지 체어에 비해 등받이의 각도가 완만하다.

③ 풀업 체어는 필요에 따라 이동시켜 사용할 수 있는 간이의자이다.

④ 라운지 체어는 비교적 크기가 큰 의자로 편하게 휴식을 취할 수 있는 안락의자이다.

오토만
등받이와 팔걸이가 없는 형태로 발을 올려놓는 보조의자이다. 답 ②

---

15 의자디자인 시 고려해야 할 사항과 가장 거리가 먼 것은? [20년 1·2회]

① 사람의 앉은키

② 좌판(坐板)의 높이와 폭, 깊이

③ 좌판(坐板)에서의 무게, 부하 분포

④ 동작의 안정성과 위치 변동의 편리성

의자설계 시 고려사항
체중 분포, 의자 좌판의 높이, 깊이, 폭, 무게, 등받이의 각도, 몸통의 안정성 등 답 ①

---

16 일반적으로 의자의 설계에 있어 고려해야 할 사항과 가장 거리가 먼 것은? [19년 4회]

① 등받이의 각도   ② 의자 깊이와 폭

③ 의자다리의 위치   ④ 의자의 높이와 경사

의자설계 시 고려사항
체중 분포, 의자 좌판의 높이, 깊이, 폭, 무게, 팔받침대, 의자의 바퀴 등 받이의 각도, 몸통의 안정성 등 답 ③

의자의 설계
좌판의 높이는 일반적으로 오금높이보다 낮아야 한다. 🔑 ③

17 의자의 디자인과 관련된 설명 중 틀린 것은? [17년 2회]

① 팔받침은 때로는 없는 편이 낫다.

② 의자의 디자인은 작업의 특성이 고려되어야 한다.

③ 좌판의 높이는 일반적으로 오금높이보다 높아야 한다.

④ 의자에 앉아 있을 때의 체중이 주로 좌골관절에 실려 있어야 한다.

오토만
등받이와 팔걸이가 없는 형태로 발을 올려놓는 보조의자이다. 🔑 ②

18 스툴의 종류 중 편안한 휴식을 위해 발을 올려놓는 데도 사용되는 것은? [20년 4회]

① 세티   ② 오토만

③ 카우치   ④ 풀업 체어

④는 카우치에 대한 설명이다.

※ **체스터필드(Chesterfield)**
소파의 쿠션성능을 높이기 위해 솜, 스펀지 등을 속에 채워 넣은 형태로 안락성이 좋은 소파이다. 🔑 ④

19 의자 및 소파에 관한 설명으로 옳지 않은 것은? [예상문제]

① 소파가 침대를 겸용할 수 있는 것을 소파베드라 한다.

② 세티는 동일한 두 개의 의자를 나란히 합해 2인이 앉을 수 있도록 한 것이다.

③ 라운지 소파는 편히 누울 수 있도록 쿠션이 좋으며 머리와 어깨부분을 받칠 수 있도록 한쪽 부분이 경사져 있다.

④ 체스터필드는 고대 로마시대에 음식물을 먹거나 잠을 자기 위해 사용했던 긴 의자로 좌판의 한쪽 끝이 올라간 형태이다.

다이밴
등받이와 팔걸이 부분은 없지만 기댈 수 있을 정도로 큰 소파이다. 🔑 ②

20 등받이와 팔걸이 부분은 없지만 기댈 수 있을 정도로 큰 소파의 명칭은? [예상문제]

① 세티   ② 다이밴

③ 체스터필드   ④ 턱시도 소파

엔드 테이블(End Table)
소파 옆에 놓는 작은 보조용 테이블이다. 🔑 ②

21 소파나 의자 옆에 위치하며 손이 쉽게 닿는 범위 내에 전화기, 문구 등 필요한 물품을 올려놓거나 수납하며 찻잔, 컵 등을 올려놓기도 하여 차탁자의 보조용으로도 사용되는 테이블은? [예상문제]

① 티 테이블(Tea Table)   ② 엔드 테이블(End Table)

③ 나이트 테이블(Night Table)   ④ 익스텐션 테이블(Extension Table)

22 마르셀 브로이어에 의해 디자인된 의자로, 강철파이프를 구부려서 지지대 없이 만든 의자는? [21년 1회]

① 체스카 의자
② 파이미오 의자
③ 레드블루 의자
④ 바르셀로나 의자

체스카 의자
마르셀 브로이어가 디자인하였고 강철파이프를 구부려 지지대 없이 만든 캔버터리식 의자이다. 답 ①

23 의자와 디자이너의 연결이 옳지 않은 것은? [17년 2회, 20년 3회]

① 파이미오 의자 – 알바 알토
② 레드블루 의자 – 미하엘 토넷
③ 체스카 의자 – 마르셀 브로이어
④ 힐 하우스 레더백 의자 – 찰스 레니 매킨토시

레드블루 의자
게리트 리트벨트(Gerrit Rietveid)가 몬드리안 구성에 영향을 받아 3원색(적, 청, 황)을 사용하여 디자인한 의자이다. 답 ②

24 미스 반 데어 로에에 의하여 디자인된 의자로 X자로 된 강철파이프 다리 및 가죽으로 된 등받이와 좌석으로 구성되어 있는 것은? [24년 2회]

① 바실리 의자
② 체스카 의자
③ 파이미오 의자
④ 바르셀로나 의자

바르셀로나 의자
미스 반 데어 로에가 디자인하였고 X자로 된 강철파이프 다리 및 가죽으로 된 등받이와 좌석으로 구성되어 있다. 답 ④

25 다음 중 마르셀 브로이어(Marcel Breuer)가 디자인한 의자는? [24년 1회]

① 바실리 의자
② 파이미오 의자
③ 레드블루 의자
④ 바르셀로나 의자

① 바실리 의자 : 마르셀 브로이어
② 파이미오 의자 : 알바 알토
③ 레드블루 의자 : 게리트 리트벨트
④ 바르셀로나 의자 : 미스 반 데어 로에 답 ①

26 전통가구에 관한 설명으로 옳지 않은 것은? [21년 2회]

① 농(籠)은 각 층이 분리되는 특징이 있다.
② 의걸이장은 보통 2칸으로 구성되며 주로 사랑방에서 사용되었다.
③ 머릿장은 주로 안방에 놓여 여성용품의 수장기능을 담당하였다.
④ 반닫이는 책을 진열할 수 있도록 여러 층의 층널이 있고 네 면의 사방이 트여 있는 문방가구이다.

반닫이
앞면의 반만 여닫록 만든 수납용 목가구로, 앞닫이라고도 불렀다. 신분계층의 구분 없이 널리 사용되었고 반닫이 위에 이불을 얹거나 기타 가정용구를 올려놓고 실내에서 다목적으로 쓰는 집기였다. 답 ④

사방탁자
각 층의 넓은 판재(층널)를 가는 기
둥만으로 연결하여 사방이 트이게
만든 가구로 책이나 문방용품, 즐겨
감상하는 물건 등을 올려놓거나 장
식하는 기능을 하였다.　답 ④

27 다음 설명에 알맞은 전통가구는?　　　　　　　　　　　　[24년 3회]

> • 책이나 완성품을 진열할 수 있도록 여러 층의 층널이 있다.
> • 사랑방에서 쓰인 문방가구로 선반이 정방형에 가깝다.

① 서안　　　　　　　　　　　　② 경축장
③ 반닫이　　　　　　　　　　　④ 사방탁자

반닫이
앞면의 반만 여닫도록 만든 수납용
목가구로, 앞닫이라고도 불렸다. 신
분계층의 구분 없이 널리 사용되었
고 반닫이 위에 이불을 얹거나 기타
가정용구를 올려놓고 실내에서 다
목적으로 쓰는 집기였다.　답 ③

28 한국의 전통가구 중 반닫이에 관한 설명으로 옳지 않은 것은?　　[20년 1·2회]

① 반닫이는 우리나라 전역에 걸쳐서 사용되었다.
② 전면 상반부를 문짝으로 만들어 상하로 여는 가구이다.
③ 반닫이는 주로 양반층에서 장이나 농 대신에 사용하던 가구이다.
④ 반닫이 안에는 의복, 책, 제기 등을 보관하였고, 위에는 이불을 얹거나 항아
리, 소품 등을 얹어 두었다.

장
남성공간인 사랑방에는 책장, 의걸
이장, 탁자장이 사용되었고, 여성공
간인 안방에는 이층장 및 삼층장 등
이 사용되었다.　답 ②

29 한국의 전통가구 중 장에 관한 설명으로 옳지 않은 것은?　　　　[19년 4회]

① 단층장은 머릿장이라고도 불린다.
② 이층장이나 삼층장은 보통 남성공간인 사랑방에서 사용되었다.
③ 이불장은 금침과 베개를 겹겹이 쌓아두는 장으로 보통 2층으로 된 것이 많다.
④ 의걸이장은 외관의장에 따라 만살의걸이, 평의걸이, 지장의걸이로 구분할
수 있다.

소반
"작은 상"이라는 뜻으로 식기를 받
쳐 나르거나 음식을 차려 먹을 때 사
용했다.　답 ③

30 한국 전통가구 중 수납계 가구에 속하지 않는 것은?　　　　　　[예상문제]

① 농　　　　　　　　　　　　　② 궤
③ 소반　　　　　　　　　　　　④ 반닫이

사용자 행태분석

❶ 인간 – 기계시스템과 인간요소

1. 인간공학

1) 인간공학의 정의

① 인간공학(Ergonomics)은 그리스 단어인 Ergo(일 또는 작업)＋Nomos(자연의 원리 또는 법칙)로부터 유래되었으며 인간요소를 고려한 학문으로서 서구에서 태동되었다.

② 인간이 만들어 생활의 여러 국면에서 사용하는 물건, 기구, 혹은 환경을 설계하는 과정에서 인간의 특성이나 정보를 고려하여 편리성, 안전성 및 효율성을 제고하고자 하였다.

③ 인간을 중심으로 작업을 관리함을 의미하며 인간을 위한 공학적 · 경제적 설계방법으로 인간과 기계, 작업환경 사이의 생리 및 심리현상을 연구하는 학문이다.

④ 실용적 효능과 인생의 가치기준을 높이는 데 목표를 두고 있으며 인간의 신체적 특성을 고려하여 인간성능에 따른 작업방식, 기계설계, 환경조성에 대한 목적성을 지닌다.

2) 학자들의 정의

① 우드슨(W. E. Woodson, 1964) : 인간이 사용하기 위한 공학이다.

② 차파니스(A. Chapanis, 1976) : 인간과 기계의 조화를 갖추기 위한 학문이다.

③ 맥코믹(E. J. Macormick, 1987) : 인간이 사용할 수 있도록 설계하는 과정이다.

3) 인간공학의 평가기준

① 안전성의 향상과 사고 방지
② 기계조작의 능률성과 생산성 향상
③ 환경의 쾌적성(안전성과 능률)
④ 이용훈련의 절감
⑤ 사고와 오용으로부터 손실 감소
⑥ 제품개발비 절감
⑦ 인력 이용률의 향상
⑧ 사용 편의성의 향상

핵심 문제 01 ◆◆◆

인간공학의 정의에 관한 내용 중 가장 적합하지 않은 것은? [19년 1회]
① 인간을 위한 공학적 설계방법이다.
② 기술 발전에 부합하여 인간의 능력을 향상시키기 위한 것이다.
③ 인간이 지니고 있는 여러 가지 속성들을 연구하여 이에 맞는 환경을 제공하고자 하는 것이다.
④ 크게 심리학에 바탕을 둔 분야와 생리학이나 역학에 바탕을 둔 분야로 구분할 수 있다.

해설

인간공학
작업환경에서 작업자의 신체적 특성이나 행동하는 데 받는 제약조건 등이 고려된 시스템을 디자인하여 작업자의 안전, 작업능률을 향상하려는 것이다.

정답 ②

4) 인간기준의 유형

① 인간성능 척도
② 생리학적 지표
③ 주관적 반응
④ 사고빈도

2. 인간 – 기계 시스템

1) 인간 – 기계 시스템의 정의

인간과 기계가 조화되어 하나의 시스템으로 운용되는 것으로 인간 – 기계 시스템(Man – Machine System)이라고 하며 여러 가지 구성요소들이 유기적으로 상호 작용하여 특정한 목적을 달성하기 위한 기능을 하는 것이다.

2) 인간 – 기계 시스템의 구조

① 인간 – 기계 시스템에서 주체는 어디까지나 인간이며 인간과 기계의 기능 분배, 적합성, 작업환경 검토 그리고 시스템의 평가와 같은 역할을 수행한다.
② 시스템의 상호 작용으로 정보는 인간의 감각기관을 통해 자극의 형태로 입력한다.
③ 표시장치 및 조종장치의 하드웨어 및 소프트웨어를 인간 – 기계 간의 인터페이스(Man – Machine Interface)라고 한다.
④ 인간 – 기계 시스템의 평가방법에는 시뮬레이션 평가법, 관능검사 평가법, 체크리스트 평가법이 있다.

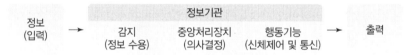

[인간 – 기계 시스템의 기본기능]

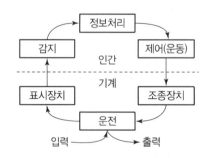

[인간 – 기계 시스템의 정보흐름]

㉠ **정보기능** : 원하는 결과를 얻기 위해 필요한 정보를 수집한다.
㉡ **감지기능** : 인간은 감각기관을 이용하여 감지하고, 기계는 기계적인 장치를 이용해 감지한다.

ⓒ 정보처리 및 의사결정 기능 : 인간은 인지된 정보(기억과 경험)를 토대로 의사결정하고, 기계는 개발된 정보처리 프로그램에 의해 처리한다. 인간의 정보처리능력 한계는 0.5초이다.

ⓔ 행동기능 : 처리된 결과를 행동으로 실행하는 단계이다.

ⓜ 출력기능 : 시스템의 목적에 부합하도록 결과물을 내놓는다.

3. 인터페이스

1) 인터페이스의 정의

① 사용자가 장비를 이용하여 특정한 작업을 수행할 때 사용자가 조작하는 정보의 상호 전달이 이루어지는 부분을 말하며 어떠한 목적을 위해 사용자인 인간과 컴퓨터 사이의 원활한 연결을 위한 것이다.

② 작업공간, 컴퓨터대화, 표시장치, 조정장치 제어 등이 포함되며 인간 – 기계 인터페이스를 좌우하는 사용환경요인에는 온도, 습도, 조명, 소음, 공간크기가 있다.

③ 컴퓨터와 관련된 인터페이스에는 사용자 인터페이스, 그래픽 사용자 인터페이스, 입출력 인터페이스, 네트워크 인터페이스 등이 있다.

2) 사용자 인터페이스

UI (User Interface)	인간과 컴퓨터, 시스템, 기기, 도구 등에서 일어나는 상호 작용을 매개하는 것이다.
CUI (Character User Interface)	문자 사용자 인터페이스로, 검은색 화면에 텍스트로 명령어를 입력해서 컴퓨터를 조작하는 방식이다.
GUI (Graphic User Interface)	그래픽 사용자 인터페이스로, 사용자가 편리하게 사용할 수 있도록 입출력 등의 기능을 알기 쉬운 아이콘의 그래픽으로 나타낸다.
NUI (Natural User Interface)	자연스러운 상호 작용으로 사람의 감각이나 행동, 인지능력을 통해 디지털기기를 제어하는 환경이다.

3) 인터페이스 설계항목

① **디바이스** : 표시디바이스, 입력디바이스, 문자입력디바이스

② **조작방법** : 시스템 조작순서, 각 애플리케이션 조작순서

③ **스크린** : 화면구성, 레이아웃, 메뉴, 버튼, 아이콘커서, 폰트, 컬러, 시각 및 음향 효과

④ **이용자안내** : 메뉴 및 버튼 용어, 가이드라인, 도움말, 매뉴얼

⑤ **출력 포맷** : 화면표시기, 표시 가능한 문자수, 프린트 출력기

4) 인터페이스 설계절차

① 정보의 파악 : 목표의 확인, 시스템의 파악, 사용자의 특성
② 정보의 구조화 : 정보의 분류, 우선순위, 제시순서 파악
③ 정보의 가시화 : 강조, 간결성, 인관성
④ 평가

❷ 시스템 설계와 인간요소

1. 시스템의 개요

1) 시스템의 정의

수행주체와 단계의 경향을 파악하고 특정한 기본적인 기능이 수행되어야 하며 목적을 달성하기 위한 집합체를 의미한다. 시스템이 설계되기 전에 목적이나 존재이유가 있어야 하고, 시스템의 목적은 목표라고 불리며 성능명세목표를 달성하기 위해서 시스템이 해야 하는 것을 서술한다.

2) 시스템의 특성

① 시스템은 정해진 환경 안에서 특정한 목적을 추구하며 계층적인 특징을 가지고 있다.
② 시스템 요소는 서로 상호 작용을 하며 각 요소의 기능을 수행한다.
③ 시스템의 각 요소는 입력정보로부터 입력된 내용을 통해 출력한다.

2. 시스템의 제어 분류

인간에 의한 제어 정도에 따라 수동 시스템, 기계화 시스템, 자동화 시스템 3가지로 분류한다.

1) 수동 시스템

수공구나 기타 보조물로 구성되며 인간을 동력원으로 사용하여 작업을 통제하는 방식이다.

2) 기계화 시스템

반자동 시스템이라고 불리며 작업공정의 일부분을 기계화한 것으로 동력은 기계가 제공하고 조정 및 통제는 인간이 하는 방식이다.

3) 자동화 시스템

모든 작업공정이 자동화되어 감지, 정보, 처리 및 의사결정 행동기능을 기계가 수용하여 인간의 개입을 최소화하고 주로 감시, 프로그램 정비, 유지 등의 기능을 수행한다.

◆ 인간-기계 시스템의 제어 분류

분류	수동 시스템	기계화 시스템	자동화 시스템
구성	수공구 및 보조물	동력기계 등 고도로 통합된 부품	동력 기계화 시스템 및 고도의 전자화로 등으로 구성
동력원	인간 사용자	기계	기계
인간 기능	동력원으로 작업을 통제	표시장치로부터 정보를 얻어 조종장치를 통해 기계를 통제	감시, 정비 유지, 프로그래밍
기계 기능	인간의 통제를 받아 제품을 생산	동력원을 제공, 인간의 통제 아래에서 제품을 생산	감시, 정보처리, 의사결정 및 행동의 프로그램에 의해 수행
사례	목수와 대패, 대장장이와 화로	자동차, 밀링머신	자동교환기, 공장제어, 로봇, AI

3. 시스템의 설계단계 및 시스템 설계 시 고려사항

1) 시스템의 설계단계

(1) 제1단계 : 목표 및 성능명세 결정

시스템이 설계되기 전에는 목적이나 존재 이유가 있어야 하며, 시스템 성능명세는 목표를 달성하기 위해 명백하게 서술한다.

(2) 제2단계 : 시스템의 정의

시스템의 목표나 성능에 대한 요구사항들이 식별되었으면 목적달성을 위한 기본적인 기능들이 수행되어야 한다.

(3) 제3단계 : 기본설계

시스템 개발 단계 중 시스템이 형태를 갖추기 시작하는 단계로 인간, 하드웨어, 소프트웨어에 수행할 기능을 결정한다.

인간과 기계비교의 한계점 인식 → 인간성능 요구(요건) 규정 → 직무분석 → 작업설계

핵심 문제 10 ◆◆◆

인간-기계 시스템(Man-Machine System)을 수동, 자동, 기계화 체계로 분류할 때 기계화 체계의 예시로 적합한 것은?

[22년 2회]

① 자동교환기
② 자동차의 운전
③ 컴퓨터공정 제어
④ 장인과 공구의 사용

해설

기계화 시스템(체계)
엔진, 자동차, 공작기계

정답 ②

핵심 문제 11 ◆◆◆

시스템을 개발하는 전형적인 3단계인 기본설계 단계에서 인간공학적 활용에 해당하는 것을 보기에서 모두 고른 것은?

[06년 2회]

㉠ 인간, 하드웨어 및 소프트웨어에 대한 기능 할당
㉡ 과업 분석
㉢ 인간성능 요건의 규정
㉣ 기능흐름도 작성
㉤ 직무설계
㉥ 실습평가

① ㉠, ㉡, ㉤, ㉥
② ㉠, ㉡, ㉢, ㉤
③ ㉡, ㉢, ㉣, ㉤
④ ㉢, ㉣, ㉤, ㉥

해설

기본설계
• 인간, 하드웨어 및 소프트웨어에 대한 기능 할당
• 과업 분석
• 인간성능 요건의 규정
• 직무설계

정답 ②

핵심 문제 12 ◆◆◆

다음 중 시스템(체계)설계 과정의 주요 단계에 있어 가장 먼저 시작되는 것은?

[11년 2회]

① 기본 설계
② 시스템의 정의
③ 계면(인터페이스)설계
④ 시스템의 목표와 성능 명세 결정

해설

시스템 설계단계
시스템의 목표와 성능명세 결정-시스템의 정의-기본 설계-계면(인터페이스)설계

정답 ④

① 인간과 기계 비교의 한계점 인식 : 인간 – 기계 비교가 항상 적용되지는 않으며 기능의 할당에서 사회적인 또는 관련된 가치를 고려한다.
② 인간성능 요건규정 : 시스템이 요구조건을 만족하기 위해 달성하는 특성으로 정확도, 속도, 숙련된 성능 개발 등이 있다.
③ 직무분석 : 설계개선 및 인력수요, 훈련계획 등 다양한 목적으로 사용된다.
④ 작업설계 : 장비 사용자의 특성을 파악 및 결정한다.

(4) 제4단계 : 인터페이스 설계

① 사용자에게 불편을 주어 시스템의 성능을 저하시킬 수 있으며 작업공간, 표시장치, 조정장치, 제어 등이 포함된다.
② 인간 – 기계 인터페이스는 사용자의 특성을 고려하여 신체적 인터페이스, 지적 인터페이스, 감성적 인터페이스로 분류할 수 있다.

(5) 제5단계 : 촉진물 설계

시스템 설계 과정 중 촉진물 설계에서는 인간성능을 증진할 보조물에 대해서 계획하는 것으로 지시수첩, 성능보조자료 및 훈련도구와 계획이 포함된다.

(6) 제6단계 : 시험 및 평가

시스템 개발과 연관된 평가 및 인간요소적 평가를 통해 검토하는 것으로 인간성능에 관련되는 속성들이 적절함을 보증하기 위해 실험절차, 시험조건, 피실험자, 충분한 반복횟수 등을 통해 평가한다.

2) 시스템 설계 시 고려사항

① 종합적인 시스템에서 필요한 조건을 명확하게 표현한다.
② 조작의 연속성 여부를 알아보기 위해 특성을 조사한다.
③ 시스템 설계 시 동작경제의 원칙에 만족되도록 고려하여야 한다.
④ 기계를 배치할 경우 인간의 심리 및 기능에 부합되도록 한다.
⑤ 기계조작방법을 습득하기 위한 훈련방법이 필요하다.
⑥ 시스템을 활용에 있어 기계조작방법을 명확히 습득해야 한다.
⑦ 조작의 능률성, 보존의 용이성, 제작의 경제성 측면을 검토해야 한다.
⑧ 최종 완성된 시스템에 대한 불량 여부의 결정을 수행하여야 한다.

4. 표시장치

1) 표시장치의 유형

(1) 정적 표시장치

텍스트, 그래프, 인쇄물 등과 같이 시간에 따라 변화가 없는 표시장치이다.

(2) 동적 표시장치

속도계, 온도계, 기압계 등과 같이 상황에 따라서 표시내용이 변화하는 표시장치이다.

(3) 감각의 종류에 따른 표시장치

시각적 표시장치, 청각적 표시장치, 촉각적 표시장치, 후각적 표시장치

2) 시각적 표시장치

(1) 정량적 표시장치

온도와 속도 같이 동적으로 변화하는 변수나 자로 재는 길이와 같은 정적 변수의 계량값에 관한 정보를 제공하는 데 사용되고, 눈금의 수열은 일반적으로 0, 1, 2, 3 …처럼 1씩 증가하는 수열이 가장 사용하기 쉽다.

① 정량적 표시장치의 종류

동침형	눈금이 고정되고 지침이 움직이는 형이다.
동목형	지침이 고정되고 눈금이 움직이는 형이다.
계수형	전력계나 택시요금계기와 같이 기계, 전자적으로 숫자가 표시되는 형으로 수치를 정확히 읽어야 할 경우 적합하다.

② 정량적 표시장치의 지침설계

㉠ 선각이 약 20° 정도인 뾰족한 지침을 사용한다.

㉡ 지침의 끝은 작은 눈금과 맞닿게 하되 겹치지는 않도록 한다.

㉢ 시차를 없애기 위해 지침을 눈금면에 밀착시킨다.

㉣ 원형 눈금의 경우 지침색은 선단에서 눈금의 중심까지 칠한다.

(2) 정성적 표시장치

온도, 압력 속도와 같이 연속적으로 변하는 변수의 대략적인 값이나 변화 추세, 비율, 상태점검 등이 정상상태인지 여부를 판정하거나, 정해진 범위 내에서 변수의 조건이나 상태를 표시할 때 사용된다.

핵심 문제 13 ◆◆◆

시각적 표시장치 설계에 따른 특성을 설명한 것으로 옳지 않은 것은? [20년 4회]

① 동침형 표시장치는 인식적인 암시신호(Cue)를 준다.

② 계수형 표시장치의 판독오차는 원형 표시장치보다 많다.

③ 수치를 정확히 읽어야 할 경우는 계수형 표시장치가 적합하다.

④ 수직, 수평형태 동목형이 동침형에 비해 계기반(Panel)의 공간을 적게 차지한다.

해설

계수형 표시장치의 판독오차가 원형 표시장치보다 작을 뿐 아니라 판독 평균 반응시간도 짧다(계수형 : 0.94초, 원형 : 3.54초).

정답 ②

핵심 문제 14 ◆◆◆

정량적 시각 표시장치의 기본 눈금선 수열로 가장 적당한 것은? [18년 4회]

① 0, 1, 2, …   ② 0, 5, 10, …

③ 0, 3, 6, …   ④ 0, 8, 16, …

해설

정량적 시각 표시장치 눈금의 수열

일반적으로 0, 1, 2, 3 …처럼 1씩 증가하는 수열이 가장 사용하기 쉽다.

정답 ①

(3) 신호 및 경보등

색광에서 효과가 빠른 순서는 적색, 녹색, 황색, 백색의 순이며 점멸속도는 초당 3~10회, 지속시간은 0.05초 이상이 적당하다.

3) 청각적 표시장치

인간은 비슷한 위치에 있는 두 가지 이상의 자극 중 신호를 분별해내는 상대적 분별 방법과 일정한 위치에서 발생하는 특정한 한 가지 신호를 식별해내는 절대적 식별 방법을 이용하여 청각적 신호를 판단하게 된다.

(1) 청각적 표시장치 설계의 권장기준

① 귀는 중음역에 가장 민감하므로 500~3,000Hz의 주파수를 사용한다.
② 300m 이상의 장거리용으로는 1,000Hz 이하의 진동수를 사용한다.
③ 중간에 청각적 신호를 방해하는 방해물이 있는 경우 500Hz 이하의 진동수를 사용한다.
④ 주의를 집중시키기 위해서는 초당 1~8회 나는 소리를 내거나 초당 1~3회 소리를 변조하여 신호를 사용한다.
⑤ 배경소음과 다른 진동수 또는 신호를 사용한다.
⑥ 경보효과를 극대화하기 위해서는 개시시간을 짧게 하고, 고강도의 신호를 사용한다.
⑦ 가능하면 확성기나 경적 등 별도의 통신기기를 사용한다.

(2) 시각적 표시장치와 청각적 표시장치 비교

시각적 표시장치가 유리한 경우	• 메시지가 복잡하고 긴 경우 • 메시지가 이후에 참고가 되는 경우 • 메시지가 공간적 위치를 다룰 경우 • 메시지가 즉각적인 행동을 요구하지 않는 경우 • 수신위치에 소음이 심한 경우 • 직무상 수신자가 한곳에 머물러서 작업하는 경우 • 수신자의 청각 계통이 과부하상태일 경우
청각적 표시장치가 유리한 경우	• 메시지가 간단하고 짧은 경우 • 메시지가 이후에 참고가 되지 않는 경우 • 메시지가 시간적인 사건을 다룰 경우 • 메시지가 즉각적인 행동을 요구하는 경우 • 수신장소가 밝거나 암순응의 유지가 필요한 경우 • 직무상 수신자가 자주 움직이면서 작업하는 경우 • 수신자의 시각 계통이 과부하상태일 경우

5. 조종장치

1) 조종장치의 기능

조종장치는 제어정보를 어떤 기구나 체계에 전달하는 장치로, 전달되는 정보는 표시장치와 관련이 있으며 표시장치가 제공하는 정보와도 관련이 있다. 또한 인간의 감각, 정신, 운동능력 등을 고려해서 설계해야 사람이 사용하기에 안전하고 효율적인 장치가 된다.

2) 조종장치의 유형

① 이산적인 정보를 전달하는 장치
② 연속적인 정보를 전달하는 장치
③ 커서의 위치(Cursor Positioning)정보를 제공하는 장치

3) 조종 – 반응비율

(1) 조종 – 반응비율의 개념

조종 – 표시장치 이동비율(Control-Response Ratio)을 확장한 개념으로 조종장치의 움직이는 거리(회전수)와 체계반응이나 표시장치상 이동요소의 움직이는 거리의 비이다.

$$일반적인\ C/R비 = \frac{조종장치의\ 이동거리}{표시장치의\ 이동거리}$$

$$회전운동하는\ 조종장치의\ C/R비 = \frac{(a/360) \times 2\pi L}{표시장치\ 이동거리}$$

여기서, a : 조종장치가 움직이는 각도, L : 조종장치의 길이

(2) 최적의 C/R비

① 최적의 C/R비는 일반적인 공식으로 도출하기 어려우므로 실험으로 구한다.
② 표시장치의 연속위치에 또는 정량적으로 맞추는 조종장치를 사용하는 경우 두 가지 동작이 수반되는데 하나는 큰 동작이고, 또 하나는 미세한 조종 동작이다.
③ 최적 통제비는 이동시간과 조정시간의 교차점이며 최적 C/R비는 조종시간과 이동시간의 합이 최소가 되는 점을 가리킨다.
④ C/R비가 작을수록 이동시간은 짧고, 조종장치를 조금만 움직여도 표시장치의 지침이 많이 이동하는 등 조종이 어려워서 민감한 조종장치이다.
⑤ C/R비가 클수록 미세한 조종은 쉽지만 수행시간이 길어진다.
⑥ 최적 C/R비는 조정시간과 이동시간의 합이 최소가 되는 점을 가리킨다.
⑦ C/R비가 크면 지침의 이동시간은 커지지만 조종시간은 적게 걸린다.

---

(3) 최적 C/R비 설계 시 고려사항

계기의 크기	계기의 조절시간이 가장 짧게 소요되는 크기를 선택해야 한다.
공차	계기에 인정할 수 있는 공차는 주행시간의 단축과의 관계를 고려하여 짧은 주행시간 내에 공차의 인정범위를 초과하지 않는 계기를 마련해야 한다.
목시거리	목시거리가 길수록 정확도는 낮고 시간이 오래 걸린다.
조작시간	조작시간 지연에는 직접적으로 C/R비가 가장 크게 작용한다.
방향성	조작방향과 표시장치의 운동방향에 일치하지 않으면 작업자의 동작에 혼란이 생기고 조작시간이 오래 걸리며 오차가 커진다.

※ 공차 : 설계상 정해진 치수에 대한 실용상 허용되는 범위의 오차
※ 목시거리 : 정상적 시도조건하에서 육안으로 관측할 수 있는 거리

6. 양립성(Compatibility)

1) 양립성의 정의

외부의 자극과 인간의 기대가 서로 일치하는 것으로 인간공학에 있어 자극들 사이, 반응들 사이, 혹은 자극 – 반응 조합의 공간, 운동 혹은 개념적 관계가 인간의 기대와 모순되지 않도록 하는 것을 말한다.

2) 양립성의 종류

(1) 운동 양립성

조종장치의 움직임에 따른 표시장치의 움직임 또는 시스템의 동작에 따른 양립성을 나타낸다.

예 자동차 핸들을 왼쪽으로 돌리면 자동차도 왼쪽으로 회전하도록 설계한다.

(2) 공간 양립성

조종장치와 해당하는 표시장치의 공간적인 배열을 나타내는 양립성이다.

예 가스레인지의 우측 조절기를 돌리면 우측 노즐의 불 조절이 가능하고, 좌측 조절기를 돌리면, 좌측 노즐의 불 조절이 가능하도록 설계한다.

(3) 개념 양립성

코드나 심벌의 의미를 나타내는 양립성이다.

예 냉온수기의 손잡이 색상 중 빨간색은 뜨거운 물, 파란색은 차가운 물이 나오도록 설계한다.

핵심 문제 17 ◆◆◆

다음 중 외부의 자극과 인간의 기대가 서로 모순되지 않아야 하는 것을 무엇이라 하는가? [14년 1회]
① 중복성(Redundancy)
② 일관성(Consistency)
③ 양립성(Compatibility)
④ 표준화(Standardization)

해설

양립성(Compatibility)
외부의 자극과 인간의 기대가 서로 일치하는 것으로 자극들 간의, 반응들 간의, 자극 – 반응 조합의 관계가 인간의 기대와 모순되지 않는 것이다.

정답 ③

핵심 문제 18 ◆◆◆

시스템의 설계에서 고려되어야 하는 요소 중 자동차의 핸들을 왼쪽으로 돌리면 자동차도 왼쪽으로 회전하도록 하는 것과 관련이 있는 것은? [14년 4회]
① 안전성(Safety)
② 양립성(Compatibility)
③ 판별성(Discriminability)
④ 표준성(Standardization)

해설

(운동)양립성
조종장치와 움직임에 따른 표시장치의 움직임 또는 시스템의 동작에 따른 양립성을 나타낸다.

정답 ②

❸ 사용자 행태분석 연구 및 적용

1. 인간오류(Human Error)

시스템의 성능, 안전 또는 효율을 저하시키거나 감소시킬 잠재력을 갖고 있는 부적절하거나 원치 않는 인간의 결정이나 행동으로 어떤 범위를 벗어난 일련의 동작 중 하나를 의미한다. 휴먼에러는 다음과 같이 분류할 수 있다.

1) 착오

착오는 상황해석을 잘못하거나 목표를 잘못 이해하고 착각하여 행하는 경우를 말하는데 틀린 줄 모르고 행하는 오류를 의미한다.

2) 실수

실수는 상황이나 목표의 해석은 제대로 하였으나 의도와는 다른 행동을 하는 경우에 발생하는 오류로 주의산만이나 주의결핍에 의해 발생할 수 있으며 잘못된 디자인이 원인이 되기도 한다.

3) 건망증

건망증은 여러 과정이 연계적으로 일어나는 행동 중에서 일부는 잊어버리고 안 하거나 또는 기억의 실패에 의해서 발생하는 오류이다.

4) 위반

정해진 규칙을 알고 있음에도 불구하고 고의로 따르지 않거나 무시하는 행위로 개인의 고의적 행동이나 잘못된 디자인, 부적당한 절차, 조직의 분위기와 관련이 있다.

2. 인간오류(Human Error)의 근원적 대책

1) 위험요인 제거

사전에 마련된 점검표(Checklist)를 사용하여 위험요인을 점검하고 제거한다.

2) 풀 프루프(Fool – Proof)

정의	인간이 오류를 범하여도 안전하게 작업하는 Fool – Proof 개념을 도입하여 작업장을 설계한다. 예 승강기의 과부하 시 경보장치 등
원칙	대응의 원칙, 가시성의 원칙, 피드백의 원칙, 사용제약의 원칙

핵심 문제 19 ••••

인간공학에 있어 자극들 사이, 반응들 사이, 혹은 자극–반응 조합의 공간, 운동, 혹은 개념적 관계가 인간의 기대와 모순되지 않도록 하는 것을 무엇이라 하는가?
[15년 4회]

① 순응(Adaptation)
② 양립성(Compatibility)
③ 접근 용이성(Accessibility)
④ 조절 가능성(Adjustability)

해설

양립성(Compatibility)
자극들 간의, 반응들 간의, 자극 – 반응 조합의 관계가 인간의 기대와 모순되지 않는 것이다(인간이 기대하는 바와 자극 또는 반응들이 일치하는 관계).

정답 ②

3) 페일 세이프(Fail-Safe)

정의	고장이 발생하여도 시스템이 안전하게 작동하도록 2중, 3중으로 통제·설계 하는 Fail-Safe 개념을 도입하여 작업장을 설계한다.
원칙	중복설계, 대기 시스템의 설계, 에러 복구
종류	• Fail-Passive : 시스템 고장 시 기계가 정지하는 설계 • Fail-Active : 시스템 고장 시 경보가 울리고 잠시 동안 운전이 가능한 설계 • Fail-Operational : 시스템 고장 시 시스템을 보수할 때까지 안전한 기능을 유지하도록 하는 설계

핵심 문제 20 • • •

다음 중 감성공학에 대한 설명으로 옳은 것은?
① 기계 중심의 설계이며 개인의 경험은 중요시하지 않는다.
② 인간의 감성을 정량적으로 측정하여 평가하고 공학적으로 분석한다.
③ 제품 생산자의 정서적 안정을 위한 것이다.
④ 감성공학과 제품의 구매력과는 상관 없다.

해설

감성공학
인간의 감성을 정량적으로 측정하여 평가하고 공학적으로 분석하여 이것을 제품 개발이나 환경 설계에 적용함으로써 더욱 편리하고 쾌적하며 안전한 인간의 삶을 도모하려는 기술이다.

정답 ③

3. 감성공학

1) 감성공학의 개념

① 생활 속에서 접하게 되는 자극과 사물에 대한 느낌을 말한다.
② 지각으로부터 인간 내부에 일어나는 심리적 복합적인 감성을 말한다.
③ 개인의 생활경험에 의하여 달라지며 생각이나 행동에 영향을 준다.
　㉠ 긍정적인 감성 : 제품의 구매, 공간에 오래 머물고 싶다.
　㉡ 부정적인 감성 : 대상에 대한 발전이 이루어지지 않는다.

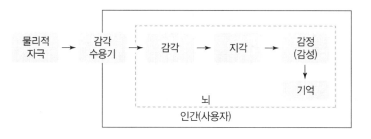

[감성의 생성모형]

2) 감성과 뇌과학의 관계

① 대뇌를 중심으로 이성이 발달하고 변연계를 토대로 감성이 발달되었다.
② 사람의 감정변화에 반응하는 뇌부위는 대뇌변연계(Limbic System), 깊숙한 곳에 위치한 편도체(Amygdala)가 있다.
③ 변연계는 기쁨과 슬픔, 분노와 행복 등 다양한 감정을 관장하는 신경망이 고리처럼 연결되어 있다.
　㉠ 1차 : 생존정보(뇌간 : 생명 유지, 호흡, 체온, 맥박)
　㉡ 2차 : 감정정보(변연계 : 감정, 기억, 식욕, 공격성)
　㉢ 3차 : 새로운 학습정보(전두엽 : 논리, 판단, 계획, 통제력)

실 / 전 / 문 / 제

01 인간공학의 정의에 관한 내용 중 가장 적합하지 않은 것은? [19년 1회]

① 인간을 위한 공학적 설계방법이다.

② 기술 발전에 부합하여 인간의 능력을 향상시키기 위한 것이다.

③ 인간이 지니고 있는 여러 가지 속성들을 연구하여 이에 맞는 환경을 제공하고자 하는 것이다.

④ 크게 심리학에 바탕을 둔 분야와 생리학이나 역학에 바탕을 둔 분야로 구분할 수 있다.

> **인간공학**
> 작업환경에서 작업자의 신체적 특성이나 행동하는 데 받는 제약조건 등이 고려된 시스템을 디자인하여 작업자의 안전, 작업능률을 향상하려는 것이다. **답** ②

02 인간공학에 대한 설명으로 옳지 않은 것은? [20년 4회]

① 인간요소를 고려한 학문으로서 일본에서 태동하였다.

② 실용적 효능과 인생의 가치기준을 높이는 데 목표를 두고 있다.

③ 인간의 특성이나 행동에 대한 적절한 정보를 체계적으로 적용하는 것이다.

④ 물건, 기구, 환경을 설계하는 과정에서 인간을 고려하는 데 초점을 두고 있다.

> **인간공학**
> 18세기 중반에서 19세기 초반에 유럽에서 일어난 산업혁명 이후로 인간의 생리적, 심리적 요소를 연구하여 기계나 설비를 인간의 특성에 맞춰 설계하고자 하는 것이다.
> **답** ①

03 다음 ( ) 안에 들어갈 알맞은 용어는? [20년 1·2회]

> (   )이란 인간이 만들어 생활의 여러 국면에서 사용하는 물건, 기구 혹은 환경을 설계하는 과정에서 인간의 특성이나 정보를 고려하여 편리성, 안전성 및 효율성을 제공하고자 하는 학문을 말한다.

① 자연공학

② 기계공학

③ 인간공학

④ 휴먼에러

> **인간공학**
> 인간의 신체적 특성, 정신적 특성, 심리적 특성의 한계를 정량적 또는 정성적으로 측정하여 이를 시스템, 제품, 환경설계와 인간의 안전, 평안함, 만족감을 극대화시키고 작업의 효율을 증진시키기 위하여 공학적으로 응용하는 학문이다. **답** ③

04 인간공학이라는 뜻으로 사용된 에르고노믹스(Ergonomics)의 어원에 관한 설명으로 틀린 것은? [17년 1회]

① 인체의 법칙을 의미한다.

② 작업의 경제적 설계를 의미한다.

③ 인간을 중심으로 작업을 관리함을 의미한다.

④ 인간과 작업환경 사이의 생리 및 심리현상에 관하여 연구한다.

> **에르고노믹스(Ergonomics)**
> 인간을 중심으로 작업을 관리함을 의미하며, 인간을 위한 공학적·경제적 설계방법으로 인간과 기계, 작업환경 사이의 생리 및 심리현상을 연구하는 학문이다. **답** ①

인간공학
인간이 사용하는 기기나 기계를 인간이 사용하는 데 가장 적절하게 공학적으로 설계하여 인간의 능력, 한계 등을 극대화하려는 것으로 작업에 적합한 기계들을 선별하여 배치하는 방법을 선택한다.
📖 ③

05 인간공학적인 사고방식이 아닌 것은?

① 인간이 실수를 하여도 안전이 유지되도록 하는 설비나 시스템을 설계한다.

② 설비나 시스템을 설계자의 개념이 아니라 사용자의 측면에서 설계한다.

③ 기본적으로 작업에 적합한 사람들을 선별하여 배치하는 방법을 선택한다.

④ 인간의 오류는 조작자뿐만 아니라 환경적 요인, 관리적 요인 등 복합적인 요인에 의한 것이므로 시스템적 사고방식이 필요하다.

기술사양은 기술적인 기계시스템에 관한 정보이다.
📖 ④

06 제품디자인에 인간공학을 적용할 때 필요한 일반적인 정보가 아닌 것은?

① 표준(Standards)

② 체크리스트(Checklist)

③ 인체측정치(Anthropometric Data)

④ 기술사양(Technical Specification)

인간공학
인간이 사용하는 기기나 기계를 인간이 사용하는 데 가장 적절하게 공학적으로 설계하여 인간의 능력, 한계 등을 극대화시키고자 한다.
📖 ②

07 인간공학적 사고방식과 관련이 가장 먼 것은?

① 인간과 기계와의 합리성 유지

② 작업설계 시 인간 중심의 수작업화 설계

③ 인간의 특성에 알맞은 기계나 도구의 설계

④ 인간의 건강상 문제 예방과 효율성 증대

에르고노믹스(Ergonomics)
인간공학의 어원인 Ergonomics는 그리스 단어인 Ergo(일 또는 작업)＋Nomos(자연의 원리 또는 법칙)로부터 유래되었으며 인간요소를 고려한 학문으로서 서구에서 태동되었다.
📖 ②

08 인간공학이라는 뜻으로 사용된 에르고노믹스(Ergonomics)의 어원에 관한 내용 중 가장 거리가 먼 것은?

① 작업의 관리

② 물체의 법칙

③ 학문의 의미

④ 일의 자연적 법칙

인간공학적 산업디자인의 필요성
디자인의 생산성 및 품질의 향상, 작업능률 효능 및 근로자의 안전예방, 기업 이미지 상승
📖 ②

09 인간공학적 산업디자인의 필요성을 표현한 것으로 가장 적절한 것은?

① 보존의 편리

② 효능 및 안전

③ 비용의 절감

④ 설비의 기능 강화

10 인간공학에서 고려하여야 될 인간의 특성 요인 중 비교적 거리가 먼 것은?

[24년 1회]

① 성격 차이
② 지각, 감각능력
③ 신체의 크기
④ 민족적, 성별 차이

인간의 특성 요인
감각, 지각의 능력, 운동 및 근력, 기술적 능력, 신체의 크기, 지적능력, 작업환경에 대응하는 능력, 집단활동에 대한 적응능력, 인간의 관습, 민족적, 성별 차이, 환경의 쾌적도와 관련성 답 ①

11 인간공학적 효과를 평가하는 기준과 가장 거리가 먼 것은?

[18년 4회]

① 체계의 상징성
② 훈련비용의 절감
③ 사용 편의성의 향상
④ 사고나 오용으로부터의 손실 감소

인간공학적 효과의 평가 기준
훈련비의 절감, 인력 이용률의 향상, 성능의 향상, 사고 및 오용으로부터의 손실 감소, 사용 편의성의 향상 답 ①

12 인간기준(Human Criteria)의 유형에 해당하지 않는 것은?

[22년 1회]

① 인간성능척도
② 체계의 성능
③ 주관적 반응
④ 생리학적 지표

인간기준
인간성능척도, 생리학적 지표, 주관적 반응, 사고빈도 답 ②

13 다음 중 인간 – 기계 시스템의 인간공학적 평가방법이 아닌 것은?

[15년 1회]

① 시뮬레이션 평가법
② 자동제어 평가법
③ 관능검사 평가법
④ 체크리스트 평가법

인간공학적 평가방법
시뮬레이션 평가법, 관능검사 평가법, 체크리스트 평가법 답 ②

14 인간공학연구에 사용되는 인간기준의 척도와 가장 거리가 먼 것은?

[19년 4회]

① 주관적 반응
② 생리학적 지표
③ 인간성능척도
④ 기계체계의 성능기준

문제 12번 해설 참고 답 ④

15 인간공학의 연구분석방법 중 직접적 관찰법과 관련이 없는 것은?

[14년 1회]

① Layout에 의한 방법
② 반응조사에 의한 방법
③ Time Motion Study에 의한 방법
④ 조사자의 의견, 면접 또는 제안에 의한 방법

인간공학의 직접적 관찰법
Layout에 의한 방법, Time Motion Study에 의한 방법, 조사자의 의견, 면접 또는 제안에 의한 방법 답 ②

인간공학연구 기준의 요건
실제적 요건, 적절성(타당성), 무오
염성, 기준척도의 신뢰성, 민감도
정답 ②

16 일반적으로 인간공학연구에서 사용되는 기준의 요건이 아닌 것은? [예상문제]

① 적절성 　　　　　　　② 고용률

③ 무오염성 　　　　　　④ 기준척도의 신뢰성

인간 – 기계체계의 기본유형
수동체계. 기계화체계, 자동화체계
정답 ②

17 인간 – 기계체계의 기본유형이 아닌 것은? [예상문제]

① 수동체계 　　　　　　② 인간화체계

③ 자동체계 　　　　　　④ 기계화체계

인터페이스의 사용환경요인
온도, 습도, 조명　　**정답** ②

18 인간 – 기계 인터페이스를 좌우하는 사용환경요인으로만 나열된 것은?

[20년 3회]

① 연령, 성별, 학력

② 온도, 습도, 조명

③ 생활습관, 언어, 생활양식

④ 문화의 성숙도, 시대상황, 유행

인간과 기계의 능력 비교

인간	• 예기치 못하는 자극을 탐지한다. • 기억에서 적절한 정보를 꺼낸다. • 주관적인 평가를 한다. • 귀납적 추리가 가능하다. • 시각, 청각, 촉각, 후각, 미각 등의 작은 자극도 감지한다. • 원리를 여러 가지 문제해결에 응용한다.
기계	• 반복동작을 확실히 한다. • 명령대로 한다. • 동시에 여러 가지 활동을 한다. • 물량을 셈하거나 측량한다. • 연역적인 추리를 한다. • 신속, 정확하게 정보를 꺼낸다. • 신속하면서 대량의 정보를 기억할 수 있다.

정답 ④

19 기계가 인간을 능가하는 기능으로 볼 수 있는 것은? [예상문제]

① 귀납적으로 추리, 분석한다.

② 새로운 개념을 창의적으로 유도한다.

③ 다양한 경험을 토대로 의사결정을 한다.

④ 구체적 요청이 있을 때 정보를 신속, 정확하게 상기한다.

20 인간이 기계보다 우수한 내용으로 맞는 것은? [24년 1회]

① 큰 힘과 에너지를 낸다.

② 상당한 기간 일할 수 있다.

③ 새로운 해결책을 찾아낸다.

④ 반복적인 작업에 대한 신뢰성이 높다.

문제 19번 해설 참고 답 ③

21 인간 – 기계 시스템의 기본기능이 아닌 것은? [17년 2회]

① 정보보관 ② 행동기능

③ 작업환경 검토 ④ 정보처리 및 의사결정

인간 – 기계체계의 기본기능
감지기능, 정보보관기능, 정보처리 및 의사결정 기능, 행동기능(신체제어 및 통신) 답 ③

22 인간 – 기계 통합체계에서 인간 또는 기계에 의해서 수행되는 기본기능과 가장 거리가 먼 것은? [20년 4회]

① 감지기능

② 상호보완기능

③ 정보보관기능

④ 정보처리 및 의사결정 기능

문제 21번 해설 참고 답 ②

23 인간 – 기계 시스템의 기능 중 행동에 대해 결정을 내리는 것으로 표현되는 기능은? [예상문제]

① 감각(Sensing)

② 실행(Execution)

③ 의사결정(Decision Making)

④ 정보저장(Information Storage)

인간 – 기계 시스템에서의 기본적인 기능

㉠ 감지 : 정보의 수용

㉡ 의사결정 : 수용한 정보를 가지고 행동에 대한 결정

㉢ 정보저장(보관) : 정보를 코드화 및 상징화된 형태로 저장 답 ③

24 인간 – 기계 시스템의 기본기능이 아닌 것은? [예상문제]

① 행동기능 ② 감지(Sensing)

③ 가치기준 유지 ④ 정보처리 및 의사결정

문제 21번 해설 참고 답 ③

성분(부품, Component)의 기능
정보검색, 정보저장, 정보처리 및
결정 **답** ③

25 다음 중 인간 – 기계 시스템에서 성분(Component)이 수행하는 기본적인 기능이 아닌 것은? [예상문제]

① 정보검출 ② 정보저장
③ 정보삭제 ④ 정보처리 및 결정

인간 – 기계 시스템의 기본기능
정보입력 → 감지(정보수용) → 정
보처리 및 의사결정(중앙처리장치)
→ 행동기능(신체제어 및 통신) →
출력 **답** ②

26 다음과 같은 인간 – 기계 통합체계를 컴퓨터시스템과 비교할 때 빗금 친 (가) 부분에 해당하는 컴퓨터시스템 구성요소는? [21년 4회]

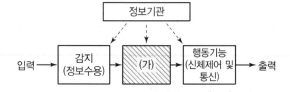

① 프린터(Printer) ② 중앙처리장치(CPU)
③ 감지장치(Sensor) ④ 펀치카드(Punch Card)

기계화 시스템(체계)
엔진, 자동차, 공작기계 **답** ②

27 인간 – 기계 시스템(Man – Machine System)을 수동, 자동, 기계화체계로 분류할 때 기계화체계의 예시로 적합한 것은? [22년 2회]

① 자동교환기 ② 자동차의 운전
③ 컴퓨터공정 제어 ④ 장인과 공구의 사용

자동체계(자동 시스템)
모든 작업공정이 자동화되어 인간
의 개입을 최소화하며 주로 감시, 프
로그램 정비 및 유지 등의 기능을 수
행한다. **답** ③

28 다음 중 자동체계에서 인간의 주요 수행기능에 해당하는 것은? [24년 3회]

① 감지 ② 행동
③ 감시 ④ 정보보관

양립성
자극들 간, 반응들 간의 자극 – 반응
조합의 관계가 인간의 기대와 모순
되지 않는 것이다. **답** ②

29 시스템의 설계에서 고려되어야 하는 요소 중 자동차의 핸들을 왼쪽으로 돌리면 자동차도 왼쪽으로 회전하도록 하는 것과 관련이 있는 것은? [19년 1회]

① 안전성(Safety) ② 양립성(Compatibility)
③ 표준성(Standardization) ④ 판별성(Discriminability)

30 시스템의 설계과정에서 가장 먼저 수행되어야 할 단계는? [24년 2회]

① 기본설계 단계

② 시험 및 평가 단계

③ 시스템의 정의 단계

④ 목표 및 성능명세 결정 단계

인간−기계 시스템의 설계과정
목표 및 성능명세의 결정 → 시스템의 정의 → 기본설계 → 인터페이스설계 → 촉진물설계 → 시험 및 평가
답 ④

31 인간공학에 있어 시스템 설계과정의 주요 단계가 다음과 같은 경우 단계별 순서가 올바르게 나열된 것은? [24년 1회]

| ㉠ 촉진물설계 | ㉡ 목표 및 성능명세 결정 | ㉢ 계면설계 |
| ㉣ 기본설계 | ㉤ 시험 및 평가 | ㉥ 체계의 정의 |

① ㉡ → ㉥ → ㉣ → ㉢ → ㉠ → ㉤

② ㉡ → ㉣ → ㉢ → ㉥ → ㉠ → ㉤

③ ㉥ → ㉢ → ㉣ → ㉡ → ㉠ → ㉤

④ ㉥ → ㉣ → ㉡ → ㉢ → ㉠ → ㉤

시스템 설계과정
목표 및 성능명세의 결정 → 시스템(체계)의 정의 → 기본설계 → 계면(인터페이스)설계 → 촉진물설계 → 시험 및 평가
답 ①

32 운전대에 대한 일반적인 설명으로 틀린 것은? [18년 1회]

① 운전대의 직경은 35.6∼38cm가 적당하다.

② 스포츠카 운전대의 경사도는 60∼90° 사이가 이상적이다.

③ 버스나 화물차 등의 운전대는 45∼60° 정도로 기울어져 있는 것이 좋다.

④ 크고 무거운 차량의 동력조절장치가 없는 운전대는 수직으로 설치한다.

운전대의 직경은 35.6∼38cm, 버스 및 트럭 운전대의 직경은 45∼46cm로, 크고 무거운 차량의 동력조절장치가 없는 운전대는 수평으로 설치한다.
답 ④

33 제어장치 위치의 인간공학적 설계에 관한 설명으로 틀린 것은? [17년 4회]

① 크랭크(Crank)는 회전축이 신체전면에서 60∼92°가 좋다.

② 앉아 있을 때는 어깨의 높이에서 잡을 때 가장 큰 힘이 작용한다.

③ 작업원의 중심선보다는 좌우 어느 쪽으로든 쏠리는 것이 좋다.

④ 힘을 요하는 크랭크(Crank)의 축은 신체전면과 평행일 때 좋다.

앉아 있을 때는 팔꿈치높이와 같은 수준이 되도록 설계되어야 한다.
답 ②

인간-기계 시스템의 기본기능
정보입력 → 감지(정보수용) → 정보처리 및 의사결정 → 행동기능(신체제어 및 통신) → 출력 답 ①

34 다음 인간 또는 기계에 의해 수행되는 기본기능의 과정 중 (   ) 안에 해당하는 기능은?

[21년 1회]

> 입력정보 → (   ) → 정보 보관 및 처리 → 행동 → 출력

① 감지(Sensing) ② 피드백(Feedback)

③ 대응 선택(Response Selection) ④ 시스템환경(System Environment)

반응조사법
인간의 적합, 적응, 순응, 피로상태를 형태, 생리, 운동, 심리 등의 관점에서 관찰, 측정하는 방법으로 심신 반응의 정량, 정성 분석을 통한 방법이다. 답 ①

35 인간의 적합, 적응, 순응, 피로상태를 형태, 생리, 운동, 심리 등의 관점에서 연구하는 방법은?

[21년 4회]

① 반응조사법 ② 제품분석법

③ 직접적 관찰법 ④ 라이프 스타일(Life Style) 분석법

Weber의 법칙
물리적 자극의 강도 증가가 다른 자극수준들에 걸쳐 일관된 방식으로 변한다는 것을 발견하고 음의 높이, 무게, 빛의 밝기 등 물리적 자극을 상대적으로 판단하는 데 있어 특정 감각기관의 변화감지역은 표준자극에 비례한다는 법칙이다. 답 ③

36 물리적 자극을 상대적으로 판단하는 데 있어 특정 감각의 변화감지역은 사용되는 표준자극의 크기에 비례한다는 법칙은?

[21년 1회]

① Miller의 법칙 ② Taylor의 법칙

③ Weber의 법칙 ④ Newton의 법칙

피로조사의 목적
작업자의 건강관리, 작업조건·근무제의 개선, 노동부담의 평가와 적정화, 작업능률 향상 답 ②

37 피로조사의 목적과 가장 거리가 먼 것은?

[24년 2회]

① 작업자의 건강관리 ② 작업자능력의 우열평가

③ 작업조건, 근무제의 개선 ④ 노동부담의 평가와 적정화

만성피로
오랜기간 동안 축적되는 피로로서 휴식에 의해서 회복되지 않으며 축적피로라고 한다. 답 ③

38 피로에 관한 설명으로 틀린 것은?

[19년 1회]

① 심리적으로는 욕구수준을 떨어뜨린다.

② 생리적으로는 근육에서 발생할 수 있는 힘의 저하를 초래한다.

③ 보통 하루 정도면 숙면 등으로 회복이 가능한 정도를 만성피로 또는 곤비라 한다.

④ 피로발생은 부하조건과 작업능력과의 상대적 관계로 생기는 부담에 의한 것이다.

39 인간오류(Human Error)의 근원적 대책에 대한 설명으로 적절하지 않은 것은?

[24년 3회]

① 사전에 마련된 점검표를 사용하여 위험요인을 점검하고 제거시킨다.

② 인간이 오류를 범하여도 안전하게 작업하는 Fool – Proof 개념을 도입하여 작업장을 설계한다.

③ 오류를 범하는 작업자는 다시 유사한 오류를 범할 가능성이 높으므로 반드시 작업에서 제외한다.

④ 고장이 발생하여도 시스템이 안전하게 작동하도록 설계하는 Fail – Safe 개념을 도입하여 작업장을 설계한다.

인간오류(Human Error)의 근원적 대책
오류를 범하는 작업자는 휴먼에러의 예방대책을 고려하여 오류를 줄이며, 사전에 마련된 점검표(Check list)를 사용하여 위험요인을 점검하고 제거한다. 답 ③

40 생체리듬에 관한 설명으로 옳지 않은 것은?

[20년 3회]

① 위험일은 각각의 리듬이 (−)에서 (+) 또는 (+)에서 (−)로 변화하는 점을 말한다.

② 육체적 리듬(Physical Rhythm)은 식욕, 소화력, 활동력, 스태미나 및 지구력과 밀접한 관계가 있다.

③ 지성적 리듬(Intellectual Rhythm)은 상상력, 사고력, 기억력, 의지판단 및 비판력과 밀접한 관계가 있다.

④ 감성적 리듬(Sensitivity Rhythm)은 33일의 주기로 반복하며, 주의력, 창조력, 예감 및 통찰력 등을 좌우한다.

감성적 리듬
28일 주기로 반복되며 주의력, 창조력, 예감 및 통찰력 등을 좌우한다. 답 ④

41 시각적 표시장치 설계에 따른 특성을 설명한 것으로 옳지 않은 것은?

[20년 4회]

① 통침형 표시장치는 인식적인 암시신호(Cue)를 준다.

② 계수형 표시장치의 판독오차는 원형 표시장치보다 많다.

③ 수치를 정확히 읽어야 할 경우는 계수형 표시장치가 적합하다.

④ 수직, 수평형태 동목형이 동침형에 비해 계기반(Panel)의 공간을 적게 차지한다.

계수형 표시장치의 판독오차는 원형 표시장치보다 작을 뿐 아니라 판독 평균 반응시간도 짧다(계수형 : 0.94초, 원형 : 3.54초). 답 ②

지침설계
• 선각이 약 20° 정도인 뾰족한 지침을 사용한다.
• 지침의 끝은 작은 눈금과 맞닿게 하되 겹치지는 않도록 한다.
• 시차(時差)를 없애기 위해 지침을 눈금면에 밀착시킨다.
• 원형 눈금의 경우 지침색은 선단에서 눈금의 중심까지 칠한다.
답 ④

42 시각적 표시장치의 지침설계 요령으로 적합한 것은? [21년 4회]

① 끝이 둥근 지침을 사용하여 안정감을 높인다.

② 원형 눈금의 경우 지침의 색은 선단의 끝에만 칠한다.

③ 정확한 가독을 위하여 지침은 눈금면과 가능한 한 분리한다.

④ 지침의 끝은 작은 눈금과 맞닿되 겹치지는 않게 한다.

계수형 표시장치
전력계나 택시요금 계기와 같이 기계, 전자적으로 숫자가 표시되는 형으로 출력되는 값을 정확하게 읽어야 하는 경우에 가장 적합하다.
답 ①

43 다음 중 수치를 정확히 읽어야 할 경우에 가장 적합한 표시장치의 형태는? [19년 2회]

① 계수형

② 동침형

③ 동목형

④ 수직 · 수평형

정량적 시각표시장치
눈금의 수열은 일반적으로 0, 1, 2, 3 …처럼 1씩 증가하는 수열이 가장 사용하기 쉽다.
답 ①

44 정량적 시각 표시장치의 기본 눈금선 수열로 가장 적당한 것은? [18년 4회]

① 0, 1, 2, …

② 0, 5, 10, …

③ 0, 3, 6, …

④ 0, 8, 16, …

시각적 표시장치 설치각도
정상시선은 수평하(아래) 10~15° 정도이다.
답 ③

45 시각적 표시장치를 가장 편히 볼 수 있는 설치각도는? [18년 4회]

① 수평보다 10~15° 위쪽

② 수평보다 20~35° 위쪽

③ 수평보다 10~15° 아래쪽

④ 수평보다 20~35° 아래쪽

지침설계
• 선각이 약 20° 정도로 뾰족한 지침을 사용한다.
• 지침의 끝은 작은 눈금과 맞닿게 하되 겹치지는 않도록 한다.
• 시차(時差)를 없애기 위해 지침을 눈금(다이얼)면에 밀착시킨다.
• 원형 눈금의 경우 지침색은 선단에서 눈금의 중심까지 칠한다.
답 ③

46 시각표시장치에서 시차(Parallax)를 줄이는 방법으로 가장 적절한 것은? [21년 4회]

① 숫자와 눈금을 같은 색으로 칠한다.

② 가능한 한 끝이 둥근 지침을 사용한다.

③ 지침을 다이얼면과 최소한으로 붙인다.

④ 지침이 계속해서 회전하는 계기의 영점은 3시 방향에 둔다.

47 시각표시장치보다 청각표시장치를 사용하는 것이 유리한 경우는? [20년 4회]

① 메시지가 복잡한 경우

② 메시지가 후에 다시 참조되는 경우

③ 메시지가 즉각적인 행동을 요구하는 경우

④ 메시지가 공간적인 위치를 다루는 경우

청각적 표시장치 사용이 유리한 경우
• 메시지가 간단하고 짧을 경우
• 메시지가 후에 재참조되지 않을 경우
• 메시지가 즉각적인 행동을 요구하는 경우
• 직무상 수신자가 자주 움직일 경우
답 ③

48 시각적 표시장치에 있어 Easterby가 주장한 표지도안의 원칙에 관한 설명으로 옳지 않은 것은? [21년 1회]

① 표지는 가능한 한 통일성이 있어야 한다.

② 테두리 속의 그림은 지각과정을 감소시킨다.

③ 그림의 경계는 대비(Contrast)가 좋아야 한다.

④ 그림과 바탕의 구별이 분명하고 안정되어야 한다.

② 테두리 속의 그림은 지각과정을 높여준다.
답 ②

49 시간적 변화를 필요로 하는 경우와 연속과정의 제어에 적합한 시각표시장치의 설계형태는? [24년 3회]

① 지침이동형   ② 계수형

③ 지침고정형   ④ 계산기형

지침이동형(정목동침형)
일정한 범위에서 수치가 자주 또는 계속 변하는 경우 가장 유용한 표시장치이다.
답 ①

50 문자의 바탕과 대비에서 흰 바탕에 검은 글씨를 쓸 경우 글자의 높이에 대한 가장 알맞은 획의 굵기비율은? [20년 3회]

① $\dfrac{1}{6}$ ② $\dfrac{1}{4}$

③ $\dfrac{1}{3}$ ④ $\dfrac{1}{2}$

문자-숫자 표시장치
㉠ 흰 바탕에 검은 글씨(양각)
   1 : 6~1 : 8 권장(최대명시거리 1 : 8 정도)
㉡ 검은 바탕에 흰 글씨(음각)
   1 : 8~1 : 10 권장(최대명시거리 1 : 13.3 정도)
답 ①

계수형 표시장치
전력계나 택시요금계기와 같이 기계, 전자적으로 숫자가 표시되는 형으로 출력되는 값을 정확하게 읽어야 하는 경우에 가장 적합하고 판독시간도 짧다. **답** ②

51 원형 눈금 표시장치와 비교한 계수형 표시장치의 특징이 아닌 것은?

[21년 2회]

① 판독오차가 작다.
② 판독시간이 길다.
③ 변화와 추세를 알기 어렵다.
④ 변수의 상태나 조건의 관련 범위를 파악하기 어렵다.

조종 – 반응비율
C/R비가 클수록 미세한 조종은 쉽지만, 수행시간은 상대적으로 길다. **답** ①

52 조종 – 반응비율(C/R비)에 대한 설명으로 옳지 않은 것은? [21년 4회]

① C/R비가 클수록 조종장치는 민감하다.
② C/R비가 작으면 조종시간은 오래 걸린다.
③ 표시장치의 반응거리에 대한 조종장치를 이동한 거리의 비율이다.
④ 최적 C/R비는 조정시간과 이동시간의 합이 최소가 되는 점을 가리킨다.

조종 – 반응비율
조종장치의 민감도를 나타내는 개념으로 조종 – 반응비율이 작을수록 표시장치의 이동시간이 적게 걸리므로 정확한 제어가 용이하다. **답** ③

53 조종 – 반응비율(Control – Response Ratio)에 관한 설명으로 옳지 않은 것은?

[17년 2회, 20년 4회]

① 조종장치의 민감도를 나타내는 개념이다.
② 조종장치의 움직이는 거리와 표시장치의 반응거리의 비로 나타낸다.
③ 조종 – 반응비율이 클수록 표시장치의 이동시간이 적게 걸리므로 정확한 제어가 용이하다.
④ 목표물에 대한 조종시간과 목표물로의 이동시간을 고려하여 최적의 조종 – 반응비율을 결정해야 한다.

---

② C/R비가 크면 감도가 나쁘고, C/R비가 작으면 감도가 좋다. **답** ②

54 다음 중 조종장치와 표시장치의 관계를 나타낸 조종 – 반응비율(C/R비)에 관한 설명으로 옳지 않은 것은?

[20년 1 · 2회]

① 최적의 C/R비는 조종시간과 이동시간을 나타내는 두 곡선의 교차점 부근이 된다.
② C/R비가 크면 감도(Sensitivity)가 좋고, C/R비가 작으면 감도가 나쁘다.
③ 노브(Knob)의 C/R비는 손잡이 1회전 시 움직이는 표시장치 이동거리의 역수로 나타낸다.
④ C/R비가 작은 경우에는 조종장치를 조금만 움직여도 표시장치의 지침은 많이 이동하게 된다.

05 인체계측

❶ 신체활동의 생리적 배경

1. 인체의 기본 구성

유사한 세포가 모여 조직을 구성하고 조직이 모여 기관을 이루고 많은 계통이 모여 인체라는 유기체를 형성한다.

1) 세포

인체구성과 기능을 수행하는 최소단위이며, 위치에 따라 모양과 크기가 다르고 수명과 기능에도 차이가 있다. 기능에 따라 근육세포, 신경조직, 결합조직을 인체의 기본조직이라 한다.

2) 조직

구조와 기능이 비슷한 세포들이 그 분화의 방향에 따라 형성·분화된 집단을 말하며, 구조와 기능에 따라 근육조직, 신경조직, 상피조직, 결합조직을 인체의 4대 기본조직이라 한다.

3) 기관

기능과 구조가 비슷한 세포들이 특수한 기능을 수행하기 위해 결합된 형태를 말하며, 간이나 심장 등과 같이 장기의 내부가 조직으로 차 있는 실질성 기관과 위나 방광처럼 내부가 비어 있는 유강성 기관으로 구분한다.

2. 순환계 및 호흡계

1) 순환계

순환계의 기능은 다음과 같다.
① 순환계는 인체의 각 조직의 산소와 영양소를 공급하고 대사산물인 노폐물과 이산화탄소를 제거해주는 폐쇄회로기관이다.
② 심장, 혈액, 혈관, 림프, 림프관, 비장 및 흉선 등으로 구성되며 영양분과 가스 및 노폐물을 운반하고 림프구 및 항체의 생산으로 인체의 방어작용을 담당한다.

핵심 문제 01 ◆◆◆

다음 중 신경세포의 구성요소가 아닌 것은?
[10년 2회, 19년 2회]

① 핵   ② 수의근
③ 수상돌기   ④ 신경섬유

해설

신경세포의 구성요소
세포체, 핵, 가지돌기, 축삭, 수상돌기

※ 수의근 : 의식적으로 움직임을 조절할 수 있는 근육이다.

정답 ②

핵심 문제 02 ◆◆◆

인체의 각 기관계와 속하는 기관이 올바르게 짝지어진 것은?
[21년 1회]

① 순환계 : 심장
② 순환계 : 신경
③ 호흡기계 : 부신
④ 호흡기계 : 림프관

해설

순환계
심장, 혈액, 혈관, 림프, 림프관, 비장 및 흉선 등으로 구성된다.

정답 ①

핵심 문제 03 ◆◆◆

호흡계(Respiratory System)에 관한 설명으로 옳지 않은 것은? [21년 4회]

① 호흡계는 산소를 공급하고, 이산화탄소를 제거하는 일을 수행한다.
② 호흡계는 비강, 후두 등의 전도부와 폐포, 폐포관 등의 호흡부로 이루어진다.
③ 허파에서 공기와 혈액 사이에 일어나는 기체교환을 내호흡 또는 조직호흡이라 한다.
④ 호흡이란 생명현상을 유지하기 위하여 산소를 섭취하고 이산화탄소를 배출하는 일련의 과정을 말한다.

해설

허파에서 공기와 혈액 사이의 기체교환을 외호흡이라 한다.

정답 ③

핵심 문제 04 ◆◆◆

다음 중 인체의 각 기관계와 해당하는 기관이 올바르게 연결된 것은? [14년 4회]

① 순환계 : 신경
② 호흡기계 : 림프관
③ 호흡기계 : 후두
④ 순환계 : 위장

해설

인체의 기관계
㉠ 호흡계 : 인두, 후두, 폐
㉡ 순환계 : 심장, 혈관
㉢ 소화계 : 위장, 소장, 간

정답 ③

핵심 문제 05 ◆◆◆

인체골격의 기능과 가장 거리가 먼 것은? [20년 4회]

① 신체활동을 수행한다.
② 신체를 지지하고, 체형을 유지한다.
③ 신체의 중요한 부분을 보호한다.
④ 각 세포의 활동에 필요한 물질을 운반한다.

해설

인체골격의 기능
• 인체의 지주역할을 한다.
• 골수는 조혈기능을 갖는다.
• 체강의 기초를 만들고 내부의 장기를 보호한다.
• 가동성 연결, 관절을 만들고 골격근의 수축에 의해 운동기로서 작용한다.
• 칼슘, 인산의 중요한 저장고가 되며, 나트륨과 마그네슘 이온의 작은 저장고 역할을 한다.

정답 ④

2) 호흡계

(1) 호흡의 정의

호흡이란 생명현상을 유지하기 위하여 산소를 섭취하고 이산화탄소를 배출하는 일련의 과정을 말한다.

(2) 호흡계의 기능

호흡계는 기도를 통해 폐의 폐포 내에 도달한 공기와 폐포벽을 싸고 있는 폐동맥과 폐정맥의 모세혈관망 사이에서 가스교환을 하는 기관계이며 다음 기능을 한다.

① 가스를 교환한다.
② 공기의 오염물질, 먼지, 박테리아를 걸러내는 흡입공기의 정화작용을 한다.
③ 흡입된 공기를 진동시켜 목소리를 내는 발성기관의 역할을 한다.
④ 공기를 따뜻하고 부드럽게 한다.
⑤ 산소를 공급하고, 이산화탄소를 제거하는 일을 수행한다.
⑥ 비강, 후두 등의 전도부와 폐포, 폐포관 등의 호흡부로 이루어진다.
⑦ 허파에서 공기와 혈액 사이의 기체교환을 외호흡이라 한다.

(3) 호흡계의 구성

코, 인두, 기관, 기관지는 공기의 출입과 발성에 관여하며 폐는 공기와 혈액 사이의 가스교환을 하는 장소이다. 외비는 공기 중의 먼지를 막는 역할을 하고, 비강은 일정한 온도와 습도를 얻게 하며 부비강으로 구성되어 있다.

3. 근골격계 해부학적 구조

1) 골격계

(1) 골격의 구성

① 인체의 골격계는 전신의 뼈, 연골, 관절, 인대로 구성되어 있다.
② 전신은 크고 작은 206개의 뼈로 구성되어 있다.
③ 근육, 신경과 함께 인체운동을 이행한다.
④ 인체의 기본구조를 이루며 지탱하는 역할을 한다.
⑤ 골격근의 기동적 수축에 따라 운동을 한다.

(2) 골격의 기능

골격의 기능에는 몸을 지탱하여 그 외형을 지지하고 체강 내의 장기보호, 조혈작용, 골격근의 기능적 수축에 따른 수동(受動)운동 외에 다음의 기능이 있다.

지지기능	인체의 무게를 지지한다.
저장기능	외부의 충격으로 장기들을 보호한다.
운동기능	뼈에 부착된 근육의 수축과 관절을 이용하여 지렛대처럼 운동한다.
조혈기능	골수에서 혈구를 생산하여 조혈작용을 한다.
보호기능	칼슘, 인산나트륨, 마그네슘, 이온 등 무기질을 저장하는 저장고 역할을 한다.

2) 근육계

수축성이 강한 조직으로 인체의 여러 부위를 움직이는데 근육이 위치한 부위에 따라 그 역할이 다르다. 근육은 골격근, 심장근, 평활근으로 나눌 수 있다. 특히, 사람의 근육은 운동(훈련)을 하면 근육이 발달하고 힘이 세지는데, 그 이유는 근육의 섬유 숫자는 일정하나 각각의 섬유가 발달하기 때문이다.

(1) 근육의 기능

① 몸을 움직이거나 자세를 유지하고, 전신에 혈액을 순환시키는 역할을 한다.
② 약 650개 정도의 근육으로 구성되어 체중의 40~50%를 차지한다.
③ 인체에너지 중 약 1/2을 사용하며 인체자세를 유지한다.
④ 근육의 수축을 통해서 인체의 움직임에 있어 화학적 에너지를 기계적 에너지로 바꾼다.
⑤ 근육의 대사작용에서 근육 피로의 원인이 되는 물질은 젖산이다.

(2) 근육의 종류

① **골격근** : 골격(뼈대)에 부착되어 전신의 관절운동에 관여하며 체중의 40%를 차지한다.
② **심장근** : 심장에서만 볼 수 있는 가로무늬근으로 규칙적이고 강력한 힘을 발휘한다.
③ **평활근** : 소화관, 혈관, 내장에서 볼 수 있는 근육으로 자율신경이 지배한다.

(3) 근육 속 에너지원

아데노신 삼인산(ATP), 크레아틴 인산(CP), 글리코겐이 있다. 이 물질이 없으면 근육은 에너지를 발생시킬 물질을 잃어버린 결과가 되므로 근수축의 능력을 잃게 된다.

핵심 문제 06 ◆◆◆

사람의 근육은 운동(훈련)을 하면 근육이 발달하고 힘이 증가하는데 그 이유는? [18년 2회]

① 지방질의 축적이 이루어지기 때문
② 근육의 섬유(Fiber) 숫자가 증가하기 때문
③ 근육의 섬유 숫자도 늘고 각각의 섬유도 발달하기 때문
④ 근육의 섬유 숫자는 일정하나 각각의 섬유가 발달하기 때문

해설

근육세포
새로 생성되는 것이 아니라 훈련이나 운동에 의해 세포가 커지는 것으로 근육은 많이 움직일수록 운동신경섬유의 분포가 더욱 거미줄처럼 발달한다.

정답 ④

핵심 문제 07 ◆◆◆

다음 중 근육의 대사작용에서 근육 피로의 원인이 되는 물질로 옳은 것은? [15년 1회, 20년 2회]

① 단백질   ② 포도당
③ 젖산   ④ 글리코겐

해설

근육의 피로
신체활동의 수준이나 지속시간에 따라 젖산이 누적되며 근육의 피로가 유발된다.

정답 ③

핵심 문제 08 ◆◆◆

관절에서 몸의 뼈와 뼈를 결합시켜주는 기능을 하는 것은? [16년 4회]

① 건(Tendon)
② 근육(Muscles)
③ 척수(Spinal Cord)
④ 인대(Ligament)

해설

인대
인대는 내부 기관의 구조적 지지도 하지만 관절에서 뼈를 잡아두기도 한다.

정답 ④

(4) 근육의 대사(Metabolism)

① 대사작용

에너지대사는 음식물을 섭취하여 인체에서 기계적인 일과 열로 전환하는 화학적 과정이다.

㉠ 기계적인 일 : 외부적으로는 운동, 육체적 작업 등에 사용하며, 내부적으로는 호흡, 소화 등에 사용한다.

㉡ 기계적인 열 : 외부로부터 발생한다.

㉢ 에너지원 : 당원으로 많은 수의 포도당 분자로 구성되며, 당원이 에너지로 전환하는 화학반응에서 산소가 부족할 때에는 젖산이 생성된다.

② 기초대사량(BMR : Basal Metabolic Rate)

생명을 유지하기 위한 최소한의 에너지 소비량을 의미하며 성, 연령, 체중은 개인의 기초대사량에 영향을 주는 중요한 요소이다.

㉠ 성인 기초대사량 : 1,500~1,800kcal/일

㉡ 기초＋여가대사량 : 2,300kcal/일

㉢ 작업 시 정상적인 에너지 소비량 : 4,500kcal/일

③ 에너지대사율(RMR : Relative Metabolic Rate)

작업 강도 단위로서 산소 소비량으로 측정한다.

$$R = \frac{\text{작업 시 소비에너지}(C) - \text{안정 시 소비에너지}(D)}{\text{기초대사량}(A)} \times 100$$

$$= \frac{\text{작업 대사량}}{\text{기초대사량}}$$

④ 젖산의 축적

㉠ 산소공급이 충분할 때에는 젖산이 축적되지 않지만, 평상시의 혈액순환으로 공급되는 산소 이상을 필요로 할 때에는 호흡수와 맥박수를 증가시켜 산소수요를 충족시킨다.

㉡ 활동수준이 높으면 근육에 공급되는 산소량이 부족하여 혈액 중의 젖산이 축적된다.

㉢ 젖산은 유기성 과정에 의해 물과 이산화탄소로 분해되어 발산된다.

㉣ 젖산이 누적되면 결국 근육은 반응하지 않게 된다.

㉤ 젖산은 유기성 과정에 의하여 물과 CO_2로 분해되어 발산된다.

⑤ 산소결핍 및 산소부채

㉠ 산소결핍(Oxygen Deficit) : 휴식을 하다가 작업을 시작하고 활동량이 많아지면 인체가 필요로 하는 산소의 양보다 많아지게 된다. 이때 발생하는 부족한 산소의 상태를 말한다.

ⓛ 산소부채(Oxygen Debt) : 산소결핍상태가 발생하고 꾸준한 활동을 하게 되면 일정시간이 지난 후 안정상태가 된다. 하지만 일정수준 이상의 활동이 종료된 후에도 일정기간 동안은 산소가 더 필요하게 된다.

3) 관절계

인체의 뼈가 서로 기능적으로 연결되는 것을 말하며, 뼈를 움직일 수 있게 한다. 관절은 운동성이 매우 좋은 가동관절, 전혀 움직임이 없는 부동관절로 되어 있다.

(1) 부동관절

움직임이 없거나 약간의 움직임만 허용되는 관절이다. 종류에는 섬유관절, 연골관절, 활막관절이 있다.

(2) 가동관절(윤활관절)

중간 정도에서 광범위한 운동까지 허용되는 관절로 윤활액으로 차 있는 공간을 가지고 있다. 가동관절의 종류는 다음과 같다.

경첩관절	하나의 축을 따라 구부리고 펼 수 있다.
절구관절	3개의 운동축에 따라 움직이며 회전운동이 가능하다.
타원관절	2개의 축 위에서 움직이며 굽히고 펴는 것이 가능하다.
안장관절	타원관절과 비슷하여 직각방향으로 움직이는 2축성 관절이다.
평면관절	뼈의 관절면이 평면에 가까운 상태로서 약간의 미끄럼운동으로 움직인다.
차축관절	세로축 중심으로 회전운동이 일어나는 관절을 말한다.

❷ 신체반응의 측정 및 신체역학

1. 인체측정의 방법

인체계측학과 신체역학에서 신체 부위의 길이, 무게, 부피, 운동범위 등을 포함하여 신체모양이나 기능을 측정하는 것이다.

1) 정적 측정(구조적 인체치수)

① 마르틴(Martin)식 계측자를 이용하여 인체치수를 측정하는 방법이다.
② 표준자세로 움직이지 않는 피측정자를 인체계측기 등으로 측정한 치수이다.
③ 연령에 따라 신장과 체중의 차이가 있다.

2) 동적 측정(기능적 인체치수)

① 움직이는 몸의 자세로 측정한 치수이다.

② 팔뻗기, 운동범위, 근력 등 제품 및 공간설계에 정보를 제공한다.

③ 설계에서는 기능적 인체치수가 더 널리 사용된다.

2. 인체측정자료의 응용원리

1) 극단치를 이용한 설계

극단에 속하는 사람을 대상으로 설계하면 모든 사람을 수용할 수 있는 경우이다.

(1) 최대 집단치를 이용한 설계

① 95%값에 속하는 큰 사람을 수용할 수 있다면, 이보다 작은 사람도 수용된다는 원리이다.

② 문, 탈출구, 통로 등 공간여유 및 강도 등을 정할 때 사용한다.

(2) 최소 집단치를 이용한 설계

① 팔이 짧은 사람이 잡을 수 있다면 이보다 긴 사람은 모두 잡을 수 있다는 원리이다.

② 선반의 높이, 조정장치까지의 거리 등을 정할 때 사용한다.

2) 조절 가능한 설계

① 체격이 다른 여러 사람에게 맞도록 조절식으로 설계되었다(자동차좌석의 전후 조절).

② 조절범위는 5~95%까지로 90% 범위를 수용대상으로 설계하는 것이 관례이다.

3) 평균치를 이용한 설계

① 극단치를 이용한 설계가 곤란한 경우 평균치를 이용하여 설계한다.

② 특정한 장비나 설비의 경우 최소 집단치 및 최대 집단치를 기준으로 설계하는 것이 부적합할 경우가 있다(등산용 로프의 강도).

③ 평균에 가까울수록 불편함은 감소하고, 멀수록 불편함은 증가한다.

④ 은행 및 마트 계산대, 식당 테이블 등 짧은 시간 동안 공공으로 이용하는 제품에 적용한다.

핵심 문제 14 ◆◆◆

다음 중 인체측정치의 최대집단치를 적용하는 대상으로 적절하지 않은 것은?

[12년 1회]

① 탈출구의 넓이
② 출입문의 높이
③ 그네의 지지 하중
④ 버스의 손잡이 높이

해설

• 최대 집단치 : 문(틀)의 높이, 등산용 로프의 강도, 비상 탈출구의 넓이, 그네의 지지 중량, 의자의 너비
• 최소 집단치 : 선반의 높이, 조종 장치까지의 거리(조작자와 제어버튼 사이의 거리), 비상벨의 위치 설계

정답 ④

핵심 문제 15 ◆◆◆

인체측정치 중 최대집단치를 적용하는 대상으로 볼 수 없는 것은? [07년 4회]

① 탈출구의 넓이
② 출입문의 높이
③ 그네의 지지 하중
④ 선반의 높이

해설

• 최대 집단치 : 문(틀)의 높이, 등산용 로프의 강도, 비상 탈출구의 넓이, 그네의 지지 중량, 의자의 너비
• 최소 집단치 : 선반의 높이, 조종 장치까지의 거리(조작자와 제어버튼 사이의 거리), 비상벨의 위치 설계

정답 ④

3. 생체신호와 측정방법

1) 생체신호 측정

작업을 할 때 인체가 받는 부담은 작업의 성질에 따라 상당한 차이가 있으므로 이 차이를 연구하기 위한 방법이 생체신호를 측정하는 것이다.

2) 작업의 종류에 따른 생체신호 측정방법

(1) 생리적 측정방법

근전도(EMG) 측정, 뇌파계(EEG) 측정, 심전도(ECG) 측정, 청력검사, 근점거리계, 광도계

(2) 정신적 측정방법

대뇌피질활동 측정, 호흡순환기능 측정, 점멸융합주파수치 측정

(3) 세부적 측정방법

① 동적 근력작업 : 에너지량, 에너지대사율(RMR), 산소섭취량, CO_2 배출량, 호흡량, 심박수, 근전도(EMG) 등
② 정적 근력작업 : 에너지대사량과 심박수의 상관관계, 근전도 등
③ 정신적 작업 : 플리커치(점멸융합주파수, CFF)
④ 작업부하, 피로의 측정 : 호흡량, 근전도(EMG), 플리커치(점멸융합주파수, CFF)
⑤ 긴장감 측정 : 심박수, 전기피부반응(GSR)

4. 생리적 부담척도(육체적 작업)

1) 심장활동의 측정

(1) 심박수

심실이 수축, 이완하는 일련의 사건으로 0.8초간 지속되며, 1분간 약 70주기로 반복된다(수축 : 0.3초 지속, 이완 : 0.5초 지속).

(2) 심장활동 측정

심장근수축에 따르는 전기적 변화를 피부에 부착한 전극들로 검출, 증폭, 기록한 것을 심전도(ECG, EKG)라고 하며, 파형 내의 여러 파들은 P, QRS, T파 등으로 불린다.

핵심 문제 16

생리적 상태 변동을 전류로 변환하여 측정되는 것으로 뇌파 전위도를 기록하는 것은? [20년 1회]
① EEG   ② EMG
③ ECG   ④ EOG

해설
• 뇌전도(EEG) : 뇌의 활동에 따른 전위도를 기록한 것이다.
• 생리적 측정방법 : 근전도(EMG)측정, 뇌파계(EEG)측정, 심전도(ECG)측정, 청력검사, 근점거리계, 광도계

정답 ①

핵심 문제 17

다음 중 인체의 생리적 부담척도에 해당하지 않는 것은? [11년 1회]
① 심박수   ② 뇌전도
③ 근전도   ④ 산소 소비량

해설
생리적 부담척도
심박수, 심전도, 근전도, 맥박수, 산소 소비량
※ 뇌전도는 근육활동의 측정방법에 속한다.

정답 ②

(3) 맥박수

열 및 감정적 압박의 영향을 잘 나타내나 체질, 건강상태, 성별 등 개인적인 요소에도 좌우되며 여러 종류의 작업부하를 나타내는 절대지표로 산소소비량보다 덜 적합하다.

2) 산소 소비량의 측정

산소량을 알게 되면 생체에 소비된 에너지를 간접적으로 알 수 있다(O_2 1L 소비 = 5kcal).

(1) 산소 소비량 측정

더글라스(Douglas)낭을 사용하여 우선 배기를 수집하고 배기량을 측정한다.

(2) 에너지 소비량 계산

작업의 에너지값은 분당 또는 시간당 산소 소비량을 측정한다.

3) 근육활동의 측정

(1) 근전도(EMG)

근육이 움직일 때 나오는 미세한 전기신호로 생리적 피로도를 평가하기 위한 측정방법이다.

(2) 근전도 종류

① 심전도(ECG) : 심장근육의 전위차를 기록한 근전도이다.
② 뇌전도(EEG) : 뇌의 활동에 따른 전위차를 기록한 것이다.
③ 안전도(EOG) : 안구를 사이에 두고 수평과 수직방향으로 붙인 전위차를 기록한 것이다.

(3) 근전도 측정

근육활동에서 측정하고자 하는 근육에 전극을 부착하여 활동전위치를 검출한다.

5. 심리적 부담척도(정신적 작업)

1) 정신활동의 측정목적

① 정신부하에 기초하여 인간과 기계의 합리적인 작업을 배정한다.
② 부과된 작업의 부하를 고려하여 대체할 장비 등을 비교 · 평가한다.
③ 작업자가 행하는 작업의 난이도를 검정하고 이에 따라 합리적인 작업 배정을 한다.
④ 고급인력을 적재적소에 배치한다.

핵심 문제 18 ◆◆◆

다음 중 EMG(Electromyography)를 이용하여 측정하는 것은?
[14년 2회]
① 심장 박동수
② 뇌의 활동량
③ 안구의 초점이동
④ 근육의 활동

해설

근전도(EMG)
육체적 작업부하에 관한 측정치로, 근육활동의 전위차를 기록한 것이다.

정답 ④

핵심 문제 19 ◆◆◆

다음 중 신체반응을 측정하는 데 있어서 그 척도와 방법이 잘못 연결된 것은?
[15년 1회, 19년 4회]
① 골격활동의 척도 – 부정맥
② 정신활동의 척도 – 뇌파 기록
③ 국소적 근육활동의 척도 – 근전도
④ 생리적 부담의 척도 – 맥박수

해설

① 심장활동 불규칙 척도 – 부정맥

정답 ①

2) 정신활동의 측정방법

(1) 주작업 측정

이용 가능한 시간에 대하여 실제로 이용한 시간을 비율로 정한 방법이다.

(2) 부수작업 측정

주작업과 관련 없는 부수작업을 이용하여 여유능력을 측정하고자 하는 것이다.

(3) 생리적 측정

단일 감각기관에 의존하는 경우에 작업에 대한 정신부하를 측정할 때 이용되는 방법이다.

부정맥	심장박동이 비정상적으로 늦어지거나 빨라지는 현상을 말하며 정상적이고 규칙적인 심장박동을 정맥이라고 한다.
점멸융합주파수 (CFF)	• 빛을 일정한 속도로 점멸하면 반짝하게 보이나 그 속도를 증가시키면 계속 켜져 있는 것처럼 한 점으로 보이게 되는 현상이다. • 피곤함에 따라 빈도가 감소하기 때문에 중추신경계의 피로, 정신피로의 척도가 될 수 있다.
전기피부반응 (GSR)	피부의 전기저항값이 자극에 의해서 반사적으로 감소하는 현상이다.
눈 깜박거림	평균적으로 매 5초마다 작용하며 보통 눈 깜박거림으로 시각정보의 3%를 손실한다. 시각작업의 경우 정신부하가 증가하면 눈 깜박거림 횟수는 감소한다.
뇌파(EEG)	인간이 활동하거나 수면을 취하고 있는 동안 대뇌의 표층을 덮는 신피질의 영역에서 어떤 리듬을 가진 미약한 전기활동현상을 말한다.

6. 신체동작의 유형과 범위

1) 인체동작의 유형

(1) 굴곡(Flexion)

관절의 각도가 감소되는 동작이다(팔꿈치 굽히기).

(2) 신전(Extension)

굴곡과 반대로 관절의 각도가 증가되는 동작이다.

(3) 내전(Adduction)

인체의 중심선에 가까워지도록 이동하는 동작이다.

핵심 문제 20 •••

다음 중 생리적 활동척도에 해당하지 않는 것은?　[11년 2회, 19년 4회]
① 혈압
② 점멸융합주파수
③ 분당 호흡용량
④ 최대 산소소비능력

해설

생리적 활동(부담)척도
혈압, 산소소비능력, 분당 호흡용량, 에너지 소비량

※ 점멸융합주파수는 심리적 부담척도에 해당한다.

정답 ②

핵심 문제 21 •••

생리적 상태 변동을 전류로 변환하여 측정되는 것으로 뇌파 전위도를 기록하는 것은?　[16년 2회]
① EEG　　② EMG
③ ECG　　④ EOG

해설

뇌전도(EEG)
뇌의 활동에 따른 전위도를 기록한 것이다.

정답 ①

핵심 문제 22 •••

신체 부위의 유형에서 신체 부위 간의 각도가 감소하는 동작을 무엇이라 하는가?　[10년 2회]
① 굴곡(Flexion)　② 신전(Extention)
③ 하향(Pronation)　④ 외전(Abduction)

해설

굴곡
관절의 각도가 감소되는 동작이다.

정답 ①

신체동작의 유형 중 굽은 팔꿈치를 펴는 동작과 같이 관절이 만드는 각도가 증가하는 동작을 무엇이라 하는가?

[18년 4회]

① 굴곡(Flexion)
② 내전(Adduction)
③ 외전(Abduction)
④ 신전(Extension)

해설

신전
관절(부위 간)에서의 각도가 증가하는 동작이다.

정답 ④

다음 중 신체 관절운동에 관한 설명으로 옳은 것은? [14년 2회]

① 내선(Medial Rotation)이란 신체의 중앙에서 바깥으로 회전하는 운동을 말한다.
② 외선(Lateral Rotation)이란 신체의 바깥에서 중앙으로 회전하는 운동을 말한다.
③ 외전(Abduction)이란 관절에서의 각도가 감소하는 인체 부분의 동작을 말한다.
④ 내전(Adduction)이란 신체의 부분이 신체의 중앙이나 그것이 붙어 있는 방향으로 움직이는 동작을 말한다.

해설

①은 외선, ②는 내선, ③은 굴곡에 대한 설명이다.

내전
인체의 중심선에 가까워지도록 회전하는 동작이다.

정답 ④

(4) 외전(Abduction)

인체의 중심선에서 멀어지도록 이동하는 동작이다.

(5) 내선(Medial Rotation)

인체의 중심선에서 가까워지도록 회전하는 동작이다.

(6) 외선(Lateral Rotation)

인체의 중심선에서 멀어지도록 회전하는 동작이다.

(7) 회내(Pronation)

손바닥이나 발바닥이 아래를 향하도록 해서 안쪽으로 회전하는 동작이다.

(8) 회외(Supination)

손바닥이나 발바닥이 위를 향하도록 바깥쪽으로 회전하는 동작이다.

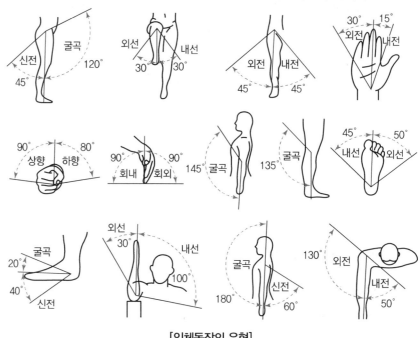

[인체동작의 유형]

2) 인체동작의 종류

(1) 위치동작

몸 전체를 사용하는 동작으로 신체부위의 이동동작이다.

(2) 연속동작

연속적인 동작으로 특정 근육조절이 필요한 동작이다.

(3) 반복동작

속도계를 보고 작업행동을 조정하는 동작이다.

(4) 계열동작

왼손과 오른손이 각각 다른 행동으로 작업하는 동작이다.

3) 동작경제의 원리

(1) 정의

작업을 분해 가능한 세밀한 단위, 특히 미세동작으로 분석하고 어떤 작업에도 적절한 동작의 조합에 의한 최선의 작업방법이 있다는 사고방식을 근거로 하며 무리한 동작을 제거하여 최선의 작업방법으로 개선하기 위한 기법이다.

(2) 원칙

동작을 합리화하여 힘들지 않게 하는 것으로 동작경제의 3원칙에는 동작범위의 최소화, 동작수의 조합화, 동작순서의 합리화가 있다. 또한 작업자가 경제적인 동작으로 작업을 수행함으로써 작업자가 느끼는 피로도를 감소시키고 작업능률을 향상시키기 위한 원칙은 다음과 같다.

① 신체의 사용에 관한 원칙
 ㉠ 양손은 움직일 때 가능하면 좌우대칭으로 한다.
 ㉡ 공구의 기능을 결합하여 사용하도록 한다.
 ㉢ 모든 공구나 재료는 자기 위치에 있도록 한다.
 ㉣ 두 손의 동작은 같이 시작하고 같이 끝나도록 한다.
 ㉤ 휴식시간을 제외하고는 양손이 같이 쉬지 않도록 한다.
 ㉥ 두 팔의 동작은 서로 반대방향으로 대칭적으로 움직인다.
 ㉦ 손과 신체의 동작은 작업을 원만하게 처리할 수 있는 범위 내에서 가장 낮은 동작등급을 사용하도록 한다.
 ㉧ 손의 동작은 유연하고 연속적인 동작이 되도록 하며, 방향이 갑자기 크게 바뀌는 모양의 직선동작은 피하도록 한다.

② 작업장의 배치에 관한 원칙
 ㉠ 모든 공구와 재료는 일정한 위치에 정돈되어야 한다.
 ㉡ 동작에 가장 편리한 순서로 배치하여야 한다.
 ㉢ 가능하면 낙하식 운반방법을 이용한다.
 ㉣ 채광 및 조명장치를 잘 하여야 한다.
 ㉤ 작업자가 좋은 자세를 취할 수 있는 모양 및 높이의 의자를 지급해야 한다.

핵심 **문제 25** •••

다음 중 신체 부위의 운동형태와 그 예를 바르게 나열한 것은? [15년 2회]
① 조작동작 : 망치질하기
② 연속동작 : 부품이나 공구 잡고 있기
③ 반복동작 : 자동차 핸들 조종하기
④ 계열동작 : 피아노 연주나 타이핑하기

해설

계열동작
왼손과 오른손이 각각 다른 행동을 하는 동작이다.

정답 ④

핵심 **문제 26** •••

동작경제의 원칙(Principles of Motion Economy)과 관련된 내용 중 틀린 것은? [02년 3회]
① 중력의 이용
② 가속도의 사용
③ 최단 동선의 확보
④ 작업자의 습관 제거

해설

동작경제의 원칙
동작을 합리화하여 힘들지 않게 하는 것으로, 동작경제의 3원칙에는 동작범위의 최소화, 동작수의 조합화, 동작순서의 합리화가 있다.

정답 ②

핵심 **문제 27** •••

동작경제의 원칙으로 옳지 않은 것은? [21년 1회]
① 동작의 범위는 최소로 한다.
② 손의 동작은 항상 직선으로 동작한다.
③ 가능한 한 관성, 중력 등을 이용하여 작업한다.
④ 휴식시간을 제외하고는 양손을 동시에 쉬지 않도록 한다.

해설

② 손의 동작은 유연하고 연속적인 동작이 되도록 하며, 방향이 갑자기 크게 바뀌는 모양의 직선동작은 피하도록 한다.

정답 ②

ⓗ 의자와 작업대의 모양과 높이는 작업자에게 알맞도록 설계해야 한다.
ⓢ 가능하면 쉽고도 자연스러운 리듬이 작업동작에 생기도록 작업을 배치한다.

7. 힘과 모멘트

1) 힘

물체를 밀거나 끌 때 힘을 가하게 되며 근육의 활동을 야기시킨다. 물체에 가해진 힘은 물체를 변형시키거나 운동상태를 변화시킨다.

(1) 힘의 특성(3요소)

① 크기(Magnitude)

② 방향(Direction)

③ 작용점(Point of Application)

(2) 힘의 효과

① 외적 효과 : 힘을 받는 강체에서 일어나는 지점의 반력과 가속도

② 내적 효과 : 힘을 받는 변형체에서 일어나는 변형

2) 모멘트

물체에 가해진 힘은 물체를 이동 및 변형을 시키거나 회전 및 구부림을 야기시킨다.

(1) 모멘트의 크기

모멘트는 M으로 표시되며, 힘 × 모멘트 팔(Moment Arm), 즉 $M = F \times d$로 표현한다. 모멘트 팔은 레버 팔(Lever Arm) 또는 지렛대 팔이라고도 불리며, 0점과 힘(F)의 작용선 간의 짧은 거리(d)를 나타낸다.

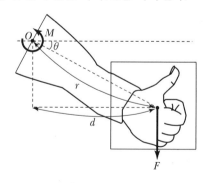

[모멘트의 크기]

핵심 문제 28

힘에 대한 설명으로 틀린 것은?
① 힘은 벡터량이다.
② 힘의 단위는 N이다.
③ 힘은 질량에 비례한다.
④ 힘은 속도에 비례한다.

해설

④ 힘은 가속도에 비례한다.
$F = ma$
여기서, F : 힘, m : 질량, a : 가속도

정답 ④

핵심 문제 29

다음 중 생체역학에 있어 힘과 모멘트에 관한 설명으로 틀린 것은? [12년 2회]
① 평형을 이루는 경우 작용하는 모멘트들의 합은 0이 된다.
② 힘의 작용선상에서 돌아가려는 힘은 거리에 반비례하여 발생한다.
③ 힘의 평형은 각 힘의 작용선에 작용한 힘과 반작용들의 합이 0이라는 의미이다.
④ 물체가 정적 평형상태를 유지하기 위해서는 힘의 평형과 모멘트의 평형이 충족되어야 한다.

해설

② 힘의 작용선상에서 돌아가려는 힘은 거리에 비례하여 발생한다.

정답 ②

(2) 모멘트의 방향

① 한 점에서 모멘트는 그 점에 힘이 높은 면(Plane)에 대해 수직으로 작용한다.

② 모멘트 M의 방향은 오른손법칙에 의해 정해지며 엄지손가락으로 힘을 가리키면 나머지 손가락은 모멘트방향을 가리키게 된다.

③ 모멘트 벡터의 방향은 시계방향이나 반시계방향으로 표시된다.

❸ 신체활동

1. 근력과 지구력

1) 근력

한번의 수의적인 노력에 의하여 근육이 등척성(Isometric)으로 낼 수 있는 힘의 최댓값이며 손, 팔, 다리 등의 특정 근육이나 근육과 관련이 있다.

(1) 등척성 근력(정적 근력)

인체부위를 움직이지 않으면서 고정된 물체에 힘을 가하는 상태이다.

(2) 등속성 근력(동적 근력)

물건을 들어 올릴 때처럼 팔이나 다리의 인체 부위를 실제로 움직이는 상태이다.

2) 지구력

(1) 정의

근력을 사용하여 특정한 힘을 유지할 수 있는 능력으로 힘의 크기와 관계가 있다.

(2) 특징

① 최대근력으로 유지할 수 있는 것은 몇 초이며, 최대근력의 50% 힘으로는 약 1분간 유지할 수 있고 최대근력의 15% 이하의 힘으로는 상당히 오래 유지할 수 있다.

② 최대근력으로 반복적인 수축을 할 때는 피로 때문에 힘이 줄어들지만 어떤 수준 이하가 되면 장시간 동안 유지할 수 있다.

③ 반복적인 동적 작업에서는 힘과 반복주기의 조합에 따라 그 활동의 지속시간이 달라진다.

④ 수축 횟수가 10회/분일 때는 최대근력의 80% 정도를 계속 낼 수 있지만, 30회/분일 때는 최대근력의 60% 정도밖에 지속할 수 없다.

핵심 문제 30 ◆◆◆

근력(Strength)에 관한 설명으로 옳지 않은 것은? [20년 4회]

① 근력은 일반적으로 등척적으로 근육이 낼 수 있는 최대 힘을 의미한다.
② 근력은 힘의 발휘조건에 따라 정적 근력과 동적 근력의 두 가지 유형으로 구분될 수 있다.
③ 동적 근력을 등척력이라 하며, 정지된 상태에서 움직이기 시작할 때의 힘을 의미한다.
④ 동적 근력의 측정이 어려운 것은 가속, 관절각도의 변화 등이 측정에 영향을 미치기 때문이다.

해설

동적 근력
신체 부위를 움직여 물체를 이동시킬 때의 근력을 등속력이라 한다.

정답 ③

핵심 문제 31 ◆◆◆

사람이 근육을 사용하여 특정한 힘을 유지할 수 있는 시간(능력)을 무엇이라 하는가? [20년 1회]

① 염력　　② 완력
③ 지구력　　④ 전단응력

해설

지구력
근육을 사용하여 특정한 힘을 유지할 수 있는 능력으로 최대근력으로 유지할 수 있는 것은 몇 초이며, 최대근력의 50% 힘으로는 약 1분간 유지할 수 있다.

정답 ③

2. 신체활동의 부하측정

1) 에너지 소비량

① 사람이 소비하는 에너지가 전부 유용한 일에 쓰이는 것은 아니며 대부분(약 70%)은 열로 소실되고, 일부는 비생산적 정적 노력(물건을 들거나 받치고 있는 일)에 소비된다.

② 작업효율은 에너지 소비량에 반비례하며 신체활동에 따른 에너지 소비량에는 개인차가 있다.

③ 어떤 작업에 대한 에너지가(價)는 수행방법에 따라 달라지고 신체적 동작 속도가 증가하면 에너지 소비량도 증가한다.

핵심 문제 32 ◆◆◆

신체활동의 에너지 소비에 대한 설명으로 적합하지 않은 것은? [19년 1회]
① 작업효율은 에너지 소비에 반비례한다.
② 신체활동에 따른 에너지 소비량에는 개인차가 있다.
③ 어떤 작업에 대한 에너지가는 수행방법에 따라 달라진다.
④ 신체적 동작속도가 증가하면 에너지 소비량은 감소한다.

해설

신체활동의 에너지 소비량
걷기, 뛰기와 같은 신체적 운동에서는 동작속도가 증가하면 에너지 소비량도 더 빨리 증가한다.

정답 ④

1.6 2.7 4.0 6.8

8.0 8.5 10.2 16.2

7.2kg 10kg 16.5m/분

[신체활동에 따른 에너지 소비량(kcal/min)]

2) 작업에 따른 에너지 소비량

① 작업등급이 5.0~7.5kcal/분 이하의 보통작업인 경우라면 인체적으로 건강한 사람은 유기성 산화과정에 의해 공급되는 에너지를 통해 비교적 긴 시간 동안 작업을 수행할 수 있다.

② 에너지 소비량이 7.5kcal/분을 초과하는 작업은 인체적으로 건강한 사람이라고 해도 작업 중 정상상태에 도달하지 못하기 때문에 작업이 계속될수록 산소 결핍과 젖산 축적이 증가하므로 작업자는 자주 휴식을 취하거나 작업을 중단해야 한다.

③ 8시간 동안 계속 작업을 할 때 남자의 경우 5kcal/분, 여자의 경우 3.5kcal/분을 초과하지 않도록 한다.

④ 짐을 나르는 방법에 따른 에너지 소비량

등, 가슴(100) < 머리(103) < 배낭(109) < 이마(114) < 쌀자루(123) < 목도(129) < 양손(144)

| 등, 가슴 (100) | 머리 (103) | 배낭 (109) | 이마 (114) | 쌀자루(어깨) (123) | 목도 (129) | 양손 (144) |

핵심 문제 33 ◆◆◆

다음 중 동일한 짐을 나르는 방법에 따른 에너지 소비량(산소 소비량)이 가장 많은 것은? [13년 1회]
① 등을 이용하는 방법
② 배낭을 이용하는 방법
③ 목도를 이용하는 방법
④ 양손을 이용하는 방법

해설

짐을 나르는 방법에 따른 에너지 소비량
등, 가슴(100) < 머리(103) < 배낭(109) < 이마(114) < 쌀자루(123) < 목도(129) < 양손(144)

정답 ④

3) 작업효율

최적의 조건에서 작업을 할 경우 인간의 인체는 약 30%의 효율을 가지고 나머지 70%는 열로 변하게 된다.

$$작업효율(\%) = \frac{한\ 일}{에너지\ 소비} \times 100\%$$

4) 작업강도에 영향을 주는 요인

에너지 소비, 작업속도, 작업의 정밀도, 작업대상의 종류, 작업의 자세, 위험성의 정도, 작업범위, 주의집중의 정도, 총작업시간, 작업의 제약성

3. 작업부하 및 휴식시간

1) 인체활동부하의 측정

(1) 산소 소비량

① 산소 소비량과 에너지 소비량 사이에는 선형관계가 있어 1L의 산소가 소비될 때 약 5kcal의 에너지가 방출된다.
② 근육의 수축과 이완이 반복되는 동적인 작업에 대한 에너지 요구량을 추정하는 데 사용한다.

(2) 심박수

① 심장 주기의 횟수를 1분 동안 측정한 것으로, 성인 남성의 경우 일반적으로 안정된 상태에서 심박수는 60~80회이다.
② 산소 소비량과 심박수 사이에는 선형관계가 있다.
③ 심박수 증가는 심장혈관계가 작업하고 근육에 더 많은 산소를 공급해 주며 이들로부터 부산물을 제거해야 하는 요구가 증가했음을 반영한다.
④ 최대심박수에 영향을 미치는 요인 : 연령, 성별, 건강상태 등

(3) 심박출량

① 심장은 일정한 주기로 수축과 팽창을 되풀이하며 혈액을 동맥으로 박출하는 펌프기능을 한다. 펌프기능은 1분 동안 박출하는 혈액의 양으로 표시되는데 이를 심박출량이라 한다.

② 심박출량은 1회의 수축으로 박출되는 양과 1분 동안 수축되는 횟수(심박수)의 곱에 의하여 결정되며 단위는 mL로 나타낸다.

(4) 혈압과 분당 환기량

① 혈압(Blood Pressure)

대동맥의 압력을 의미하며 20대 초반의 경우 최고 혈압은 120mmHg, 최저 혈압은 80mmHg이면 정상이고, 심실의 수축기압이 160mmHg, 이완기압이 95mmHg 이상이면 고혈압이다.

② 분당 환기량(Minute Ventilation)

분당 호흡된 공기의 양을 말하며 산소 소비량과 함께 측정되어 위급상황이나 정서적 스트레스에 대한 지표로 사용된다.

2) 휴식시간의 산정

(1) 휴식시간

인간은 요구되는 육체적인 활동수준을 오랜 시간 동안 유지할 수 없기에 작업부하 수준이 권장한계를 벗어나면 휴식시간을 삽입하여 초과분을 보상하여야 한다. 피로를 가장 효과적으로 푸는 방법은 총 작업시간 동안 몇 번의 휴식을 짧게 여러 번 주는 것이다.

(2) 휴식시간 계산

① 작업에 대한 평균에너지값의 상한을 5kcal/분으로 잡을 때 어떤 활동이 이 한계를 넘는다면 휴식시간을 삽입하여 에너지값의 초과분을 보상해주어야 한다.

② Murrell의 공식

$$R = \frac{T(E-S)}{E-1.5}$$

여기서, R : 휴식시간(분)
T : 총작업시간(분)
E : 평균에너지 소모량(kcal/분)
S : 권장 평균에너지 소모량(kcal/분)

핵심 문제 34 ◆◆◆

다음 중 피로회복을 위한 근로자의 휴식시간 권장사항으로 옳은 것은?

[20년 4회]

① 장시간 연속작업이 이루어져야 하므로 모든 작업이 끝난 후 한꺼번에 충분히 휴식시간을 제공한다.
② 작업 전에 한꺼번에 충분한 휴식시간을 제공하여 작업이 끝나기 전까지는 휴식시간을 제공하지 않는다.
③ 장시간 연속작업이 이루어지지 않도록 적정한 휴식시간을 부여하되 작업 중간에 장시간 휴식시간을 제공한다.
④ 장시간 연속작업이 이루어지지 않도록 적정한 휴식시간을 부여하되 1회에 장시간 휴식보다는 가능한 한 조금씩 자주 휴식시간을 제공한다.

해설

휴식시간

작업부하 수준이 권장한계를 벗어나면 휴식시간을 삽입하여 초과분을 보상하여야 한다. 피로를 가장 효과적으로 푸는 방법은 총작업시간 동안 몇 번의 휴식을 짧게 여러 번 주는 것이다.

정답 ④

❹ 작업환경 및 관리

1. 조명

1) 조명의 목적

① 눈의 피로를 감소하고 재해를 방지하여 작업의 능률 향상을 가져온다.

② 정밀작업이 가능하고 불량품 발생률이 감소한다.

③ 깨끗하고 명랑한 작업환경을 조성한다.

2) 조명의 범위 및 적정 조명

(1) 적정조명 수준(산업안전보건법상)

초정밀작업	750lux 이상
정밀작업	300lux 이상
보통작업	150lux 이상
기타 작업	75lux 이상

(2) 조명단위

① 럭스(lux) : 표준 1촉광의 광원으로부터 1m 떨어진 곡면에 비치는 빛의 밀도

② fc(Foot Candle) : 표준 1촉광으로부터 1ft 떨어진 곡면에 비치는 빛의 밀도

(3) 실내 추천반사율

천장(80~90%) > 벽(40~60%) > 바닥(20~40%) 순으로 추천반사율이 높다.

2. 소음

소음은 정신적·신체적으로 인체에 유해한 소리를 말하며 불쾌감 및 작업능률을 저하시키는 모든 음을 말한다.

1) 소음의 종류

(1) 연속음

① 하루 종일 같은 크기의 소리가 발생

② 소음의 발생은 실제로는 연속되지 않고 단속음이 반복

③ 단속음이 1초에 1회 이상 반복될 때

(2) 단속음

① 1일 작업 중 노출되는 소음이 여러 가지 음압수준으로 나타나는 음

② 보통 발생되는 소음의 반복음이 1초보다 간격이 클 때

핵심 문제 35 •••

IES의 실내 표면 추천반사율이 낮은 것에서 높은 순서로 옳은 것은? [20년 4회]
① 바닥 → 천장 → 가구 → 벽
② 가구 → 바닥 → 벽 → 천장
③ 천장 → 벽 → 바닥 → 가구
④ 바닥 → 가구 → 벽 → 천장

해설

실내 추천반사율
㉠ 바닥 : 20~40%
㉡ 가구 : 25~45%
㉢ 벽, 창문 : 40~60%
㉣ 천장 : 80~90%

정답 ④

핵심 문제 36 •••

우리나라에서는 소음이 발생하는 작업을 실시할 때 1일 8시간 작업을 기준으로 몇 데시벨 이상일 경우 소음작업으로 구분하는가? [15년 4회, 18년 1회]
① 80　　　　② 85
③ 90　　　　④ 100

해설

소음
1일 8시간 작업을 기준으로 85데시벨 이상의 소음이 발생하는 작업을 말한다.

정답 ②

건강한 성인의 귀에 가장 민감한 소리의
진동수는? [03년 4회]
① 100Hz　　② 500Hz
③ 3,000Hz　④ 10,000Hz

해설

소음의 영향
일시장해에서 회복 불가능한 상태로 넘어
가는 상태는 3,000~6,000Hz 범위에서 영
향을 받는다.

정답 ③

소음이 인간의 작업성능에 미치는 영향으
로 옳은 것은? [19년 4회]
① 복잡한 정신작업은 소음에 의하여 작업
성능이 저하된다.
② 단순작업은 복잡한 작업보다 소음에 의
해 나쁜 영향을 받기 쉽다.
③ 암순응과 같은 감각의 반응은 소음에
직접적인 영향을 받는다.
④ 소음은 작업정밀도의 저하보다는 총작
업량을 저하시키기 쉽다.

해설

소음이 작업성능에 미치는 영향
복잡한 정신작업, 기술과 속도를 요하는
작업, 고도의 인식능력을 요하는 작업은
작업성능이 저하된다.

정답 ①

신체에 전달되는 진동은 전신진동과 국소
진동으로 구분되는데 진동원의 성격으로
다른 것은?
① 크레인　　② 대형 운송차량
③ 지게차　　④ 휴대용 연삭기

해설

진동의 종류
㉠ 전신진동 : 교통차량, 선박, 항공기, 분
쇄기 등에서 발생하며 2~100Hz에서 장
해를 유발한다.
㉡ 국소진동 : 착암기, 연마기, 자동식 톱
등에서 발생하며 8~1,500Hz에서 장
해를 유발한다.

정답 ④

(3) 충격음

① 일시에 나타나는 충격적인 음

② 120dB 이상인 소음이 1초 이상의 간격으로 발생하는 것

③ 1회의 충격음의 최대노출기준 140dB

2) 소음의 영향

소음의 영향은 대화방해(50Hz 이상), 정서적 영향, 작업능률의 저하, 청력장해, 맥
박수 증가, 수면방해 등이 있다. 인간에게 주는 영향을 살펴보면 다음과 같다.

심리적, 정신적 영향	• 대화방해, 수면방해 및 작업능률을 저하한다. • 불안증, 우울증 등 정신질환을 유발한다.
청각의 손실에 영향	• 와우각 내 청각세포를 파괴한다. • 일시적인 소음에 의한 청력 손실 위험이 있다.
소화기장애 및 호흡기에 영향	• 스트레스로 위장과 대장의 소화기장애를 일으킨다. • 호흡의 크기가 증가한다.

3) 소음관리 대책

소음원을 통제하는 방법은 소음원의 격리, 소음원의 통제, 소음원의 위치 변경, 음
향처리제 사용, 차폐장치 및 흡음재를 사용하며 고무받침대를 부착한다.

※ 청각손실은 4,000Hz에서 크게 나타난다.

3. 진동

1) 진동의 종류

진동은 물체의 전후운동을 말하며 소음이 수반된다. 교통차량, 선박, 항공기 등에
서 발생하는 전신진동과 착암기, 연마기 등에서 발생하는 국소진동으로 분류할 수
있다.

(1) 전신진동

① 인체를 지지하고 있는 구조물, 장비 등을 통해 전신에 전달되는 진동으로
100Hz 미만의 저주파이다.

② 장기간 노출될 경우 무릎의 관절 및 허리의 손상, 시력의 손상, 추적능력의
저하, 근육조절 능력의 저하, 멀미 등이 발생할 수 있다.

(2) 국소진동

① 인체의 일부에 국소적으로 전달하는 진동으로 진동이 발생되는 수공구를
사용하는 작업장에서 많이 노출된다.

② 장기간 노출될 경우 팔꿈치관절 및 어깨관절에 손상이 잦으며 중추신경계 기능장해 및 혈관신경계 장해가 초래된다.

3) 진동의 영향

(1) 심리적 영향

① 심리적으로 안정되지 않으면 심한 경우 정신적인 불안증상이 나타난다.
② 불면증에 시달리거나 집중력이 저하될 수 있다.

(2) 생리적 영향

① 호흡량 증가, 심박수 상승, 근육의 긴장 등 심혈관계 및 소화계에 영향을 미친다.
② 내분비계 반응, 척추, 청각, 시각 등에 장애가 발생할 수 있다.

(3) 작업능률의 영향

① 시각작업, 추적작업에 영향을 미쳐 작업수행능력이 떨어진다.
② 정밀한 작업을 요할 경우에는 진동에 의해 작업의 효율성이 떨어진다.
③ 안정되고 정확한 근육조절을 요하는 작업은 진동에 의하여 저하된다.
④ 반응시간, 감시, 형태 식별 등 중앙신경처리에 달린 임무는 진동의 영향을 덜 받는다.

4) 진동의 대책

인체에 전달되는 진동을 감소하려면 기술적인 조치를 취하거나 진동에 노출되는 시간을 줄이도록 한다.

실/전/문/제

최소집단치를 이용한 설계
팔이 짧은 사람이 잡을 수 있다면 이보다 긴 사람은 모두 잡을 수 있다는 원리이다(선반의 높이, 조종장치까지의 거리 등).　정답 ③

01 인체측정자료의 적용 시 극단치 설계방식의 최소치수로 설계해야 할 사항이 아닌 것은?　[22년 1회]

① 선반의 높이
② 조종장치까지의 거리
③ 등산용 로프의 강도
④ 엘리베이터 조작버튼의 높이

골격의 주요 기능
신체의 지지 및 형상 유지, 조혈작용, 체내의 장기 보호, 무기질 저장, 가동성 연결　정답 ①

02 인체골격의 주요 기능으로 볼 수 없는 것은?　[22년 1회]

① 감각정보를 뇌와 척수로 전달한다.
② 신체를 지지하고 형상을 유지한다.
③ 골격 내부의 골수는 조혈작용을 한다.
④ 골격근의 기동적 수축에 따라 운동을 한다.

인체측정데이터 선정 시 고려사항
수용공간이 중요한 고려사항이라면 상위 90%, 95%, 99%값을 사용하며, 앉은 자세나 선 자세에서 팔의 도달을 문제점으로 한다면 하위 1%, 5%, 10%의 하위 백분위수 기준으로 한다. 또한 평균치를 사용하는 것은 적합하지 않다.　정답 ②

03 인체측정데이터를 선정할 때 고려해야 할 사항으로 맞는 것은?　[18년 4회]

① 평균치를 사용하는 것이 가장 적절한 방법이다.
② 계측자의 응용에 있어서 누드상태의 계측치에 여유치수를 더하여야 된다.
③ 수용공간이 중요한 고려사항이라면 하위 5%나 이보다 작은 값이 적용되어야 한다.
④ 앉은 자세나 선 자세에서 팔의 도달을 문제점으로 한다면 상위 95%의 자료가 사용되어야 한다.

신전
관절(부위 간)에서의 각도가 증가하는 동작이다.　정답 ④

04 신체동작의 유형 중 굽은 팔꿈치를 펴는 동작과 같이 관절이 만드는 각도가 증가하는 동작은?　[18년 4회, 22년 1회]

① 굴곡(Flexion)
② 내전(Adduction)
③ 외전(Abduction)
④ 신전(Extension)

05 신체동작의 유형 중 굴곡(Flexion)에 해당하는 것은? [22년 2회]

① 팔꿈치 굽히기
② 굽힌 팔꿈치 펴기
③ 다리를 옆으로 들기
④ 수평으로 편 팔을 수직으로 내리기

굴곡(Flexion)
관절운동의 하나로서 신체 부위 간의 각도가 감소하는 관절운동으로 팔꿈치 굽히기 등이 있다. 🔳 ①

06 신체 각 부위의 운동에 대한 설명으로 틀린 것은? [16년 1회]

① 굴곡 : 관절에서의 각도가 감소하는 동작
② 신전 : 관절에서의 각도가 증가하는 동작
③ 외전 : 몸의 중심선으로부터의 회전동작
④ 내선 : 몸의 중심선을 향하여 안쪽으로 회전하는 동작

③은 외선에 대한 설명이다.
외전
몸(신체)의 중심선에서 멀어지는 이동동작이다. 🔳 ③

07 신체부위의 동작 중 그림의 "A" 방향에 해당하는 것은? [18년 2회]

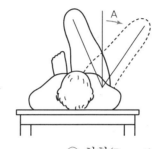

① 굴곡(Flexion)
② 하향(Pronation)
③ 외전(Abduction)
④ 내전(Adduction)

문제 6번 해설 참고 🔳 ③

08 양팔을 곧게 편 상태로 파악할 수 있는 최대영역은? [21년 2회]

① 정상작업영역(Normal Working Area)
② 평면작업영역(Working Area in Horizontal Plan)
③ 최대작업영역(Maximum Working Area)
④ 수직면작업영역(Working Area in Vertical Plan)

최대작업영역
위팔과 아래팔을 곧게 펴서 파악할 수 있는 구역이다. 🔳 ③

09 인체의 각 기관계와 속하는 기관이 올바르게 짝지어진 것은? [21년 1회]

① 순환계 : 심장
② 순환계 : 신경
③ 호흡기계 : 부신
④ 호흡기계 : 림프관

순환계
심장, 혈액, 혈관, 림프, 림프관, 비장 및 흉선 등으로 구성된다. 🔳 ①

③ 허파에서 공기와 혈액 사이의 기체교환을 외호흡이라 한다.

정답 ③

10 호흡계(Respiratory System)에 관한 설명으로 옳지 않은 것은? [21년 4회]

① 호흡계는 산소를 공급하고, 이산화탄소를 제거하는 일을 수행한다.

② 호흡계는 비강, 후두 등의 전도부와 폐포, 폐포관 등의 호흡부로 이루어진다.

③ 허파에서 공기와 혈액 사이에 일어나는 기체교환을 내호흡 또는 조직호흡이라 한다.

④ 호흡이란 생명현상을 유지하기 위하여 산소를 섭취하고 이산화탄소를 배출하는 일련의 과정을 말한다.

호흡계
기체의 가스교환에 관여하는 기관들로, 입, 인두, 후두, 기관, 기관지, 세(細)기관지, 폐, 비강, 늑골 등이 호흡에 관여한다.

정답 ④

11 호흡계에 관한 설명으로 틀린 것은? [예상문제]

① 인두(Pharynx)는 호흡기계와 소화기계에 공통으로 관여하는 근육성 기관이다.

② 호흡계의 기관(Trachea)은 기능에 따라 전도영역과 호흡영역으로 구분된다.

③ 비강(Nasal Cavity)은 콧속의 원통공간으로 공기를 여과하고 따뜻하게 하는 기능을 가진다.

④ 호흡기는 상기도와 하기도로 구성되어 있으며 이 중 상기도는 코, 비강, 후두로, 하기도는 인두, 기관, 기관지, 폐로 구성되어 있다.

인체골격의 기능
• 인체의 지주역할을 한다.
• 골수는 조혈기능을 갖는다.
• 체강의 기초를 만들고 내부의 장기를 보호한다.
• 가동성 연결, 관절을 만들고 골격근의 수축에 의해 운동기로서 작용한다.
• 칼슘, 인산의 중요한 저장고가 되며, 나트륨과 마그네슘 이온의 작은 저장고 역할을 한다.

정답 ④

12 인체골격의 기능과 가장 거리가 먼 것은? [20년 4회]

① 신체활동을 수행한다.

② 신체를 지지하고, 체형을 유지한다.

③ 신체의 중요한 부분을 보호한다.

④ 각 세포의 활동에 필요한 물질을 운반한다.

골격의 주요 기능
신체의 지지 및 형상 유지, 조혈작용, 체내의 장기 보호, 무기질 저장, 가동성 연결

정답 ④

13 인체골격의 주요 기능이 아닌 것은? [19년 1회]

① 조혈작용

② 체내의 장기 보호

③ 신체의 지지 및 형상 유지

④ 수축과 이완을 통한 관절의 움직임

14 인체의 구조 중에서 운동기관계의 구성을 적합하게 표현한 것은?

[20년 1·2회]

① 골격계(Skeletal System) + 근육계(Muscular System)

② 근육계(Muscular System) + 신경계(Nervous System)

③ 골격계(Skeletal System) + 소화기계(Digestive System)

④ 기초대사(Basal Metabolism) + 신경계(Nervous System)

운동기관계
㉠ 골격계 : 인체의 기본구조를 이루어 지탱하는 역할을 하고 내부의 장기를 보호한다.
㉡ 근육계 : 근육을 기본조직으로 하여 신체의 움직임과 자세 유지뿐 아니라 여러 장기들의 움직임을 담당하는 신체기관이다.
🔒 ①

15 인체골격의 주요 기능으로 볼 수 없는 것은?

[17년 4회]

① 몸을 지탱하여 그 외형을 지지한다.

② 골격 내부의 골수는 조혈작용을 한다.

③ 체형을 유지하며 신경신호를 전달한다.

④ 골격근의 기동적 수축에 따라 운동을 한다.

문제 13번 해설 참고   🔒 ③

16 뼈의 구성요소가 아닌 것은?

[예상문제]

① 골질

② 골수

③ 골지체

④ 연골막

뼈의 구성요소
골질, 연골막, 골막, 골수   🔒 ③

17 근육의 대사(代謝)에 대한 설명으로 옳지 않은 것은?

[21년 1회]

① 운동에 의한 산소 소비량은 일정 수준 이상 증가하지 않는다.

② 젖산은 유기성 과정에 의하여 물과 CO_2로 분해되어 발산된다.

③ 일반적으로 신체활동 시 산소의 공급이 충분할 때 젖산이 많이 축적된다.

④ 일정 수준 이상의 활동이 종료된 후에도 일정 기간 동안 산소가 더 필요하게 된다.

젖산의 축적
산소공급이 충분할 때에는 젖산이 축적되지 않지만, 평상시의 혈액순환으로 공급되는 산소 이상을 필요로 할 때에는 호흡수와 맥박수를 증가시켜 산소 수요를 충족시킨다.
🔒 ③

18 근육의 대사(Metabolism)에 관한 설명으로 옳지 않은 것은?

[예상문제]

① 산소를 소비하여 에너지를 발생시키는 과정이다.

② 음식물을 기계적 에너지와 열로 전환하는 과정이다.

③ 신체활동 수준이 아주 낮은 경우에 젖산이 다량 축적된다.

④ 산소 소비량을 측정하면 에너지 소비량을 추정할 수 있다.

젖산의 축적
산소공급이 충분할 때에는 젖산이 축적되지 않지만 신체활동 수준이 너무 높아 근육에 공급되는 산소량이 부족한 경우에는 혈액 중에 젖산이 축적된다.
🔒 ③

근육세포
새로 생성되는 것이 아니라 훈련이나 운동에 의해 세포가 커지는 것으로 근육은 많이 움직일수록 운동신경섬유의 분포가 더욱 거미줄처럼 발달한다. **답** ④

19 사람의 근육은 운동(훈련)을 하면 근육이 발달하고 힘이 증가하는데 그 이유는? [18년 2회]

① 지방질의 축적이 이루어지기 때문
② 근육의 섬유(Fiber) 숫자가 증가하기 때문
③ 근육의 섬유 숫자도 늘고 각각의 섬유도 발달하기 때문
④ 근육의 섬유 숫자는 일정하나 각각의 섬유가 발달하기 때문

점멸융합주파수
시각 또는 청각적 자극이 단속적 점멸이 아니고 연속적으로 느껴지게 되는 주파수로, 중추신경계의 피로, 즉 정신적 활동척도로 사용한다. **답** ②

20 생리적 활동척도에 해당하지 않는 것은? [19년 4회]

① 혈압
② 점멸융합주파수
③ 분당 호흡용량
④ 최대산소 소비능력

동적 근력
신체부위를 움직여 물체를 이동시킬 때의 근력을 등속력이라 한다. **답** ③

21 근력(Strength)에 관한 설명으로 옳지 않은 것은? [20년 3회]

① 근력은 일반적으로 등척적으로 근육이 낼 수 있는 최대힘을 의미한다.
② 근력은 힘의 발휘조건에 따라 정적 근력과 동적 근력의 두 가지 유형으로 구분될 수 있다.
③ 동적 근력을 등척력이라 하며, 정지된 상태에서 움직이기 시작할 때의 힘을 의미한다.
④ 동적 근력의 측정이 어려운 것은 가속, 관절각도의 변화 등이 측정에 영향을 미치기 때문이다.

근력
여러 번의 수의적인 노력에 의하여 근육이 등척성으로 낼 수 있는 힘의 최댓값을 말한다. **답** ④

22 근력 및 지구력에 관한 설명으로 옳지 않은 것은? [21년 2회]

① 지구력이란 근력을 사용하여 특정 힘을 유지할 수 있는 능력이다.
② 신체부위를 실제로 움직이는 상태일 때의 근력을 등속성 근력이라 한다.
③ 신체부위를 실제로 움직이지 않으면서 고정 물체에 힘을 가하는 상태일 때의 근력을 등척성 근력이라 한다.
④ 근력이란 여러 번의 수의적인 노력에 의하여 근육이 등속성으로 낼 수 있는 힘의 최대치를 말한다.

23 사람이 근육을 사용하여 특정한 힘을 유지할 수 있는 시간(능력)을 무엇이라 하는가? [20년 1·2회]

① 염력
② 완력
③ 지구력
④ 전단응력

지구력
근육을 사용하여 특정한 힘을 유지할 수 있는 능력으로 최대근력으로 유지할 수 있는 것은 몇 초이며, 최대근력의 50% 힘으로는 약 1분간 유지할 수 있다. 답 ③

24 신체활동의 에너지 소비에 대한 설명으로 적합하지 않은 것은? [19년 2회]

① 작업효율은 에너지 소비에 반비례한다.
② 신체활동에 따른 에너지 소비량에는 개인차가 있다.
③ 어떤 작업에 대한 에너지가는 수행방법에 따라 달라진다.
④ 신체적 동작속도가 증가하면 에너지 소비량은 감소한다.

신체활동의 에너지 소비량
걷기, 뛰기와 같은 신체적 운동에서는 동작속도가 증가하면 에너지 소비량도 더 빨리 증가한다. 답 ④

25 동일한 작업 시 에너지 소비량에 영향을 끼치는 인자가 아닌 것은? [24년 2회]

① 심박수
② 작업방법
③ 작업자세
④ 작업속도

동일한 작업 시 에너지 소비량에 영향을 끼치는 요소
작업시간, 작업자세, 작업방법, 작업조건, 작업속도 답 ①

26 다음 짐을 나르는 경우 중 산소 소비량이 가장 크게 소요되는 것은? [20년 2회]

① 머리에 이고 옮기는 경우
② 양손으로 들고 옮기는 경우
③ 목도를 이용하여 어깨로 옮기는 경우
④ 배낭을 이용하여 어깨로 옮기는 경우

짐 나르는 방법 중 산소 소비량 크기
양손>목도>어깨>이마>배낭>머리>등·가슴 답 ②

27 다음 중 짐을 나르는 방법에 따른 산소 소비량(에너지)이 가장 높은 것은? [21년 4회]

① 배낭형태로 나른다.
② 머리에 이고 나른다.
③ 양손에 들고 나른다.
④ 등과 가슴을 이용하여 나른다.

문제 26번 해설 참고 답 ③

② 손의 동작은 유연하고 연속적인 동작이 되도록 하며, 방향이 갑자기 크게 바뀌는 모양의 직선동작은 피하도록 한다. **답** ②

28 동작경제의 원칙으로 옳지 않은 것은?

[21년 1회]

① 동작의 범위는 최소로 한다.

② 손의 동작은 항상 직선으로 동작한다.

③ 가능한 한 관성, 중력 등을 이용하여 작업한다.

④ 휴식시간을 제외하고는 양손을 동시에 쉬지 않도록 한다.

동작경제의 원칙(원리)
- 두 손의 동작은 같이 시작하고 같이 끝나도록 한다.
- 휴식시간을 제외하고는 양손이 같이 쉬지 않도록 한다.
- 두 팔의 동작은 서로 반대방향으로 대칭적으로 움직인다.
- 손과 신체의 동작은 작업을 원만하게 처리할 수 있는 범위 내에서 가장 낮은 동작등급을 사용하도록 한다.
- 손의 동작은 유연하고 연속적인 동작이 되도록 하며, 방향이 갑자기 크게 바뀌는 모양의 직선동작은 피하도록 한다. **답** ③

29 동작경제의 원리에 관한 내용으로 틀린 것은?

[24년 1회]

① 가능하면 낙하식 운반방법을 사용한다.

② 자연스러운 리듬이 생기도록 동작을 배치한다.

③ 두 손의 동작은 동시에 시작하고, 각각 끝나도록 한다.

④ 두 팔의 동작은 서로 반대방향으로 대칭되도록 움직인다.

동작경제의 원칙(작업장의 배치)
- 모든 공구와 재료는 자기 위치에 있도록 한다.
- 동작에 가장 편리한 순서로 배치하여야 한다.
- 가능하면 낙하식 운반방법을 이용한다.
- 작업자가 좋은 자세를 취할 수 있는 모양 및 높이의 의자를 지급해야 한다. **답** ②

30 동작경제의 원칙 중 작업장의 배치에 관한 원칙에 해당하는 것은? [21년 4회]

① 공구의 기능을 결합하여 사용하도록 한다.

② 모든 공구나 재료는 자기 위치에 있도록 한다.

③ 가능하면 쉽고도 자연스러운 리듬이 생기도록 동작을 배치한다.

④ 눈의 초점을 모아야 작업을 할 수 있는 경우는 가능하면 없애도록 한다.

31 다음 중 피로회복을 위한 근로자의 휴식시간 권장사항으로 옳은 것은?

[20년 4회]

① 장시간 연속작업이 이루어져야 하므로 모든 작업이 끝난 후 한꺼번에 충분히 휴식시간을 제공한다.

② 작업 전에 한꺼번에 충분한 휴식시간을 제공하여 작업이 끝나기 전까지는 휴식시간을 제공하지 않는다.

③ 장시간 연속작업이 이루어지지 않도록 적정한 휴식시간을 부여하되 작업 중간에 장시간 휴식시간을 제공한다.

④ 장시간 연속작업이 이루어지지 않도록 적정한 휴식시간을 부여하되 1회에 장시간 휴식보다는 가능한 한 조금씩 자주 휴식시간을 제공한다.

32 피로에 관한 설명으로 틀린 것은?

[19년 1회]

① 심리적으로는 욕구 수준을 떨어뜨린다.

② 생리적으로는 근육에서 발생할 수 있는 힘의 저하를 초래한다.

③ 보통 하루 정도면 숙면 등으로 회복이 가능한 정도를 만성피로 또는 곤비라 한다.

④ 피로 발생은 부하조건과 작업능력과의 상대적 관계로 생기는 부담에 의한 것이다.

33 정신적 피로도를 측정할 수 있는 방법으로 가장 거리가 먼 것은?

[22년 2회]

① 대뇌피질활동 측정

② 호흡순환기능 측정

③ 근전도(EMG) 측정

④ 점멸융합주파수(Flicker) 측정

34 생리적 상태 변동을 전류로 변환하여 측정되는 것으로 뇌파전위도를 기록하는 것은?

[22년 1회]

① EEG

② EMG

③ ECG

④ EOG

휴식시간
작업부하 수준이 권장한계를 벗어나면 휴식시간을 삽입하여 초과분을 보상하여야 한다. 피로를 가장 효과적으로 푸는 방법은 총작업시간 동안 몇 번의 휴식을 짧게 여러 번 주는 것이다. **답** ④

만성피로
오랜 기간 동안 축적된 피로로서 휴식에 의해서 회복되지 않으며 축적피로라고도 한다. **답** ③

정신적 측정방법
대뇌피질활동 측정, 호흡순환기능 측정, 점멸융합주파수치 측정

※ 근전도(EMG) 측정은 생리적 피로도를 평가하기 위한 측정방법이다. **답** ③

뇌전도(EEG)
뇌의 활동에 따른 전위차를 기록한 것이다.

※ 생리적 측정방법
근전도(EMG) 측정, 뇌파계(EEG) 측정, 심전도(ECG) 측정, 청력검사, 근점거리계, 광도계 **답** ①

잔상
빛의 자극이 사라진 후에도 시각적인 작용이 잠깐 남아 있는 현상으로 시각의 뒤바뀜과 관계가 있다.
답 ③

35 잔상(After – Images)에 대한 설명 중 틀린 것은? [18년 4회]

① 음성 잔상에서는 흑백이 뒤바뀐다.
② 음성 잔상에서는 색의 보색이 보인다.
③ 잔상과 시각의 뒤바뀜은 관계가 없다.
④ 잔상이란 망막이 자극을 받은 후 시신경의 흥분이 남아 있는 것이다.

실내 추천반사율
㉠ 바닥 : 20~40%
㉡ 벽, 창문 : 40~60%
㉢ 천장 : 80~90%
㉣ 가구 : 25~45%
답 ④

36 IES의 실내 표면 추천반사율이 낮은 것에서 높은 순서로 옳은 것은? [20년 4회]

① 바닥 → 천장 → 가구 → 벽
② 가구 → 바닥 → 벽 → 천장
③ 천장 → 벽 → 바닥 → 가구
④ 바닥 → 가구 → 벽 → 천장

조도(lux = lumen/m²)
단위면적을 비추는 광속으로 단위는 lux를 사용하며, 단위면적당의 루멘이다.
답 ②

37 조도의 단위로 맞는 것은? [17년 4회]

① nit
② lumen/m²
③ cd/m²
④ lambert(L)

조도
단위면적을 비추는 광속으로 단위는 fc과 lux가 흔히 사용된다.
㉠ fc(foot – candle) : 표준 1촉광으로부터 1ft 떨어진 곡면에 비치는 빛의 밀도
㉡ lux(meter – candle) : 표준 1촉광으로부터 1m 떨어진 곡면에 비치는 빛의 밀도
답 ②

38 다음 중 조도(Illumination)의 단위에 해당하는 것은? [21년 1회]

① 칸델라(cd)
② 푸트캔들(fc)
③ 램버트(L)
④ 루멘(lumen)

적정 조명기준
㉠ 초정밀작업 : 750lux 이상
㉡ 정밀작업 : 300lux 이상
㉢ 보통작업 : 150lux 이상
㉣ 기타작업 : 75lux 이상
답 ②

39 산업안전보건기준에 관한 규칙상 근로자가 상시 작업하는 장소의 작업면 조도 중 보통작업의 조도로 맞는 것은?(단, 작업장과 감광재료를 취급하는 작업장은 제외한다) [19년 1회]

① 75럭스 이상
② 150럭스 이상
③ 300럭스 이상
④ 750럭스 이상

40 소음이 인간의 작업성능에 미치는 영향으로 옳은 것은? [19년 4회]

① 복잡한 정신작업은 소음에 의하여 작업성능이 저하된다.
② 단순작업은 복잡한 작업보다 소음에 의해 나쁜 영향을 받기 쉽다.
③ 암순응과 같은 감각의 반응은 소음에 직접적인 영향을 받는다.
④ 소음은 작업정밀도의 저하보다는 총작업량을 저하시키기 쉽다.

소음이 작업성능에 미치는 영향
복잡한 정신작업, 기술과 속도를 요하는 작업, 고도의 인식능력을 요하는 작업은 작업성능이 저하된다.
답 ①

41 소리를 구성하는 3요소가 아닌 것은? [17년 4회]

① 진폭
② 진동수
③ 파형
④ 가청최소음

소리의 3요소
진폭(강도, 레벨), 진동수(고저), 파형
답 ④

42 소음을 통제하는 방법으로 적절하지 않은 것은? [17년 4회]

① 귀마개를 착용한다.
② 소음원을 격리시킨다.
③ 소음원의 설비를 적절하게 배치한다.
④ 훈련을 통하여 적응력을 향상시킨다.

소음 통제방법
소음원 격리, 소음원 통제, 소음원의 위치 변경, 차폐장치 및 흡음재 사용, 고무받침대 부착
답 ④

43 소음으로 인한 생리적 영향으로 거리가 먼 것은? [19년 1회]

① 혈압의 상승
② 호흡수의 감소
③ 말초혈관의 수축
④ 부신피질 호르몬의 감소

소음으로 인한 생리적 영향
말초순환계의 혈관 수축, 동공 · 맥박 강도 · EEG 등에 변화, 부신피질 기능 저하, 혈압 상승, 신진대사 증가, 발한 촉진, 위액 및 위장관운동 억제 등이 있다.
답 ②

44 소음에 의한 난청을 방지하기 위한 방법이 아닌 것은? [21년 1회]

① 소음원을 격리시킨다.
② 주변에 차폐시설을 한다.
③ 주변의 배치를 재조정한다.
④ 소음원의 진동수를 4,000Hz 전후로 조정한다.

문제 42번 해설 참고 **답** ④

문제 43번 해설 참고 답 ③

45 소음에 노출되었을 때의 생리적 영향과 가장 거리가 먼 것은? [20년 4회]

① 혈압 상승
② 맥박의 증가
③ 말초혈관 확장
④ 신진대사의 증가

소음 방지대책
• 소리의 반사 및 축적을 줄이기 위해 차폐장치 및 흡음재를 사용한다.
• 소리경로에 장벽 또는 칸막이를 배치하여 소리를 차단한다.
• 시끄러운 시스템의 구성요소를 교체하거나 수정하여 소음을 줄인다.
답 ①

46 다음 중 소음원에 대한 소음의 제어로 가장 적절한 것은? [19년 2회]

① 해당 설비의 진동량이나 진동부분을 조정하여 감소시킨다.
② 고주파 소음을 내는 장치를 사용한다.
③ 저주파 소음은 고주파의 소음보다 방향성이 크므로 차폐물 또는 방해물을 설치한다.
④ 대형 저속송풍기보다 소형 고속송풍기를 설치한다.

소음의 영향
대화방해, 정서적 영향, 작업능률 저하, 청력장해, 맥박수 증가, 수면방해 등이 있다.
답 ③

47 소음이 인간에게 주는 영향으로 가장 거리가 먼 것은? [17년 2회]

① 대화 방해
② 정서적 영향
③ 맥박수 감소
④ 작업능률의 저하

사람의 귀로 들을 수 있는 가청주파수는 20~20,000Hz이다.
답 ①

48 사람의 청각으로 소리를 지각하는 범위는? [예상문제]

① 20~20,000Hz
② 30~30,000Hz
③ 50~50,000Hz
④ 60~60,000Hz

④ 반응시간, 형태 식별 등 주로 중앙신경처리에 따른 임무는 진동의 영향을 덜 받는다.
답 ④

49 진동이 인간성능에 끼치는 일반적인 영향으로 옳지 않은 것은? [20년 1·2회]

① 진동은 진폭에 비례하여 시력을 손상시킨다.
② 안정되고 정확한 근육조절을 요하는 작업은 진동에 의해서 저하된다.
③ 진동은 진폭에 비례하여 추적능력을 손상하며 낮은 진동수에서 가장 심하다.
④ 반응시간, 형태 식별 등 주로 중앙신경처리에 따른 임무는 진동의 영향을 많이 받는다.

50 진동의 영향을 가장 많이 받는 것은? [18년 2회]

① 시력
② 반응시간
③ 감시(Monitoring)작업
④ 형태 식별(Pattern Recognition)

진동
진폭에 비례하여 시력을 손상시키며, 10~25Hz의 경우 가장 심하다.
답 ①

51 진동이 인간의 성능에 미치는 영향에 관한 설명으로 옳지 않은 것은? [17년 2회, 21년 4회]

① 진동은 시력성능을 저하시킨다.
② 진동은 추적작업의 성능을 저하시킨다.
③ 진동은 인간의 운동성능에는 별다른 영향을 주지 않는다.
④ 진동은 주로 중앙신경계의 처리과정과 관련되는 과업의 성능에는 비교적 영향을 덜 받는다.

③ 근육조절을 요하는 작업은 진동에 의하여 저하되어 운동성능에 영향을 준다.
답 ③

52 진동이 인간의 성능에 미치는 일반적인 영향에 관한 설명으로 옳지 않은 것은? [21년 2회]

① 진동은 진폭에 비례하여 시력을 손상시킨다.
② 진동은 진폭에 비례하여 추적능력을 손상시킨다.
③ 진동은 안정되고 정확한 근육조절을 요하는 작업에 부정적 영향을 준다.
④ 감시(Monitoring), 형태 식별(Pattern Recognition) 등 중앙신경처리에 따른 임무는 진동의 영향을 가장 심하게 받는다.

④ 감시(Monitoring), 형태 식별(Pattern Recognition) 등 중앙신경처리에 따른 임무는 진동의 영향을 덜 받는다.
답 ④

53 전신진동이 성능(Performance)에 끼치는 영향이 가장 작은 것은? [20년 3회]

① 시력의 손상
② 청력의 손상
③ 추적능력의 저하
④ 정확한 근육조절능력의 저하

진동(전신진동)
구조물 장비 등을 통해 전신에 전달되는 진동으로 100Hz 미만의 저주파로 장기간 노출될 경우 시력 손상, 추적능력 저하, 근육조절능력 저하, 멀미 등이 발생할 수 있다. 답 ②

구조적 인체치수(정적 측정)
표준자세에서 움직이지 않는 피측정자를 인체 계측기 등으로 측정하는 것으로 특수 또는 일반적 용품의 설계에 기초 자료로 활용한다.
답 ①

54 인체계측에 있어서 구조적 인체치수에 관한 설명으로 맞는 것은? [19년 2회]

① 표준자세에서 움직이지 않는 피측정자를 대상으로 신체의 각 부위를 측정한다.

② 신체의 각 부위 간에 수행하는 기능에 따라 영향을 받으며 여러 가지 변수가 내재해 있다.

③ 손을 뻗어 잡을 수 있는 한계는 팔길이만의 함수가 아니고 어깨 움직임, 몸통회전 등 구부림 등에 의해서도 영향을 받는다.

④ 신체적 기능을 수행할 때 각 신체부위가 독립적으로 움직이는 것이 아니라 서로 조화를 이루어 움직이기 때문에 이 치수가 사용된다.

최소집단치 설계
관련 인체측정 변수 분포의 1%, 5%, 10% 등과 같은 하위 백분위수를 기준으로 한다. 선반의 높이, 조종장치까지의 거리, 비상벨의 위치설계 등을 정할 때 사용된다. **답** ③

55 인체측정자료의 응용원리에서 최소집단치를 적용하는 것이 가장 바람직한 경우는? [20년 4회]

① 문틀높이

② 등산용 로프의 강도

③ 제어버튼과 조작자 사이의 거리

④ 비행기에서의 비상탈출구 크기

최대치 설계
출입문, 비상탈출구의 크기, 통로 등과 같은 공간 여유, 버스 내 승객용 좌석 간의 거리, 위험구역 울타리, 작업대와 의자 사이의 간격을 정할 때 사용된다. **답** ①

56 비상탈출구의 크기를 설계할 때 설계원칙으로 적절한 것은? [19년 1회]

① 최대치 설계

② 최소치 설계

③ 조절식 설계

④ 평균치 설계

평균치를 이용한 설계
극단치를 이용한 설계가 곤란한 경우 평균치를 이용하여 설계하며 주로 은행 및 슈퍼마켓의 계산대 높이, 식당 테이블 높이, 안내 데스크 등이 있다. **답** ④

57 인체측정자료를 응용하여 작업공간을 설계할 때 평균치를 고려한 것은? [21년 2회]

① 문의 높이

② 버스 손잡이 높이

③ 비상탈출구의 크기

④ 슈퍼마켓의 계산대 높이

58 인체계측 데이터의 적용 시 최소치 설계기준이 필요한 항목은? [예상문제]

① 의자의 폭

② 비상구의 높이

③ 선반의 높이

④ 그네의 지지하중

최소치 설계기준
선반의 높이, 조종장치까지의 거리 (조작자와 제어버튼 사이의 거리), 비상벨의 위치 설계 등이 있다.
답 ③

59 작업장의 온도가 높고, 소음관리시스템의 효율이 떨어졌을 때, 이를 개선하기 위하여 고려할 사항으로 가장 거리가 먼 것은? [19년 4회]

① 시각적 고려

② 냉난방 고려

③ 작업시스템 고려

④ 기계장치 설비사항 고려

작업장 환경조건
신체의 보온을 위해 냉난방과 전반적인 작업순환을 위해 기계장치에 대한 설비사항을 고려해야 하며, 작업방법, 작업시간에 대한 작업시스템에 대한 적절한 조치를 고려해야 한다.

※ 시각적 고려는 작업장의 조명, 제어장치와 관련이 있다. 답 ①

60 작업장 내의 기후는 작업능률을 향상시켜 생산을 높이는 데 중요한 요인이 된다. 기온이 너무 높을 경우 일어나는 반응 중 잘못된 것은? [06년 2회]

① 체온의 상승

② 심장활동의 감소

③ 작업능률의 감퇴

④ 졸음이 온다.

고온 환경에서의 반응
체온의 상승, 작업능률의 감퇴, 피로감 및 졸음, 심박수 증가, 식욕부진 등의 반응이 있다. 답 ②

실내디자인 시공 및 재료

실내디자인 시공관리

❶ 시공관리계획

1. 공정관리

1) 개요

공정관리(공정계획)란 건축물을 지정된 공사기간 내에 공사예산에 맞추어 정밀도가 높은 우수한 질의 시공을 위하여 작성하는 계획이다. 즉, 우수하게, 값싸게, 빨리, 안전하게 각 건설물의 세부계획에 필요한 시간과 순서, 자재, 노무 및 기계설비 등을 일정한 형식에 따라 작성, 관리함을 목적으로 한다.

2) 공정표의 종류

(1) 열기식 공정표

기본 또는 상세 공정표에 계획된 대로 공사를 진행시키기 위하여 재료, 노무자 등이 필요한 시기까지 반입, 동원될 수 있도록 작성한 나열식 공정표이다.

(2) 사선식 공정표

① 세로에 공사량, 총인부 등을 표시하고 가로에 월, 일 일수를 취하여 일정한 절선을 가지고 공사진행상태를 수량적으로 표시한다.
② 작업 관련성을 나타낼 수는 없으나, 공사의 기성고를 표시하는 데에는 편리하다.
③ 노무자와 재료의 수배에 알맞은 공사지연에 대한 조속한 대처가 가능하다.

(3) 횡선식 공정표

작업＼기간	1	2	3	4	5	6	7	8	9
A	▬	▬							
B	▬	▬	▬						
C			▬	▬	▬	▬	▬		
D								▬	▬

핵심 문제 01 ◆ ◆ ◆

다음은 공사현상에서 이루어지는 업무에 관한 설명이다. 이 업무의 명칭으로 옳은 것은? [22년 1회, 23년 4회, 24년 1회]

공사내용을 분석하고 공사관리의 목적을 명확히 제시하여 작업의 순서를 반영하며 실내공사의 작업을 세분화하고 집약시킨다. 공사의 종류에 따라 기술적인 순서와 상호관계를 정리하고 설계도서, 시방서, 물량산출서, 견적서를 기초로 작업에 투여되는 인력, 장비, 자재의 수량을 비교 · 검토한다.

① 실행예산 편성　② 공정계획
③ 작업일보 작성　④ 입찰참가 신청

해설

공정계획(공정관리)
• 공정관리(공정계획)란 건축물을 지정된 공사기간 내에 공사예산에 맞추어 정밀도가 높은 우수한 질의 시공을 위하여 작성하는 계획이다.
• 즉, 우수하게, 값싸게, 빨리, 안전하게 각 건설물을 세부계획에 필요한 시간과 순서, 자재, 노무 및 기계설비 등을 일정한 형식에 따라 작성, 관리함을 목적으로 한다.

정답 ②

① 횡선에 의해 진도관리가 되고, 공사 착수 및 완료일이 시각적으로 명확하다.

② 전체 공정시기가 일목요연하고 경험이 적은 사람도 이용하기 쉽다.

③ 공기에 영향을 주는 작업의 발견이 어렵다.

④ 작업 상호 간에 관계가 불분명하다.

⑤ 사전 예측 및 통계기능이 약하다.

(4) 네트워크 공정표

네트워크 공정표는 작업의 상호관계를 ○표와 화살표(→)로 표시한 망상도로서, 각 화살표나 ○표에는 그 작업의 명칭, 작업량, 소요시간, 투입자재, 코스트 등 공정상 계획 및 관리상 필요한 정보를 기입하며, 프로젝트 수행에 관련하여 발생하는 공정상의 제 문제를 도해나 수리적 모델로 해명하고, 진척사항을 관리하는 것이다. 네트워크 공정표에는 CPM(Critical Path Method)과 PERT(Program Evaluation & Review Technique)수법이 대표적으로 사용된다.

① 네트워크 공정표의 특징

　　㉠ 공사계획의 전모와 공사 전체의 파악을 용이하게 할 수 있다.

　　㉡ 각 작업의 흐름과 공정이 분해됨과 동시에 작업의 상호관계가 명확하게 표시된다.

　　㉢ 계획단계에서부터 공정상의 문제점이 명확하게 파악되고 작업 전에 수정을 가할 수 있다.

　　㉣ 공사의 진척상황이 누구에게나 쉽게 알려지게 된다.

　　㉤ 작성 시간이 길며, 작성 및 검사에 특별한 기능이 요구된다.

② PERT와 CPM의 비교

구분	PERT	CPM
개발 및 응용	• 미군수국 특별계획부(S.P)에서 개발 • 함대탄도탄(FBM) 개발에 응용	• Walker(Dupont)와 Kelly(Reming-ton)에서 개발 • 듀폰 사에서 보전에 응용
대상계획 및 사업종류	신규사업, 비반복사업, 경험이 없는 사업 등에 이용	반복사업, 경험이 있는 사업 등에 이용
소요시간 추정	3점 시간 추정 $$t_e = \frac{t_0 + 4t_m + t_p}{6}$$ 여기서, t_e : 평균기대시간 t_0 : 낙관시간치 t_m : 정상시간치 t_p : 비관시간치	1점 시간 추정 $t_e = t_m$ 여기서, t_e : 평균기대시간 t_m : 정상시간치

TIP

네트워크식 공정표에서 일정의 종류

㉠ EST(Earliest Start Time)
　: 최초 개시시각
　작업을 시작할 수 있는 가장 빠른 시각

㉡ EFT(Earliest Finishing Time)
　: 최초 종료시각
　작업을 종료할 수 있는 가장 빠른 시각

㉢ LST(Latest Start Time)
　: 최지 개시시각
　프로젝트의 공기에 영향이 없는 범위에서 작업을 가장 늦게 시작하여도 좋은 시각

㉣ LFT(Latest Finish Time)
　: 최지 종료시각
　프로젝트의 공기에 영향이 없는 범위에서 작업을 가장 늦게 종료하여도 좋은 시각

CP 및 CPM
① CP(Critical Path)
  개시결합점에서 종료결합점에 이르
  는 경로 중 가장 긴 경로이며, 주공정
  선이라고 한다.
② CPM(Critical Path Method)의 활용
  처 및 목적
  ㉠ 활용처 : 반복사업, 경험사업
  ㉡ 목적 : 공사비 절감

LOB
① LOB의 용도
  반복작업이 많은 다음과 같은 공사
  를 관리하는 데 주로 사용된다.
  ㉠ 건축 : 아파트 공사, 초고층 빌딩
  ㉡ 토목 : 공항 활주로, 도로, 터널,
    송수관, 지하철
② LOB의 특징
  ㉠ 장점
    • 네트워크에 비해 작성하기 쉽다.
    • 바 차트에 비해 많은 정보를 제
      공한다.
    • 진도율을 표현할 수 있다.
    • 각 작업의 세부일정을 알 수 있다.
  ㉡ 단점
    • 예정과 실적을 비교할 수 없다.
    • 주공정선과 각 작업의 여유시
      간 파악이 쉽지 않다.
    • 간섭을 받을 때는 효율적이지
      못하다.

구분	PERT	CPM
일정 계산	단계 중심의 일정 계산 • 최조(最早)시간 　(ET : Earliest Expected Time) • 최지(最遲)시간 　(LT : Latest Allowable Time)	요소작업 중심의 일정 계산 • 최조(最早) 개시시간 　(EST : Earliest Start Time) • 최지(最遲) 개시시간 　(LST : Lastest Start Time) • 최조(最早) 완료시간 　(EFT : Earliest Finish Time) • 최지(最遲) 완료시간 　(LFT : Latest Finish Time)
MCX (최소비용)	이 이론에 없다.	CPM의 핵심이론이다.

(5) LOB(Line Of Balance)

① 고층 건축물 또는 도로공사와 같이 반복되는 작업들에 의하여 공사가 이루어질 경우에는 작업들에 소요되는 자원의 활용이 공사기간을 결정하는 데 큰 영향을 준다.

② LOB 기법은 반복작업에서 각 작업조의 생산성을 유지시키면서, 그 생산성을 기울기로 하는 직선으로 각 반복작업의 진행을 표시하여 전체 공사를 도식화하는 기법이며 LSM(Linear Scheduling Method) 기법이라고도 한다.

③ 각 작업 간의 상호관계를 명확히 나타낼 수 있으며, 작업의 진도율로 전체 공사를 표현할 수 있다.

(6) 공기단축

① 공기단축시기
  ㉠ 지정공기보다 계산공기가 긴 경우
  ㉡ 진도관리에 의해 작업이 지연되고 있음을 알았을 경우

② 시간과 비용과의 관계
  ㉠ 총공사비는 직접비와 간접비의 합으로 구성된다.
  ㉡ 시공속도를 빨리하면 간접비는 감소되고 직접비는 증대된다.
  ㉢ 직접비와 간접비의 총합계가 최소가 되도록 한 시공속도를 최적 시공속도 또는 경제속도라 한다.

③ 비용구배
  ㉠ 비용구배란 공기 1일 단축 시 증가비용을 말한다.
  ㉡ 시간 단축 시 증가되는 비용의 곡선을 직선으로 가정한 기울기의 값이다.
  ㉢ 비용구배 $= \dfrac{특급비용 - 표준비용}{표준공기 - 특급공기}$

ⓔ 단위는 원/일이다.

ⓜ 공기단축 가능일수＝표준공기－특급공기

ⓑ 특급점이란 더 이상 단축이 불가능한 시간(절대공기)을 말한다.

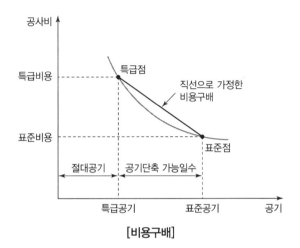

[비용구배]

④ 공기단축법(MCX : Minimum Cost Expediting)

ⓖ 네트워크 공정표를 작성한다.

ⓛ 주공정선(CP)을 구한다.

ⓒ 각 작업의 비용구배를 구한다.

ⓔ 주공정선(CP)의 작업에서 비용구배가 최소인 작업부터 단축가능일수 범위 내에서 단축한다.

ⓜ 이때 주공정선(CP)이 바뀌지 않도록 주의해야 한다(부공정선이 추가로 주공정선이 될 수 있음).

2. 품질관리

1) 품질관리순서(Deming Cycle)

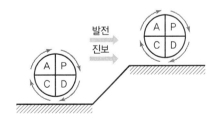

[품질관리 단계]

(1) Plan(계획) 단계 : 목적달성을 위한 수단과 방법의 결정(작업 표준화)

(2) Do(실시) 단계 : 작업 표준화에 대한 교육과 훈련 및 작업 실시

(3) Check(검사) 단계 : 결과와 실시방법을 대상으로 검사(품질의 검사 및 평가)

 TIP

Deming Cycle 기법 적용 시 주의사항
• 관계 도서 숙지 후 불명확 요소, 개선점 등을 감리감독자와 사전에 명확화
• 관련 도서에 근거하여 최적 시공계획과 관리기준 수립
• 반입자재 등은 지침에 따라 엄격히 검수
• 전문시공자는 신뢰도가 높은 업자를 선정
• 각종 관리기준 등에 대해 관련자 교육 실시
• 계획대로 실시 여부를 충분히 확인, 관리
• 이상 발견 시 즉시 원인규명 및 조치
• 조치 후 반드시 결과 양부를 확인 및 재검토하여 시행착오 방지
• 개량, 수정, 문제점 등을 계획단계로 필히 재반영 및 Cycle화(Feedback)

(4) Action(조치) 단계 : Check 사항에 대한 시정조치 및 원인분석 결과를 Feedback

※ P → D → C → A 과정을 Cycle화하여 단계적으로 목표를 향해 진보 · 개선 · 유지해 나간다.

2) 품질관리수법

수법	내용
히스토그램	계량치의 분포(데이터)가 어떠한 분포로 되어 있는지 알아보기 위하여 작성하는 것이다.
특성 요인도	결과에 원인이 어떻게 관계하고 있는가를 한눈에 알아보기 위하여 작성하는 것이다(체계적 정리, 원인 발견).
파레토도	불량, 결점, 고장 등의 발생건수를 분류항목별로 나누어 크기 순서대로 나열해 놓은 것이다(불량항목과 원인의 중요성 발견).
체크시트	계수치의 데이터가 분류항목별 어디에 집중되어 있는가를 알아보기 쉽게 나타낸 것이다(불량항목 발생, 상황 파악데이터의 사실 파악).
그래프	품질관리에서 얻은 각종 자료의 결과를 알기 쉽게 그림으로 정리한 것이다.
산점도	서로 대응되는 두 개의 짝으로 된 데이터를 그래프용지에 점으로 나타내어 두 변수 간의 상관관계를 짐작할 수 있다.
층별	집단을 구성하고 있는 많은 데이터를 어떤 특징에 따라 몇 개의 부분집단으로 나눈 것이다.

3. 원가관리

1) 원가계산서의 구성

핵심 문제 02 ◆ ◆ ◆

공사원가계산서에 표기되는 비목 중 순공사원가에 해당되지 않는 것은?

[22년 1회, 24년 2회]

① 직접재료비   ② 노무비
③ 경비   ④ 일반관리비

해설

공사원가계산서의 구성요소

정답 ④

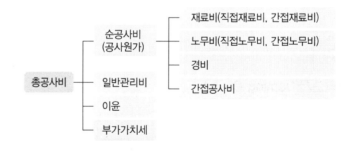

구분		세부사항
재료비	직접재료비	공사목적물의 기본적 구성형태를 이루는 물품의 가치
	간접재료비	공사에 보조적으로 소비되는 물품의 가치(재료 구입 시 소요되는 운임, 보험료, 보관비 등)
노무비	직접노무비	작업(노무)만을 제공하는 하도급에 지불되는 금액
	간접노무비	현장관리인원의 노무비(감독비, 감리비, 현장직원 임금)

구분	세부사항
경비	• 공사현장에서 발생하는 순공사비 이외의 현장관리비용 • 전력비, 운반비, 기계경비, 가설비, 특허권사용료, 기술료, 시험검사비, 안전관리비 등 • 외주가공비 : 외주업체에 발주된 재료에서 가공비만 경비로 산정 • 감가상각비
간접공사비	4대 보험, 산업안전보건관리비, 환경보전비, 기타
일반관리비	• 기업의 유지를 위한 관리활동부분에서 발생하는 제 비용 • 임원급료, 직원급료, 제수당, 퇴직금, 충당금, 복리후생비 • 여비, 교통통신비, 경상시험 연구개발비 • 본사 수도광열비, 감가상각비, 운반비, 차량비 • 지급임차료, 보험료, 세금공과금
이윤	• 영업이윤을 지칭 • 공사규모, 공기, 공사의 난이도에 따라 변동 • 일반적으로 총공사비의 10% 정도
부가가치세	물건을 사다가 파는 과정에서 부가된 가치(이윤)에 대하여 부과되는 세금(국세, 보통세, 간접세)

2) 실행예산

실행예산이란 공사현장의 제반조건(자연조건, 공사장 내외의 제 조건, 측량결과 등)과 공사시공의 제반조건(계약내역서, 설계도, 시방서, 계약조건 등) 등에 대한 조사 결과를 검토, 분석한 후 계약내역과 별도로 시공사의 경영방침에 입각하여 당해 공사의 완공까지 필요한 실제 소요공사비를 말한다.

3) 공정별 내역서

공정별 내역서에는 각 공정에 따른 품명, 규격, 수량, 단가(재료, 노무, 경비)가 기재되어 있다.

4. 안전관리

1) 안전관리 총괄책임자 지정 대상사업 및 직무

(1) 안전관리 총괄책임자 지정 대상사업

상시 근로자수 100명 이상 또는 총공사금액이 20억 원 이상인 건설업

(2) 안전관리 총괄책임자의 직무

① 위험성 평가의 실시에 관한 사항
② 작업의 중지

핵심 문제 03 ◆◆◆

안전관리 총괄책임자의 직무에 해당하지
않는 것은?　[22년 2회, 23년 4회]
① 작업진행상황을 관찰하고 세부기술에
　관한 지도 및 조언을 한다.
② 안전관리계획서의 작성 · 제출 및 안전
　관리를 총괄한다.
③ 안전관리관계자의 직무를 감독한다.
④ 안전관리비의 편성과 집행 내용을 확인
　한다.

해설

①은 기술지도에 관한 사항으로, 안전관
리에 대한 직무와는 거리가 멀다.

정답 ①

③ 도급 시 산업재해 예방조치

④ 산업안전보건관리비의 사용에 관한 협의 · 조정 및 그 집행의 감독

⑤ 안전인증 대상기계 등과 자율안전확인 대상기계 등의 사용 여부 확인

2) 안전시설의 설치

구분	정의
낙하물 방지망	바닥, 도로, 통로 및 비계 등에서 자재, 공구 등의 낙하로 인한 피해를 방지하기 위하여 개구부 및 비계 외부에 수평면과 20° 이상 30° 이하로 설치하는 망
낙하물 투하설비	높이 3m 이상인 장소에서 낙하물을 안전하게 던져 아래로 떨어뜨리기 위해 설치되는 설비
방호선반	상부에서 작업 도중 자재나 공구 등의 낙하로 인한 재해를 방지하기 위하여 낙하물 방지망 대신 개구부 및 비계 외부 안전통로의 출입구 상부에 설치하는 목재 또는 금속판재
수직보호망	가설구조물의 바깥면에 설치하여 낙하물 및 먼지의 비산 등을 방지하기 위하여 수직으로 설치하는 보호망
수직형 추락방망	건설현장에서 근로자가 위험장소에 접근하지 못하도록 수직으로 설치하여 추락의 위험을 방지하는 방망
추락방호망	고소작업 중 근로자의 추락 및 물체의 낙하를 방지하기 위하여 수평으로 설치하는 보호망. 단, 낙하물 방지 겸용 방호망은 그물코의 크기가 20mm 이하일 것
안전난간	추락의 우려가 있는 통로, 작업발판의 가장자리, 개구부 주변 등의 장소에 임시로 조립하여 설치하는 수평난간대와 난간기둥 등으로 구성된 안전시설
안전대 부착설비	추락할 위험이 있는 높이 2m 이상의 장소에서 근로자에게 안전대를 착용시킨 경우 안전대를 안전하게 걸어 사용할 수 있는 설비

❷ 구조체공사

1. 콘크리트공사의 일반사항

1) 콘크리트의 개요

(1) 정의

시멘트, 물, 잔골재, 굵은 골재 및 필요에 따라 혼화재료를 혼합하여 만든 것이다.

(2) 특징

장점	단점
• 압축강도가 크고 내화성, 내구성, 수밀성이 있음 • 자유로운 형태를 만들 수 있고, 강재와의 접착이 잘되며 방청력이 큼 • 큰 부재가 가능하고 구조용 재료로 사용	• 무게가 많이 나가며, 인장강도가 작음 (압축강도의 1/10) • 경화할 때 수축에 의한 균열이 발생하기 쉽고, 이들의 보수, 제거가 곤란함 • 강도의 발현에 많은 시간이 소요됨

(3) 콘크리트의 압축강도

① 콘크리트의 강도라 하면 압축강도를 말한다.

② 일반구조물에서 콘크리트의 강도는 표준양생을 한 재령 28일의 압축강도를 기준으로 한다.

③ 고강도 콘크리트라 함은 보통 콘크리트의 경우 압축강도가 40MPa 이상일 때, 경량(골재) 콘크리트의 경우 27MPa 이상을 말한다.

(4) 콘크리트의 선팽창(열팽창)계수

$1 \times 10^{-5}/℃$

> **참고**
>
> **콘크리트의 배합설계순서**
> 요구성능의 설정 → 계획배합의 설정 → 시험배합의 실시 → 현장배합의 결정
>
> **콘크리트의 배합비 산정과정**
> 설계기준강도(소요강도) 결정 → 배합강도 결정 → 시멘트강도 산정 → 물시멘트비 산정 → 슬럼프값 결정 → 골재입도 결정 → 배합의 결정 → 보정 → 재료계량 → 배합의 변경

2) 굳지 않은 콘크리트의 성질

구분	내용
Workability (시공연도)	• 묽기 정도 및 재료분리에 저항하는 정도 등 복합적 의미에서의 시공난이 정도 • 워커빌리티에 영향을 미치는 요인 : 시멘트의 성질과 양, 골재의 입도와 모양, 혼화재료의 종류와 양, 물시멘트비, 배합 및 비비기 정도, 혼합 후의 시간 • 워커빌리티의 측정방법(컨시스턴시의 측정방법) : 슬럼프시험, 흐름시험, 비비(Vee – Bee Test)시험, 다짐계수(Compaction Factor) 시험 등

핵심 문제 04 ◆◆◆

고강도 콘크리트란 설계기준 압축강도가 일반적으로 최소 얼마 이상인 콘크리트를 지칭하는가?(단, 보통 콘크리트의 경우)

[19년 1회, 22년 4회, 23년 2회]

① 27MPa ② 35MPa
③ 40MPa ④ 45MPa

해설

고강도 콘크리트
보통 콘크리트의 경우 압축강도가 40MPa 이상일 때, 경량(골재) 콘크리트의 경우 27MPa 이상인 콘크리트를 의미한다.

정답 ③

주로 수량의 다소에 의해 좌우되는 굳지 않은 콘크리트의 변형 또는 유동에 대한 저항성을 무엇이라 하는가?
① 컨시스턴시 ② 피니셔빌리티
③ 워커빌리티 ④ 펌퍼빌리티

해설

컨시스턴시
주로 수량의 다소에 따라 반죽이 질고 된 정도를 나타내는 콘크리트의 성질로, 유동성의 정도를 나타낸다.

정답 ①

굳지 않은 콘크리트의 성질을 표시하는 용어 중 거푸집 등의 형상에 순응하여 채우기 쉽고 재료의 분리가 일어나지 않는 성질을 말하는 것은? [21년 4회]
① 워커빌리티(Workability)
② 컨시스턴시(Consistency)
③ 플라스티시티(Plasticity)
④ 피니셔빌리티(Finishability)

해설

Plasticity(성형성)
구조체에 타설된 콘크리트가 거푸집에 잘 채워질 수 있는지의 난이 정도를 나타낸다.

정답 ③

구분	내용
Consistency (반죽질기, 유동성)	컨시스턴시는 주로 수량의 다소에 따라 반죽이 질고 된 정도를 나타내는 콘크리트의 성질로 유동성의 정도
Compactability (다짐성)	콘크리트 묽기에 따른 다짐의 용이한 정도
Plasticity(성형성)	구조체에 타설된 콘크리트가 거푸집에 잘 채워질 수 있는지의 난이 정도
Pumpability(압송성)	펌프에서 콘크리트가 잘 밀려가는지의 난이 정도
Stability(안정성)	Bleeding, 재료분리에 대한 저항성
Finishability(마감성)	도로포장 등에서 골재의 최대치수에 따르는 표면정리의 난이 정도
Mobility(가동성)	점성(Viscosity), 응집력, 내부저항 등에 관한 유동변형의 용이성

3) 주요 시공하자 및 내구성 저하현상

(1) 시공 중 재료분리현상

① 블리딩(Bleeding) : 콘크리트 타설 후 시멘트와 골재입자 등이 침하함으로써 물이 분리 상승되어 콘크리트 표면에 떠오르는 현상으로서, 골재와 페이스트의 부착력 저하, 철근과 페이스트의 부착력 저하, 콘크리트의 수밀성 저하의 원인이 된다.

② 레이턴스(Laitance) : 콘크리트 타설 후 블리딩에 의해서 부상한 미립물이 콘크리트 표면에 얇은 피막이 되어 침착하는 것이다.

(2) 크리프현상

① 정의 : 경화 중인 콘크리트에 하중이 지속적으로 작용하여 하중의 증가가 없어도 콘크리트의 변형이 시간에 따라 증대하는 현상이다.

② 원인 : 단위시멘트량이 많을수록, 물시멘트비가 클수록, 작용하중이 클수록, 외부습도가 낮고 온도가 높을수록 크다.

(3) 콘크리트의 탄산화(중성화)

① 탄산가스, 산성비 등의 영향으로 콘크리트가 수산화칼슘(강알칼리) 상태에서 탄산칼슘(약알칼리) 상태로 변하는 현상으로 철근의 부식을 가져와 구조물의 내구성이 저하된다.

② 콘크리트의 탄산화(중성화) 억제방법
㉠ 물시멘트비를 작게 한다.
㉡ 피복두께를 두껍게 한다.
㉢ 혼화재 사용을 억제한다.

(4) 콘크리트의 건조수축

① 콘크리트 타설 시 콘크리트 수화반응 후 블리딩(Bleeding)현상에 의하여 콘크리트 속에 있던 자유수가 증발함에 따라 콘크리트가 수축하는 현상이다.

② 콘크리트의 건조수축은 단위수량과 단위시멘트량의 영향을 크게 받는다.

③ 철근에는 압축응력이 일어나고 콘크리트에는 인장응력이 일어난다.

④ 건조수축에 영향을 주는 요인

    ㉠ 콘크리트는 습기를 흡수하면 팽창하고, 건조하면 수축하게 된다. 이것은 시멘트풀이 수축하고 팽창하기 때문이다.

    ㉡ 건조수축량은 초기에는 증가하고, 점차 감소한다.

    ㉢ 단위수량, 단위시멘트량이 적을수록 건조수축이 감소한다.

    ㉣ 습윤양생을 하면 건조수축이 감소한다.

    ㉤ 철근을 많이 사용하면 건조수축이 감소한다.

    ㉥ 부재 단면치수 및 골재 최대치수가 클수록 건조수축이 감소한다.

    ㉦ 흡수율이 큰 골재를 사용하면 수축이 증가한다.

4) 콘크리트의 이용

(1) ALC(Autoclaved Lightweight Concrete)

① 보통 콘크리트에 비해 다공질로서 중량이 가볍고 단열성능 및 내화성능이 우수하다.

② 습기가 많은 곳에서의 사용은 곤란하며, 중성화의 우려가 높다.

③ 플라이애시(Fly Ash) 시멘트 등 특수 시멘트를 사용하여 제조한다.

(2) PS 콘크리트(프리스트레스트 콘크리트)

① 콘크리트의 인장응력이 생기는 부분에 미리 인장력을 주어 콘크리트의 인장강도를 증가시켜 휨저항을 크게 한 콘크리트이다.

② 고강도의 PC 강재나 피아노선과 같은 특수 선재를 사용하여 재축방향으로 콘크리트에 미리 인장력을 준 콘크리트이다.

③ 특징

    ㉠ 장점 : 장스팬(Span)구조가 가능하여 넓은 공간의 설계가 가능, 구조물의 자중 경감, 부재단면 감소 가능, 내구성, 복원성이 우수하고 공기단축 가능, 고강도재료를 사용하므로 강도와 내구성이 크다.

    ㉡ 단점 : 제작하는 데 인력이 많이 들고, 숙련이 필요하며, 공사가 복잡하고 고도의 품질관리가 요구된다. 열에 약하여 내화피복(5cm)이 필요하다.

④ 종류

　　㉠ Pre−tention 방법 : 인장력을 준 PC 강재의 주위에 콘크리트를 치고 완전경화 후 PC 강재의 정착부를 풀어 콘크리트와 PC 강재의 부착력에 의해 Prestress를 주는 것이다.

　　㉡ Post−tention 방법 : 콘크리트 타설, 경화 후 미리 묻어 둔 시스(Sheath) 내에 PC 강재를 삽입하여 긴장시킨 후 정착하고 그라우팅하는 방법이다.

(3) 프리팩트 콘크리트

① 미리 거푸집 속에 적당한 입도배열을 가진 굵은 골재를 채워 놓은 후, 모르타르를 펌프로 압입하여 굵은 골재의 공극을 충전시켜 만드는 콘크리트이다.

② 재료분리, 수축이 보통 콘크리트의 1/2 정도로 작다.

(4) 레디믹스트 콘크리트

콘크리트 전문공장의 배치플랜트에서 생산하여 트럭이나 혼합기로 현장에 공급하는 콘크리트를 의미한다.

2. 콘크리트의 구성

콘크리트 ＝ 물 ＋ 시멘트 ＋ 골재 ＋ 혼화재료

1) 시멘트

(1) 일반적 성질

① 수화열 및 조기강도의 순서는 알루민산 3석회($3CaO \cdot Al_2O_3$) > 규산 3석회($3CaO \cdot SiO$) > 규산 2석회($2CaO \cdot SiO_2$)이며, 알루민산철 4석회($4CaO \cdot Al_2O_3 \cdot Fe_2O_3$)는 색상과 관계된 성분이다.

② 시멘트의 응결시간은 실제 공사에 영향을 미치므로 응결 개시와 종결시간을 측정할 필요가 있다. 일반적으로 온도 $20 \pm 3℃$, 습도 80% 이상 상태에서 시험하며, 일반적인 응결시간은 1(초결)~10(종결)시간 정도이다.

(2) 종류

① 포틀랜드 시멘트

구분	명칭	주요 특징
1종	보통 포틀랜드 시멘트	일반 시멘트
2종	조강 포틀랜드 시멘트	• 조기강도가 큼 • 한중공사 및 긴급공사에 적용
3종	중용열 포틀랜드 시멘트	• 초기 수화반응속도가 느림 • 수화열이 작음 • 건조수축이 작음
4종	저열 포틀랜드 시멘트	중용열 시멘트에 비해 수화열이 10% 정도 더 작음
5종	내황산염 포틀랜드 시멘트	황산염에 대한 저항성능이 큼(온천지대나 하수관로공사에 적용)

② 혼합 시멘트(보통 포틀랜드 시멘트 + 혼화재)

구분	주요 특징
플라이애시 시멘트	• 보통 포틀랜드 시멘트 + 플라이애시 • 초기 수화반응이 늦고, 건조수축이 작으며, 장기강도가 우수
고로슬래그 시멘트	• 보통 포틀랜드 시멘트 + 고로슬래그 분말 • 내식성 우수, 내열성 우수, 장기강도 우수

③ 특수 시멘트

구분	주요 특징
백색 포틀랜드 시멘트	줄눈용, 타일 줄눈 마감
팽창 시멘트	팽창재를 혼입하여 수축작용 최소화
알루미나 시멘트	긴급공사용으로서 재령 1일에 보통 포틀랜드 시멘트는 재령 28일에 강도 발현
초속경 시멘트	긴급공사용으로서 재령 1시간에 7MPa, 3시간 만에 25MPa 강도가 발현

(3) 성능시험

구분	시험 방법
비중시험	르샤틀리에 비중병
분말도시험	체가름시험, 비표면적 시험(마노미터, 브레인장치)
안정성 시험	오토클레이브(Auto Clave) 팽창도시험
강도시험	표준모래를 사용하여 휨시험, 압축강도시험
응결시험	길모아 바늘, 비카 바늘에 의한 이상응결시험

핵심 문제 10 ◆◆◆

시멘트의 발열량을 저감시킬 목적으로 제조한 시멘트로 매스 콘크리트용으로 사용되며, 건조수축이 작고 화학저항성이 큰 것은? [19년 4회, 22년 2회]

① 중용열 포틀랜드 시멘트
② 조강 포틀랜드 시멘트
③ 실리카 시멘트
④ 알루미나 시멘트

정답 ①

핵심 문제 11 ◆◆◆

조강 포틀랜드 시멘트를 사용하기에 가장 부적절한 것은? [21년 1회]

① 긴급공사
② 프리스트레스트 콘크리트
③ 매스 콘크리트
④ 동절기공사

해설

매스 콘크리트
80cm 이상의 두께를 가진 콘크리트로서 내부와 외부의 온도 차이가 커 온도균열이 발생할 우려가 있다. 이에 이 온도 차이를 최소화하기 위해 경화속도가 상대적으로 느린 중용열 포틀랜드 시멘트를 적용하고 있다.

※ 조강 포틀랜드 시멘트는 경화 속도가 빨라 긴급공사 등에 적용한다.

정답 ③

핵심 문제 12 ◆◆◆

다음 중 시멘트의 안정성 측정시험법은?

① 오토클레이브 팽창도시험
② 브레인법
③ 표준체법
④ 슬럼프시험

정답 ①

2) 콘크리트 골재

(1) 골재의 종류

구분	내용
천연골재	• 천연작용에 의해 암석에서 생긴 골재 • 강모래, 강자갈, 바닷모래, 바닷자갈, 산모래, 산자갈 등
인공골재	• 암석을 부수어 만든 부순 모래 • 깬자갈, 슬래그 깬자갈 등

(2) 콘크리트용 골재에 요구되는 성질

① 모양이 구형에 가까운 것으로, 표면이 거친 것이 좋다.

② 골재의 강도는 콘크리트 중의 경화 시멘트 페이스트의 강도 이상인 것이 좋다.

③ 내마모성이 있는 것을 선택한다.

④ 풍화와 강도를 떨어뜨리지 않도록 하기 위해 석회석, 운모 등의 함유량이 적은 것을 선택한다.

⑤ 입도는 조립에서 세립까지 연속적으로 균등히 혼합되어 있어야 한다.

⑥ 유해량의 먼지, 흙, 유기불순물 등을 포함하지 않은 것이 좋다.

⑦ 골재의 입도는 골재의 작고 큰 입자의 혼합된 정도를 의미한다.

⑧ 적당한 입도의 사용이 필요하다.

⑨ 골재의 치수가 너무 클 경우 철근과 철근 사이에 골재가 끼여, 낀 골재 밑으로 콘크리트 타설이 되지 않아 콘크리트 속에 텅 빈 공간이 생기게 된다. 그래서 이러한 현상을 방지하기 위해 굵은 골재에 대한 최대치수 규정을 설정하고 있다.

(3) 골재의 함수상태

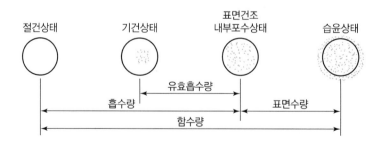

핵심 문제 13 ◆◆◆

철근 콘크리트에 사용하는 굵은 골재의 최대치수를 정하는 가장 중요한 이유는?
① 철근의 사용수량을 줄이기 위해서
② 타설된 콘크리트가 철근 사이를 자유롭게 통과 가능하도록 하기 위해서
③ 콘크리트의 인장강도 증진을 위해서
④ 사용골재를 줄이기 위해서

해설

골재의 치수가 너무 클 경우 철근과 철근 사이에 골재가 끼여, 낀 골재 밑으로 콘크리트 타설이 되지 않아 콘크리트 속에 텅 빈 공간이 생기게 된다. 그래서 이러한 현상을 방지하기 위해 굵은 골재에 대한 최대치수 규정을 설정하고 있다.

정답 ②

핵심 문제 14 ◆◆◆

골재의 함수상태에 관한 식으로 옳지 않은 것은?
① 흡수량 = (표면건조상태의 중량) − (절대건조상태의 중량)
② 유효흡수량 = (표면건조상태의 중량) − (기건상태의 중량)
③ 표면수량 = (습윤상태의 중량) − (표면건조상태의 중량)
④ 전체 함수량 = (습윤상태의 중량) − (기건상태의 중량)

해설

전체 함수량은 습윤상태의 중량에서 절대건조상태의 중량을 뺀 값이다.

정답 ④

구분	수식
흡수량	표면건조상태의 중량 − 절대건조상태의 중량
흡수율	$\dfrac{흡수량}{절대건조상태의\ 중량} \times 100\%$
유효흡수량	표면건조상태의 중량 − 기건상태의 중량
함수량	습윤상태의 중량 − 절대건조상태의 중량
표면수량	함수량 − 흡수량
표면수율	$\dfrac{표면수량}{표면건조\ 내부포수상태의\ 중량} \times 100\%$

(4) 공극률과 실적률

① 공극률(%) = $100 - 실적률 = \left[1 - \dfrac{단위용적중량}{비중(절대건조밀도)} \right] \times 100\%$

② 실적률(%) = $\dfrac{단위용적중량}{비중(절대건조밀도)} \times 100\%$

3) 혼화재료

(1) 혼화제

① 콘크리트 속 시멘트중량의 5% 미만인 극히 적은 양을 사용하며(배합계산에 포함되지 않음) 화학제품이 많다.

② 종류 : AE제, 분산제, AE감수제 등의 표면활성제, 유동화제, 응결경화촉진제, 응결지연제, 방청제, 방동제 등

ㄱ AE제

- 콘크리트용 표변활성제로 콘크리트 속에 독립된 미세한 기포를 생성하여 골고루 분포시킨다.
- 블리딩을 감소시키며, 시공연도가 좋아짐에 따라 작업성이 향상된다.
- 많이 사용하면 강도가 저하된다.
- 동결융해에 대한 저항성이 개선된다.

ㄴ 방청제 : 철근의 부식을 억제할 목적으로 사용되며, 철근 표면의 보호피막을 보강하는 용도로 사용한다.

ㄷ 증점제 : 점성, 응집작용 등을 향상시켜 재료분리를 억제하여 수중 콘크리트에 사용한다.

핵심 문제 15 ◆◆◆

굵은 골재의 단위용적중량이 1.7kg/L, 절건밀도가 2.65g/cm³일 때, 이 골재의 공극률은? [20년 1·2회]

① 25% ② 28%
③ 36% ④ 42%

해설

공극률(%)
$= 100 - 실적률$
$= \left[1 - \dfrac{단위용적중량}{비중(절대건조밀도)} \right]$
$\quad \times 100\%$
$= \left[1 - \dfrac{1.7kg/L \times 10^3}{2.65g/cm^3 \times 10^{-3} \times 10^6} \right]$
$\quad \times 100\%$
$= 36\%$

정답 ③

핵심 문제 16 ◆◆◆

혼화제 중 AE제의 특징으로 옳지 않은 것은? [21년 1회]

① 굳지 않은 콘크리트의 워커빌리티를 개선시킨다.
② 블리딩을 감소시킨다.
③ 동결융해작용에 의한 파괴나 마모에 대한 저항성을 증대시킨다.
④ 콘크리트의 압축강도는 감소하나, 휨강도와 탄성계수는 증가한다.

해설

AE제를 적용할 때 적정량을 넘어서게 되면 압축강도가 감소하고, 동시에 휨강도와 탄성계수도 감소할 수 있어 이에 대한 주의가 필요하다.

정답 ④

(2) 혼화재

① 시멘트중량의 5% 이상이며(배합계산에 포함) 광물질분말이 많다.

② 종류 : 고로슬래그, 플라이애시, 실리카퓸, 착색재, 팽창재, 포졸란 등

ⓒ 포졸란

• 화산회 등의 광물질(Silica)분말로 된 콘크리트 혼화재의 일종이다.

• 조기강도는 작으나 장기간 습윤양생하면 장기강도, 수밀성 및 염류에 대한 화학적 저항성이 커진다.

• 시공연도가 좋아지고 블리딩, 재료분리현상이 감소한다.

ⓛ 플라이애시

• 분탄이 보일러 내에서 연소할 때 부유하는 회분을 전기집진기로 채집한 표면이 매끄러운 구형의 미세립분말이다.

• 비중이 1.95~2.40 정도로 작고, 적용 시 유동성이 개선된다.

• 수화열이 감소하며 장기강도가 증가된다.

• 알칼리 골재반응의 억제, 황산염에 대한 저항성 및 수밀성의 향상을 기대할 수 있다.

ⓒ 고로슬래그

• 선철을 제조하는 과정에서 발생되는 부유물질인 슬래그를 냉각시켜 분말화한 것이다.

• 수축균열이 적고 해수·동결융해에 대한 저항성이 크다.

ⓔ 실리카퓸(Silica Fume)

전기로에서 금속규소나 규소철을 생산하는 과정 중 부산물로 생성되는 매우 미세한 입자로서 고강도 콘크리트 제조 시 사용되는 포졸란계 혼화재이다.

핵심 문제 17 ◆◆◆

플라이애시가 콘크리트에 미치는 작용에 관한 설명으로 옳지 않은 것은?
[20년 3회]

① 입자가 구형이므로 유동성이 증가되어 콘크리트의 워커빌리티가 개선된다.
② 플라이애시의 치환율이 증가하면 콘크리트의 초기강도가 증가한다.
③ 수산화칼슘과 반응함에 따라 알칼리성을 감소시켜, 저알칼리 시멘트의 효과를 나타낸다.
④ 알칼리 골재반응에 의한 팽창을 억제하고, 해수 중의 황산염에 대한 저항성을 높인다.

해설
플라이애시의 치환율(적용 비율)이 증가하면 초기 수화열이 감소하고 장기강도가 증가된다.

정답 ②

3. 구조체공사의 종류 및 구성

1) 철근 콘크리트

(1) 철근 콘크리트(RC : Reinforced Concrete)의 정의

① 콘크리트는 압축에 강하고 인장에 약하다. 인장력에 강한 철근을 인장측에 배치하여 압축은 콘크리트가, 인장은 철근이 부담하도록 한 일체식 구조를 철근 콘크리트(RC)구조라고 한다.

② 취성재인 콘크리트는 압축을 부담하고, 연성재인 철근은 인장을 부담한다.

③ 철근 콘크리트는 철근과 콘크리트의 서로 다른 재료가 일체로 거동하여 외력에 저항한다.

(2) 철근 콘크리트의 성립 이유

① 철근과 콘크리트 사이의 부착강도가 크다.

② 콘크리트 속의 철근은 부식되지 않는다(콘크리트의 불투수성).

③ 철근과 콘크리트 두 재료의 열팽창계수(온도변화율)가 거의 같다.

④ 취성재료인 콘크리트와 연성재료인 철근을 결합하여 구조부재의 연성파괴를 유도할 수 있다.

(3) 철근 콘크리트의 특징

장점	단점
• 내구성, 내화성, 내진성을 가진다. • 임의 형태, 모양, 크기, 치수의 시공이 가능하다. • 강구조에 비해 경제적이고, 구조물의 유지·관리가 쉽다. • 일체식 구조로서 강성이 큰 재료를 만들 수 있다. • 압축강도가 크다. • 재료의 공급이 용이하며 경제적이다.	• 콘크리트에 균열이 발생한다. • 중량이 비교적 크다. • 부분적(국부적)인 파손이 일어나기 쉽고, 구조물의 시공 후에 검사·개조·보강·해체하기가 어렵다. • 시공이 조잡해지기 쉽다. • 크리프(Creep), 건조수축(Dry Shrinkage) 등의 소성 변형이 크다.

(4) 철근의 응력 – 변형률 선도

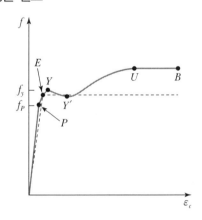

① **비례한도점(P)** : 응력과 변형률이 직선비례하는 혹의 법칙(Hook's Law)이 성립하는 지점이다.

② **탄성한도점(E)** : 외력을 제거하면 영구변형을 남기지 않고 원상태로 복귀되는 응력의 최고한계이다.

③ **상하 항복점(Y, Y')** : 외력의 증가 없이 변형률이 급격히 증가하고 잔류변형을 일으키는 지점이다.

④ **극한강도점(U)** : 최대응력, 즉 인장강도를 말한다.

⑤ **파괴점(B)** : U점을 지나면 응력은 감소하나 변형은 증가한다.

핵심 문제 18 ◆◆◆

강의 기계적 성질과 관련된 항복비를 옳게 설명한 것은?(단, 응력 – 변형률 곡선상 명칭을 기준으로 한다) [21년 1회]

① 항복점과 인장강도의 비
② 항복점과 압축강도의 비
③ 비례한계점과 인장강도의 비
④ 비례한계점과 압축강도의 비

정답 ①

2) 거푸집

(1) 거푸집 설치목적

① 콘크리트를 일정한 형상과 치수로 유지시킨다.

② 경화에 필요한 수분 누출을 방지한다.

③ 외기의 영향을 방지한다.

(2) 거푸집의 종류

핵심 문제 19 • • •

굴뚝 또는 사일로 등 평면형상이 일정한 구조물에 가장 적합한 거푸집은?
① 유로폼   ② 워플폼
③ 터널폼   ④ 슬라이딩폼

해설

슬라이딩폼(Sliding Form)
평면형상이 일정한 구조물에 연속적인 수직적 상승을 통해 적용이 가능한 거푸집이다.

정답 ④

구분	세부 종류	내용
벽 전용 거푸집	갱폼(Gang Form)	대형의 일체식으로 조립하여 적용하는 거푸집
	클라이밍폼(Climing Form)	거푸집과 비계를 인양시키면서 작업이 가능한 거푸집
일체식 거푸집	테이블폼(Table Form)	바닥판과 지보공을 일체화하여 Table 모양으로 만든 거푸집
	플라잉폼(Flying Form)	거푸집, 장선, 멍에 등을 일체화하여 수평 및 수직으로 이동할 수 있게 만든 거푸집
벽체 및 바닥 일체형	터널폼(Tunnel Form)	ㄱ자, ㄷ자 모양으로 슬래브와 벽거푸집이 일체로 되어 있는 거푸집
연속공법	슬라이딩폼(Sliding Form)	평면형상이 일정한 구조물에 연속적인 수직적 상승을 통해 적용이 가능한 거푸집
	트래블링폼(Traveling Form)	연속적인 수평적 이동이 가능한 거푸집
무지주공법	보우빔(Bow Beam), 페코빔(Pecco Beam)	받침기둥을 쓰지 않고 보를 걸어서 거푸집 널을 지지하는 형태

3) 철골구조

(1) 철골구조의 정의

① 강철로 제작된 구조물로 주로 장대교량, 고층 구조물에 사용된다. 각종 교량, 건축물, 송배전탑, 철탑, 탱크, 댐의 수문 등의 부재로서 많이 사용되며, 그 외에도 선박, 항공기, 로켓, 우주선, 자동차 등에 다양하게 이용되고 있다.

② 건물의 뼈대를 강재 및 각종 형강을 볼트, 고력볼트, 용접 등의 접합방법으로 조립하거나 또는 단일 형강을 사용하여 구성하는 구조 또는 건축물을 말하며 철골구조라고도 한다.

(2) 철골구조의 특징

장점	단점
• 단위면적당 강도가 대단히 크다. • 재료가 균질성을 가지고 있다. • 다른 구조재료보다 탄성적이며 설계 가정에 가깝게 거동한다. • 내구성이 우수하다. • 커다란 변형에 저항할 수 있는 연성을 가지고 있다. • 손쉽게 구조변경을 할 수 있다. • 리벳, 볼트, 용접 등 연결재를 사용하여 체결할 수 있다. • 사전조립이 가능하며 가설속도가 빠르다. • 다양한 형상과 치수를 가진 구조로 만들 수 있다. • 재사용이 가능하며, 고철 등으로도 재활용이 가능하다.	• 부식되기 쉽고 정기적으로 도장을 해야 하므로 유지비용이 많이 든다. • 강재는 내화성이 약하다. • 압축재로 사용한 강재는 단면에 비해 부재가 길고 두께가 얇아 좌굴 위험성이 높다. • 반복하중에 의해 피로(Fatigue)가 발생하여 강도의 감소 또는 파괴가 일어날 수 있다. • 처짐 및 진동을 고려해야 한다. • 접합부의 신중한 설계와 용접부의 검사가 필요하다.

(3) 강재의 치수표기법

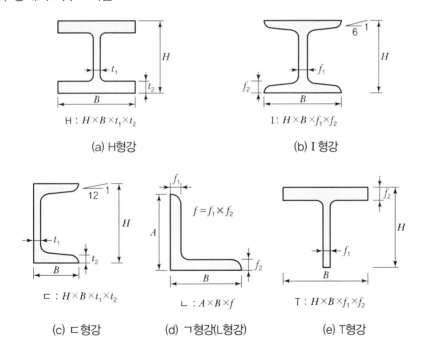

H : $H \times B \times t_1 \times t_2$

(a) H형강

I : $H \times B \times f_1 \times f_2$

(b) I형강

ㄷ : $H \times B \times t_1 \times t_2$

(c) ㄷ형강

$f = f_1 \times f_2$

ㄴ : $A \times B \times f$

(d) ㄱ형강(L형강)

T : $H \times B \times f_1 \times f_2$

(e) T형강

핵심 문제 20

철골부재 간 접합방식 중 마찰접합 또는
인장접합 등을 이용한 것은?

① 메탈터치　　② 컬럼쇼트닝
③ 필릿용접접합　④ 고력볼트접합

해설

고력볼트접합
접합시키는 양쪽 재료에 압력을 주고, 양
쪽 재료 간의 마찰력에 의하여 응력이 전달
되도록 하는 방법이다(마찰, 인장, 지압력
작용).

정답 ④

핵심 문제 21

철골조에서 스티프너를 사용하는 이유로
가장 적당한 것은?

① 콘크리트와의 일체성 확보
② 웨브플레이트의 좌굴 방지
③ 하부 플랜지의 단면계수 보강
④ 상부 플랜지의 단면계수 보강

해설

철골조에서 스티프너는 웨브플레이트의
좌굴 방지로 사용되고, 커버플레이트는
플랜지의 단면계수 보강을 통한 휨저항성
증대를 목적으로 한다.

정답 ②

핵심 문제 22

철골보와 콘크리트 바닥판을 일체화시키
기 위한 목적으로 활용되는 것은?

① 시어 커넥터　② 사이드 앵글
③ 필러플레이트　④ 리브플레이트

해설

시어 커넥터(Shear Connector)
철골보와 콘크리트 바닥판을 일체화시켜
전단력에 대응하는 역할을 한다.

정답 ①

핵심 문제 23

강재(鋼材)의 인장강도가 최대로 되는 지
점의 온도는 약 얼마인가?

[19년 1회, 23년 4회]

① 상온
② 약 100℃ 정도
③ 약 250℃ 정도
④ 약 500℃ 정도

정답 ③

(4) 접합방법

구분	내용
볼트접합, 핀접합, 리벳접합	접합시키는 양쪽 재료 사이에 매개체인 파스너를 두고, 이를 통하여 응력이 전달되도록 하는 방법이다.
고력볼트접합	접합시키는 양쪽 재료에 압력을 주고, 양쪽 재료 간의 마찰력에 의하여 응력이 전달되도록 하는 방법이다(마찰, 인장, 지압력 작용).
용접접합	접합시키는 양쪽 재료를 야금적으로 용융하고 일체화시켜 응력이 전달되도록 하는 방법이다.
접착제접합	접합시키는 양쪽 재료 사이에 접착제(고분자재료)를 사용하여 접착에 의해 응력이 전달되도록 하는 방법이다.

(5) 철골(강재)보의 응력분담

철골(강재)보의 응력분담은 플랜지(Flange)가 휨모멘트를 주로 부담하며 플랜지의 단면이 부족할 경우 커버플레이트로 보강한다. 웨브(Web)는 전단력을 주로 부담하며 웨브의 단면이 부족할 경우 스티프너로 보강한다.

(6) 합성보(Composite Beam)

① 콘크리트 슬래브와 강재보를 전단연결재(Shear Connector)로 연결하여 외력에 대한 구조체의 거동을 일체화시킨 구조이다. 장스팬에 가장 유리하다.

② 합성보 설계 시 동바리를 사용하지 않는 경우, 콘크리트의 강도가 설계기준강도의 75%까지 도달하기 전에 작용하는 모든 시공하중은 강재단면만으로 지지될 수 있어야 한다.

③ 강재보와 데크플레이트 슬래브로 이루어진 합성부재에서 데크플레이트의 공칭 골깊이는 75mm 이하이어야 한다.

④ 합성단면의 공칭강도를 결정하는 데에는 소성 응력분포법과 변형률적합법의 2가지 방법이 사용될 수 있다.

(7) 강재의 온도 특성

온도	특징
130~200℃	강재의 성질변화가 크지 않음
200~250℃	200℃ 이상에서 강재의 거동이 비선형적으로 되고 연신율은 최소이며, 청열취성 현상이 발생
250~300℃	인장강도가 최대
500~600℃	상온 인장강도 및 항복강도의 1/2로 감소

❸ 실내디자인 협력공사

1. 가설공사

1) 가설공사의 정의

공사기간 중 임시로 설비하며 공사를 완성할 목적으로 쓰이는 제반시설 및 수단의 총칭이고, 공사가 완료되면 해체, 철거, 정리되는 제설비공사를 말한다.

2) 가설공사계획

(1) 반복사용의 중시(전용성)

가설재를 강재화하고, 보관 · 수리 · 정리를 철저히 한다.

(2) 재료강도의 고려(소요강도)

경제성과 안정성의 균형을 유지한다.

(3) 시공성 확보

조립 · 해체를 용이하게 계획한다.

(4) 경제성

한 개의 현장에서 벗어나 전사적 개념의 경제성을 고려한다.

(5) 안전성

임시시설물이므로 재해사고가 일어나지 않도록 설치한다.

항목	내용
가설운반로	도로, 교량, 구름다리, 배수로, 토사적치장 등
차용지	작업장, 재료적치장, 기타용지
대지 측량과 정리	대지 측량, 전주와 장애물 이설, 수목이식 등
가설울타리	판장, 가시철망, 대문 등
비계발판	비계, 발돋음, 낙하물 방지망 등
가설건물	사무소, 차고, 숙소 등
보양 및 인접건물 보상	콘크리트면 보양, 수장재, 돌출부 등
물푸기와 시험	배수, 재료시험, 지질시험 등
시공장비 설치	토공사용 중장비, 가설물, 타워 등
운반 및 종말처리 청소	재료 운반, 기계 운반, 불용잔물처리 등
기계기구, 동력전등설비, 용수설비	변전소, 배전판, 가설용수
위험방지 및 안전설비	낙하물 방지망, 방호선반, 방호철망, 방호시트

3) 가설공사항목

(1) 공통가설공사

공사 전반에 걸쳐 여러 공종에 공통으로 사용되는 공사로서 울타리, 가설건물, 가설전기, 가설용수 등이 있다.

(2) 직접가설공사

특정 공정에 사용되는 공사로서 규준틀, 비계, 먹매김, 양중, 운반, 보양 등이 있다.

4) 착공시점의 인허가항목

(1) 공통 인허가

① 도로점용 허가신청　　　　② 방화관리자 선임 신고
③ 건설폐기물 처리계획 신고　④ 사업장폐기물배출자 신고
⑤ 비산먼지 발생사업 신고　　⑥ 품질시험계획서
⑦ 유해위험 방지계획서　　　⑧ 안전관리계획서
⑨ 특정 공사 사전 신고(소음 · 진동)

(2) 건축 인허가

① 건축물 착공 신고　　　　　② 경계측량
③ 가설건축물 축조 신고 및 사용승인　④ 품질관리계획서
⑤ 화약류 사용 허가신청　　　⑥ 화약류 운반 신고

5) 가설울타리

비산먼지 발생 신고대상 건축물로서 공사장 경계에서 50m 이내에 주거 · 상가 건축물이 있는 경우 높이 3m 이상 방진벽을 설치한다.

2. 방수 및 방습공사

1) 아스팔트방수의 종류

(1) 천연 아스팔트

석유질 원유가 지구 표면에 흘러나오거나 암석에 스며들어 오랜 시간 동안 휘발성 유류가 태양, 기후, 바람 등의 영향으로 증발하여 자연적으로 생성된 것이다.

구분	내용
레이크 아스팔트	지표의 낮은 곳에 괴어 생긴 것
록 아스팔트	다공질의 암석 사이에 스며들어 생긴 것
샌드 아스팔트	모래 속에 스며들어 생긴 것
아스팔타이트	• 천연석유가 암석의 갈라진 틈에 스며들어 지열이나 공기 등의 작용으로 오랜 기간 동안 화학반응을 일으켜서 생긴 것 • 중합 또는 축합 반응을 일으켜 탄성력이 풍부한 블론 아스팔트와 성질이 비슷 • 길소나이트(Gilsonit), 그래하마이트(Grahamite), 그랜스 피치(Grance Pitch) 등

(2) 석유 아스팔트

석유 아스팔트는 암갈색 혹은 검정의 결합성이 있는 고형 또는 반고형 물질의 원유를 인공적인 증류에 의해 얻은 잔유물의 역청으로 되어 있다.

구분	내용
아스팔트 프라이머	솔, 롤러 등으로 용이하게 도포할 수 있도록 블론 아스팔트를 휘발성 용제에 희석한 흑갈색의 저점도액체로서, 방수시공의 첫 번째 공정에 쓰이는 바탕처리재
스트레이트 아스팔트	• 신축성이 우수하고 교착력도 좋지만 연화점이 낮고, 내구력이 떨어져 옥외 적용이 어려우며 주로 지하실 방수용으로 사용 • 연화점이 비교적 낮고 온도에 의한 변화가 큼
아스팔트 펠트	목면, 마사, 양모, 폐지 등을 원료로 만든 원지에 스트레이트 아스팔트를 침투시켜 롤러로 압착하여 만든 것(아스팔트 방수 중간층재로 이용)
아스팔트 루핑	아스팔트제품 중 펠트의 양면에 블론 아스팔트를 피복하고 활석분말 등을 부착하여 만든 제품(지붕에 기와 대신 사용)
아스팔트 싱글	돌입자로 코팅한 루핑을 각종 형태로 절단하여 경사진 지붕에 사용하는 스트레이트형 지붕재료로서, 색상이 다양하고 외관이 미려한 지붕에 사용
블론 아스팔트	• 스트레이트 아스팔트 정제 이전의 잔류유에 파라핀계 석유 찌꺼기 기름을 200~320℃로 가열하여 공기를 불어 넣어 아스팔트를 화학적으로 안정시킨 것 • 융점이 높고, 감온성이 작고, 탄력성이 크며 연화점이 높음 • 방수재료, 접착제, 방식 도장용, 옥상 방수 등에 사용
아스팔트 컴파운드	블론 아스팔트에 동식물성 유지나 광물성 분말 등을 혼합하여 내열성, 탄성, 접착성, 내구성 등을 개량한 것으로 신축이 크며 최우량품임
아스팔트 타일	• 아스팔트와 쿠마론인덴수지, 염화비닐수지에 석면, 돌가루, 탄산칼슘, 안료 등을 혼합한 후 고열 및 고압으로 녹여 얇은 판으로 만든 것을 규격에 맞게 재단한 것 • 내수성이 크고 내화성이 좋음 • 전기절연성이 높고 내산성이 부족하며 내알칼리성은 좋음 • 방수재료로 사용하기는 곤란하며 마모성이 작은 편임

핵심 문제 24 ◆◆◆

아스팔트 방수재료로서 천연 아스팔트가 아닌 것은?

① 아스팔타이트(Asphaltite)
② 록 아스팔트(Rock Asphalt)
③ 레이크 아스팔트(Lake Asphalt)
④ 블론 아스팔트(Blown Asphalt)

해설

블론 아스팔트(Blown Asphalt)는 석유 아스팔트의 한 종류이다.

정답 ④

핵심 문제 25 ◆◆◆

목면, 마사, 양모, 폐지 등을 혼합하여 만든 원지에 스트레이트 아스팔트를 침투시킨 두루마리 제품으로 주로 아스팔트방수의 중간층 재료로 이용되는 것은?

[18년 4회]

① 아스팔트 펠트
② 아스팔트 루핑
③ 아스팔트 싱글
④ 아스팔트 블록

정답 ①

✤ 감온성
온도에 따라 반죽질기가 변하는 성질이다.

2) 도막방수

도료상태의 방수재를 바탕면에 여러 번 칠하여 얇은 수지피막을 만들어 방수효과를 얻는 것으로 에멀션형, 용제형, 에폭시계 형태의 방수공법이다.

3) 벤토나이트방수

① 화산재물질로 응회암 적성작용, 퇴적된 물질이 2차, 3차 변화된 것이나 유리질 유문암이 열수작용을 받아 생성된 무기재료이다.
② 토목용 및 방수자재로는 소듐계 벤토나이트를 사용한다.
③ 소듐 벤토나이트는 물과 반응하여 체적이 13~16배 팽창하며 무게의 5배까지 물을 흡수한다.
④ 벤토나이트는 실런트로 사용하며 토사와 섞어 층을 만들면 물이 침투하지 못한다.
⑤ 벤토나이트와 토사 또는 시멘트와의 혼합으로 지하구조물(Top－Down 공법의 슬러리월)의 방수에 사용된다.
⑥ 소듐 벤토나이트는 그 층의 두께가 4~9mm일 경우 $1 \times 10^{-10} \sim 1 \times 10^{-12}$cm/sec의 특수계수에 달하는 불투수층을 형성한다.
⑦ 염분이 포함된 물에서는 벤토나이트 팽창반응이 저하되어 차수력이 저하된다.

4) 주요 공법 및 특성 표기

(1) 멤브레인(Membrane)방수공법

아스팔트 루핑, 시트 등의 각종 루핑류를 방수바탕에 접착시켜 막모양의 방수층을 형성시키는 공법이다(합성고분자계 시트방수층, 도막방수층, 아스팔트방수층 등이 있음).

(2) 특성 표기

① 신도
  ㉠ 아스팔트의 연성을 나타내는 것이다.
  ㉡ 규정된 모양으로 한 시료의 양끝을 규정한 온도, 규정한 속도로 인장했을 때까지 늘어나는 길이를 cm로 표시한다.
② 인화점 : 시료를 가열하여 불꽃을 가까이했을 때 공기와 혼합된 기름증기에 인화된 최저온도이다.
③ 연화점 : 유리, 내화물, 플라스틱, 아스팔트, 타르 따위의 고형(固形) 물질이 열에 의하여 변형되어 연화를 일으키기 시작하는 온도이다.

④ 침입도

    ㉠ 아스팔트의 경도를 표시하는 것이다.

    ㉡ 규정된 침이 시료 중에 수직으로 진입된 길이를 나타내며, 단위는 0.1mm를 1로 한다.

3. 단열공사

1) 단열원리 및 단열효과의 특징

(1) 단열원리

구분	세부사항
저항형 단열	• 열전도율이 낮은 다공질 또는 섬유질의 단열재를 이용하는 것으로 건축물 단열재로 보편적으로 이용되고 있다. • 현재 사용되고 있는 대부분의 단열재가 저항형 단열에 해당되며, 열전달을 억제하는 성질이 뛰어나다. • 종류로는 유리섬유(Glass Wool), 스티로폼(Polystyrene Foam Board), 폴리우레탄(Polyurethane Foam), 암면(Rock Wool) 등이 있으며, 이 중 스티로폼(압출법, 비드법보온판)이 가장 일반적으로 사용된다.
반사형 단열	• 방사율과 흡수율이 낮은 광택성 금속박판을 이용하여 복사의 형태로 열이동이 이루어지는 공기층에서 열전달을 억제하는 단열재이다. • 알루미늄박판 처리 석고보드, 일반사코팅, 시트(Sheet) 등이 사용된다.
용량형 단열	• 주로 중량구조체의 큰 열용량을 이용하는 단열방식으로, 벽체를 통과하는 열을 구조체가 흡수하여 열전달을 지연시키는 것으로 비열이 크고 중량이 클수록 단열효과가 크다. • 두꺼운 흙벽, 콘크리트벽 등이 사용된다.

(2) 단열효과의 특징

① 공기층의 단열효과는 밀도가 작을수록 커진다.

② 공기층의 두께는 2cm까지 두께에 비례하여 단열효과가 좋다.

③ 재료의 열전도율이 작을수록 단열효과가 크다.

④ 재료의 두께가 두꺼울수록 단열효과가 크다.

⑤ 재료의 열전도율이 같을 경우 흡수성이 작은 재료가 단열효과가 크다.

⑥ 일반적으로 재료에 습기가 있을 경우 열전도율의 상승으로 단열효과가 저하된다.

⑦ 결로를 방지하여 단열성능을 높이기 위해서는 단열재는 저온부에 설치하고, 방습재는 고온부에 설치한다.

단열재가 구비해야 할 조건으로 옳지 않은 것은?

① 불연성이며, 유독가스가 발생하지 않을 것
② 열전도율 및 흡수율이 낮을 것
③ 비중이 높고 단단할 것
④ 내부식성과 내구성이 좋을 것

해설

단열재는 어느 정도 기계적 강도가 있어야 하나, 다공질형태로서 단열성능을 나타내기 위해서는 비중이 작아야 한다.

정답 ③

핵심 문제 30 ●●●

단열재료에 관한 설명으로 옳지 않은 것은?
[19년 1회]

① 단열재료는 보통 다공질의 재료가 많으며, 열전도율이 낮을수록 단열성능이 좋은 것이라 할 수 있다.
② 암면은 변질되지 않고 내구성이 뛰어나지만, 불에 타고 무겁다는 단점이 있다.
③ 단열재료의 대부분은 흡음성도 우수하므로 흡음재료로도 이용된다.
④ 유리면은 일반적으로 결로수가 부착되면 단열성이 크게 저하되므로 방습성이 있는 시트로 감싼 상태에서 사용된다.

해설

암면은 변질되지 않고 내구성이 뛰어나고 불에 타지 않고 가볍다는 장점이 있다.

정답 ②

핵심 문제 31 ●●●

무기질 단열재료 중 내열성이 높은 광물섬유를 이용하여 만드는 제품으로 불에 타지 않으며 가볍고, 단열성, 흡음성이 뛰어난 것은?
[19년 2회]

① 연질섬유판   ② 암면
③ 셀룰로오스섬유판   ④ 경질우레탄폼

해설

암면
• 암석으로부터 인공적으로 만들어진 내열성이 높은 광물섬유를 이용하여 제작한다.
• 열전도율은 약 0.040W/m · K 내외로 밀도에 따라 달라진다.
• 보온성, 내화성, 내구성, 흡음성, 단열성이 우수하다.
• 음이나 열의 차단재로 사용한다.

정답 ②

2) 단열재의 구비조건

① 열전도율이 작고, 흡수율이 낮은 재료를 사용한다.
② 보통 다공질 재료가 많이 쓰이며, 흡수성 및 내화성이 우수해야 한다.
③ 어느 정도 기계적인 강도가 있어야 하며, 비중이 작아야 한다.

3) 단열공법

(1) 내단열

① 구조체를 중심으로 실내 측에 단열재를 설치하는 공법이다.
② 열교가 발생할 수 있는 부분이 생길 수 있어 결로에 취약하다.
③ 구조체의 열용량이 작아 난방 및 냉방 시 온도변화가 크다.
④ 간헐난방에 적합하다.

(2) 외단열

① 구조체를 중심으로 실외 측에 단열재를 설치하는 공법이다.
② 열교가 차단되어 결로 예방에 효과적이다.
③ 구조체의 열용량이 커서 난방 및 냉방 시 온도변화가 작다.
④ 지속난방에 적합하다.

4) 단열재의 종류

(1) 유리면(글라스울, Glass Wool)

① 유리원료(규사, 모래)를 고온에서 용융하여 섬유화한 뒤 성형한 무기질 인조광물섬유 단열재이다.
② 유연하고 부드러우며, 단열 및 흡음성능이 뛰어나다.
③ 무기질원료로서 불연성이 있으며, 시간경과에 따른 변형이 작다.
④ 도구를 통해 재단이 가능해 시공성이 높다.
⑤ HCHO(폼알데하이드) 배출이 없으며 TVOC 등 유해물질 방출이 매우 적다.
⑥ 벽체, 천장, 커튼월 심재, 방음벽 단열, 흡음마감재 등에 적용한다.

(2) 미네랄울(암면, Mineral Wool)

① 암석으로부터 인공적으로 만들어진 내열성이 높은 광물섬유를 이용하여 제작한다.
② 열전도율은 약 0.040W/m · K 내외로 밀도에 따라 달라진다.
③ 보온성, 내화성, 내구성, 흡음성, 단열성이 우수하다.
④ 음이나 열의 차단재로 사용한다.

(3) 규산칼슘판

무기질 단열재료 중 규산질분말과 석회분말을 오토 클레이브 중에서 반응시켜 얻은 겔에 보강섬유를 첨가하여 프레스 성형하여 제조한다.

(4) 경질폴리우레탄폼(Rigid Polyurethane Foam)

① 단열성이 크고 현장 발포시공이 가능하며, 화학약품에 견디는 성질이 강하다.

② 시간이 경과함에 따라 수축현상이 일어나고 열전도율이 커진다.

③ 폴리우레탄 단열판, 폴리우레탄 단열통 등이 있다.

핵심 문제 32 ...

다음 중 유기질 단열재료가 아닌 것은?

[21년 1회]

① 연질섬유판
② 세라믹 파이버
③ 폴리스티렌폼
④ 셀룰로오스섬유판

해설

세라믹 파이버는 내열성이 우수한 무기질 단열재이다.

정답 ②

실 / 전 / 문 / 제

실행예산
공사현장의 제반조건(자연조건, 공사장 내외 제 조건, 측량결과 등)과 공사시공의 제반조건(계약내역서, 설계도, 시방서, 계약조건 등) 등에 대한 조사결과를 검토, 분석한 후 계약내역과 별도로 시공사의 경영방침에 입각하여 당해 공사의 완공까지 필요한 실제 소요공사비를 말한다. **답** ③

01 원가 절감을 목적으로 공사계약 후 당해 공사의 현장여건 및 사전조사 등을 분석한 이후 공사수행을 위하여 세부적으로 작성하는 예산은?

[22년 2회, 24년 3회]

① 추경예산 ② 변경예산
③ 실행예산 ④ 도급예산

공정별 내역서에는 품명, 규격, 수량, 단가(재료, 노무, 경비)가 기재되어 있고 제조일자까지는 표현되어 있지 않다. **답** ③

02 실내건축공사 공정별 내역서에서 각 품목에 따라 확인할 수 있는 정보로 옳지 않은 것은?

[22년 2회, 24년 1회]

① 품명 ② 규격
③ 제조일자 ④ 단가

콘크리트의 선팽창(열팽창)계수
$1 \times 10^{-5}/℃$ **답** ②

03 일반적인 콘크리트의 열팽창계수로 옳은 것은?

[19년 1회, 24년 2회]

① $1 \times 10^{-4}/℃$ ② $1 \times 10^{-5}/℃$
③ $1 \times 10^{-6}/℃$ ④ $1 \times 10^{-7}/℃$

Plasticity(성형성)
구조체에 타설된 콘크리트가 거푸집에 잘 채워질 수 있는지의 난이 정도를 나타낸다. **답** ③

04 굳지 않은 콘크리트의 성질을 표시하는 용어 중 거푸집 등의 형상에 순응하여 채우기 쉽고 재료의 분리가 일어나지 않는 성질을 말하는 것은?

[21년 3회]

① 워커빌리티(Workability)
② 컨시스턴시(Consistency)
③ 플라스티시티(Plasticity)
④ 피니셔빌리티(Finishability)

05 콘크리트의 건조수축에 관한 설명으로 옳지 않은 것은? [20년 3회]

① 골재로 사암이나 점판암을 이용한 콘크리트는 수축량이 크고, 석영 · 석회암 · 화강암을 이용한 것은 작다.

② 콘크리트 습윤양생기간의 장단은 건조수축에 그다지 큰 영향을 주지 않는다.

③ 골재 중에 포함된 미립분이나 점토, 실트는 일반적으로 건조수축을 증대시킨다.

④ 단위수량이 증가되면 수축량은 감소한다.

단위수량이 증가하면, 건조수축량도 증가하는 특징이 있다. 🄳 ④

06 콘크리트의 건조수축에 관한 설명으로 옳은 것은? [19년 1회]

① 단위시멘트량이 적을수록 커진다.

② 단위수량이 많을수록 커진다.

③ 골재입자의 크기가 작을수록 작아진다.

④ 습윤양생을 한 경우가 공기 중에서 건조되는 경우보다 크다.

① 단위시멘트량이 적을수록 작아진다.
③ 골재입자의 크기가 작을수록 커진다.
④ 습윤양생을 한 경우가 공기 중에서 건조되는 경우보다 작다.
🄳 ②

07 시멘트 종류에 따른 사용용도를 나타낸 것으로 옳지 않은 것은? [예상문제]

① 조강 포틀랜드 시멘트 – 한중 콘크리트공사

② 중용열 포틀랜드 시멘트 – 매스 콘크리트 및 댐공사

③ 고로 시멘트 – 타일 줄눈 시공 시

④ 내황산염 포틀랜드 시멘트 – 온천지대나 하수도공사

타일 줄눈 시공 시 적용하는 것은 백색 포틀랜드 시멘트이다. 고로 시멘트는 혼합 시멘트로서 내열성 및 내식성이 우수하고 높은 장기강도 발현이 필요할 때 적용한다. 🄳 ③

08 조강 포틀랜드 시멘트를 사용하기에 가장 부적절한 것은? [21년 1회]

① 긴급공사

② 프리스트레스트 콘크리트

③ 매스 콘크리트

④ 동절기공사

매스 콘크리트
80cm 이상의 두께를 가진 콘크리트로서 내부와 외부의 온도 차이가 커 온도균열이 발생할 우려가 있다. 이에 이 온도 차이를 최소화하기 위해 경화속도가 상대적으로 느린 중용열 포틀랜드 시멘트를 적용하고 있다.

※ 조강 포틀랜드 시멘트는 경화속도가 빨라 긴급공사 등에 적용한다. 🄳 ③

09 시멘트의 수화반응에서 발생하는 수화열이 가장 낮은 시멘트는? [21년 2회]

① 보통 포틀랜드 시멘트　　② 조강 포틀랜드 시멘트

③ 중용열 포틀랜드 시멘트　　④ 백색 포틀랜드 시멘트

10 철근 콘크리트에 사용하는 굵은 골재의 최대치수를 정하는 가장 중요한 이유는? [예상문제]

① 철근의 사용수량을 줄이기 위해서

② 타설된 콘크리트가 철근 사이를 자유롭게 통과 가능하도록 하기 위해서

③ 콘크리트의 인장강도 증진을 위해서

④ 사용골재를 줄이기 위해서

11 콘크리트용 잔골재의 단위용적질량이 1.5kg/L이고 절건밀도가 2.7g/cm^3일 때 잔골재의 공극률은 약 얼마인가? [20년 3회]

① 24%　　② 34%

③ 44%　　④ 54%

12 골재의 선팽창계수에 의해 영향을 받을 수 있는 콘크리트의 성질은? [20년 4회]

① 마모에 대한 저항성　　② 습윤건조에 대한 저항성

③ 동결융해에 대한 저항성　　④ 온도변화에 대한 저항성

13 콘크리트용 혼화제 중 AE감수제의 사용에 따른 효과로 옳지 않은 것은? [21년 1회]

① 굳지 않은 콘크리트의 워커빌리티를 개선하고 재료분리가 방지된다.

② 동결융해에 대한 저항성이 증대된다.

③ 건조수축이 감소된다.

④ 수밀성이 향상되고 투수성이 증가한다.

14 콘크리트 타설 후 양생 시 유의사항으로 옳지 않은 것은? [20년 4회]

① 침강수축과 건조수축을 동시에 고려한다.

② 레이턴스의 경우 인장력 작용부위는 제거하되, 압축력 작용부위는 지장이 없으므로 제거하지 않는다.

③ 콘크리트 표면의 물 증발속도가 블리딩속도보다 빠르지 않게 유지한다.

④ 굵은 골재나 수평철근 아래에는 수막이나 공극이 생기기 쉬우므로 유의하여야 한다.

레이턴스의 경우 부착력과 연관된 것으로 압축력, 인장력 작용부위 관계없이 모두 제거해야 한다.
답 ②

15 포졸란을 사용한 콘크리트의 특징이 아닌 것은? [20년 1·2회]

① 수밀성이 크다.

② 해수 등에 대한 화학저항성이 크다.

③ 발열량이 크다.

④ 강도의 증진이 느리나 장기강도는 크다.

포졸란
장기강도 증진을 위한 것으로 초기 발열량이 상대적으로 작다. **답** ③

16 멤브레인(Membrane)방수층에 포함되지 않는 것은? [21년 3회]

① 아스팔트방수층

② 스테인리스 시트방수층

③ 합성고분자계 시트방수층

④ 도막방수층

멤브레인(Membrane)방수공법
아스팔트 루핑, 시트 등의 각종 루핑류를 방수바탕에 접착시켜 막모양의 방수층을 형성시키는 공법이다(합성고분자계 시트방수층, 도막방수층, 아스팔트방수층 등). **답** ②

17 방수재료 중 아스팔트방수층을 시공할 때 제일 먼저 사용되는 재료는? [21년 2회]

① 아스팔트   ② 아스팔트 프라이머

③ 아스팔트 루핑   ④ 아스팔트 펠트

아스팔트 프라이머
솔, 롤러 등으로 용이하게 도포할 수 있도록 블론 아스팔트를 휘발성 용제에 희석한 흑갈색의 저점도액체로서, 방수시공의 첫 번째 공정에 쓰이는 바탕처리재이다. **답** ②

아스팔트 특성 표기

구분	세부사항
신도	• 아스팔트의 연성을 나타내는 것 • 규정된 모양으로 한 시료의 양끝을 규정한 온도, 규정한 속도로 인장했을 때까지 늘어나는 길이를 cm로 표시
인화점	시료를 가열하여 불꽃을 가까이했을 때 공기와 혼합된 기름증기에 인화된 최저온도
연화점	유리, 내화물, 플라스틱, 아스팔트, 타르 따위의 고형(固形) 물질이 열에 의하여 변형되어 연화를 일으키기 시작하는 온도
침입도	• 아스팔트의 경도를 표시하는 것 • 규정된 침이 시료 중에 수직으로 진입된 길이를 나타내며, 단위는 0.1mm를 1로 함

📖 ④

18 방수공사에서 아스팔트 품질 결정요소와 가장 거리가 먼 것은? [예상문제]

① 침입도
② 신도
③ 연화점
④ 마모도

문제 17번 해설 참고 📖 ②

19 휘발유 등의 용제에 아스팔트를 희석시켜 만든 유액으로서 방수층에 이용되는 아스팔트제품은? [예상문제]

① 아스팔트 루핑
② 아스팔트 프라이머
③ 아스팔트 싱글
④ 아스팔트 펠트

아스팔트 루핑
아스팔트제품 중 펠트의 양면에 블론 아스팔트를 피복하고 활석분말 등을 부착하여 만든 제품이다(지붕에 기와 대신 사용). 📖 ④

20 아스팔트 루핑에 관한 설명으로 옳은 것은? [19년 1회]

① 펠트의 양면에 스트레이트 아스팔트를 가열 용융시켜 피복한 것이다.
② 블론 아스팔트를 용제에 녹인 것으로 액상이다.
③ 석유, 석탄공업에서 경유, 중유 및 중유분을 뽑은 나머지로 대부분은 광택이 없는 고체로 연성이 전혀 없다.
④ 평지부의 방수층, 슬레이트평판, 금속판 등의 지붕깔기바탕 등에 이용된다.

21 스트레이트 아스팔트에 관한 설명으로 옳지 않은 것은? [19년 4회]

① 연화점이 비교적 낮고 온도에 의한 변화가 크다.

② 주로 지하실 방수공사에 사용되며, 아스팔트 루핑의 제작에 사용된다.

③ 신장성, 점착성, 방수성이 풍부하다.

④ 블론 아스팔트에 동식물유지나 광물성 분말 등을 혼합하여 만든 것이다.

④ 아스팔트 컴파운드에 대한 설명
이다.　**답** ④

22 단열재가 구비해야 할 조건으로 옳지 않은 것은? [19년 1회]

① 어느 정도의 기계적인 강도가 있을 것

② 열전도율이 낮고 비중이 클 것

③ 내화성 및 내부식성이 좋을 것

④ 흡수율이 낮을 것

단열재는 열전도율이 낮고 비중이
작아야 한다.　**답** ②

23 무기질 단열재료 중 규산질분말과 석회분말을 오토 클레이브 중에서 반응시켜 얻은 겔에 보강섬유를 첨가하여 프레스 성형하여 만드는 것은? [예상문제]

① 유리면　　　　　　　② 세라믹섬유

③ 펄라이트판　　　　　④ 규산칼슘판

규산칼슘판
무기질 재료로서 불연성능이 우수
하다.　**답** ④

실내디자인 마감계획

❶ 목공사

1. 목재의 분류 및 성질

1) 목재의 특징

장점	단점
• 비중에 비해 강도가 크다. • 열전도율이 작다. • 나무 고유의 색깔과 무늬가 있어 아름답다. • 건물의 무게가 가볍고 시공이 용이하다. • 가공속도가 빠르고 보수가 용이하다. • 보강철물을 이용하여 구조접합이 용이하다. • 이축, 개축이 용이하다. • 음을 흡수하여 반사하는 성질이 작다.	• 가연성이 있어 화재에 취약하다. • 함수율에 따른 변형이 크다. • 부패 및 충해가 생기기 쉽다. • 고층 건축이나 간사이가 큰 건축에는 곤란하다. • 천연재료이므로 옹이, 결 등이 있다. • 압축응력을 받으면 뒤틀리는 현상이 발생한다.

> **참고** 🖊
>
> 옹이(목재의 결함)
> • 수목이 성장하는 도중 줄기에서 가지가 생기면 세포가 변형을 일으켜 발생한다.
> • 죽은 옹이가 산 옹이보다 압축강도가 떨어진다.
> • 옹이의 지름이 클수록 압축강도가 감소한다.

2) 목재의 주요 조직

(1) 나이테

① 목재의 횡단면상에 나타나는 동심원형의 조직이다.

② 1쌍은 춘재와 추재로 구성된다.

③ 수목의 성장연수를 보여주며 강도를 표시하는 기준이다.

④ 춘재는 봄, 여름에 걸쳐 성장이 빨라 그 부분의 색이 연하고 세포막이 유연하다.

⑤ 추재는 가을, 겨울에 생긴 세포로서 성장이 늦고 단단하며 짙은 색이다.

⑥ 평균 연륜폭(mm)은 나이테가 포함되는 길이를 나이테수로 나눈 값을 말한다.

(2) 심재

① 수심부 쪽의 색깔이 진한 암갈색이다.

② 변재에서 변화된 것으로서 수목의 강도를 크게 한다.

③ 수분의 함량이 적어 단단하고 부패하지 않는다.

(3) 변재

① 수목의 횡단면에서 표피 쪽의 연한 색이다.

② 수분이 많아 부패되기 쉬우며, 강도가 약하고 수축률이 크다.

3) 목재의 물리적 성질

(1) 비중

① 보통 목재의 비중은 기건재의 단위용적중량(g/cm^2)에 상당하는 값이다.

② 동일 수종이라도 연륜, 밀도, 생육지, 수령, 심재, 변재에 따라 다르다.

③ 세포 자체의 비중은 수종에 관계없이 1.54이다.

(2) 함수율

① 목재 자신의 중량에 대한 목재 중에 함유된 수분의 중량비

$$함수율(\%) = \frac{함유된\ 수분의\ 중량}{절건중량} \times 100\%$$

② 함수율에 따른 목재의 상태

섬유포화점	• 목재가 건조하게 되면 유리수가 증발하고 세포수만 남게 되는 시점(약 30%의 함수상태) • 섬유포화점 이하에서는 목재의 수축, 팽창 등 재질의 변화가 일어나고 섬유포화점 이상에서는 불변 • 목재의 강도는 섬유포화점 이하에서는 함수율이 감소하면 증가하고 섬유포화점 이상에서는 불변
기건상태	목재를 건조하여 대기 중에 습도와 균형 상태가 된 것(함수율 약 15%)
절건상태	완전히 건조(함수율 0%)

(3) 공극률

$$공극률(\%) = \left(1 - \frac{목재의\ 절건비중}{1.54}\right) \times 100\%$$

핵심 문제 02 ◆◆◆

그림과 같은 나무의 무게가 14kg이다. 이 나무의 함수율은?(단, 나무의 절건비중은 0.5이다)

[20년 3회, 24년 1회]

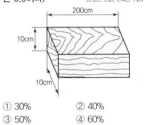

① 30% ② 40%
③ 50% ④ 60%

해설

함수율
$$= \frac{함유된\ 수분의\ 중량}{절건중량} \times 100\%$$
$$= \frac{전체중량 - 절건중량}{절건중량} \times 100\%$$
$$= \frac{14kg - \{(2 \times 0.1 \times 0.1) \times 500kg/m^3\}}{(2 \times 0.1 \times 0.1) \times 500kg/m^3} \times 100\%$$
$$= 0.4 \times 100 = 40\%$$

정답 ②

핵심 문제 03 ◆◆◆

목재의 절대건조비중이 0.3일 때 이 목재의 공극률은?

[20년 1 · 2회]

① 약 80.5% ② 약 78.7%
③ 약 58.3% ④ 약 52.6%

해설

공극률
$$= \left(1 - \frac{목재의\ 절건비중}{1.54}\right) \times 100\%$$
$$= \left(1 - \frac{0.3}{1.54}\right) \times 100\% = 80.5\%$$

정답 ①

핵심 문제 04 ◆◆◆

다음 목재의 강도 중 가장 큰 것은?

[20년 3회]

① 응력방향이 섬유방향에 평행한 경우의 압축강도
② 응력방향이 섬유방향에 평행한 경우의 인장강도
③ 응력방향이 섬유방향에 평행한 경우의 전단강도
④ 응력방향이 섬유방향에 직각인 경우의 압축강도

해설

응력방향이 섬유방향에 평행할 경우가 직각인 경우보다 크며, 인장강도 > 휨강도 > 압축강도 > 전단강도 순으로 큰 강도를 갖는다.

정답 ②

핵심 문제 05 ◆◆◆

다음과 같은 목재의 3종의 강도에 대하여 크기의 순서를 옳게 나타낸 것은?

- A : 섬유 평행방향의 압축강도
- B : 섬유 평행방향의 인장강도
- C : 섬유 평행방향의 전단강도

① A>C>B ② B>C>A
③ A>B>C ④ B>A>C

해설

목재의 강도
인장강도 > 휨강도 > 압축강도 > 전단강도

정답 ④

핵심 문제 06 ◆◆◆

목재의 인화에 있어 불꽃이 없어도 자체 발화하는 온도는 대략 몇 ℃ 이상인가?

① 100℃ ② 150℃
③ 250℃ ④ 450℃

해설

발화점온도
불꽃이 없어도 자체 발화하는 온도를 의미하며, 목재에서는 약 400~490℃ 정도이다.

정답 ④

(4) 강도

① 목재의 강도 : 인장강도 > 휨강도 > 압축강도 > 전단강도 순이다.

② 비중이 큰 목재일수록 각종 강도도 크다.

③ 섬유포화점(30%) 이상에서는 강도가 일정하다.

④ 섬유포화점 이하에서는 함수율의 감소에 따라 강도가 증대한다.

⑤ 나무섬유의 평행방향에 대한 강도가 나무섬유의 직각(수직)방향에 대한 강도보다 크다.

⑥ 목재를 휨부재로 사용하여 외력에 저항할 때는 압축, 인장, 전단력이 동시에 일어난다.

⑦ 목재의 전단강도는 섬유 간의 부착력, 섬유의 곧음, 수선의 유무 등에 의해 결정된다.

(5) 습도

① 부패균은 40~50%인 때가 발육이 가장 왕성하다.

② 15% 이하로 건조하면 번식을 중단한다.

(6) 인화점 및 착화점, 발화점

① 인화점온도는 약 225~260℃, 착화점온도는 230~280℃, 발화점온도는 400~490℃이다.

② 가연성 가스의 발생이 많아지고 불꽃을 가깝게 하면 목재에 불이 붙는다.

(7) 목재의 부패조건

① 목재에 부패균이 번식하기에 가장 최적의 온도조건은 35~45℃로, 부패균은 70℃까지 대다수 생존한다.

② 부패균류가 발육 가능한 최저습도는 65% 정도이다(40~50%일 때가 가장 왕성).

③ 하등생물인 부패균은 산소가 없어도 생육이 가능하므로, 지하수면 아래에 박힌 나무말뚝에서도 부식이 발생하게 된다.

④ 변재는 심재에 비해 고무, 수지, 휘발성 유지 등의 성분을 포함하고 있어 내식성이 크고, 부패되기 어렵다.

4) 목재의 건조 및 방부

(1) 목재의 건조

① 건조의 필요성 : 강도 증가, 수축 · 균열 · 비틀림 등 변형 방지, 부패균 방지, 경량화

② 건조법의 분류

수액제거법	• 벌목현장에서 벌목한 나무를 그대로 방치 • 비와 이슬에 의해 수액 제거
자연건조법	옥외에 엇갈리게 수직으로 쌓거나 일광이나 비에 직접 닿지 않게 옥내에서 건조하는 방법
인공건조법	• 건조실에 제재품을 넣어 건조하는 방법 • 열기법, 증기법, 훈연법, 진공법 등

③ 자연(천연)건조 시 유의사항

  ㉠ 지상에서 20cm 이상 이격하여 건조

  ㉡ 그늘지고 서늘한 곳에서 건조

  ㉢ 마구리에 페인트칠하여 급격한 건조 방지

④ 인공건조의 종류

구분	내용
증기법	가장 많이 사용되며, 건조실을 증기로 가열하여 건조하는 방법
열기법	건조실 내의 공기를 가열하여 건조하는 방법
훈연법	짚이나 톱밥을 태운 연기를 건조실에 도입하여 건조하는 방법
진공법	원통형 탱크 속에 목재를 넣고 밀폐하여 고온·저압상태에서 수분을 없애는 방법

⑤ 자연(천연)건조와 인공건조의 비교

구분	자연(천연)건조	인공건조
건조시간	길게 소요	짧게 소요
건조장소 크기	큰 장소 필요	상대적으로 작은 장소
변형	크게 발생	작게 발생
비용	적게 소요	많이 소요
품질	상대적으로 불균일	균일
건조량	대량 건조	소량 건조

(2) 목재의 방부

① 목재를 균류로부터 보호하기 위해 사용하는 약제를 목재방부제라 한다.

② 방부법의 종류

  ㉠ 일광직사법 : 자외선 살균

  ㉡ 침지법 : 물속에 넣어 공기를 차단

  ㉢ 표면탄화법 : 목재의 표면을 태워서 하는 방법

핵심 문제 07 ◆◆◆

목재건조의 목적 및 효과가 아닌 것은?
① 중량의 경감 ② 강도의 증진
③ 가공성 증진 ④ 균류 발생의 방지

해설

건조의 필요성
강도 증가, 수축·균열·비틀림 등 변형 방지, 부패균 방지, 경량화

정답 ③

TIP

방부제의 요구성능
• 목재에 침투가 잘되어야 한다.
• 방부제 적용 시에도 목재의 변색이 일어나면 안 된다.
• 인체에 무해해야 하며, 접합되는 금속재 등에 영향을 미치면 안 된다.
• 유해한 냄새가 나면 안 된다.
• 가격이 경제적이어야 한다.

③ 방부제의 종류

크레오스트 오일 (Creosote Oil)	• 유성 방부제의 일종으로 도장이 불가능 • 독성이 작음 • 자극적인 냄새가 나서 실내에 사용할 수 없음 • 토대, 기둥, 도리 등에 사용
수성 방부제	황산동 1% 용액, 염화아연 4% 용액, 염화제2수은 1% 용액, 불화소다 2% 용액 등이 있음
유기계 방충제 (PCP : Penta – Chloro Phenol)	• 무색이고 방부력이 가장 우수 • 침투성이 매우 양호 • 수용성 및 유용성이 있음 • 페인트칠 가능 • 고가이며, 석유 등의 용제에 녹여서 써야 함 • 자극적인 냄새 및 독성이 있어 사용이 규제되고 있음 • 처리제는 황록색

2. 목재의 접합

1) 목재접합부 개요

① 큰 재료나 긴 재료가 필요할 때 두 개 이상의 재료를 이어서 한 개의 부재로 만드는 과정을 접합이라고 한다.
② 접합방법으로는 이음, 맞춤, 쪽매가 있다.

핵심 문제 08   • • •

목구조에 사용하는 이음과 맞춤에 관한 설명으로 옳은 것은? [19년 1회, 22년 4회]
① 이음과 맞춤은 공작이 복잡한 것을 쓰고 모양에 치중한다.
② 이음과 맞춤의 단면은 응력의 방향에 수평으로 한다.
③ 이음과 맞춤은 응력이 많이 작용하는 곳에서 만든다.
④ 이음과 맞춤부재는 가급적 적게 깎아내어 약하게 되지 않도록 한다.

해설

① 이음과 맞춤은 공작이 단순한 것을 쓰고 모양보다는 구조적인 사항에 주의를 기울인다.
② 이음과 맞춤의 단면은 응력의 방향에 수직으로 한다.
③ 이음과 맞춤은 응력이 작게 작용하는 곳에서 만든다.

정답 ④

2) 접합부설계 일반사항

① 길이를 늘이기 위하여 길이방향으로 접합하는 것을 이음이라고 하고, 경사지거나 직각으로 만나는 부재 사이에서 양 부재를 가공하여 끼워서 맞추는 접합을 맞춤이라고 한다.
② 맞춤부위의 목재에는 결점이 없어야 한다.
③ 맞춤부위에서 만나는 부재는 빈틈없이 서로 밀착되도록 접합한다.
④ 맞춤부위의 보강을 위하여 접착제 또는 파스너를 사용할 수 있으며, 이 경우 사용하는 재료에 적합한 설계기준을 적용한다.
⑤ 접합부에서 만나는 모든 부재를 통하여 전달되는 하중의 작용선은 접합부의 중심 또는 도심을 통과하여야 하며, 그렇지 않은 경우 편심의 영향을 설계에 고려해야 한다.
⑥ 인장을 받는 부재에 덧댐판을 대고 길이이음을 하는 경우에 덧댐판의 면적은 요구되는 접합면적의 1.5배 이상이어야 한다.
⑦ 구조물의 변형으로 인하여 접합부에 2차 응력이 발생할 가능성이 있는 경우 이를 설계에서 고려한다.

⑧ 맞춤접합부의 종류에는 맞댐과 장부, 쐐기, 연귀 등이 있으며, 접합부의 상세구조에 따라 다시 여러 가지로 세분할 수 있다.

⑨ 재는 될 수 있는 한 적게 깎아 내어 약해지지 않게 한다.

⑩ 이음과 맞춤의 위치는 응력이 작은 곳으로 하여야 한다.

⑪ 공작이 간단하고 튼튼한 접합을 선택한다.

⑫ 접합부분에 작용하는 응력이 균일하도록 배치한다.

⑬ 접합단면은 그 부분에 작용하는 외력의 방향에 직각이 되도록 하여야 한다.

3) 목재의 접합 보강재

구분	연결 사항
안장쇠	큰보와 작은보의 연결
주걱볼트	처마도리＋평보＋깔도리 연결
양나사볼트	평보와 ㅅ자보 연결
감잡이쇠	평보와 왕대공 연결(평보를 대공에 달아맬 때 사용하는 ㄷ자형 접합철물)
꺾쇠	빗대공과 ㅅ자보의 맞춤부 보강철물
띠쇠	• 띠형 철판에 못구멍을 뚫은 보강철물 • 기둥(평기둥, 샛기둥 등)과 층도리, ㅅ자보와 왕대공 사이에 주로 사용됨

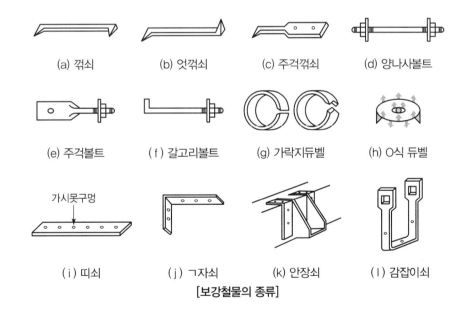

(a) 꺾쇠   (b) 엇꺾쇠   (c) 주걱꺾쇠   (d) 양나사볼트

(e) 주걱볼트   (f) 갈고리볼트   (g) 가락지듀벨   (h) O식 듀벨

가시못구멍

(i) 띠쇠   (j) ㄱ자쇠   (k) 안장쇠   (l) 감잡이쇠

[보강철물의 종류]

핵심 문제 09 ◆◆◆

목재접합 시 주의사항이 아닌 것은?
① 접합은 응력이 적은 곳에서 만들 것
② 목재는 될 수 있는 한 적게 깎아 내어 약하게 되지 않게 할 것
③ 접합의 단면은 응력방향과 평행으로 할 것
④ 공작이 간단한 것을 쓰고 모양에 치중하지 말 것

해설

목재접합의 단면은 응력방향과 직각이 되게 해야 한다.

정답 ③

핵심 문제 10 ◆◆◆

목구조의 맞춤에 사용되는 보강철물의 연결이 틀린 것은? [21년 1회]
① 띠쇠 – 왕대공과 ㅅ자보
② 감잡이쇠 – 왕대공과 평보
③ 안장쇠 – 큰보와 작은보
④ 듀벨 – 샛기둥과 층도리

해설

샛기둥과 층도리를 연결하는 보강철물은 띠쇠이다.

정답 ④

3. 목재의 이용

1) 합판

(1) 정의

얇은 판(단판)을 1장마다 섬유방향과 직교하게 3, 5, 7, 9 등의 홀수겹으로 겹쳐 접착제로 붙여 댄 것이다.

(2) 특성

① 판재에 비해 균질하고, 목재의 이용률을 높일 수 있다.

② 단판을 서로 직교로 붙인 구조이다.

③ 강도가 크며 방향에 따른 강도차가 작다.

④ 너비가 큰 판을 얻을 수 있다.

⑤ 곡면가공을 해도 균열이 없고 무늬도 일정하다.

⑥ 표면가공법으로 흡음효과를 낼 수 있고 의장적 효과도 높일 수 있다.

⑦ 함수율변화에 따른 팽창, 수축의 방향성이 없다.

(3) 종류

① **보통합판** : 일반용 합판, 무취 · 방충 · 난연합판, 콘크리트 거푸집용 합판, 구조용 합판

② **특수합판** : 표면을 인쇄한 특수가공 화장합판, 프린트합판, 천연무늬 화장 합판

2) 집성목재

① 1.5~5cm의 두께를 가진 단판을 섬유방향이 서로 평행하도록 겹쳐서 접착한 것이다.

② 필요에 따라 아치와 같은 굽은 용재를 만들 수 있다.

③ 강도상 요구에 따라 단면과 치수를 변화시킨 구조재료의 설계, 제작이 가능하다.

④ 충분히 건조된 건조재를 사용하므로 비틀림, 변형 등이 생기지 않는다.

3) 인조목재

가공하고 남은 나무톱밥이나 부스러기 등을 고열압축하여 원료 자체의 리그닌 등으로 목재섬유를 고착시켜 만든 판이다.

4) 파티클보드(칩보드)

① 목재 또는 폐재, 부산물 등을 절삭 또는 파쇄하여 소편(나뭇조각이 보임)으로 하여 충분히 건조시킨 후, 합성수지 접착제와 같은 유기질 접착제를 첨가하여 열압제판한 목재제품이다.

② 섬유방향에 따른 강도의 차이는 없다.

③ 두께는 비교적 자유롭게 선택할 수 있다.

④ 흡음성과 열의 차단성이 좋으며, 표면이 평활하고 경도가 크다.

5) 중밀도섬유판(MDF)

① 목섬유(Wood Fiber)에 액상의 합성수지 접착제, 방부제 등을 첨가·결합시켜 성형·열압하여 만든 인조목재판이다.

② 내수성이 작고 팽창이 심하며, 재질도 약하고, 습도에 의한 신축이 크다는 결점이 있으나, 비교적 값이 싸서 많이 사용되고 있다.

6) 코펜하겐리브

① 두께 3~5cm, 넓이 10cm 정도의 긴 판에 표면을 리브로 가공한 것이다.

② 강당, 극장, 집회장 등에 음향조절용과 동시에 벽 수장재로 사용한다.

❷ 석공사

1. 석재의 분류 및 성질

구분		성질
화성암	화강암	• 질이 단단하고 내구성 및 강도가 크고 외관이 수려함 • 견고하고 절리의 거리가 비교적 커서 대형 석재의 생산이 가능 • 바탕색과 반점이 미려하여 구조재, 내외장재로 많이 사용 • 내화도가 낮아 고열을 받는 곳에는 적당하지 않음(600℃ 정도에서 강도 저하) • 세밀한 가공이 난해
	안산암	• 강도, 경도가 크고 내화력이 우수하며 구조용 석재로 사용(1,200℃에서 파괴) • 조직과 색조가 균일하지 않아 대재를 얻기 어려움 • 가공이 용이하여 조각을 필요로 하는 곳에 적합 • 갈아도 광택이 나지 않음(화강석보다 열에 강하나 광택이 없음)
	현무암	판석(板石)재로 많이 사용

핵심 문제 13 ◆◆◆

목재의 작은 조각을 합성수지 접착제와 같은 유기질의 접착제를 사용하여 가열압축해 만든 목재제품을 무엇이라고 하는가?
① 집성목재 ② 파티클보드
③ 섬유판 ④ 합판

정답 ②

핵심 문제 14 ◆◆◆

목섬유(Wood Fiber)를 합성수지 접착제, 방부제 등을 첨가·결합시켜 만든 것으로 밀도가 균일하기 때문에 측면의 가공성이 매우 좋으나, 습기에 약하여 부스러지기 쉬운 것은? [21년 1회]
① MDF ② 파티클보드
③ 침엽수 제재목 ④ 합판

정답 ①

핵심 문제 15 ◆◆◆

질이 단단하고 내구성 및 강도가 크며 외관이 수려하나 함유광물의 열팽창계수가 달라 내화성이 약한 석재로 외장, 내장, 구조재, 도로포장재, 콘크리트 골재 등에 사용되는 것은?
[18년 2회, 21년 1회, 23년 1회, 24년 1회]
① 응회암 ② 화강암
③ 화산암 ④ 대리석

정답 ②

핵심 문제 16 ◆◆◆

강도, 경도, 비중이 크며 내화적이고 석질이 극히 치밀하여 구조용 석재 또는 장식재로 널리 쓰이는 것은?
① 화강암 ② 응회암
③ 캐스트스톤 ④ 안산암

정답 ④

핵심 문제 17 ◆◆◆

다음 석재 중 박판으로 채취할 수 있어 슬레이트 등에 사용되는 것은?

① 응회암   ② 점판암
③ 사문암   ④ 트래버틴

정답 ②

핵심 문제 18 ◆◆◆

트래버틴(Travertine)에 관한 설명으로 옳지 않은 것은? [20년 3회]

① 석질이 불균일하고 다공질이다.
② 변성암으로 황갈색의 반문이 있다.
③ 탄산석회를 포함한 물에서 침전, 생성된 것이다.
④ 특수 외장용 장식재로서 주로 사용된다.

해설

트래버틴
대리석의 한 종류로 다공질이고, 석질이 균질하지 못하며 암갈색무늬가 있고, 특수한 실내장식재로 이용되고 있다.

정답 ④

구분		성질
수성암	점판암	점토가 바다 밑에 침선, 응결된 것을 이판암이라 하고, 이판암이 다시 오랜 세월 동안 지열, 지압으로 변질되어 층상으로 응고된 것으로 청회색의 치밀한 판석이며 방수성이 있어 기와 대신의 지붕재로 사용됨
	석회암	주로 시멘트의 원료로 사용
	사암	흡수율이 높고 가공성이 좋음
	응회암	화산재, 화산모래 등이 퇴적, 응고되거나 물에 의하여 운반되어 암석 분쇄물과 혼합 후 침전된 것으로, 구조재로 적합하지 않고 주로 내화재 또는 장식재로 많이 사용
변성암	대리석	• 석회암이 변성된 것으로 강도가 높고 색채와 결이 아름다우며, 풍화하기 쉬우므로 주로 내장재로 사용 • 열, 산에 약하며 실외용으로는 적합하지 않음(내화도 700~800℃)
	석면	사문석에 속하는 섬유질광물로 내화성, 보온성이 우수
	사문암	감람석이 변질된 것으로 색조는 암녹색바탕에 흑백색의 아름다운 무늬가 있고 경질이나 풍화성이 있어 외벽보다는 실내장식용으로 사용
	트래버틴	대리석의 한 종류로 다공질이고, 석질이 균질하지 못하며 암갈색무늬가 있음(특수한 실내장식재로 이용)

2. 석재의 특징 및 성질, 가공

1) 석재의 특징

① 불연성이고 압축강도가 큼
② 인장강도가 압축강도의 1/10~1/20 정도여서 장대재를 얻기 어려움
③ 중량이 크고 견고하여 가공하기가 어려움
④ 내수성, 내구성, 내화학성이 풍부하고 내마모성이 큼
⑤ 외관이 장중하고 치밀하며, 갈면 아름다운 광택이 남
⑥ 고열에 약하여 화열이 닿으면 균열 발생

2) 석재의 성질

(1) 석재의 압축강도

핵심 문제 19 ◆◆◆

다음 석재 중 압축강도가 일반적으로 가장 큰 것은?

① 화강암   ② 사문암
③ 사암   ④ 응회암

정답 ①

화강암 > 대리석 > 안산암 > 사문암 > 점판암 > 사암 > 응회암

(2) 석재의 내화성

TIP

응회암은 1,000℃ 이상에서도 변색만 되고 파괴되지 않는다.

응회암 > 대리석 > 화강암

(3) 석재의 비중

| 사문암 > 점판암, 대리석 > 화강암 > 안산암 > 사암 > 응회암 |

(4) 석재의 흡수율

| 응회암 > 사암 > 안산암 > 화강암 > 점판암 > 대리석 |

3) 석재의 가공

(1) 가공순서 및 가공방법

혹두기 → 정다듬 → 도드락다듬 → 잔다듬 → 물갈기

① **혹두기** : 원석의 두드러진 부분을 쇠메나 망치로 대강 다듬는 것이다.
② **정다듬** : 혹두기면을 정으로 곱게 쪼아서 대략 평탄하게 하는 것이다.
③ **도드락다듬** : 거친 정다듬한 면을 도드락망치로 더욱 평탄하게 다듬는 것이다.
④ **잔다듬** : 정다듬한 면을 날망치를 이용하여 평행방향으로 치밀하고 곱게 쪼아 표면을 평판하게 다듬는 것이다.
⑤ **물갈기** : 화강암, 대리석과 같은 치밀한 돌은 갈면 광택이 나며, 일반적으로 숫돌로 거친 갈기, 마무리 갈기 등을 한다.

(2) 석재가공품

구분	내용
암면	• 석회, 규산을 주성분으로 흡음, 단열성이 우수한 불연재 • 단열재, 보온 및 보랭재, 음향의 흡음재, 흡음 천장판의 용도로 사용
테라초	• 대리석, 사문암, 화강암 등의 아름다운 쇄석(종석)과 백석 시멘트, 안료, 돌가루 등을 혼합하여 물로 반죽해 만든 것 • 미려한 광택을 나타냄

❸ 조적공사

1. 조적(벽돌)구조 일반사항

1) 벽돌구조의 특징

장점	단점
• 구조, 시공이 용이하고 외관이 수려함 • 방한, 방서, 내화, 내구 구조	• 건물의 무게가 중량임 • 벽체에 습기 발생 우려 • 횡력(지진 등)에 취약하여 고층 구조가 부적합 • 벽체의 두께가 두꺼워 실내 효용 면적이 작아짐

핵심 문제 20 ◆◆◆

표준형 점토벽돌의 치수로 옳은 것은?
① 210×90×57mm
② 210×110×60mm
③ 190×100×60mm
④ 190×90×57mm

해설

벽돌의 규격
㉠ 기본형(재래식) 벽돌 : 210×100×60mm
㉡ 표준형 벽돌 : 190×90×57mm

정답 ④

핵심 문제 21 ◆◆◆

1종 점토벽돌의 압축강도는 최소 얼마 이상인가?
① 8.87MPa   ② 10.78MPa
③ 20.59MPa   ④ 24.50MPa

정답 ④

2) 벽돌의 규격

(1) 기본형(재래식) 벽돌 : $210 \times 100 \times 60$mm

(2) 표준형 벽돌 : $190 \times 90 \times 57$mm

(3) 벽돌두께 산출 예시

① 1.0B 공간쌓기(70mm) 두께 산출식

$90(0.5B) + 70(공간) + 90(0.5B) = 250$mm

② 1.5B 공간쌓기(70mm) 두께 산출식

$190(1.0B) + 70(공간) + 90(0.5B) = 350$mm

3) 벽돌의 품질(점토벽돌 기준)

구분	1종	2종	3종
압축강도(MPa, N/mm²)	24.50 이상	20.59 이상	10.78 이상
흡수율(%)	10 이하	13 이하	15 이하

4) 줄눈 벽돌쌓기의 분류

막힌줄눈	• 세로줄눈과 위아래가 막힌 줄눈 • 상부에서 오는 하중을 하부에 골고루 분산 • 벽체가 집중하중을 받는 것을 방지
통줄눈	• 세로줄눈과 위아래가 통하는 줄눈 • 상부에서 오는 하중을 집중적으로 받게 되어 균열 가능성이 높음 • 구조용으로는 부적합
치장줄눈	• 벽돌쌓기가 완료된 후에 벽돌면을 10mm 정도 줄눈 파기하고 치장용 모르타르로 마무리 • 제물치장줄눈이라고도 함

5) 각종 벽돌쌓기의 양식

영식 쌓기	한 켜는 길이, 다음 켜는 마구리로 쌓는 방법으로, 마구리 켜의 모서리는 반절 또는 이오토막을 사용함(가장 튼튼한 쌓기공법, 내력벽)
화란(네덜란드)식 쌓기	쌓기방법은 영식 쌓기와 같으나, 모서리 또는 끝부분에 칠오토막을 사용(가장 많이 사용, 작업성 좋음)
불(프랑스)식 쌓기	한 켜에 길이와 마구리를 번갈아서 같이 쌓는 방법으로 통줄눈이 발생하여 구조적으로 튼튼하지 못함(비내력벽, 장식용 벽돌담에 사용)
미식 쌓기	5켜 정도 길이쌓기, 다음 한 켜는 마구리쌓기로 하며, 뒷면을 영식 쌓기로 물리는 방식(외부를 붉은 벽돌, 내부를 시멘트 벽돌로 쌓는 경우)

영롱쌓기	벽돌면에 구멍을 내어 쌓는 방식으로 장식적인 효과가 우수한 쌓기 (장식적인 벽돌담)
엇모쌓기	벽돌쌓기 중 담 또는 처마부분에서 내쌓기를 할 때에 벽돌을 45° 각도로 모서리가 면에 돌출되도록 쌓는 방식(장식적 벽돌담)

6) 시공 시 주의사항

① 하루 쌓기 높이 : 평균 1.2m(18켜)에서 최대 1.5m(22켜), 블록조는 1.5m인 7켜 정도

② 막힌줄눈을 적용하여 응력 분산을 하는 것을 원칙으로 한다.

③ 테두리보를 설치하여 벽돌 벽체를 일체로 한다.

④ 1시간 이상 경과한 모르타르 적용을 금지한다.

⑤ 급격한 양생에 따른 수축을 막기 위해 물 축이기를 실시한다.

7) 특수벽돌의 종류

구분	내용
다공질 벽돌 (경량벽돌)	• 방음벽, 단열층, 보온벽, 칸막이벽에 사용 • 점토에 톱밥, 목탄가루 등을 혼합하여 성형한 벽돌 • 비중 및 강도가 보통 벽돌보다 작음 • 톱질과 못박기가 가능
포도벽돌	• 아연토, 도토 등을 사용 • 식염유를 시유 · 소성하여 성형한 벽돌 • 마멸이나 충격에 강하며 흡수율은 작음 • 내구성이 좋고 내화력이 강함 • 도로, 포장용, 건물 옥상 포장용 및 공장 바닥용으로 사용
내화벽돌	• 내화성이 높은 원료인 내화점토로 성형한 벽돌(내화도 1,500~2,000℃, 황색계열) • 용광로, 시멘트 소성 가마, 굴뚝 등에 사용
미장벽돌	미장벽돌 제작 시 속이 빈 벽돌은 하중 지지면의 유효단면적이 전체 단면적의 50% 이상이 되도록 제작함
치장벽돌	외부에 노출되는 마감용 벽돌로서 벽돌면의 색깔, 형태, 표면의 질감 등의 효과를 얻기 위한 것

8) 벽돌벽의 백화현상

① 벽돌 벽체 표면에 흰색가루가 나타나는 현상

② 벽에 빗물이 침투하여 모르타르(줄눈)의 석회분과 공기 중의 탄산가스(CO_2)가 결합하여 발생

핵심 문제 22 ◆◆◆

도로나 바닥에 깔기 위해 만든 두꺼운 벽돌로서 원료로 연화토, 도토 등을 사용하여 만들며 경질이고 흡습성이 작은 특징이 있는 것은?

① 이형벽돌　② 포도벽돌
③ 치장벽돌　④ 내화벽돌

정답 ②

핵심 문제 23 ◆◆◆

점토제품 시공 후 발생하는 백화에 관한 설명으로 옳지 않은 것은?

[20년 3회, 24년 2회]

① 타일 등의 시유 · 소성한 제품은 시멘트 중의 경화체가 백화의 주된 요인이 된다.

② 작업성이 나쁠수록 모르타르의 수밀성이 저하되어 투수성이 커지게 되고, 투수성이 커지면 백화 발생이 커지게 된다.

③ 점토제품의 흡수율이 크면 모르타르 중의 함유수를 흡수하여 백화 발생을 억제한다.

④ 모르타르의 물시멘트비가 크게 되면 잉여수가 증대되고, 이 잉여수가 증발할 때 가용성분의 용출을 발생시켜 백화 발생의 원인이 된다.

해설

점토제품의 흡수율이 커지면 수분을 많이 흡수하게 되고, 이러한 수분과 점토제품과 접해 있는 모르타르의 석회 간의 반응에 의해 백화 발생이 촉진될 수 있다.

정답 ③

2. 벽돌조

1) 벽돌조의 벽체

(1) 내력벽

① 수직하중 지지 : 벽, 지붕, 바닥 등

② 수평하중 지지 : 풍력, 지진 등

(2) 비내력벽

칸막이 역할과 자체 하중만 지지하는 벽으로, 장막벽이라고도 한다.

(3) 대린벽

서로 직각으로 교차되는 벽이다.

(4) 벽의 홈파기 원칙

① 층 높이의 3/4 이상 연속되는 홈을 세로로 팔 때는 벽두께의 1/3 이하의 깊이로 파야 한다.

② 가로로 홈을 팔 때는 길이 3mm로 하고 그 벽두께의 1/3 이하의 깊이로 파야 한다.

2) 벽돌조의 개구부 및 아치

(1) 개구부

① 건물 각 층의 내력벽 위의 춤은 철골구조 또는 철근 콘크리트구조로 벽두께의 1.5배 이상을 적용한다.

② 인방보의 설치기준

㉠ 개구부가 1.8m 이상의 폭일 경우 설치한다.

㉡ 인방보 설치 시 양쪽 벽체에 20cm 이상 물려야 한다.

③ 대린벽으로 구획된 벽에서의 개구부 : 개구부의 폭 합계는 그 벽길이의 1/2 이하로 한다.

④ 개구부 간 수직거리 : 60cm 이상으로 한다.

⑤ 개구부 간 수평거리(개구부와 대린벽 중심과의 수평거리) : 그 벽두께의 2배 이상으로 한다.

(2) 아치

① 벽이나 수직의 조적조건물의 개구부 적용

② 상부의 하중을 지지하기 위하여 돌 또는 벽돌 여러 개를 맞대어 곡선형으로 쌓아 올리는 건축구조

핵심 문제 24 ◆◆◆

조적식 구조에서 각 층의 대린벽으로 구획된 각 벽에 있어서 개구부 폭의 합계는 그 벽의 길이의 최대 얼마 이하로 하여야 하는가?

[21년 4회]

① 1/5 ② 1/3
③ 1/2 ④ 2/3

해설

대린벽으로 구획된 벽에서의 개구부의 폭 합계는 그 벽 길이의 1/2 이하로 한다.

정답 ③

③ 상부에서 오는 수직압축력이 아치구조의 중심선을 따라 좌우로 나누어 전달

④ 하부에 인장력이 생기지 않는 구조

⑤ 아치의 종류

   ㉠ 본아치 : 주문하여 제작한 아치벽돌을 사용하여 쌓는 아치

   ㉡ 거친아치 : 보통벽돌을 사용하고 줄눈을 쐐기모양으로 하여 쌓은 아치

   ㉢ 막만든아치 : 아치벽돌처럼 보통벽돌을 다듬어 쌓는 아치

   ㉣ 숨은아치 : 개구부의 인방 위에 설치한 아치

3. 내력벽 및 테두리보

1) 내력벽의 구조 제한사항

① 내력벽의 길이는 10m 이하로 한다.

② 내력벽두께는 벽높이의 1/20 이상으로 한다.

③ 토압을 받는 내력벽은 조적식 구조로 하여서는 안 된다. 단, 토압을 받는 부분의 높이가 2.5m를 넘지 아니하는 경우에는 조적식 구조인 벽돌구조로 할 수 있다.

④ 조적조건물에서의 벽량은 바닥면적에 대한 내력벽 총길이의 비를 의미하며, 이 때의 최소벽량기준은 15cm/m² 이상이다.

⑤ 조적식 구조의 담의 높이는 3m 이하로 하며, 일정 길이마다 버팀벽을 설치해야 한다.

⑥ 조적식 구조인 건축물 중 2층 건축물에 있어서 2층 내력벽의 높이는 4m를 넘을 수 없다.

⑦ 조적식 구조인 내력벽으로 둘러싸인 부분의 바닥면적은 80m²를 넘을 수 없다.

⑧ 조적식 구조인 내력벽의 두께는 바로 위층이 내력벽이 두께 이상이어야 한다.

⑨ 조적식 구조인 내력벽의 기초 중 기초판은 철근 콘크리트구조 또는 무근 콘크리트구조로 한다.

2) 테두리보 쌓기

① 분산된 벽체를 일체화함으로써, 하중을 균등히 배분하여 수직균열을 방지한다.

② 최상층을 철근 콘크리트 바닥으로 할 때를 제외하고는 철근 콘크리트의 테두리보 설치가 필요하다.

③ 세로철근의 끝부분을 정착한다.

❹ 타일공사

1. 타일의 종류

1) 성분에 따른 분류

종류	흡수성	제품	소성온도
토기	20~30%	붉은 벽돌, 토관, 기와	800~1,000℃
도기	15~20%	내장타일	1,100~1,200℃
석기	8% 이하	클링커타일	1,200~1,300℃
자기	1% 이하	외장타일, 바닥타일, 모자이크타일	1,300~1,400℃

TIP

• 규산이 많이 포함된 점토일수록 가소성이 좋다.
• 흡수율이 높을수록 백화가 일어날 가능성이 높다.

핵심 문제 27

건축용 점토제품에 관한 설명으로 옳은 것은?
① 저온 소성제품이 화학저항성이 크다.
② 흡수율이 큰 제품이 백화의 가능성이 크다.
③ 제품의 소성온도는 동해저항성과 무관하다.
④ 규산이 많은 점토는 가소성이 나쁘다.

해설

① 고온 소성제품일수록 화학저항성이 크다.
③ 제품의 소성온도가 높을수록 흡수율이 작고 이에 따라 동해저항성이 커지게 된다.
④ 규산이 많은 점토는 가소성이 좋다.

정답 ②

2) 크기에 따른 분류

① 대형 외부(벽돌형) 타일
② 대형 내부(각형) 타일
③ 소형 타일
④ 모자이크 타일

3) 용도에 따른 분류

① 외부용 : 흡수성이 작고 외기에 대한 저항이 큰 것
② 내부용 : 아름답고 위생적인 것
③ 바닥용 : 마모에 강하며 미끄러지지 않는 것

4) 특수타일

구분		내용
보더 타일		가늘고 긴 형상의 타일
클링커 타일		고온으로 소성한 석기질 타일로서 타일면에 홈줄을 새겨 넣어 테라스바닥 등 타일로 사용
면처리 타일	태피스트리 타일	타일 표면에 무늬를 넣어 입체화시킨 타일
	스크래치 타일	타일 표면을 긁어서 처리한 타일
	천무늬 타일	타일 표면을 천무늬처럼 가로, 세로방향을 긁어서 거친 면으로 처리한 타일
카보런덤 타일		전기로에서 만들어진 검은 결정체인 카보런덤을 이용한 타일로서 내마모성이 뛰어나 Non-Slip용 등으로 사용되는 타일

2. 타일 선정 및 시공

1) 타일의 선정

(1) 타일 선정 시 주의사항

① 치수, 빛깔, 형상, 흠집 등을 엄선한다.

② 유약이 묻지 않은 부분은 동절기에 수분이 흡수되어 결손되기 쉽다.

③ 색조가 같은 것을 몰아붙이지 말고 분산하여 붙인다.

④ 외부벽용 타일은 흡수성이 작고 마모에 대한 저항이 큰 것을 취한다.

⑤ 내부벽용 타일은 흡수성, 마모저항성이 다소 떨어지더라도 미려하고 위생적인 것으로 한다.

⑥ 바닥용 타일은 마모에 강하며 흡수성이 약간 있는 무유 타일을 쓴다.

(2) 타일 검사 및 시험항목

KS L 1001 규정시험		도면, 시방서 지정 시험
• 치수검사	• 흡수율시험	• 마모동결시험
• 외관검사	• 오토 클레이브시험	• 내산시험

2) 타일의 시공

(1) 타일의 시공순서

타일처리 → 재료 조정 → 타일 나누기 → 타일 붙이기 → 치장줄눈 → 정리·보양

(2) 타일 시공 시 주의사항

① 흡수성이 있는 타일에는 적당히 물을 뿌려서 사용한다.

② 타일은 전체 온장을 쓸 수 있도록 계획한다.

③ 모르타르는 건비빔을 한 후 3시간 이내에 사용하며 물을 부어 반죽한 후 1시간 이내에 사용한다. 1시간 이상을 경과한 것은 사용하지 아니한다.

④ 기온이 2℃ 이하인 때는 시공부분을 보양한다.

⑤ 바닥 타일을 붙인 후 톱밥으로 보양하고, 7일간 진동이나 보행을 금한다.

⑥ 타일의 동해 방지를 위해 다음과 같이 조치한다.

　㉠ 소성온도가 높은 타일을 사용한다.

　㉡ 흡수율이 낮은 타일을 사용한다.

　㉢ 줄눈누름을 충분히 하여 우수의 침투를 방지한다.

　㉣ 모르타르의 단위수량을 적게 한다.

　㉤ 바탕면과 접착모르타르의 접착성을 좋게 한다.

TIP

타일붙임공법

㉠ 떠붙임공법(적재공법) : 타일 이면에 붙임 모르타르를 얹어서 바탕면에 직접 붙이는 공법으로, 타 공법에 비해 시공관리가 용이하다.

㉡ 개량 떠붙임공법(개량 적재붙임공법) : 벽돌 벽면 또는 거친 콘크리트면에 먼저 평활하게 미장바름한 다음, 타일 이면에 붙임 모르타르를 3~6mm 정도로 비교적 얇게 발라 붙이는 공법이다.

㉢ 압착공법 : 바탕면은 미리 바탕면 고름 모르타르 미장바름하여 평활하게 하고, 그 위에 붙임 모르타르를 얇게 바른 후, 타일을 한 장씩 눌러 붙이는 공법이다.

㉣ 개량 압착붙임공법 : 바탕면에 모르타르 나무 흙손바름 후, 타일 이면과 흙손바름면에 붙임 모르타르를 발라, 눌러 붙여 타일 주변에 모르타르가 빠져나오게 하는 공법이다.

㉤ 접착붙임공법(접착제 붙임공법) : 유기질 접착제(Organic Adhesives Bonding Agent) 또는 수지 모르타르(Resin Mortar)를 바탕면에 바르고, 그 위에 타일을 붙이는 공법이다.

㉥ 타일 거푸집 선부착공법 : 사전에 거푸집에 타일 또는 유닛 타일을 배치하고, 콘크리트를 타설하여 구조체와 타일을 일체화시키는 공법이다.

㉦ TPC(타일 선붙임 PC판 공법) : PC판 제작 시에 타일을 거푸집 위에 미리 배치하고, 콘크리트를 타설한 후 양생하여 완료하는 공법으로 커튼월에 주로 사용된다.

(3) 시공검사

구분	내용
두들김검사	• 붙임 모르타르의 경과 후 검사봉으로 전면적을 두들겨 본다. • 들뜸, 균열 등이 발견된 부위는 줄눈부분을 잘라내어 다시 붙인다.
접착력시험	• 타일의 접착력시험은 600m²당 한 장씩 시험한다. • 시험할 타일은 먼저 줄눈부분을 콘크리트면까지 절단하여 주위의 타일과 분리시킨다. • 시험할 타일을 부속장치의 크기로 하되 그 이상은 180 × 60mm 크기로 콘크리트면까지 절단한다. 단, 40mm 미만의 타일을 4매를 1개 조로 하여 부속장치를 붙여 시험한다. • 시험은 타일시공 후 4주 이상일 때 행한다. • 시험결과의 판정은 접착강도가 0.4MPa 이상이어야 한다.

❺ 금속공사

1. 금속재료의 분류 및 성질

1) 철의 성질 및 열처리

(1) 탄소량에 따른 철의 분류

① 탄소가 적을수록 강도는 작고 연질이며, 신장률은 좋다.

② 탄소량이 증가할수록 **열팽창계수** 감소, 열전도도 감소, 비중 감소, 내식성 감소

③ 탄소량이 증가할수록 비열 증가, 전기저항 증가, 항자력 증가

(2) 온도에 따른 인장강도 변화

① 100℃ 이상이 되면 강도가 증가하여 250℃에서 최대가 됨

② 500℃에서는 강도가 1/2로 감소

③ 600℃에서는 강도가 1/3로 감소

④ 900℃에서는 강도가 0으로 감소

(3) 강의 열처리

구분	내용
풀림	• 조직이 조잡한 강을 726℃ 이상(800~1,000℃)으로 가열하여 노 속에서 서서히 냉각 • 강을 연화하고 결정조직을 균질화하며 내부응력을 제거
불림	• 강을 800~1,000℃ 이상 가열한 후 공기 중에서 냉각 • 강의 조직이 표준화, 균질화되어 내부 변형이 제거됨

탄소량
신철(주철) 1.7% 초과>탄소강 0.03~1.7%>순철(연철) 0.04% 이하

✻ **열팽창계수(Thermal Expansion Coefficient)**
• 온도의 변화에 따라 물체가 팽창·수축하는 비율을 말한다.
• 길이에 관한 비율인 선팽창계수와 용적에 관한 체적팽창계수가 있다.
• 일반적으로 체적팽창계수는 선팽창계수의 3배이다.
• 선팽창계수의 단위는 m/m·K, 체적팽창계수의 단위는 m³/m³·K이다.

연신율은 200~300℃에서 최소가 된다.

구분	내용
담금질	• 가열 후 물이나 기름에서 급속히 냉각하는 것 • 강도와 경도가 증가하고 신장률과 단면 수축률이 감소
뜨임	• 담금질한 강을 변태점 이하(600℃)로 가열 후 서서히 냉각시켜 강조직을 안정한 상태로 만드는 것 • 담금질한 강에 인성을 부여하여 강의 변형을 작게 하고 강하게 함

2) 비철금속

(1) 구리(동)

① 전성과 연성이 커서 쉽게 성형할 수 있다.

② 전기 및 열전도율이 크다.

③ 건조공기에는 부식이 안 되고 습기가 있으면 광택을 소실하고 녹청색이 된다.

④ 알칼리성(암모니아 등) 용액에는 침식이 잘되며, 산성 용액에는 잘 용해된다.

⑤ 지붕잇기, 홈통, 철사, 못, 철망 등에 쓰인다.

(2) 황동

① 구리와 아연의 합금이다.

② 내식성이 크고 외관이 아름답다.

③ 황색 또는 금색을 띠며 구리보다 단단하고 주조가 잘되며, 가공성이 좋다.

④ 창호철물, 판, 관, 선 및 주조품, 논슬립, 줄눈대(인조석 갈기 및 테라초 현장 갈기 등에 사용되는 줄눈), 코너 비드 등에 쓰인다.

(3) 청동

① 구리와 주석의 합금이다.

② 황동보다 내식성이 크고 주조가 쉽다.

③ 특유의 아름다운 청록색 광택을 띤다.

④ 장식철물, 공예재료 등에 사용된다.

(4) 알루미늄

① 은백색계 반사율이 큰 금속이다.

② 가볍고 비중에 비해 강도가 크고, 비중이 철의 약 1/3로서 경량이다.

③ 열, 전기전도성이 크며, 전성 및 연성이 좋아 가공성이 양호하다.

④ 공기 중 표면에 산화막이 생겨 내부를 보호한다.

⑤ 맑은 물에 대해서는 내식성이 크나 해수에 침식되기 쉽다.

⑥ 공작이 자유롭고 기밀성이 좋으며, 열팽창계수가 강의 약 2배 정도이다.

핵심 문제 28 ◆◆◆

탄소강의 물리적 성질과 탄소량과의 관계에 관한 설명으로 옳은 것은? [19년 1회]

① 탄소량이 일정하면 가공상태나 열처리조건에 따른 물리적 성질의 변화는 없다.

② 탄소강의 비중, 열팽창계수, 열전도도는 탄소량이 증가할수록 증가한다.

③ 탄소강의 비열, 전기저항, 항자력은 탄소량이 증가할수록 증가한다.

④ 탄소강의 내식성은 탄소량이 증가할수록 증가한다.

해설

① 탄소량이 일정하더라도 가공상태나 열처리조건에 따른 물리적 성질이 변할 수 있다.

② 탄소강의 비중, 열팽창계수, 열전도도는 탄소량이 증가할수록 감소한다.

④ 탄소강의 내식성은 탄소량이 증가할수록 감소한다.

정답 ③

핵심 문제 29 ◆◆◆

금속재료에 관한 설명으로 옳지 않은 것은? [20년 3회, 23년 1회, 23년 4회, 24년 1회]

① 스테인리스강은 내화, 내열성이 크며, 녹이 잘 슬지 않는다.

② 동은 화장실 주위와 같이 암모니아가 있는 장소에서는 빨리 부식하기 때문에 주의해야 한다.

③ 알루미늄은 콘크리트에 접할 경우 부식되기 쉬우므로 주의하여야 한다.

④ 청동은 구리와 아연을 주체로 한 합금으로 건축 장식철물 또는 미술공예 재료에 사용된다.

해설

청동은 구리와 주석을 주체로 한 합금이다.

정답 ④

알루미늄의 성질에 관한 설명으로 옳지 않은 것은? [20년 3회, 23년 1회, 24년 1회]

① 알루미늄은 비중이 철의 1/3 정도로 경량인 반면, 열·전기전도성이 크고 반사율이 높다.

② 알루미늄의 내식성은 그 표면에 치밀한 산화피막을 형성하기 때문에 부식이 쉽게 일어나지 않으며 알칼리나 해수에도 강하다.

③ 알루미늄의 부식률은 대기 중의 습도와 염분함유량, 불순물의 양과 질 등에 관계된다.

④ 알루미늄은 상온에서 판, 선으로 압연 가공하면 경도와 인장강도가 증가하고 연신율이 감소한다.

해설

알루미늄의 특징
맑은 물에는 내식성이 크나 해수, 산, 알칼리에 침식되며 콘크리트에 부식된다.

정답 ②

금속재에 관한 설명으로 옳지 않은 것은?

① 알루미늄은 경량이지만 강도가 커서 구조재료로도 이용된다.

② 두랄루민은 알루미늄 합금의 일종으로 구리, 마그네슘, 망간, 아연 등을 혼합한다.

③ 납은 내식성이 우수하나 방사선 차단효과가 작다.

④ 주석은 단독으로 사용하는 경우는 드물고, 철판에 도금을 할 때 사용된다.

해설

납
내산성으로서 알칼리에 침식되는 특징을 가지고 있으며, 방사선 차폐효과가 일반 콘크리트에 비해 100배 정도 좋다.

정답 ③

스테인리스강(Stainless Steel)은 어떤 성분의 금속이 많이 포함되어 있는 금속 재료인가?

① 망간(Mn)   ② 규소(Si)

③ 크롬(Cr)   ④ 인(P)

정답 ③

---

⑦ 산, 알칼리에 침식되며 콘크리트에 부식된다.

⑧ 창호, 커튼레일, 가구, 실내장식 등에 사용된다.

(5) 납

① 비중이 11.4로 가장 크고 연성, 전성이 좋아 압연가공성이 풍부하다.

② 방사선 차폐효과가 콘크리트의 100배 정도이다.

③ 대기 중 보호막이 형성되어 부식되지 않는다.

④ 내산성이며 알칼리에 침식된다.

⑤ 증류수에 용해되며 인체에도 유독하다.

(6) 두랄루민

두랄루민은 알루미늄 합금의 일종으로 구리, 마그네슘, 망간, 아연 등을 혼합한다.

(7) 주석

주석은 단독으로 사용하는 경우는 드물고, 철판에 도금을 할 때 사용된다.

(8) 아연

① 건조한 공기 중에서는 거의 산화되지 않는다.

② 묽은 산류에 쉽게 용해된다.

③ 철판의 아연도금으로 사용된다.

(9) 스테인리스강(Stainless Steel)

① 스테인리스강 표면에는 눈에는 보이지 않지만 치밀한 보호막이 형성되어 있으며 이 피막을 부동태피막이라고 한다.

② 이 피막은 아주 얇은 피막이며 크롬산화물로 구성되어 있다(크롬양이 약 12% 이상이 되면 현저하게 부식속도가 떨어지게 됨).

③ 특성

   ㉠ 부동태피막 형성에 따른 내식성이 우수하다.

   ㉡ 염산에 약하다.

   ㉢ 표면 광택효과가 있다.

   ㉣ 별도의 표면처리 없이 사용이 가능하다.

3) 금속재료의 부식과 방식방법

(1) 부식작용

① 물에 의한 부식

② 대기에 의한 부식

③ 흙 속에서의 부식

④ 전기작용에 의한 부식

(2) 방식방법

① 다른 종류의 금속을 서로 잇대어 사용하지 않는다(균일한 재료).

② 표면을 깨끗이 하고, 물기나 습기가 없도록 한다.

③ 금속 표면을 화학적으로 처리한다.

④ **방청 및 피복방법**

㉠ 방청도료(규산염도료) 또는 아스팔트를 표면에 도포한다.

㉡ 내식, 내구성이 있는 금속으로 도금한다.

㉢ 자기질 법랑을 입힌다.

㉣ 모르타르나 콘크리트로 강철 피복한다.

2. 금속재료의 이용

1) 금속제품

(1) 철근

① 콘크리트 속에 묻어서 콘크리트의 인장력을 보강하기 위해 쓰는 강재이다.

② 원형 철근 : 철근의 표면에 리브 또는 마디 등의 돌기가 없는 원형 단면의 봉강이다.

③ 이형 철근

㉠ 콘크리트와의 부착강도를 높이기 위하여 철근 표면에 리브 또는 마디의 돌기를 붙인 봉강이다.

㉡ 원형 철근보다 부착강도가 2배 정도이다.

㉢ 표시는 D로 하고 mm 단위의 치수를 기입한다.

(2) 와이어 메시(Wire Mesh)

① 연강철선을 전기 용접하여 정방형 또는 장방형으로 만든 것으로 블록을 쌓을 때나 보호 콘크리트를 타설할 때 사용한다.

② 콘크리트 균열을 방지하고 교차부분을 보강하기 위해 사용하는 금속제품이다.

핵심 문제 33 ◆◆◆

목재의 이음에 사용되는 듀벨(Düwel)이 저항하는 힘의 종류는?
① 인장력   ② 전단력
③ 압축력   ④ 수평력

정답 ②

(3) 목조이음철물

    ① 이음철물 : 목구조에서 2개의 부재를 연결할 때 이음이나 맞춤부분에 쓰이는 철물

    ② 듀벨 : 목재와 목재 사이에 끼워서 전단력을 보강하는 철물

2) 주요 가공품

(1) 메탈 라스(Metal Lath) : 얇은 철판에 많은 절목을 넣어 이를 옆으로 늘여서 만든 것으로 도벽 바탕에 쓰이는 금속제품이다.

(2) 코너 비드(Corner Bead) : 벽, 기둥 등의 모서리를 보호하기 위하여 미장공사 전에 사용하는 철물로서 아연도금 철제, 스테인리스 철제, 황동제, 플라스틱 등이 있다.

핵심 문제 34 ◆◆◆

보통 철선 또는 아연도금철선으로 마름모형, 갑옷형으로 만들며 시멘트 모르타르 바름 바탕에 사용되는 금속제품은?
① 와이어 라스(Wire Lath)
② 와이어 메시(Wire Mesh)
③ 메탈 라스(Metal Lath)
④ 익스팬디드 메탈(Expanded Metal)

정답 ①

(3) 와이어 라스(Wire Lath) : 철선 또는 아연도금 철근을 가공하여 그물처럼 만든 것으로 미장 바탕용에 사용되며 마름모형, 귀갑형, 원형 등이 있다.

(4) 인서트(Insert) : 콘크리트 슬래브에 묻어 천장의 반자를 잡아주는 달대의 역할을 한다.

(5) 조이너(Joiner) : 천장, 벽 등에 보드를 붙이고 그 이음새를 감추고 누르는 데 사용한다.

(6) 펀칭 메탈(Punching Metal) : 얇은 판에 여러 가지 모양으로 도려낸 철물로서 환기구·라디에이터 커버 등에 이용한다.

❻ 창호 및 유리

1. 창호공사

1) 목재 창호

  (1) 재료

    홍송, 삼송, 적송, 가문비나무, 나왕, 느티나무, 티크 등의 재료로 함수율 13~18%인 곧은결무늬인 목재가 좋다.

  (2) 주문치수

    설계도에서 표시된 창호재치수는 마무리된 치수이므로, 도면치수보다 3mm 정도 더 크게 주문한다.

  (3) 접착제

    ① 요소수지접착제

    ② 페놀수지접착제

(4) 창호공작

① 마중대 : 미닫이, 여닫이 문짝이 서로 맞닿는 선대

② 여밈대 : 미서기, 오르내리기창이 서로 여며지는 선대

③ 풍소란 : 마중대, 여밈대가 서로 접하는 부분의 틈새의 바람막이 부재

(5) 목재 창호제작 시공순서

공작도 완성 → 창문틀 실측 → 재료 주문 → 마름질 → 바심질 → 창호 조립 → 마무리

2) 강재 창호

(1) 재료

새시바 및 두께가 1.2~2.3mm인 강판을 가공하여 사용한다.

(2) 시공 및 주의사항

① 창호교정을 위한 앵커간격은 60cm 정도로 한다.

② 창호의 현장설치는 나중 세우기로 한다.

③ 가공된 창호는 녹막이 처리를 한다.

④ 창면적이 클 때는 스틸바만으로는 약하므로 보강과 외관을 좋게 하기 위해 멀리온을 댄다.

(3) 강재 창호 나중 세우기 시공순서

설치 → 정착 → 모르타르 사춤 → 유리 끼우기 및 창호철물 달기 → 보양

3) 알루미늄재 창호

(1) 재료

① 내식 알루미늄합금을 사용한다.

② 재질이 다른 재료와 결합하거나 접촉할 경우에는 미리 녹막이칠을 한다(징크로메이트, 카드뮴도금).

(2) 특징

장점	단점
• 비중은 철의 약 1/3로 가볍다. • 녹슬지 않고 수명이 길다. • 공작이 자유롭고 기밀성이 있다. • 여닫음이 경쾌하고 미려하다.	• 용접부가 철보다 약하다. • 콘크리트, 모르타르 등의 알칼리성에 대단히 약하다. • 전기화학작용으로 이질금속재와 접촉하면 부식된다. • 알루미늄 새시 표면에 철이 잘 부착되지 않는다.

강재창호 설치공법
① 나중 세우기 공법
  • 벽체를 먼저 시공하고, 창문틀을 나중에 설치하는 공법
  • 일반적으로 나중 세우기 공법을 많이 적용하고 있음
② 먼저 세우기 공법
  ㉠ 용접법
    • 철골철근 콘크리트조에 쓰이며, 소정 위치에 앵글을 용접하여 창문틀 설치
    • 콘크리트 부어넣기에 변형이동이 없고, 콘크리트가 돌아들어 밀실하게 채워짐
  ㉡ 지지법
    • RC조, 벽돌, 블록조 등에 쓰임
    • 창문틀은 가설지지틀을 써서 먼저 설치하고, 벽체 구성
    • 벽체 또는 상부의 하중이 직접 창문틀에 가해지지 않게 보강
    • 공기단축이 가능하지만 변형·이동 등이 발생할 수 있음

알루미늄 창호의 제작 순서
창호표를 기준으로 공작도 작성 → 가공 → 조립 → 녹막이 처리 → 보양 → 운반

4) 문의 종류

(1) 목재문의 종류

구분	내용
플러시문(Flush Door)	울거미를 짜고 중간살을 간격 30cm 이내로 배치하며 양면에 합판을 교착한 것이다. 뒤틀림 변형이 적으며, 울거미를 작은 오림목으로 쪽매를 하여 쓰며 뒤틀림이 더욱 적어진다.
양판문(Panel Door)	문울거미(선대, 중간선대, 웃막이, 밑막이, 중칸막이, 띠장, 말 등)를 짜고 그 중간에 양판(넓은 판)을 끼워 넣은 문이다.
도듬문	울거미를 짜고 그 중간에 가는 살을 가로, 세로 약 20cm 간격으로 짜대고 종이를 두껍게 바른 문이다.

(2) 특수문의 종류

구분	내용
주름문	문을 닫았을 때 창살처럼 되는 문으로 세로살, 마름모살로 구성되며 상하 가드레일을 설치, 방도용
회전문	• 원통형의 중심축에 돌개철물을 대어 자유롭게 회전시키는 문 • 바닥과 동시에 자동적으로 회전하는 것과 문짝을 손으로 밀거나 자동으로 회전하는 것 • 손이나 발이 끼는 사고에 대비하여 회전날개는 140cm, 1분에 8회 회전 • 틈새공간을 일정하게 하고 끼는 사고 시 즉시 중단되는 시스템이어야 함
양판철재문	각종 방화문으로 적용
행거도어	창고, 격납고, 차고, 현장의 정문 등 대형문에 이용하고 중량문일 때는 레일 및 바퀴를 설치하기도 함
아코디언 도어	칸막이용 가변적 구획을 할 수 있음
무테문	테두리에 울거미가 없는 일반용, 현관용 문
접문	문짝끼리 경첩으로 연결하고 상부에 도어행거 사용, 칸막이용

5) 창호 철물

구분	내용
자유정첩(Spring Hinge)	안팎 개폐용 철물로 자재문에 사용
레버터리 힌지 (Lavatory Hinge)	공중용 변소, 전화실 출입문에 쓰이며 저절로 닫히지만 15cm 정도 열려 있게 된 것
도어클로저, 도어체크 (Door Closer, Door Check)	자동으로 문이 닫히는 장치
크레센트(Cresent)	오르내리기창이나 미서기창의 자물쇠
피봇 힌지, 지도리 (Pivot Hinge)	중량문에 사용되며 용수철을 사용하지 않고 볼베어링이 들어 있음. 자재 여닫이 중량문에 사용
플로어 힌지 (Floor Hinge)	중량이 큰 여닫이문에 사용되고, 힌지장치를 한 철틀함이 바닥에 설치됨
함자물쇠	손잡이를 돌리면 열리는 자물통, 즉 래치볼트(Latch Bolt)와 열쇠로 회전하여 잠그는 데드볼트(Dead Bolt)가 있음
실린더 자물쇠 (Cylinder Lock)	자물통이 실린더로 된 것으로 텀블러(Tumbler) 대신 핀(Pin)을 넣은 실린더록(Cylinder Lock)으로 고정하고, 핀텀블러록(Pin Tumbler Lock)이라고도 함

2. 유리의 성질 및 이용

1) 유리의 특징

① 유리의 강도는 휨강도를 의미한다.

② 약한 산에는 침식되지 않지만 염산, 질산, 황산 등에는 서서히 침식한다.

2) 성분에 따른 유리의 종류

(1) 소다 석회유리

① 용융되기 쉬우며 산에 강하고 알칼리에 약하다.

② 풍화되기 쉬우며, 비교적 팽창률 및 강도가 크다.

③ 일반건축용, 창유리, 일반병 종류 등에 적용한다.

(2) 칼륨 석회유리

① 용융되기 어렵고 약품에 침식되지 않으며 투명도가 크다.

② 고급용 장식품, 공예품, 식기, 이화학용 기기 등에 적용한다.

(3) 칼륨 납유리[연(鉛)유리]

① 내산, 내열성이 낮고 비중이 크다.

② 가공이 쉽고 광선굴절률, 분산율이 크다.

③ 광화학용 렌즈, 모조석 등에 적용한다.

④ 판유리제품 중 경도(硬度)가 가장 작다.

(4) 석영유리

① 내열, 내식성이 크며 자외선 투과가 양호하다.

② 전등, 살균등용, 유리면의 원료 등에 적용한다.

(5) 물유리

소다 석회유리에서 석회분을 제거한 것으로 방수도료, 내산도료 등에 적용한다.

3) 가공형태에 따른 유리의 종류

(1) 강화유리(열처리유리)

판유리를 약 $650 \sim 700\,^{\circ}\text{C}$로 가열했다가 급랭하여 기계적 성질을 증가시킨 유리로서, 보통 유리강도의 3~4배 정도로 크며, 충격강도는 7~8배 정도이다 (단, 현장에서 손으로는 절단이 불가능).

(2) 복층유리(Pair Glass)

2장 또는 3장의 판유리를 일정한 간격을 두고 금속테두리(간봉)로 기밀하게 접해서 내부를 건조공기로 채운 유리로서 단열성, 차음성이 좋고 결로현상을 예방할 수 있다.

(3) 망입유리

유리액을 롤러로 제판하고 그 내부에 금속망을 삽입하여 성형한 유리로서 도난(방도용) 및 화재방지용(방화용)으로 적용하며, 내부 삽입한 금속망 때문에 깨지더라도 비산되지 않는 특성이 있다.

(4) 열선흡수유리

① 철, 니켈, 크롬 등을 첨가하여 만든 유리로 차량유리, 서향의 창문 등에 적용한다.

② 단열유리라고도 불리며 태양광선 중 장파부분을 흡수한다.

(5) 자외선흡수유리

산화제이철(Fe_2O_2)을 10% 정도 함유하여, 변색 등을 방지하기 위해 사용하는 것으로 진열장, 용접공 및 컴퓨터 보안경 등에 적용한다.

핵심 문제 36 ◆◆◆

강화유리에 관한 설명으로 옳지 않은 것은?

① 보통 판유리를 600℃ 정도 가열했다가 급랭시켜 만든 것이다.

② 강도는 보통 판유리의 3~5배 정도이고 파괴 시 둔각파편으로 파괴되어 위험이 방지된다.

③ 온도에 대한 저항성이 매우 약하므로 적당한 완충제를 사용하여 튼튼한 상자에 포장한다.

④ 가공 후 절단이 불가하므로 소요치수대로 주문 제작한다.

해설

강화유리는 온도에 대한 저항성이 크다.

정답 ③

(6) 유리블록(Glass Block)

① 벽돌, 블록모양의 상자형 유리를 맞댄 후 저압의 공기를 불어 넣고 녹여서 붙여 만든다.

② 실내의 투시를 어느 정도 방지하면서 벽에 붙여 간접채광, 의장벽면, 방음, 단열, 결로 방지의 목적이 있다.

(7) 프리즘유리(Prism Glass)

투사광의 방향을 변화시키거나 집중 또는 확산시킬 목적으로 프리즘의 이론을 이용하여 만든 제품으로 지하실, 옥상의 채광용으로 사용된다.

(8) 스팬드럴유리(Spandrel Glass)

판유리의 한쪽 면에 세라믹도료를 코팅한 다음 고온에서 융착, (반)강화시킨 불투명한 색상을 가진 유리로, 주로 커튼월 건축물의 스팬드럴구간에 적용되는 유리이다.

(9) 로이유리(Low-E Glass)

유리 표면에 금속 또는 금속산화물을 얇게 코팅한 것으로 열의 이동을 최소화해주는 에너지 절약형 유리이며 저방사유리라고도 한다.

(10) 스테인드글라스(Stained Glass)

① 각종 색유리의 작은 조각을 도안에 맞춰 절단하여 조합해서 만든 것으로 성당의 창 등에 사용된다.

② 세부적인 디자인은 유색의 에나멜유약을 써서 표현한다.

(11) 에칭유리(Etching Glass)

화학적인 부식작용을 이용한 가공법으로 만든 유리로, 5mm 이상의 후판유리에 그림이나 글 등을 새겨 넣은 유리를 말한다.

(12) 접합유리(Laminated Glass)

2장 또는 그 이상의 판유리 사이에 유연성이 있는 강하고 투명한 플라스틱 필름을 넣고 판유리 사이에 있는 공기를 완전히 제거한 진공상태에서 고열로 강하게 접착하여 파손되더라도 그 파편이 접착제로부터 떨어지지 않도록 만든 유리이다.

핵심 문제 37 ...

아래 설명에 해당하는 유리를 무엇이라고 하는가?

2장 또는 그 이상의 판유리 사이에 유연성이 있는 강하고 투명한 플라스틱 필름을 넣고 판유리 사이에 있는 공기를 완전히 제거한 진공상태에서 고열로 강하게 접착하여 파손되더라도 그 파편이 접착제로부터 떨어지지 않도록 만든 유리이다.

① 연마판유리   ② 복층유리
③ 강화유리   ④ 접합유리

정답 ④

❼ 도장공사 및 미장공사

1. 도장재료의 종류 및 특징

1) 수성 페인트

아교(접착제), 카세인, 녹말, 안료, 물을 혼합한 페인트로, 용제형 도료에 비해 냄새가 없어 안전하고 위생적이다.

2) 유성 페인트

① 안료와 건조성 지방유를 주원료로 하는 것이다(안료＋보일드유＋희석제).
② 지방유가 건조되어 피막을 형성하게 된다.
③ 붓바름 작업성 및 내후성이 우수하며, 건조시간이 길다.
④ 내알칼리성이 약하므로 콘크리트 바탕면에 사용하지 않는다.

3) 합성수지도료(염화비닐수지도료)

① 합성수지와 안료 및 휘발성 용제를 혼합하여 사용한다.
② 건조시간이 빠르고(1시간 이내), 도막이 견고하다.
③ 붓바름이 간편하다.
④ 내산, 내알칼리에 침식되지 않아 콘크리트나 플라스터면에 사용할 수 있다.
⑤ 도막은 인화할 염려가 적어 방화성이 우수하다.

4) 에나멜 페인트

① 보통 페인트안료에 니스를 용해한 착색도료이다.
② 광택이 잘 나고 내후성과 내수성이 좋다.
③ 금속면, 목재면 등에 사용한다.

5) 방청도료(녹막이 페인트)

① 철재와의 부착성을 높이기 위해 사용되며 철강재, 경금속재 바탕에 산화되어 녹이 나는 것을 방지한다.
② 에칭 프라이머, 아연분말 프라이머, 알루미늄도료, 징크로메이트도료, 아스팔트(역청질)도료, 광명단 조합 페인트 등이 속한다.

6) 방화도료

목재의 착화를 지연하여 연소를 방지하는 데 사용한다.

핵심 **문제 38** ◆◆◆

유성 에나멜 페인트에 관한 설명으로 옳지 않은 것은? [18년 2회, 23년 4회], 24년 1회]
① 유성 바니시에 안료를 첨가한 것을 말한다.
② 내알칼리성이 우수하여 콘크리트면에 주로 사용된다.
③ 유성 페인트와 비교하여 건조시간, 도막의 평활 정도가 우수하다.
④ 유성 페인트와 비교하여 광택, 경도가 우수하다.

해설

유성 에나멜 페인트는 알칼리에 부식되는 특성이 있어, 콘크리트면보다는 금속면, 목재면 등에 적용된다.

정답 ②

7) 에폭시도료

① 에폭시수지를 성분으로 한 도료로 상온건조용과 소부용이 있다.

② 내약품성, 내후성이 있는 단단한 도막을 형성한다.

③ 에폭시도료계 도장 중 내수, 내해수를 목적으로 할 경우 가장 알맞은 것은 2액형 타르에폭시도료이다.

8) 유성 바니시(유성 니스)

① 유성 바니시라고도 하며, 수지류 또는 섬유소를 건섬유, 휘발성 용제로 용해한 도료이다.

② 무색 또는 담갈색 투명도료로, 목재부의 도장에 사용한다.

③ 목재를 착색하려면 스테인 또는 염료를 넣어 마감한다.

9) 클리어 래커

① 건조가 빠르므로 스프레이시공이 가능하다.

② 안료가 들어가지 않으며, 주로 목재면의 투명도장에 사용한다.

③ 내수성, 내후성이 약한 단점이 있다.

2. 미장재료의 성질 및 이용

1) 미장재료의 분류

(1) 수경성 재료

수화작용에 따라 물만 있으면 공기 중이나 수중에서도 굳는 것을 말하며 시멘트계와 석고계 플라스터가 이에 속한다.

① **시멘트계** : 시멘트 모르타르, 인조석, 테라초 현장바름

② **석고계 플라스터** : 순석고 플라스터, 혼합석고 플라스터, 보드용 플라스터, 경석고 플라스터

(2) 기경성 재료

충분한 물이 있더라도 공기 중(탄산가스와 반응)에서만 경화하고, 수중에서는 굳지 않는 것을 말하며 석회계 플라스터와 흙반죽, 섬유벽 등이 이에 속한다.

① **석회계 플라스터** : 회반죽, 회사벽, 돌로마이트 플라스터

② **흙반죽 및 섬유벽** : 진흙, 새벽흙

핵심 문제 39 ◆◆◆

특수도료 중 방청도료의 종류와 가장 거리가 먼 것은?

① 인광도료

② 알루미늄도료

③ 역청질도료

④ 징크로메이트도료

정답 ①

핵심 문제 40 ◆◆◆

다음 미장재료 중 수경성에 해당되지 않는 것은?

① 보드용 석고 플라스터

② 돌로마이트 플라스터

③ 인조석 바름

④ 시멘트 모르타르

해설

돌로마이트 플라스터는 석회계 플라스터로 공기 중에서 경화하는 기경성 재료에 해당한다.

정답 ②

핵심 문제 41 ◆◆◆

지하실과 같이 공기의 유통이 원활하지 않은 장소의 미장공사에 적당한 재료는?

[21년 2회]

① 시멘트 모르타르

② 회반죽

③ 돌로마이트 플라스터

④ 회사벽

해설

지하실과 같이 공기의 유통이 원활하지 않은 장소의 미장공사 시 수경성 재료로 시공하여야 한다. 보기 중의 수경성 재료는 시멘트 모르타르이다.

정답 ①

2) 미장재료의 구성

(1) 고결재

독자적으로 물리적, 화학적으로 경화하여 미장재료의 주체가 되는 재료이다.

① 소석회(기경성 재료) : 소석회에 물을 가하여 미장하면 수분이 증발하며 대기 중의 이산화탄소(CO_2)와 반응하여 경화한다(일종의 기경성 시멘트).

② 돌로마이트 석회(돌로마이트 플라스터, 기경성 재료)

   ㄱ 돌로마이트 석회 + 모래 + 여물 또는 시멘트를 혼합 사용하여 마감표면의 경도가 회반죽보다 크다.

   ㄴ 소석회보다 점성이 높아 풀을 넣을 필요가 없고 작업성이 좋다.

   ㄷ 변색, 냄새, 곰팡이가 생기지 않는다.

   ㄹ 회반죽에 비하여 조기강도 및 최종강도가 크다.

   ㅁ 건조, 경화 시에 수축률이 가장 커서 균열 보강을 위한 여물을 꼭 사용해야 한다.

   ㅂ 공기 중의 탄산가스와 결합하여 변화가 일어나 굳어지며 중성화되므로 미장 후 6~12개월은 알칼리성으로 유성 페인트 마감을 한다.

③ 마그네시아 시멘트(기경성 재료) : 마그네사이트($MgCO_3$)를 800~900℃로 구우면 산화마그네슘으로 변화하며, 여기에 간수(소금물)와 혼합하여 사용한다.

④ 점토(기경성 재료) : 흙재료는 진흙, 풍화토, 모래, 짚여물 등을 사용하고 물로 이겨 반죽하여 초벌바름 한다.

⑤ 석고 플라스터(수경성 재료)

   ㄱ 다른 미장재료보다 응고가 빠르며 팽창한다.

   ㄴ 미장재료 중 점성이 가장 많아 해초풀을 사용할 필요가 없다.

   ㄷ 약산성이므로 유성 페인트 마감을 할 수 없다.

   ㄹ 경화, 건조 시 치수안정성과 내화성이 뛰어나다.

   ㅁ 경석고 플라스터는 고온 소성의 무수석고에 특별한 화학처리를 한 것으로 경화 후 아주 단단해진다.

   ㅂ 반수석고는 가수 후 20~30분에서 급속 경화하지만, 무수석고는 경화가 늦기 때문에 경화촉진제를 필요로 한다.

(2) 결합재

시멘트, 플라스터, 소석회, 벽토, 합성수지 등 다른 미장재료를 결합하여 경화시키는 재료이다.

① 여물 : 바름벽의 보강 및 균열을 분산, 경감시키기 위해 사용한다.

핵심 문제 42 ● ● ●

돌로마이트 플라스터에 관한 설명으로 옳지 않은 것은?
[21년 1회]

① 건조수축에 대한 저항성이 크다.
② 소석회에 비해 점성이 높고 작업성이 좋다.
③ 변색, 냄새, 곰팡이가 없으며 보수성이 크다.
④ 회반죽에 비해 조기강도 및 최종강도가 크다.

해설

돌로마이트 플라스터는 건조, 경화 시에 수축률이 가장 커서 균열 보강을 위한 여물을 꼭 사용해야 한다.

정답 ①

핵심 문제 43 ● ● ●

다음 미장재료 중 공기 중의 탄산가스와 반응하여 화학변화를 일으켜 경화하는 것은?
[19년 4회]

① 소석회
② 시멘트 모르타르
③ 혼합석고 플라스터
④ 경석고 플라스터

해설

소석회
기경성 재료로서 소석회에 물을 가하여 미장하면 수분이 증발하며 대기 중의 이산화탄소(CO_2)와 반응하여 경화(일종의 기경성 시멘트)된다.

정답 ①

② 풀 : 풀을 혼합하여 점성을 늘려 주어 끈기가 없고 잘 붙지 않고 떨어지며 표면이 매끈하게 발리지 않는 것을 보강한다.

3) 미장바름의 종류

(1) 단열 모르타르

① 바닥, 벽, 천장 등의 열손실 방지를 목적으로 사용된다.
② 골재는 경량골재를 주재료로 사용한다.
③ 시멘트는 보통 포틀랜드 시멘트, 고로슬래그 시멘트 등이 사용된다.
④ 구성재료를 공장에서 배합하여 만든 기배합 미장재료로서 적당량의 물을 더하여 반죽상태로 사용하는 것이 일반적이다.

(2) 회반죽

① 소석회＋모래＋해초풀＋여물 등이 배합된 미장재료이다.
② 경화건조에 의한 수축률이 크기 때문에 여물로 균열을 분산·경감한다.
③ 실내용으로 목조 바탕, 콘크리트블록 및 벽돌 바탕 등에 사용한다.

(3) 석고 플라스터

① 혼합용 석고 플라스터 : 소석회＋돌로마이트 플라스터＋아교질(응결지연재로 사용) 재료를 공장에서 미리 섞어서 만든다.
② 보도용 석고 플라스터
  ㉠ 혼합 석고 플라스터보다 소석고의 함유량을 많게 하여 접착성을 크게 한 제품이다.
  ㉡ 습기에 약하여 물을 사용하는 공간에는 피하는 것이 좋다.
③ 킨즈 시멘트(경석고 플라스터)
  ㉠ 고온 소성의 무수석고를 특별하게 화학처리한 것이다.
  ㉡ 응결과 경화의 속도가 소석고에 비하여 매우 늦어 경화촉진제로 화학처리하여 사용하며 경화 후 강도와 경도가 높고 광택을 갖는 미장재료이다.

❽ 수장공사

1. 석고보드

1) 정의

소석고에 톱밥 혹은 기타의 경량재를 85 : 15의 비율로 섞고, 물로 비빈 것을 두꺼운 종이 사이에 끼우고 판모양으로 성형시켜 만든 판이다.

핵심 문제 44 ···

단열 모르타르에 관한 설명으로 옳지 않은 것은?
① 바닥, 벽, 천장 등의 열손실 방지를 목적으로 사용된다.
② 골재는 중량골재를 주재료로 사용한다.
③ 시멘트는 보통 포틀랜드 시멘트, 고로슬래그 시멘트 등이 사용된다.
④ 구성재료를 공장에서 배합하여 만든 기배합 미장재료로서 적당량의 물을 더하여 반죽상태로 사용하는 것이 일반적이다.

해설
단열 모르타르는 경량골재를 주재료로 사용한다.
정답 ②

핵심 문제 45 ···

석고계 플라스터 중 가장 경질이며 벽 바름재료뿐만 아니라 바닥 바름재료로도 사용되는 것은?
① 킨즈 시멘트
② 혼합석고 플라스터
③ 회반죽
④ 돌로마이트 플라스터
정답 ①

핵심 문제 46 • • •

석고보드에 관한 설명으로 옳지 않은 것은?

[19년 2회, 23년 2회]

① 주원료인 소석고에 혼화제를 넣고 물로 반죽하여 2장의 강인한 보드용 원지 사이에 채워 넣어 제조한 것이다.
② 내수성, 탄력성은 우수하나 단열성, 방수성은 좋지 않다.
③ 벽, 천장, 칸막이 등에 주로 사용된다.
④ 연하고 부서지기 쉬우므로 고정할 때에는 못 등이 주로 사용되지만 그 부근이 파손될 우려가 있다.

해설

석고보드는 내수성, 탄력성, 방수성이 작고 국부적 충격에 약하나, 단열성, 방화성이 강한 특징을 나타낸다.

정답 ②

핵심 문제 47 • • •

석고보드에 관한 설명으로 옳지 않은 것은?

[20년 4회]

① 소석고와 혼화제를 반죽하여 2장의 강인한 보드용 원지 사이에 채워 만든다.
② 내화성 및 차음성은 낮으나 외부충격에 매우 강하다.
③ 벽, 천장, 칸막이벽 등에 주로 사용된다.
④ 성능에 따라 방수 석고보드, 미장 석고보드, 방균 석고보드 등으로 나눌 수 있다.

해설

핵심문제 46번 해설 참고

정답 ②

핵심 문제 48 • • •

합성수지의 일반적인 특성에 관한 설명으로 옳지 않은 것은?

① 경량이면서 강도가 큰 편이다.
② 연성이 크고 광택이 있다.
③ 내열성이 우수하고, 화재 시 유독가스의 발생이 없다.
④ 탄력성이 크고 마모가 적다.

해설

합성수지
내화, 내열성이 작고 비교적 저온에서 연화되는 특징이 있다.

정답 ③

2) 특징

장점	단점
• 준불연재료 • 단열성 및 방화성이 우수 • 가공이 용이	• 내수성이 낮아 습기에 약함 • 접착제 시공 시 온도, 습도에 의한 동절기 작업 우려 • 못 사용 시 녹막이 필요

2. 도배

1) 도배공사 시공순서

재료 확인 및 준비 → 바탕면 조정 → 초배 → 정배 → 마무리 → 건조

2) 시공 전 준비사항

① 적정 실내온도 유지
② 벽면 적정 건조상태 7~12% 유지
③ 주변 환경에 따른 영향성 검토
④ 선 및 면잡기 보완
⑤ 초배 전 실내 건청소 실시
⑥ 곰팡이 발생원 제거

❾ 합성수지

1. 합성수지의 개념 및 특징

1) 개념

화학적인 합성에 의하여 인공적으로 만들어진 수지와 유사한 합성 고분자화합물로, 열가소성 수지와 열경화성 수지가 있다.

2) 특징

① 내화, 내열성이 작고 비교적 저온에서 연화, 연질된다.
② 흡수성이 작고 투수성이 없으므로 습기가 많은 곳에 적합하다.
③ 일반적으로 투명 또는 백색이므로 안료나 염료에 의해 다양한 착색이 가능하다.
④ 성형성, 가공성이 좋아 형상이 자유롭고 대량생산이 가능하다.
⑤ 비중이 철이나 콘크리트보다 작다.
⑥ 플라스틱재료는 내마모성이 우수하고 탄성이 크다.

2. 합성수지의 종류별 특징

1) 열가소성 수지

(1) 특징

① 가열하면 연화되어 가소성이 생기지만 냉각하면 원래의 고체로 돌아가는 고분자물질이다.

② 용제에 녹으며, 성형가공법은 사출성형법을 사용한다.

③ 결정성인 것에는 폴리에틸렌수지, 나일론수지, 폴리아세탈수지 등이 있으며, 유백색이다.

④ 비결정성인 것에는 염화비닐수지, 폴리스티렌수지, ABS수지, 아크릴수지 등이 있는데, 투명한 것이 많다.

(2) 종류

구분	내용
염화비닐수지	• 내수·내약품성, 전기절연성이 양호하고 내후성도 열가소성 수지 중에는 우수한 편임 • 파이프, 튜브, 물받이통 등의 제품에 가장 많이 사용
폴리에틸렌수지 (P.E)	• 저온에서도 유연성이 있으며 내충격성은 일반 플라스틱의 5배 정도 • 물보다 가볍고 백색의 우윳빛을 띠며 내약품성, 내수성이 아주 좋음 • 건축용 성형품, 방수필름과 벽체 발포 보온판에 주로 사용
폴리프로필렌수지	비중이 가장 작고, 기계적 강도가 뛰어남
폴리스티렌수지	• 유기용제에 침해되고 취약하며, 내수, 내화학약품성, 전기절연성, 가공성이 우수 • 건축벽 타일, 천장재, 블라인드, 도료 등에 사용되며, 특히 발포제품은 저온단열재로 쓰임
아크릴수지 (메타크릴수지)	• 투명도가 85~90% 정도로 좋고, 무색투명하므로 착색이 자유로움 • 내충격강도는 유리의 10배 정도로 크며 절단, 가공성, 내후성, 내약품성, 전기절연성이 좋음 • 평판 성형되어 글라스와 같이 이용되는 경우가 많아 유기글라스라고도 함 • 각종 성형품, 채광판, 시멘트 혼화재료 등에 사용
ABS수지	충격성, 치수안정성, 경도 등이 우수하며, 파이프, 판재, 전기부품, 변성재료 등에 사용함
메탈아크릴산	투명도가 매우 높고 내후성, 착색이 자유로우며, 항공기의 방풍유리, 조명기구, 도료, 접착제, 의자 등에 사용
폴리카보네이트	• 내충격성, 내열성, 내후성, 자기소화성, 투명성 등의 특징이 있고, 강화유리의 약 150배 이상의 충격강도를 지니고 있으며, 유연성 및 가공성이 우수 • 톱라이트, 온수풀의 옥상, 아케이드 등에 유리의 대용품으로 사용

2) 열경화성 수지

(1) 특징

가열하면 경화되고 일단 경화되면 아무리 가열하여도 연화되거나 용매에 녹지 않는 성질을 가진다.

(2) 종류

구분	내용
페놀수지 (베이클라이트)	• 전기절연성, 내후성, 접착성이 크고 내열성이 0~60℃ 정도, 석면혼합품은 125℃임 • 내수합판의 접착제, 화장판류 도료 등으로 사용
폴리우레탄수지	열경화성 수지이며 내충격성, 내마모성, 강성 등이 우수하고 단열성이 있음(도막방수재료 등에 사용)
요소수지	• 무색으로 착색이 자유롭고 내수성, 전기적 성질이 페놀수지보다 약함 • 일용품(완구, 장식품), 마감재, 가구재, 접착제(준내수합판) 등에 사용
멜라민수지	• 성질은 요소수지보다 우수하고 무색투명하여 착색이 자유로움 • 내수 · 내약품성, 내용제성이 크고, 내후성, 내노화성, 내열성이 우수 • 기계적 강도, 전기적 성질이 우수하여 카운터나 조리대 등을 만드는 데 사용
불포화 폴리에스테르수지	• 기계적 강도와 비항장력이 강과 비등한 값으로 100~150℃에서 −90℃의 온도 범위에서 이용 가능하며, 내수성이 우수 • 주요 성형품으로 유리섬유로 보강한 섬유강화 플라스틱(FRP) 등이 있음 • 강도와 신도를 제조공정상에서 조절할 수 있음 • 영계수가 커서 주름이 생기지 않음 • 다른 섬유와 혼방성이 풍부 • 항공기, 선박, 차량재, 건축의 천장, 루버, 아케이드, 파티션 접착제 등의 구조재로 쓰이며, 도료로도 사용
실리콘수지	• 내열성이 우수하고 −60~260℃까지 탄성이 유지되며, 270℃에서도 수시간 이용 가능 • 탄력성, 내수성이 좋아 방수용 재료, 접착제 등으로 사용 • 방수성이 가장 좋음
에폭시수지	• 접착성이 매우 우수하고 휘발물의 발생이 없음 • 금속, 유리, 플라스틱, 도자기, 목재, 고무 등의 접착성이 좋음 • 알루미늄과 같은 경금속 접착에 좋음 • 주형 재료, 접착제, 도료, 유리섬유의 보강품 등에 사용

핵심 문제 51 ◆◆◆

주로 합판, 목재제품 등에 사용되며, 접착력, 내열 · 내수성이 우수하나 유리나 금속의 접착에는 적당하지 않은 합성수지계 접착제는?

① 페놀수지 접착제
② 에폭시수지 접착제
③ 치오콜
④ 카세인

해설

페놀수지(베이클라이트)
• 전기절연성, 내후성, 접착성이 크고 내열성이 0~60℃ 정도, 석면혼합품은 125℃이다.
• 내수합판의 접착제, 화장판류 도료 등으로 사용한다.

정답 ①

핵심 문제 52 ◆◆◆

플라스틱재료의 열적 성질에 관한 설명으로 옳지 않은 것은?

① 내열온도는 일반적으로 열경화성 수지가 열가소성 수지보다 크다.
② 열에 의한 팽창 및 수축이 크다.
③ 실리콘수지는 열변형 온도가 150℃ 정도이며, 내열성이 낮다.
④ 가열을 심하게 하면 분자 간의 재결합이 불가능하여 강도가 현저하게 저하되는 현상이 발생한다.

해설

실리콘수지
내열성이 우수하고 −60~260℃까지 탄성이 유지되며, 270℃에서도 수시간 이용이 가능하다.

정답 ③

실/전/문/제

01 목재의 강도에 관한 설명으로 옳지 않은 것은? [예상문제]

① 심재의 강도가 변재보다 크다.
② 함수율이 높을수록 강도가 크다.
③ 추재의 강도가 춘재보다 크다.
④ 절건비중이 클수록 강도가 크다.

목재
섬유포화점(30%) 이상에서는 강도가 일정하며, 섬유포화점 이하에서는 함수율의 감소에 따라 강도가 증대된다. 답 ②

02 목구조의 장점에 해당되지 않는 것은? [예상문제]

① 재료의 강도, 강성에 대한 편차가 작고 균일하기 때문에 안전율을 매우 작게 설정할 수 있다.
② 경량이며, 중량에 비해 강도가 일반적으로 큰 편이다.
③ 외관이 미려하고 감촉이 좋다.
④ 증·개축이 용이하다.

재료의 강도, 강성에 대한 편차가 크고, 균일하지 않기 때문에 안전율을 크게 설정해야 한다. 답 ①

03 목재의 절대건조비중이 0.45일 때 목재 내부의 공극률은 대략 얼마인가? [20년 3회]

① 10% ② 30%
③ 50% ④ 70%

공극률(%)
$$=\left(1-\frac{목재의\ 절건비중}{1.54}\right)\times100\%$$
$$=\left(1-\frac{0.45}{1.54}\right)\times100(\%)$$
$$=70.8\%\fallingdotseq70\%(약\ 70\%)$$ 답 ④

04 목재제품에 관한 설명으로 옳지 않은 것은? [18년 2회]

① 내수합판 제조 시 페놀수지 접착제가 쓰인다.
② 합판을 만들 때 단판(Veneer)을 홀수로 겹쳐 접착한다.
③ 집성목재는 보에 사용할 경우 응력크기에 따라 변단면재를 만들 수 있다.
④ 집성목재 제조 시 목재를 겹칠 때 섬유방향이 상호 직각이 되도록 한다.

집성목재
1.5~5cm의 두께를 가진 단판을 섬유방향이 서로 평행하도록 겹쳐서 접착한 것이다. 답 ④

듀벨
목재와 목재 사이에 끼워서 전단력을 보강하는 철물이다. 🔒 ①

05 2개의 목재를 접합할 때 두 부재 사이에 끼워 볼트와 병용하여 전단력에 저항하도록 한 철물을 의미하는 것은? [20년 4회]

① 듀벨   ② 꺾쇠

③ 띠쇠   ④ 감잡이쇠

파티클보드(칩보드)
- 목재 또는 폐재, 부산물 등을 절삭 또는 파쇄하여 소편(나뭇조각이 보임)으로 만들어 충분히 건조시킨 후, 합성수지 접착제와 같은 유기질 접착제를 첨가하여 열압 제판한 목재제품이다.
- 섬유방향에 따른 강도의 차이는 없다.
- 두께는 비교적 자유롭게 선택할 수 있다.
- 흡음성과 열의 차단성이 좋으며, 표면이 평활하고 경도가 크다. 🔒 ④

06 파티클보드의 특징이 아닌 것은? [18년 2회, 21년 2회, 24년 3회]

① 경량이다.

② 못질, 구멍 뚫기 등 가공이 용이하다.

③ 음, 열의 차단성이 우수하다.

④ 방향성에 따른 강도의 차이가 크다.

중밀도섬유판(MDF : Medium Density Fiberboard)
- 목섬유(Wood Fiber)에 액상의 합성수지 접착제, 방부제 등을 첨가·결합시켜 성형·열압하여 만든 인조목재판이다.
- 내수성이 작고 팽창이 심하며, 재질도 약하고, 습도에 의한 신축이 크다는 결점이 있으나, 비교적 값이 싸서 많이 사용되고 있다. 🔒 ②

07 중밀도섬유판을 의미하는 것으로 목섬유(Wood Fiber)에 액상의 합성수지 접착제, 방부제 등을 첨가·결합시켜 성형·열압하여 만든 것은? [예상문제]

① 파티클보드   ② MDF

③ 플로어링보드   ④ 집성목재

건조의 목적(필요성)
강도 증가, 수축·균열·비틀림 등 변형 방지, 부패균 방지, 경량화 🔒 ①

08 다음 중 목재의 건조 목적이 아닌 것은? [20년 4회]

① 전기절연성의 감소

② 목재수축에 의한 손상 방지

③ 목재강도의 증가

④ 균류에 의한 부식 방지

09 목재의 유용성 방부제로서 자극적인 냄새 등으로 인체에 피해를 주기도 하여 사용이 규제되고 있는 것은? [19년 1회]

① PCP 방부제
② 크레오소트유
③ 아스팔트
④ 불화소다 2% 용액

유기계 방부제(PCP : Penta-Chloro Phenol)
• 무색이고 방부력이 가장 우수하다.
• 침투성이 매우 양호하다.
• 수용성 및 유용성이 있다.
• 페인트칠이 가능하다.
• 고가이며, 석유 등의 용제에 녹여 써야 한다.
• 자극적인 냄새 및 독성이 있어 사용이 규제되고 있다.
• 처리재는 황록색이다.
달 ①

10 석재의 일반적인 성질에 관한 설명으로 옳지 않은 것은? [21년 2회]

① 석재 중 석회암·대리석 등은 풍화에 약한 편이다.
② 흡수율은 동결과 융해에 대한 내구성이 지표가 된다.
③ 인장강도는 압축강도의 1/10~1/30 정도이다.
④ 단위용적질량이 클수록 압축강도는 작고, 공극률이 클수록 내화성이 작다.

석재는 단위용적질량이 클수록 압축강도가 크고, 공극률이 클수록 내화성이 크다.
달 ④

11 질이 단단하고 내구성 및 강도가 크며 외관이 수려하나 함유광물의 열팽창계수가 달라 내화성이 약한 석재로 외장, 내장, 구조재, 도로포장재, 콘크리트골재 등에 사용되는 것은? [21년 1회, 24년 1회]

① 응회암
② 화강암
③ 화산암
④ 대리석

화강암
• 질이 단단하고 내구성 및 강도가 크고 외관이 수려하다.
• 견고하고 절리의 거리가 비교적 커서 대형재의 생산이 가능하다.
• 바탕색과 빈짐이 미려하여 구조재, 내외장재로 많이 사용한다.
• 내화도가 낮아 고열을 받는 곳에는 적당하지 않다(600℃ 정도에서 강도 저하).
• 세밀한 가공이 난해하다.
달 ②

12 대리석, 사문암, 화강암의 쇄석을 종석으로 하여 보통 포틀랜드 시멘트 또는 백색 포틀랜드 시멘트에 안료를 섞어 충분히 다진 후 양생하여 가공연마한 것으로 미려한 광택을 나타내는 시멘트제품은? [18년 1회]

① 테라초판
② 펄라이트 시멘트판
③ 듀리졸
④ 펄프 시멘트판

대리석 등의 재료를 가공한 인조석 중의 하나인 테라초(판)에 대한 설명이다.
달 ①

경량벽돌(다공질벽돌)
• 방음벽, 단열층, 보온벽, 칸막이벽에 사용한다.
• 점토에 톱밥, 목탄가루 등을 혼합하여 성형한 벽돌이다.
• 비중 및 강도가 보통 벽돌보다 작다.
• 톱질과 못박기가 가능하다.
답 ④

표준형 벽돌 : 190×90×57mm
∴ 2.0B = 190 + 10 + 190 = 390mm
답 ④

1종 점토벽돌의 압축강도 기준은 24.50MPa 이상이다.
답 ②

보강블록조는 통줄눈으로 블록을 쌓고 블록의 구멍에 철근과 콘크리트를 채워 보강한 구조로서 4~5층까지 가능하다.
답 ①

점토의 종류에 따른 흡수성과 소성온도

종류	흡수성	소성온도
토기	20~30%	800~1,000℃
도기	15~20%	1,100~1,200℃
석기	8% 이하	1,200~1,300℃
자기	1% 이하	1,300~1,400℃

답 ④

---

13 저급점토, 목탄가루, 톱밥 등을 혼합하여 성형 후 소성한 것으로 단열과 방음성이 우수한 벽돌은? [18년 4회]

① 내화벽돌　　② 보통벽돌
③ 중량벽돌　　④ 경량벽돌

14 시멘트 벽돌(표준형)을 가지고 2.0B의 가로벽을 쌓았을 때 벽의 두께로 가장 적합한 것은? [18년 4회]

① 280mm　　② 290mm
③ 340mm　　④ 390mm

15 점토벽돌에 관한 설명으로 옳지 않은 것은? [20년 4회, 24년 3회]

① 적색 또는 적갈색을 띠고 있는 것은 점토 내에 포함되어 있는 산화철에 의한 것이다.
② 1종 점토벽돌의 압축강도 기준은 14.70MPa 이상이다.
③ KS표준에 의한 점토벽돌의 모양에 따른 구분은 일반형과 유공형으로 나뉜다.
④ 2종 점토벽돌의 흡수율 기준은 15.0% 이하이다.

16 블록의 빈속에 철근을 배근하고 콘크리트를 부어 넣어 수직하중과 수평하중에 안전하게 견딜 수 있도록 보강한 것으로 가장 이상적인 블록구조는? [19년 4회]

① 보강블록조　　② 조적식 블록조
③ 블록장막벽　　④ 거푸집 블록구조

17 점토제품 중 소성온도가 가장 높고 흡수성이 작으며 타일이나 위생도기 등에 쓰이는 것은? [예상문제]

① 토기　　② 도기
③ 석기　　④ 자기

18 타일공사의 바탕처리에 관한 설명으로 옳지 않은 것은?　　　　[22년 2회]

① 타일을 붙이기 전에 바탕의 들뜸, 균열 등을 검사하여 불량부분은 보수한다.

② 여름에 외장타일을 붙일 경우에는 하루 전에 바탕면에 물을 적시는 행위를 금하도록 한다.

③ 타일붙임 바탕에는 뿜칠 또는 솔을 사용하여 물을 골고루 뿌린다.

④ 타일을 붙이기 전에 불순물을 제거한다.

> 여름에 외장타일을 붙일 경우 하루 전에 바탕면에 물을 적셔, 외장 타일을 시공할 때 접착제 등의 수분을 바탕면이 흡수하지 않도록 하여야 한다.　답 ②

19 클링커 타일(Clinker Tile)이 주로 사용되는 장소에 해당하는 곳은?　　　　[예상문제]

① 침실의 내벽　　　　② 화장실의 내벽
③ 테라스의 바닥　　　　④ 화학실험실의 바닥

> 클링커 타일
> 고온으로 소성한 석기질 타일로서 타일면에 홈줄을 새겨넣어 테라스 바닥 등 타일로 사용한다.　답 ③

20 금속가공제품에 관한 설명으로 옳은 것은?　　　　[예상문제]

① 조이너는 얇은 판에 여러 가지 모양으로 도려낸 철물로서 환기구 · 라디에이터 커버 등에 이용된다.

② 펀칭 메탈은 계단의 디딤판 끝에 대어 오르내릴 때 미끄러지지 않게 하는 철물이다.

③ 코너 비드는 벽 · 기둥 등의 모서리부분의 미장바름을 보호하기 위하여 사용한다.

④ 논슬립은 천장 · 벽 등에 보드류를 붙이고 그 이음새를 감추고 누르는 데 쓰이는 것이다.

> ①은 펀칭 메탈, ②는 논슬립, ④는 조이너에 대한 설명이다.　답 ③

21 벽 · 기둥 등의 모서리를 보호하기 위하여 미장바름질을 할 때 붙이는 보호용 철물은?　　　　[20년 4회]

① 논슬립　　　　② 인서트
③ 코너 비드　　　　④ 크레센트

> 코너 비드(Corner Bead)
> 벽, 기둥 등의 모서리를 보호하기 위하여 미장공사 전에 사용하는 철물로서 아연도금 철제, 스테인리스 철제, 황동제, 플라스틱 등이 있다.
> 답 ③

콘크리트 균열 방지용으로 주로 쓰이는 와이어 메시(Wire Mesh)에 대한 설명이다. 답 ③

22 연강철선을 전기용접하여 정방형 또는 장방형으로 만든 것으로 블록을 쌓을 때나 보호 콘크리트를 타설할 때 사용하며 균열을 방지하고 교차부분을 보강하기 위해 사용하는 금속제품은? [20년 1·2회, 24년 3회]

① 와이어 로프
② 코너 비드
③ 와이어 메시
④ 메탈폼

줄눈대(Metallic Joiner)
황동성분으로 만들어지며, 인조석 갈기 및 테라초 현장갈기 등에 사용되는 줄눈이다. 답 ④

23 인조석 갈기 및 테라초 현장갈기 등에 사용되는 줄눈철물의 명칭은? [19년 1회]

① 인서트(Insert)
② 앵커볼트(Anchor Bolt)
③ 펀칭 메탈(Punching Metal)
④ 줄눈대(Metallic Joiner)

불림
• 강을 800~1,000℃ 이상 가열한 후 공기 중에서 냉각한다.
• 강의 조직이 표준화, 균질화되어 내부 변형이 제거된다. 답 ①

24 강의 열처리방법 중 조직을 개선하고 결정을 미세화하기 위해 800~1,000℃로 가열하여 소정의 시간까지 유지한 후에 대기 중에서 냉각하는 것을 무엇이라 하는가? [20년 1·2회]

① 불림
② 풀림
③ 담금질
④ 뜨임질

아연
• 건조한 공기 중에서는 거의 산화되지 않는다.
• 묽은 산류에 쉽게 용해된다.
• 철판의 아연도금으로 사용된다. 답 ④

25 비철금속재료의 특성에 관한 설명으로 옳지 않은 것은? [19년 1회]

① 동은 상온의 건조공기 중에서 변화하지 않으나 습기가 있으면 광택을 소실하고 녹청색으로 된다.
② 알루미늄은 비중이 비교적 작고 연질이며 강도도 낮다.
③ 납은 비중이 크고 연질이며 전성, 연성이 풍부하다.
④ 아연은 산 및 알칼리에 강하나 공기 중 및 수중에서는 내식성이 작다.

로이유리(Low-E Glass)
유리 표면에 금속 또는 금속산화물을 얇게 코팅한 것으로 열의 이동을 최소화해주는 에너지 절약형 유리이며 저방사유리라고도 한다. 답 ③

26 다음 설명에 해당하는 유리는? [21년 1회]

> 열적외선을 반사하는 은(銀)소재 도막으로 코팅하여 방사율과 열관류율을 낮추고 가시광선 투과율을 높인 유리

① 강화유리
② 접합유리
③ 로이유리
④ 배강도유리

27 강화유리에 관한 설명으로 옳지 않은 것은?　　　　[예상문제]

① 판유리를 600℃ 이상의 연화점까지 가열한 후 급랭시켜 만든다.

② 파괴 시 파편이 예리하여 위험하다.

③ 강도는 보통 유리의 3~5배 정도이다.

④ 제조 후 현장가공이 불가하다.

파괴 시 둔각으로 파편이 형성되어 날카로움이 덜한 특징이 있다.
🔑 ②

28 스팬드럴유리에 관한 설명으로 옳지 않은 것은?　　[20년 1 · 2회, 24년 2회]

① 건축물의 외벽 층간이나 내외부 장식용 유리로 사용한다.

② 판유리 한쪽 면에 세라믹질의 도료를 도장한 후 고온에서 융착, 반강화한 것으로 내구성이 뛰어나다.

③ 색상이 다양하고 중후한 질감을 갖고 있으며 건축물의 모양에 따라 선택의 폭이 넓다.

④ 열깨짐의 위험이 있으므로 유리 표면에 페인트 도장을 하거나, 종이테이프 등을 부착하지 않는다.

스팬드럴유리
골조 및 단열재 등을 가려주는 역할을 하기 때문에 색유리를 쓰거나 필름을 붙이는 등의 시공을 하고, 이때 발생할 수 있는 열깨짐의 위험을 최소화하기 위해 배강도 이상의 강도를 가진 유리를 적용한다. 🔑 ④

29 색을 칠하여 무늬나 그림을 나타낸 판유리로서 교회의 창, 천장 등에 많이 쓰이는 유리는?　　　　[예상문제]

① 스테인드글라스(Stained Glass)　　② 깅화유리(Tempered Glass)

③ 유리블록(Glass Block)　　　　　　④ 복층유리(Pair Glass)

스테인드글라스(Stained Glass)
• 각종 색유리의 작은 조각을 도안에 맞추어 절단하여 조합해서 만든 것으로 성당의 창 등에 사용된다.
• 세부적인 디자인은 유색의 에나멜유약을 써서 표현한다.
🔑 ①

30 보통 판유리의 조성에 산화철, 니켈, 코발트 등의 금속산화물을 미량 첨가하고 착색이 되게 한 유리로서, 단열유리라고도 불리는 것은?　[예상문제]

① 망입유리　　　　　　　　　　　② 열선흡수유리

③ 스팬드럴유리　　　　　　　　　④ 강화유리

열선흡수유리
• 철, 니켈, 크롬 등을 첨가하여 만든 유리로 차량유리, 서향의 창문 등에 적용한다.
• 단열유리라고도 불리며 태양광선 중 장파부분을 흡수한다.
🔑 ②

31 유리의 표면을 초고성능 조각기로 특수 가공처리하여 만든 유리로 5mm 이상의 후판유리에 그림이나 글 등을 새겨 넣은 유리는?　　[예상문제]

① 에칭유리　　　　　　　　　　　② 강화유리

③ 망입유리　　　　　　　　　　　④ 로이유리

에칭유리(Etching Glass)
화학적인 부식작용을 이용한 가공법을 이용한 유리로, 5mm 이상의 후판유리에 그림이나 글 등을 새겨 넣은 유리를 말한다. 🔑 ①

②는 열선흡수유리에 대한 설명이다.
目 ②

32 각종 유리의 성질에 관한 설명으로 옳지 않은 것은? [예상문제]

① 유리블록은 실내의 냉난방에 효과가 있으며 보통 유리창보다 균일한 확산광을 얻을 수 있다.

② 열선반사유리는 단열유리라고도 불리며 태양광선 중 장파부분을 흡수한다.

③ 자외선차단유리는 자외선의 화학작용을 방지할 목적으로 의류품의 진열창, 식품이나 약품의 창고 등에 쓴다.

④ 내열유리는 규산분이 많은 유리로서 성분은 석영유리에 가깝다.

④는 열선반사유리에 대한 설명이다.

※ 열선흡수유리
단열유리라고도 불리며 태양광선 중 장파부분을 흡수하는 유리를 말한다.
目 ④

33 유리에 관한 설명으로 옳지 않은 것은? [21년 1회]

① 망입유리는 화재 시 개구부에서의 연소를 방지하는 효과가 있으며, 유리파편이 거의 튀지 않는다.

② 복층유리는 단판유리보다 단열효과가 우수하므로 냉난방부하를 경감시킬 수 있다.

③ 강화유리는 파손 시 파편이 작기 때문에 파편에 의한 손상사고를 줄일 수 있다.

④ 열선흡수유리는 유리 한 면에 열선반사막을 입힌 판유리로, 가시광선의 투과율이 30% 정도 낮아 외부로부터 시선을 차단할 수 있다.

유성 바니시(유성 니스)
• 수지류 또는 섬유소를 건섬유, 휘발성 용제로 용해한 도료이다.
• 무색 또는 담갈색 투명도료로, 목재부의 도장에 사용한다.
• 목재를 착색하려면 스테인 또는 염료를 넣어 마감한다.
目 ②

34 수지를 지방유와 가열 · 융합하고, 건조제를 첨가한 다음 용제를 사용하여 희석하여 만든 도료는? [예상문제]

① 래커   ② 유성 바니시

③ 유성 페인트   ④ 내열도료

방청도료(녹막이 페인트)
• 철재와의 부착성을 높이기 위해 사용되며 철강재, 경금속재 바탕에 산화되어 녹이 나는 것을 방지한다.
• 에칭 프라이머, 아연분말 프라이머, 알루미늄도료, 징크로메이트도료, 아스팔트(역청질)도료, 광명단 조합페인트 등이 속한다.
目 ③

35 금속면의 보호와 금속의 부식 방지를 목적으로 사용되는 도료는? [예상문제]

① 방화도료   ② 발광도료

③ 방청도료   ④ 내화도료

36 합성수지도료를 유성 페인트와 비교한 설명으로 옳지 않은 것은? [18년 4회]

① 건조시간이 빠르고 도막이 단단하다.

② 도막은 인화할 염려가 적어 방화성이 우수하다.

③ 비교적 두꺼운 도막을 만들 수 있다.

④ 내산, 내알칼리성이 있어 콘크리트면에 바를 수 있다.

합성수지도료는 유성 페인트에 비해 얇은 도막두께로 시공한다.

답 ③

37 합성수지도료의 특성에 관한 설명으로 옳지 않은 것은? [19년 2회]

① 건조시간이 빠르고 도막이 단단하다.

② 내산성, 내알칼리성이 있어 콘크리트, 모르타르면에 바를 수 있다.

③ 도막은 인화할 염려가 있어 방화성이 작은 단점이 있다.

④ 투명한 합성수지를 사용하면 더욱 선명한 색을 낼 수 있다.

합성수지도료(도막)는 인화할 염려가 적어 방화성이 우수하다.

답 ③

38 안료가 들어가지 않으며, 주로 목재면의 투명도장에 쓰이는 도료로서 내후성이 좋지 않아 외부에 사용하기에 적당하지 않고 내부용으로 주로 사용되는 것은? [20년 1·2회]

① 에나멜 페인트　　　　② 클리어 래커

③ 유성 페인트　　　　　④ 수성 페인트

클리어 래커
• 건조가 빠르므로 스프레이시공이 가능하다.
• 안료가 들어가지 않으며, 주로 목재면의 투명도장에 사용한다.
• 내수성, 내후성이 약한 단점이 있다.

답 ②

39 벽체 초벌미장에 대한 검측내용으로 옳지 않은 것은? [22년 2회]

① 하절기에는 초벌미장 후 살수양생을 검토한다.

② 벽체의 선형 및 평활도를 위하여 규준점을 설치한다.

③ 면을 잡은 후 쇠빗 등으로 가늘고 고르게 긁어 준다.

④ 신속한 건조를 위하여 통풍이 잘되도록 조치한다.

통풍이 잘되는 곳에 놓으면 급격한 건조로 인해 균열 등이 발생할 수 있다.

답 ④

석고 플라스터(수경성 재료)
- 경화, 건조 시 치수안정성과 내화성이 뛰어나다.
- 경석고 플라스터는 고온 소성의 무수석고에 특별한 화학처리를 한 것으로 경화 후 아주 단단해진다.
- 반수석고는 가수 후 20~30분에서 급속 경화하지만, 무수석고는 경화가 늦기 때문에 경화촉진제를 필요로 한다.
  답 ④

40 수경성 미장재료로 경화 · 건조 시 치수안정성이 우수한 것은? [예상문제]

① 회사벽

② 회반죽

③ 돌로마이트 플라스터

④ 석고 플라스터

종석은 대리석, 화강암 등의 쇄석(깬돌)을 의미하는 것으로서 인조석의 제조에 적용하게 된다. **답** ①

41 다음 중 회반죽바름용 재료와 관련 없는 것은? [20년 3회]

① 종석 ② 해초풀

③ 여물 ④ 소석회

회반죽
- 소석회 + 모래 + 해초풀 + 여물 등이 배합된 미장재료이다.
- 경화건조에 의한 수축률이 크기 때문에 여물로 균열을 분산 · 경감한다.
- 실내용으로 목조 바탕, 콘크리트 블록 및 벽돌 바탕 등에 사용한다.
  답 ①

42 다음 중 회반죽에 여물을 넣는 가장 주된 이유는? [예상문제]

① 균열을 방지하기 위하여

② 강도를 높이기 위하여

③ 경화속도를 높이기 위하여

④ 경도를 높이기 위하여

플라스틱재료는 내마모성이 우수하고 탄성이 크다. **답** ④

43 플라스틱재료의 특징으로 옳지 않은 것은? [예상문제]

① 가소성과 가공성이 크다.

② 전성과 연성이 크다.

③ 내열성과 내화성이 작다.

④ 마모가 작으며 탄력성도 작다.

44 합성수지 중에서 파이프, 튜브, 물받이통 등의 제품에 가장 많이 사용되는 열가소성 수지는? [18년 4회]

① 페놀수지   ② 멜라민수지

③ 프란수지   ④ 염화비닐수지

염화비닐수지
내수 · 내약품성, 전기절연성이 양호하고 내후성도 열가소성 수지 중에는 우수한 편이며, 파이프, 튜브, 물받이통 등의 제품에 가장 많이 사용되고 있다. 🔒 ④

---

45 합성섬유 중 폴리에스테르섬유의 특징에 관한 설명으로 옳지 않은 것은? [예상문제]

① 강도와 신도를 제조공정상에서 조절할 수 있다.

② 영계수가 커서 주름이 생기지 않는다.

③ 다른 섬유와 혼방성이 풍부하다.

④ 유연하고 울에 가까운 감촉이다.

폴리에스테르섬유(불포화 폴리에스테르수지)
섬유보강 플라스틱, 건축의 천장 등의 재료에 쓰이는 비교적 강성재료로서 유연하고 울에 가까운 감촉을 띠지는 않는다. 🔒 ④

---

46 발포제로서 보드상으로 성형하여 단열재로 널리 사용되며 천장재, 전기용품 등에도 쓰이는 열가소성 수지는? [20년 3회, 21년 3회, 24년 2회]

① 불포화 폴리에스테르수지

② 실리콘수지

③ 아크릴수지

④ 폴리스티렌수지

폴리스티렌수지
• 유기용제에 침해되고 취약하며, 내수, 내화학약품성, 전기절연성, 가공성이 우수하다.
• 건축벽 타일, 천장재, 블라인드, 도료 등에 사용되며, 특히 발포제품은 저온단열재로 쓰인다. 🔒 ④

---

47 다음 합성수지 중 내열성이 가장 우수한 것은? [20년 4회]

① 페놀수지   ② 멜라민수지

③ 실리콘수지   ④ 염화비닐수지

실리콘수지
내열성이 우수하고 $-60 \sim 260℃$ 까지 탄성이 유지되며, 270℃에서도 수시간 이용이 가능하다. 🔒 ③

---

48 급경성으로 내알칼리성 등의 내화학성 및 접착력, 내수성이 우수한 고가의 합성수지 접착제로 금속, 석재, 도자기, 유리, 콘크리트, 플라스틱재 등의 접착에 모두 사용되는 것은? [20년 4회]

① 에폭시수지 접착제

② 멜라민수지 접착제

③ 요소수지 접착제

④ 폴리에스테르수지 접착제

에폭시수지
• 접착성이 매우 우수하고 휘발물의 발생이 없다.
• 금속, 유리, 플라스틱, 도자기, 목재, 고무 등의 접착성이 좋다.
• 알루미늄과 같은 경금속 접착에 좋다.
• 주형 재료, 접착제, 도료, 유리섬유의 보강품 등에 사용된다. 🔒 ①

실내디자인 환경

실내디자인 자료 조사 분석

❶ 주변 환경 조사

1. 열 및 습기 환경

1) 온열환경

(1) 물리적 온열요소

① 기온, 습도, 기류, 복사열(주위 벽의 열방사)

② 기후조건을 좌우하는 가장 큰 요소는 기온이다(공기의 온도).

(2) 주관적 온열요소

착의량(Clothing Quantity, clo), 활동량(Activity, MET), 성별, 나이 등 주관적이고 개인적인 온열요소를 의미한다.

2) 온열환경지수

(1) 실감온도(유효온도, 감각온도, ET : Effective Temperature)

① 기온(온도), 습도, 기류의 3요소로 환경공기의 쾌적 조건을 표시한 것이다.

② 실내의 쾌적대는 겨울철과 여름철이 다르다.

③ 일반적인 실내의 쾌적한 상대습도는 40~60%이다.

(2) 불쾌지수

① 온습지수의 하나로 생활상 불쾌감을 느끼는 수치를 표시한 것이다.

② 불쾌지수(DI) = (건구온도 + 습구온도) × 0.72 + 40.6

(3) 작용온도(Operative Temperature, 효과온도)

기온·기류 및 주위 벽 복사열 등의 종합적 효과를 나타낸 것으로 쾌적 정도 등 체감도를 나타내는 척도이다. 이때 습도는 고려하지 않는다.

(4) 등온지수

등가온감, 등가온도라고도 하며, 기온·습도·기류에 복사열의 영향을 포함하여, 이 4개의 인자를 조합하여 온감각(溫感覺)과의 관계를 나타내는 지수이다.

핵심 문제 01 ◆◆◆

인체의 열적 쾌적감에 영향을 미치는 물리적 온열요소에 속하지 않는 것은?

[18년 4회, 23년 4회]

① 기류　　　② 기온
③ 복사열　　④ 공기의 밀도

해설

물리적 온열요소
기온, 습도, 기류, 복사열

정답 ④

핵심 문제 02 ◆◆◆

주관적 온열요소 중 착의상태의 단위는?

[19년 4회]

① met　　　② m/s
③ clo　　　④ %

해설

clo
의복의 열저항치를 나타낸 것으로 1clo의 보온력이란 온도 21.2℃, 습도 50% 이하, 기류 0.1m/s의 실내에서 의자에 앉아 안정하고 있는 성인남자가 쾌적하면서 평균피부온도를 33℃로 유지할 수 있는 착의의 보온력을 말한다.

정답 ③

3) 인체의 열손실

(1) 손실률은 복사(45%) > 대류(30%) > 증발(22%) > 전도(3%) 순
(2) 잠열 및 현열에 의해 인체의 열손실 발생
(3) 잠열 : 물체의 증발, 융해 등 상태변화
(4) 현열 : 온도의 오르내림에 의해 인체의 열손실 발생

4) 열전달

(1) 전열

① 열이 높은 온도에서 낮은 온도로 흐르는 현상이다.
② 두 물체 사이에 온도차가 있을 경우에 발생한다.

(2) 전열의 종류

① 전도 : 고체 간 열의 이동
② 대류 : 유체 간 열의 이동
③ 복사 : 빛과 같은 매개체가 없는 열의 이동

(3) 전열의 표현

구분	내용
열전도율 (kcal/mh℃, W/mK)	• 물체의 고유성질 • 전도(벽체 내)에 의한 열의 이동 정도 표시
열전달률 (kcal/m²h℃, W/m²K)	• 고체벽과 이에 접하는 공기층과의 전열현상 • 전도, 대류, 복사가 조합된 상태
열관류율 (kcal/m²h℃, W/m²K)	• 열관류는 열전도와 열전달의 복합형식 • 전달 → 전도 → 전달이라는 과정을 거쳐 열이 이동하는 것 • 열관류율이 큰 재료일수록 단열성이 좋지 않음 • 열관류율의 역수를 열저항이라 함 • 벽체의 단열효과는 기밀성 및 두께와 큰 관계있음 • 열관류율의 산출 : 벽체 열관류율은 열저항의 합을 구한 후, 그것의 역수를 취해 구함 $$열관류율(W/m^2K) = \frac{1}{\sum 열저항(m^2K/W)}$$

핵심 문제 03

실내공간에 서 있는 사람의 경우 주변환경과 지속적으로 열을 주고받는다. 인체와 주변환경과의 열전달현상 중 그 영향이 가장 적은 것은?
① 전도　　　　② 대류
③ 복사　　　　④ 증발

해설

인체와 주변환경과의 열전달(손실) 정도는 복사(45%) > 대류(30%) > 증발(22%) > 전도(3%) 순이다.

정답 ①

핵심 문제 04

열의 이동(전열)에 관한 설명 중 옳지 않은 것은? [20년 1 · 2회]
① 열은 온도가 높은 곳에서 낮은 곳으로 이동한다.
② 유체와 고체 사이의 열의 이동을 열전도라고 한다.
③ 일반적으로 액체는 고체보다 열전도율이 작다.
④ 열전도율은 물체의 고유성질로 전도에 의한 열의 이동 정도를 표시한다.

해설

유체와 고체 사이의 열의 이동을 열전달이라고 한다.

정답 ②

핵심 문제 05

열전도율에 관한 설명으로 옳은 것은?
① 열전도율의 단위는 W/m²K이다.
② 열전도율의 역수를 열전도 비저항이라고 한다.
③ 액체는 고체보다 열전도율이 크고, 기체는 더욱더 크다.
④ 열전도율이란 두께 1cm 판의 양면에 1℃의 온도차가 있을 때 1cm의 표면적을 통해 흐르는 열량을 나타낸 것이다.

해설

① 열전도율의 단위는 W/mK이다.
③ 열전도율의 크기 순서는 고체 > 액체 > 기체이다.
④ 열전도율이란 두께 1m 판의 양면에 1℃의 온도차가 있을 때 1m의 표면적을 통해 흐르는 열량을 나타낸 것이다.

정답 ②

두께 10cm의 경량콘크리트벽체의 열관류율은?(단, 경량콘크리트벽체의 열전도율 0.17W/m · K, 실내 측 표면 열전달률 9.28W/m² · K, 실외 측 표면 열전달률 23.2W/m² · K이다) [20년 1·2회]

① 0.85W/m² · K ② 1.35W/m² · K
③ 1.85W/m² · K ④ 2.15W/m² · K

해설

열관류율$(K) = \dfrac{1}{R}$

$R = \dfrac{1}{\text{실내 측 표면 열전달률}}$
$\quad + \dfrac{\text{두께(m)}}{\text{열전도율}}$
$\quad + \dfrac{1}{\text{실외 측 표면 열전달률}}$
$\quad = \dfrac{1}{9.28} + \dfrac{0.1}{0.17} + \dfrac{1}{23.2}$
$\quad = 0.739$

열관류율$(K) = \dfrac{1}{R} = \dfrac{1}{0.739}$
$\quad = 1.35\text{W/m}^2 \cdot \text{K}$

정답 ②

크기가 2m×0.8m, 두께는 40mm, 열전도율이 0.14W/m · K인 목재문의 내측 표면온도가 15℃, 외측 표면온도가 5℃일 때, 이 문을 통하여 1시간 동안에 흐르는 전도열량은? [20년 4회, 24년 3회]

① 0.056W ② 0.56W
③ 5.6W   ④ 56W

해설

전도열량
$= K(\text{열관류율, W/m}^2\text{K}) \times A(\text{면적, m}^2)$
$\quad \times \Delta t(\text{온도 차, ℃})$
$= \dfrac{\lambda(\text{열전도율, W/mK})}{d(\text{두께, m})}$
$\quad \times A(\text{면적, m}^2) \times \Delta t(\text{온도차, ℃})$
$= \dfrac{0.14}{0.04} \times (2 \times 0.8) \times (15 - 5) = 56\text{W}$

정답 ④

일조의 확보와 관련하여 공동주택의 인동간격 결정과 가장 관계가 깊은 것은? [20년 3회]

① 춘분 ② 하지
③ 추분 ④ 동지

해설

일조의 적절한 확보를 위해 적용되는 인동간격의 산출은 태양고도각이 가장 낮은 동지를 기준으로 산정한다.

정답 ④

---

(4) 관류열량(열손실량, q)

$$q = K \times A \times \Delta t$$

여기서, q : 손실열량, 열손실량, 전도열량(W)
$\qquad\quad K$: 열관류율(W/m² · K)
$\qquad\quad A$: 면적(m²)
$\qquad\quad \Delta t$: 실내외 온도차(℃)

5) 일사와 일조

(1) 일사

① 일사란 파장에 따른 태양광선(자외선, 가시광선, 적외선) 중에서 적외선에 의한 태양복사열을 의미한다.

② 여름에는 냉방부하를 저감시키기 위하여 차양장치를 설치하여 일사를 차단하고, 겨울에는 난방부하를 저감시키기 위하여 남향의 창 면적비를 크게 하여 일사를 획득하도록 계획하는 것이 바람직하다.

(2) 일조(태양이 직접 비치는 직사광) 조건 및 조절

구분	내용
일조 조건	• 건물의 일조계획 시 가장 우선적으로 고려할 사항은 일조권 확보 • 건물배치의 경우 정남향보다 동남향이 좋음 • 최소일조시간은 동지기준 4시간 이상이며, 이 일조시간을 만족시키기 위해 인동간격을 설정하여야 함
일조 조절	• 겨울에 일조를 충분히 받아들일 것 • 여름에 차폐를 충분히 할 수 있을 것 • 각종 차양 및 로이(저방사)유리 등을 활용할 수 있음

6) 결로

(1) 발생원리

(벽체) 등의 표면온도가 노점온도보다 낮을 때 발생한다.

(2) 발생원인

① 환기 부족 및 습기가 과다할 때 발생한다.

② 실내외 온도차가 심한 경우에 발생한다.

③ 습기처리시설이 빈약한 곳에서 주로 발생한다.

④ 춥고 상대습도가 높은 북향의 벽에 발생한다.

⑤ 목조주택보다 콘크리트주택이 결로현상에 취약하다.

⑥ 고온다습한 여름철과 겨울철 난방 시에 발생하기 쉽다.

노점온도
- 공기가 포화상태(습도 100%)가 될 때의 온도를 말한다.
- 흔히 실생활에 쓰이는 온도계상의 온도는 건구온도라고 한다.

(3) 결로의 종류 및 방지법

구분	개념	방지법
표면결로	벽체나 창, 유리 등의 표면상 결로	• 표면온도를 노점온도 이상으로 올려야 한다. • 단열을 강화하고 환기에 의해 절대습도를 저하시킨다. • 실내에 가능한 한 저온부분을 만들지 않는다. • 장시간 낮은 온도로 난방한다. • 외단열공법을 적용한다.
내부결로	벽체 내부에서 발생하는 결로	• 실내 발생 수증기를 억제한다. • 단열재를 시공한 벽의 고온 측에 방습층을 설치한다. • 환기에 의해 절대습도를 저하시킨다. • 외단열공법을 적용한다.

7) 열교(Heat Bridge)

(1) 개념 및 발생원리

① 건축물을 구성하는 부위 중에서 단면의 열관류저항이 국부적으로 작은 부분에 발생하는 현상을 말한다.

② 열의 손실이라는 측면에서 냉교라고도 한다.

③ 중공벽 내의 연결철물이 통과하는 구조체에서 발생하기 쉽다.

④ 내단열공법 시 슬래브가 외벽과 만나는 곳에서 발생하기 쉽다.

(2) 문제점

표면결로 등이 발생한다.

(3) 방지방안

열교 발생부위에 외단열 보강을 하여 단열성능을 높인다.

8) 습공기선도

(1) 일반사항

① 습공기의 상태를 표시한 그래프를 습공기선도라고 한다.

② 습공기상태값인 건구온도, 습구온도, 노점온도, 절대습도, 상대습도, 수증기분압, 엔탈피, 비체적 등의 관련성을 나타낸 것이다.

벽체의 표면결로 방지대책으로 옳지 않은 것은? [20년 1·2회]
① 실내에서 발생하는 수증기를 억제한다.
② 환기에 의해 실내 절대습도를 저하시킨다.
③ 단열 강화에 의해 실내 측 표면온도를 상승시킨다.
④ 실내 측 표면온도를 노점온도 이하로 유지시킨다.

해설

실내 측 표면온도가 노점온도 이하가 되면 표면결로가 발생하므로, 실내 측 표면온도를 노점온도보다 높게 유지시킨다.

정답 ④

결로에 관한 설명으로 옳지 않은 것은? [20년 4회]
① 외측 단열공법으로 시공하는 경우 내부결로 방지에 효과가 있다.
② 겨울철 결로는 일반적으로 단열성 부족이 원인이 되어 발생한다.
③ 내부결로가 발생할 경우 벽체 내의 함수율은 낮아지며 열전도율은 커진다.
④ 실내에서 발생하는 수증기를 억제할 경우 표면결로 방지에 효과가 있다.

해설

벽체 내부로 수증기의 투습량이 많아지면 내부결로 발생 가능성이 높아지므로, 내부결로가 발생할 경우 함수율은 높아지게 된다.

정답 ③

벽이나 바닥, 지붕 등 건축물의 특정 부위에 단열이 연속되지 않은 부분이 있어 이 부위를 통한 열의 이동이 많아지는 현상을 무엇이라 하는가?
① 결로현상　　② 열획득현상
③ 대류현상　　④ 열교현상

정답 ④

③ 위의 8가지 습공기상태값 중에서 두 가지의 상태값을 알게 되면 그 습공기의 다른 상태값들을 알 수 있다.

(2) 구성요소

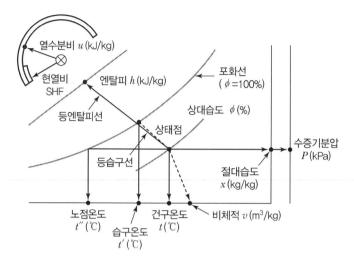

[습공기선도]

핵심 문제 12

다음 중 습공기선도에 표현되어 있지 않은 것은?

[20년 3회]

① 엔탈피   ② 습구온도
③ 노점온도   ④ 산소함유량

해설

습공기선도는 절대습도, 상대습도, 건구온도, 습구온도, 노점온도, 엔탈피, 현열비, 열수분비, 비체적, 수증기분압 등으로 구성된다.

정답 ④

구성요소	개념 및 특징
건구온도 (DB : Dry Bulb Temperature, t, ℃)	• 보통의 온도계로 측정한 온도이다. • 건구온도가 높을수록 대기 중에 포함되는 수증기량은 많아진다.
습구온도 (WB : Wet Bulb Temperature, t', ℃)	• 온도계의 감온부를 물에 젖은 천으로 감싸고 바람이 부는 상태에서 측정한 온도이다. • 습구온도는 대기 중의 수증기량과 관계가 있으며, 수증기량이 많으면 젖은 천의 증발속도가 느려져 건구온도보다 온도가 낮게 된다.
노점온도 (DP : Dew Point Temperature, t'', ℃)	• 응축이 시작되는 온도이다. • 응축이 시작되어 구조체에 이슬이 맺히는 것을 결로라고 한다. • 노점온도는 결로가 발생하기 시작하는 온도로서 어떠한 상태의 공기가 결로상태가 되면, 노점온도, 습구온도, 건구온도는 같은 값을 갖게 된다. • 결로 발생 시를 제외하고 건구온도 > 습구온도 > 노점온도 순으로 수치가 높다.
절대습도 (SH : Specific Humidity, AH : Absolute Humidity, x)	• 건조공기 1kg 중에 포함되어 있는 수증기의 양이다. • 절대습도(x) $= \dfrac{수증기량(kg)}{건조공기의\ 중량(kg')}$ [kg/kg′, kg/kg(DA)]

핵심 문제 13

절대습도를 가장 올바르게 표현한 것은?

[20년 3회]

① 포화수증기량에 대한 백분율
② 습공기 1kg당 포함된 수증기의 질량
③ 일정한 온도에서 더 이상 포함할 수 없는 수증기량
④ 습공기를 구성하고 있는 건공기 1kg당 포함된 수증기의 질량

해설

절대습도 $= \dfrac{수증기중량}{건공기중량}$

정답 ④

구성요소	개념 및 특징
상대습도 (RH : Relative Humidity, ϕ, %)	• 현재 공기의 수증기량(수증기압)과 동일온도에서의 포화 공기의 수증기량(수증기압)의 비이다. • 상대습도$(\phi) = \dfrac{\text{현 포화공기의 수증기량}}{\text{포화공기의 수증기량}} \times 100\%$
수증기분압 (VP : Vapor Pressure, P, kPa)	습공기 속에서 수증기가 갖는 압력으로 수증기압이라고도 한다.
엔탈피 (Enthalpy, h, i, kJ/kg)	엔탈피는 전열을 의미하며, 건공기의 엔탈피(h_a)와 수증기의 엔탈피(h_v)의 합이다. 또한 이는 현열과 잠열의 합을 의미한다. $$h = h_a + x h_v = C_p \cdot t + x(\gamma + C_{pv} \cdot t)$$ $$= 1.01t + x(2,501 + 1.85t)$$ 여기서, C_p : 건공기 정압비열(1.01kJ/kg · K) $\quad\quad t$: 건공기의 온도(℃) $\quad\quad x$: 습공기의 절대습도(kg/kg′) $\quad\quad \gamma$: 0℃에서 포화수의 증발잠열(2,501kJ/kg) $\quad\quad C_{pv}$: 수증기의 정압비열(1.85kJ/kg · K)
비체적 (SV : Specific Volume, 비용적, v, m³/kg)	• 습공기 중에 포함되어 있는 건공기 1kg에 대한 습공기의 체적 • 비체적$(v) = \dfrac{\text{습공기 체적}(\mathrm{m}^3)}{\text{건공기 질량}(\mathrm{kg})}(\mathrm{m}^3/\mathrm{kg})$
현열비 (SHF)	• 전열량에 대한 현열량의 비를 말한다. • 현열비$(\mathrm{SHF}) = \dfrac{\text{현열부하}}{\text{전열부하}} = \dfrac{\text{현열부하}}{\text{현열부하}+\text{전열부하}}$
열수분비 (u, kJ/kg)	• 공기의 상태 변화 시 엔탈피 변화량과 절대습도 변화량의 비를 말한다. • 열수분비$(u) = \dfrac{\text{엔탈피의 변화량}}{\text{절대습도의 변화량}}$

(3) 습공기선도의 해석

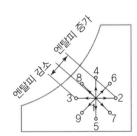

1 → 2 : 현열가열(Sensible Heating)
1 → 3 : 현열냉각(Sensible Cooling)
1 → 4 : 가습(Humidification)
1 → 5 : 감습(Dehumidification)
1 → 6 : 가열가습(Heating and Humidifying)
1 → 7 : 가열감습(Heating and Dehumidifying)
1 → 8 : 냉각가습(Cooling and Humidifying)
1 → 9 : 냉각감습(Cooling and Dehumidifying)

[상태점의 변화에 따른 해석]

① 공기를 냉각하면 상대습도는 높아지고, 공기를 가열하면 상대습도는 낮아진다.

② 공기를 냉각 또는 가열하여도 절대습도는 변하지 않는다.

③ 습구온도와 건구온도가 같다는 것은 상대습도가 100%인 포화공기임을 뜻한다.

④ 결로 발생 시를 제외하고는 습구온도가 건구온도보다 높을 수는 없다.

2. 공기환경

1) 실내공기의 오염

(1) 실내공기의 오염원인

① 호흡작용(재실자), 신체활동(냄새, 거동)

② 연소, 건축재료(석면, 라돈, 폼알데하이드 등)

(2) 실내공기의 오염척도

① 실내공기의 오염척도는 이산화탄소 농도로 판단한다.

② 허용치는 이산화탄소 기준농도 1,000ppm 이하이다(다중이용시설 기준).

(3) 신축공동주택의 실내공기질 권고기준(실내공기질관리법 시행규칙 [별표 4의2])

① 폼알데하이드 : $210\mu g/m^3$ 이하

② 벤젠 : $30\mu g/m^3$ 이하

③ 톨루엔 : $1,000\mu g/m^3$ 이하

④ 에틸벤젠 : $360\mu g/m^3$ 이하

⑤ 자일렌 : $700\mu g/m^3$ 이하

⑥ 스티렌 : $300\mu g/m^3$ 이하

⑦ 라돈 : $148Bq/m^3$ 이하

2) 자연환기와 기계환기

(1) 자연환기

풍력환기 및 중력환기가 대표적이다.

① 풍력환기 : 외기의 바람(풍력)에 의한 환기

② 중력(온도차)환기(굴뚝효과, 연돌효과)

  ㉠ 실내외 공기의 온도차(밀도차)에 의한 환기

  ㉡ 실내외 온도차가 커지면, 실내외 압력차도 커지므로 환기량은 커지게 된다(고온 측이 저기압, 저온 측이 고기압의 특성을 갖는다).

핵심 문제 14 ◆◆◆

실내공기오염의 종합적 지표로 사용되는 오염물질은? [20년 4회, 23년 1회, 24년 3회]

① CO   ② CO_2
③ SO_2 ④ 부유분진

해설

실내공기오염의 종합적 지표로는 CO_2가 사용되며, 그 이유는 CO_2의 농도 상승률이 다른 오염물질의 농도 상승률과 유사하게 측정되므로, CO_2의 농도를 통해 다른 오염물질의 농도를 예측할 수 있기 때문이다.

정답 ②

핵심 문제 15 ◆◆◆

실내공기질관리법령에 따른 신축공동주택의 실내공기질 측정항목에 속하지 않는 것은? [18년 4회, 21년 4회, 24년 1회]

① 벤젠   ② 라돈
③ 자일렌   ④ 에틸렌

정답 ④

핵심 문제 16 ◆◆◆

자연환기에 관한 설명으로 옳은 것은? [20년 1·2회]

① 중력환기량은 개구부면적이 크면 클수록 감소한다.

② 풍력환기량은 벽면으로 불어오는 바람의 속도에 반비례한다.

③ 중력환기는 실내외의 온도차에 의한 공기의 밀도차가 원동력이 된다.

④ 많은 환기량을 요하는 실에는 기계환기를 사용하지 않고 자연환기를 사용하여야 한다.

해설

① 중력환기량은 개구부면적이 크면 클수록 증가한다.

② 풍력환기량은 벽면으로 불어오는 바람의 속도에 비례한다.

④ 많은 환기량을 요하는 실에는 자연환기를 사용하지 않고 기계(강제)환기를 사용하여야 한다.

정답 ③

ⓒ 중력(온도차)환기량 산출식

$$Q = KA\sqrt{h \cdot \Delta t}$$

여기서, Q : 개구부 단위면적당 환기량($m^3/min \cdot m^2$)
K : 개구부에 따른 저항상수
A : 개구부면적(m^2)
h : 두 개구부 간의 수직거리의 차(m)
Δt : 실내외의 온도차(℃)

(2) 기계(강제)환기의 분류

구분	내용
1종(병용식) 환기	급기와 배기 모두 기계식으로 제어
2종(압입식) 환기	• 급기는 기계식, 배기는 자연적으로 배출 • 오염공기가 침투되면 안 되는 곳(클린룸, 수술실 등)
3종(흡출식) 환기	• 급기는 자연식, 배기는 기계식으로 배출 • 실내오염공기를 다른 쪽으로 나가지 않게 하는 곳(화장실 등)

3) 전체환기와 국소환기

(1) 전체(희석)환기

유해물질을 오염원에서 완전히 배출하는 것이 아니라 신선한 공기를 공급하여 유해물질의 농도를 낮추는 방법으로서 희석환기라고도 한다.

(2) 국소환기

오염도가 심한 구역 또는 청정도를 유지해야 하는 곳을 집중적으로 환기하는 방식이나.

4) 필요환기량 및 환기횟수 산출

(1) 필요환기량

$$Q = \frac{M}{C_i - C_o}$$

여기서, Q : 필요환기량(m^3/h)
M : 실내에서 발생한 CO_2량(m^3/h)
C_i : 실내 허용 CO_2농도(m^3/m^3)
C_o : 실외 신선외기 CO_2농도(m^3/m^3)

핵심 문제 17 ◆◆◆

열이나 유해물질이 실내에 널리 산재되어 있거나 이동되는 경우에 급기로 실내의 공기를 희석하여 배출시키는 환기방법은? [18년 1회]
① 상향환기   ② 전체환기
③ 국소환기   ④ 집중환기

정답 ②

핵심 문제 18 ◆◆◆

다음과 같은 조건에서 재실인원 40명인 강의실에 요구되는 필요환기량은? [18년 4회]

• 실내 허용 CO_2농도 : $0.001m^3/m^3$
• 외기 중의 CO_2 함유량 : $0.0003m^3/m^3$
• 1인당 실내 CO_2 발생량 : $0.021m^3/h$

① $900m^3/h$ ② $1,000m^3/h$
③ $1,100m^3/h$ ④ $1,200m^3/h$

해설

Q(필요환기량)

$$= \frac{M(발생량)}{C_i(실내\ 허용\ CO_2농도) - C_o(외기\ 중의\ CO_2농도)}$$

$$= \frac{40 \times 0.021m^3/h}{0.001m^3/m^3 - 0.0003m^3/m^3}$$

$$= 1,200m^3/h$$

정답 ④

실의 체적이 20m³이고 환기량이 60m³/h
일 때 이 실의 환기횟수는? [20년 1·2회]

① 1.2회/h　　② 3회/h
③ 12회/h　　④ 30회/h

해설

$$환기횟수 = \frac{환기량}{실의\ 체적}$$
$$= \frac{60\text{m}^3/\text{h}}{20\text{m}^3}$$
$$= 3회/\text{h}$$

정답 ②

핵심 문제 20 · · ·

다음 중 자외선의 주된 작용에 속하지 않
는 것은? [20년 1·2회]

① 살균작용
② 화학적 작용
③ 생물의 생육작용
④ 일사에 의한 난방작용

해설

일사에 의한 난방작용은 적외선의 주된 작
용이다.

정답 ④

핵심 문제 21 · · ·

수조면의 단위면적에 입사하는 광속으로
정의되는 용어는? [20년 3회]

① 조도　　② 광도
③ 휘도　　④ 광속발산도

해설

조도(단위 : lx)
• 수조면의 밝기를 나타내는 것
• 수조면의 단위면적에 도달하는 광속의 양

정답 ①

핵심 문제 22 · · ·

실내에 1,000cd의 전등이 있을 때, 이 전
등으로부터 4m 떨어진 곳의 직각면 조도
는? [21년 1회]

① 62.5lx　　② 125lx
③ 250lx　　④ 500lx

해설

조도는 광원과의 거리의 제곱에 반비례하
므로, 4m 떨어져 있을 경우 광도가 1/16로
낮아지게 된다.
1,000 ÷ 16 = 62.5lx

정답 ①

---

(2) 환기횟수

$$n = \frac{Q}{V}$$

여기서, n : 환기횟수(회/h)
Q : 필요환기량(m³/h)
V : 실체적(m³)

3. 빛환경

1) 빛의 요소

(1) 파장에 따른 빛의 요소

자외선(살균작용), 가시광선(눈에 보이는 빛), 적외선(열선) 등이 있다.

(2) 빛의 측정단위

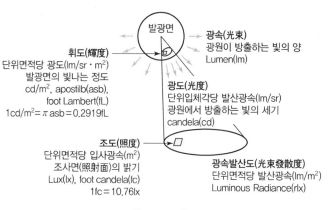

[빛의 단위]

구분	단위	내용
광속 (F)	루멘(lm)	복사에너지를 눈으로 보아 빛으로 느끼는 크기를 나타낸 것으로, 광원으로부터 발산되는 빛의 양이다.
광도 (I)	칸델라(cd)	광원에서 어떤 방향에 대한 단위입체각당 발산되는 광속으로, 광원의 능력을 나타내며, 빛의 세기라고도 한다.
조도 (E)	럭스(lx)	• 어떤 면의 단위면적당 입사광속으로, 피조면의 밝기를 나타낸다. • 조도는 광도에 비례하고 거리의 제곱에 반비례한다.
휘도 (B)	스틸브(sb)와 니트(nt)	광원의 임의의 방향에서 본 단위투영면적당의 광도로, 광원의 빛나는 정도이며, 눈부심의 정도라고도 한다.
광속발산도 (R)	래드럭스(rlx)	광원의 단위면적으로부터 발산하는 광속으로, 광원 혹은 물체의 밝기를 나타낸다.

2) 자연광원의 구성 및 주광률

(1) 자연광원의 구성

구성	내용
직사광 (Direct Sunlight)	• 태양광은 대기권에서 일부는 산란 또는 확산되지만, 대부분은 대기권을 투과하여 지표면에 도달하는데 이 빛을 직사광이라 한다. • 계절과 시간대, 날씨 등 환경적인 요인에 의해 변동이 심하므로 직접 이용이 곤란하다.
천공광 (Skylight)	• 태양광이 대기층에 산란 또는 흡수되거나, 구름에 확산 또는 투과되어 지표면에 도달하는 빛을 천공광이라 하며, 주광광원은 일반적으로 주광 중 천공광을 말한다. • 자연채광 설계 시 환경적 요인에 따라 조도변화가 심하고 휘도가 높은 직사광보다는 천공광을 주로 활용한다.
반사광 (Reflected Light)	지상에 도달한 직사광, 천공광이 지표면이나 물체에 반사되는 빛을 반사광이라 한다.

(2) 주광률

① 천공의 밝기는 계절이나 날씨, 시각에 따라 달라지므로 이와 함께 실내의 밝기도 변화한다. 이렇게 주광에 의해 생기는 실내의 밝기는 천공상태의 변화에 따라 달라지므로 조도(단위 : lux) 등 밝기의 절대량을 나타내는 단위를 채광의 설계목표나 평가지표로 사용할 수는 없다. 따라서 실내에서의 채광량은 천공광의 이용률에 해당하는 주광률(晝光率)로 나타낸다.

② 산출식

$$주광률(DF) = \frac{실내(작업면)의\ 수평면조도}{실외(전천공)의\ 수평면조도} \times 100\%$$

3) 균시차

균시차는 태양의 실제적인 움직임을 통해 시간을 설정한 진태양시와 가상의 태양 궤적을 통해 시간을 설정한 평균태양시의 차를 말한다.

4) 자연채광방식

(1) 측창채광(Side Lighting, 側窓採光)

① 실의 측벽면(수직면)에 설치된 창에 의한 채광방식이다.

② 같은 면적이라도 1개의 큰 창보다 여러 개로 분할하는 것이 주광 분포상 효과적이다.

③ 측창채광은 일반적인 주거 등 건축시설에서 사용하는 채광방식으로서, 실 깊이에 따른 조도의 불균일 문제가 있으나, 통풍효율이 좋고 시공이 편리하여 가장 많이 건축물에 적용되고 있는 방식이다.

핵심 문제 23 ◆◆◆

광원으로부터 발산되는 광속의 입체각 밀도를 뜻하는 것은?
① 광도　　　　② 조도
③ 광속발산도　④ 휘도

해설

광도(cd, candela)
광원으로부터 발산되는 광속의 입체각 밀도를 말하며, 빛의 밝기(세기)를 나타낸다.

정답 ①

핵심 문제 24 ◆◆◆

실내 어느 한 점의 수평면조도가 200lx이고, 이때 옥외 전천공 수평면조도가 20,000lx인 경우, 이 점의 주광률은?
① 0.01%　　② 0.1%
③ 1%　　　 ④ 10%

해설

$주광률(DF)$
$= \dfrac{실내(작업면)의\ 수평면조도}{실외(전천공)의\ 수평면조도}$
$\times 100\%$
$= \dfrac{200}{20,000} \times 100\% = 1\%$

정답 ③

핵심 문제 25 ◆◆◆

균시차에 관한 설명으로 옳은 것은?
[19년 2회, 20년 4회]
① 균시차는 항상 일정하다.
② 진태양시와 평균태양시의 차를 말한다.
③ 중앙표준시와 평균태양시의 차를 말한다.
④ 진태양시의 1년간 평균값에서 중앙표준시를 뺀 값이다.

정답 ②

④ 특징

장점	단점
• 시공이 용이하고, 비를 막는 데 유리하다. • 개폐, 청소, 수리, 관리가 용이하다. • 조망, 개방감이 좋다. • 통풍, 단열, 일조 조정이 쉽다. • 같은 면적일 경우 수직형 창이 수평형 창보다 깊게 채광되므로 채광량이 많다.	• 조도가 불균일하여 실깊이에 제한을 받는다. • 주변조건에 따라 채광이 방해받을 수 있다.

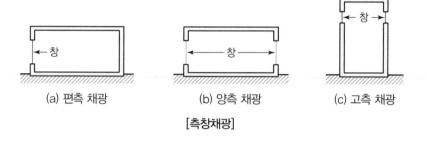

(a) 편측 채광 (b) 양측 채광 (c) 고측 채광

[측창채광]

(2) 천창채광(Top Lighting, 天窓採光)

채광창 아래 독립물체를 놓아 볼륨감을 유도하는 조각품 전시에 특히 적합하고, 전시실 중앙부를 가장 밝게 하며, 채광 위치와 방향을 조정함으로써 벽면조도를 균등하게 하는 방법도 있다. 그러나 유리케이스를 조성하는 전시일 경우에는 가장 불리한 채광형태이다.

장점	단점
• 채광량(採光量) 면에서 매우 유리하다 (측창의 3배 효과). • 조도 분포가 균일하다. • 실의 넓이와는 관계없이 실이 어느 정도 넓어도 채광이 크게 불리하지 않다.	• 구조와 시공이 불리하고, 특히 빗물처리에 불리하다. • 조작 및 유지에 불리하다. • 폐쇄된 느낌을 준다. • 통풍과 단열에 불리하다. • 천장이 낮을 경우 현휘가 발생한다.

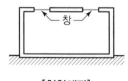

[천창채광]

(3) 정측창채광(Top Side Lighting, 頂側窓採光)

지붕면에 있는 수직 또는 수직에 가까운 창에 의한 채광방식으로, 측창을 이용하기가 곤란한 공장이나 미술관 등 수평면보다 연직면의 조도면을 높이고자 할 때 사용한다. 정측창채광의 종류는 다음과 같다.

① 모니터 지붕(Monitor-Roof)채광

원래 환기를 위해 사용된 것으로 채광을 위해서는 유리한 방식이지만 비를 막는 데는 불리하다.

② 톱날형 지붕(Saw-Tooth Roof)채광

산업체 공장에서 많이 사용되는 형식으로, 연직창이나 창면을 약간 경사지게 하여 채광량을 증대시키는 방식이다. 균일한 조도를 유지하기 위해 북쪽 벽면에 채광을 한다.

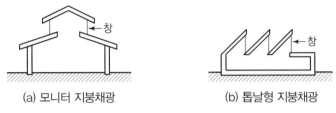

(a) 모니터 지붕채광　　　　(b) 톱날형 지붕채광

[정측창채광]

5) 인공조명의 요건

(1) 색온도(CT : Color Temperature, 광색)

① 흑체(Black Body)에 열을 가하였을 때 색의 변화상태를 기준으로 발생된 개념이다.

② 흑체에 고온의 열을 가하면 온도가 증가되면서 흑체가 발산하는 빛의 색은 적색, 황색, 청록색을 거쳐 백열상태가 된다.

③ 색온도에 따른 느낌

구분	느낌	조명
낮은 색온도	• 따뜻함 • 부드러움 • 차분함 • 안정감 • 흐릿함	• 백열전구 • 백열전구색 형광램프 • 고압나트륨램프
높은 색온도	• 시원함 • 딱딱함 • 활동적	• 주광색 형광램프 • 백색 형광램프

④ 색온도가 낮은 광원은 커피숍, 레스토랑 등 고객이 쉴 수 있는 편안한 분위기를 연출하고자 하는 장소에 적합하다.

💡 TIP

인공조명의 일반조건
• 필요한 밝기(필요 조도 확보)로서 적당한 밝기가 좋다.
• 분광분포와 관련하여 표준주광이 좋다.
• 휘도분포와 관련하여 얼룩이 없을수록 좋다.
• 직시 눈부심과 반사 눈부심이 모두 없어야 한다.

💡 TIP

연색평가지수(Ra)
• 자연의 태양광과의 유사 정도를 판단하는 연색성을 수치화·계량화한 것이다.
• 연색평가지수는 0~100 범위의 수치를 가지며, 100에 가까울수록 연색성이 좋다.

(2) 인공광원의 색온도

인공광원	색온도	비고
나트륨 등	2,100K	적색(800K)
백열등(전구)	2,900K	
수은등	4,100K	↓
형광등(백색)	4,500K	
형광등(주광색)	5,600K	백색(5,000K)

4. 음환경

1) 음의 특징

(1) 음의 3요소 : 음의 고조(높이), 음의 세기(강도), 음색

(2) 음의 고저(높이)는 주파수에 따라 결정된다.

(3) 음의 세기(강도) : 소리(음파)가 단위시간당(1sec) 단위면적(1m²)을 통과하는 소리에너지의 양이며, I(Sound Intensity)로 표시한다(단위 : W/m²).

(4) 음의 속도에 가장 크게 영향을 주는 것은 온도변화이다.

(5) 음의 크기의 경우 감각적인 크기를 표현할 때는 폰(Phon)단위를 사용한다.

(6) 음의 대소를 나타낼 경우 손(Sone)단위를 사용한다.

(7) 반향(Echo) : 음원에서 나온 음파가 물체 등에 부딪혀 반사된 후 다시 관찰자에게 들리는 현상으로 잔향이라고도 한다.

(8) 간섭 : 서로 다른 음원 사이에서 중첩·합성되어 음의 쌍방조건에 따라 강해지고 약해지는 현상이다.

(9) 회절 : 음의 진행을 가로막고 있는 것을 타고 넘어가 후면으로 전달되는 현상이다.

(10) 굴절 : 매질 중의 음의 속도가 공간적으로 변동함으로써 음이 전파되는 방향이 바뀌는 과정이다.

2) 흡음과 차음

(1) 흡음의 개념과 흡음재료의 종류

① 흡음의 개념

흡음은 음의 입사에너지와 재료 표면에 흡수된 에너지와의 비율인 흡음률로 흡음의 정도가 계산되며, 흡음이 잘되는 건축재료를 쓸 경우 잔향 등이 최소화되어 실내 음환경 개선에 도움이 된다.

핵심 문제 29 ◆◆◆

흡음재료 중 연속기포 다공질재료에 관한 설명으로 옳지 않은 것은? [20년 1·2회]
① 유리면, 암면 등이 사용된다.
② 중·고음역에서 높은 흡음률을 나타낸다.
③ 일반적으로 두께를 늘리면 흡음률이 커진다.
④ 재료 표면의 공극을 막는 표면처리를 할 경우 흡음률이 커진다.

해설
흡음재료에서 흡음의 주역할을 하는 것은 공기를 포함한 공극이므로 재료 표면의 공극을 막는 표면처리를 할 경우에는 흡음성능이 저하된다.

정답 ④

② 흡음재료의 종류

구분	종류 및 원리
다공성 흡음재료	• 암면, 석면, 글라스울 등 • 소리가 작은 구멍 속에서 마찰, 진동 등에 의해 소멸됨 • 주파수가 높을수록(중고음역) 흡음률이 높아지는 특성을 가짐 • 다공질재료의 표면이 다른 재료에 의해 피복되어 통기성이 저하되면 중고음역(중고주파수)에서의 흡음률이 저하됨
판진동 흡음재료	• 합판, 하드보드, 플렉시블보드, 석고보드 등 • 소리에너지가 판의 운동에너지로 바뀌면서 흡음됨 • 판진동형 흡음구조의 흡음판은 기밀하게 접착하는 것보다 못 등으로 고정하는 것이 흡음률을 높일 수 있음 • 저주파 흡음에 유리함
공명성 흡음재료	• 합판, 금속판 등에 구멍을 뚫어 구멍부분에서 진동과 마찰 등에 의해 소리가 소멸됨 • 특정 주파수음만을 효과적으로 흡음하는 특징을 가짐

(2) 차음

차음은 중량의 구조체 등을 사용하여, 음을 반사 · 차단하는 것으로서, 이중벽, 두께가 두꺼운 중량벽, 밀도가 높은 벽 등을 사용한다.

3) 잔향이론

(1) 잔향

음원을 정지시킨 후 일정 시간 동안 실내에 소리가 남는 현상이다.

(2) 잔향시간

① 실내음의 발생을 중지시킨 후 60dB까지 감소하는 데 소요되는 시간이다.
② 실의 형태와 무관하며, 실의 용적이 크면 클수록 길다.
③ 천장과 벽의 흡음력을 크게 하면 잔향시간을 짧게 할 수 있다.
④ 사빈(Sabine)의 잔향식

$$잔향시간(T) = 0.16\frac{V}{A}$$

여기서, V : 실의 체적(m³)
A : 실의 흡음면적(실내 총표면적 × 실내 평균흡음률)(m²)

핵심 문제 30 ◆◆◆

각종 흡음재에 관한 설명으로 옳은 것은?
[20년 4회]
① 판진동 흡음재는 고음역의 흡음재로 유용하다.
② 다공성 흡음재는 재료의 두께를 감소시킴으로써 고주파수에서의 흡음률을 증가시킬 수 있다.
③ 판진동 흡음재는 강성벽의 표면에 밀실하게 부착하여 사용하는 것이 흡음률 향상에 효과적이다.
④ 다공성 흡음재의 표면을 다른 재료로 피복하여 통기성을 낮출 경우 중 · 고주파수에서의 흡음률이 저하된다.

해설

① 판진동 흡음재는 저주파 흡음에 유리한 특성을 갖는다.
② 다공성 흡음재는 재료의 밀도를 감소시킴으로써 고주파수에서의 흡음률을 증가시킬 수 있다.
③ 판진동 흡음재는 판진동형 흡음구조의 흡음판을 기밀하게 접착하는 것보다 못 등으로 고정하는 것이 흡음률을 높일 수 있다.

정답 ④

핵심 문제 31 ◆◆◆

실의 용적이 5,000m³이고 실내의 총흡음력이 500m²일 경우, Sabine의 잔향식에 의한 잔향시간은?
[20년 1 · 2회]
① 0.4초　② 1.0초
③ 1.6초　④ 2.2초

해설

Sabine의 잔향식
$$잔향시간(T) = 0.16\frac{V}{A}$$
$$= 0.16 \times \frac{5,000}{500}$$
$$= 1.6초$$

정답 ③

4) 실내음향계획 시 주의사항

① 실내 전체에 음압이 고르게 분포하도록 해야 한다.

② 실내외의 유해한 소음 및 진동이 없도록 해야 한다.

③ 반향(Echo), 음의 집중, 공명 등의 음향장애가 없도록 해야 한다.

④ 주파수에 따라 실내 마감재를 조정해야 한다.

⑤ 실내의 음을 보강하는 설비를 설치해야 한다.

⑥ 소음원조사, 소음경로조사, 소음레벨 측정, 소음 방지설계를 통해 실내소음도를 조절하여야 한다.

⑦ 강연장 등 청취가 중요한 곳은 잔향시간을 짧게 하여 음성의 명료도를 높이고, 오케스트라 등이 펼쳐지는 음악공연장의 경우 잔향시간을 길게 하여 음질을 높이는 것이 좋다.

❷ 건축법령 분석

1. 총칙

1) 목적

건축물의 대지 · 구조 · 설비 기준 및 용도 등을 정하여 건축물의 안전 · 기능 · 환경 및 미관을 향상시킴으로써 공공복리 증진에 이바지하는 것을 목적으로 한다.

2) 정의

(1) 대지

공간정보의 구축 및 관리 등에 관한 법률에 따라 각 필지(筆地)로 나눈 토지를 말한다. 다만, 대통령령으로 정하는 토지는 둘 이상의 필지를 하나의 대지로 하거나 하나 이상 필지의 일부를 하나의 대지로 할 수 있다.

(2) 도로

① 보행과 자동차 통행이 가능한 너비 4m 이상의 도로를 의미한다.

② 지형적 조건 등에 따른 도로의 구조와 너비

특별자치시장 · 특별자치도지사 또는 시장 · 군수 · 구청장이 지형적 조건으로 인하여 차량 통행을 위한 도로의 설치가 곤란하다고 인정하여 그 위치를 지정 · 공고하는 구간의 너비 3m 이상인 도로를 말한다(길이가 10m 미만인 막다른 도로의 경우에는 너비 2m 이상).

③ ②에 해당하지 아니하는 막다른 도로로서 그 도로의 너비가 그 길이에 따라 각각 다음 표에 정하는 기준 이상인 도로를 말한다.

막다른 도로의 길이	도로의 너비 확보
10m 미만	2m 이상
10m 이상 35m 미만	3m 이상
35m 이상	6m 이상(도시지역이 아닌 읍 · 면 지역은 4m 이상)

(3) 건축물

① 토지에 정착하는 공작물 중 지붕과 기둥 또는 벽이 있는 것

② ①에 딸린 시설물(대문, 담장 등)

③ 지하나 고가(高架)의 공작물에 설치하는 사무소, 공연장, 점포, 차고, 창고 등

④ 일정 규모 이상의 다음 공작물(영 제118조, 건축법을 준용하는 공작물)

높이	2m를 넘는	옹벽 또는 담장
	4m를 넘는	장식탑, 기념탑, 첨탑, 광고탑, 광고판, 그 밖에 이와 비슷한 것
	5m를 넘는	태양에너지를 이용하는 발전설비와 그 밖에 이와 비슷한 것
	6m를 넘는	• 굴뚝, 골프연습장의 철탑 • 주거 및 상업지역 안에 설치하는 통신용 철탑 • 그 밖에 이와 비슷한 것
	8m를 넘는	고가수조, 그 밖에 이와 비슷한 것
	8m 이하의	• 기계식 주차장 • 철골조립식 주차장으로서 외벽이 없는 것
바닥면적 30m²를 넘는		지하대피호
건축조례로 정하는		• 제조시설, 저장시설(시멘트사일로 포함), 유희시설 • 건축구조물에 심대한 영향을 줄 수 있는 중량물

(4) (초)고층건축물

구분	규모
고층건축물	층수가 30층 이상이거나 높이가 120m 이상인 건축물
초고층건축물	층수가 50층 이상이거나 높이가 200m 이상인 건축물
준초고층건축물	고층건축물 중 초고층건축물이 아닌 것

(5) 부속용도

건축물의 주된 용도의 기능에 필수적인 다음의 용도를 말한다.

① 건축물의 설비 · 대피 및 위생, 기타 이와 유사한 시설의 용도

② 사무 · 작업 · 집회 · 물품저장 · 주차, 기타 이와 유사한 시설의 용도

③ 구내식당 · 직장보육시설 · 구내운동시설 등 종업원 후생복리시설 및 구내 소각시설, 기타 이와 유사한 시설의 용도

④ 관계법령에서 주된 용도의 부수시설로 설치할 수 있도록 규정하고 있는 시설의 용도

TIP

건축법 적용 제외 건축물
• 「문화재보호법」에 따른 지정문화재나 임시지정문화재
• 철도나 궤도의 선로 부지(敷地)에 있는 운전보안시설, 철도 선로의 위나 아래를 가로지르는 보행시설, 플랫폼, 해당 철도 또는 궤도사업용 급수(給水) · 급탄(給炭) 및 급유(給油) 시설
• 고속도로 통행료 징수시설
• 컨테이너를 이용한 간이창고
• 「하천법」에 따른 하천구역 내의 수문 조작실

(6) 지하층

건축물의 바닥이 지표면 아래에 있는 층으로서 바닥에서 지표면까지의 평균 높이가 당해 층높이의 2분의 1 이상인 것을 말한다.

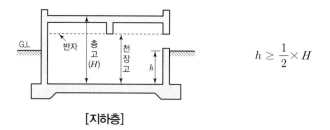

[지하층]

$$h \geq \frac{1}{2} \times H$$

(7) 거실

건축물 안에서 거주 · 집무 · 작업 · 집회 · 오락, 기타 이와 유사한 목적을 위하여 사용되는 방이다.

(8) 발코니

① 건축물의 내부와 외부를 연결하는 완충공간이다.
② 전망 · 휴식 등의 목적으로 건축물 외벽에 접하여 부가적으로 설치되는 공간을 말한다.
③ 필요에 따라 거실 · 침실 · 창고 등 다양한 용도로 사용된다.

(9) 건축

건축물을 신축 · 증축 · 개축 · 재축(再築)하거나 건축물을 이전하는 것이다.

신축	건축물이 없는 대지에 새로 건축물을 축조하는 행위	개축(改築) 또는 재축(再築)하는 것은 제외
	기존건축물이 철거 또는 멸실된 대지에 새로 건축물을 축조하는 행위	
	부속건축물만 있는 대지에 새로 주된 건축물을 축조하는 행위	
증축	기존건축물이 있는 대지에서 건축물의 건축면적 · 연면적 · 층수 또는 높이를 증가시키는 것	
	기존건축물의 일부를 철거(멸실) 후 종전 규모보다 크게 건축물을 축조하는 행위	
	주된 건축물이 있는 대지에 새로 부속건축물을 축조하는 행위	
개축	기존건축물의 전부 또는 일부(내력벽 · 기둥 · 보 · 지붕틀 중 3가지 이상 포함)를 철거하고 그 대지 안에 종전과 동일한 규모의 범위 안에서 건축물을 다시 축조하는 것	
재축	건축물이 천재지변이나 그 밖의 재해(災害)로 멸실된 경우 그 대지에 종전과 같은 규모의 범위에서 다시 축조하는 것	
이전	건축물의 주요 구조부를 해체하지 아니하고 같은 대지의 다른 위치로 옮기는 것	

☘ **부속건축물**
같은 대지에서 주된 건축물과 분리된 부속용도의 건축물로서 주된 건축물을 이용 또는 관리하는 데 필요한 건축물을 말한다.

(10) 주요 구조부

① 내력벽
② 기둥
③ 바닥
④ 보
⑤ 지붕틀
⑥ 주계단

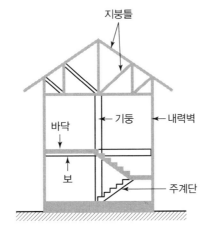

(11) 대수선

건축물의 기둥, 보, 내력벽, 주계단 등의 구조나 외부형태를 수선·변경하거나 증설하는 것으로 증축·개축 또는 재축에 해당하지 않는 것을 말한다.

◆ 대수선(증축·개축 또는 재축에 해당하지 않는 것)

내력벽	증설·해체하거나 벽면적 30m² 이상 수선·변경하는 것
기둥, 보, 지붕틀 (한옥은 지붕틀 범위에서 서까래 제외)	증설·해체하거나 각각 3개 이상 수선·변경하는 것
방화벽, 방화구획을 위한 바닥 또는 벽	증설·해체하거나 수선·변경하는 것
주계단, 피난계단, 특별피난계단	
다가구주택의 가구 간 경계벽 또는 다세대주택의 세대 간 경계벽	
건물 외벽에 사용하는 마감재료	증설 또는 해체하거나 벽면적 30제곱미터 이상 수선 또는 변경하는 것

(12) 리모델링

건축물의 노후화 억제 또는 기능 향상 등을 위하여 대수선 또는 일부를 증축하는 행위이다.

(13) 내화구조 및 방화구조

① 내화구조(건축물의 피난·방화구조 등의 기준에 관한 규칙 제3조) : 화재에 견딜 수 있는 성능을 가진 구조를 말한다.

핵심 문제 33 ◆◆◆

대수선의 범위에 관한 기준으로 옳지 않은 것은? [20년 3회]

① 내력벽을 증설 또는 해체하거나 그 벽면적을 30m² 이상 수선 또는 변경하는 것
② 기둥을 증설 또는 해체하거나 세 개 이상 수선 또는 변경하는 것
③ 보를 증설 또는 해체하거나 두 개 이상 수선 또는 변경하는 것
④ 방화벽 또는 방화구획을 위한 바닥 또는 벽을 증설 또는 해체하거나 수선 또는 변경하는 것

해설

보를 증설 또는 해체하거나 세 개 이상 수선 또는 변경하는 것이 해당된다.

정답 ③

핵심 문제 34 ◆◆◆

건축법령상 다음과 같이 정의되는 용어는? [22년 2회, 23년 4회]

건축물의 노후화를 억제하거나 기능 향상 등을 위하여 대수선하거나 건축물의 일부를 증축 또는 개축하는 행위

① 재축　　　　② 유지보수
③ 리모델링　　④ 리노베이션

정답 ③

구조부분	내화구조의 기준		기준두께
벽 [( ) 안은 외벽 중 비내력벽]	철근 · 철골철근 콘트리트조		10cm(7cm) 이상
	벽돌조		19cm 이상
	철골조의 골구 양면 (단, 바름 바탕을 불 연재료로 하지 않는 것은 제외)	철망모르타르로 덮을 때	4cm(3cm) 이상
		콘크리트블록 · 벽돌 · 석재로 덮을 때	
	철재로 보강된 콘크리트블록조 · 벽돌조 · 석조		5cm(4cm) 이상
	고온 · 고압 증기 양생된 경량기포콘크리트 패널 또는 경량기포콘크리트블록조		10cm 이상
	외벽 중 비내력벽	무근 콘크리트조 · 콘 크리트블록조 · 벽돌조 · 석조	7cm 이상
기둥 (작은 지름이 25cm 이상인 것)	철근 · 철골철근 콘크리트조		두께 무관
	철골 [( ) 안은 경량골재 를 사용한 경우]	철망모르타르를 덮은 것	6cm(5cm) 이상
		콘크리트블록 · 벽돌 · 석재로 덮을 때	7cm 이상
		콘크리트로 덮은 것	5cm 이상
바닥	철근 · 철골철근 콘크리트조		10cm 이상
	철재로 보강된 콘크리트블록조 · 벽돌조 또는 석조로서 철재에 덮은 콘크리트블록 등의 두께		5cm 이상
	철재의 양면에 철망모르타르 또는 콘크리트 로 덮은 것		5cm 이상
보 (지붕틀 포함)	철근 · 철골철근 콘크리트조		두께 무관
	철골 [( ) 안은 경량골재 를 사용한 경우]	철망모르타르를 덮은 것	6cm(5cm) 이상
		콘크리트로 덮은 것	5cm 이상
	철골조의 지붕틀로서 바로 아래에 반자가 없거나 불연재료로 된 반자가 있는 것(바닥으로부터 지붕틀 아랫부분까지의 높이 가 4m 이상인 것에 한함)		
지붕	철근 · 철골철근 콘크리트조		두께 무관
	철재로 보강된 콘크리트블록조 · 벽돌조 · 석조		
	유리블록 · 망입유리로 된 것		

철골조기둥(작은 지름 25cm 이상)이 내
화구조의 기준에 부합하기 위해서 두께를
최소 7cm 이상 보강해야 하는 재료에 해
당하지 않는 것은?
① 콘크리트블록   ② 철망모르타르
③ 벽돌   ④ 석재

해설

철망모르타르의 경우 6cm 이상으로 적용
하여야 한다(단, 경량골재를 사용한 경우
에는 5cm 이상).

정답 ②

구조부분	내화구조의 기준	기준두께
계단	철근 · 철골철근 콘크리트조	두께 무관
	무근 콘크리트조 · 콘크리트블록조 · 벽돌조 · 석조	
	철재로 보강된 콘크리트블록조 · 벽돌조 · 석조	
	철골조	
기타	국토교통부장관이 정하는 것으로서 국토교통부장관이 적합하다고 인정한 것 또는 한국건설기술연구원장이 실시하는 품질시험에서 그 성능이 확인된 것	

② 방화구조(건축물의 피난 · 방화구조 등의 기준에 관한 규칙 제4조) : 화염의 확산을 막을 수 있는 성능을 가진 구조

구조부분	구조기준
철망모르타르	바름두께가 2cm 이상
• 석고판 위에 시멘트모르타르 또는 회반죽을 바른 것 • 시멘트모르타르 위에 타일을 붙인 것	두께의 합계가 2.5cm 이상
심벽에 흙으로 맞벽치기한 것	—
산업표준화법에 따른 한국산업표준에 따라 시험한 결과 방화 2급 이상	—

(14) 건축재료

내수재료(耐水材料)	벽돌 · 자연석 · 인조석 · 콘크리트 · 아스팔트 · 도자기질 재료 · 유리, 기타 이와 유사한 내수성 건축재료
불연재료(不燃材料)	불에 타지 아니하는 성질을 가진 재료
준불연재료	불연재료에 준하는 성질을 가진 재료
난연재료(難燃材料)	불에 잘 타지 아니하는 성능을 가진 재료

(15) 특수구조건축물

① 한쪽 끝은 고정되고 다른 끝은 지지(支持)되지 아니한 구조로 된 보 · 차양 등이 외벽(외벽이 없는 경우에는 외곽 기둥)의 중심선으로부터 3m 이상 돌출된 건축물

② 기둥과 기둥 사이의 거리(기둥의 중심선 사이의 거리, 기둥이 없는 경우에는 내력벽과 내력벽의 중심선 사이의 거리)가 20m 이상인 건축물

③ 특수한 설계 · 시공 · 공법 등이 필요한 건축물

핵심 문제 36 ◆◆◆

건축물의 피난 · 방화구조 등의 기준에 관한 규칙에서 규정한 방화구조에 해당하지 않는 것은?
① 시멘트모르타르 위에 타일을 붙인 것으로서 그 두께의 합계가 2cm인 것
② 철망모르타르로서 그 바름두께가 2.5cm인 것
③ 석고판 위에 시멘트 모르타르를 바른 것으로서 그 두께의 합계가 3cm인 것
④ 심벽에 흙으로 맞벽치기한 것

해설

시멘트모르타르 위에 타일을 붙인 것으로서 그 두께의 합계가 2.5cm 이상이어야 한다.

정답 ①

TIP

관계전문기술자의 협력사항 예시(설비 분야)
• 건축물에 전기, 승강기, 피뢰침, 가스, 급수, 배수(配水), 배수(排水), 환기, 난방, 소화, 배연(排煙) 및 오물처리설비를 설치하는 경우에는 건축사가 해당 건축물의 설계를 총괄하고, 「기술사법」에 따라 등록한 건축전기설비기술사, 발송배전(發送配電)기술사, 건축기계설비기술사, 공조냉동기계기술사 또는 가스기술사가 건축사와 협력하여 해당 건축설비를 설계하여야 한다.
• 건축물에 건축설비를 설치한 경우에는 해당 분야의 기술사가 그 설치상태를 확인한 후 건축주 및 공사감리자에게 건축설비설치확인서를 제출하여야 한다.

(16) 기타 용어

① 관계전문기술자

건축물의 구조·설비 등 건축물과 관련된 전문기술자격을 보유하고 설계 및 공사감리에 참여하여 설계자 및 공사감리자와 협력하는 사람이다.

② 특별건축구역

조화롭고 창의적인 건축물의 건축을 통하여 도시경관의 창출, 건설기술수준 향상 및 건축 관련 제도 개선을 도모하기 위하여 이 법 또는 관계법령에 따라 일부 규정을 적용하지 아니하거나 완화 또는 통합하여 적용할 수 있도록 특별히 지정하는 구역이다.

③ 환기시설물 등 대통령령으로 정하는 구조물

급기(給氣) 및 배기(排氣)를 위한 건축구조물의 개구부(開口部)인 환기구를 말한다.

3) 건축물의 용도 분류

(1) 건축물의 용도

건축물의 종류를 유사한 구조, 이용목적 및 형태별로 묶어 분류한 것을 말한다.

(2) 건축물의 대분류

① 단독주택	② 공동주택
③ 제1종 근린생활시설	④ 제2종 근린생활시설
⑤ 문화 및 집회시설	⑥ 종교시설
⑦ 판매시설	⑧ 운수시설
⑨ 의료시설	⑩ 교육연구시설
⑪ 노유자시설	⑫ 수련시설
⑬ 운동시설	⑭ 업무시설
⑮ 숙박시설	⑯ 위락시설
⑰ 공장	⑱ 창고시설
⑲ 위험물 저장 및 처리시설	⑳ 자동차 관련 시설
㉑ 동물 및 식물 관련 시설	㉒ 자원순환 관련 시설
㉓ 교정시설	㉔ 국방·군사시설
㉕ 방송통신시설	㉖ 발전시설
㉗ 묘지 관련 시설	㉘ 관광휴게시설
㉙ 그 밖에 대통령령으로 정하는 시설	

(3) 용도별 건축물의 종류

① 단독주택

단독주택의 형태를 갖춘 가정어린이집 · 공동생활가정 · 지역아동센터 · 공동육아나눔터 · 작은도서관 및 노인복지시설을 포함한다(노인복지주택은 제외).

구분	요건
단독주택	–
다중주택	• 학생 또는 직장인 등 여러 사람이 장기간 거주할 수 있는 구조로 되어 있는 것 • 독립된 주거의 형태를 갖추지 아니한 것(각 실별로 욕실은 설치할 수 있으나, 취사시설은 설치하지 않은 것) • 연면적 660m² 이하이고 층수가 3층 이하인 것
다가구주택 (공동주택에 해당하지 않는 것)	• 주택으로 쓰는 층수가 3개 층 이하일 것(지하층 제외) • 1개 동의 주택으로 쓰이는 바닥면적의 합계가 660m² 이하인 것(부설주차장 면적은 제외) • 19세대 이하가 거주할 수 있을 것
공관	–

TIP

• 다중주택에서의 바닥면적 산입 시 부설주차장 면적은 제외한다.
• 다가구주택의 세대수 제한인 19세대는 단지 내 동별 세대를 합한 세대수를 말한다.

② 공동주택

공동주택의 형태를 갖춘 가정어린이집 · 공동생활가정 · 지역아동센터 · 공동육아나눔터 · 작은도서관 · 노인복지시설 및 원룸형 주택을 포함한다(노인복지주택은 제외).

공동주택	요건
아파트	주택으로 쓰는 층수가 5개 층 이상인 주택
연립주택	주택으로 쓰는 1개 동의 바닥면적 합계가 660m²를 초과하고, 층수가 4개 층 이하인 주택(2개 이상의 동을 지하주차장으로 연결하는 경우에는 각각의 동으로 본다)
다세대주택	주택으로 쓰는 1개 동의 바닥면적 합계가 660m² 이하이고, 층수가 4개 층 이하인 주택(2개 이상의 동을 지하주차장으로 연결하는 경우에는 각각의 동으로 본다)
기숙사	학교 또는 공장 등의 학생 또는 종업원 등을 위하여 쓰는 것으로서 공동취사 등을 할 수 있는 구조를 갖추되, 독립된 주거의 형태를 갖추지 아니한 것(학생복지주택 포함)

TIP

준다중이용 건축물
다중이용 건축물 외의 건축물로서 다음의 어느 하나에 해당하는 용도로 쓰는 바닥면적의 합계가 1천 제곱미터 이상인 건축물을 말한다.
• 문화 및 집회시설(동물원 및 식물원은 제외), 종교시설, 판매시설
• 운수시설 중 여객용 시설, 의료시설 중 종합병원, 교육연구시설
• 노유자시설, 운동시설, 숙박시설 중 관광숙박시설
• 위락시설, 관광휴게시설, 장례시설

4) 다중이용 건축물

다음의 (1) 또는 (2)의 조건 중 하나 이상에 해당하면, 다중이용 건축물로 간주한다.

(1) 16층 이상 건축물

(2) 다음 용도로 쓰이며 바닥면적의 합계가 5,000m² 이상인 건축물

　　① 문화 및 집회시설(동·식물원 제외)·종교시설
　　② 판매시설·운수시설 중 여객용 시설
　　③ 의료시설 중 종합병원·숙박시설 중 관광숙박시설

5) 기존 건축물의 특례

허가권자는 기존 건축물 및 대지가 법령의 제정·개정이나 기타 사유로 법령 등에 부적합하더라도 다음의 어느 하나에 해당하는 경우에는 건축을 허가할 수 있다.

① 기존 건축물을 재축하는 경우
② 증축하거나 개축하려는 부분이 법령 등에 적합한 경우
③ 기존 건축물의 대지가 도시·군계획시설의 설치 또는 도로법에 따른 도로의 설치로 법 제57조에 따라 해당 지방자치단체가 정하는 면적에 미달되는 경우로서 그 기존 건축물을 연면적 합계의 범위에서 증축하거나 개축하는 경우
④ 기존 건축물이 도시·군계획시설 또는 도로법에 따른 도로의 설치로 법 제55조 또는 법 제56조에 부적합하게 된 경우로서 화장실·계단·승강기의 설치 등 그 건축물의 기능을 유지하기 위하여 그 기존 건축물의 연면적 합계의 범위에서 증축하는 경우
⑤ 법률 제7696호 건축법 일부개정법률 제50조의 개정규정에 따라 최초로 개정한 해당 지방자치단체의 조례 시행일 이전에 건축된 기존 건축물의 건축선 및 인접 대지경계선으로부터의 거리가 그 조례로 정하는 거리에 미달되는 경우로서 그 기존 건축물을 건축 당시의 법령에 위반하지 아니하는 범위에서 증축하는 경우
⑥ 기존 한옥을 개축하는 경우
⑦ 건축물 대지의 전부 또는 일부가 자연재해위험개선지구에 포함되고 사용승인 후 20년이 지난 기존 건축물을 재해로 인한 피해 예방을 위하여 연면적의 합계 범위에서 개축하는 경우

2. 건축물의 구조 및 피난방화 관련 사항

1) 구조내력

(1) 구조안전의 확인

① 건축물은 고정하중, 적재하중(積載荷重), 적설하중(積雪荷重), 풍압(風壓), 지진, 그 밖의 진동 및 충격 등에 대하여 안전한 구조를 가져야 한다.

② 내진능력 공개 대상건축물을 건축하거나 대수선하는 경우 건축물의 설계자는 구조기준 등에 따라 구조의 안전을 확인하여야 한다.

(2) 내진능력 공개 대상 건축물(건축물의 설계자 구조안전 확인이 필요한 건축물)

① 층수가 2층(주요 구조부인 기둥과 보를 설치하는 건축물로서 그 기둥과 보가 목재인 목구조건축물의 경우에는 3층) 이상인 건축물

② 연면적이 200m²(목구조건축물의 경우에는 500m²) 이상인 건축물

③ 높이가 13m 이상인 건축물

④ 처마높이가 9m 이상인 건축물

⑤ 기둥과 기둥 사이의 거리가 10m 이상인 건축물

⑥ 건축물의 용도 및 규모를 고려한 중요도가 높은 건축물로서 국토교통부령으로 정하는 건축물

⑦ 국가적 문화유산으로 보존할 가치가 있는 건축물로서 국토교통부령으로 정하는 것

⑧ 특수구조건축물
　　㉠ 한쪽 끝은 고정되고 다른 끝은 지지(支持)되지 아니한 구조로 된 보·차양 등이 외벽(외벽이 없는 경우에는 외곽기둥)의 중심선으로부터 3m 이상 돌출된 건축물
　　㉡ 기둥과 기둥 사이의 거리(기둥의 중심선 사이의 거리, 기둥이 없는 경우에는 내력벽과 내력벽의 중심선 사이의 거리)가 20m 이상인 건축물

⑨ 단독주택 및 공동주택

(3) 구조안전 확인 생략

① 지진에 대한 안전이 확인된 건축물로서 사용승인서를 받은 후 5년이 지난 건축물을 연면적 1/10 이내의 증축, 1개 층 증축, 일부 개축한 것

② 대수선 중 다음에 해당하는 것
　　㉠ 방화벽 또는 방화구획을 위한 바닥 또는 벽을 증설·해체하거나 수선·변경하는 것
　　㉡ 주계단·피난계단 또는 특별피난계단을 증설·해체하거나 수선·변경하는 것

ⓒ 미관지구에서 건축물의 외부형태(담장을 포함)를 변경하는 것

ⓡ 다가구주택의 가구 간 경계벽 또는 다세대주택의 세대 간 경계벽을 증설·해체하거나 수선·변경하는 것

2) 건축물의 피난시설

(1) 피난규정

대통령령으로 정하는 용도 및 규모의 건축물과 그 대지에는 국토교통부령으로 정하는 바에 따라 복도, 계단, 출입구, 그 밖의 피난시설과 소화전, 저수조, 그 밖의 소화설비 및 대지 안의 피난과 소화에 필요한 통로를 설치하여야 한다.

(2) 피난층

① 직접 지상으로 통하는 출입구가 있는 층

② 초고층건축물의 피난안전구역

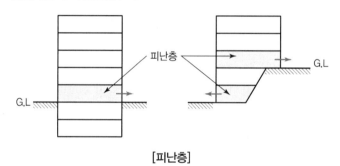

[피난층]

3) 직통계단의 설치

건축물의 피난층 외의 층에서는 피난층 또는 지상으로 통하는 직통계단(경사로를 포함)은 거실의 각 부분으로부터 계단(거실로부터 가장 가까운 거리에 있는 계단)에 이르는 보행거리가 30m 이하가 되도록 설치하여야 한다.

(1) 보행거리에 의한 직통계단 설치

구분	거실 각 부분으로부터 계단에 이르는 보행거리
원칙	30m 이하
주요 구조부가 내화구조나 불연재료인 경우(지하층에 설치한 바닥면적 합계가 300m² 이상인 공연장·집회장·관람장 및 전시장 제외)	50m 이하 (16층 이상 공동주택 : 40m 이하)
자동화 생산시설에 스프링클러 등 자동식 소화설비를 설치한 반도체 및 디스플레이패널을 제조하는 공장	75m 이하 (무인화공장 : 100m 이하)

(2) 직통계단을 2개소 이상 설치하여야 하는 건축물(피난층 이외의 층)

건축물의 용도	해당 부분	바닥면적
• 문화 및 집회시설(전시장 및 동 · 식물원 제외) • 장례식장 • 위락시설 중 주점영업 • 종교시설	그 층의 관람실 또는 집회실의 바닥면적 합계	
• 다중주택 · 다가구주택 • 정신과의원(입원실 있는 경우) • 인터넷컴퓨터게임시설제공업소(바닥면적의 합계 300m² 이상) · 학원 · 독서실, 판매시설, 운수시설(여객용 시설), 의료시설(입원실 없는 치과병원 제외) • 아동관련시설 · 노인복지시설 · 장애인 거주시설(장애인거주시설 중 국토교통부령으로 정하는 시설) 및 장애인 의료재활시설 • 유스호스텔 또는 숙박시설	3층 이상의 층으로서 그 층의 당해 용도로 쓰이는 거실 바닥면적 합계	200m² 이상
지하층	그 층의 거실 바닥면적의 합계	
• 공동주택(층당 4세대 이하는 제외) • 업무시설 중 오피스텔 • 공연장, 종교집회장	그 층의 당해 용도에 쓰이는 거실 바닥면적의 합계	300m² 이상
위의 규정된 용도에 해당하지 않는 용도	3층 이상의 층으로 그 층의 거실 바닥면적의 합계	400m² 이상

4) 고층건축물의 피난 및 안전관리

① 고층건축물에는 대통령령으로 정하는 바에 따라 피난안전구역을 설치하거나 대피공간을 확보한 계단을 설치하여야 한다.

② 피난안전구역 : 건축물의 피난 · 안전을 위하여 건축물 중간층에 설치하는 대피 공간으로 피난층 또는 지상으로 통하는 직통계단과 직접 연결되는 것을 말한다.

초고층건축물	최대 30개 층마다 1개소 이상 설치
준초고층건축물	해당 건축물 전체 층수의 1/2에 해당하는 층으로부터 상하 5개층 이내에 1개소 이상 설치

핵심 문제 38 ◆◆◆

피난층 또는 지상으로 통하는 직통계단을 2개소 이상 설치해야 하는 용도가 아닌 것 은?(단, 피난층 외의 층으로서 해당 용도로 쓰는 바닥면적의 합계가 500m²일 경 우)

① 단독주택 중 다가구주택
② 문화 및 집회시설 중 전시장
③ 제2종 근린생활시설 중 공연장
④ 교육연구시설 중 학원

해설

문화 및 집회시설 중 전시장 및 동 · 식물원 은 피난층 또는 지상으로 통하는 직통계 단을 2개소 이상 설치해야 하는 용도에 해당 되지 않는다.

정답 ②

✿ 준초고층의 건축물
고층건축물 중 초고층건축물이 아닌 것 (층수 30층 이상 50층 미만이거나, 높이 120m 이상 200m 미만인 건축물)

5) 피난계단의 설치

(1) 피난계단 및 특별피난계단의 설치대상

구분	대상	예외
피난계단 또는 특별피난계단	5층 이상의 층으로부터 피난층 또는 지상으로 통하는 직통계단(지하 1층인 건축물의 경우에는 5층 이상의 층으로부터 피난층 또는 지상으로 통하는 직통계단과 직접 연결된 지하 1층의 계단을 포함)	건축물의 주요 구조부가 내화구조 또는 불연재료로 되어 있고 아래 중 하나에 해당하는 경우 • 5층 이상의 바닥면적 합계가 200m² 이하인 경우 • 5층 이상의 바닥면적 200m² 이내마다 방화구획이 되어 있는 경우
	지하 2층 이하의 층으로부터 피난층 또는 지상으로 통하는 직통계단	
	판매시설의 용도에 쓰이는 층으로부터의 직통계단은 1개소 이상을 특별피난계단으로 설치하여야 한다.	
	5층 이상인 층으로서 문화 및 집회시설 중 전시장 또는 동·식물원, 판매시설, 운수시설(여객용 시설만 해당), 운동시설, 위락시설, 관광휴게시설(다중이 이용하는 시설만 해당) 또는 수련시설 중 생활권수련시설의 용도로 쓰는 층에는 직통계단 외에 그 층의 해당 용도로 쓰는 바닥면적의 합계가 2천m²를 넘는 경우에는 그 넘는 2천m² 이내마다 1개소 설치(4층 이하의 층에는 쓰지 아니하는 피난계단 또는 특별피난계단만 해당)	
특별피난계단	11층(공동주택은 16층) 이상의 층으로부터 피난층 또는 지상으로 통하는 직통계단	• 갓복도식 공동주택 • 해당 층의 바닥면적이 400m² 미만인 층
	지하 3층 이하인 층으로부터 피난층 또는 지상으로 통하는 직통계단	

(2) 옥외피난계단 설치

건축물의 3층 이상인 층(피난층 제외)으로서 다음의 어느 하나에 해당하는 용도로 쓰는 층에는 직통계단 외에 그 층으로부터 지상으로 통하는 옥외피난계단을 따로 설치하여야 한다.

① 제1종 근린생활시설 중 공연장(해당 용도로 쓰는 바닥면적의 합계가 300m² 이상), 문화 및 집회시설 중 공연장, 위락시설 중 주점영업의 용도로 쓰는 층으로서 그 층 거실 바닥면적의 합계가 300m² 이상인 것

② 문화 및 집회시설 중 집회장의 용도로 쓰는 층으로서 그 층 거실의 바닥면적의 합계가 1천m² 이상인 것

(3) 피난계단의 구조(건축물의 피난·방화구조 등의 기준에 관한 규칙 제9조)

① 건축물의 내부에 설치하는 피난계단의 구조

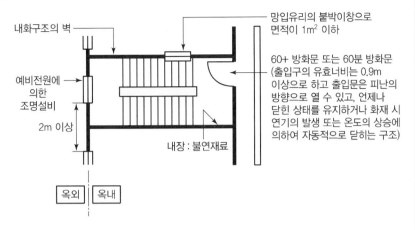

ㄱ 계단실은 창문·출입구, 기타 개구부를 제외한 당해 건축물의 다른 부분과 내화구조의 벽으로 구획할 것

ㄴ 계단실의 실내에 접하는 부분(바닥 및 반자 등 실내에 면한 모든 부분)의 마감(마감을 위한 바탕을 포함)은 불연재료로 할 것

ㄷ 계단실에는 예비전원에 의한 조명설비를 할 것

ㄹ 계단실의 바깥쪽과 접하는 창문 등(망이 들어 있는 유리의 붙박이창으로 그 면적이 각각 1제곱미터 이하인 것을 제외)은 당해 건축물의 다른 부분에 설치하는 창문 등으로부터 2미터 이상의 거리를 두고 설치할 것

ㅁ 건축물의 내부와 접하는 계단실의 창문 등(출입구 제외)은 망이 들어 있는 유리의 붙박이창으로서 그 면적을 각각 1제곱미터 이하로 할 것

ㅂ 건축물의 내부에서 계단실로 통하는 출입구의 유효너비는 0.9미터 이상으로 하고, 그 출입구에는 피난의 방향으로 열 수 있는 것으로서 언제나 닫힌 상태를 유지하거나 화재로 인한 연기, 온도, 불꽃 등을 가장 신속하게 감지하여 자동적으로 닫히는 구조로 된 60+ 방화문 또는 60분 방화문을 설치할 것

ㅅ 계단은 내화구조로 하고 피난층 또는 지상까지 직접 연결되도록 할 것

② 건축물의 바깥쪽에 설치하는 피난계단의 구조

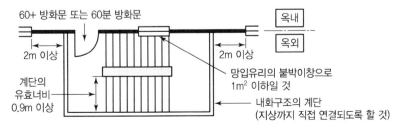

ㄱ 계단은 그 계단으로 통하는 출입구 외의 창문 등(망이 들어 있는 유리의 붙박이창으로 그 면적이 각각 1제곱미터 이하인 것은 제외)으로부터 2미터 이상의 거리를 두고 설치할 것

ㄴ 건축물의 내부에서 계단으로 통하는 출입구에는 60 + 방화문 또는 60분 방화문을 설치할 것

ㄷ 계단의 유효너비는 0.9미터 이상으로 할 것

ㄹ 계단은 내화구조로 하고 지상까지 직접 연결되도록 할 것

(4) 특별피난계단의 구조(건축물의 피난·방화구조 등의 기준에 관한 규칙 제9조)

① 개념도

ㄱ 창문과 부속실이 설치된 경우(면적 1m² 이상으로서 외부로 향해 열 수 있는 창문 포함)

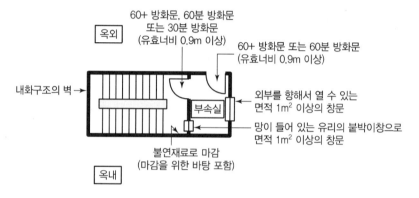

ㄴ 노대가 설치된 경우

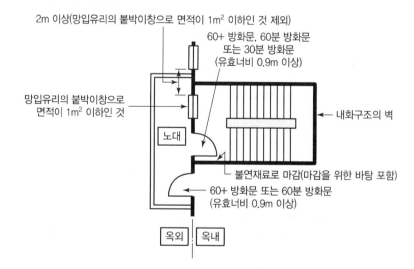

② 적용기준

구분	구조기준
노대 또는 부속실	건축물의 내부와 계단실 연결 • 노대를 통하여 연결(바닥으로부터 1m 이상의 높이에 설치한 것) • 면적 3m² 이상인 부속실을 통하여 연결(외부를 향해 열 수 있는 면적 1m² 이상인 창문 또는 배연설비가 있는 것)
계단실 · 노대 · 부속실의 벽	창문 등을 제외하고는 내화구조의 벽으로 각각 구획할 것(비상용 승강기의 승강장을 겸용하는 부속실을 포함)
계단실 · 부속실의 마감	바닥 및 반자 등 실내에 면한 모든 부분의 마감은 불연 재료로 할 것(마감을 위한 바탕을 포함)
계단실 조명	예비전원에 의한 조명설비를 할 것
외부와 접하는 창문	계단실 · 노대 또는 부속실에 설치하는 건축물의 바깥쪽에 접하는 창문 등은 계단실 · 노대 또는 부속실 외의 당해 건축물의 다른 부분에 설치하는 창문 등으로부터 2m 이상의 거리를 두고 설치할 것(망이 들어 있는 유리의 붙박이창으로서 그 면적이 각각 1m² 이하인 것은 제외)
내부와 접하는 창문 설치 금지	노대 또는 부속실에 접하는 부분 외에는 건축물의 내부와 접하는 창문 등을 설치하지 아니할 것
노대 · 부속실에 접하는 창문	• 계단실의 노대 또는 부속실에 접하는 창문 등은 망이 들어 있는 유리의 붙박이창으로서 그 면적을 각각 1m² 이하로 할 것(출입구 제외) • 노대 및 부속실에는 계단실 외의 건축물의 내부와 접하는 창문 등을 설치하지 아니할 것(출입구 제외)
건축물의 내부에서 노대 또는 부속실로 통하는 출입구	60 + 방화문 또는 60분 방화문을 설치할 것
노대 또는 부속실로부터 계단실로 통하는 출입구	60 + 방화문, 60분 방화문 또는 30분 방화문을 설치할 것(갑종방화문 또는 을종방화문은 언제나 닫힌 상태를 유지하거나 화재로 인한 연기, 온도, 불꽃 등을 가장 신속하게 감지하여 자동적으로 닫히는 구조로 하여야 함)
출입구 유효너비	0.9m 이상(피난의 방향으로 열 수 있을 것)
계단의 구조	내화구조(피난층 또는 지상까지 직접 연결되도록 할 것)

핵심 **문제 41** ◆◆◆

건축물에 설치하는 특별피난계단의 구조에 관한 기준으로 옳지 않은 것은?
① 계단실에는 노대 또는 부속실에 접하는 부분 외에는 건축물의 내부와 접하는 창문 등을 설치하지 아니할 것
② 건축물의 내부에서 노대 또는 부속실로 통하는 출입구에는 30분 방화문을 설치할 것
③ 계단은 내화구조로 하되, 피난층 또는 지상까지 직접 연결되도록 할 것
④ 출입구의 유효너비는 0.9m 이상으로 하고 피난의 방향으로 열 수 있을 것

해설

건축물의 내부에서 노대 또는 부속실로 통하는 출입구에는 갑종방화문(60분 방화문 또는 60 + 방화문)을 설치할 것

정답 ②

(5) 피난계단 또는 특별피난계단의 공통사항

① 피난계단 또는 특별피난계단은 돌음계단으로 하여서는 아니 되며, 옥상광장을 설치하여야 하는 건축물의 피난계단 또는 특별피난계단은 해당 건축물의 옥상으로 통하도록 설치하여야 한다. 이 경우 옥상으로 통하는 출입문은 피난방향으로 열리는 구조로서 피난 시 이용에 장애가 없어야 한다.

② 갓복도식 공동주택은 각 층의 계단실 및 승강기에서 각 세대로 통하는 복도의 한쪽 면이 외기(外氣)에 개방된 구조의 공동주택을 말한다.

6) 계단 · 복도 및 출입구의 설치

연면적 200m²를 초과하는 건축물에 설치하는 계단 및 복도는 국토교통부령으로 정하는 기준에 적합하여야 한다. 또한 국토교통부령으로 정하는 기준에 따라 그 건축물로부터 바깥쪽으로 나가는 출구를 설치하여야 하는 건축물의 출입구도 기준에 적합하여야 한다.

(1) 계단의 설치기준(건축물의 피난 · 방화구조 등의 기준에 관한 규칙 제15조)

계단요소		설치기준
계단참	계단높이 3m 이상	계단높이 3m 이내마다 너비 1.2m 이상의 계단참 설치
난간	계단높이 1m 이상	양옆에 난간 설치(벽 또는 이에 대치되는 것 포함)
중간난간	계단너비 3m 이상	계단 중간에 너비 3m 이내마다 난간 설치(단높이가 15cm 이하이고, 단너비가 30cm 이상인 경우 제외)
계단의 유효높이		2.1m 이상(계단바닥 마감면부터 상부구조체 하부 마감면까지 연직방향 높이)

(2) 용도별 계단치수

용도구분		계단 및 계단참 너비 (옥내계단에 한함)	단너비	단높이
초등학교		150cm 이상	26cm 이상	16cm 이하
중 · 고등학교		150cm 이상	26cm 이상	18cm 이하
• 문화 및 집회시설 : 공연장, 집회장, 관람장 • 판매시설 : 도 · 소매시장, 상점 • 바로 위층의 바닥면적 합계가 200m² 이상, 거실 바닥면적 합계가 100m² 이상인 지하층		120cm 이상	–	–
준초고층건축물	공동주택	120cm 이상	–	–
	공동주택 외	120cm 이상	–	–
기타 계단		60cm 이상	–	–

(3) 계단을 대체하여 설치하는 경사로기준

① 경사도는 1 : 8을 넘지 아니할 것

② 표면을 거친 면으로 하거나 미끄러지지 아니하는 재료로 마감할 것

③ 경사로의 직선 및 굴절 부분의 유효너비는 「장애인ㆍ노인ㆍ임산부 등의 편의증진 보장에 관한 법률」이 정하는 기준에 적합할 것

④ 난간, 참, 유효높이는 계단기준을 준용한다.

(4) 공동주택 등의 난간, 바닥 마감 등

① 공동주택(기숙사는 제외)ㆍ제1종 근린생활시설ㆍ제2종 근린생활시설ㆍ문화 및 집회시설ㆍ종교시설ㆍ판매시설ㆍ운수시설ㆍ의료시설ㆍ노유자시설ㆍ업무시설ㆍ숙박시설ㆍ위락시설 또는 관광휴게시설의 용도에 쓰이는 건축물의 주계단ㆍ피난계단 또는 특별피난계단에 설치하는 난간 및 바닥은 아동의 이용에 안전하고 노약자 및 신체장애인의 이용에 편리한 구조로 하여야 하며, 양쪽에 벽 등이 있어 난간이 없는 경우에는 손잡이를 설치하여야 한다.

② 난간ㆍ벽 등의 손잡이와 바닥 마감기준

㉠ 손잡이는 최대지름이 3.2cm 이상 3.8cm 이하인 원형 또는 타원형의 단면으로 할 것

㉡ 손잡이는 벽 등으로부터 5cm 이상 떨어지도록 하고, 계단으로부터의 높이는 85cm가 되도록 할 것

㉢ 계단이 끝나는 수평부분에서의 손잡이는 바깥쪽으로 30cm 이상 나오도록 설치할 것

③ 피난층 또는 지상으로 통하는 직통계단을 설치하는 경우 계단 및 계단참의 너비

㉠ 공동주택 : 120cm 이상

㉡ 공동주택이 아닌 건축물 : 150cm 이상

④ 계단기준 적용 예외 : 승강기 기계실용 계단, 망루용 계단 등 특수한 용도에만 쓰이는 계단

핵심 문제 43 ◆◆◆

학교의 바깥쪽에 이르는 출입구에 계단을 대체하여 경사로를 설치하고자 한다. 필요한 경사로의 최소수평길이는?(단, 경사로는 직선으로 되어 있으며 1층의 바닥 높이는 지상보다 50cm 높다)

① 2m　　　　② 3m
③ 4m　　　　④ 5m

해설

경사로의 기울기는 1 : 8을 넘지 말아야 하므로, 높이차가 0.5m(50cm)일 경우 수평거리는 0.5m × 8 = 4m 이상이어야 한다.

정답 ③

핵심 문제 44 ◆◆◆

종교시설인 건축물의 주계단ㆍ피난계단 또는 특별피난계단에서 난간이 없는 경우에 손잡이를 설치하고자 할 때 손잡이는 벽 등으로부터 최소 얼마 이상 떨어져 설치해야 하는가?　　[18년 2회]

① 3cm　　　　② 5cm
③ 8cm　　　　④ 10cm

해설

공동주택 등 난간ㆍ벽 등의 손잡이와 바닥 마감기준

• 손잡이는 최대지름이 3.2cm 이상 3.8cm 이하인 원형 또는 타원형의 단면으로 할 것

• 손잡이는 벽 등으로부터 5cm 이상 떨어지도록 하고, 계단으로부터의 높이는 85cm가 되도록 할 것

• 계단이 끝나는 수평부분에서의 손잡이는 바깥쪽으로 30cm 이상 나오도록 설치할 것

정답 ②

7) 복도의 너비 및 설치기준(건축물의 피난 · 방화구조 등의 기준에 관한 규칙 제15조의2)

(1) 복도의 유효너비

① 용도별 복도의 유효너비

용도구분	양옆에 거실이 있는 복도	기타의 복도
유치원, 초등학교, 중 · 고등학교	2.4m 이상	1.8m 이상
공동주택 · 오피스텔	1.8m 이상	1.2m 이상
당해 층 거실의 바닥면적의 합계가 200m² 이상인 경우	1.5m 이상(의료시설의 복도는 1.8m 이상)	1.2m 이상

② 당해 층 바닥면적에 따른 복도의 유효너비

용도구분	당해 층 바닥면적의 합계	복도의 유효너비
공연장 · 집회장 · 관람장 · 전시장, 종교집회장, 아동 관련 시설 · 노인복지시설, 생활권수련시설, 유흥주점, 장례식장의 관람실 또는 집회실과 접하는 복도	500m² 미만	1.5m 이상
	500m² 이상 1,000m² 미만	1.8m 이상
	1,000m² 이상	2.4m 이상

(2) 문화 및 집회시설 중 공연장에 설치하는 복도의 설치기준

관람실	바닥면적	설치위치
공연장 개별 관람실	300m² 이상	양측 및 뒤쪽에 각각 복도 설치
하나의 층에 관람실을 2개소 이상 연속하여 설치하는 경우	300m² 미만	전후방에 복도 설치

8) 관람실 등으로부터의 출구 설치(건축물의 피난 · 방화구조 등의 기준에 관한 규칙 제10조)

건축물의 관람실 또는 집회실로부터 바깥쪽으로의 출구로 쓰이는 문은 안여닫이로 하여서는 아니 된다.

(1) 설치대상

① 제2종 근린생활시설 중 공연장 · 종교집회장(해당 용도로 쓰는 바닥면적의 합계가 각각 300m² 이상)
② 문화 및 집회시설(전시장 및 동 · 식물원은 제외)
③ 종교시설, 위락시설, 장례시설

(2) 공연장 개별 관람실의 출구 설치기준(바닥면적 300m² 이상인 것에 한함)

① 관람실별로 2개소 이상 설치할 것

② 각 출구의 유효너비는 1.5m 이상일 것

③ 개별 관람실 출구의 유효너비의 합계

개별 관람실의 규모	출구 설치기준	
바닥면적 300m² 이상	개수	2개소 이상
	유효너비	최소 1.5m 이상
	유효너비의 합계	$\dfrac{개별\ 관람실의\ 바닥면적(m^2)}{100m^2} \times 0.6m$ 이상

9) 건축물의 바깥쪽으로의 출구 설치(건축물의 피난·방화구조 등의 기준에 관한 규칙 제11조)

(1) 출구의 설치대상

① 제2종 근린생활시설 중 공연장·종교집회장·인터넷컴퓨터게임시설제공업소(해당 용도로 쓰는 바닥면적의 합계가 각각 300m² 이상)

② 문화 및 집회시설(전시장 및 동·식물원은 제외)

③ 종교시설

④ 판매시설

⑤ 업무시설 중 국가 또는 지방자치단체의 청사

⑥ 위락시설

⑦ 연면적이 5천m² 이상인 창고시설

⑧ 교육연구시설 중 학교

⑨ 장례시설

⑩ 승강기를 설치하여야 하는 건축물

(2) 출구에 이르는 보행거리

① 건축물의 바깥쪽으로 나가는 출구를 설치하는 경우 피난층의 계단으로부터 건축물의 바깥쪽으로의 출구에 이르는 보행거리(가장 가까운 출구와의 보행거리)는 직통계단의 규정에 의한 거리 이하로 한다.

② 거실(피난에 지장이 없는 출입구가 있는 것을 제외)의 각 부분으로부터 건축물의 바깥쪽으로의 출구에 이르는 보행거리는 직통계단의 규정에 의한 거리의 2배 이하로 하여야 한다.

핵심 문제 46 ◆◆◆

문화 및 집회시설 중 공연장의 개별 관람실 바닥면적이 550m²인 경우 관람실의 최소출구개수는?(단, 각 출구의 유효너비는 1.5m로 한다)

① 2개소   ② 3개소
③ 4개소   ④ 5개소

해설

출구의 총유효너비 $= \dfrac{550}{100} \times 0.6 = 3.3m$

최소출구개수 $= \dfrac{3.3}{1.5} = 2.2 ≒ 3$

∴ 3개소

정답 ②

핵심 문제 47 ◆◆◆

문화 및 집회시설 중 공연장의 개별 관람실의 출구 설치기준에 관한 내용으로 틀린 것은?(단, 관람실의 바닥면적은 300m²이다) [21년 1회, 23년 4회]

① 관람실로부터 바깥쪽으로의 출구로 쓰이는 문은 안여닫이로 하여서는 안 된다.

② 관람실별로 2개소 이상 설치한다.

③ 각 출구의 유효너비는 1.5m 이상으로 한다.

④ 개별 관람실 출구의 유효너비의 합계는 최소 1.5m 이상으로 한다.

해설

관람실의 바닥면적이 300m²일 경우 개별 관람실 출구의 유효너비의 합계는 다음과 같다.

$\dfrac{300m^2}{100m^2} \times 0.6m = 1.8m$ 이상

정답 ④

핵심 문제 48 ◆◆◆

건축물의 피난시설과 관련하여 건축물 바깥쪽으로 나가는 출구를 설치하는 경우 관람실의 바닥면적의 합계가 300m² 이상인 집회장 또는 공연장에 있어서는 주된 출구 외에 보조출구 또는 비상구를 몇 개소 이상 설치하여야 하는가?

① 1개소 이상   ② 2개소 이상
③ 3개소 이상   ④ 4개소 이상

해설

보조출구와 비상구의 설치

건축물의 바깥쪽으로 나가는 출구를 설치하는 경우 관람실의 바닥면적의 합계가 300m² 이상인 집회장 및 공연장에 있어서는 주된 출구 외에 보조출구 또는 비상구를 2개 이상 설치하여야 한다.

정답 ②

핵심 문제 49 ◆◆◆

건축물의 바깥쪽으로의 출구로 쓰이는 문을 안여닫이로 하여서는 안 되는 건축물에 속하지 않는 것은? [20년 3회]
① 장례시설
② 종교시설
③ 문화 및 집회시설 중 전시장
④ 문화 및 집회시설 중 공연장

해설

문화 및 집회시설 중 전시장 및 동·식물원은 안여닫이로 해서는 안 되는 건축물에서 제외한다.

정답 ③

(3) 출구문의 방향

건축물의 바깥쪽으로 나가는 출구를 설치하는 건축물 중 문화 및 집회시설(전시장 및 동·식물원을 제외), 종교시설, 장례시설 또는 위락시설의 용도에 쓰이는 건축물의 바깥쪽으로의 출구로 쓰이는 문은 안여닫이로 하여서는 아니 된다.

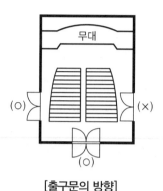

[출구문의 방향]

(4) 보조출구와 비상구의 설치

건축물의 바깥쪽으로 나가는 출구를 설치하는 경우 관람실의 바닥면적의 합계가 300m² 이상인 집회장 및 공연장에 있어서는 주된 출구 외에 보조출구 또는 비상구를 2개 이상 설치하여야 한다.

핵심 문제 50 ◆◆◆

판매시설에서 판매시설의 용도에 쓰이는 피난층에 설치하는 건축물 바깥쪽으로의 출구의 유효너비 합계는 얼마인가?(단, 바닥면적이 최대인 층에 있어서의 해당 용도의 바닥면적이 7,000m²인 경우) [19년 1회]

① 30m　　② 42m
③ 48m　　④ 50m

해설

출구의 총유효너비 $= \dfrac{7,000}{100} \times 0.6$

$= 42m$

정답 ②

10) 판매시설(도매시장·소매시장 및 상점)의 피난층에 설치하는 출구 유효폭

피난층에 설치하는 건축물 바깥쪽으로의 출구는 당해 용도로 쓰이는 바닥면적이 최대인 층의 바닥면적 100m²마다 0.6m의 비율로 산정한 너비 이상으로 한다.

$$출구 유효폭 = \left[\frac{당해\ 용도\ 최대층의\ 바닥면적\,(m^2)}{100m^2} \right] \times 0.6m\,(이상)$$

11) 경사로 설치

① 다음의 어느 하나에 해당하는 건축물의 피난층 또는 피난층의 승강장으로부터 건축물의 바깥쪽에 이르는 통로에는 경사로를 설치하여야 한다.

ⓐ 제1종 근린생활시설 중 지역자치센터·파출소·지구대·소방서·우체국·방송국·보건소·공공도서관·지역건강보험조합, 기타 이와 유사한 것으로서 동일한 건축물 안에서 당해 용도에 쓰이는 바닥면적의 합계가 1천m² 미만인 것

ⓑ 제1종 근린생활시설 중 마을회관·마을공동작업소·마을공동구판장·변전소·양수장·정수장·대피소·공중화장실, 기타 이와 유사한 것

ⓒ 연면적이 5천m² 이상인 판매시설, 운수시설

ⓔ 교육연구시설 중 학교

ⓜ 업무시설 중 국가 또는 지방자치단체의 청사와 외국공관의 건축물로서 제1종 근린생활시설에 해당하지 아니하는 것

ⓗ 승강기를 설치하여야 하는 건축물

② 경사로는 1 : 8을 넘지 아니하며 표면을 거친 면으로 하거나, 미끄러지지 아니하는 재료로 마감할 것

12) 안전유리

건축물의 바깥쪽으로 나가는 출입문에 유리를 사용하는 경우에는 안전유리를 사용하여야 한다.

13) 회전문 설치기준(건축물의 피난·방화구조 등의 기준에 관한 규칙 제12조)

① 계단이나 에스컬레이터로부터 2m 이상의 거리를 둘 것

② 회전문과 문틀 사이 및 바닥 사이는 다음에서 정하는 간격을 확보하고 틈 사이를 고무와 고무펠트의 조합체 등을 사용하여 신체나 물건 등에 손상이 없도록 할 것

ⓐ 회전문과 문틀 사이는 5cm 이상

ⓑ 회전문과 바닥 사이는 3cm 이하

③ 출입에 지장이 없도록 일정한 방향으로 회전하는 구조로 할 것

④ 회전문의 중심축에서 회전문과 문틀 사이의 간격을 포함한 회전문 날개 끝부분까지의 길이는 140cm 이상이 되도록 할 것

⑤ 회전문의 회전속도는 분당 회전수가 8회를 넘지 아니하도록 할 것

⑥ 자동회전문은 충격이 가하여지거나 사용자가 위험한 위치에 있는 경우에는 전자감지장치 등을 사용하여 정지하는 구조로 할 것

14) 옥상광장 등의 설치

(1) 난간

① 설치위치 : 옥상광장, 2층 이상인 층에 있는 노대(露臺), 그 밖에 이와 비슷한 것의 주위

② 높이 : 1.2m 이상(노대 등에 출입할 수 없는 구조인 경우 제외)

(2) 옥상광장 설치대상

5층 이상의 층이 다음 용도의 시설에는 피난용도로 쓸 수 있는 광장을 옥상에 설치하여야 한다.

핵심 문제 51 ◆◆◆

건축물의 피난층 또는 피난층의 승강장으로부터 건축물의 바깥쪽에 이르는 통로에 경사로를 설치하여야 하는 건축물이 아닌 것은? [18년 4회]
① 승강기를 설치하여야 하는 건축물
② 교육연구시설 중 학교
③ 연면적 3,000m²인 판매시설
④ 제1종 근린생활시설 중 마을회관

해설

판매시설의 경우 연면적이 5,000m² 이상인 경우 건축물의 피난층 또는 피난층의 승강장으로부터 건축물의 바깥쪽에 이르는 통로에 경사로를 설치하여야 한다.

정답 ③

핵심 문제 52 ◆◆◆

건축물의 출입구에 설치하는 회전문은 계단이나 에스컬레이터로부터 최소 얼마 이상의 거리를 두어야 하는가?
① 2m 이상   ② 3m 이상
③ 4m 이상   ④ 5m 이상

정답 ①

핵심 문제 53 ◆◆◆

옥상광장 또는 2층 이상인 층에 있는 노대의 주위에 설치하여야 하는 난간의 최소 높이 기준은? [21년 2회]
① 1.0m 이상   ② 1.1m 이상
③ 1.2m 이상   ④ 1.5m 이상

해설

옥상광장 또는 2층 이상인 층에 있는 노대 주위의 난간은 노대 등에 출입할 수 없는 경우를 제외하고 높이 1.2m 이상으로 설치하여야 한다.

정답 ③

① 제2종 근린생활시설 중 공연장·종교집회장·인터넷컴퓨터게임시설제공업소(해당 용도로 쓰는 바닥면적의 합계가 각각 300m² 이상)

② 문화 및 집회시설(전시장 및 동·식물원은 제외)

③ 종교시설

④ 판매시설

⑤ 위락시설 중 주점영업

⑥ 장례시설

핵심 문제 54 ● ● ●

다음 중 헬리포트의 설치기준으로 틀린 것은?

[20년 1·2회, 23년 4회, 24년 2·3회]

① 헬리포트의 길이와 너비는 각각 22m 이상으로 할 것

② 헬리포트의 중앙부분에는 지름 8m의 Ⓗ표지를 백색으로 설치할 것

③ 헬리포트의 주위한계선은 노란색으로 하되, 그 선의 너비는 48cm로 할 것

④ 헬리포트의 중심으로부터 반경 1m 이내에는 헬리콥터의 이착륙에 장애가 되는 장애물, 공작물 또는 난간 등을 설치하지 아니할 것

해설

헬리포트의 주위한계선은 너비 38cm의 백색선으로 한다.

정답 ③

(3) 헬리포트 설치기준

① 기준 : 11층 이상 건축물로서 11층 이상 층의 바닥면적 합계가 1만m² 이상인 옥상을 평지붕으로 하는 경우 헬리포트를 설치하거나 헬리콥터를 통하여 인명 등을 구조할 수 있는 공간을 설치

② 크기 : 22m × 22m(15m × 15m까지 축소 가능)

③ 중심반경 12m 이내 장애물 설치 금지(건축물, 공작물, 조경시설 또는 난간 등)

④ 헬리포트 주위한계선 : 너비 38cm의 백색선

⑤ 헬리포트 중앙부분 "Ⓗ" 표지

ㄱ 지름 8m 백색선

ㄴ 'H' 표지의 선의 너비는 38cm

ㄷ '○' 표지의 선의 너비는 60cm

⑥ 헬리콥터를 통하여 인명 등을 구조할 수 있는 공간을 설치하는 경우에는 직경 10m 이상의 구조공간을 확보

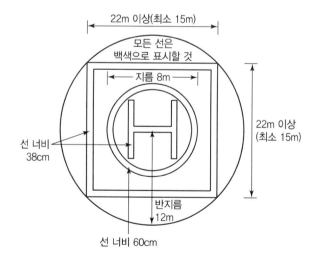

(4) (건물을 경사지붕으로 할 경우) 경사지붕의 대피공간 설치기준

① 기준 : 11층 이상 건축물로서 11층 이상 층의 바닥면적 합계가 1만㎡ 이상의 경사지붕 아래에는 대피공간을 설치할 것

② 대피공간의 면적은 지붕 수평투영면적의 1/10 이상으로 할 것

③ 특별피난계단 또는 피난계단과 연결되도록 할 것

④ 출입구·창문을 제외한 부분은 해당 건축물의 다른 부분과 내화구조의 바닥 및 벽으로 구획할 것

⑤ 출입구는 유효너비 0.9m 이상으로 하고, 그 출입구에는 60+ 방화문 또는 60분 방화문을 설치할 것

⑥ ⑤의 방화문에 비상문자동개폐장치를 설치할 것

⑦ 내부마감재료는 불연재료로 할 것

⑧ 예비전원으로 작동하는 조명설비를 설치할 것

⑨ 관리사무소 등과 긴급 연락이 가능한 통신시설을 설치할 것

15) 복합건축물의 피난시설(건축물의 피난·방화구조 등의 기준에 관한 규칙 제14조의2)

같은 건축물 안에 공동주택·의료시설·아동관련시설 또는 노인복지시설 중 하나 이상과 위락시설·위험물저장 및 처리시설·공장 또는 자동차정비공장 중 하나 이상을 함께 설치하고자 하는 경우에는 다음의 기준에 적합하여야 한다.

① 공동주택 등의 출입구와 위락시설 등의 출입구는 서로 그 보행거리가 30미터 이상이 되도록 설치할 것

② 공동주택 등(당해 공동주택 등에 출입하는 통로를 포함)과 위락시설 등(당해 위락시설 등에 출입하는 통로를 포함)은 내화구조로 된 바닥 및 벽으로 구획하여 서로 차단할 것

③ 공동주택 등과 위락시설 등은 서로 이웃하지 아니하도록 배치할 것

④ 건축물의 주요 구조부를 내화구조로 할 것

⑤ 거실의 벽 및 반자가 실내에 면하는 부분(반자돌림대·창대, 그 밖에 이와 유사한 것을 제외)의 마감은 불연재료·준불연재료 또는 난연재료로 하고, 그 거실로부터 지상으로 통하는 주된 복도·계단, 그 밖에 통로의 벽 및 반자가 실내에 면하는 부분의 마감은 불연재료 또는 준불연재료로 할 것

핵심 문제 55 ◆◆◆

건축법령의 관련규정에 의하여 설치하는 거실의 반자는 그 높이를 최소 얼마 이상으로 하여야 하는가?

① 2.1m   ② 2.3m
③ 2.6m   ④ 2.7m

정답 ①

핵심 문제 56 ◆◆◆

문화 및 집회시설(전시장 및 동ㆍ식물원 제외)의 용도로 쓰이는 건축물의 관람실 또는 집회실의 반자의 높이는 최소 얼마 이상이어야 하는가?(단, 관람실 또는 집회실로서 그 바닥면적이 200m² 이상인 경우)

[18년 4회, 22년 4회, 24년 3회]

① 2.1m   ② 2.3m
③ 3m   ④ 4m

정답 ④

핵심 문제 57 ◆◆◆

건축물에서 자연채광을 위하여 거실에 설치하는 창문 등의 면적은 얼마 이상으로 하여야 하는가? [20년 3회]

① 거실 바닥면적의 5분의 1
② 거실 바닥면적의 10분의 1
③ 거실 바닥면적의 15분의 1
④ 거실 바닥면적의 20분의 1

해설

거실의 자연채광을 위한 창문 등의 면적은 거실 바닥면적의 1/10 이상이 필요하다.

정답 ②

16) 거실에 관한 규정

(1) 건축물 거실의 반자높이(반자가 없는 경우에는 보 또는 바로 위층의 바닥판의 밑면)

원칙		2.1m 이상
• 문화 및 집회시설(전시장 및 동ㆍ식물원 제외) • 장례식장 • 유흥주점 ※ 단, 기계적인 환기장치가 되어 있는 경우 제외	바닥면적의 합계가 200m² 이상인 관람실 또는 집회실	4m 이상
	노대 아랫부분의 높이	2.7m 이상
• 공장 • 창고시설 • 위험물 저장 및 처리시설	• 동ㆍ식물 관련 시설 • 자원순환 관련 시설 • 묘지 관련 시설	제외

(2) 거실의 채광 및 환기

① 거실의 채광 및 환기 기준(건축물의 피난ㆍ방화구조 등의 기준에 관한 규칙 제17조)

채광 및 환기 시설의 적용대상	창문 등의 면적		제외
• 주택(단독, 공동)의 거실 • 학교의 교실 • 의료시설의 병실 • 숙박시설의 객실	채광시설	거실 바닥면적의 1/10 이상	기준조도 이상의 조명장치 설치 시
	환기시설	거실 바닥면적의 1/20 이상	기계환기장치 및 중앙관리방식의 공기조화설비 설치 시

② 거실용도에 따른 조도기준(건축물의 피난ㆍ방화구조 등의 기준에 관한 규칙 [별표 1의3])

거실의 용도구분	조도구분	바닥에서 85cm의 높이에 있는 수평면의 조도(lx)
1. 거주	독서ㆍ식사ㆍ조리	150
	기타	70
2. 집무	설계ㆍ제도ㆍ계산	700
	일반사무	300
	기타	150
3. 작업	검사ㆍ시험ㆍ정밀검사ㆍ수술	700
	일반작업ㆍ제조ㆍ판매	300
	포장ㆍ세척	150
	기타	70
4. 집회	회의	300
	집회	150
	공연ㆍ관람	70

거실의 용도구분	조도구분	바닥에서 85cm의 높이에 있는 수평면의 조도(lx)
5. 오락	오락 일반	150
	기타	30
6. 기타		1란 내지 5란 중 가장 유사한 용도에 관한 기준을 적용한다.

③ 오피스텔에 거실 바닥으로부터 높이 1.2m 이하 부분에 여닫을 수 있는 창문을 설치하는 경우에는 국토교통부령으로 정하는 기준에 따라 추락 방지를 위한 안전시설을 설치하여야 한다.

④ 11층 이하의 건축물에는 국토교통부령으로 정하는 기준에 따라 소방관이 진입할 수 있는 곳을 정하여 외부에서 주·야간 식별할 수 있는 표시를 하여야 한다.

(3) 거실의 방습

① 방습 조치대상
   ㉠ 건축물의 최하층에 있는 거실(바닥이 목조인 경우만 해당)
   ㉡ 제1종 근린생활시설 중 목욕장의 욕실과 휴게음식점 및 제과점의 조리장
   ㉢ 제2종 근린생활시설 중 일반음식점, 휴게음식점 및 제과점의 조리장과 숙박시설의 욕실

② 최하층에 있는 거실바닥의 높이
   건축물의 최하층에 있는 거실바닥의 높이는 지표면으로부터 45cm 이상으로 하여야 한다. 다만, 지표면을 콘크리트바닥으로 설치하는 등 방습을 위한 조치를 하는 경우에는 그러하지 아니하다.

③ 바닥과 그 바닥으로부터 높이 1m까지의 안벽의 마감(내수재료)
   ㉠ 제1종 근린생활시설 중 목욕장의 욕실과 휴게음식점의 조리장
   ㉡ 제2종 근린생활시설 중 일반음식점 및 휴게음식점의 조리장과 숙박시설의 욕실

17) 방화구획(건축물의 피난·방화구조 등의 기준에 관한 규칙 제14조)

(1) 방화구획방법

① 주요 구조부가 내화구조 또는 불연재료로 된 건축물로 연면적이 1,000m²가 넘는 것은 다음과 같이 내화구조의 바닥, 벽 및 방화문(자동셔터 포함)으로 구획하여야 한다.

핵심 문제 58 ◆◆◆

거실의 채광 및 환기를 위한 창문 등이나 설비에 관한 기준 내용으로 옳은 것은? (단, 바닥에서 85cm 높이에 있는 수평면의 조도) [24년 3회]

① 채광을 위하여 거실에 설치하는 창문 등의 면적은 그 거실의 바닥면적의 20분의 1 이상이어야 한다.
② 환기를 위하여 거실에 설치하는 창문 등의 면적은 그 거실의 바닥면적의 10분의 1 이상이어야 한다.
③ 오피스텔에 거실 바닥으로부터 높이 1.2m 이하 부분에 여닫을 수 있는 창문을 설치하는 경우에는 높이 1.0m 이상의 난간이나 이와 유사한 추락 방지를 위한 안전시설을 설치하여야 한다.
④ 수시로 개방할 수 있는 미닫이로 구획된 2개의 거실은 1개의 거실로 본다.

해설
① 채광을 위하여 거실에 설치하는 창문 등의 면적은 그 거실의 바닥면적의 10분의 1 이상이어야 한다.
② 환기를 위하여 거실에 설치하는 창문 등의 면적은 그 거실의 바닥면적의 20분의 1 이상이어야 한다.
③ 오피스텔에 거실 바닥으로부터 높이 1.2m 이하 부분에 여닫을 수 있는 창문을 설치하는 경우에는 높이 1.2m 이상의 난간이나 이와 유사한 추락 방지를 위한 안전시설을 설치하여야 한다.

정답 ④

핵심 문제 59 ◆◆◆

건축물의 피난·방화구조 등의 기준에 관한 규칙상 거실의 용도에 따른 조도기준이 높은 것에서 낮은 순서대로 옳게 배열된 것은?(단, 바닥에서 85cm 높이에 있는 수평면의 조도) [18년 4회]

① 독서＞관람＞설계＞일반사무
② 독서＞설계＞관람＞일반사무
③ 설계＞일반사무＞독서＞관람
④ 설계＞독서＞관람＞일반사무

해설
설계(700lx) ＞ 일반사무(300lx) ＞ 독서(150lx) ＞ 관람(70lx)

정답 ③

규모		구획기준
3층 이상의 층 및 지하층		층마다 구획(지하 1층에서 지상으로 직접 연결하는 경사로 부위는 제외)
10층 이하		바닥면적 1,000m² 이내마다 구획(3,000m²)
11층 이상	실내마감이 불연재료로 된 경우	바닥면적 500m²마다 구획(1,500m²)
	실내마감이 불연재료로 되지 않은 경우	바닥면적 200m²마다 구획(600m²)

단, 스프링클러 등 자동식 소화설비가 되어 있는 경우 3배까지 함["( )" 괄호 부분]

② 건축물의 일부가 문화 및 집회시설, 의료시설, 공동주택 등으로 주요 구조부를 내화(耐火)구조로 하여야 하는 건축물에 해당하는 경우에는 그 부분과 다른 부분을 방화구획으로 구획하여야 한다.

(2) 방화구획의 완화

다음의 어느 하나에 해당하는 건축물의 부분에는 방화구획을 설치하지 아니하거나 그 사용에 지장이 없는 범위에서 완화하여 적용할 수 있다.

① 문화 및 집회시설(동·식물원은 제외), 종교시설, 운동시설 또는 장례시설의 용도로 쓰는 거실로서 시선 및 활동공간의 확보를 위하여 불가피한 부분

② 물품의 제조·가공·보관 및 운반 등에 필요한 고정식 대형기기 설비의 설치를 위하여 불가피한 부분. 다만, 지하층인 경우에는 지하층의 외벽 한쪽면(지하층의 바닥면에서 지상층 바닥 아랫면까지의 외벽면적 중 4분의 1 이상이 되는 면) 전체가 건물 밖으로 개방되어 보행과 자동차의 진입·출입이 가능한 경우에 한정한다.

③ 계단실부분·복도 또는 승강기의 승강로 부분(해당 승강기의 승강을 위한 승강로 비 부분을 포함)으로서 그 건축물의 다른 부분과 방화구획으로 구획된 부분

④ 건축물의 최상층 또는 피난층으로서 대규모 회의장·강당·스카이라운지·로비 또는 피난안전구역 등의 용도로 쓰는 부분으로서 그 용도로 사용하기 위하여 불가피한 부분

⑤ 복층형 공동주택의 세대별 층간 바닥 부분

⑥ 주요 구조부가 내화구조 또는 불연재료로 된 주차장

⑦ 단독주택, 동물 및 식물 관련시설 또는 교정 및 군사시설 중 군사시설(집회, 체육, 창고 등의 용도로 사용되는 시설만 해당)로 쓰는 건축물

제2종 근린생활시설 중 일반음식점 및 휴게음식점의 조리장의 안벽은 바닥으로부터 얼마의 높이까지 내수재료로 마감하여야 하는가?

① 0.3m ② 0.5m
③ 1m ④ 1.2m

해설

거실 등의 방습(건축물의 피난·방화구조 등의 기준에 관한 규칙 제18조)
다음에 어느 하나에 해당하는 욕실 또는 조리장의 바닥과 그 바닥으로부터 높이 1미터까지의 안벽의 마감은 이를 내수재료로 하여야 한다.
• 제1종 근린생활시설 중 목욕장의 욕실과 휴게음식점의 조리장
• 제2종 근린생활시설 중 일반음식점 및 휴게음식점의 조리장과 숙박시설의 욕실

정답 ③

바닥으로부터 높이 1m까지 안벽의 마감을 내수재료로 하여야 하는 대상이 아닌 것은?
[20년 1·2회]

① 제1종 근린생활시설 중 치과의원의 치료실
② 제2종 근린생활시설 중 휴게음식점의 조리장
③ 제1종 근린생활시설 중 목욕장의 욕실
④ 제2종 근린생활시설 중 일반음식점의 조리장

해설

바닥과 그 바닥으로부터 높이 1m까지의 안벽의 마감을 내수재료로 하여야 하는 대상
• 제1종 근린생활시설 중 목욕장의 욕실과 휴게음식점의 조리장
• 제2종 근린생활시설 중 일반음식점 및 휴게음식점의 조리장과 숙박시설의 욕실

정답 ①

방화구획의 설치기준으로 옳지 않은 것은?

① 10층 이하의 층은 바닥면적 1,000m² 이내마다 구획할 것
② 10층 이하의 층은 스프링클러, 기타 이와 유사한 자동식 소화설비를 설치한 경우에는 바닥면적 3,000m² 이내마다 구획할 것
③ 지하층은 바닥면적 200m² 이내마다 구획할 것
④ 11층 이상의 층은 바닥면적 200m² 이내마다 구획할 것

해설

3층 이상의 층과 지하층은 층마다 구획한다.

정답 ③

---

(3) 방화문

① 60＋ 방화문 또는 60분 방화문

ㄱ 60＋ 방화문 : 연기 및 불꽃을 차단할 수 있는 시간이 60분 이상이고, 열을 차단할 수 있는 시간이 30분 이상인 방화문

ㄴ 60분 방화문 : 연기 및 불꽃을 차단할 수 있는 시간이 60분 이상인 방화문

② 30분 방화문 : 연기 및 불꽃을 차단할 수 있는 시간이 30분 이상 60분 미만인 방화문

(4) 방화구획 설치기준

① 방화구획으로 사용하는 60분＋ 방화문 또는 60분 방화문은 언제나 닫힌 상태를 유지하거나 화재로 인한 연기 또는 불꽃을 감지하여 자동적으로 닫히는 구조로 할 것. 다만, 연기 또는 불꽃을 감지하여 자동적으로 닫히는 구조로 할 수 없는 경우에는 온도를 감지하여 자동적으로 닫히는 구조로 할 수 있다.

② 외벽과 바닥 사이에 틈이 생긴 때나 급수관·배전관, 그 밖의 관이 방화구획으로 되어 있는 부분을 관통하는 경우 그로 인하여 방화구획에 틈이 생긴 때에는 그 틈을 내화시간(내화채움성능이 인정된 구조로 메워지는 구성 부재에 적용되는 내화시간) 이상 견딜 수 있는 내화채움성능이 인정된 구조로 메울 것

③ 환기·난방 또는 냉방시설의 풍도가 방화구획을 관통하는 경우에는 그 관통부분 또는 이에 근접한 부분에 다음의 기준에 적합한 댐퍼를 설치할 것. 다만, 반도체공장건축물로서 방화구획을 관통하는 풍도의 주위에 스프링클러헤드를 설치하는 경우에는 그렇지 않다.

ㄱ 화재로 인한 연기 또는 불꽃을 감지하여 자동적으로 닫히는 구조로 할 것. 다만, 주방 등 연기가 항상 발생하는 부분에는 온도를 감지하여 자동적으로 닫히는 구조로 할 수 있다.

ㄴ 국토교통부장관이 정하여 고시하는 비차열(非遮熱)성능 및 방연성능 등의 기준에 적합할 것

④ 자동방화셔터는 다음의 요건을 모두 갖출 것

ㄱ 피난이 가능한 60＋ 방화문 또는 60분 방화문으로부터 3미터 이내에 별도로 설치할 것

ㄴ 전동방식이나 수동방식으로 개폐할 수 있을 것

ㄷ 불꽃감지기 또는 연기감지기 중 하나와 열감지기를 설치할 것

ㄹ 불꽃이나 연기를 감지한 경우 일부 폐쇄되는 구조일 것

ㅁ 열을 감지한 경우 완전 폐쇄되는 구조일 것

(5) 대피공간

공동주택 중 아파트로서 4층 이상인 층의 각 세대가 2개 이상의 직통계단을 사용할 수 없는 경우에는 발코니에 인접세대와 공동으로 또는 각 세대별로 다음의 요건을 모두 갖춘 대피공간을 하나 이상 설치하여야 한다.

① 인접세대와 공동으로 설치하는 대피공간의 설치

㉠ 대피공간은 바깥의 공기와 접할 것

㉡ 대피공간은 실내의 다른 부분과 방화구획으로 구획될 것

㉢ 대피공간의 바닥면적은 인접세대와 공동으로 설치하는 경우에는 $3m^2$ 이상, 각 세대별로 설치하는 경우에는 $2m^2$ 이상일 것

㉣ 국토교통부장관이 정하는 기준에 적합할 것

② 대피공간을 설치하지 아니할 수 있는 경우

㉠ 인접세대와의 경계벽이 파괴하기 쉬운 경량구조 등인 경우

㉡ 경계벽에 피난구를 설치한 경우

㉢ 발코니의 바닥에 국토교통부령으로 정하는 하향식 피난구를 설치한 경우

㉣ 국토교통부장관이 중앙건축위원회의 심의를 거쳐 대피공간과 동일하거나 그 이상의 성능이 있다고 인정하고 고시하는 구조 또는 시설을 설치한 경우

(6) 요양병원, 정신병원, 노인요양시설, 장애인 거주시설 및 장애인 의료재활시설

요양병원, 정신병원, 노인요양시설, 장애인 거주시설 및 장애인 의료재활시설의 피난층 외의 층에는 다음의 어느 하나에 해당하는 시설을 설치하여야 한다.

① 각 층마다 별도로 방화구획된 대피공간

② 거실에 직접 접속하여 바깥공기에 개방된 피난용 발코니

③ 계단을 이용하지 아니하고 건물 외부 지표면 또는 인접건물로 수평으로 피난할 수 있도록 설치하는 구름다리형태의 구조물

18) 건축물의 내화구조와 방화벽

(1) 건축물의 내화구조

① 문화 및 집회시설, 의료시설, 공동주택 등 다음의 어느 하나에 해당하는 건축물의 주요 구조부는 내화구조로 하여야 한다.

핵심 문제 64 ♦♦♦

공동주택 중 아파트로서 4층 이상인 층의 각 세대가 2개 이상의 직통계단을 사용할 수 없는 경우에는 발코니에 인접세대와 공동으로 또는 각 세대별로 일정 요건을 모두 갖춘 대피공간을 하나 이상 설치하여야 하는데, 대피공간이 갖추어야 할 일정 요건으로 옳지 않은 것은?

[22년 1회, 23년 2회]

① 대피공간은 바깥의 공기와 접할 것
② 대피공간은 실내의 다른 부분과 방화구획될 것
③ 대피공간의 바닥면적은 각 세대별로 설치하는 경우에는 $2m^2$ 이상일 것
④ 대피공간의 바닥면적은 인접세대와 공동으로 설치하는 경우에는 $2.5m^2$ 이상일 것

해설

대피공간의 바닥면적은 인접세대와 공동으로 설치하는 경우에는 $3m^2$ 이상, 각 세대별로 설치하는 경우에는 $2m^2$ 이상이어야 한다.

정답 ④

번호	주요 구조부를 내화구조로 해야 하는 건축물		해당 용도 바닥면적 합계
㉠	• 문화 및 집회시설(전시장 및 동·식물원은 제외) • 종교시설 • 위락시설 중 주점영업 • 장례시설	관람실 또는 집회실	200m² 이상 (옥외관람석 : 1천m²)
	제2종 근린생활시설 중 공연장·종교집회장		300m² 이상
㉡	• 문화 및 집회시설 중 전시장 • 동·식물원, 판매시설, 운수시설 • 교육연구시설에 설치하는 체육관·강당, 수련시설 • 운동시설 중 체육관·운동장 • 위락시설(주점영업의 용도로 쓰는 것은 제외) • 창고시설 • 위험물저장 및 처리시설 • 자동차 관련 시설 • 방송통신시설 중 방송국·전신전화국·촬영소 • 묘지 관련 시설 중 화장장 • 관광휴게시설		500m² 이상
㉢	공장(화재의 위험이 적은 공장으로서 주요 구조부가 불연재료로 되어 있는 2층 이하의 공장은 제외)		2천m² 이상
㉣	건축물의 2층이 • 단독주택 중 다중주택 및 다가구주택 • 공동주택 • 제1종 근린생활시설(의료의 용도로 쓰는 시설만 해당) • 제2종 근린생활시설 중 다중생활시설, 의료시설 • 노유자시설 중 아동 관련 시설 및 노인복지시설 • 수련시설 중 유스호스텔, 업무시설 중 오피스텔 • 숙박시설 • 장례시설		400m² 이상
㉤	• 3층 이상인 건축물 및 지하층이 있는 건축물(2층 이하인 건축물은 지하층 부분만 해당) • 제외 : 단독주택(다중주택 및 다가구주택은 제외), 동물 및 식물 관련 시설, 발전시설(발전소의 부속용도로 쓰는 시설은 제외), 교도소·소년원 또는 묘지 관련 시설(화장시설 및 동물화장시설은 제외), 철강 관련 업종의 공장 중 제어실로 사용하기 위하여 연면적 50m² 이하로 증축하는 부분		

핵심 문제 65 ◆◆◆

건축물의 바닥면적 합계가 450m²인 경우 주요 구조부를 내화구조로 하여야 하는 건축물이 아닌 것은?
① 의료시설
② 노유자시설 중 노인복지시설
③ 업무시설 중 오피스텔
④ 창고시설

해설

창고시설은 건축물의 바닥면적 합계가 500m² 이상인 경우 주요 구조부를 내화구조로 하여야 하는 건축물이다.

정답 ④

② 내화구조의 예외

　　㉠ ①에서 ㉠ 및 ㉡에 해당하는 용도로 쓰지 아니하는 건축물로서 그 지붕틀을 불연재료로 한 경우에는 그 지붕틀을 내화구조로 아니할 수 있다.

　　㉡ 연면적이 50m² 이하인 단층의 부속건축물로서 외벽 및 처마 밑면이 방화구조인 경우

　　㉢ 무대바닥

(2) 대규모 건축물의 방화벽

① 연면적 1천m² 이상인 건축물은 방화벽으로 구획하되, 각 구획된 바닥면적의 합계는 1천m² 미만이어야 한다.

② 방화벽 예외

　　㉠ 주요 구조부가 내화구조이거나 불연재료인 건축물

　　㉡ 단독주택(다중주택 및 다가구주택은 제외), 동물 및 식물 관련 시설, 발전시설(발전소의 부속용도로 쓰는 시설은 제외), 교도소·소년원 또는 묘지 관련 시설(화장시설 및 동물화장시설은 제외)의 용도로 쓰는 건축물, 철강 관련 업종의 공장 중 제어실로 사용하기 위하여 연면적 50m² 이하로 증축하는 부분

　　㉢ 내부설비의 구조상 방화벽으로 구획할 수 없는 창고시설

③ 방화벽의 구조기준(건축물의 피난·방화구조 등의 기준에 관한 규칙 제21조)

구분	구조 기준
방화벽의 구조	• 내화구조로서 홀로 설 수 있는 구조 • 방화벽의 양쪽 끝과 위쪽 끝을 위쪽 벽면 및 지붕면으로부터 0.5m 이상 튀어나오게 할 것
방화벽에 설치하는 출입문	• 60＋ 방화문 또는 60분 방화문 • 너비 및 높이 : 각 2.5m 이하

(3) 대규모 목조건축물의 외벽(연면적 1,000m² 이상의 목조건축물의 방화구획, 건축물의 피난·방화구조 등의 기준에 관한 규칙 제22조)

① 외벽 및 처마 밑의 연소할 우려가 있는 부분 : 방화구조

② 지붕 : 불연재료

◆ 연소할 우려가 있는 부분

구조부분	기준		제외
• 인접대지경계선과 외벽중심선 • 도로중심선과 외벽중심선	1층	3m 이내 부분	공원·광장·하천의 공지나 수면 또는 내화구조의 벽 등에 접하는 부분
• 동일 대지 내 2동 이상의 건축물 외벽 상호 간의 중심선	2층 이상 층	5m 이내 부분	

19) 방화지구 안의 건축물

(1) 방화지구 내 건축물의 주요 구조부와 외벽(내화구조)

① 방화지구 안에서는 건축물의 주요 구조부와 외벽을 내화구조로 하여야 한다.

② 대통령령으로 정하는 경우에는 그러하지 아니하다[주요 구조부 및 외벽을 내화구조로 하지 아니할 수 있는 건축물(시행령 제58조)].

　㉠ 연면적 30m² 미만인 단층 부속건축물로서 외벽 및 처마면이 내화구조 또는 불연재료로 된 것

　㉡ 도매시장의 용도로 쓰는 건축물로 그 주요 구조부가 불연재료로 된 것

(2) 방화지구 안의 공작물(불연재료)

방화지구 안의 공작물로서 간판, 광고탑, 그 밖에 대통령령으로 정하는 공작물 중 건축물의 지붕 위에 설치하는 공작물이나 높이 3m 이상의 공작물은 주요부를 불연(不燃)재료로 하여야 한다.

(3) 방화지구 안의 지붕 · 방화문 및 외벽(불연재료)

① 방화지구 내 건축물의 지붕으로서 내화구조가 아닌 것은 불연재료로 하여야 한다.

② 방화지구 내 건축물의 인접대지경계선에 접하는 외벽에 설치하는 창문 등으로서 연소할 우려가 있는 부분에는 다음의 방화문, 기타 방화설비를 하여야 한다.

　㉠ 60＋ 방화문 또는 60분 방화문

　㉡ 소방법령이 정하는 기준에 적합하게 창문 등에 설치하는 드렌처

　㉢ 당해 창문 등과 연소할 우려가 있는 다른 건축물의 부분을 차단하는 내화구조나 불연재료로 된 벽 · 담장, 기타 이와 유사한 방화설비

　㉣ 환기구멍에 설치하는 불연재료로 된 방화커버 또는 그물눈이 2mm 이하인 금속망

20) 건축물의 마감재료

(1) 방화에 지장이 없는 내부 마감재료 적용 필요 용도 및 규모

① 단독주택 중 다중주택 · 다가구주택, 공동주택

② 제2종 근린생활시설 중 공연장 · 종교집회장 · 인터넷컴퓨터게임시설제공업소 · 학원 · 독서실 · 당구장 · 다중생활시설의 용도로 쓰는 건축물

③ 발전시설, 방송통신시설(방송국 · 촬영소의 용도로 쓰는 건축물로 한정)

④ 공장, 창고시설, 위험물 저장 및 처리 시설(자가난방과 자가발전 등의 용도로 쓰는 시설을 포함), 자동차 관련 시설의 용도로 쓰는 건축물

TIP

방화에 지장이 없는 재료를 적용해야 하는 건축물은 그 거실의 벽 및 반자의 실내에 접하는 부분(반자돌림대 · 창대 기타 이와 유사한 것을 제외)의 마감재료로 불연재료 · 준불연재료 또는 난연재료를 사용해야 한다[단, 마감재료 적용 부위별로 불연재료 또는 준불연재료 사용으로 제한되는 경우(난연재료 적용 불가)가 있다].

⑤ 5층 이상인 층 거실의 바닥면적의 합계가 500제곱미터 이상인 건축물

⑥ 문화 및 집회시설, 종교시설, 판매시설, 운수시설, 의료시설, 교육연구시설 중 학교 · 학원, 노유자시설, 수련시설, 업무시설 중 오피스텔, 숙박시설, 위락시설, 장례시설

⑦ 다중이용업의 용도로 쓰는 건축물

(2) 방화에 지장이 없는 외벽 마감재료 적용 필요 용도 및 규모

① 상업지역(근린상업지역은 제외)의 건축물로서 다음의 어느 하나에 해당하는 것
ㄱ 제1종 근린생활시설, 제2종 근린생활시설, 문화 및 집회시설, 종교시설, 판매시설, 운동시설 및 위락시설의 용도로 쓰는 건축물로서 그 용도로 쓰는 바닥면적의 합계가 2천제곱미터 이상인 건축물
ㄴ 공장(국토교통부령으로 정하는 화재 위험이 적은 공장은 제외)의 용도로 쓰는 건축물로부터 6미터 이내에 위치한 건축물

② 의료시설, 교육연구시설, 노유자시설 및 수련시설의 용도로 쓰는 건축물

③ 3층 이상 또는 높이 9미터 이상인 건축물

④ 1층의 전부 또는 일부를 필로티 구조로 설치하여 주차장으로 쓰는 건축물

⑤ 공장, 창고시설, 위험물 저장 및 처리 시설(자가난방과 자가발전 등의 용도로 쓰는 시설을 포함), 자동차 관련 시설의 용도로 쓰는 건축물

(3) 욕실, 화장실, 목욕장 등의 바닥 마감재료(미끄럼 방지기준에 적합한 것)

욕실, 화장실, 목욕장 등의 바닥 마감재료는 미끄럼을 방지할 수 있도록 국토교통부령으로 정하는 기준에 적합하여야 한다.

(4) 건축물 외벽에 설치되는 창호(窓戸)

① 건축물 외벽에 설치되는 창호는 방화에 지장이 없도록 인접 대지와의 이격거리를 고려하여 방화성능 등이 국토교통부령으로 정하는 기준에 적합하여야 한다.

② 해당 성능을 만족해야 하는 창호를 설치해야 하는 용도 및 규모는 방화에 지장이 없는 외벽 마감재료 적용이 필요한 대상과 동일하다.

21) 경계벽 등의 구조(건축물의 피난 · 방화구조 등의 기준에 관한 규칙 제19조)

① 건축물에 설치하는 경계벽은 내화구조로 하고, 지붕 밑 또는 바로 위층의 바닥판까지 닿게 하여야 한다.

② 경계벽은 소리를 차단하는 데 장애가 되는 부분이 없도록 다음의 어느 하나에 해당하는 구조로 하여야 한다. 다만, 다가구주택 및 공동주택의 세대 간의 경계벽인 경우에는 「주택건설기준 등에 관한 규정」을 따른다.

ⓒ 철근 콘크리트조ㆍ철골철근 콘크리트조로서 두께가 10센티미터 이상인 것

ⓛ 무근 콘크리트조 또는 석조로서 두께가 10센티미터(시멘트모르타르ㆍ회반죽 또는 석고플라스터의 바름두께를 포함) 이상인 것

ⓔ 콘크리트블록조 또는 벽돌조로서 두께가 19센티미터 이상인 것

ⓡ ⓒ～ⓔ 외에 국토교통부장관이 정하여 고시하는 기준에 따라 국토교통부장관이 지정하는 자 또는 한국건설기술연구원장이 실시하는 품질시험에서 그 성능이 확인된 것

ⓜ 한국건설기술연구원장이 인정기준에 따라 인정하는 것

③ 가구ㆍ세대 등 간 소음 방지를 위한 바닥은 경량충격음(비교적 가볍고 딱딱한 충격에 의한 바닥충격음)과 중량충격음(무겁고 부드러운 충격에 의한 바닥충격음)을 차단할 수 있는 구조로 하여야 한다.

④ 가구ㆍ세대 등 간 소음 방지를 위한 바닥의 세부기준은 국토교통부장관이 정하여 고시한다.

22) 지하층

(1) 지하층 구조 기준(건축물의 피난ㆍ방화구조 등의 기준에 관한 규칙 제25조)

구조 기준	바닥면적 규모
직통계단 외에 피난층 또는 지상으로 통하는 비상탈출구 및 환기통 설치 ※ 예외 : 직통계단 2개소 이상 설치 시	거실 바닥면적 50m² 이상인 층
직통계단 2개소 이상 설치	• 제2종 근린생활시설 중 공연장ㆍ단란주점ㆍ당구장ㆍ노래연습장 • 문화 및 집회시설 중 예식장ㆍ공연장 • 수련시설 중 생활권수련시설ㆍ자연권수련시설 • 숙박시설 중 여관ㆍ여인숙 • 위락시설 중 단란주점ㆍ유흥주점 • 다중이용업의 용도에 쓰이는 층의 거실 바닥면적의 합계가 50m² 이상
피난층 또는 지상으로 통하는 직통계단이 방화구획으로 구획되는 각 부분마다 1개소 이상의 피난계단 또는 특별피난계단 설치	바닥면적 1,000m² 이상인 층
환기설비 설치	
급수전 1개소 이상 설치	바닥면적 300m² 이상인 층

핵심 **문제 68**

건축물에 설치하는 경계벽이 소리를 차단하는 데 장애가 되는 부분이 없도록 하여야 하는 구조 기준으로 옳지 않은 것은?

[19년 4회, 23년 2회]

① 철근 콘크리트조로서 두께가 10cm 이상인 것

② 무근 콘크리트조로서 두께가 10cm 이상인 것

③ 콘크리트블록조로서 두께가 19cm 이상인 것

④ 벽돌조로서 두께가 15cm 이상인 것

해설

콘크리트블록조 또는 벽돌조의 경우 두께가 19센티미터 이상이어야 한다.

정답 ④

핵심 **문제 69**

건축물 지하층에 환기설비를 설치해야 하는 거실 바닥면적 합계의 최소기준은?

[19년 4회]

① 200m² 이상 ② 500m² 이상

③ 1,000m² 이상 ④ 2,000m² 이상

해설

지하층의 구조(건축물의 피난ㆍ방화구조 등의 기준에 관한 규칙 제25조)

바닥면적 1,000m² 이상인 지하층에는 환기설비를 설치하여야 한다.

정답 ③

(2) 비상탈출구의 구조

비상탈출구의 크기	• 유효너비 : 0.75m 이상 • 유효높이 : 1.5m 이상
열리는 방향 등	문은 피난방향으로 열리도록 하고, 실내에서 항상 열 수 있는 구조, 내부 및 외부에는 비상탈출구 표시
설치위치	출입구로부터 3m 이상 떨어진 곳에 설치
지하층의 바닥으로부터 비상탈출구의 아랫부분까지의 높이가 1.2m 이상 시	벽체에 발판의 너비가 20cm 이상인 사다리 설치
피난통로의 유효너비	0.75m 이상
피난통로의 실내에 접하는 부분의 마감과 그 바탕	불연재료

23) 건축물에 설치하는 굴뚝의 설치기준(건축물의 피난 · 방화구조 등의 기준에 관한 규칙 제20조)

건축물에 설치하는 굴뚝에 관한 기준으로 옳지 않은 것은?
① 굴뚝의 옥상 돌출부는 지붕면으로부터의 수직거리를 1m 이상으로 할 것
② 굴뚝의 상단으로부터 수평거리 1m 이내에 다른 건축물이 있는 경우에는 그 건축물의 처마보다 1.5m 이상 높게 할 것
③ 금속제 굴뚝으로서 건축물의 지붕 속 · 반자 위 및 가장 아랫바닥 밑에 있는 굴뚝의 부분은 금속 외의 불연재료로 덮을 것
④ 금속제 굴뚝은 목재, 기타 가연재료로부터 15cm 이상 떨어져서 설치할 것

해설

건축물에 설치하는 굴뚝(건축물의 피난 · 방화구조 등의 기준에 관한 규칙 제20조)
굴뚝의 상단으로부터 수평거리 1미터 이내에 다른 건축물이 있는 경우에는 그 건축물의 처마보다 1미터 이상 높게 할 것

정답 ②

① 굴뚝의 옥상 돌출부는 지붕면으로부터의 수직거리를 1미터 이상으로 할 것. 다만, 용마루 · 계단탑 · 옥탑 등이 있는 건축물에 있어서 굴뚝의 주위에 연기의 배출을 방해하는 장애물이 있는 경우에는 그 굴뚝의 상단을 용마루 · 계단탑 · 옥탑 등보다 높게 하여야 한다.

② 굴뚝의 상단으로부터 수평거리 1미터 이내에 다른 건축물이 있는 경우에는 그 건축물의 처마보다 1미터 이상 높게 할 것

③ 금속제 굴뚝으로서 건축물의 지붕 속 · 반자 위 및 가장 아랫바닥 밑에 있는 굴뚝의 부분은 금속 외의 불연재료로 덮을 것

④ 금속제 굴뚝은 목재 기타 가연재료로부터 15센티미터 이상 떨어져서 설치할 것. 다만, 두께 10센티미터 이상인 금속 외의 불연재료로 덮은 경우에는 그러하지 아니하다.

3. 건축설비 관련 법규

1) 건축설비의 원칙

(1) 건축설비 설치

① 건축설비는 건축물의 안전 · 방화, 위생, 에너지 및 정보통신의 합리적 이용에 지장이 없도록 설치한다.

② 배관피트 및 덕트의 단면적과 수선구(점검구)의 크기를 해당 설비의 수선에 지장이 없도록 하는 등 설비의 유지 · 관리가 쉽게 설치한다.

(2) 설치기준의 설정

① 건축물에 설치하는 급수 · 배수 · 냉방 · 난방 · 환기 · 피뢰 등 건축설비의 설치에 관한 기술적 기준은 국토교통부령으로 정하되,

② 에너지 이용 합리화와 관련한 건축설비의 기술적 기준에 관하여는 산업통상자원부장관과 협의해야 한다.

(3) 장애인 관련 시설 및 설비

장애인 · 노인 · 임산부 등의 편의증진 보장에 관한 법률에 따라 작성하여 보급하는 편의시설 상세표준도에 따른다.

(4) 방송 수신설비

① 건축물에는 방송 수신에 지장이 없도록 공동시청 안테나, 유선방송 수신시설, 위성방송 수신설비, 에프엠(FM) 라디오방송 수신설비 또는 **방송 공동수신설비**를 설치할 수 있다.

② 방송 공동수신설비 설치 건축물
  ㉠ 공동주택
  ㉡ 바닥면적의 합계가 5천m² 이상으로서 업무시설이나 숙박시설의 용도로 쓰는 건축물

③ 방송 수신설비의 설치기준은 미래창조과학부장관이 정하여 고시한다.

(5) 전기설비 설치공간

연면적이 500m² 이상인 건축물의 대지에는 전기사업자가 전기를 배전(配電)하는 데 필요한 전기설비를 설치할 수 있는 공간을 확보해야 한다.

(6) 해풍 · 염분피해 방지(지방자치단체의 조례로 결정)

해풍이나 염분 등으로 인하여 건축물의 재료 및 기계설비 등에 조기부식과 같은 피해 발생이 우려되는 지역의 지방자치단체는 이를 방지하기 위하여 다음의 사항을 조례로 정할 수 있다.

① 해풍이나 염분 등에 대한 내구성 설계기준
② 해풍이나 염분 등에 대한 내구성 허용기준
③ 그 밖에 해풍이나 염분 등에 따른 피해를 막기 위하여 필요한 사항

(7) 우편수취함

건축물에 설치하여야 하는 우편수취함은 3층 이상의 고층건물로서 그 전부 또는 일부를 주택 · 사무소 또는 사업소로 사용하는 건축물에는 대통령령으로 정하는 바에 따라 우편수취함을 설치하여야 한다.

❀ **방송 공동수신설비**
㉠ 방송 공동수신설비 : 방송 공동수신 안테나 시설과 종합유선방송 구내전송선로설비를 말한다.
㉡ 방송 공동수신 안테나시설 : 지상파 텔레비전방송, 에프엠(FM) 라디오방송, 이동멀티미디어방송 및 위성방송(지상파방송 및 위성방송)을 공동으로 수신하기 위하여 설치하는 수신안테나 · 선로 · 관로 · 증폭기 및 분배기 등과 그 부속설비를 말한다.

2) 승강기설비

(1) 승용승강기의 설치

① 설치대상

㉠ 6층 이상으로서 연면적 2,000m² 이상인 건축물

㉡ 제외

- 층수가 6층으로서 각 층 거실 바닥면적 300m² 이내마다 1개소 이상의 직통계단을 설치한 건축물
- 승용승강기가 설치되어 있는 건축물에 1개 층 증축 시

② 승용승강기의 설치기준

건축물의 용도	6층 이상 거실 바닥면적의 합계(A)	
	3,000m² 이하	3,000m² 초과
• 문화 및 집회시설(공연 · 집회 · 관람장) • 판매시설 • 의료시설(병원 · 격리병원)	2대	2대에 3,000m²를 초과하는 2,000m²마다 1대를 더한 대수 $2 + \dfrac{A - 3,000\text{m}^2}{2,000\text{m}^2}$
• 문화 및 집회시설(전시장 및 동 · 식물원) • 위락시설 • 숙박시설 • 업무시설	1대	1대에 3,000m²를 초과하는 2,000m²마다 1대를 더한 대수 $1 + \dfrac{A - 3,000\text{m}^2}{2,000\text{m}^2}$
• 공동주택 • 교육연구시설 • 노유자시설 • 그 밖의 시설	1대	1대에 3,000m²를 초과하는 3,000m²마다 1대를 더한 대수 $1 + \dfrac{A - 3,000\text{m}^2}{3,000\text{m}^2}$

※ 비고 : 8인승 이상 15인승 이하는 1대의 승강기로 보고, 16인승 이상은 2대의 승강기로 본다.

(2) 비상용 승강기 설치

① 설치대상 : 높이 31m가 넘는 건축물(비상용 승강기의 승강장 및 승강로 포함)

② 비상용 승강기의 설치기준

높이 31m를 넘는 각 층의 바닥면적 중 최대면적(A)	설치대수
500m² 초과 1,500m² 이하	1대 이상
1,500m² 초과	1대에 1,500m²를 넘는 3,000m² 이내마다 1대씩 더한 대수 이상 $1 + \dfrac{A - 1,500\text{m}^2}{3,000\text{m}^2}$

핵심 문제 72 ◆◆◆

20층의 아파트를 건축하는 경우 6층 이상 거실 바닥면적의 합계가 12,000m²일 경우에 승용승강기 최소설치대수는?(단, 15인승 이하 승용승강기이다)

① 2대　　　　② 3대
③ 4대　　　　④ 5대

해설

승강기대수

$= 1 + \dfrac{12,000\text{m}^2 - 3,000\text{m}^2}{3,000\text{m}^2} = 4$

∴ 4대

정답 ③

핵심 문제 73 ◆◆◆

25층의 병원을 건축하는 경우에 6층 이상의 거실면적의 합계가 20,000m²라고 한다면 최소 몇 대 이상의 승용승강기를 설치하여야 하는가?(단, 8인승 승용승강기이다) [20년 3회, 23년 4회]

① 9대　　　　② 10대
③ 11대　　　　④ 12대

해설

의료시설 승용승강기의 설치 대수

$설치대수 = 2 + \dfrac{A - 3,000\text{m}^2}{2,000\text{m}^2}$

$= 2 + \dfrac{20,000\text{m}^2 - 3,000\text{m}^2}{2,000\text{m}^2}$

$= 10.5 ≒ 11$

∴ 11대

정답 ③

③ 비상용 승강기를 설치하지 않아도 되는 건축물

　　높이 31m를 넘는 다음의 건축물은 비상용 승강기를 설치하지 않아도 된다.

　　㉠ 각 층을 거실 외의 용도로 쓰는 건축물

　　㉡ 각 층의 바닥면적 합계가 500m² 이하인 건축물

　　㉢ 층수가 4개 층 이하로 당해 각 층 바닥면적의 합계 200m² 이내마다 방화
　　　구획으로 구획한 건축물(벽 및 반자가 실내에 접하는 부분의 마감을 불
　　　연재료로 한 경우에는 500m²)

　　㉣ 승강기를 비상용 승강기의 구조로 하는 경우

④ 비상용 승강기의 구조

　　㉠ 비상용 승강기의 승강장 구조

　　　• 승강장의 창문·출입구, 기타 개구부를 제외한 부분은 당해 건축물의
　　　　다른 부분과 내화구조의 바닥 및 벽으로 구획한다. 다만, 공동주택의
　　　　경우에는 승강장과 특별피난계단의 부속실과의 겸용부분을 특별피난
　　　　계단의 계단실과 별도로 구획하는 때에는 승강장을 특별피난계단의
　　　　부속실과 겸용할 수 있다.

　　　• 승강장은 각 층의 내부와 연결될 수 있도록 하되, 그 출입구(승강로의
　　　　출입구를 제외)에는 갑종방화문을 설치한다. 다만, 피난층에는 갑종방
　　　　화문을 설치하지 아니할 수 있다.

　　　• 노대 또는 외부를 향하여 열 수 있는 창문이나 배연설비를 설치할 것

　　　• 벽 및 반자가 실내에 접하는 부분의 마감재료는 불연재료로 할 것(마
　　　　감을 위한 바탕 포함)

　　　• 승강장의 바닥면적은 비상용 승강기 1대에 대하여 6제곱미터 이상으
　　　　로 할 것. 다만, 옥외에 승강장을 설치하는 경우에는 그러하지 아니하다.

　　　• 채광이 되는 창문이 있거나 예비전원에 의한 조명설비를 할 것

　　　• 피난층이 있는 승강장의 출입구(승강장이 없는 경우에는 승강로의 출
　　　　입구)로부터 도로 또는 공지에 이르는 거리가 30m 이하일 것

　　　• 승강장 출입구 부근의 잘 보이는 곳에 당해 승강기가 비상용 승강기임
　　　　을 알 수 있는 표지를 할 것

　　㉡ 비상용 승강기의 승강로 구조

　　　• 승강로는 당해 건축물의 다른 부분과 내화구조로 구획할 것

　　　• 각 층으로부터 피난층까지 이르는 승강로를 단일구조로 연결하여 설
　　　　치할 것

핵심 문제 74 ◆◆◆

높이 31m를 넘는 각 층의 바닥면적 중 최
대바닥면적이 6,000m²인 건축물에 설치
해야 하는 비상용 승강기의 최소설치 대
수는?(단, 8인승 승강기이다)

① 2대　　　　② 3대
③ 4대　　　　④ 5대

해설

비상용 승강기대수

$$= 1 + \frac{6,000\text{m}^2 - 1,500\text{m}^2}{3,000\text{m}^2}$$

$$= 2.5 ≒ 3$$

$$\therefore 3대$$

정답 ②

핵심 문제 75 ◆◆◆

비상용 승강기 승강장의 구조 기준에 대
한 설명으로 틀린 것은?(단, 건축물의 설
비기준 등에 관한 규칙에 따른다)

[21년 1회, 23년 2회]

① 승강장의 바닥면적은 비상용 승강기
　1대에 대하여 6m² 이상이어야 한다.
　다만, 옥외에 승강장을 설치하는 경우
　에는 그러하지 아니하다.
② 피난층이 있는 승강장의 출입구로부터
　도로 또는 공지에 이르는 거리가 40m
　이하이어야 한다.
③ 벽 및 반자가 실내에 접하는 부분의 마
　감재료는 불연재료로 하여야 한다.
④ 승강장의 창문·출입구, 기타 개구부
　를 제외한 부분은 당해 건축물의 다른
　부분과 내화구조의 바닥 및 벽으로 구
　획하여야 한다.

해설

피난층이 있는 승강장의 출입구(승강장
이 없는 경우에는 승강로의 출입구)로부
터 도로 또는 공지에 이르는 거리가 30m
이하이어야 한다.

정답 ②

(3) 피난용 승강기의 설치

① 고층건축물에는 건축물에 설치하는 승용승강기 중 1대 이상을 피난용 승강기의 설치기준에 적합하게 설치하여야 한다. 다만, 준초고층건축물 중 공동주택은 제외한다.

② 피난용 승강기의 승강장 및 승강로 구조

　㉠ 피난용 승강기의 승강장 구조

　　• 승강장의 출입구를 제외한 부분은 해당 건축물의 다른 부분과 내화구조의 바닥 및 벽으로 구획한다.

　　• 승강장은 각 층의 내부와 연결될 수 있도록 하되, 그 출입구에는 60+ 방화문 또는 60분 방화문을 설치한다. 이 경우 방화문은 언제나 닫힌 상태를 유지할 수 있는 구조이어야 한다.

　　• 실내에 접하는 부분(바닥 및 반자 등 실내에 면한 모든 부분)의 마감(마감을 위한 바탕을 포함)은 불연재료로 한다.

　　• 배연설비를 설치한다. 다만, 제연설비를 설치한 경우에는 배연설비를 설치하지 아니할 수 있다.

　㉡ 피난용 승강기의 승강로 구조

　　• 승강로는 해당 건축물의 다른 부분과 내화구조로 구획할 것

　　• 승강로 상부에 배연설비를 설치할 것

　㉢ 피난용 승강기의 기계실 구조

　　• 출입구를 제외한 부분은 해당 건축물의 다른 부분과 내화구조의 바닥 및 벽으로 구획할 것

　　• 출입구에는 60+ 방화문 또는 60분 방화문을 설치할 것

　㉣ 피난용 승강기의 전용 예비전원

　　• 정전 시 피난용 승강기, 기계실, 승강장 및 폐쇄회로 텔레비전 등의 설비를 작동할 수 있는 별도의 예비전원설비를 설치할 것

　　• 위의 내용에 따른 예비전원은 초고층건축물의 경우에는 2시간 이상, 준초고층 건축물의 경우에는 1시간 이상 작동이 가능한 용량일 것

　　• 상용전원과 예비전원의 공급을 자동 또는 수동으로 전환이 가능한 설비를 갖출 것

　　• 전선관 및 배선은 고온에 견딜 수 있는 내열성 자재를 사용하고, 방수조치를 할 것

핵심 문제 76 ◆◆◆

피난용 승강기 승강장의 구조에 관한 기준으로 옳지 않은 것은?

[19년 1회, 21년 4회, 23년 1회]

① 승강장의 출입구를 제외한 부분은 해당 건축물의 다른 부분과 내화구조의 바닥 및 벽으로 구획할 것
② 승강장은 각 층의 내부와 연결될 수 있도록 하되, 그 출입구에는 60+ 방화문 또는 60분 방화문을 설치할 것. 이 경우 방화문은 언제나 닫힌 상태를 유지할 수 있는 구조이어야 한다.
③ 배연설비를 설치할 것
④ 실내에 접하는 부분(바닥 및 반자 등 실내에 면한 모든 부분)의 마감(마감을 위한 바탕 포함)은 난연재료로 할 것

해설

실내에 접하는 부분(바닥 및 반자 등 실내에 면한 모든 부분)의 마감(마감을 위한 바탕을 포함)은 불연재료로 한다.

정답 ④

3) 개별난방설비(공동주택, 오피스텔의 개별난방기준)

구분	구조 및 재료
보일러실의 위치	• 거실 이외의 곳에 설치 • 보일러실과 거실 사이 경계벽은 내화구조의 벽으로 구획(출입구 제외)
보일러실의 환기	• 윗부분에 $0.5m^2$ 이상의 환기창 설치 • 보일러실의 윗부분과 아랫부분에는 각각 지름 10cm 이상의 공기흡입구 및 배기구를 항상 열려 있는 상태로 바깥공기에 접하도록 설치할 것(전기보일러 예외)
보일러실과 거실 사이의 출입구	출입구가 닫힌 경우 가스가 거실 등에 들어갈 수 없는 구조로 할 것
기름 저장소	보일러실 외의 곳에 설치할 것
오피스텔 난방구획	난방구획마다 내화구조의 벽·바닥과 60+ 방화문 또는 60분 방화문으로 구획할 것
보일러실 연도	내화구조로서 공동연도를 설치할 것
CO 검지기	보일러실에는 CO 검지기를 설치할 수 있음(권고사항)

가스보일러에 의한 난방설비를 설치하고 가스를 중앙집중 공급방식으로 공급하는 경우에는 가스관계법령이 정하는 기준에 의함

4) 건축물의 냉방설비

(1) 상업지역 및 주거지역에서 건축물에 설치하는 냉방시설 및 환기시설의 배기구와 배기장치의 설치기준

① 배기구는 도로면으로부터 2m 이상의 높이에 설치할 것

② 배기장치에서 나오는 열기가 인근건축물의 거주자나 보행자에게 직접 닿지 아니하도록 할 것

(2) 대체 냉방설비의 설치대상

용도 분류	해당 용도 바닥면적의 합계	건축행위
• 제1종 근린생활시설 중 목욕장 • 운동시설 중 수영장(실내에 설치되는 것)	1천m^2 이상	신축, 개축, 재축, 별동으로 증축
• 공동주택 중 기숙사 • 의료시설 • 수련시설 중 유스호스텔 • 숙박시설	2천m^2 이상	
• 판매시설 • 교육연구시설 중 연구소 • 업무시설	3천m^2 이상	

핵심 문제 77 ◆◆◆

공동주택의 난방설비를 개별난방방식으로 하는 경우에 관한 기준으로 옳지 않은 것은? [20년 3회, 23년 2회, 24년 1회]

① 보일러를 설치하는 곳과 거실 사이의 경계벽은 출입구를 제외하고는 내화구조의 벽으로 구획할 것

② 보일러실의 윗부분에는 그 면적이 $0.3m^2$ 이상의 환기창을 설치할 것

③ 보일러실의 윗부분과 아랫부분에는 각각 지름 10cm 이상의 공기흡입구 및 배기구를 항상 열려 있는 상태로 바깥공기에 접하도록 설치할 것

④ 보일러의 연도는 내화구조로서 공동연도로 설치할 것

해설

보일러실의 윗부분에는 $0.5m^2$ 이상의 환기창을 설치해야 한다.

정답 ②

핵심 문제 78 ◆◆◆

상업지역 및 주거지역에서 건축물에 설치하는 냉방시설 및 환기시설의 배기구는 도로면으로부터 몇 m 이상의 높이에 설치해야 하는가? [18년 2회, 24년 2회]

① 1.8m 이상   ② 2m 이상
③ 3m 이상   ④ 4.5m 이상

해설

상업지역 및 주거지역에서 건축물에 설치하는 냉방시설 및 환기시설의 배기구와 배기장치의 설치기준
• 배기구는 도로면으로부터 2m 이상의 높이에 설치할 것
• 배기장치에서 나오는 연기가 인근건축물의 거주자나 보행자에게 직접 닿지 아니하도록 할 것

정답 ②

✖ 대체 냉방설비
축랭식 또는 가스를 이용한 중앙집중냉방방식을 말한다.

용도 분류	해당 용도 바닥면적의 합계	건축행위
• 문화 및 집회시설(동·식물원 제외) • 종교시설 • 교육연구시설(연구소 제외) • 장례식장	1만m² 이상	신축, 개축, 재축, 별동으로 증축

5) 공동주택 및 다중이용시설의 환기설비기준

(1) 자연환기설비 또는 기계환기설비 설치대상

신축 또는 리모델링하는 다음 어느 하나에 해당하는 주택 또는 건축물은 시간 당 0.5회 이상의 환기가 이루어질 수 있도록 자연환기설비 또는 기계환기설비를 설치하여야 한다.

① 30세대 이상의 공동주택

② 주택을 주택 외의 시설과 동일건축물로 건축하는 경우로서 주택이 30세대 이상인 건축물

(2) 기계환기설비의 구조 및 설치 준수사항

① 다중이용시설의 기계환기설비 용량기준은 시설이용 인원당 환기량을 원칙으로 산정할 것

② 기계환기설비는 다중이용시설로 공급되는 공기의 분포를 최대한 균등하게 하여 실내 기류의 편차가 최소화될 수 있도록 할 것

③ 공기공급체계·공기배출체계 또는 공기흡입구·배기구 등에 설치되는 송풍기는 외부의 기류로 인하여 송풍능력이 떨어지는 구조가 아닐 것

④ 바깥공기를 공급하는 공기공급체계 또는 바깥공기가 도입되는 공기흡입구는 다음의 요건을 모두 갖춘 공기여과기 또는 집진기(集塵機) 등을 갖출 것

　㉠ 입자형·가스형 오염물질을 제거 또는 여과하는 성능이 일정 수준 이상일 것

　㉡ 여과장치 등의 청소 및 교환 등 유지관리가 쉬운 구조일 것

　㉢ 공기여과기의 경우 한국산업표준(KS B 6141)에 따른 입자포집률을 계수법으로 측정하였을 때 60% 이상일 것

⑤ 공기배출체계 및 배기구는 배출되는 공기가 공기공급체계 및 공기흡입구로 직접 들어가지 아니하는 위치에 설치할 것

⑥ 기계환기설비를 구성하는 설비·기기·장치 및 제품 등의 효율과 성능 등을 판정하는 데 있어 이 규칙에서 정하지 아니한 사항에 대하여는 해당 항목에 대한 한국산업표준에 적합할 것

(3) 환기구의 안전기준

환기구(건축물의 환기설비에 부속된 급기(給氣) 및 배기(排氣)를 위한 건축구조물의 개구부는 보행자 및 건축물 이용자의 안전이 확보되도록 바닥으로부터 2m 이상의 높이에 설치하여야 한다.

6) 배연설비

(1) 배연설비의 설치대상

① 6층 이상인 건축물로서 다음에 해당하는 용도로 쓰는 건축물

㉠ 제2종 근린생활시설 중 공연장, 종교집회장, 인터넷컴퓨터게임시설제공업소 및 다중생활시설(공연장, 종교집회장 및 인터넷컴퓨터게임 시설제공업소는 해당 용도로 쓰는 바닥면적의 합계가 각각 300제곱미터 이상인 경우만 해당)

㉡ 문화 및 집회시설

㉢ 종교시설

㉣ 판매시설

㉤ 운수시설

㉥ 의료시설(요양병원 및 정신병원 제외)

㉦ 교육연구시설 중 연구소

㉧ 노유자시설 중 아동 관련시설, 노인복지시설(노인요양시설 제외)

㉨ 수련시설 중 유스호스텔

㉩ 운동시설

㉪ 업무시설

㉫ 숙박시설

㉬ 위락시설

㉭ 관광휴게시설

㉮ 장례시설

② 다음의 어느 하나에 해당하는 용도로 쓰는 건축물

㉠ 의료시설 중 요양병원 및 정신병원

㉡ 노유자시설 중 노인요양시설 · 장애인 거주시설 및 장애인 의료재활시설

㉢ 제1종 근린생활시설 중 산후조리원

(2) 배연설비의 설치기준

① 건축물에 방화구획이 설치된 경우에는 그 구획마다 1개소 이상의 배연창을 설치하되, 배연창의 상변과 천장 또는 반자로부터 수직거리가 0.9미터 이내일 것. 다만, 반자높이가 바닥으로부터 3미터 이상인 경우에는 배연창의

하변이 바닥으로부터 2.1미터 이상의 위치에 놓이도록 설치하여야 한다.

② 배연창의 유효면적은 1제곱미터 이상으로서 그 면적의 합계가 당해 건축물의 바닥면적의 100분의 1이상일 것. 이 경우 바닥면적의 산정에 있어서 거실 바닥면적의 20분의 1 이상으로 환기창을 설치한 거실의 면적은 이에 산입하지 아니한다.

③ 배연구는 연기감지기 또는 열감지기에 의하여 자동으로 열 수 있는 구조로 하되, 손으로도 열고 닫을 수 있도록 할 것

④ 배연구는 예비전원에 의하여 열 수 있도록 할 것

⑤ 기계식 배연설비를 하는 경우에는 소방관계법령의 규정에 적합하도록 할 것

(3) 특별피난계단 및 비상용 승강기의 승강장에 설치하는 배연설비의 구조

① 배연구 및 배연풍도는 불연재료로 하고, 화재가 발생한 경우 원활하게 배연시킬 수 있는 규모로서 외기 또는 평상시에 사용하지 아니하는 굴뚝에 연결할 것

② 배연구에 설치하는 수동개방장치 또는 자동개방장치(열감지기 또는 연기감지기에 의한 것)는 손으로도 열고 닫을 수 있도록 할 것

③ 배연구는 평상시에는 닫힌 상태를 유지하고, 연 경우에는 배연에 의한 기류로 인하여 닫히지 아니하도록 할 것

④ 배연구가 외기에 접하지 아니하는 경우에는 배연기를 설치할 것

⑤ 배연기는 배연구의 열림에 따라 자동적으로 작동하고, 충분한 공기배출 또는 가압능력이 있을 것

⑥ 배연기에는 예비전원을 설치할 것

⑦ 공기유입방식을 급기가압방식 또는 급·배기방식으로 하는 경우에는 소방관계법령의 규정에 적합하게 할 것

7) 피뢰설비의 설치대상

① 낙뢰의 우려가 있는 건축물

② 높이 20m 이상의 건축물 및 공작물

③ 건축물에 공작물을 설치하여 그 전체 높이가 20m 이상인 것 포함

8) 수도계량기보호함의 설치기준(난방공간 내 설치하는 것은 제외)

① 수도계량기와 지수전 및 역지밸브를 지중 혹은 공동주택의 벽면 내부에 설치하는 경우에는 콘크리트 또는 합성수지제 등의 보호함에 넣어 보호할 것

② 보호함 내 옆면 및 뒷면과 전면판에 각각 단열재를 부착할 것(단열재는 밀도가 높고 열전도율이 낮은 것으로 한국산업표준제품을 사용할 것)

③ 보호함의 배관 입출구는 단열재 등으로 밀폐하여 냉기의 침입이 없도록 할 것

④ 보온용 단열재와 계량기 사이 공간을 유리섬유 등 보온재로 채울 것

⑤ 보호통과 벽체 사이 틈을 밀봉재 등으로 채워 냉기의 침투를 방지할 것

9) 관계전문기술자(건축기계설비기술사, 공조냉동기계기술사)의 협력을 받아야 하는 건축물

① 냉동·냉장시설, 항온·항습시설(온도와 습도를 일정하게 유지시키는 특수설비가 설치되어 있는 시설) 또는 특수청정시설(세균 또는 먼지 등을 제거하는 특수설비가 설치되어 있는 시설)로서 당해 용도에 사용되는 바닥면적의 합계가 5백 제곱미터 이상인 건축물

② 아파트 및 연립주택

③ 다음에 해당하는 건축물로서 해당 용도에 사용되는 바닥면적의 합계가 5백 제곱미터 이상인 건축물

 ㉠ 목욕장

 ㉡ 물놀이형 시설(실내에 설치된 경우로 한정) 및 수영장(실내에 설치된 경우로 한정)

④ 다음에 해당하는 건축물로서 해당 용도에 사용되는 바닥면적의 합계가 2천 제곱미터 이상인 건축물

 ㉠ 기숙사

 ㉡ 의료시설

 ㉢ 유스호스텔

 ㉣ 숙박시설

⑤ 다음에 해당하는 건축물로서 해당 용도에 사용되는 바닥면적의 합계가 3천 제곱미터 이상인 건축물

 ㉠ 판매시설

 ㉡ 연구소

 ㉢ 업무시설

⑥ 다음에 해당하는 건축물로서 해당 용도에 사용되는 바닥면적의 합계가 1만 제곱미터 이상인 건축물

 ㉠ 문화 및 집회시설(동·식물원 제외)

 ㉡ 종교시설

 ㉢ 교육연구시설(연구소 제외)

 ㉣ 장례식장

핵심 문제 82 ◆◆◆

급수·배수·환기·난방 등의 건축설비를 건축물에 설치하는 경우 건축기계설비기술사 또는 공조냉동기계기술사의 협력을 받아야 하는 대상건축물에 속하지 않는 것은? [22년 1회]

① 연립주택

② 판매시설로서 해당 용도에 사용되는 바닥면적의 합계가 2,000m²인 건축물

③ 의료시설로서 해당 용도에 사용되는 바닥면적의 합계가 2,000m²인 건축물

④ 숙박시설로서 해당 용도에 사용되는 바닥면적의 합계가 2,000m²인 건축물

해설

판매시설로서 해당 용도에 사용되는 바닥면적의 합계가 3,000m² 이상인 건축물이 해당된다.

정답 ②

핵심 문제 83 ◆◆◇

소방시설법령에서 정의하는 무창층이 되기 위한 개구부면적의 합계 기준은?(단, 개구부란 다음 요건을 충족할 것)

- 크기는 지름 50cm 이상의 원이 내접할 수 있는 크기일 것
- 해당 층의 바닥면으로부터 개구부 밑부분까지의 높이가 1.2m 이내일 것
- 도로 또는 차량이 진입할 수 있는 빈터를 향할 것
- 화재 시 건축물로부터 쉽게 피난할 수 있도록 창살이나 그 밖의 장애물이 설치되지 아니할 것
- 내부 또는 외부에서 쉽게 부수거나 열 수 있을 것

① 해당 층의 바닥면적의 1/20 이하
② 해당 층의 바닥면적의 1/25 이하
③ 해당 층의 바닥면적의 1/30 이하
④ 해당 층의 바닥면적의 1/35 이하

정답 ③

핵심 문제 84 ◆◆◆

건축허가 등을 할 때 미리 소방본부장 또는 소방서장의 동의를 받아야 하는 건축물의 최소연면적 기준은?(단, 기타사항은 고려하지 않는다) [20년 4회, 24년 2회]
① 400m² 이상   ② 600m² 이상
③ 800m² 이상   ④ 1,000m² 이상

해설
건축허가 등의 동의대상물의 범위 등(소방시설 설치 및 관리에 관한 법률 시행령 제7조)
건축허가 등을 할 때 미리 소방본부장 또는 소방서장의 동의를 받아야 하는 건축물의 연면적 기준은 400m² 이상이다(단, 기타사항을 고려하지 않을 경우).

정답 ①

핵심 문제 85 ◆◆◆

다음은 건축허가 등을 할 때 미리 소방본부장 또는 소방서장의 동의를 받아야 하는 건축물 등의 범위에 관한 내용이다. 빈칸에 들어갈 내용을 순서대로 옳게 나열한 것은?(단, 차고·주차장 또는 주차용도로 사용되는 시설)

- 차고·주차장으로 사용되는 바닥면적이 (   ) 이상인 층이 있는 건축물이나 주차시설
- 승강기 등 기계장치에 의한 주차시설로서 자동차 (   ) 이상을 주차할 수 있는 시설

① 100m², 20대   ② 200m², 20대
③ 100m², 30대   ④ 200m², 30대

정답 ②

❸ 소방시설 설치 및 관리에 관한 법령 분석

1. 각종 정의(소방시설 설치 및 관리에 관한 법률 시행령 제2조)

1) 무창층(無窓層)

지상층 중 다음의 요건을 모두 갖춘 개구부면적의 합계가 해당 층의 바닥면적의 30분의 1 이하가 되는 층을 말한다.

① 크기는 지름 50센티미터 이상의 원이 내접(內接)할 수 있는 크기일 것

② 해당 층의 바닥면으로부터 개구부 밑부분까지의 높이가 1.2미터 이내일 것

③ 도로 또는 차량이 진입할 수 있는 빈터를 향할 것

④ 화재 시 건축물로부터 쉽게 피난할 수 있도록 창살이나 그 밖의 장애물이 설치되지 아니할 것

⑤ 내부 또는 외부에서 쉽게 부수거나 열 수 있을 것

2) 피난층

곧바로 지상으로 갈 수 있는 출입구가 있는 층을 말한다.

2. 건축허가 등의 동의대상물의 범위 등(소방시설 설치 및 관리에 관한 법률 시행령 제7조)

건축허가 등을 할 때 미리 소방본부장 또는 소방서장의 동의를 받아야 하는 건축물은 다음과 같다.

① 연면적이 400제곱미터 이상인 건축물. 다만, 다음에 해당하는 시설은 각 시설에서 정한 기준 이상인 건축물로 한다.

  ㉠ 학교시설 : 100제곱미터

  ㉡ 노유자시설(老幼者施設) 및 수련시설 : 200제곱미터

  ㉢ 정신의료기관(입원실이 없는 정신건강의학과 의원은 제외) : 300제곱미터

  ㉣ 장애인 의료재활시설 : 300제곱미터

② 차고·주차장 또는 주차용도로 사용되는 시설로서 다음에 해당하는 것

  ㉠ 차고·주차장으로 사용되는 바닥면적이 200제곱미터 이상인 층이 있는 건축물이나 주차시설

  ㉡ 승강기 등 기계장치에 의한 주차시설로서 자동차 20대 이상을 주차할 수 있는 시설

③ 항공기격납고, 관망탑, 항공관제탑, 방송용 송수신탑

④ 지하층 또는 무창층이 있는 건축물로서 바닥면적이 150제곱미터(공연장의 경우에는 100제곱미터) 이상인 층이 있는 것

3) 수용인원의 산정방법(소방시설 설치 및 관리에 관한 법률 시행령 제17조 [별표 7])

(1) 숙박시설이 있는 특정소방대상물

　① 침대가 있는 숙박시설 : 해당 특정소방대상물의 종사자수에 침대수(2인용 침대는 2개로 산정)를 합한 수

　② 침대가 없는 숙박시설 : 해당 특정소방대상물의 종사자수에 숙박시설 바닥 면적의 합계를 $3m^2$로 나누어 얻은 수를 합한 수

(2) 숙박시설이 있는 특정소방대상물 외의 특정소방대상물

　① 강의실 · 교무실 · 상담실 · 실습실 · 휴게실 용도로 쓰이는 특정소방대상물 : 해당 용도로 사용하는 바닥면적의 합계를 $1.9m^2$로 나누어 얻은 수

　② 강당, 문화 및 집회시설, 운동시설, 종교시설 : 해당 용도로 사용하는 바닥면 적의 합계를 $4.6m^2$로 나누어 얻은 수(관람석이 있는 경우 고정식 의자를 설 치한 부분은 그 부분의 의자수로 하고, 긴 의자의 경우에는 의자의 정면너 비를 0.45m로 나누어 얻은 수)

　③ 그 밖의 특정소방대상물 : 해당 용도로 사용하는 바닥면적의 합계를 $3m^2$로 나누어 얻은 수

4) 특정소방대상물의 관계인이 특정소방대상물의 규모 · 용도 및 수용인원 등을 고려하여 갖추어야 하는 소방시설의 종류(소방시설 설치 및 관리에 관한 법률 시행령 제11조 [별표 4])

(1) 옥내소화전설비를 설치하여야 하는 특정소방대상물

　① 연면적 3천m^2 이상(지하가 중 터널은 제외)이거나 지하층 · 무창층(축사는 제외) 또는 층수가 4층 이상인 것 중 바닥면적이 600m^2 이상인 층이 있는 것 은 모든 층

　② ①에 해당하지 않는 근린생활시설, 판매시설, 운수시설, 의료시설, 노유자시 설, 업무시설, 숙박시설, 위락시설, 공장, 창고시설, 항공기 및 자동차 관련 시 설, 교정 및 군사시설 중 국방 · 군사시설, 방송통신시설, 발전시설, 장례식장 또는 복합건축물로서 연면적 1천 5백m^2 이상이거나 지하층 · 무창층 또는 층 수가 4층 이상인 층 중 바닥면적이 300m^2 이상인 층이 있는 것은 모든 층

　③ 건축물의 옥상에 설치된 차고 또는 주차장으로서 차고 또는 주차의 용도로 사용되는 부분의 면적이 200m^2 이상인 것

　④ 지하가 중 터널로서 길이가 1천m 이상인 터널, 예상교통량, 경사도 등 터널 의 특성을 고려하여 행정안전부령으로 정하는 터널

핵심 문제 86 ◆◆◆

다음은 소방시설법령상 옥내소화전설비를 설치해야 할 특정소방대상물의 기준이다. (　) 안에 들어갈 내용으로 옳은 것은?
[18년 2회]

연면적 (　)m^2 이상(지하가 중 터널 제외) 이거나 지하층 · 무창층(축사 제외) 또는 층수가 4층 이상인 것 중 바닥면적이 600m^2 이상인 층이 있는 것은 모든 층

① 500　　　② 1,000
③ 1,500　　④ 3,000

해설

옥내소화전설비를 설치하여야 하는 특정소방 대상물
연면적 3천m^2 이상(지하가 중 터널 제외) 이거나 지하층 · 무창층(축사 제외) 또는 층수가 4층 이상인 것 중 바닥면적이 600m^2 이상인 층이 있는 것은 모든 층

정답 ④

핵심 문제 87 ◆◆◆

다음은 옥내소화전설비를 설치하여야 하는 특정소방대상물에 대한 기준이다. (　) 안에 알맞은 것은?
[18년 4회, 22년 2회, 24년 3회]

건축물의 옥상에 설치된 차고 또는 주 차장으로서 차고 또는 주차의 용도로 사용되는 부분의 면적이 (　) 이상인 것

① 100m^2　　② 150m^2
③ 180m^2　　④ 200m^2

정답 ④

(2) 스프링클러설비를 설치하여야 하는 특정소방대상물

① 문화 및 집회시설(동·식물원은 제외한다), 종교시설(주요 구조부가 목조인 것은 제외한다), 운동시설(물놀이형 시설은 제외한다)로서 다음의 어느 하나에 해당하는 경우에는 모든 층

   ㉠ 수용인원이 100명 이상인 것

   ㉡ 영화상영관의 용도로 쓰이는 층의 바닥면적이 지하층 또는 무창층인 경우에는 500m² 이상, 그 밖의 층의 경우에는 1천m² 이상인 것

   ㉢ 무대부가 지하층·무창층 또는 4층 이상의 층에 있는 경우에는 무대부의 면적이 300m² 이상인 것

   ㉣ 무대부가 ㉢ 외의 층에 있는 경우에는 무대부의 면적이 500m² 이상인 것

② 판매시설, 운수시설 및 창고시설(물류터미널에 한정)로서 바닥면적의 합계가 5천m² 이상이거나 수용인원이 500명 이상인 경우에는 모든 층

③ 층수가 6층 이상인 특정소방대상물의 경우에는 모든 층. 다만, 주택 관련법령에 따라 기존의 아파트 등을 리모델링하는 경우로서 건축물의 연면적 및 층높이가 변경되지 않는 경우에는 해당 아파트 등의 사용검사 당시의 소방시설 적용기준을 적용한다.

④ 다음의 어느 하나에 해당하는 용도로 사용되는 시설의 바닥면적의 합계가 600m² 이상인 것은 모든 층

   ㉠ 의료시설 중 정신의료기관

   ㉡ 의료시설 중 요양병원(정신병원은 제외)

   ㉢ 노유자시설

   ㉣ 숙박이 가능한 수련시설

⑤ 창고시설(물류터미널은 제외)로서 바닥면적 합계가 5천m² 이상인 경우에는 모든 층

⑥ 천장 또는 반자(반자가 없는 경우에는 지붕의 옥내에 면하는 부분)의 높이가 10m를 넘는 랙식 창고(Rack Warehouse, 물건을 수납할 수 있는 선반이나 이와 비슷한 것을 갖춘 것)로서 바닥면적의 합계가 1천 5백m² 이상인 것

⑦ ①부터 ⑥까지의 특정소방대상물에 해당하지 않는 특정소방대상물의 지하층·무창층(축사는 제외) 또는 층수가 4층 이상인 층으로서 바닥면적이 1천m² 이상인 층

핵심 문제 88 ◆◆◆◆

다음 중 모든 층에 스프링클러를 설치하여야 하는 경우가 아닌 것은?

[18년 1회, 24년 1회]

① 문화 및 집회시설(동·식물원 제외)로서 수용인원이 100명 이상인 것
② 층수가 11층 이상인 특정소방대상물
③ 판매시설로서 바닥면적의 합계가 1천m² 이상인 것
④ 노유자시설의 용도로 사용되는 시설의 바닥면적의 합계가 600m² 이상인 것

해설

판매시설로서 바닥면적의 합계가 5,000m² 이상이거나, 수용인원이 500명 이상인 경우 모든 층에 설치하여야 한다.

정답 ③

⑧ ⑥에 해당하지 않는 공장 또는 창고시설로서 다음의 어느 하나에 해당하는 시설

　　㉠ 「화재의 예방 및 안전관리에 관한 법률 시행령」 별표 2에서 정하는 수량의 1천 배 이상의 특수가연물을 저장·취급하는 시설

　　㉡ 중·저준위방사성폐기물의 저장시설 중 소화수를 수집·처리하는 설비가 있는 저장시설

⑨ 지붕 또는 외벽이 불연재료가 아니거나 내화구조가 아닌 공장 또는 창고시설로서 다음의 어느 하나에 해당하는 것

　　㉠ 창고시설(물류터미널에 한정) 중 ②에 해당하지 않는 것으로서 바닥면적의 합계가 2천5백m² 이상이거나 수용인원이 250명 이상인 것

　　㉡ 창고시설(물류터미널은 제외) 중 ⑤에 해당하지 않는 것으로서 바닥면적의 합계가 2천5백m² 이상인 것

　　㉢ 랙식 창고시설 중 ⑥에 해당하지 않는 것으로서 바닥면적의 합계가 750m² 이상인 것

　　㉣ 공장 또는 창고시설 중 ⑦에 해당하지 않는 것으로서 지하층·무창층 또는 층수가 4층 이상인 것 중 바닥면적이 500m² 이상인 것

　　㉤ 공장 또는 창고시설 중 ⑧의 ㉠에 해당하지 않는 것으로서 「화재의 예방 및 안전관리에 관한 법률 시행령」 별표 2에서 정하는 수량의 500배 이상의 특수가연물을 저장·취급하는 시설

⑩ 지하가(터널은 제외)로서 연면적 1천m² 이상인 것

⑪ 기숙사(교육연구시설·수련시설 내에 있는 학생 수용을 위한 것) 또는 복합건축물로서 연면적 5천m² 이상인 경우에는 모든 층

⑫ 교정 및 군사시설 중 다음의 어느 하나에 해당하는 경우에는 해당 장소

　　㉠ 보호감호소, 교도소, 구치소 및 그 지소, 보호관찰소, 갱생보호시설, 치료감호시설, 소년원 및 소년분류심사원의 수용거실

　　㉡ 「출입국관리법」 제52조제2항에 따른 보호시설(외국인보호소의 경우에는 보호대상자의 생활공간으로 한정)로 사용하는 부분. 다만, 보호시설이 임차건물에 있는 경우는 제외한다.

　　㉢ 유치장

⑬ ①부터 ⑫까지의 특정소방대상물에 부속된 보일러실 또는 연결통로 등

(3) 물분무등소화설비를 설치하여야 하는 특정소방대상물

① 항공기 및 자동차 관련시설 중 항공기격납고

② 주차용 건축물(기계식 주차장 포함)로서 연면적 800m² 이상인 것

✽ 물분무소화설비
분무헤드에서 물을 안개와 같이 내뿜는 형상으로 방사하여 냉각(冷却)효과 또는 질식(窒息)효과에 의해서 화재를 소화하는 고정식 소화설비를 말한다.

③ 건축물 내부에 설치된 차고 또는 주차장으로서 차고 또는 주차의 용도로 사용되는 부분(필로티를 주차용도로 사용하는 경우 포함)의 바닥면적의 합계가 200m² 이상인 것

④ 기계식 주차장치를 이용하여 20대 이상의 차량을 주차할 수 있는 것

⑤ 특정소방대상물에 설치된 전기실·발전실·변전실·축전지실·통신기기실 또는 전산실, 그 밖에 이와 비슷한 것으로서 바닥면적이 300m² 이상인 것. 다만, 내화구조로 된 공정제어실 내에 설치된 주조정실로서 양압시설이 설치되고 전기기기에 220볼트 이하인 저전압이 사용되며 종업원이 24시간 상주하는 곳은 제외한다.

⑥ 소화수를 수집·처리하는 설비가 설치되어 있지 않은 중·저준위방사성폐기물의 저장시설. 다만, 이 경우에는 이산화탄소소화설비, 할론소화설비 또는 할로겐화합물 및 불활성 기체 소화설비를 설치하여야 한다.

⑦ 지하가 중 예상 교통량, 경사도 등 터널의 특성을 고려하여 행정안전부령으로 정하는 터널. 다만, 이 경우에는 물분무소화설비를 설치하여야 한다.

⑧ 지정문화재 중 소방청장이 문화재청장과 협의하여 정하는 것

(4) 옥외소화전설비를 설치하여야 하는 특정소방대상물(아파트 등, 위험물 저장 및 처리시설 중 가스시설, 지하구 또는 지하가 중 터널은 제외)

① 지상 1층 및 2층의 바닥면적의 합계가 9천m² 이상인 것. 이 경우 같은 구(區) 내의 둘 이상의 특정소방대상물이 행정안전부령으로 정하는 연소(延燒) 우려가 있는 구조인 경우에는 이를 하나의 특정소방대상물로 본다.

② 보물 또는 국보로 지정된 목조건축물

③ ①에 해당하지 않는 공장 또는 창고시설로서「화재의 예방 및 안전관리에 관한 법률 시행령」별표 2에서 정하는 수량의 750배 이상의 특수가연물을 저장·취급하는 것

(5) 비상경보설비를 설치하여야 할 특정소방대상물

① 연면적 400m²(지하가 중 터널 또는 사람이 거주하지 않거나 벽이 없는 축사 등 동·식물 관련시설은 제외) 이상이거나 지하층 또는 무창층의 바닥면적이 150m²(공연장의 경우 100m²) 이상인 것

② 지하가 중 터널로서 길이가 500m 이상인 것

③ 50명 이상의 근로자가 작업하는 옥내작업장

(6) 자동화재탐지설비를 설치하여야 하는 특정소방대상물

① 근린생활시설(목욕장은 제외), 의료시설(정신의료기관 또는 요양병원은 제외), 숙박시설, 위락시설, 장례식장 및 복합건축물로서 연면적 600m² 이상인 것

② 공동주택, 근린생활시설 중 목욕장, 문화 및 집회시설, 종교시설, 판매시설, 운수시설, 운동시설, 업무시설, 공장, 창고시설, 위험물 저장 및 처리시설, 항공기 및 자동차 관련 시설, 교정 및 군사시설 중 국방·군사시설, 방송통신시설, 발전시설, 관광휴게시설, 지하가(터널은 제외)로서 연면적 1천m² 이상인 것

③ 교육연구시설(교육시설 내에 있는 기숙사 및 합숙소를 포함), 수련시설(수련시설 내에 있는 기숙사 및 합숙소를 포함하며, 숙박시설이 있는 수련시설은 제외), 동물 및 식물 관련 시설(기둥과 지붕만으로 구성되어 외부와 기류가 통하는 장소는 제외), 분뇨 및 쓰레기 처리시설, 교정 및 군사시설(국방·군사시설은 제외) 또는 묘지 관련 시설로서 연면적 2천m² 이상인 것

④ 지하구

⑤ 지하가 중 터널로서 길이가 1천m 이상인 것

⑥ 노유자생활시설

⑦ ⑥에 해당하지 않는 노유자시설로서 연면적 400m² 이상인 노유자시설 및 숙박시설이 있는 수련시설로서 수용인원 100명 이상인 것

⑧ ②에 해당하지 않는 공장 및 창고시설로서「화재의 예방 및 안전관리에 관한 법률 시행령」별표 2에서 정하는 수량의 500배 이상의 특수가연물을 저장·취급하는 것

⑨ 의료시설 중 정신의료기관 또는 요양병원으로서 다음의 어느 하나에 해당하는 시설
　㉠ 요양병원(정신병원과 의료재활시설은 제외)
　㉡ 정신의료기관 또는 의료재활시설로 사용되는 바닥면적의 합계가 300m² 이상인 시설
　㉢ 정신의료기관 또는 의료재활시설로 사용되는 바닥면적의 합계가 300m² 미만이고, 창살(철재·플라스틱 또는 목재 등으로 사람의 탈출 등을 막기 위하여 설치한 것을 말하며, 화재 시 자동으로 열리는 구조로 되어 있는 창살은 제외한다)이 설치된 시설

(7) 인명구조기구를 설치하여야 하는 특정소방대상물

① 방열복 또는 방화복, 인공소생기 및 공기호흡기를 설치하여야 하는 특정소방대상물 : 지하층을 포함하는 층수가 7층 이상인 관광호텔

② 방열복 또는 방화복 및 공기호흡기를 설치하여야 하는 특정소방대상물 : 지하층을 포함하는 층수가 5층 이상인 병원

③ 공기호흡기를 설치하여야 하는 특정소방대상물은 다음의 어느 하나와 같다.
　㉠ 수용인원 100명 이상인 문화 및 집회시설 중 영화상영관

ⓛ 판매시설 중 대규모점포

ⓒ 운수시설 중 지하역사

ⓔ 지하가 중 지하상가

ⓜ 이산화탄소소화설비를 설치하여야 하는 특정소방대상물

(8) 유도등을 설치하여야 하는 특정소방대상물

① 피난구유도등, 통로유도등 및 유도표지는 별표 2의 특정소방대상물에 설치한다. 다만, 다음의 어느 하나에 해당하는 경우는 제외한다.

ⓖ 지하가 중 터널 및 지하구

ⓛ 동물 및 식물 관련 시설 중 축사로서 가축을 직접 가두어 사육하는 부분

② 객석유도등은 다음의 어느 하나에 해당하는 특정소방대상물에 설치한다.

ⓖ 유흥주점영업시설(「식품위생법 시행령」 제21조제8호라목의 유흥주점영업 중 손님이 춤을 출 수 있는 무대가 설치된 카바레, 나이트클럽 또는 그 밖에 이와 비슷한 영업시설만 해당한다)

ⓛ 문화 및 집회시설

ⓒ 종교시설

ⓔ 운동시설

(9) 비상조명등을 설치하여야 하는 특정소방대상물

① 지하층을 포함하는 층수가 5층 이상인 건축물로서 연면적 3천m² 이상인 것

② ①에 해당하지 않는 특정소방대상물로서 그 지하층 또는 무창층의 바닥면적이 450m² 이상인 경우에는 그 지하층 또는 무창층

③ 지하가 중 터널로서 그 길이가 500m 이상인 것

(10) 상수도소화용수설비를 설치하여야 하는 특정소방대상물

다음의 어느 하나와 같다. 다만, 상수도소화용수설비를 설치하여야 하는 특정소방대상물의 대지경계선으로부터 180m 이내에 지름 75mm 이상인 상수도용 배수관이 설치되지 않은 지역의 경우에는 화재안전기준에 따른 소화수조 또는 저수조를 설치하여야 한다.

① 연면적 5천m² 이상인 것. 다만, 위험물 저장 및 처리시설 중 가스시설, 지하가 중 터널 또는 지하구의 경우에는 그러하지 아니하다.

② 가스시설로서 지상에 노출된 탱크의 저장용량의 합계가 100톤 이상인 것

(11) 제연설비를 설치하여야 하는 특정소방대상물

① 문화 및 집회시설, 종교시설, 운동시설로서 무대부의 바닥면적이 200m² 이상 또는 문화 및 집회시설 중 영화상영관으로서 수용인원 100명 이상인 것

핵심 문제 90   • • •

피난설비 중 객석유도등을 설치하여야 할 특정소방대상물은?

① 숙박시설   ② 종교시설
③ 창고시설   ④ 방송통신시설

정답 ②

핵심 문제 91   • • •

비상조명등을 설치하여야 하는 특정소방대상물에 해당하는 것은?

[21년 4회, 23년 4회]

① 창고시설 중 창고
② 창고시설 중 하역장
③ 위험물 저장 및 처리시설 중 가스시설
④ 지하가 중 터널로서 그 길이가 500m 이상인 것

정답 ④

② 지하층이나 무창층에 설치된 근린생활시설, 판매시설, 운수시설, 숙박시설, 위락시설, 의료시설, 노유자시설 또는 창고시설(물류터미널만 해당)로서 해당 용도로 사용되는 바닥면적의 합계가 1천m² 이상인 층

③ 운수시설 중 시외버스정류장, 철도 및 도시철도시설, 공항시설 및 항만시설의 대합실 또는 휴게시설로서 지하층 또는 무창층의 바닥면적이 1천m² 이상인 것

④ 지하가(터널은 제외)로서 연면적 1천m² 이상인 것

⑤ 지하가 중 예상 교통량, 경사도 등 터널의 특성을 고려하여 행정안전부령으로 정하는 터널

⑥ 특정소방대상물(갓복도형 아파트 등은 제외)에 부설된 특별피난계단 또는 비상용 승강기의 승강장

(12) 연결살수설비를 설치하여야 하는 특정소방대상물

① 판매시설, 운수시설, 창고시설 중 물류터미널로서 해당 용도로 사용되는 부분의 바닥면적의 합계가 1천m² 이상인 것

② 지하층(피난층으로 주된 출입구가 도로와 접한 경우는 제외)으로서 바닥면적의 합계가 150m² 이상인 것. 다만, 국민주택규모 이하인 아파트 등의 지하층(대피시설로 사용하는 것만 해당)과 교육연구시설 중 학교의 지하층의 경우에는 700m² 이상인 것으로 한다.

③ 가스시설 중 지상에 노출된 탱크의 용량이 30톤 이상인 탱크시설

④ ① 및 ②의 특정소방대상물에 부속된 연결통로

5) 소방시설의 내진설계(소방시설 설치 및 관리에 관한 법률 시행령 제8조)

"대통령령으로 정하는 소방시설"이란 소방시설 중 옥내소화전설비, 스프링클러설비, 물분무등소화설비를 말한다.

6) 성능위주설계를 하여야 하는 특정소방대상물의 범위(소방시설 설치 및 관리에 관한 법률 시행령 제9조)

① 연면적 20만제곱미터 이상인 특정소방대상물. 다만, 공동주택 중 주택으로 쓰이는 층수가 5층 이상인 주택(아파트 등)은 제외한다.

② 다음의 어느 하나에 해당하는 특정소방대상물. 다만, 아파트 등은 제외한다.
  ㉠ 건축물의 높이가 100미터 이상인 특정소방대상물
  ㉡ 지하층을 포함한 층수가 30층 이상인 특정소방대상물

③ 연면적 3만제곱미터 이상인 특정소방대상물로서 다음의 어느 하나에 해당하는 특정소방대상물

핵심 문제 92 ◆◆◆

제연설비를 설치해야 할 특정소방대상물이 아닌 것은?
① 특정소방대상물(갓복도형 아파트 등은 제외한다)에 부설된 특별피난계단 또는 비상용 승강기의 승강장
② 지하가(터널은 제외한다)로서 연면적이 500m²인 것
③ 문화 및 집회시설로서 무대부의 바닥면적이 300m²인 것
④ 지하가 중 예상 교통량, 경사도 등 터널의 특성을 고려하여 행정안전부령으로 정하는 터널

해설

지하가(터널은 제외한다)로서 연면적 1천m² 이상인 것이 해당한다.

정답 ②

핵심 문제 93 ◆◆

지진이 발생할 경우 소방시설이 정상적으로 작동될 수 있도록 소방청장이 정하는 내진설계기준에 맞게 설치하여야 하는 소방시설이 아닌 것은?(단, 내진설계기준의 설정 대상시설에 소방시설을 설치하는 경우)   [18년 2회, 21년 2회]
① 옥내소화전설비
② 스프링클러설비
③ 물분무등소화설비
④ 무선통신보조설비

해설

내진설계기준에 맞게 설치하여야 하는 소방시설
옥내소화전설비, 스프링클러설비, 물분무등소화설비

정답 ④

ⓐ 철도 및 도시철도시설

ⓑ 공항시설

④ 하나의 건축물에 영화상영관이 10개 이상인 특정소방대상물

핵심 문제 94 ···

유사 소방시설로 분류되어 설치가 면제되는 기준으로 옳게 연결된 것은?(단, 유사 소방시설이 화재안전기준에 적합하게 설치된 경우) [18년 4회]

① 연소방지설비 설치 → 스프링클러설비 면제
② 물분무등소화설비 설치 → 스프링클러설비 면제
③ 무선통신보조설비 설치 → 비상방송설비 면제
④ 누전경보기 설치 → 비상경보설비 면제

해설

스프링클러설비를 설치해야 하는 특정소방대상물(발전시설 중 전기저장시설은 제외)에 적응성 있는 자동소화장치 또는 물분무등소화설비를 화재안전기준에 적합하게 설치한 경우에는 그 설비의 유효범위에서 설치가 면제된다.

정답 ②

7) 특정소방대상물의 소방시설 설치의 면제기준(소방시설 설치 및 관리에 관한 법률 시행령 제14조 [별표 5])

설치가 면제되는 소방시설	설치가 면제되는 기준
자동소화장치	자동소화장치(주거용 주방자동소화장치 및 상업용 주방자동소화장치는 제외)를 설치해야 하는 특정소방대상물에 물분무등소화설비를 화재안전기준에 적합하게 설치한 경우에는 그 설비의 유효범위(해당 소방시설이 화재를 감지·소화 또는 경보할 수 있는 부분)에서 설치가 면제된다.
옥내소화전설비	소방본부장 또는 소방서장이 옥내소화전설비의 설치가 곤란하다고 인정하는 경우로서 호스릴 방식의 미분무소화설비 또는 옥외소화전설비를 화재안전기준에 적합하게 설치한 경우에는 그 설비의 유효범위에서 설치가 면제된다.
스프링클러설비	• 스프링클러설비를 설치해야 하는 특정소방대상물(발전시설 중 전기저장시설은 제외)에 적응성 있는 자동소화장치 또는 물분무등소화설비를 화재안전기준에 적합하게 설치한 경우에는 그 설비의 유효범위에서 설치가 면제된다. • 스프링클러설비를 설치해야 하는 전기저장시설에 소화설비를 소방청장이 정하여 고시하는 방법에 따라 설치한 경우에는 그 설비의 유효범위에서 설치가 면제된다.
간이스프링클러 설비	간이스프링클러설비를 설치해야 하는 특정소방대상물에 스프링클러설비, 물분무소화설비 또는 미분무소화설비를 화재안전기준에 적합하게 설치한 경우에는 그 설비의 유효범위에서 설치가 면제된다.
물분무등소화설비	물분무등소화설비를 설치해야 하는 차고·주차장에 스프링클러설비를 화재안전기준에 적합하게 설치한 경우에는 그 설비의 유효범위에서 설치가 면제된다.
옥외소화전설비	옥외소화전설비를 설치해야 하는 문화재인 목조건축물에 상수도소화용수설비를 화재안전기준에서 정하는 방수압력·방수량·옥외소화전함 및 호스의 기준에 적합하게 설치한 경우에는 설치가 면제된다.
비상경보설비	비상경보설비를 설치해야 할 특정소방대상물에 단독경보형 감지기를 2개 이상의 단독경보형 감지기와 연동하여 설치한 경우에는 그 설비의 유효범위에서 설치가 면제된다.

설치가 면제되는 소방시설	설치가 면제되는 기준
비상경보설비 또는 단독경보형 감지기	비상경보설비 또는 단독경보형 감지기를 설치해야 하는 특정소방대상물에 자동화재탐지설비 또는 화재알림설비를 화재안전기준에 적합하게 설치한 경우에는 그 설비의 유효범위에서 설치가 면제된다.
자동화재탐지설비	자동화재탐지설비의 기능(감지ㆍ수신ㆍ경보기능)과 성능을 가진 화재알림설비, 스프링클러설비 또는 물분무등소화설비를 화재안전기준에 적합하게 설치한 경우에는 그 설비의 유효범위에서 설치가 면제된다.
화재알림설비	화재알림설비를 설치해야 하는 특정소방대상물에 자동화재탐지설비를 화재안전기준에 적합하게 설치한 경우에는 그 설비의 유효범위에서 설치가 면제된다.
비상방송설비	비상방송설비를 설치해야 하는 특정소방대상물에 자동화재탐지설비 또는 비상경보설비와 같은 수준 이상의 음향을 발하는 장치를 부설한 방송설비를 화재안전기준에 적합하게 설치한 경우에는 그 설비의 유효범위에서 설치가 면제된다.
자동화재속보설비	자동화재속보설비를 설치해야 하는 특정소방대상물에 화재알림설비를 화재안전기준에 적합하게 설치한 경우에는 그 설비의 유효범위에서 설치가 면제된다.
누전경보기	누전경보기를 설치해야 하는 특정소방대상물 또는 그 부분에 아크경보기(옥내 배전선로의 단선이나 선로 손상 등으로 인하여 발생하는 아크를 감지하고 경보하는 장치) 또는 전기 관련 법령에 따른 지락차단장치를 설치한 경우에는 그 설비의 유효범위에서 설치가 면제된다.
피난구조설비	피난구조설비를 설치해야 하는 특정소방대상물에 그 위치ㆍ구조 또는 설비의 상황에 따라 피난상 지장이 없다고 인정되는 경우에는 화재안전기준에서 정하는 바에 따라 설치가 면제된다.
비상조명등	비상조명등을 설치해야 하는 특정소방대상물에 피난구유도등 또는 통로유도등을 화재안전기준에 적합하게 설치한 경우에는 그 유도등의 유효범위에서 설치가 면제된다.
상수도소화용수설비	• 상수도소화용수설비를 설치해야 하는 특정소방대상물의 각 부분으로부터 수평거리 140m 이내에 공공의 소방을 위한 소화전이 화재안전기준에 적합하게 설치되어 있는 경우에는 설치가 면제된다. • 소방본부장 또는 소방서장이 상수도소화용수설비의 설치가 곤란하다고 인정하는 경우로서 화재안전기준에 적합한 소화수조 또는 저수조가 설치되어 있거나 이를 설치하는 경우에는 그 설비의 유효범위에서 설치가 면제된다.

설치가 면제되는 소방시설	설치가 면제되는 기준
제연설비	• 제연설비를 설치해야 하는 특정소방대상물(터널은 제외)에 다음의 어느 하나에 해당하는 설비를 설치한 경우에는 설치가 면제된다. 　- 공기조화설비를 화재안전기준의 제연설비기준에 적합하게 설치하고 공기조화설비가 화재 시 제연설비기능으로 자동전환되는 구조로 설치되어 있는 경우 　- 직접 외부 공기와 통하는 배출구의 면적의 합계가 해당 제연구역[제연경계(제연설비의 일부인 천장을 포함)에 의하여 구획된 건축물 내의 공간] 바닥면적의 100분의 1 이상이고, 배출구부터 각 부분까지의 수평거리가 30m 이내이며, 공기유입구가 화재안전기준에 적합하게(외부 공기를 직접 자연 유입할 경우에 유입구의 크기는 배출구의 크기 이상이어야 함) 설치되어 있는 경우 • 터널에 따라 제연설비를 설치해야 하는 특정소방대상물 중 노대(露臺)와 연결된 특별피난계단, 노대가 설치된 비상용 승강기의 승강장 또는 배연설비가 설치된 피난용 승강기의 승강장에는 설치가 면제된다.
연결송수관설비	연결송수관설비를 설치해야 하는 소방대상물에 옥외에 연결송수구 및 옥내에 방수구가 부설된 옥내소화전설비, 스프링클러설비, 간이스프링클러설비 또는 연결살수설비를 화재안전기준에 적합하게 설치한 경우에는 그 설비의 유효범위에서 설치가 면제된다. 다만, 지표면에서 최상층 방수구의 높이가 70m 이상인 경우에는 설치해야 한다.
연결살수설비	• 연결살수설비를 설치해야 하는 특정소방대상물에 송수구를 부설한 스프링클러설비, 간이스프링클러설비, 물분무소화설비 또는 미분무소화설비를 화재안전기준에 적합하게 설치한 경우에는 그 설비의 유효범위에서 설치가 면제된다. • 가스 관계 법령에 따라 설치되는 물분무장치 등에 소방대가 사용할 수 있는 연결송수구가 설치되거나 물분무장치 등에 6시간 이상 공급할 수 있는 수원(水源)이 확보된 경우에는 설치가 면제된다.
무선통신보조설비	무선통신보조설비를 설치해야 하는 특정소방대상물에 이동통신 구내 중계기 선로설비 또는 무선이동중계기(「전파법」에 따른 적합성평가를 받은 제품만 해당) 등을 화재안전기준의 무선통신보조설비기준에 적합하게 설치한 경우에는 설치가 면제된다.
연소방지설비	연소방지설비를 설치해야 하는 특정소방대상물에 스프링클러설비, 물분무소화설비 또는 미분무소화설비를 화재안전기준에 적합하게 설치한 경우에는 그 설비의 유효범위에서 설치가 면제된다.

8) 방염성능기준 이상의 실내장식물 등을 설치하여야 하는 특정소방대상물(소방시설 설치 및 관리에 관한 법률 시행령 제30조)

① 근린생활시설 중 체력단련장, 숙박시설, 방송통신시설 중 방송국 및 촬영소

② 건축물의 옥내에 있는 시설로서 다음의 시설

　　㉠ 문화 및 집회시설

　　㉡ 종교시설

　　㉢ 운동시설(수영장은 제외)

③ 의료시설 중 종합병원, 요양병원 및 정신의료기관·노유자시설 및 숙박이 가능한 수련시설

④ 다중이용업의 영업장

⑤ 교육연구시설 중 합숙소

⑥ ①~⑤까지의 시설에 해당하지 아니하는 것으로서 층수가 11층 이상인 것(아파트는 제외)

9) 방염대상물품 및 방염성능기준(소방시설 설치 및 관리에 관한 법률 시행령 제31조)

(1) 방염대상물품

① 제조 또는 가공 공정에서 방염처리를 한 물품(합판·목재류의 경우에는 설치현장에서 방염처리를 한 것을 포함)으로서 다음에 해당하는 것

　　㉠ 창문에 설치하는 커튼류(블라인드를 포함)

　　㉡ 카펫, 두께가 2밀리미터 미만인 벽지류(종이벽지는 제외)

　　㉢ 전시용 합판 또는 섬유판, 무대용 합판 또는 섬유판

　　㉣ 암막·무대막(영화상영관에 설치하는 스크린과 골프연습장업에 설치하는 스크린을 포함)

　　㉤ 섬유류 또는 합성수지류 등을 원료로 하여 제작된 소파·의자(단란주점영업, 유흥주점영업 및 노래연습장업의 영업장에 설치하는 것만 해당)

② 건축물 내부의 천장이나 벽에 부착하거나 설치하는 것으로서 다음에 해당하는 것. 다만, 가구류와 너비 10센티미터 이하인 반자돌림대 등과 내부마감재료는 제외

　　㉠ 종이류(두께 2밀리미터 이상인 것)·합성수지류 또는 섬유류를 주원료로 한 물품

　　㉡ 합판이나 목재

　　㉢ 공간을 구획하기 위하여 설치하는 간이 칸막이(접이식 등 이동 가능한 벽체나 천장 또는 반자가 실내에 접하는 부분까지 구획하지 아니하는 벽체)

    ⓔ 흡음(吸音)이나 방음(防音)을 위하여 설치하는 흡음재(흡음용 커튼을 포함) 또는 방음재(방음용 커튼을 포함)

(2) 방염성능기준

  ① 버너의 불꽃을 제거한 때부터 불꽃을 올리며 연소하는 상태가 그칠 때까지 시간은 20초 이내일 것

  ② 버너의 불꽃을 제거한 때부터 불꽃을 올리지 아니하고 연소하는 상태가 그칠 때까지 시간은 30초 이내일 것

  ③ 탄화(炭化)한 면적은 50제곱센티미터 이내, 탄화한 길이는 20센티미터 이내일 것

  ④ 불꽃에 의하여 완전히 녹을 때까지 불꽃의 접촉 횟수는 3회 이상일 것

  ⑤ 소방청장이 정하여 고시한 방법으로 발연량(發煙量)을 측정하는 경우 최대 연기밀도는 400 이하일 것

10) 소방안전관리자 및 소방안전관리보조사를 두어야 하는 특정소방대상물 (화재의 예방 및 안전관리에 관한 법률 시행령 제25조 [별표 4])

(1) 특급 소방안전관리대상물

  ① 50층 이상(지하층은 제외)이거나 지상으로부터 높이가 200미터 이상인 아파트

  ② 30층 이상(지하층을 포함한다)이거나 지상으로부터 높이가 120미터 이상인 특정소방대상물(아파트는 제외)

  ③ ②에 해당하지 아니하는 특정소방대상물로서 연면적이 10만 제곱미터 이상인 특정소방대상물(아파트는 제외)

(2) 1급 소방안전관리대상물

  ① 30층 이상(지하층은 제외)이거나 지상으로부터 높이가 120미터 이상인 아파트

  ② 연면적 1만5천 제곱미터 이상인 특정소방대상물(아파트 및 연립주택은 제외)

  ③ ②에 해당하지 아니하는 특정소방대상물로서 층수가 11층 이상인 특정소방대상물(아파트는 제외)

  ④ 가연성 가스를 1천 톤 이상 저장·취급하는 시설

(3) 2급 소방안전관리대상물

  ① 옥내소화전설비, 스프링클러설비, 간이스프링클러설비, 물분무등소화설비 등을 설치해야 하는 특정소방대상물[호스릴(Hose Reel) 방식의 물분무등소화설비만을 설치한 경우는 제외]

② 가스 제조설비를 갖추고 도시가스사업의 허가를 받아야 하는 시설 또는 가연성 가스를 100톤 이상 1천 톤 미만 저장·취급하는 시설

③ 지하구

④ 공동주택

⑤ 보물 또는 국보로 지정된 목조건축물

(4) 3급 소방안전관리대상물

① 간이스프링클러설비(주택전용 간이스프링클러설비는 제외)를 설치해야 하는 특정소방대상물

② 자동화재탐지설비를 설치해야 하는 특정소방대상물

11) 소방안전관리자 및 소방안전관리보조자의 선임 대상자별 자격(화재의 예방 및 안전관리에 관한 법률 시행령 제25조 [별표 4])

(1) 특급 소방안전관리대상물

① 소방기술사 또는 소방시설관리사의 자격이 있는 사람

② 소방설비기사의 자격을 취득한 후 5년 이상 1급 소방안전관리대상물의 소방안전관리자로 근무한 실무경력이 있는 사람

③ 소방설비산업기사의 자격을 취득한 후 7년 이상 1급 소방안전관리대상물의 소방안전관리자로 근무한 실무경력이 있는 사람

④ 소방공무원으로 20년 이상 근무한 경력이 있는 사람

⑤ 소방청장이 실시하는 특급 소방안전관리대상물의 소방안전관리에 관한 시험에 합격한 사람

(2) 1급 소방안전관리대상물

① 소방설비기사 또는 소방설비산업기사의 자격이 있는 사람

② 산업안전기사 또는 산업안전산업기사의 자격을 취득한 후 2년 이상 2급 소방안전관리대상물 또는 3급 소방안전관리대상물의 소방안전관리자로 근무한 실무경력이 있는 사람

③ 소방공무원으로 7년 이상 근무한 경력이 있는 사람

④ 위험물기능장·위험물산업기사 또는 위험물기능사 자격을 가진 사람으로서 「위험물안전관리법」에 따라 위험물안전관리자로 선임된 사람

⑤ 「고압가스 안전관리법」, 「액화석유가스의 안전관리 및 사업법」 또는 「도시가스사업법」에 따라 안전관리자로 선임된 사람

⑥ 「전기안전관리법」에 따라 전기안전관리자로 선임된 사람

⑦ 소방청장이 실시하는 1급 소방안전관리대상물의 소방안전관리에 관한 시험에 합격한 사람

⑧ 특급 소방안전관리대상물의 소방안전관리자 자격이 인정되는 사람

(3) 2급 소방안전관리대상물

① 건축사 · 산업안전기사 · 산업안전산업기사 · 건축기사 · 건축산업기사 · 일반기계기사 · 전기기능장 · 전기기사 · 전기산업기사 · 전기공사기사 또는 전기공사산업기사 자격을 가진 사람

② 위험물기능장 · 위험물산업기사 또는 위험물기능사 자격을 가진 사람

③ 광산보안기사 또는 광산보안산업기사 자격을 가진 사람으로서 「광산안전법」에 따라 광산안전관리직원(안전관리자 또는 안전감독자만 해당한다)으로 선임된 사람

④ 소방공무원으로 3년 이상 근무한 경력이 있는 사람

⑤ 소방청장이 실시하는 2급 소방안전관리대상물의 소방안전관리에 관한 시험에 합격한 사람

⑥ 특급 또는 1급 소방안전관리대상물의 소방안전관리자 자격이 인정되는 사람

(4) 3급 소방안전관리대상물

① 소방공무원으로 1년 이상 근무한 경력이 있는 사람

② 소방청장이 실시하는 3급 소방안전관리대상물의 소방안전관리에 관한 시험에 합격한 사람

③ 특급 소방안전관리대상물, 1급 소방안전관리대상물 또는 2급 소방안전관리대상물의 소방안전관리자 자격이 인정되는 사람

12) 소방시설 등의 자체점검 결과의 조치(소방시설 설치 및 관리에 관한 법률 시행규칙 제23조)

① 관리업자 또는 소방안전관리자로 선임된 소방시설관리사 및 소방기술사는 자체점검을 실시한 경우에는 그 점검이 끝난 날부터 10일 이내에 소방시설 등 자체점검 실시결과 보고서에 소방시설 등 점검표를 첨부하여 관계인에게 제출해야 한다.

② ①에 따른 자체점검 실시결과 보고서를 제출받거나 스스로 자체점검을 실시한 관계인은 자체점검이 끝난 날부터 15일 이내에 소방시설 등 자체점검 실시결과 보고서에 관련 서류를 첨부하여 소방본부장 또는 소방서장에게 서면이나 소방청장이 지정하는 전산망을 통하여 보고해야 한다.

실/전/문/제

01 그림과 같은 구조를 갖는 벽체의 열관류저항은?

[19년 1회]

- 실내 측 표면 열전달률 : 9.3W/m² · K
- 실외 측 표면 열전달률 : 23.2W/m² · K
- 콘크리트 열전도율 : 1.8W/m · K
- 모르타르 열전도율 : 1.6W/m · K

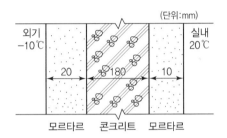

(단위:mm)

외기 −10℃   실내 20℃

20   180   10

모르타르   콘크리트   모르타르

① 0.14m² · K/W
② 0.27m² · K/W
③ 0.42m² · K/W
④ 0.56m² · K/W

열저항(R)
$$= \frac{1}{9.3} + \frac{0.01}{1.6} + \frac{0.18}{1.8} + \frac{0.02}{1.6}$$
$$+ \frac{1}{23.2}$$
$$= 0.269 = 0.27 m^2 \cdot K/W$$ 답 ②

02 건물 외벽의 열관류저항값을 높이는 방법으로 옳지 않은 것은?

[20년 3회, 24년 1회]

① 벽체 내에 공기층을 둔다.
② 벽체에 단열재를 사용한다.
③ 열전도율이 낮은 재료를 사용한다.
④ 외벽의 표면 열전달률을 크게 유지한다.

열저항은 다음과 같이 산출되며, 표면 열전달률이 커지면 열관류저항이 작아지는 특성을 갖는다.

R(열저항)
$$= \frac{1}{\text{실내 측 표면 열전달률}}$$
$$+ \frac{\text{두께(m)}}{\text{열전도율}}$$
$$+ \frac{1}{\text{실외 측 표면 열전달률}}$$
답 ④

03 인체의 열쾌적에 영향을 미치는 물리적 온열 4요소가 옳게 나열된 것은?

[19년 1회]

① 기온, 기류, 습도, 복사열
② 기온, 기류, 습도, 활동량
③ 기온, 습도, 복사열, 활동량
④ 기온, 기류, 복사열, 착의량

물리적 온열요소
기온, 기류, 습도, 복사열 답 ①

clo

의복의 열저항치를 나타낸 것으로 1clo의 보온력이란 온도 21.2℃, 습도 50% 이하, 기류 0.1m/s의 실내에서 의자에 앉아 안정하고 있는 성인남자가 쾌적하면서 평균피부온도를 33℃로 유지할 수 있는 착의의 보온력을 말한다. **답** ①

04 clo는 다음 중 어느 것을 나타내는 단위인가? [20년 1·2회]

① 착의량   ② 대사량

③ 복사열량   ④ 수증기량

발코니 측벽의 경우 물건을 쌓아둘 경우 환기가 불량해져 결로현상이 심화된다. **답** ③

05 공동주택에서의 결로 방지방법으로 옳지 않은 것은? [18년 4회]

① 주방벽 근처의 공기를 순환시킨다.

② 실내 세탁을 할 경우 수증기 발생을 고려하여 적절히 환기한다.

③ 발코니 측벽의 경우 열손실이 많으므로 물건 등을 쌓아서 막아 둔다.

④ 실내 공기의 포화수증기량은 온도가 높을수록 많으므로 난방을 하여 상대습도를 낮춘다.

방습층의 설치는 벽체 내부에서 발생하는 내부결로에 효과적인 방안이다. **답** ④

06 겨울철 생활이 이루어지는 공간의 실내 측 표면에 발생하는 결로를 억제하기 위한 효과적인 조치방법 중 가장 거리가 먼 것은? [예상문제]

① 환기   ② 난방

③ 구조체 단열   ④ 방습층 설치

습공기선도는 절대습도, 상대습도, 건구온도, 습구온도, 노점온도, 엔탈피, 현열비, 열수분비, 비체적, 수증기분압 등으로 구성된다. **답** ①

07 다음 중 습공기선도의 구성에 속하지 않는 것은? [18년 4회, 22년 1회]

① 비열   ② 절대습도

③ 습구온도   ④ 상대습도

자연환기량은 개구부의 위치와 관련이 있으며, 개구부의 면적에 영향을 받는다. **답** ③

08 자연환기에 관한 설명으로 옳지 않은 것은? [20년 4회]

① 풍력환기는 건물의 외벽면에 가해지는 풍압이 원동력이 된다.

② 일반적으로 공기 유입구와 유출구 높이의 차가 클수록 중력환기량은 많아진다.

③ 자연환기량은 개구부의 위치와 관련이 있으며, 개구부의 면적에는 영향을 받지 않는다.

④ 바람이 있을 때에는 중력환기와 풍력환기가 경합하므로 양자가 서로 다른 것을 상쇄하지 않도록 개구부의 위치에 주의한다.

09 중력환기에 관한 설명으로 옳지 않은 것은? [18년 4회, 21년 2회]

① 환기량은 개구부면적에 비례하여 증가한다.
② 실내외의 온도차에 의한 공기의 밀도차가 원동력이 된다.
③ 개구부의 전후에 압력차가 있으면 고압 측에서 저압 측으로 공기가 흐른다.
④ 어떤 경우에서도 중성대의 하부가 공기의 유입 측, 상부가 공기의 유출 측이 된다.

실내에 비해 실외의 온도가 높으면 (실외가 상대적으로 저기압) 중성대의 상부가 공기의 유입 측, 하부가 공기의 유출 측이 된다. 🔳 ④

10 다음 중 병원의 수술실, 클린룸에 가장 바람직한 환기방식은? [20년 4회]

① 동일한 풍량의 송풍기와 배풍기를 동시에 강제적으로 가동하는 방식
② 송풍기 및 배풍기를 설치하지 않고 자연적으로 환기를 실시하는 방식
③ 송풍기로 실내에 급기를 실시하고 배기구를 통하여 자연적으로 유출시키는 방식
④ 배풍기로 실내로부터 배기를 실시하고 급기구를 통하여 자연적으로 유입하는 방식

클린룸은 오염공기가 침투되지 않도록 실내가 양압(+)이 형성되는 2종 환기[송풍기(강제) 급기, 배기구(자연) 배기]를 하여야 한다. 🔳 ③

11 다음 설명에 알맞은 기계식 환기방식은? [21년 1회]

- 실내는 부압이 된다.
- 화장실, 욕실 등의 환기에 적합하다.
- 일반적으로 자연급기와 배기팬의 조합으로 구성된다.

① 흡출식 환기방식   ② 압입식 환기방식
③ 병용식 환기방식   ④ 중력식 환기방식

3종 환기에 대한 설명이며, 3종 환기방식을 흡출식 환기방식이라고도 한다. 🔳 ①

12 다중이용시설로서 지하역사에 요구되는 이산화탄소의 실내공기질 유지기준은? [19년 4회, 22년 2회]

① 50ppm 이하   ② 100ppm 이하
③ 500ppm 이하   ④ 1,000ppm 이하

지하철역사의 실내허용 이산화탄소 농도는 1,000ppm 이하이다. 🔳 ④

주광률의 산출식
주광률(DF)
$$= \frac{\text{실내(작업면)의 수평면조도}}{\text{실외(전천공)의 수평면조도}}$$
×100% **답** ①

13 실내 조도가 옥외 조도의 몇 %에 해당하는가를 나타내는 값은? [22년 2회]

① 주광률   ② 보수율

③ 반사율   ④ 조명률

빛나는 면의 크기가 클수록 눈부심
이 크게 발생한다. **답** ③

14 눈부심(Glare)에 관한 설명으로 옳지 않은 것은? [20년 4회]

① 광원의 휘도가 높을수록 눈부시다.

② 광원이 시선에 가까울수록 눈부시다.

③ 빛나는 면의 크기가 작을수록 눈부시다.

④ 눈에 입사하는 광속이 과다할수록 눈부시다.

측창채광은 측벽에 창이 있는 형태
로, 근린(주변건축물 등 주변환경)
에 의해 채광이 불리해질 수 있다. 예
를 들어 측창이 있는 쪽에 매우 가까
이 건물이 근접해 있으면 채광상 불
리할 가능성이 커지게 된다.
       답 ④

15 측창채광에 관한 설명으로 옳은 것은? [20년 4회]

① 천창채광에 비해 채광량이 많다.

② 천창채광에 비해 비막이에 불리하다.

③ 편측 채광의 경우 실내 조도 분포가 균일하다.

④ 근린의 상황에 의해 채광을 방해받을 수 있다.

주광률
옥외의 밝은 빛을 얼마만큼 실내에
끌고 들어왔는가를 객관적으로 보
여주는 수치값이다. **답** ②

16 주광률에 대한 용어 설명으로 옳은 것은? [21년 1회]

① 조명기구에 의한 상하방향으로의 배광 정도를 나타내는 값

② 실내의 조도가 옥외의 조도 몇 %에 해당하는가를 나타내는 값

③ 램프광속 중 조명범위에 유효하게 이용되는 광속의 비율을 나타내는 값

④ 조명시설을 어느 기간 사용한 후의 작업면상의 평균조도와 초기조도와의
비율을 나타내는 값

회절
음의 진행을 가로막고 있는 것을 타
고 넘어가 후면으로 전달되는 현상
을 말한다. **답** ④

17 다음의 설명에 알맞은 음의 성질은? [18년 4회, 21년 3회]

> 음파는 파동의 하나이기 때문에 물체가 진행방향을 가로막고 있다고 해도 그 물체
> 의 후면에도 전달된다.

① 반사   ② 흡음

③ 간섭   ④ 회절

18 다음 설명에 알맞은 음과 관련된 현상은? [20년 3회]

> • 서로 다른 음원에서의 음이 중첩되면 합성되어 음은 쌍방의 상황에 따라 강해진다든지, 약해진다든지 한다.
> • 2개의 스피커에서 같은 음을 발생하면 음이 크게 들리는 곳과 작게 들리는 곳이 생긴다.

① 음의 간섭　　　　　　② 음의 굴절
③ 음의 반사　　　　　　④ 음의 회절

간섭
서로 다른 음원 사이에서 중첩·합성되어 음의 쌍방조건에 따라 강해지고 약해지는 현상을 말한다.
답 ①

19 다음 설명에 알맞은 음과 관련된 현상은? [19년 4회]

> • 매질 중의 음의 속도가 공간적으로 변동함으로써 음이 전파하는 방향이 바뀌는 과정이다.
> • 주간에 들리지 않던 소리가 야간에 잘 들린다.

① 반사　　　　　　② 간섭
③ 회절　　　　　　④ 굴절

공간 특성이 바뀔 때 음이 굴절하는 특성을 설명하고 있다.　**답** ④

20 잔향시간에 관한 설명으로 옳지 않은 것은? [19년 1회]

① 잔향시간은 실용적에 비례한다.
② 잔향시간이 너무 길면 음의 명료도가 저하된다.
③ 잔향시간은 실내가 확산음장이라고 가정하여 구해진 개념이다.
④ 음악감상을 주로 하는 실은 대화를 주로 하는 실보다 짧은 잔향시간이 요구된다.

대화를 주로 하는 실은 음악감상을 주로 하는 실보다 짧은 잔향시간이 요구된다.　**답** ④

21 잔향시간에 관한 설명으로 옳은 것은? [20년 3회]

① 잔향시간은 일반적으로 실의 용적에 비례한다.
② 잔향시간이 짧을수록 음의 명료도가 저하된다.
③ 음악을 위한 공간일수록 잔향시간이 짧아야 한다.
④ 평균 음에너지밀도가 6dB 감소하는 데 걸리는 시간을 의미한다.

② 잔향시간이 짧을수록 음의 명료도가 높아진다.
③ 음성전달을 위한 공간일수록 잔향시간이 짧아야 한다.
④ 평균 음에너지밀도가 60dB 감소하는 데 걸리는 시간을 의미한다.
답 ①

22 건축법령에서 정의하는 다음에 해당하는 용어는? [18년 4회]

> 기존 건축물의 전부 또는 일부(내력벽 · 기둥 · 보 · 지붕틀 중 셋 이상이 포함되는 경우를 말한다)를 철거하고 그 대지에 종전과 같은 규모의 범위에서 건축물을 다시 축조하는 것을 말한다.

① 신축　　　　　② 개축
③ 증축　　　　　④ 재축

23 국토교통부령으로 정하는 기준에 따라 채광을 위하여 거실에 설치하는 창문 등의 면적기준으로 옳은 것은?(단, 단독주택 및 공동주택의 거실인 경우) [20년 3회, 24년 2회]

① 거실 바닥면적의 5분의 1 이상
② 거실 바닥면적의 10분의 1 이상
③ 거실 바닥면적의 15분의 1 이상
④ 거실 바닥면적의 20분의 1 이상

24 바닥면적이 $100m^2$인 의료시설의 병실에서 채광을 위하여 설치하여야 하는 창문 등의 최소면적은? [예상문제]

① $5m^2$　　　　　② $10m^2$
③ $20m^2$　　　　④ $30m^2$

25 단독주택 및 공동주택의 환기를 위하여 거실에 설치하는 창문 등의 면적은 최소 얼마 이상이어야 하는가?(단, 기계환기장치 및 중앙관리방식의 공기조화설비를 설치하지 않은 경우) [19년 1회]

① 거실 바닥면적의 5분의 1
② 거실 바닥면적의 10분의 1
③ 거실 바닥면적의 15분의 1
④ 거실 바닥면적의 20분의 1

26 채광을 위하여 거실에 설치하는 창문 등의 면적 확보와 관련하여 이를 대체할 수 있는 조명장치를 설치하고자 할 때 거실의 용도가 집회용도의 회의기능일 경우 조도기준으로 옳은 것은?(단, 조도는 바닥에서 85cm의 높이에 있는 수평면의 조도이다) [예상문제]

① 100lx 이상
② 200lx 이상
③ 300lx 이상
④ 400lx 이상

거실 용도에 따른 조도기준(건축물의 피난·방화구조 등의 기준에 관한 규칙 [별표 1의3])

거실의 용도구분	조도구분	바닥에서 85센티미터의 높이에 있는 수평면의 조도(lux)
4. 집회	회의	300
	집회	150
	공연·관람	70

답 ③

27 건축물의 에너지 절약을 위한 단열계획으로 옳지 않은 것은? [18년 4회]

① 외벽 부위는 외단열로 시공한다.
② 외피의 모서리 부분은 열교가 발생하지 않도록 단열재를 연속적으로 설치한다.
③ 건물의 창호는 가능한 한 작게 설계하되, 열손실이 적은 북측의 창면적은 가능한 한 크게 한다.
④ 창호면적이 큰 건물에는 단열성이 우수한 로이(Low-E) 복층창이나 삼중창 이상의 단열성능을 갖는 창호를 설치한다.

건물의 창호는 가능한 한 작게 설계하고, 열손실이 큰 북측의 창면적은 최소화한다.

답 ③

28 다음 중 거실·욕실 또는 조리장의 바닥 부분에 방습을 위한 조치를 하지 않아도 되는 경우는? [20년 4회]

① 건축물의 최하층에 있는 목조바닥의 서실
② 건축물의 최하층에 있는 석조바닥의 거실
③ 제1종 근린생활시설 중 휴게음식점의 조리장
④ 제2종 근린생활시설 중 숙박시설의 욕실

거실 등의 방습(건축법 시행령 제52조)
다음에 해당하는 거실·욕실 또는 조리장의 바닥 부분에는 국토교통부령으로 정하는 기준에 따라 방습을 위한 조치를 해야 한다.
• 건축물의 최하층에 있는 거실(바닥이 목조인 경우만 해당한다)
• 제1종 근린생활시설 중 목욕장의 욕실과 휴게음식점 및 제과점의 조리장
• 제2종 근린생활시설 중 일반음식점, 휴게음식점 및 제과점의 조리장과 숙박시설의 욕실

답 ②

29 30층 호텔을 건축하는 경우에 6층 이상의 거실면적의 합계가 25,000m²이다. 16인승 승용승강기로 설치하는 경우에는 최소 몇 대 이상을 설치하여야 하는가? [19년 기사 4회, 24년 1회]

① 6대
② 8대
③ 10대
④ 12대

승강기대수
$$= 1 + \frac{25,000 - 3,000}{2,000} = 12대$$
∴ 16인승은 1대를 2대로 간주하므로 설치대수는 6대가 된다.

답 ①

공장(화재의 위험이 적은 공장으로서 주요 구조부가 불연재료로 되어 있는 2층 이하의 공장은 제외)의 경우 바닥면적 합계가 2,000m² 이상일 경우 주요 구조부를 내화구조로 하여야 한다. 🔟 ④

30 공장의 용도로 쓰는 건축물로서 그 용도로 쓰는 바닥면적의 합계가 최소 얼마 이상인 경우 주요 구조부를 내화구조로 하여야 하는가?(단, 화재의 위험이 적은 공장으로서 국토교통부령으로 정하는 공장은 제외한다) [예상문제]

① 200m²
② 500m²
③ 1,000m²
④ 2,000m²

특별피난계단 설치대상

구분	대상	예외
특별피난계단	11층(공동주택 16층) 이상의 층으로부터 피난층 또는 지상으로 통하는 직통계단	• 갓복도식 공동주택 • 해당 층의 바닥면적이 400m² 미만인 층
	지하 3층 이하인 층으로부터 피난층 또는 지상으로 통하는 직통계단	

🔟 ④

31 다음은 피난층 또는 지상으로 통하는 직통계단을 특별피난계단으로 설치하여야 하는 층에 관한 법령사항이다. ( ) 안에 들어갈 내용으로 옳은 것은? [예상문제]

> 건축물(갓복도식 공동주택은 제외한다)의 (A)(공동주택의 경우에는 (B)) 이상인 층(바닥면적이 400m² 미만인 층은 제외한다) 또는 지하 3층 이하인 층(바닥면적이 400m² 미만인 층은 제외한다)으로부터 피난층 또는 지상으로 통하는 직통계단은 제1항에도 불구하고 특별피난계단으로 설치하여야 한다.

① A : 8층, B : 11층
② A : 8층, B : 16층
③ A : 11층, B : 12층
④ A : 11층, B : 16층

① 2층이 노인복지시설의 용도로 쓰는 건축물로서 그 용도로 쓰는 바닥면적의 합계가 400m² 이상인 것(보기는 450m²이므로 400m² 이상에 해당)
② 2층이 의료시설의 용도에 쓰는 건축물로서 그 용도로 쓰는 바닥면적의 합계가 400m² 이상인 것
③ 위락시설(주점영업의 용도에 쓰이는 것을 제외한다)의 용도로 쓰는 건축물로서 그 용도로 쓰는 바닥면적의 합계가 500m² 이상인 것
④ 자동차 관련 시설의 용도로 쓰는 건축물로서 그 용도로 쓰는 바닥면적의 합계가 500m² 이상인 것
🔟 ①

32 다음 건축물 중 그 주요 구조부를 내화구조로 하여야 하는 것은? [20년 1 · 2회]

① 2층이 노인복지시설의 용도로 쓰는 건축물로서 그 용도로 쓰는 바닥면적의 합계가 450m²인 것
② 2층이 의료시설의 용도에 쓰는 건축물로서 그 용도로 쓰는 바닥면적의 합계가 300m²인 것
③ 위락시설(주점영업의 용도에 쓰이는 것을 제외한다)의 용도로 쓰는 건축물로서 그 용도로 쓰는 바닥면적의 합계가 450m²인 것
④ 자동차 관련 시설의 용도로 쓰는 건축물로서 그 용도로 쓰는 바닥면적의 합계가 300m²인 것

연면적 1천m² 이상인 건축물은 방화벽으로 구획하되, 각 구획된 바닥면적의 합계는 1천m² 미만이어야 한다. 🔟 ③

33 방화벽으로 구획을 하여야 하는 건축물의 최소연면적 기준은? [19년 4회]

① 500m² 이상
② 800m² 이상
③ 1,000m² 이상
④ 2,000m² 이상

34 다음 중 방화구조에 속하지 않는 것은? [19년 4회]

① 철망모르타르로서 그 바름두께가 2cm인 것

② 시멘트모르타르 위에 타일을 붙인 것으로서 그 두께의 합계가 2.5cm인 것

③ 심벽에 흙으로 맞벽치기한 것

④ 석고판 위에 시멘트모르타르 또는 회반죽을 바른 것으로서 그 두께의 합계가 2cm인 것

방화구조

구조 부분	구조 기준
철망모르타르	그 바름 두께가 2cm 이상
• 석고판 위에 시멘트모르타르 또는 회반죽을 바른 것 • 시멘트모르타르 위에 타일을 붙인 것	두께의 합계가 2.5cm 이상
심벽에 흙으로 맞벽치기한 것	–
산업표준화법에 따른 한국산업표준이 정하는 바에 따라 시험한 결과 방화 2급 이상	–

📝 ④

35 다음 중 주요 구조부를 내화구조로 하여야 하는 건축물은? [20년 4회]

① 주점영업의 용도로 쓰는 건축물로서 집회실의 바닥면적의 합계가 100m²인 건축물

② 전시장의 용도로 쓰는 건축물로서 그 용도로 쓰는 바닥면적의 합계가 300m²인 건축물

③ 판매시설의 용도로 쓰는 건축물로서 그 용도로 쓰는 바닥면적의 합계가 500m²인 건축물

④ 공장의 용도로 쓰는 건축물로서 그 용도로 쓰는 바닥면적의 합계가 1,000m²인 건축물

① 주점영업의 용도로 쓰는 건축물로서 집회실의 바닥면적의 합계가 200m² 이상인 건축물
② 전시장의 용도로 쓰는 건축물로서 그 용도로 쓰는 바닥면적의 합계가 500m² 이상인 건축물
③ 판매시설의 용도로 쓰는 건축물로서 그 용도로 쓰는 바닥면적의 합계가 500m² 이상인 건축물
④ 공장의 용도로 쓰는 건축물로서 그 용도로 쓰는 바닥면적의 합계가 2,000m² 이상인 건축물

📝 ③

36 건축물의 피난층 외의 층에서 피난층 또는 지상으로 통하는 직통계단을 설치할 때, 거실의 각 부분으로부터 계단에 이르는 보행거리의 기준은 최대 얼마 이하가 되도록 하여야 하는가?(단, 기타의 경우는 고려하지 않는다) [21년 1회]

① 20m   ② 30m

③ 70m   ④ 100m

직통계단의 설치
건축물의 피난층 외의 층에서는 피난층 또는 지상으로 통하는 직통계단(경사로를 포함)을 거실의 각 부분으로부터 계단(거실로부터 가장 가까운 거리에 있는 계단)에 이르는 보행거리가 30m 이하가 되도록 설치하여야 한다. 📝 ②

옥상광장 설치대상
5층 이상의 층이 다음 용도의 시설
에는 피난용도로 쓸 수 있는 광장을
옥상에 설치하여야 한다.
• 제2종 근린생활시설 중 공연장 ·
  종교집회장 · 인터넷컴퓨터게임
  시설제공업소(해당 용도로 쓰는
  바닥면적의 합계가 각각 300m²
  이상)
• 문화 및 집회시설(전시장 및 동 ·
  식물원은 제외)
• 종교시설
• 판매시설
• 위락시설 중 주점영업
• 장례시설　　　　　**답** ④

37 피난용도로 쓸 수 있는 광장을 옥상에 설치해야 하는 시설기준에 해당하는 것은?　　　　　　　　　　　　　　　　　　　　　　　[21년 1회]

① 5층 이상인 층이 공동주택의 용도로 쓰는 경우
② 5층 이상인 층이 학교의 용도로 쓰는 경우
③ 5층 이상인 층이 전시장의 용도로 쓰는 경우
④ 5층 이상인 층이 장례시설의 용도로 쓰는 경우

문화 및 집회시설 중 공연장의 개별
관람실(바닥면적이 300제곱미터 이
상인 것에 한한다)의 출구는 다음의
기준에 적합하게 설치하여야 한다.
• 관람실별로 2개소 이상 설치할 것
• 각 출구의 유효너비는 1.5미터 이
  상일 것
• 개별 관람실 출구의 유효너비의
  합계는 개별 관람실의 바닥면적
  100제곱미터마다 0.6미터의 비
  율로 산정한 너비 이상으로 할 것
　　　　　　　　　　　　　답 ②

38 문화 및 집회시설 중 공연장 개별 관람실의 각 출구의 유효너비 최소기준은?(단, 바닥면적이 300m² 이상인 경우)　　　　　　　　　　[예상문제]

① 1.2m 이상　　　　　　　　② 1.5m 이상
③ 1.8m 이상　　　　　　　　④ 2.1m 이상

출구의 총유효너비
$$=\frac{1,500}{100}\times 0.6 = 9m$$
여기서, 바닥면적은 해당 용도의 바
닥면적이 최대인 층의 바닥면적을
기준으로 한다.　　　　　　**답** ②

39 판매시설의 용도에 쓰이는 피난층에 설치하는 건축물의 바깥쪽으로의 출구의 유효너비의 합계는 최소 얼마 이상으로 하여야 하는가?(단, 지상 6층인 건축물로서 각 층의 바닥면적은 1층과 2층은 각각 1,000m², 3층부터 6층까지는 각각 1,500m²이다)　　　　　　　　　　　　　　　[20년 1 · 2회]

① 6m　　　　　　　　　　② 9m
③ 12m　　　　　　　　　④ 36m

판매시설의 경우 연면적이 5,000m²
이상인 경우 건축물의 피난층 또는
피난층의 승강장으로부터 건축물
의 바깥쪽에 이르는 통로에 경사로
를 설치하여야 한다.　　　　**답** ④

40 건축물의 피난층 또는 피난층의 승강장으로부터 건축물의 바깥쪽에 이르는 통로에 경사로를 설치하여야 하는 판매시설의 연면적기준은?　　　[예상문제]

① 1,000m² 미만　　　　　　② 2,000m² 미만
③ 3,000m² 이상　　　　　　④ 5,000m² 이상

41 무창층이란 지상층 중 다음에서 정의하는 개구부 면적의 합계가 해당 층 바닥면적의 얼마 이하가 되는 층으로 규정하는가? [예상문제]

> 개구부란 건축물에서 채광 · 환기 · 통풍 또는 출입 등을 위하여 만든 창 · 출입구이며, 크기 및 위치 등 법령에서 정의하는 세부요건을 만족한다.

① 1/10
② 1/20
③ 1/30
④ 1/40

무창층(소방시설 설치 및 관리에 관한 법률 시행령 제2조)
지상층 중 다음의 요건을 모두 갖춘 개구부의 면적의 합계가 해당 층의 바닥면적의 30분의 1 이하가 되는 층을 말한다.
• 크기는 지름 50센티미터 이상의 원이 내접(內接)할 수 있는 크기일 것
• 해당 층의 바닥면으로부터 개구부 밑부분까지의 높이가 1.2미터 이내일 것
• 도로 또는 차량이 진입할 수 있는 빈터를 향할 것
• 화재 시 건축물로부터 쉽게 피난할 수 있도록 창살이나 그 밖의 장애물이 설치되지 아니할 것
• 내부 또는 외부에서 쉽게 부수거나 열 수 있을 것
📖 ③

42 소방시설법령에서 정의하고 있는 "무창층"을 구성하는 개구부의 최소여건에 해당되지 않는 것은? [20년 1 · 2회]

① 크기는 지름 60cm 이상의 원이 내접할 수 있는 크기일 것
② 해당 층의 바닥면으로부터 개구부 밑부분까지의 높이가 1.2m 이내일 것
③ 내부 또는 외부에서 쉽게 부수거나 열 수 있을 것
④ 도로 또는 차량이 진입할 수 있는 빈터를 향할 것

무창층에서의 개구부의 크기는 지름 50센티미터 이상의 원이 내접(內接)할 수 있는 크기이어야 한다.
📖 ①

43 스프링클러설비를 설치하여야 하는 특정소방대상물의 기준으로 옳지 않은 것은? [19년 1회]

① 의료시설 중 정신의료기관으로서 해당 용도로 사용되는 바닥면적 합계가 400m² 이상인 것 → 모든 층
② 판매시설, 운수시설 및 창고시설(물류터미널에 한정)로서 바닥면적 합계가 5,000m² 이상인 경우 → 모든 층
③ 층수가 6층 이상인 특정소방대상물의 경우 → 모든 층
④ 문화 및 집회시설(동 · 식물원은 제외한다)로서 무대부가 지하층 · 무창층 또는 4층 이상의 층에 있는 경우에는 무대부의 면적이 300m² 이상인 것 → 모든 층

의료시설 중 정신의료기관으로서 해당 용도로 사용되는 바닥면적 합계가 600m² 이상인 것 → 모든 층
📖 ①

지하가 중 터널로서 길이가 1천m 이상인 터널은 옥내소화전설비를 설치하여야 하는 특정소방대상물에 해당한다. **답** ①

44 옥내소화전설비를 설치해야 하는 특정소방대상물 종류의 기준과 관련하여, 지하가 중 터널은 길이가 최소 얼마 이상인 것을 기준대상으로 하는가?

[예상문제]

① 1,000m 이상
② 2,000m 이상
③ 3,000m 이상
④ 4,000m 이상

비상경보설비를 설치하여야 할 특정소방대상물

• 연면적 400m²(지하가 중 터널 또는 사람이 거주하지 않거나 벽이 없는 축사 등 동 · 식물 관련시설은 제외) 이상이거나 지하층 또는 무창층의 바닥면적이 150m²(공연장의 경우 100m²) 이상인 것
• 지하가 중 터널로서 길이가 500m 이상인 것
• 50명 이상의 근로자가 작업하는 옥내작업장 **답** ②

45 비상경보설비를 설치하여야 할 특정소방대상물의 연면적기준은?(단, 지하가 중 터널 또는 사람이 거주하지 않거나 벽이 없는 축사 등 동 · 식물 관련시설은 제외한다)

[19년 2회]

① 300m² 이상

② 400m² 이상

③ 500m² 이상

④ 600m² 이상

지하가 중 터널길이 500m 이상인 경우가 해당된다. **답** ④

46 비상경보설비를 설치하여야 할 특정소방대상물 기준으로 틀린 것은?(단, 지하층 및 무창층이 공연장인 경우는 고려하지 않는다)

[20년 4회]

① 무창층 – 무창층의 바닥면적 150m² 이상

② 지하층 – 지하층의 바닥면적 150m² 이상

③ 옥내작업장 – 작업근로자수 50명 이상

④ 지하가 중 터널 – 길이 300m 이상

연소방지설비는 소화활동설비이고, 비상방송설비는 경보설비에 해당하므로 면제 가능한 유사 소방시설에 해당하지 않는다. **답** ①

47 특정소방대상물에 설치하여야 하는 소방시설과 이를 면제할 수 있는 유사 소방시설의 연결이 틀린 것은?

[20년 4회]

① 연소방지설비 – 비상방송설비

② 비상조명등 – 피난구유도등

③ 비상경보설비 – 자동화재탐지설비

④ 스프링클러설비 – 물분무등소화설비

48 방염성능기준 이상의 실내장식물 등을 설치하여야 하는 특정소방대상물에 해당하지 않는 것은?

[19년 1회]

① 의료시설 중 종합병원

② 건축물의 옥내에 있는 운동시설(수영장은 제외)

③ 11층 이상인 아파트

④ 교육연구시설 중 합숙소

방염성능기준 이상의 실내장식물 등을 설치하여야 하는 특정소방대상물에서 아파트는 제외된다.

답 ③

49 방염성능기준 이상의 실내장식물 등을 설치하여야 하는 특정소방대상물에 해당하지 않는 것은?

[18년 4회]

① 근린생활시설 중 체력단련장

② 의료시설 중 종합병원

③ 층수가 15층인 아파트

④ 숙박이 가능한 수련시설

문제 48번 해설 참고

답 ③

50 방염성능기준 이상의 실내장식물 등을 설치하여야 하는 특정소방대상물에 해당하지 않는 것은?

[예상문제]

① 교육연구시설 중 합숙소

② 방송통신시설 중 방송국

③ 건축물의 옥내에 있는 종교시설

④ 건축물의 옥내에 있는 수영장

방염성능기준 이상의 실내장식물 등을 설치하여야 하는 특정소방대상물에 운동시설은 포함되나 그중 수영장은 제외된다.

답 ④

51 특정소방대상물에서 사용하는 방염대상물품에 해당하지 않는 것은?

[20년 3회]

① 창문에 설치하는 커튼류

② 전시용 합판

③ 종이벽지

④ 섬유류 또는 합성수지류 등을 원료로 하여 제작된 소파

방염대상물품에 두께가 2mm 미만인 벽지류가 포함되나, 벽지류 중 종이벽지는 제외한다.

답 ③

52 일반적인 방염대상물품의 방염성능기준에서 버너의 불꽃을 제거한 때부터 불꽃을 올리며 연소하는 상태가 그칠 때까지의 시간은 얼마 이내이어야 하는가? [예상문제]

① 10초   ② 15초

③ 20초   ④ 30초

53 방염대상물품의 방염성능기준에서 불꽃에 의하여 완전히 녹을 때까지 불꽃의 접촉횟수는 최소 몇 회 이상인가?(단, 소방청장이 정하여 고시하는 사항은 고려하지 않는다) [21년 1회]

① 2회   ② 3회

③ 5회   ④ 7회

54 문화 및 집회시설, 운동시설, 관광휴게시설로서 자동화재탐지설비를 설치하여야 할 특정소방대상물의 연면적기준은? [예상문제]

① 1,000m² 이상   ② 1,500m² 이상

③ 2,000m² 이상   ④ 2,300m² 이상

55 건축허가 등을 할 때 미리 소방본부장 또는 소방서장의 동의를 받아야 하는 건축물에 해당되는 것은? [20년 1·2회]

① 연면적이 300m²인 업무시설

② 승강기 등 기계장치에 의한 주차시설로서 자동차 15대를 주차할 수 있는 주차시설

③ 항공관제탑

④ 지하층이 있는 건축물로서 바닥면적이 80m²인 층이 있는 것

① 연면적이 400m² 이상인 업무시설
② 승강기 등 기계장치에 의한 주차시설로서 자동차 20대 이상을 주차할 수 있는 주차시설
④ 지하층이 있는 건축물로서 바닥면적이 150m² 이상인 층이 있는 것(공연장인 경우에는 100m² 이상인 층이 있는 것) **정답 ③**

56 건축허가 등을 할 때 미리 소방본부장 또는 소장서장의 동의를 받아야 하는 건축물 등의 범위기준에 해당하지 않는 것은? [예상문제]

① 연면적 200m²의 수련시설

② 연면적 200m²의 노유자시설

③ 연면적 300m²의 근린생활시설

④ 연면적 400m²의 의료시설

근린생활시설은 연면적 400m² 이상일 경우 건축허가 등을 할 때 미리 소방본부장 또는 소장서장의 동의를 받아야 하는 건축물에 해당한다. **정답 ③**

57 건축허가 등을 함에 있어서 미리 소방본부장 또는 소방서장의 동의를 받아야 하는 건축물 등의 범위기준으로 옳지 않은 것은? [18년 4회, 19년 4회]

① 지하층 또는 무창층이 있는 건축물(공연장 제외)로서 바닥면적이 100m² 이상인 층이 있는 것

② 차고·주차장으로 사용되는 바닥면적이 200m² 이상인 층이 있는 건축물이나 주차시설

③ 승강기 등 기계장치에 의한 주차시설로서 자동차 20대 이상을 주차할 수 있는 시설

④ 항공기격납고, 관망탑, 항공관제탑, 방송용 송수신탑

지하층 또는 무창층이 있는 건축물(공연장 제외)로서 바닥면적이 150m² 이상인 층이 있는 경우에는 건축허가 등을 함에 있어서 미리 소방본부장 또는 소방서장의 동의를 받아야 한다. **정답 ①**

실내디자인 조명계획

❶ 조명의 기초사항

1. 조명의 일반조건 및 연색성 평가지수

1) 조명의 일반조건

① 필요한 밝기(필요조도 확보)로서 적당한 밝기가 좋다.

② 분광 분포와 관련하여 표준주광이 좋다.

③ 휘도 분포와 관련하여 얼룩이 없을수록 좋다.

④ 직시 눈부심과 반사 눈부심 모두가 없어야 한다.

2) 연색성 평가지수

① 자연의 태양광과의 유사 정도를 판단하는 연색성을 수치화, 계량화한 것이다.

② 연색평가지수는 0~100 범위의 수치를 가지며, 100에 가까울수록 연색성이 좋다고 한다.

✖ **연색성(Color Rendering)**
자연광(태양광, 주광)에 얼마나 자연스럽게(비슷하게) 색이 구현되는가를 나타내는 성질이다.

2. 빛의 단위

빛의 단위에는 광속, 광도, 조도, 휘도, 광속발산도가 있다.

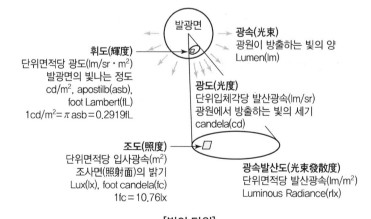

발광면

광속(光束)
광원이 방출하는 빛의 양
Lumen(lm)

휘도(輝度)
단위면적당 광도(lm/sr · m²)
발광면의 빛나는 정도
cd/m², apostilb(asb),
foot Lambert(fL)
$1cd/m^2 = \pi\ asb = 0.2919fL$

광도(光度)
단위입체각당 발산광속(lm/sr)
광원에서 방출하는 빛의 세기
candela(cd)

조도(照度)
단위면적당 입사광속(m²)
조사면(照射面)의 밝기
Lux(lx), foot candela(fc)
$1fc = 10.76lx$

광속발산도(光束發散度)
단위면적당 발산광속(lm/m²)
Luminous Radiance(rlx)

[빛의 단위]

구분	단위	내용
광속 (F)	루멘(lm)	복사에너지를 눈으로 보아 빛으로 느끼는 크기를 나타낸 것으로, 광원으로부터 발산되는 빛의 양이다.
광도 (I)	칸델라(cd)	광원에서 어떤 방향에 대한 단위입체각당 발산되는 광속으로, 광원의 능력을 나타내며, 빛의 세기라고도 한다.
조도 (E)	럭스(lx)	• 어떤 면의 단위면적당 입사광속으로, 피조면의 밝기를 나타낸다. • 조도는 광도에 비례하고 거리의 제곱에 반비례한다.
휘도 (B)	스틸브(sb)와 니트(nt)	광원의 임의의 방향에서 본 단위투영면적당의 광도로, 광원의 빛나는 정도이며, 눈부심의 정도라고도 한다.
광속발산도 (R)	래드럭스(rlx)	광원의 단위면적으로부터 발산하는 광속으로, 광원 혹은 물체의 밝기를 나타낸다.

❷ 조명설계

1. 조명설계의 일반사항

1) 조명의 4요소

밝기(명도), 눈부심, 대비(크기), 노출시간

2) 조명설계 순서

소요조도 결정 → 조명방식 결정 → 광원 선정 → 조명기구 선정 → 조명기구 배치 → 최종 검토

3) 조명설계 시 유의사항

① 적당하고 균일한 조도 유지
② 적당한 휘도 및 광색이 좋고 방사열이 적어야 함
③ 색의 식별이 필요할 경우 적당한 광원 선택
④ 명암대비 3 : 1이 적당(적당한 그림자)

2. 광원의 종류

1) 백열등(전구)

① 일반적으로 휘도가 높고 열의 발산이 많다.
② 광색에는 적색부분이 많고 배광제어가 용이하다.
③ 스위치(Switch)를 넣고 점등에 이르는 순응성이 크다.
④ 온도가 높을수록 주광색에 가깝고, 빛이 동요하지 않으며, 잡음이 나지 않는다.

핵심 문제 01 ◆◆◆

다음 중 실내의 조명설계순서에서 가장 먼저 고려하여야 할 사항은? [19년 4회]
① 조명기구 배치   ② 소요조도 결정
③ 조명방식 결정   ④ 소요전등수 결정

해설

소요조도 결정 → 조명방식 결정 → 광원 선정 → 조명기구 선정 → 조명기구 배치 → 최종 검토

정답 ②

💡 **TIP**

백열등(전구)의 점등방법
진공유리관 속에 장치한 텅스텐 필라멘트를 전력을 통전하여 가열시켜서 발생하는 빛으로 조명한다.

⑤ 광원이 비교적 작으므로 조명대상물의 질감과 형태를 강조하는 장점이 있다.

2) 형광등

① 점등장치를 필요로 하며, 광질이 좋고 고효율로 경제적이다.

② 옥내외 전반조명, 국부조명에 적합하다.

③ 백열등(전구)보다 최대 10배 정도 수명이 길다.

④ 주광에 아주 가까운 빛이다.

⑤ 열의 발산이 적다.

⑥ 백열등보다 3~4배의 높은 조도를 가지므로 에너지가 절약된다.

⑦ 저휘도이고 광색의 조절이 비교적 용이하여 눈부심을 방지한다.

⑧ 주위온도의 영향을 받는다(−10℃ 이하에서는 점등이 불가능, 20℃ 이상에서 효율이 가장 좋다).

⑨ 점등까지 시간이 소요된다.

⑩ 점멸횟수가 빈번하면 수명이 짧아진다.

3) 고압방전등(HID : High Intensity Discharge Lamp)

(1) 수은등

① 백열등에 비해 80% 절전효과가 있다.

② 수명이 길어서 비용과 시간이 절약된다.

③ 휘도는 높으나 연색성은 나쁘다.

④ 초고압수은등은 영화촬영 등에 이용된다.

⑤ 점등 시 약 10분의 시간이 소요된다.

(2) 고압나트륨등

① 효율은 높지만 색온도가 낮아서(2,050K) 연색성이 좋지 않다.

② 경제적이므로 도로, 광장 등의 옥외조명에 사용하고 있다.

(3) 메탈할라이드등

① 고압수은램프보다 효율과 연색성이 우수하고, 옥외조명(운동장, 경기장) 및 옥내 고천장조명에 적합하다.

② 색온도가 높아 밝고 딱딱한 분위기를 연출한다.

③ 시동과 재시동에 시간이 소요된다(5~10분).

④ 최근에는 소형(40~120W)이 제품화되어 저천장의 점포조명에 사용하고 있다.

4) 할로겐전구

(1) 용도

백화점 상점의 스포트라이트, 컬러 TV의 백라이트, 옥외의 투광조명, 고천장 조명, 광학용, 비행장 활주로용, 자동차용, 복사기용, 히터용 등으로 사용한다.

(2) 특징

① 초소형, 경량의 전구이다(백열전구의 1/10 이상 소형화 가능).
② 별도의 점등장치가 필요하지 않다.
③ 수명이 백열전구에 비해 2배 길다.
④ 단위광속이 크고 휘도가 높으며 연색성이 좋다.
⑤ 온도가 높다(베이스로 세라믹을 사용).
⑥ 흑화가 거의 발생하지 않는다.

5) 무전극형광램프

① 방전램프 중 예열 없는 고주파 방전의 즉시 점등형으로 시동·재시동 시간이 극히 짧다.
② 광속의 안정성도 빠르며, 연색성과 효율도 좋다.
③ 수명도 60,000시간 이상으로 램프 중 가장 길다.
④ 램프와 인버터의 가격이 비싸다.
⑤ 일반적으로 형광램프, 일루미네이션, 투광기, 도로조명 및 고천장용 등으로 사용한다.

6) LED램프

① 전체 광효율이 높고 에너지 절감효과가 커서 각광받고 있다.
② 수명이 길고, 수은을 쓰지 않아 친환경제품으로 인정받고 있다.
③ 소비전력이 백열등 및 형광등에 비해 낮다.
④ 수명(5~10만 시간)이 길고, 깜박거리는 현상과 필라멘트가 끊어지는 현상이 없다.
⑤ RGB 색상을 이용하기 때문에 다양한 색상 구현이 가능하다.
⑥ 확산성이 떨어진다.

LED램프의 특징
· LED는 긴 수명, 낮은 소비전력, 높은 신뢰성이 있다.
· 건축물에서의 일반 조명용도뿐만 아니라 신호용으로서 옥외의 교통신호등, 차량의 각종 표시등, 항공유도등, 대형 전광표시판에 이르기까지 광범위하게 응용되고 있다.

3. 조명방식 및 특징

1) 조명기구의 배광(配光)에 따른 분류

구분	조명기구 배광	상방	하방	설치장소
직접조명		0~10%	90~100%	공장, 다운라이트 매입
반직접조명		10~40%	60~90%	사무실, 학교, 상점
전반확산조명		40~60%	40~60%	
반간접조명		60~90%	10~40%	병실, 침실, 식당
간접조명		90~100%	0~10%	

(1) 직접조명

① 상방광속이 0~10%, 하방광속이 90~100%인 조명
② 눈부심 및 조도 불균형 발생
③ 강한 대비에 따른 그림자 발생
④ 공장 등 직접조명이 필요한 장소에 적용

(2) 전반확산조명

① 상방광속이 40~60%, 하방광속이 40~60%인 조명
② 직접과 간접의 혼합형태
③ 조명효율이 낮으며, 조도가 균일
④ 사무실, 학교 등에 적용

(3) 간접조명

① 상방광속이 90~100%, 하방광속이 0~10%인 조명
② 조도가 가장 균일
③ 그림자가 적으며, 음산한 분위기 연출
④ 병실, 침실 등에 적용

✱ 반직접 · 반간접조명
직접조명과 간접조명의 장점만을 채택한 조명이다.

2) 조명기구의 배치에 따른 분류

(1) 전반조명방식

① 하나의 실내 전체를 고른 조도로 조명하는 것을 목적으로 한다.

② 계획과 설치가 용이하고, 책상의 배치나 작업대상물이 바뀌어도 대응이 용이하다.

(2) 국부조명방식

① 실내에서 각 구역의 필요조도에 따라 부분적 또는 국소적으로 설치하는 방식이다.

② 하나의 실에서 밝고 어둠의 차가 크기 때문에 눈이 쉽게 피로해지는 결점이 있다.

③ 조명기구를 작업대에 직접 설치하거나 작업부의 천장에 매다는 형태이다.

(3) 전반국부조명방식

① 넓은 실내공간에서 각 구역별 작업의 특성이나 활동영역을 고려하여 실 전체에 비교적 낮은 조도의 전반조명을 한 다음, 세밀한 작업을 하는 구역에는 고조도로 조명하는 방식이다.

② 조도의 변화를 작게 하여 명시효과를 높이기 위한 것이다.

③ 정밀공장, 실험실, 조립 및 가공공장 등에 주로 적용된다.

(4) TAL 조명방식(Task & Ambient Lighting)

① 작업구역(Task)에는 전용의 국부조명방식으로 조명하고, 기타 주변(Ambient) 환경에 대하여는 간접조명과 같은 낮은 조도레벨로 조명하는 방식을 말한다. 여기서 주변조명에는 직접조명방식도 포함된다.

② 실내의 전체적인 밝기를 낮게 억제할 수 있기 때문에 에너지 소비적인 측면에서는 유리하지만 데스크의 조명 설치로 인한 초기비용이 증가한다. 또한, 필요한 장소만 밝히기 때문에 실내가 전체적으로 어두워지는 단점도 발생한다.

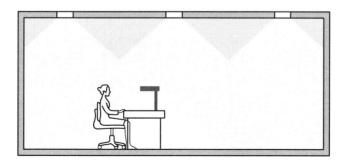

[TAL(Task & Ambient Lighting) 조명방식]

3) 건축화조명

(1) 일반사항

① 건물의 일부를 광원화하는 것으로 조명효율은 떨어지지만 조도 분포는 균일하다.

② 천장, 벽, 기둥 등 건축물의 일부에 광원을 만들어 건축물과 일체화하여 실내를 조명하는 것이다.

(2) 장단점

장점	• 발광면이 넓어 눈부심이 적다. • 실내 분위기는 명랑한 느낌을 준다. • 조명기구가 보이지 않아 현대적인 감각을 준다. • 주간과 야간에 실내의 분위기를 전혀 다르게 한다.
단점	• 구조상 설치비용이 많이 소요된다. • 조명률은 직접조명보다 떨어진다. • 시설비 및 유지 · 보수비가 고가이다. • 청소가 어렵다.

(3) 천장 건축화조명의 종류

종류	특징
다운라이트 조명	• 천장에 작은 구멍을 뚫어 그 속에 기구를 매입한 것으로 직접조명방식이다. • 배열방법은 규칙적인 배열방식이 선호된다.
루버천장 조명	• 천장면에 루버를 설치하고 그 속에 광원을 배치하는 방법이다. • 루버의 재질로는 금속, 플라스틱, 목재 등이 있다.
코브조명	• 광원을 천장에 매입하여 천장에 빛을 반사시켜 간접조명으로 조명하는 방식이다. • 천장을 골고루 밝게 하고 반사율을 높인다. • 천장과 벽의 마감형태에 따라 여러 가지 조명효과를 얻을 수 있다.
라인라이트 조명	• 천장에 매입하는 조명의 하나로, 광원을 선형으로 배치하는 방법이다. • 형광등조명으로 가장 높은 조도를 얻을 수 있다.
광천장 조명	• 확산투과성 플라스틱판이나 루버로 천장을 마감한 후 그 속에 전등을 넣는 방법이다. • 그림자 없는 쾌적한 빛을 얻을 수 있다. • 마감재료와 설치방법에 따라 변화가 있는 인테리어 분위기를 연출할 수 있다. • 조도가 낮은 편이다.

핵심 문제 02   ◆◆◆

다음 설명에 알맞은 건축화조명의 종류는?

[19년 2회, 21년 4회]

벽에 형광등기구를 설치해 목재, 금속판 및 투과율이 낮은 재료로 광원을 숨기며 직접광은 아래쪽 벽이나 커튼을, 위쪽은 천장을 비추는 분위기조명

① 코브조명　　　② 광창조명
③ 광천장조명　　④ 밸런스조명

해설

밸런스조명은 창이나 벽의 커튼 상부에 부설된 조명방식으로 코브조명과 유사하다.

정답 ④

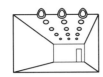

[다운라이트조명(핀홀라이트)]

[루버천장조명]

[코브조명(간접조명)]

[라인라이트조명]

[광천장조명]

(4) 벽면 건축화조명의 종류

종류	특징
코니스조명	• 천장과 벽면의 경계구역에 건축적으로 턱을 만든 후 그 내부에 조명기구를 설치하여 아래방향의 벽면을 조명하는 방식이다. • 광원으로는 형광등을 많이 사용한다.
밸런스조명	• 벽면에 투과율이 낮은 나무나 금속판 등을 시설하고 그 내부에 램프를 설치하여 광원의 직접광이 위쪽의 천장이나 아래쪽의 벽, 커튼 등을 이용하는 조명방식이다. • 분위기조명에 효과적인 방식이며 광원으로는 형광등을 많이 사용한다.

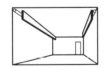

[코니스조명]

[밸런스조명]

4. 실지수와 광속의 계산(조명개수의 계산 등)

1) 실지수

$$실지수 = \frac{실의\ 가로(폭)길이(m) \times 실의\ 세로(안)길이(m)}{램프의\ 높이(m) \times [실의\ 가로(폭)길이(m) + 실의\ 세로(안)길이(m)]}$$

가로 9m, 세로 12m, 높이 2.7m인 강의실에 32W 형광램프(광속 2,560lm) 30대가 설치되어 있다. 이 강의실 평균조도를 500lx로 하려고 할 때 추가해야 할 32W 형광램프대수는?(단, 보수율 0.67, 조명률 0.6) [20년 1·2회]

① 5대 ② 11대
③ 17대 ④ 23대

해설

$$N = \frac{EA}{FUM} = \frac{500 \times (9 \times 12)}{2,560 \times 0.6 \times 0.67}$$

$$= 52.47 \fallingdotseq 53$$

∴ 총필요개수가 53대이고, 현재 30대가 설치되어 있으므로 추가로 필요한 램프의 대수는 23대이다.

정답 ④

가로 9m, 세로 9m, 높이 3.3m인 교실이 있다. 여기에 광속이 5,000lm인 형광등을 설치하여 평균조도 500lx를 얻고자 할 때 필요한 램프의 개수는?(단, 보수율은 0.8, 조명률은 0.6이다) [20년 4회]

① 10개 ② 17개
③ 25개 ④ 32개

해설

$$N = \frac{EA}{FUM} = \frac{500 \times (9 \times 9)}{5,000 \times 0.6 \times 0.8}$$

$$= 16.88 \fallingdotseq 17$$

∴ 필요한 램프의 개수는 17개이다.

정답 ②

전등 1개의 광속이 1,000lm인 전등 20개를 면적 100m²인 실에 점등했을 때 이 실의 평균 조도는?(단, 조명률은 0.5, 감광보상률은 1로 한다) [21년 1회]

① 20lx ② 50lx
③ 100lx ④ 200lx

해설

$$E = \frac{FUN}{AD} = \frac{1,000 \times 0.5 \times 20}{100 \times 1}$$

$$= 100$$

∴ 평균조도는 100lx이다.

정답 ③

2) 광속의 계산(조명개수의 계산 등)

$$F = \frac{E \times A \times D}{N \times U} = \frac{E \times A}{N \times U \times M}$$

여기서, F : 램프 1개당의 전광속(lm)

E : 요구하는 조도(lx)

A : 조명하는 실내의 면적(m²)

D : 감광보상률$\left(= \dfrac{1}{M}\right)$

N : 필요로 하는 램프개수

U : 기구의 그 실내에서의 조명률

M : 램프감광과 오손에 대한 보수율(유지율)

실 / 전 / 문 / 제

01 광원의 연색성에 관한 설명으로 옳지 않은 것은? [18년 2회, 24년 1회]

① 연색성을 수치로 나타낸 것을 연색평가수라고 한다.

② 고압수은램프의 평균 연색평가수(Ra)는 100이다.

③ 평균 연색평가수(Ra)가 100에 가까울수록 연색성이 좋다.

④ 물체가 광원에 의하여 조명될 때, 그 물체의 색의 보임을 정하는 광원의 성질을 말한다.

> 평균 연색평가수(Ra)가 100이라는 것은 태양광의 색을 완전히 구현하는 것을 의미하며 가장 높은 연색성 지수를 나타내는 것이다. 반면 고압수은램프는 연색성이 상대적으로 좋지 않은 조명(약 25 수준)이다.
> **답** ②

02 수조면의 단위면적에 입사하는 광속으로 정의되는 용어는? [20년 3회]

① 조도   ② 광도

③ 휘도   ④ 광속발산도

> 조도(단위 : lx)
> • 수조면의 밝기를 나타내는 것
> • 수조면의 단위면적에 도달하는 광속의 양
> **답** ①

03 점광원으로부터 수조면의 거리가 4배로 증가할 경우 조도는 어떻게 변화하는가? [19년 1회, 22년 2회]

① 2배로 증가한다.   ② 4배로 증가한다.

③ 1/4로 감소한다.   ④ 1/16로 감소한다.

> 조도는 거리의 제곱에 반비례하므로 점광원으로부터 수조면의 거리가 4배로 증가할 경우 조도는 1/16로 감소한다.
> **답** ④

04 눈부심(Glare)에 관한 설명으로 옳지 않은 것은? [20년 4회]

① 광원의 휘도가 높을수록 눈부시다.

② 광원이 시선에 가까울수록 눈부시다.

③ 빛나는 면의 크기가 작을수록 눈부시다.

④ 눈에 입사하는 광속이 과다할수록 눈부시다.

> 빛나는 면의 크기가 클수록 눈부심이 크게 발생한다.
> **답** ③

광속발산도(래드럭스, rlx)
광원의 단위면적으로부터 발산하는 광속으로, 광원 혹은 물체의 밝기를 나타내는 것이다. 그러므로 광속발산도가 클 경우에는 현휘 발생 가능성이 높아지지만, 일정할 경우 현휘가 높아진다고는 볼 수 없다.
탭 ①

05 다음 중 빛환경에 있어 현휘의 발생원인과 가장 거리가 먼 것은? [19년 1회]

① 광속발산도가 일정할 때
② 시야 내의 휘도 차이가 큰 경우
③ 반사면으로부터 광원이 눈에 들어올 때
④ 작업대와 작업대면의 휘도대비가 큰 경우

조명설계 순서
소요조도 결정 → 조명방식 결정 → 광원 선정 → 조명기구 선정 → 조명기구 배치 → 최종 검토 **탭** ③

06 다음 중 옥내조명의 설계순서에서 가장 우선적으로 이루어져야 할 사항은?
[21년 2회]

① 광원의 선정 　　　　② 조명방식의 결정
③ 소요조도의 결정 　　④ 조명기구의 결정

할로겐램프는 단위광속이 크고 휘도가 높다. **탭** ①

07 할로겐램프에 관한 설명으로 옳지 않은 것은? [18년 2회]

① 휘도가 낮다.
② 형광램프에 비해 수명이 짧다.
③ 흑화가 거의 일어나지 않는다.
④ 광속이나 색온도의 저하가 적다.

펜던트
• 부분적인 공간에 포인트를 주는 조명이다.
• 천장에 달아 늘어뜨려 설치한다.
탭 ③

08 천장에 매달려 조명하는 방식으로 조명기구 자체가 빛을 발하는 액세서리역할을 하는 것은?
[22년 1회]

① 코브(Cove) 　　　　② 브래킷(Bracket)
③ 펜던트(Pendant) 　④ 코니스(Cornice)

할로겐전구(램프)
• 수명이 짧은 백열등의 단점을 개량한 것이다.
• 연색성이 좋아 태양광과 흡사한 특징을 가진다.
탭 ②

09 다음의 광원 중 일반적으로 연색성이 가장 우수한 것은? [19년 1회]

① LED 램프 　　　　　② 할로겐전구
③ 고압수은램프 　　　④ 고압나트륨램프

10 조명설비의 광원에 관한 설명으로 옳지 않은 것은? [21년 3회]

① 형광램프는 점등장치를 필요로 한다.

② 고압나트륨램프는 할로겐전구에 비해 연색성이 좋다.

③ LED 램프는 수명이 길고 소비전력이 적다는 장점이 있다.

④ 고압수은램프는 광속이 큰 것과 수명이 긴 것이 특징이다.

> 고압나트륨램프는 높은 효율을 가지나, 연색성 지수가 다른 광원에 비해 낮다. **답** ②

11 다음의 조명에 관한 설명 중 (   ) 안에 알맞은 용어는? [18년 4회]

> 실내 전체를 거의 똑같이 조명하는 경우를 (㉠)이라 하고, 어느 부분만을 강하게 조명하는 방법을 (㉡)이라 한다.

① ㉠ 직접조명, ㉡ 국부조명

② ㉠ 직접조명, ㉡ 간접조명

③ ㉠ 전반조명, ㉡ 국부조명

④ ㉠ 상시조명, ㉡ 간접조명

> 실내 전체를 거의 똑같이 조명하는 경우를 전반조명이라 하고, 어느 부분만을 강하게 조명하는 방법을 국부조명이라 한다. **답** ③

12 간접조명에 관한 설명으로 옳지 않은 것은? [19년 4회]

① 조명률이 낮다.

② 실내 반사율의 영향이 크다.

③ 높은 조도가 요구되는 전반조명에는 적합하지 않다.

④ 그림자가 거의 형성되지 않으며 국부조명에 적합하다.

> ④ 간접조명은 그림자가 거의 형성되지 않으며 전반조명에 적합하다. **답** ④

13 다음 설명에 알맞은 건축화조명방식은? [21년 2회]

> • 벽면 전체 또는 일부분을 광원화하는 방식이다.
> • 광원을 넓은 벽면에 매입함으로써 비스타(Vista)적인 효과를 낼 수 있으며 시선의 배경으로 작용할 수 있다.

① 코브조명

② 광창조명

③ 코퍼조명

④ 코니스조명

> **광창조명**
> • 광원을 넓은 벽면에 매입하는 조명방식이다.
> • 벽면 전체 또는 일부분을 광원화하는 방식이다.
> • 비스타(Vista)적인 효과를 연출한다. **답** ②

밸런스조명은 창이나 벽의 커튼 상부에 부설된 조명방식으로, 코브조명과 유사하다. **정답** ④

14 다음 설명에 알맞은 건축화조명의 종류는? [19년 2회, 21년 3회]

> 벽에 형광등기구를 설치해 목재, 금속판 및 투과율이 낮은 재료로 광원을 숨기며 직접광은 아래쪽 벽이나 커튼을, 위쪽은 천장을 비추는 분위기조명

① 코브조명　　　　　　　　② 광창조명
③ 광천장조명　　　　　　　④ 밸런스조명

실지수

$$= \frac{\text{실의 가로길이(m)} \times \text{실의 세로길이(m)}}{\text{램프의 높이(m)} \times [\text{실의 가로길이(m)} + \text{실의 세로길이(m)}]}$$

$$= \frac{10 \times 5}{2 \times (10+5)} = 1.67 \quad \text{정답} ③$$

15 조명설계를 위해 실지수를 계산하고자 한다. 실의 폭 10m, 안 길이 5m, 작업면에서 광원까지의 높이가 2m라면 실지수는 얼마인가? [19년 4회]

① 1.10　　　　　　　　② 1.43
③ 1.67　　　　　　　　④ 2.33

평균조도

$$E = \frac{FUN}{AD}$$

$$= \frac{1,000 \times 0.5 \times 20}{100 \times 1}$$

$$= 100$$

∴ 평균조도는 100lx이다. **정답** ③

16 전등 1개의 광속이 1,000lm인 전등 20개를 면적 100m²인 실에 점등했을 때 이 실의 평균조도는?(단, 조명률은 0.5, 감광보상률은 1로 한다) [21년 1회]

① 20lx　　　　　　　　② 50lx
③ 100lx　　　　　　　④ 200lx

조명개수

$$F = \frac{E \times A \times D}{N \times U} = \frac{E \times A}{N \times U \times M}$$

여기서, F : 램프 1개당의 전광속 (lm)
E : 요구하는 조도(lx)
A : 조명하는 실내의 면적 (m²)
D : 감광보상률$\left(= \frac{1}{M}\right)$
N : 필요로 하는 램프개수
U : 기구의 그 실내에서의 조명률
M : 램프감광과 오손에 대한 보수율(유지율)

$$N = \frac{EA}{FUM} = \frac{500 \times (9 \times 9)}{3,200 \times 0.6 \times 0.8}$$

$$= 26.37 ≒ 27$$

∴ 필요한 램프의 개수는 27개이다.
정답 ②

17 가로 9m, 세로 9m, 높이 3.3m인 교실이 있다. 여기에 광속이 3,200lm인 형광등을 설치하여 평균조도 500lx를 얻고자 할 때 필요한 램프의 개수는? (단, 보수율은 0.8, 조명률은 0.6이다) [18년 2회, 24년 1회]

① 20개　　　　　　　　② 27개
③ 35개　　　　　　　　④ 42개

CHAPTER 03 실내디자인 설비계획

❶ 위생설비계획

1. 급수방식

1) 수도직결방식

(1) 개념

도로 밑의 수도본관에서 분기하여 건물 내에 직접 급수하는 방식이다.

(2) 급수경로

인입계량기 이후 수도전까지 직접 연결하여 급수한다.

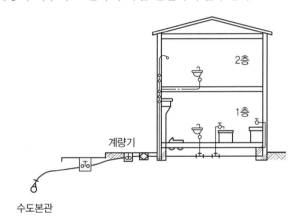

[수도직결방식]

(3) 특징

① 급수의 수질오염 가능성이 가장 낮다.

② 정전 시 급수가 가능하나, 단수 시 급수가 전혀 불가능하다.

③ 급수압의 변동이 있으며, 일반적으로 4층 이상에는 부적합하다.

④ 구조가 간단하고 설비비 및 운전관리비가 적게 들어가며, 고장 가능성이 낮다.

핵심 문제 01 ◆◆◆

다음의 설명에 알맞은 급수방식은?
[19년 1회, 22년 4회]

• 설치비가 저렴하다.
• 수질오염의 염려가 적다.
• 수도관 내의 수압을 이용하여 필요기기까지 급수하는 방식이다.

① 고가탱크방식　　② 수도직결방식
③ 압력탱크방식　　④ 펌프직송방식

해설

수도직결방식
도로 밑의 수도본관에서 분기하여 건물 내에 직접 급수하는 방식으로 수질오염의 염려가 가장 적은 급수방식이다.

정답 ②

핵심 문제 02 ◆◆◆

일반적으로 하향급수 배관방식을 사용하
는 급수방식은?　　　　[18년 1회, 22년 1회]
① 고가수조방식　　② 수도직결방식
③ 압력수조방식　　④ 펌프직송방식

정답 ①

2) 고가탱크(고가수조, 옥상탱크)방식

(1) 개념

대규모 시설에서 일정한 수압을 얻고자 할 때 많이 이용하며, 수돗물을 지하저수조에 모은 후 양수펌프에 의해 고가탱크로 양수하여, 탱크에서 급수관을 통해 필요한 장소로 하향급수하는 방식이다.

(2) 급수경로

지하저수조 → 양수펌프 → 고가탱크 → 급수전

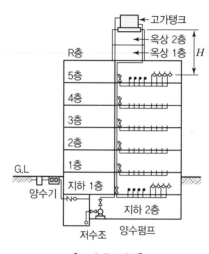

[고가탱크방식]

(3) 특징

① 수질오염의 가능성이 높다.
② 항상 일정한 수압으로 급수가 가능하다.
③ 정전, 단수 시 일정 시간 동안 급수가 가능하다.
④ 대규모 급수설비에 일반적으로 적용하고 있다.

3) 압력탱크(압력수조)방식

(1) 개념

지하저수탱크에 저장된 물을 양수펌프로, 압력탱크 내로 공급하면 공기압축기(컴프레서)에 의해 가압된 공기압에 의하여 건물 상부로 급수하는 방식이다.

(2) 급수경로

지하저수조 → 양수펌프 → 압력탱크(공기압축기로 가압) → 급수전

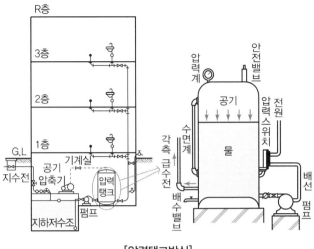

[압력탱크방식]

(3) 특징

① 수압 변동이 심하다.

② 고압이 요구되는 특정 위치가 있을 경우 유용하다.

③ 정전 시 즉시 급수가 중단되며, 단수 시에는 저수조수량으로 일정 시간 급수가 가능하다.

4) 탱크리스 부스터방식(펌프직송방식)

(1) 개념

① 저수조에 저장한 물을 펌프를 이용하여 급수전까지 직송하는 방식이다.

② 저층부(일반적으로 지하층) 기계실 등에 설치된 부스터펌프를 통해 상부층으로 급수를 전달하여 급수하는 상향급수 배관방식으로 배관이 구성된다.

(2) 급수경로

지하저수조 → 부스터펌프 → 급수전

(3) 특징

① 옥상탱크나 압력탱크가 필요 없다.

② 설비비가 고가이다.

③ 정전이나 단수 시 급수가 중단되며(단, 비상발전시스템을 갖춘 경우에는 정전 시 가동이 가능) 단수 시에는 저수조수량으로 일정 시간 급수가 가능하다.

④ 전력소비가 많다.

⑤ 자동제어시스템으로 고장 시 수리가 어렵다.

⑥ 제어방식에는 정속방식과 변속방식이 있다.

핵심 문제 03 ◆◆◆

급수방식에 관한 설명으로 옳지 않은 것은?
[20년 1·2회]

① 고가수조방식은 급수압력이 일정하다.

② 수도직결방식은 위생성 측면에서 바람직한 방식이다.

③ 압력수조방식은 단수 시에 일정량의 급수가 가능하다.

④ 펌프직송방식은 일반적으로 하향급수 배관방식으로 배관이 구성된다.

해설

펌프직송방식

저층부(일반적으로 지하층) 기계실 등에 설치된 부스터펌프를 통해 상부층으로 급수를 전달하여 급수하는 상향급수 배관방식으로 배관이 구성된다.

정답 ④

5) 급수방식의 비교

구분	수도직결방식	고가탱크방식	압력탱크방식	부스터방식 (펌프직송방식)
수질오염 가능성	가장 낮다.	가장 높다.	보통이다.	보통이다.
단수 시 급수 공급	급수 불가	일정 시간 가능	일정 시간 가능	일정 시간 가능
정전 시 급수 공급	급수 가능	일정 시간 가능	급수 불가	급수 불가
급수압 변동	급수압 변동 (수도본관압력)	급수압 거의 일정	급수압 변동 (가장 심함)	급수압 거의 일정

2. 급탕방식

1) 개별식(국소식) 급탕방식

(1) 개념

주택 등 소규모 건축물에서 사용장소에 급탕기를 설치하여 간단히 온수를 얻는 급탕방식이다.

(2) 장단점

장점	단점
• 배관길이가 짧아 배관 중의 열손실이 적게 일어난다. • 수시로 급탕하여 사용할 수 있다. • 높은 온도의 온수가 필요할 때 쉽게 얻을 수 있다. • 급탕개소가 적을 경우 시설비가 적게 든다. • 급탕개소의 증설이 비교적 용이하다.	• 급탕규모가 커지면 가열기가 필요하므로 유지관리가 어렵다. • 급탕개소마다 가열기의 설치공간이 필요하다. • 가스탕비기를 사용하는 경우 구조적으로 제약을 받기 쉽다.

(3) 종류

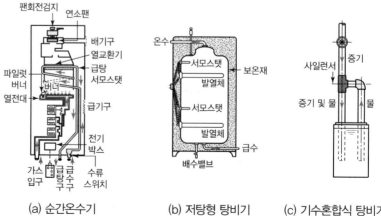

(a) 순간온수기   (b) 저탕형 탕비기   (c) 기수혼합식 탕비기

[개별식 급탕방식]

핵심 문제 04 ◆◆◆

국소식 급탕방식에 관한 설명으로 옳지 않은 것은? [20년 3회]
① 급탕개소마다 가열기의 설치 스페이스가 필요하다.
② 급탕개소가 적은 비교적 소규모의 건물에 채용된다.
③ 급탕배관의 길이가 길어 배관으로부터의 열손실이 크다.
④ 용도에 따라 필요한 개소에서 필요한 온도의 탕을 비교적 간단하게 얻을 수 있다.

해설

국소식 급탕의 경우 배관의 길이가 짧아 배관 중의 열손실이 적게 일어난다.

정답 ③

종류	세부사항
순간온수기 (즉시탕비기)	• 급탕관의 일부를 가스나 전기로 가열하여 직접 온수를 얻는 방법이다. 즉, 급수된 물이 가열코일에서 즉시 가열되어 급탕되는 방식이다. • 열의 전도효율이 양호하고, 배관 열손실이 적다. • 급탕개소마다 가열기의 설치공간이 필요하고, 급탕개소가 적을 경우 시설비가 저렴하다. • 높은 온도의 온수를 얻기가 용이하고 수시급탕이 가능하다. • 가열온도는 60~70℃ 정도이다. • 주택의 욕실, 부엌의 싱크대, 미용실, 이발소 등에 적합한 방식이다.
저탕형 탕비기	• 가열된 온수를 저탕조 내에 저장한다. • 비등점에 가까운 온수를 얻을 수 있고, 비교적 열손실이 많다. • 항상 일정량의 탕이 저장되어 있어, 일정 시간에 다량의 온수를 요하는 곳에 적합하다(여관, 학교, 기숙사 등).
기수혼합식 탕비기	• 보일러에서 생긴 증기를 급탕용의 물속에 직접 불어 넣어서 온수를 얻는 방법이다. • 열효율이 100%이다. • 고압의 증기(0.1~0.4MPa)를 사용한다. • 소음을 줄이기 위해 스팀사일런서(Steam Silencer)를 설치한다. • 사용장소의 제약을 받는다(공장, 병원 등 큰 욕조의 특수장소에 사용).

2) 중앙식 급탕방식

(1) 개념

중앙기계실에서 보일러에 의해 가열한 온수를 배관을 통하여 각 사용소에 공급하는 방식이다.

(2) 장단점

장점	단점
• 연료비가 적게 든다. • 열효율이 좋다. • 관리가 편리하다. • 기구의 동시이용률을 고려하여 가열장치의 총열량을 적게 할 수 있다. • 대규모 급탕에 적합하다.	• 초기투자비용, 즉 설비비가 많이 든다. • 전문기술자가 필요하다. • 배관 도중 열손실이 크다. • 시공 후 증설에 따른 배관변경이 어렵다.

(3) 종류

직접 가열식	• 온수보일러로 가열한 온수를 저탕조에 저장하여 공급하는 방식이다. • 열효율면에서 좋지만, 보일러에 공급되는 냉수로 인해 보일러 본체에 불균등한 신축이 생길 수 있다. • 건물높이에 따라 고압의 보일러가 필요하다. • 급탕전용 보일러를 필요로 한다. • 스케일이 생겨 열효율이 저하되고 보일러의 수명이 단축된다. • 주택 또는 소규모 건물에 적합하다.
간접 가열식	• 저탕조 내에 안전밸브와 가열코일을 설치하고 증기 또는 고온수를 통과시켜 저탕조 내의 물을 간접적으로 가열하는 방식이다. • 증기보일러에서 공급된 증기로 열교환기에서 냉수를 가열하여 온수를 공급하는 방식으로, 저장탱크에 설치된 서모스탯에 의해 증기공급량이 조절되어 일정한 온수를 얻을 수 있다. • 난방용 보일러에 증기를 사용할 경우 별도의 급탕용 보일러가 불필요하다. • 열효율이 직접가열식에 비해 나쁘다. • 보일러 내면에 스케일이 거의 생기지 않는다. • 고압용 보일러가 불필요하다. • 대규모 급탕설비에 적합하다.

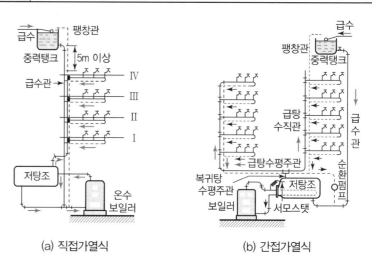

(a) 직접가열식　　　　　(b) 간접가열식

[중앙집중식 급탕방식]

3. 배수설비

1) 직접배수와 간접배수

구분	특징 및 유의사항
직접배수	• 배수를 배수관에 직접 접속 • 악취 유입을 막기 위해 트랩을 설치
간접배수	• 배수를 배수관에 직접 접속시키지 않고 공간을 두고 배수하는 것 • 냉장고, 세탁기, 음료기 등 배수의 역류가 되면 안 되는 곳에 사용

2) 트랩(Trap)

(1) 트랩의 설치목적

① 트랩은 배수관 내의 악취, 유독가스 및 벌레 등이 실내로 침투하는 것을 방지하기 위해 설치한다.

② 역류 방지를 위해 배수계통의 일부에 봉수를 고이게 하여 방지하는 기구이다.

③ 일반적으로 봉수의 유효깊이는 50~100mm이다. 봉수의 깊이가 50mm 미만이면 봉수가 파괴되기 쉽고, 100mm 초과이면 배수저항이 증가하게 된다.

[트랩의 봉수]

(2) 트랩의 구비조건

① 구조가 간단하여 오물이 체류하지 않도록 할 것

② 자체의 유수로 배수로를 세정하고 평활하여 오수가 정체하지 않도록 할 것

③ 봉수가 파괴되지 않을 것

④ 내식, 내구성이 있을 것

⑤ 관 내 청소가 용이할 것

(3) 설치 금지트랩

① 수봉식이 아닌 것

② 가동부분이 있는 것

③ 격벽에 의한 것

④ 정부에 통기관이 부착된 것

⑤ 이중트랩

(4) 트랩의 종류

① **사이펀식 트랩(관트랩)** : 사이펀작용을 이용하여 배수하는 트랩으로, 종류에는 P트랩, S트랩, U트랩 등이 있으며, 주로 세면기, 소변기, 대변기 등에 적용되고 있다.

배수트랩에 관한 설명으로 옳지 않은 것은?

[21년 4회]

① 트랩은 배수능력을 촉진시킨다.
② 관트랩에는 P트랩, S트랩, U트랩 등이 있다.
③ 트랩은 기구에 가능한 한 근접하여 설치하는 것이 좋다.
④ 트랩의 유효봉수깊이가 너무 낮으면 봉수가 손실되기 쉽다.

해설

트랩은 배수관 내의 악취, 유독가스 및 벌레 등이 실내로 침투하는 것을 방지하기 위해 설치하며, 배수능력을 촉진시키는 것은 통기관의 역할이다.

정답 ①

종류	특징
P트랩	• 세면기, 소변기 등의 배수에 사용 • 통기관 설치 시 봉수가 안정적이며 가장 널리 사용 • 배수를 벽면배수관에 접속하는 데 사용
S트랩	• 세면기, 소변기, 대변기 등에 사용 • 배수를 바닥배수관에 연결하는 데 사용 • 사이펀작용에 의하여 봉수가 파괴될 가능성이 높음
U트랩	• 일명 가옥트랩 또는 메인트랩 • 가옥의 배수본관과 공공하수관 연결부위에 설치하여 공공하수관의 악취가 옥내에 유입되는 것을 방지 • 수평주관 끝에 설치하는 것으로 유속을 저해하는 결점은 있으나 봉수가 안전

② 비사이펀식 트랩 : 중력작용에 의한 배수

종류	특징
드럼트랩	• 드럼모양의 통을 만들어 설치 • 보수, 안정성이 높고 청소도 용이 • 주방용 싱크대 배수트랩으로 주로 사용되며, 다량의 물을 고이게 한 것으로 봉수 보호가 잘되는 편임
벨트랩	• 주로 바닥배수용으로 사용 • 상부 벨을 들면 트랩(Trap)기능이 상실되므로 주의 • 증발에 의한 봉수 파괴가 잘됨

③ 저집기형 트랩 : 저집기형 트랩은 배수 중에 혼입된 여러 유해물질이나 기타 불순물 등을 분리수집함과 동시에 트랩의 기능을 발휘하는 기구

구분	내용
그리스저집기 (Grease Trap)	주방 등에서 기름기가 많은 배수로부터 기름기를 제거, 분리하는 장치
샌드저집기 (Sand Trap)	배수 중의 진흙이나 모래를 다량으로 포함하는 곳에 설치
헤어저집기 (Hair Trap)	이발소, 미용실에 설치하여 배수관 내 모발 등을 제거, 분리하는 장치
플라스터저집기 (Plaster Trap)	치과의 기공실, 정형외과의 깁스실 등의 배수에 설치
가솔린저집기 (Gasoline Trap)	가솔린을 많이 사용하는 곳에 쓰이는 것으로 배수에 포함된 가솔린을 수면 위에 뜨게 하여 통기관에 의해 휘발
런드리저집기 (Laundry Trap)	영업용 세탁장에 설치하여 단추, 끈 등 세탁불순물의 배수관 유입 방지

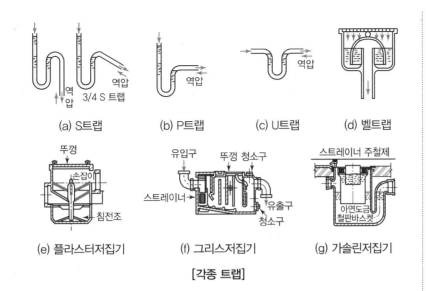

(a) S트랩 (b) P트랩 (c) U트랩 (d) 벨트랩

(e) 플라스터저집기 (f) 그리스저집기 (g) 가솔린저집기

[각종 트랩]

(5) 트랩봉수의 파괴원인 및 방지대책

구분	봉수의 파괴원인	방지대책
자기사이펀작용	만수된 물의 배수 시 배수의 유속에 의하여 사이펀작용이 일어나 봉수를 남기지 않고 모두 배수	통기관 설치 시 S트랩 사용 자제 → P트랩 사용
감압에 의한 흡출 (유도사이펀)작용	하류 측에서 물을 배수하면 상류 측의 물에 의해서 수직주관 내 관의 압력이 저하되면서 봉수를 흡출파괴	통기관 설치
분출(토출)작용	상류에서 배수한 물이 하류 측에 부딪쳐서 관 내 압력이 상승하여 봉수를 분출하여 파손	통기관 설치
모세관현상	트랩 내에 실, 머리카락, 천조각 등이 걸려 아래로 늘어져 있어 모세관현상에 의해 봉수 파괴	청소(머리카락, 이물질 제거), 내면의 재질이 미끄러운 트랩 사용
증발현상	오랫동안 사용하지 않는 베란다, 다용도실 바닥배수에서 봉수가 증발하여 파괴	기름막 형성으로 물의 증발 방지 → 트랩에 물 공급
자기운동량에 의한 관성작용	강풍 등에 의해 관 내 기압이 변동하여 봉수가 파괴되는 현상	기압 변동원인 감소, 유속 감소

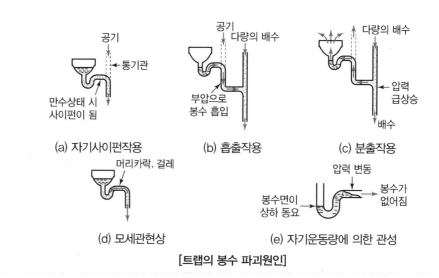

(a) 자기사이펀작용   (b) 흡출작용   (c) 분출작용

(d) 모세관현상   (e) 자기운동량에 의한 관성

[트랩의 봉수 파괴원인]

4. 통기방식

1) 통기관의 설치목적

① 트랩의 봉수 보호
② 배수흐름을 원활하게 유지(압력변화 방지)
③ 배수관 내 악취 배출 방지 및 청결 유지

2) 통기관의 종류별 특징

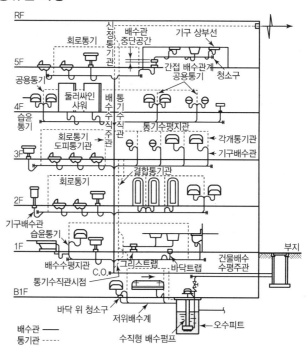

[통기관의 명칭과 배수관의 관계]

핵심 문제 08 ◆ ◆ ◆

통기관의 설치목적으로 옳지 않은 것은?
[20년 4회]
① 배수관 내의 물의 흐름을 원활히 한다.
② 은폐된 배수관의 수리를 용이하게 한다.
③ 사이펀작용 및 배압으로부터 트랩의 봉수를 보호한다.
④ 배수관 내에 신선한 공기를 유통시켜 관 내의 청결을 유지한다.

해설

통기관은 배수관의 원활한 흐름을 위해 배수관 내 적정 압력 유지, 봉수의 보호, 청결 유지 등의 역할을 하고 있다.

정답 ②

핵심 문제 09 ◆ ◆ ◆

다음 중 통기관의 설치목적과 가장 거리가 먼 것은? [18년 4회, 22년 4회, 24년 1회]
① 배수계통 내의 배수 및 공기의 흐름을 원활히 한다.
② 모세관현상에 의해 트랩봉수가 파괴되는 것을 방지한다.
③ 사이펀작용에 의해 트랩봉수가 파괴되는 것을 방지한다.
④ 배수관 계통의 환기를 도모하여 관 내를 청결하게 유지한다.

해설

모세관현상은 머리카락 등이 트랩에 끼고, 머리카락 틈을 통해 봉수가 빠져나가 봉수가 파괴되는 현상이다.

정답 ②

(1) 각개통기관

① 위생기구마다 각각 통기관을 설치하는 방법으로 가장 이상적인 방법이다.

② 설비비가 많이 소요된다.

(2) 회로통기관(환상, Loop 통기관)

① 2개 이상의 기구트랩에 공통으로 하나의 통기관을 설치하는 통기방식이다.

② 배수횡지관 최상류 기구 바로 아래의 배수관에 통기관을 세워 통기수직관 또는 신정통기관에 연결한다.

③ 회로통기 1개당 최대담당기구수는 8개 이내(세면기 기준)이며 통기수직관까지는 7.5m 이내가 되게 한다.

(3) 도피통기관

① 배수·통기 양계통 간의 공기의 유통을 원활히 하기 위해 설치하는 통기관이다.

② 배수수평주관 하류에 통기관을 연결한다.

③ 회로통기를 돕는대회로(루프)통기관에서 8개 이상의 기구를 담당하거나 대변기가 3개 이상 있는 경우 통기능률을 향상시키기 위하여 배수횡지관 최하류와 통기수직관을 연결하여 통기역할을 한다).

(4) 신정통기관

① 최상부의 배수수평관이 배수입상관에 접속한 지점보다도 더 상부방향으로, 그 배수입상관을 지붕 위까지 연장하여 이것을 통기관으로 사용하는 관을 말한다.

② 배수수직관 상부에 통기관을 연상하여 대기에 개방시킨다.

③ 배관길이에 비해 성능이 우수하다.

(5) 결합통기관

① 오배수입상관으로부터 취출하여 위쪽의 수직통기관에 연결하는 배관으로, 오배수입상관 내의 압력을 같게 하기 위한 도피통기관의 일종이다.

② 고층건물에서 5개 층마다 설치하여 배수주관의 통기를 촉진한다.

(6) 습윤(습식)통기관

배수수평주관 최상류 기구에 설치하여 배수와 통기를 동시에 하는 통기관이다.

핵심 문제 10 ◆◆◆

건축물 배수시스템의 통기관에 관한 설명으로 옳지 않은 것은? [20년 1·2회]

① 결합통기관은 배수수직관과 통기수직관을 연결한 통기관이다.

② 회로(루프)통기관은 배수횡지관 최하류와 배수수직관을 연결한 것이다.

③ 신정통기관은 배수수직관을 상부로 연장하여 옥상 등에 개구한 것이다.

④ 특수통기방식(섹스티아방식, 소벤트방식)은 통기수직관을 설치할 필요가 없다.

해설

회로(루프)통기관은 배수횡지관 최상류의 바로 다음 기구와 연결된 배수관과 배수수직관을 연결한 것이다.

정답 ②

핵심 문제 11 ◆◆◆

배수수직관 내의 압력변화를 방지 또는 완화하기 위해, 배수수직관으로부터 분기·입상하여 통기수직관에 접속하는 통기관은? [19년 2회]

① 각개통기관　　② 루프통기관

③ 결합통기관　　④ 신정통기관

해설

결합통기관

오배수입상관으로부터 취출하여 위쪽의 수직통기관에 연결하는 배관으로, 오배수입상관 내의 압력을 같게 하기 위한 도피통기관의 일종이다.

정답 ③

통기관의 관경에 관한 설명으로 옳지 않
은 것은? [21년 1회]
① 신정통기관의 관경은 배수수직관의 관
경보다 작게 해서는 안 된다.
② 각개통기관의 관경은 그것이 접속되는
배수관 관경보다 작게 해서는 안 된다.
③ 결합통기관의 관경은 통기수직관의 관
경으로 한다.
④ 루프통기관의 관경은 배수수평지관과
통기수직관 중 작은 쪽 관경의 1/2 이
상으로 한다.

해설

각개통기관의 관경은 그것이 접속되는 통
기수직관 관경보다 작게 해서는 안 된다.

정답 ②

3) 통기관의 최소관경

종류	최소관경
각개통기관	32A 이상, 배수관경의 1/2 이상
회로통기관(환상, Loop 통기관)	32A 이상, 배수관경의 1/2 이상
도피통기관	32A 이상, 배수관경의 1/2 이상
신정통기관	배수관경
결합통기관	수직통기관 관경
습윤(습식)통기관	배수관경

4) 특수통기방식

종류	개념 및 특징
소벤트시스템 (Sovent System)	• 통기관을 따로 설치하지 않고 하나의 배수수직관으로 배수와 통기를 겸하는 시스템이다. • 2개의 특수이음쇠 적용 : 공기혼합이음쇠(Aerator Fitting), 공기분리이음쇠(Deaerator Fitting)
섹스티아시스템 (Sextia System)	• 배수수직관에 섹스티아이음(Sextia 이음쇠와 Sextia 벤트관을 사용)을 통한 선회류 발생으로, 수직관에 공기코어(Air Core)를 형성시켜 통기역할을 하도록 하는 시스템이다. • 하나의 관으로 배수와 통기를 겸하며, 이 시스템은 층수의 제한 없이 고층, 저층에 모두 사용이 가능하다. • 신정통기만을 사용하므로 통기 및 배수계통이 간단하고 배수관경이 작아도 되며 소음이 적다.

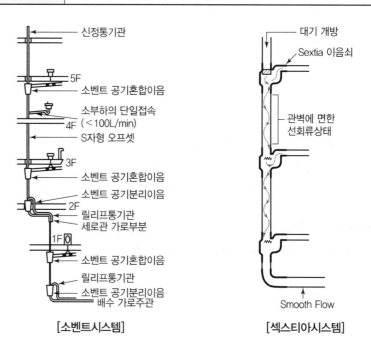

[소벤트시스템] [섹스티아시스템]

5) 통기관 배관 시 유의사항

① 바닥 아래의 통기관은 금지해야 한다.

② 오물정화조의 배기관은 단독으로 대기 중에 개구해야 하며, 일반통기관과 연결 해서는 안 된다.

③ 통기수직관을 빗물수직관과 연결해서는 안 된다.

④ 오수피트 및 잡배수피트 통기관은 양자 모두 개별 통기관을 갖지 않으면 안 된다.

⑤ 통기관은 실내 환기용 덕트에 연결하여서는 안 된다.

⑥ 간접배수계통의 통기관은 단독 배관한다.

5. 대변기의 급수 및 세정

1) 대변기의 급수방식에 의한 분류

(1) 하이탱크식

① 하이탱크식은 바닥으로부터 1.6m 이상 높은 위치(탱크 표준높이는 1.9m, 표준용량은 15L)에 탱크를 설치하고, 볼탭을 통하여 공급된 일정량의 물을 저장하고 있다가 핸들 또는 레버의 조작으로 낙차에 의한 수압으로 대변기 를 세척하는 방식이다.

② 설치면적이 작다.

③ 세정 시 소리가 크다.

④ 탱크 내에 고장이 있을 때 불편하다.

⑤ 급수관경은 15A, 세정관경은 32A이다.

⑥ 탱크 표준높이는 1.9m, 탱크 표준용량은 15L이다.

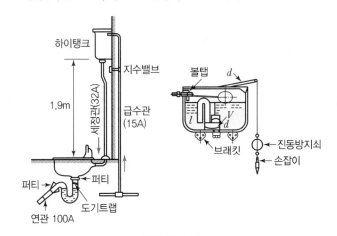

[하이탱크식]

(2) 로탱크식

① 탱크로의 급수압력에 관계없이 대변기로의 공급수량이나 압력이 일정하며, 양호한 세정효과와 소음이 적어 일반 주택에서 주로 사용되는 대변기 세정수의 급수방식이다.

② 인체공학적이다.

③ 소음이 적어 주택, 호텔에 이용되고, 급수압이 낮아도 이용이 가능하다.

④ 설치면적이 크다.

⑤ 탱크가 낮아 세정관은 50A 이상으로 하며, 급수관경은 15A이다.

(3) 세정밸브식(플러시밸브, Flush Valve)

① 한 번 밸브를 누르면 일정량의 물이 나오고 잠긴다.

② 수압이 0.1MPa(100kPa) 이상이어야 한다.

③ 급수관의 최소관경은 25A이다.

④ 레버식, 버튼식, 전자식이 있다.

⑤ 소음이 크고 연속 사용이 가능하며, 단시간에 다량의 물이 필요하다(일반 가정용으로는 사용이 곤란).

⑥ 오수가 급수관으로 역류하는 것을 방지하기 위해 진공방지기(Vaccum Breaker)를 설치한다.

⑦ 점유면적이 작다.

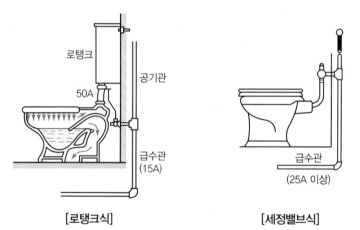

[로탱크식]　　　　[세정밸브식]

핵심 **문제 13** ◆◆◆

플러시밸브식 대변기에 관한 설명으로 옳지 않은 것은? [24년 3회]

① 대변기의 연속 사용이 가능하다.
② 일반가정용으로 주로 사용된다.
③ 세정음은 유수음도 포함되기 때문에 소음이 크다.
④ 로탱크식에 비해 화장실을 넓게 사용할 수 있다는 장점이 있다.

해설

플러시밸브식 대변기는 적정 압력의 급수압이 필요하고, 소음 등이 커서 일반가정용에 적용하기에는 무리가 있다.

정답 ②

2) 대변기의 세정방식에 따른 분류

구분	세부사항
세출식 (Wash - Out Type)	• 오물을 변기의 얕은 수면에 받아 변기 가장자리의 여러 곳에 서 나오는 세정수로 오물을 씻어 내리는 방식이다. • 다량의 물을 사용해야 하며 물이 고이는 부분이 얕아서 냄새 를 발산한다.
세락식 (Wash - Down Type)	오물이 트랩의 수면에 떨어지면 변기의 가장자리에서 나오는 세정수의 일부가 변기의 벽을 씻어 내리고 또 나머지 물을 트 랩 바닥면에 일시에 떨어뜨려 오물을 배수관으로 밀어 넣어 수 면의 상승에 의해 오물을 배출하게 하는 구조이다.
사이펀식 (Siphon Type)	• 배수로를 굴곡시켜 세정 시에 만수상태가 되었을 때 생기는 사이펀작용으로 오물을 흡인하여 제거하는 방식이다. • 세락식과 비슷하나 세정능력이 우수하다.
사이펀 제트식 (Siphon Jet Type)	• 리버스트랩형 사이펀식 변기의 트랩배수로 입구에 분출구 멍을 설치하여 강제적으로 사이펀작용을 일으켜서 그 흡인 작용으로 세정하는 방식이다. • 유수면을 넓게, 봉수깊이를 깊게, 트랩지름을 크게 할 수 있 으므로 수세식 변기 중 가장 우수하다.
블로아웃식 (Blow - Out Type, 취출식)	• 변기 가장자리에서 세정수를 적게 내뿜고 분수구멍에서 분 수압으로 오물을 불어 내어 배출하는 방식이다. • 오물이 막히지 않는다. • 급수압이 커야 한다(0.1MPa 이상). • 소음이 커서 학교, 공장 및 기타 공공건물에 많이 쓰인다.
절수식 (Siphon Jet Vortex Type)	• 최근 수자원 절약차원에서 적극적으로 보급되고 있다. • 일반 대변기가 13L 정도를 소비하는 데 비해 6~8L의 세정수 로 세정한다. • 적은 양으로 세정하기 위해 관경을 좁히고 트랩 앞부분에서 제트류를 만든다. • 세정능력이 나쁜 것이 단점이다.

6. 펌프의 종류 및 용도

1) 왕복동펌프

(1) 원리

실린더 속에서 피스톤, 플런저, 버킷 등을 왕복운동시킴으로써 물을 빨아올려 송출하는 방식이다.

(2) 특징

① 수압 변동이 심하다(공기실을 설치하여 완화).

② 양수량이 적고, 양정이 클 때 적합하다.

③ 양수량 조절이 어려우며, 고속회전 시 용적효율이 저하된다.

2) 원심펌프(Centrifugal Pump, 와권펌프, 회전펌프)

(1) 원리

물이 축과 직각방향으로 된 임펠러로부터 흘러나와 스파이럴 케이싱에 모이면 토출구로 이끄는 방식이다.

(2) 특징

① 양수량 조절이 용이하고, 진동이 적어 고속운전에 적합하다.

② 양수량이 많으며, 고양정에 적합하다.

③ 양수, 급수, 급탕, 배수 등에 주로 사용한다.

④ 전체적으로 크기가 작고 장치가 간단하며, 운전상의 성능이 우수하다.

⑤ 송수압의 변동이 적다.

❷ 공기조화설비계획

1. 공기조화방식

1) 공기조화방식의 분류

공조기의 설치방법	열(냉)매	공기조화방식
중앙식	전공기방식	단일덕트 정풍량방식, 단일덕트 변풍량방식, 이중덕트방식, 멀티존유닛방식, 바닥급기공조방식, 단일덕트 재열방식
	공기 – 수방식	각층유닛방식, 유인유닛방식, 덕트병용 팬코일유닛(FCU)방식, 복사냉난방방식
	전수방식	팬코일유닛방식
개별식	냉매방식	패키지유닛방식

핵심 문제 14 ● ● ●

급수설비의 급수 및 양수펌프로 주로 사용되는 펌프의 종류는? [18년 2회]

① 회전식 펌프 ② 왕복식 펌프
③ 원심식 펌프 ④ 사류식 펌프

해설

원심펌프는 양수량이 많고 고양정에 적합하여 양수, 급수, 급탕, 배수 등에 주로 사용한다.

정답 ③

핵심 문제 15 ● ● ●

공기조화방식 중 단일덕트 재열방식에 관한 설명으로 옳지 않은 것은? [18년 4회]

① 전수방식의 특성이 있다.
② 재열기의 설치공간이 필요하다.
③ 잠열부하가 많은 경우나 장마철 등의 공조에 적합하다.
④ 부하특성이 다른 여러 개의 실이나 존이 있는 건물에 적합하다.

해설

단일덕트 재열방식은 전공기방식이다.

정답 ①

(1) 전공기방식

정의	공기만을 열매로 하여 실내유닛으로 공기를 냉각 · 가열하는 방식이다.
장점	• 온습도 및 공기청정 제어가 용이하다. • 실내 기류 분포가 좋다. • 공조되는 실내에 수배관이 필요 없어 누수 우려가 없다. • 외기냉방이 가능하고, 폐열회수가 용이하다. • 공조되는 실내에 설치되는 기기가 없으므로 실유효면적이 증가한다. • 운전 및 유지관리 집중화가 가능하다. • 동계가습이 용이하고, 자동으로 계절전환이 가능하다.
단점	• 존마다 공기밸런스를 장착하지 않으면 공기밸런스가 잘 맞지 않는다. • 덕트 스페이스가 커진다. • 송풍동력이 커서 다른 방식에 비해 반송동력이 많이 소요된다. • 공조기계실 스페이스가 많이 필요하다.
용도	사무소 건물, 병원의 수술실, 극장

(2) 공기 – 수방식(Air – Water System)

정의	공기와 물을 열매로 하여 실내유닛으로 공기를 냉각 · 가열하는 방식
장점	• 유닛 1대로 소규모설비가 가능하다. • 전공기방식보다 반송동력이 적게 든다. • 전공기방식보다 덕트 설치공간을 작게 차지한다. • 각 실의 온도제어가 용이하다.
단점	• 저성능필터를 사용하므로 실내공기의 청정도가 낮다. • 실내 수배관으로 인한 누수 염려가 있다. • 폐열회수가 어렵다. • 정기적으로 필터를 청소해야 한다.
용도	사무소, 병원, 호텔 등의 다실건축물의 외부존에 주로 사용

(3) 전수방식(All Water System, 팬코일유닛방식)

정의	• 물만을 열매로 하여 실내유닛으로 공기를 냉각 · 가열하는 방식이다. • 냉온수 코일 및 필터가 구비된 소형 유닛을 각 실에 설치하고 중앙기계실에서 냉수 또는 온수를 공급받아 공기조화를 하는 방식이다.
장점	• 각 유닛마다 조절, 운전이 가능하고, 개별 제어를 할 수 있다. • 덕트면적이 필요하지 않다. • 열운반동력이 적게 든다. • 나중에 부하가 증가해도 유닛을 증설하여 대처할 수 있다. • 1차 공기를 사용하는 경우에는 페리미터방식이 가능하다.
단점	• 공급외기량이 적으므로 실내 공기가 오염되기 쉽다. • 필터를 매달 1회 정도 세정, 교체해야 한다. • 외기냉방이 곤란하고, 실내 수배관이 필요하다. • 실내배관에 의한 누수의 염려가 있다. • 실내유닛의 방음이나 방진에 유의해야 한다.
용도	여관, 주택, 경비실 등 극간풍에 의한 외기 침입이 가능한 건물

(4) 개별식 – 냉매방식(패키지유닛방식)

정의	압축식 원리의 냉동기와 송풍기, 필터, 자동제어 및 케이싱 등으로 유닛화된 기기를 이용하는 방식이다.
장점	• 공장에서 대량생산하므로 가격이 저렴하고 품질이 보증된다. • 설치와 조립이 간편하고 공사기간이 짧다. • 비교적 취급이 간편할 뿐만 아니라 증축, 개축, 유닛의 증설에 따른 유연한 대처가 가능하다. • 유닛별 단독운전과 제어가 가능하다.
단점	• 동시부하율 등을 고려한 저감처리가 가능하지 않으므로 열원 전체 용량은 중앙식보다 커지게 되는 경향이 있다. • 중앙식에 비해 냉동기, 보일러의 내용연수가 짧다. • 압축기, 팬, 필터 등의 부품수가 많아 보수비용이 증대된다. • 온습도 제어성이 떨어진다. • 외기냉방이 불가능하다.
용도	• 주택, 레스토랑, 다방, 상점, 소규모 건물 등에 주로 사용 • 대규모 건물에서도 24시간 운전하는 수위실 등의 관리실과 시간 외 운전이 필요한 회의실 혹은 특수한 온도조건을 필요로 하는 전산실 등에 사용

2) 각종 공종방식의 특징

(1) 단일덕트 정풍량방식(CAV : Constant Air Volume System)

① 송풍량은 항상 일정하게 하고 실내의 열부하에 따라 송풍의 온습도를 변화시켜 1대의 공조기에 1개의 덕트를 통하여 건물 전체에 냉온풍을 송풍하는 방식이다.

② 중·소규모 건물, 극장, 공장 등 바닥면적이 크고 천장이 높은 곳에 적합하다.

③ 장단점

장점	• 외기냉방이 가능하여 청정도가 높다. • 유지관리가 용이하다. • 고성능 공기정화장치가 가능하다. • 소규모에서 설치비가 저렴하다.
단점	• 비교적 덕트면적이 크게 요구된다. • 변풍량방식에 비해 에너지가 많이 든다. • 각 실에서의 온습도조절이 곤란하다. • 실이 많은 경우 부적합하다.

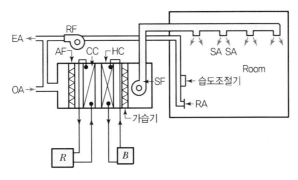

[단일덕트 정풍량방식]

(2) 단일덕트 변풍량방식(VAV : Variable Air Volume System)

① 송풍온도는 일정하게 하고 실내 부하의 변동에 따라 송풍량을 변화시키는 방식으로 여러 방식 중 가장 에너지가 절약되는 방식이다.

② 대규모 사무소의 내부 존이나 인텔리전트빌딩, 점포 등 연간 냉방부하가 발생하는 공간에 적합하다.

③ 장단점

장점	• 실온을 유지하므로 에너지 손실이 가장 적다.
	• 각 실별 또는 존별로 개별적 제어가 가능하다.
	• 토출공기의 풍량조절이 용이하다.
	• 칸막이 등 부하 변동에 대응하기 쉽다.
	• 설치비가 저렴하고, 외기냉방이 가능하다.
	• 설비용량이 작아서 경제적인 운전이 가능하다.
	• 부분부하 시 송풍기동력 절감이 가능하다.
단점	• 설비비가 비싸다.
	• 송풍량을 변화시키기 위한 기계적 어려움이 있다.
	• 부하가 감소하면 송풍량이 적어져 환기량 확보가 어렵다.
	• 실내 공기가 오염될 수 있다.
	• 토출공기온도를 제어하기 어렵다.

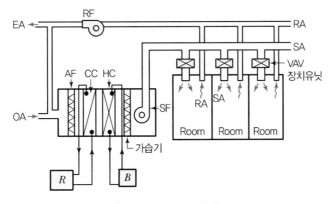

[단일덕트 변풍량방식]

(3) 이중덕트방식

① 1대의 공조기에 의해 냉풍과 온풍을 각각의 덕트로 보낸 후 말단의 혼합상자에서 혼합하여 각 실에 송풍하는 방식으로 에너지 과소비형 공조방식이다.

② 고층건축물, 회의실, 병원식당 등 냉난방부하의 분포가 복잡한 건물에 사용한다.

③ 장단점

장점	• 각 실별로 개별 제어가 양호하다. • 계절마다 냉난방 전환이 필요하지 않다. • 전공기방식이므로 냉온수관이 필요 없다. • 공조기가 집중되어 운전, 보수가 용이하다. • 칸막이 변경에 따라 임의로 계획을 바꿀 수 있다.
단점	• 운전비가 높아지기 쉬운 에너지 과소비형이다. • 혼합상자, 설비비가 고가이다. • 덕트면적을 많이 차지한다. • 습도조절이 어렵다. • 여름에도 보일러를 가동해야 한다.

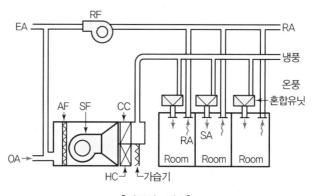

[이중덕트방식]

(4) 멀티존유닛방식

① 공조기 1대로 냉온풍을 동시에 만들어 공급하고 공조기 출구에서 각 존마다 필요한 냉온풍을 혼합하여 각각의 덕트로 송풍하는 방식이다.

② 중간 규모 이하의 건물에 사용한다(존이 아주 많은 경우에는 덕트의 분할 수에 한도가 있으므로, 중·소규모의 공조 스페이스를 조닝하는 경우에 사용).

멀티존유닛방식의 제어
각 존(Zone)별 서모스탯(Thermostat)을 통한 실온 검출 및 그에 맞춘 냉풍 및 온풍의 풍량조절 댐퍼의 작동을 통해 공기조화를 실시한다.

③ 장단점

장점	• 배관이나 조절장치 등을 집중시킬 수 있다. • 존(Zone)제어가 가능하다. • 여름, 겨울의 냉난방 시 에너지 혼합 손실이 적다.
단점	• 냉동기부하가 크다. • 변동이 심하면 각 실의 송풍 불균형이 발생할 수 있다. • 중간기에 혼합 손실이 발생하여 에너지 손실이 크다.

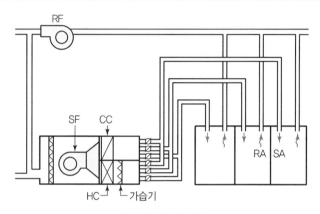

[멀티존유닛방식]

(5) 각층유닛방식

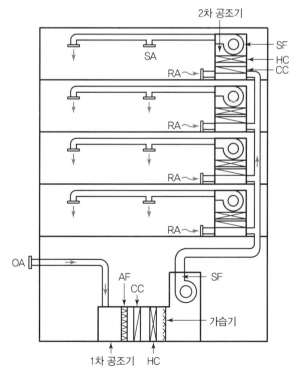

[각층유닛방식]

💡 **TIP**

각층유닛방식의 용도
• 신문사나 방송국과 같이 각 층마다 사용시간과 사용조건이 다르고, 백화점과 같이 각 층에 따라 부하가 다른 건물에 적용한다.
• 각 층이 다른 회사에 속하는 임대사무소 건물이나 일부 연장운전을 해야 할 경우 사용하는 층만 운전할 수 있는 건물에 적용한다.

① 외기처리용 1차 중앙공조기에서 처리된 외기를 각 층의 2차 공조기(유닛)로 보내어 부하에 따라 가열 또는 냉각하여 송풍하는 방식이다.

② 장단점

장점	• 각 층, 각 실을 구획하여 온습도조절이 가능하다. • 각 층마다 부분운전이 가능하다. • 중간에 외기를 도입하여 외기냉방이 가능하다. • 덕트가 작아도 된다.
단점	• 공조기대수가 많아지므로 설비비가 많이 소요된다. • 공조기가 분산되어 유지관리가 어렵다. • 각 층 공조기로부터 소음이나 진동이 발생한다. • 각 층마다 공조기 설치공간이 필요하다.

(6) 유인유닛방식

① 중앙의 1차 공조기에서 가열, 냉각, 가습, 감습 처리한 공기를 고속 · 고압으로 각 실 유닛으로 공급하면 유닛의 노즐에서 뿜어내고 그 뿜어낸 압력으로 실내의 2차 공기를 유인하여 혼합 · 분출한다.

② 장단점

장점	• 부하변동에 대응하기 쉽다. • 각 실별로 개별 제어가 가능하다. • 유닛에 송풍기나 전동기 등의 동력장치가 없어 전기배선이 없어도 된다. • 공조기가 소형으로 기계실면적 및 덕트면적이 작다.
단점	• 유닛의 실내 설치로 건축계획상 지장이 있다. • 유닛의 수량이 많아져 유지관리가 어렵다.

유인유닛방식의 용도
• 병원, 호텔, 사무실 등 방이 다수인 건축물의 외부 존에 사용한다.
• 건물의 페리미터 부분에 채용해서 외주부 부하에 대응하도록 하고 동시에 실내 존 부분에서는 단일덕트방식을 병용하는 방식을 가장 많이 사용한다.

2. 공기조화기기

1) 취출구(공기취출구)

(1) 개념

공기취출구(Diffuser, 토출구)란 공조기에서 조화공기를 덕트에서 실내에 반출하기 위한 개구부를 말한다.

(2) 취출구의 종류

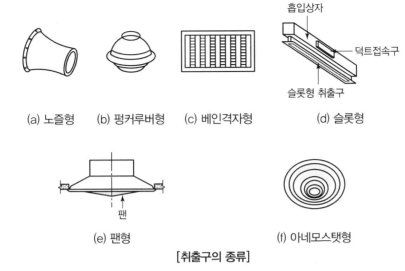

(a) 노즐형　(b) 펑커루버형　(c) 베인격자형　　　(d) 슬롯형

(e) 팬형　　　　　　　(f) 아네모스탯형

[취출구의 종류]

① 축류(縮流) 취출구(Axial Flow Diffuser)

한 방향으로 취출되는 방식으로 실내의 대류를 유발시키고 도달거리를 길게 할 수 있으며, 종류로는 노즐형 취출구(Nozzle Type), 펑커루버(Punkah Louver), 베인격자형 취출구(Universal Type), 슬롯형 취출구(Slot Type) 등이 있다.

종류	내용
노즐형 취출구 (Nozzle Type)	• 도달거리가 길다. • 소음 발생이 적다. • 극장, 로비 등 도달거리가 길 때 사용한다.
펑커루버 (Punkah Louver)	• 목을 움직여 기류방향을 자유로이 조절한다. • 풍량조절이 용이하다. • 취출풍량에 비해 공기저항이 크다. • 공장, 주방 등의 국소 냉난방 시 사용한다.
베인격자형 취출구 (Universal Type)	• 가장 널리 사용한다. • 셔터가 없는 것을 그릴(Grill), 셔터가 있는 것을 레지스터(Register)라 한다.
슬롯형 취출구 (Slot Type)	• 종횡비가 큰 띠모양의 취출구로 평면기류를 분출한다. • 외관이 아름다워 최근에 많이 이용된다.

② 확산형 취출구[복류(輻流) 취출구, Double Flow Diffuser]

여러 방향으로 취출되는 방식으로 확산반경이 크고 도달거리가 짧아 천장 취출구로 이용하며, 종류로는 팬형 취출구(Pan Type), 아네모스탯형 취출구(Anemostat Type) 등이 있다.

핵심 문제 18 ◆◆◆

다음 설명에 알맞은 취출구의 종류는?
[18년 1회, 21년 1회, 23년 2회]

• 확산형 취출구의 일종으로 몇 개의 콘(Cone)이 있어서 1차 공기에 의한 2차 공기의 유인성능이 좋다.
• 확산반경이 크고 도달거리가 짧기 때문에 천장취출구로 많이 사용된다.

① 팬형   ② 웨이형
③ 노즐형   ④ 아네모스탯형

정답 ④

종류	내용
팬형 취출구 (Pan Type)	• 구조가 간단하지만 기류방향의 균등성을 얻기가 힘들다. • 난방 시에는 온풍이 천장면에만 체류해 실내에 온도차가 발생한다.
아네모스탯형 취출구 (Anemostat Type)	• 팬형의 단점을 보완한 것이다. • 콘(Cone)이라 불리는 여러 개 동심원추 또는 각추형의 날개로 되어 있다. • 풍량을 광범위하게 조절할 수 있다. • 확산반경이 크고 도달거리가 짧다.

2) 송풍기

(1) 개념

공기를 수송하기 위한 기계장치로, 공기의 흐름을 일으키는 날개(Impeller)와 공기를 안내하는 케이싱(Casing)으로 구성된다.

(2) 송풍기의 종류

① **원심형**(Centrifugal Fan) : 터보형(Turbo Fan), 익형[에어포일팬(Airfoil Fan), 리미트로드팬(Limit Load Fan)], 다익형(Siroco Fan), 방사형(Radial Fan), 관류형(Tubular Fan)

② **축류형**(Axial Fan) : 프로펠러형(Propeller Fan), 튜브형(Tube Axial Fan), 베인형(Vane Axial Fan)

③ **사류형**(혼류형, Mixed Flow Type)

④ **횡류형**(직교류식, Cross Flow Type)

(3) 에너지 절약효과가 큰 풍량제어방법 순서

핵심 문제 19 ◆◆◆

다음 중 축동력이 가장 많이 소요되는 송풍기 풍량제어방법은?
[18년 4회]

① 회전수제어   ② 토출댐퍼제어
③ 흡입베인제어   ④ 흡입댐퍼제어

해설

송풍기 축동력의 소모량
토출댐퍼제어 > 흡입댐퍼제어 > 흡입베인제어 > 가변익축류제어 > 회전수제어

정답 ②

① 에너지 절약효과 순서 : 회전수제어 – 가변 Pitch – 흡입 Vane – 흡입 Damper – 토출 Damper

② 송풍기의 풍량변화에 따라 송풍기의 동력 또는 축동력이 급격하게 변동하는 것이 에너지 절약효과가 높은 풍량적용방식이다.

③ 다음 그래프에서 송풍기의 풍량이 감소할 때 소비하는 동력이 더욱 많이 작아지는 제어방식이 에너지효율이 높은 방식이라 할 수 있다.

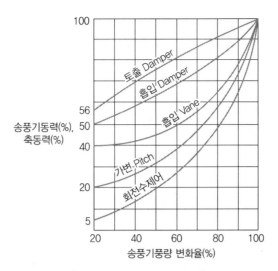

[에너지 절약효과가 큰 순서]

(4) 송풍량(환기량)의 산출

$$Q = \frac{q_s}{\rho \times C_p \times \Delta t}$$

여기서, Q : 송풍량(m³/h)

q_s : 현열부하

ρ : 밀도(kg/m³)

C_p : 비열(kJ/kg · K)

Δt : 취출온도차(℃)

3. 난방방식

1) 난방설비의 종류 및 특징

(1) 증기난방

① 증기난방은 기계실에 설치한 증기보일러에서 증기를 발생시켜 이것을 배관을 통해 각 실에 설치된 방열기에 공급한다.

② 증기난방에서는 주로 증기가 갖고 있는 잠열(潛熱), 즉 증발열을 이용하므로 방열기 출구에는 거의 증기트랩이 설치된다.

핵심 문제 20 ◆◆◆

A실의 냉방부하를 계산한 결과 현열부하가 5,000W이다. 취출공기온도를 16℃로 할 경우 송풍량은?(단, 실온은 26℃, 공기의 밀도는 1.2kg/m³, 공기의 비열은 1.01kJ/kg · K이다)

[18년 4회, 22년 4회, 24년 2회]

① 약 825m³/h   ② 약 1,240m³/h
③ 약 1,485m³/h   ④ 약 2,340m³/h

해설

Q(송풍량, m³/h)

$$= \frac{q_s(\text{현열부하})}{\rho(\text{밀도}) \times C_p(\text{비열}) \times \triangle t(\text{취출온도차})}$$

$$= \frac{5{,}000\text{W}(\text{J/s}) \times 3{,}600 \div 1{,}000}{1.2\text{kg/m}^3 \times 1.01\text{kJ/kg · K} \times (26 - 16)\text{℃}}$$

$= 1{,}485.15 \fallingdotseq 1{,}485\text{m}^3/\text{h}$

정답 ③

③ 특징

장점	• 증기순환이 빠르고 열의 운반능력이 크다. • 예열시간이 온수난방에 비해 짧다. • 방열면적과 관경을 온수난방보다 작게 할 수 있다. • 설비비 및 유지비가 저렴하다. • 한랭지에서 동결의 우려가 적다.
단점	• 외기온도 변화에 따른 방열량 조절이 곤란하다. • 방열기 표면온도가 높아 화상의 우려가 있다. • 대류작용으로 먼지가 상승하여 쾌감도가 낮다. • 응축수의 환수관 내 부식으로 장치의 수명이 짧다. • 열용량이 작아서 지속난방보다는 간헐난방에 사용한다.

(2) 온수난방

① 온수난방은 온수보일러에서 만들어진 65~85℃ 정도의 온수를 배관을 통해 실내의 방열기에 공급하여 열을 방산(放散)시키고, 온수의 온도 강하에 수반하는 현열을 이용하여 실내를 난방하는 방식이다.

② 온수난방장치의 배관 내는 항상 만수되어 있으므로 물의 온도 상승에 따른 체적팽창량을 흡수하기 위해 최상부에 팽창탱크를 설치한다.

③ 특징

장점	• 난방부하의 변동에 대한 온도조절이 용이하다. • 열용량이 크므로 보일러를 정지시켜도 실온은 급변하지 않는다. • 실내의 쾌감도는 실내공기의 상하온도차가 작아 증기난방보다 좋다. • 환수배관의 부식이 적고, 수명이 길다. • 소음이 작다.
단점	• 열용량이 크므로 온수의 순환시간과 예열에 장시간이 필요하고, 연료소비량도 많다. • 증기난방에 비해 방열면적과 관경이 커진다. • 증기난방과 비교하여 설비비가 높아진다. • 한랭지에서는 난방 정지 시 동결의 우려가 있다. • 일반 저온수용 보일러는 사용압력에 제한이 있으므로 고층건물에는 부적당하다.

④ 온수순환방식

순환방식	특징
중력순환식 (Gravity Circulation System)	• 온수의 온도차에 의해서 생기는 대류작용으로 자연순환 시키는 방식이다. • 방열기는 보일러보다 높은 위치에 설치한다.
강제(기계)순환식 (Forced Circulation System)	• 환수주관은 보일러 측 말단에 순환펌프를 설치하여 강제로 순환시킨다. • 온수순환이 신속하며 균등하게 이루어진다. • 방열기 설치위치에 제한을 받지 않는다. • 강제순환(환수)식은 직접순환(환수)방식과 역순환(환수)방식으로 구분된다. – 직접환수방식 : 보일러와 가장 가까운 방열기의 공급관 및 환수관의 길이가 가장 짧고, 가장 먼 거리에 있는 방열기일수록 관의 길이가 길어지는 배관을 하게 되므로 방열기로의 저항이 각각 다르게 되는 방식이다. – 역환수방식 : 보일러와 가장 가까운 방열기는 공급관이 가장 짧고 환수관은 가장 길게 배관한 것으로 각 방열기의 공급관과 환수관의 합은 각각 동일하게 되며, 동일저항으로 온수가 순환하므로 방열기에 온수를 균등히 공급할 수 있는 방식이다.

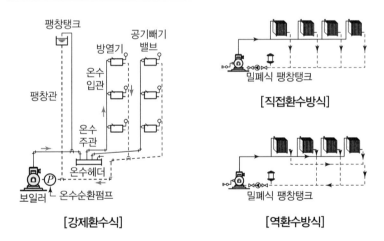

[강제환수식] [직접환수방식] [역환수방식]

(3) 복사난방

① 건축물 구조체(천장, 바닥, 벽 등)에 Coil을 매설하고, Coil에 열매를 공급하여 가열면의 온도를 높여서 복사열에 의해 난방하는 방식이다.

핵심 문제 22

온수난방배관에서 리버스리턴(Reverse Return)방식을 사용하는 가장 주된 이유는? [24년 1회]
① 배관길이를 짧게 하기 위해
② 배관의 부식을 방지하기 위해
③ 배관의 신축을 흡수하기 위해
④ 온수의 유량분배를 균일하게 하기 위해

해설

리버스리턴(Reverse Return, 역환수)방식은 각각의 방열기에 대해 공급관의 길이와 환수관의 길이의 합이 같게 하여 방열기간의 온수 유량분배를 균일하게 하기 위해 적용된다.

정답 ④

<table>
</table>

② 특징

핵심 문제 23 ◆◆◇

복사난방에 관한 설명으로 옳은 것은?
[18년 1회, 22년 2회]
① 천장이 높은 방의 난방은 불가능하다.
② 실내의 쾌감도가 다른 방식에 비하여 가장 낮다.
③ 외기침입이 있는 곳에서는 난방감을 얻을 수 없다.
④ 열용량이 크기 때문에 방열량 조절에 시간이 걸린다.

해설

① 수직적인 온도차가 작으므로 천장이 높은 방의 난방에 효과적이다.
② 실내의 쾌감도가 다른 방식에 비하여 가장 높다.
③ 대류방식이 아닌 복사방식을 활용하므로 외기침입이 있는 곳에서도 난방감을 얻을 수 있다.

정답 ④

핵심 문제 24 ◆◆◇

대류난방과 바닥 복사난방의 비교 설명으로 옳지 않은 것은? [20년 4회, 23년 4회]
① 예열시간은 대류난방이 짧다.
② 실내 상하 온도차는 바닥 복사난방이 작다.
③ 거주의 쾌적성은 대류난방이 우수하다.
④ 바닥 복사난방은 난방코일의 고장 시 수리가 어렵다.

해설

거주자의 쾌적성은 전체적인 실내 온도 분포가 균일하게 형성되는 바닥 복사난방이 대류난방보다 우수하다.

정답 ③

장점	단점
• 방열기가 필요치 않아 바닥의 이용도가 높음 • 실내의 수직적 온도 분포가 균등하여 천장고가 높은 방의 난방에 유리(쾌감도 양호) • 동일방열량에 대하여 손실열량이 적음 • 방을 개방상태로 놓아도 난방열의 손실이 적음 • 대류가 적으므로 바닥의 먼지가 상승하지 않음	• 배관매설에 따른 시공 시 주의 요망 • 외기온도 급변에 따른 방열량 조절이 난해 • 열손실을 막기 위한 단열층 필요 • 유지 · 보수 불편 • 설비비가 고가

(4) 지역난방

① 일정 지역 내에 대규모 중앙열원 플랜트에서 생산한 열매(증기, 고온수)를 배관을 통해 지역 내의 여러 건물에 공급하여 난방하는 방식이다.

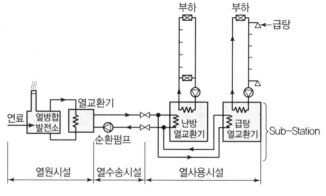

[지역난방 계통도]

② 장단점

장점	단점
• 에너지의 이용효율 상승 • 도시환경 개선효과 • 인력 및 공간 절약 • 세대별 보일러, 냉동기 등의 설치 불필요 • 방화(防火)효과가 증대 • 설비비 경감	• 배관이 길어져 열손실이 큼 • 초기의 시설투자비가 고가 • 열원기기의 용량제어 난해 • 고도의 숙련된 기술자 필요 • 지역의 사용량이 적을수록 한 세대가 분담해야 할 기본요금 상승 • 시간적 · 계절적 변동이 큼

2) 보일러의 효율 및 용량

(1) 보일러의 효율(η)

$$\eta = \frac{W \times C \times (t_2 - t_1)}{G \times H_L} \times 100\%$$

여기서, η : 보일러의 효율(%)

W : 온수출탕량(kg/h)

C : 물의 비열(4.19kJ/kg · K)

t_2 : 온수의 평균출구온도(℃)

t_1 : 온수의 평균입구온도(℃)

G : 연료소비량(kg)

H_L : 연료의 저위발열량(kJ/kg)

(2) 보일러의 출력

① **정미출력** : 난방부하＋급탕부하

② **상용출력** : 난방부하＋급탕부하＋배관부하

③ **정격출력** : 난방부하＋급탕부하＋배관부하＋예열부하

④ **과부하출력** : 정격출력의 10~20% 정도 증가하여 운전할 때의 출력

(3) 보일러마력(BHP : Boiler Horse Power)

100℃의 물 15.65kg을 1시간 동안 100℃의 증기로 바꿀 수 있는 능력을 1BHP (보일러마력)이라고 한다(1BHP≒35,222kJ/h≒9.8kW).

(4) 상당증발량(Equivalent Evaporation)

보일러의 능력을 나타내는 것의 하나로, 실제증발량을 기준상태의 증발량으로 환산한 것이다. 즉, 실제증발량과 그에 따른 엔탈피의 변화량을 증발잠열(100℃의 포화수를 100℃의 증기로 만드는 데 소요되는 열량)로 나눈 값을 의미한다.

$$G_e = \frac{G(h_2 - h_1)}{2,256}$$

여기서, G_e : 상당증발량(kg/h)

G : 실제증발량(kg/h)

h_1 : 급수의 엔탈피(kJ/kg)

h_2 : 발생증기의 엔탈피(kJ/kg)

2,256 : 100℃ 물의 증발잠열(kJ/kg)

핵심 문제 25 ◆◆◆

다음 설명에 알맞은 보일러의 출력은?

[20년 3회, 23년 2회]

연속해서 운전할 수 있는 보일러의 능력으로서 난방부하, 급탕부하, 배관부하, 예열부하의 합이며, 일반적으로 보일러 선정 시에 기준이 된다.

① 상용출력　　② 정격출력
③ 정미출력　　④ 과부하출력

해설

보일러의 출력

㉠ 정미출력 : 난방부하＋급탕부하
㉡ 상용출력 : 난방부하＋급탕부하＋배관부하
㉢ 정격출력 : 난방부하＋급탕부하＋배관부하＋예열부하

정답 ②

💡 **TIP**

보일러의 용량 표시방법

• 보일러의 용량표시 방법으로는 정격용량(kg/h), 정격출력(kW), 상당증발량(G_e), 보일러 마력(BP), 전열면적(m^2), 상당방열면적(EDR) 등이 있다.

• 일반적으로 증기보일러에서는 정격용량(kg/h), 온수보일러에서는 정격출력(kW)으로 표시한다.

❸ 전기설비계획

1. 전기설비 일반사항 및 수변전설비

1) 일반사항

(1) 전류와 전압, 저항

구분	내용
전류(I)	• 전기의 흐름을 나타내는 것이다. • 전류는 전압이나 부하의 용량에 따라서 양이 달라지며 전류의 대소를 나타내는 단위는 암페어(A, Ampare)이고, 표시기호는 I를 사용한다.
전압(V)	• 전압은 전기량이 이동하여 일을 할 수 있는 전위에너지차로 전류를 흐르게 하는 힘을 의미한다. • 단위는 볼트(V, Volt)이고, 표시기호는 V를 사용한다.
저항(R)	• 저항은 도체의 전기흐름을 방해하는 성질을 의미한다. • 단위는 옴(Ω)이며, 표시기호는 R을 사용한다. • 저항은 전선의 길이에 비례하고, 단면적에 반비례하는 특성을 가지고 있다.
옴의 법칙	• 옴의 법칙은 전압, 전류, 저항 간의 관계를 나타낸 것이다. • "도체 내의 두 점 사이를 흐르는 전류의 세기는 두 점 간의 전압에 비례하고 두 점 간의 저항에 반비례한다."라는 것을 식으로 나타낸 것이다. $$I = \frac{V}{R}$$ 여기서, I : 전류(A), V : 전압(V), R : 저항(Ω)

(2) 전기사업법령에 따른 전압의 분류

구분	직류	교류
저압	1,500V 이하	1,000V 이하
고압	1,500V 초과 7,000V 이하	1,000V 초과 7,000V 이하
특고압	7,000V 초과	7,000V 초과

2) 수변전설비

(1) 개념

수변전설비는 발전소, 변전소, 송배전선로를 통해 전기를 공급받는 수요자가 그 전력을 받고, 전압조절을 하기 위해 설치하는 설비를 말한다.

(2) 수전용량 결정

① 수용률(수요율)

수용률이란 설비기기의 전용량에 대하여 실제 사용하고 있는 부하의 최대전력비율을 나타낸 계수로, 설비용량을 이용하여 최대수요전력을 결정할 때 사용한다.

$$수용률(\%) = \frac{최대수요전력(kW)}{부하설비용량(kW)} \times 100\%$$

② 부등률

몇 개의 부하가 하나의 배전변압기로부터 전력을 공급받고 있을 때 각 부하에서의 최대수요전력이 발생하는 시각은 부하별로 상이한 것이 일반적이다. 이러한 경우 배전변압기에서의 합성 최대수요전력은 각 부하의 최대수요전력의 합계보다 작은 값이 되는 것이 일반적인데, 이것을 부등률이라고 한다(부등률 적용 시 배전변압기의 용량을 낮출 수 있음).

$$부등률(\%) = \frac{개별부하의 \ 최대수요전력 \ 합계(kW)}{합성 \ 최대수요전력(kW)} \times 100\%$$

③ 부하율

공급 가능한 최대수요전력과 실제 사용된 평균전력의 비율을 나타낸 것으로, 부하율이 클수록 부하에 대한 전력공급설비가 유효하게 사용되었음을 의미한다.

$$부하율(\%) = \frac{부하의 \ 평균전력(kW)}{합성 \ 최대수요전력(kW)} \times 100\%$$

(3) 수변전실의 위치 및 구조

① 부하의 중심에 가깝고 배전에 편리한 곳이어야 한다.

② 보일러실, 펌프실, 예비발전실, 엘리베이터 기계실과 관련성을 고려해야 한다.

③ 전원 인입과 기기의 반출입이 용이해야 한다.

④ 천장높이는 높을수록 좋으며, 고압인 경우에는 3m 이상(보 아래), 특고압인 경우에는 4.5m 이상으로 한다.

⑤ 습기가 적고 채광, 통풍(변압기열의 해소)이 양호해야 한다.

⑥ 출입구는 방화문으로, 격벽은 내화구조로 한다.

⑦ 바닥은 배관, 케이블 등을 고려하여 20~30cm 정도로 한다.

⑧ 바닥하중의 설계는 중량에 견디도록 한다.

⑨ 변전실의 면적 산정 시 고려요소에는 변압기용량, 수전전압, 수전방식 및 큐비클의 종류 등이 있다.

핵심 문제 26 ◆◆◆

수용장소의 총전기설비용량에 대한 최대수요전력의 비율을 백분율로 나타낸 것은?

[19년 1회, 23년 4회, 24년 3회]

① 부하율　　② 부등률
③ 수용률　　④ 감광보상률

해설

수용률(수요율)
설비기기의 전용량에 대하여 실제 사용하고 있는 부하의 최대전력비율을 나타낸 계수로, 설비용량을 이용하여 최대수요전력을 결정할 때 사용한다.

수용률(%)
$= \dfrac{최대수요전력(kW)}{부하설비용량(kW)} \times 100\%$

정답 ③

(4) 발전기실 설치 시 유의사항

① 기기의 반출입 및 운전, 보수가 편리해야 한다.

② 건축물의 배기구에 가까이 있어야 한다.

③ 실내 환기를 충분히 시행할 수 있어야 한다.

④ 급배수설비의 설치가 용이해야 한다.

⑤ 연료유의 보급이 용이해야 한다.

⑥ 변전실에 가까이 있어야 한다.

⑦ 바닥은 절연재료로 해야 한다.

⑧ 내화구조이고, 방음과 방진구조여야 한다.

⑨ 주위온도가 5℃ 이내로 내려가지 않아야 한다.

⑩ 발전기실의 유효높이는 발전장치 최고높이의 2배 정도로 하여 설계한다.

2. 전기방식 및 배선설비

1) 간선배전방식

(1) 간선의 개념

간선은 인입구장치 등의 전원공급설비 혹은 비상용 발전기의 절환반과 최종 분기회로 과전류 차단장치 사이에 있는 모든 도체회로 전선을 말한다.

(2) 간선 배전방식의 종류

전압강하만을 고려하면 평행식이 유리하고 공장 등에서 종합 부하의 수용률을 고려하면 평행식보다 병용식이 유리하다.

구분	특징
평행식 (개별방식)	각 분전반마다 배전반에서 단독으로 배선되며, 전압 강하가 작고 사고 발생 시 범위가 좁으나 설비비가 많이 소요되어 대규모 건물에 적합하다.
나뭇가지식	• 한 개의 간선이 각 분전반을 거쳐 가며 공급된다. • 말단 분전반에서 전압강하가 커질 수 있다. • 중소 규모에 이용된다. • 경제적이나 1개소의 사고가 전체에 영향을 미친다. • 각 분전반별로 동일전압을 유지할 수 없다.
병용식 (나뭇가지평행식)	평행식과 나뭇가지식을 병용한 것으로 전압강하도 크지 않고 설비비도 줄일 수 있어 가장 많이 사용된다.

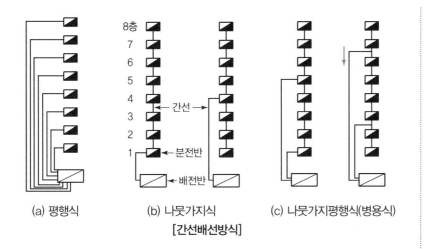

(a) 평행식   (b) 나뭇가지식   (c) 나뭇가지평행식(병용식)

[간선배선방식]

2) 배전반, 분전반 및 분기회로

(1) 배전반

분전반으로 전원을 공급하는 전기설비이다.

(2) 분전반

① 배전반(전원)으로부터 전기를 공급받아 말단부하에 배전하는 것으로서, 매입형과 노출형이 있다.

② 분전반설비는 주개폐기, 분기회로, 개폐기, 자동차단기(퓨즈차단기, 노퓨즈차단기)를 모아놓은 것이다.

③ 분전반은 가능한 한 부하의 중심에 두어야 한다.

④ 1개 층에 분전반을 1개 이상씩 설치한다.

⑤ 분전반 1개의 공급면적은 1,000m² 이내로 한다.

⑥ 분전반 설치간격은 분기회로의 길이가 30m 이내가 되게 한다.

⑦ 분전반 1개의 분기회로는 20회선 이내로 한다(단, 예비회로 포함 시 40회 이내).

(3) 분기회로

① 간선에서 분기하여 회로를 보호하는 최종 과전류차단기와 부하 사이의 전로이다.

② 같은 방 또는 같은 방향의 콘센트(아웃렛)는 같은 회로로 한다.

③ 전등 및 콘센트회로는 분기회로로 한다(전선굵기 : 1.6mm).

④ 습기가 있는 곳의 콘센트(아웃렛)는 별도로 설치한다.

⑤ 1회로에 접속되는 콘센트수
　　　㉠ 보통 사무실 : 콘센트 7~8개(사무실 콘센트는 5m 간격으로 설치)
　　　㉡ 동력 : 콘센트 1개

 TIP

옥내배선전선의 굵기 산정 결정요소
허용전류, 전압강하, 기계적 강도

3) 전기샤프트(ES) 설치 시 유의사항

① 층마다 같은 위치에 설치한다.
② 전력용과 정보통신용은 공용으로 사용해서는 안 되는 것이 원칙이지만, 부득이한 경우 공용으로 사용이 가능하다.
③ 전기샤프트의 면적은 보, 기둥부분을 제외하고 산정한다.
④ 현재 장비 이외에 장래의 배선 등에 대한 여유성을 고려한 크기로 한다.

❹ 소방설비계획

1. 소방시설의 일반

1) 화재의 분류

(1) 일반화재(A급 화재, 백색)

연소 후 재를 남기는 화재로, 나무, 종이, 섬유 등의 화재를 말한다.

(2) 유류 및 가스화재(B급 화재, 황색)

석유, 가스 등에 의한 화재로서 소화 시 질식에 의한 소화가 효과적이다.

(3) 전기화재(C급 화재, 청색)

전기에 의한 화재로, 소화 시 질식에 의한 소화가 효과적이며, 물에 의한 소화는 금지해야 한다.

(4) 금속화재(D급 화재, 무색)

(5) 가스화재(E급 화재, 황색)

(6) 식용유화재(F 또는 K급 화재, 적색)

주방화재라고도 하며, 주방에서 동식물유를 취급하는 조리기구에서 일어난다.

2) 소화의 원리

구분	내용
냉각소화법	• 물 등을 분사시켜 냉각하여 발화온도 이하로 만듦 • 증발잠열이 크고 비열이 큰 부촉매를 사용하여 가연물의 연소를 억제하는 소화방법
질식소화법	• 모든 화재에 가장 보편적으로 적용하는 방법으로 산소공급원을 차단하는 원리(CO_2 소화설비 등) • 유류화재에 많이 이용

구분	내용
희석방법	• 종류로는 가연물을 희석시키는 방법과 산소를 희석시키는 방법이 있음 • 불활성 기체소화설비가 희석방법에 해당됨
연쇄반응차단법	포말 · 분말 · 할론 소화설비 등과 같은 불활성 물질이 연소의 연쇄반응을 억제하여 소화
파괴소화법	가연물을 파괴함으로써 화재가 확산되는 것을 막음

3) 소방시설의 분류

구분	내용
소화설비	소화기, 자동확산소화기, 옥내소화전, 스프링클러, 물분무소화설비, 옥외소화전설비, 할로겐화물 등
경보설비	단독경보형 감지기, 자동화재탐지설비, 전기화재경보기, 자동화재속보설비, 비상경보설비, 가스누설경보기, 시각경보기, 비상방송설비, 통합감시시설, 누전경보기 등
피난구조설비	구조대, 미끄럼대, 피난사다리, 완강기, 유도등, 유도표지, 비상조명등, 휴대용 비상조명등, 방열복, 공기호흡기, 인공소생기 등
소화용수설비	소화수조 · 저수조, 상수도소화용수설비 등
소화활동설비	제연설비, 연결송수관설비, 연결살수설비, 비상콘센트설비, 무선통신보조설비, 연소방지설비 등

2. 소화설비

소화설비는 화재 발생 초기에 진압을 목적으로 하며, 옥내 · 옥외소화전, 스프링클러, 특수소화설비, 소화기 등이 있다.

1) 소화기

소화기는 소방대상물의 각 부분에서 보행거리가 20m 이내가 되도록 배치하며 화재에 맞는 용도의 소화기를 사용해야 한다.

① 소방대상물의 각 부분에서 보행거리가 20m 이내(대형 소화기는 30m 이내)가 되도록 배치한다.

② 소화기는 바닥에서 1.5m 이내에 배치한다.

2) 옥내소화전설비

옥내소화전설비는 건물 내에 설치하는 고정식 소화설비로 건물 내에 있는 사람이 화재를 초기에 진압할 목적으로 쓰인다.

핵심 문제 27

소방시설 중 경보설비의 종류에 해당하지 않는 것은? [18년 1회]

① 비상방송설비
② 자동화재탐지설비
③ 자동화재속보설비
④ 무선통신보조설비

해설

무선통신보조설비는 소화활동설비에 해당한다.

정답 ④

TIP

소화설비
화재 시 물과 소화약제를 분출하는 설비로 소방시설 설치 및 관리에 관한 법률과 화재안전기준의 규정에 맞춰 용량 및 규격을 결정하여야 한다.

(1) 소화원리

복도 등에 설치된 소화호스를 화재 시 사람이 수동으로 작동시켜 물을 분사하여 진화한다.

(2) 설치기준

① 표준방수압력 : 0.17MPa 이상

② 표준방수량 : 130L/min(20분 이상 방수)

③ 설치간격 : 각 층, 각 부분에서 소화전까지 수평거리는 25m 이내로 한다.

④ 수원의 수량 : $2.6m^3 \times N$(최고 2개로 하고, 2개 이상이면 2개로 가정)

⑤ 구경 : 노즐구경 13mm, 호스구경 40mm

⑥ 호스의 길이 : 15m × 2본

⑦ 소화펌프양수량(Q, L/min) : $150 \times N$(소화전 동시개구수)

⑧ 옥내소화전 개폐밸브는 바닥으로부터 1.5m 이하 설치

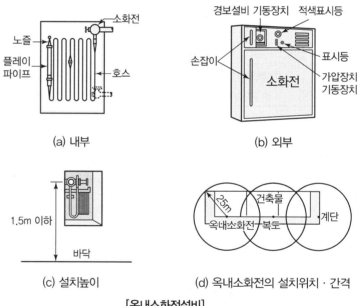

(a) 내부   (b) 외부

(c) 설치높이   (d) 옥내소화전의 설치위치 · 간격

[옥내소화전설비]

TIP

옥외소화전설비 수원의 저수량 산출(Q)

$Q = 350L/\min \times 20\min$
$\qquad \times$ 설치개수(N)
$\quad = 7,000L \times$ 설치개수(N)
$\quad = 7m^3 \times$ 설치개수(N)

여기서, N은 최대 2개이다.

3) 옥외소화전설비

대규모 건물의 화재 시 건물 외부에서 물을 방사하여 소화하는 것으로, 주로 건물 1, 2층의 화재 진압을 목적으로 하는 설비이다.

(1) 표준방수압력 : 0.25MPa 이상

(2) 표준방수량 : 350L/min(20분간 방수 필요)

(3) 설치간격 : 건물 각 부분에서 소화전까지 수평거리는 40m 이내로 한다.

(4) 수원의 저수량(Q) : 7m³ × N(최고 2개로 하고, 2개 이상이면 2개로 가정)

(5) 호스의 구경 : 65mm

4) 스프링클러(Sprinkler)설비

화재 시 열이 헤드에 전달되면 72℃ 내외에서 용융편이 자동적으로 녹음과 동시에 물을 분출시켜 소화하며, 초기 화재 시 97% 이상을 진화시키는 자동소화설비이다.

(1) 스프링클러설비의 계통흐름

| 주배관 | 각 층을 수직으로 관통하는 수직배관 |

→ **교차배관**   수직배관을 통하여 가지배관의 물을 공급하는 배관

→ **가지배관**   스프링클러헤드가 설치되어 있는 배관

→ **스프링클러헤드**   물의 분사 : 물분사 시 세분하는 역할은 헤드 내 디플렉터에서 진행

(2) 특징

① 초기 화재의 소화율이 높다(97%).

② 자동소화설비이며, 경보의 기능을 가진다.

③ 소화 후 복구가 용이하다.

④ 소화 후 제어밸브를 잠가야 한다.

⑤ 용융편의 용융온도는 72℃ 이상이다.

⑥ 고층건물과 지하층, 무창층 등 소방차 진입이 곤란한 곳에 적당하다.

(3) 스프링클러설비의 종류

① **폐쇄형** : 헤드끝이 막혀 있고 배관 내에는 항상 물이나 압축공기가 차 있어 용융편이 높으면 곧바로 방사된다(화재열에 의해 스프링클러헤드가 자동적으로 개구되어 방수하는 방식).

    ㉠ 습식

      • 수원에서 헤드까지 전배관에 물이 항상 채워져 있어 화재가 발생하여 용융편이 녹자마자 곧바로 살수가 가능하다.

      • 동파 및 누수의 우려가 있다(겨울에는 얼지 않도록 보온이 요구).

    ㉡ 건식 : 관 내에 공기가 채워져 있다가 화재 시 공기가 빠지고 살수된다.

② **개방형**

    ㉠ 폐쇄형 스프링클러로는 효과가 없거나 접근이 어려운 장소에 적용한다(천장이 높은 무대 위나 공장, 창고, 위험물저장소 등에서 수동으로 작동시키는 방식).

ⓛ 개방된 헤드를 설치하고 감지용 스프링클러헤드에 의해 작동시키거나 또는 소방차 송수구와 연결하여 소화하는 방식이다.

(4) 스프링클러헤드의 구조

스프링클러헤드는 프레임, 반사판(디플렉터), 용융편, 레버 등으로 구성되어 있다.

① 용융편 : 용융온도 72℃ 내외
② 디플렉터(Deflector) : 방수구에서 물을 세분화시키는 작용

(5) 기준

① 헤드방수압력 : 0.1MPa 이상
② 표준방수량 : 80L/min(20분간 방수 필요)
③ 헤드 1개의 소화면적 : 10m²
④ 지관 1개에 설치하는 헤드수 : 8개 이하
⑤ 수원수량 : 80L/min × 20분 × 헤드 10개(11층 이상은 30개)

(6) 설치간격

건물의 구조	반경(m)	헤드 간의 간격(m)	방호면적(m²)
극장, 준위험물, 특별가연물	1.7	2.4	5.78
준내화건축	2.1	3.0	8.76
내화건축	2.3	3.2	10.56

(7) 용도별 스프링클러헤드 설치기준개수

용도	설치개수
아파트	10개
판매시설, 복합상가 및 11층 이상인 소방대상물	30개

5) 드렌처(Drencher)설비

건축물의 창, 외벽, 지붕 등에 노즐을 설치하여 인접건물 화재 시 노즐에서의 방수로 인해 수막(Water Curtain)을 형성하여 인접건물 화재 시 자기건물로의 화재의 확산을 방지하는 설비이다.

(1) 헤드설치간격 : 수평거리 2.5m, 수직거리 4m 이하
(2) 헤드방수압력 : 0.1MPa 이상
(3) 수원수량 : 80L/min × 20분 × N

스프링클러는 초기화재 진화를 위하여 사용되는 설비로서, 헤드마다 분당 80L의 물을 20분간 분사할 수 있는 수원을 확보하고 있어야 한다.

※ 병원의 입원실에는 조기반응형 스프링클러헤드를 설치하여야 한다.

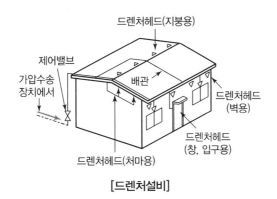

[드렌처설비]

3. 경보설비

1) 경보설비의 목적 및 종류

(1) 목적

경보설비는 화재에 의해서 생기는 인적, 물적 피해를 최소화하기 위해 화재 초기에 화재 발생사항을 발견하여 신속하게 피난할 수 있도록 조치하고, 소방기관에 통보할 수 있게 하는 설비이다.

(2) 종류

자동화재탐지설비, 전기화재경보기, 자동화재속보설비, 비상경보설비 등

2) 경보설비의 주요 구성 기기

(1) 자동화재탐지기

① 열감지기
  ㉠ 정온식 : 주변온도가 일정 온도에 도달하였을 때 감지한다.
  ㉡ 차동식 : 주변온도의 일정한 온도 상승에 의해 감지한다.
  ㉢ 보상식 : 정온식과 차동식의 성능을 가진 열감지기이다.

② 연기감지기
  ㉠ 광전식 : 연기에 의해 반응하는 것으로 광전효과를 이용하여 감지한다.
  ㉡ 이온화식 : 연기에 의해 이온농도가 변화되는 것으로 감지한다.

(2) 수신기

① 목적 : 수신기는 감지기 또는 발신기에서 보내온 신호를 수신하여 화재의 발생을 당해 건물의 관계자에게 램프표시 및 음향장치 등으로 알려주는 것이다.

② 종류 : P형(1급, 2급), R형, M형

핵심 문제 28 ◆◆◆

다음의 자동화재탐지설비의 감지기 중 연기감지기에 속하는 것은? [21년 4회]
① 광전식   ② 보상식
③ 차동식   ④ 정온식

해설

보상식, 차동식, 정온식은 열감지기이다.

정답 ①

(3) 발신기

발신기는 감지기의 동작 이전에 화재의 발생을 발견한 사람이 발신기의 단추를 눌러서 화재 발생을 수신기에 전달하여 관계자에게 통보하는 것이다.

(4) 음향장치

① 음향장치는 감지기에 의해서 화재의 발생을 발견하면 벨 또는 사이렌 등으로 경종을 울리는 설비이다.
② 음량은 설치위치의 중심으로부터 1m 떨어진 위치에서 90폰(Phon) 이상이고, 층마다 그 층의 각 부분으로부터 하나의 음향장치까지의 수평거리는 25m 이하가 되도록 설치한다.

✠ 시각경보장치
자동화재탐지설비에서 발하는 화재신호를 시각경보기에 전달하여 청각장애인에게 점멸형태의 시각경보를 하는 것을 말한다.

4. 소화활동설비

1) 소화활동설비의 목적 및 종류

(1) 목적

소화활동설비는 소방차 및 소방대원이 본격적으로 화재의 진압을 위해 필요한 소방설비이다.

(2) 종류

배연설비, 연결살수설비, 연결송수관설비, 비상콘센트 등

2) 연결송수관설비(Siamese Connection)

(1) 목적

고층건물의 화재 시 소방차에 연결하여 소방차의 물을 건물 내로 공급하는 설비이다.

(2) 설치기준

① 방수구의 방수압력 : 0.35MPa 이상
② 표준방수량 : 450L/min
③ 방수구 설치 : 3층 이상의 계단실, 비상승강기의 로비 부근 등에 방수구를 중심으로 50m 이내(방수구는 개폐기능을 가진 것으로 설치하여야 하며, 평상시 닫힌 상태로 유지)
④ 송수구, 방수구 구경 : 65mm(송수구는 연결송수관의 수직배관마다 1개 이상을 설치)
⑤ 수직주관 구경 : 100mm

⑥ 설치기준 : 7층 이상의 건축물 또는 5층 이상의 연면적 6,000m² 이상의 건물에 설치

⑦ 설치높이 : 바닥으로부터 0.5~1m

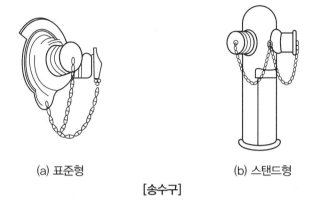

(a) 표준형　　　　　(b) 스탠드형

[송수구]

3) 연결살수설비

(1) 목적

화재 시 유독가스와 연기 때문에, 소방관의 진입이 어려운 지하층 등에서 스프링클러와 유사한 개방형 헤드를 설치하고 소방대 전용 송수구를 통해 실내로 물을 공급, 살수하여 화재를 진압하는 설비이다.

(2) 설치기준

① 소방펌프 자동차가 쉽게 접근할 수 있고 노출된 장소에 설치해야 한다.

② 송수구 구경 : 65mm 쌍구형(단, 살수헤드의 수가 10개 이하인 것은 단구형의 것으로 할 수 있음)

③ 헤드의 유효반경 : 3.7m 이하

4) 비상콘센트설비

(1) 목적

소방관이 화재 진압을 위해 실내로 진입할 경우, 소화활동에 필요한 전기를 공급(조명 등)하기 위해 설치되는 콘센트설비이다.

(2) 설치대상

① 지하층을 포함하는 층수가 11층 이상인 소방대상물의 11층 이상의 층

② 지하 3층 이상이고 지하층의 바닥면적의 합계가 1,000m² 이상인 지하층의 전층

✜ **연결살수설비에서의 송수구**
소화설비에 소화용수를 보급하기 위하여 건물 외벽 또는 구조물에 설치하는 관을 말한다.

💡 TIP

비상콘센트 보호함
비상콘센트를 보호하기 위하여 비상콘센트 보호함을 다음의 기준에 따라 설치하여야 한다.
• 보호함에는 쉽게 개폐할 수 있는 문을 설치할 것
• 보호함 표면에 "비상콘센트"라고 표시한 표지를 할 것
• 보호함 상부에 적색의 표시등을 설치할 것. 다만, 비상콘센트의 보호함을 옥내소화전함 등과 접속하여 설치하는 경우에는 옥내소화전함 등의 표시등과 겸용할 수 있다.

(3) 설치기준

① 11층 이상의 층마다 어느 부분에서도 1개의 비상콘센트까지의 수평거리(유효반경)는 50m 이하로 한다.

② 바닥면에서 0.8~1.5m의 높이에 설치한다.

③ 1회선에 접속되는 콘센트의 수는 10개 이하로 한다.

④ 아파트 또는 바닥면적이 1,000m² 미만인 층 : 계단의 출입구로부터 5m 이내에 설치

⑤ 바닥면적 1,000m² 이상인 층(아파트 제외) : 계단의 출입구 또는 계단부속실의 출입구로부터 5m 이내에 설치

5) 제연설비

제연설비는 연기를 제거시켜 피난과 소화활동을 원활하게 할 수 있도록 하는 설비이다.

5. 피난구조시설 및 소화용수설비

1) 피난구조시설의 목적 및 종류

(1) 목적

피난구조시설은 화재 발생 시 인명의 피난을 위한 설비이다.

(2) 종류

미끄럼대, 피난사다리, 완강기, 유도등, 유도표지, 비상조명등 등

2) 소화용수설비의 목적 및 종류

(1) 목적

소화용수설비는 화재 진압을 위해 물을 공급하는 역할을 한다.

(2) 종류

소화수조, 상하수도소화용수설비 등

실 / 전 / 문 / 제

01 건축물의 급수방식에 관한 설명으로 옳지 않은 것은? [21년 2회]

① 수도직결방식은 급수오염의 가능성이 가장 작다.
② 펌프직송방식은 고가수조를 설치할 필요가 없다.
③ 고가수조방식은 일정 지점에서의 공급압력이 일정하다.
④ 압력수조방식은 고압의 급수압을 일정하게 유지할 수 있다.

압력수조방식은 고압의 급수압을 얻을 수는 있지만, 급수압의 변동이 발생한다. 🖐 ④

02 다음의 건물 급수방식 중 수질오염의 가능성이 가장 큰 것은?

[18년 4회, 21년 3회]

① 수도직결방식   ② 압력탱크방식
③ 고가탱크방식   ④ 펌프직송방식

고가탱크방식은 건물 옥상부분에 물을 채워 놓기 때문에 해당 물탱크에 이물의 유입 등이 일어날 수 있어 급수방식 중 수질오염 가능성이 가장 큰 방식이다. 🖐 ③

03 개별급탕방식에 관한 설명으로 옳지 않은 것은? [18년 4회]

① 배관의 열손실이 적다.
② 시설비가 비교적 싸다.
③ 규모가 큰 건축물에 유리하다.
④ 높은 온도의 물을 수시로 얻을 수 있다.

규모가 큰 건축물에는 중앙식 급탕방식이 유리하다. 🖐 ③

04 급탕설비에 관한 설명으로 옳은 것은? [20년 1 · 2회]

① 중앙식 급탕방식은 소규모 건물에 유리하다.
② 개별식 급탕방식은 가열기의 설치공간이 필요 없다.
③ 중앙식 급탕방식의 간접가열식은 소규모 건물에 주로 사용된다.
④ 중앙식 급탕방식의 직접가열식은 보일러 안에 스케일 부착의 우려가 있다.

① 중앙식 급탕방식은 대규모 건물에 유리하다.
② 개별식 급탕방식은 가열기의 설치공간이 필요하다.
③ 중앙식 급탕방식의 간접가열식은 대규모 건물에 주로 사용된다. 🖐 ④

05 트랩봉수의 파괴원인에 속하지 않는 것은? [21년 1회]

① 공동현상   ② 모세관현상
③ 자기사이펀작용   ④ 운동량에 의한 관성

공동현상은 펌프의 흡입 측에서 발생되는 현상으로서 배수배관에서 발생하는 트랩봉수의 파괴원인과는 거리가 멀다. 🖐 ①

06 배수트랩에 관한 설명으로 옳지 않은 것은? [18년 1회, 21년 3회]

① 트랩은 배수능력을 촉진시킨다.

② 관트랩에는 P트랩, S트랩, U트랩 등이 있다.

③ 트랩은 기구에 가능한 한 근접하여 설치하는 것이 좋다.

④ 트랩의 유효봉수깊이가 너무 낮으면 봉수가 손실되기 쉽다.

트랩은 배수능력의 촉진보다 봉수를 담아 악취의 역류를 막는 등의 역할을 한다. **답** ①

07 호텔의 주방이나 레스토랑의 주방에서 배출되는 배수 중의 유지분을 포집하기 위하여 사용되는 포집기는? [19년 1회, 24년 2회]

① 헤어포집기　　　　　　② 오일포집기

③ 그리스포집기　　　　　④ 플라스터포집기

그리스포집기(Grease Trap) 주방 등에서 기름기가 많은 배수로부터 기름기를 제거, 분리하는 장치이다. **답** ③

08 다음 중 배수관에 통기관을 설치하는 목적과 가장 거리가 먼 것은? [19년 1회]

① 트랩의 봉수를 보호한다.

② 배수관의 신축을 흡수한다.

③ 배수관 내 기압을 일정하게 유지한다.

④ 배수관 내의 배수흐름을 원활히 한다.

신축을 흡수하는 것은 통기관이 아닌 신축이음쇠(Expansion Joint)이다. 단, 배수관에서는 특별한 사유가 없는 한 신축이음쇠가 설치되지 않는다. 신축이음쇠는 주로 배관 내에 높은 온도의 유체가 흘러갈 때 신축을 흡수하기 위해 사용되므로 급탕이나 온수배관에 주로 적용한다. **답** ②

09 다음 설명에 알맞은 대변기의 세정방식은? [21년 2회]

> 바닥으로부터 1.6m 이상 높은 위치에 탱크를 설치하고, 볼탭을 통하여 공급된 일정량의 물을 저장하고 있다가 핸들 또는 레버의 조작으로 낙차에 의한 수압으로 대변기를 세정하는 방식

① 세출식　　　　　　　　② 세락식

③ 로탱크식　　　　　　　④ 하이탱크식

하이탱크식은 높은 위치에서 물을 공급하여, 물의 위치에너지를 이용한 세정방식이다. **답** ④

10 플러시밸브식 대변기에 관한 설명으로 옳지 않은 것은? [21년 1회, 24년 3회]

① 대변기의 연속 사용이 가능하다.

② 일반가정용으로 주로 사용된다.

③ 세정음은 유수음도 포함되기 때문에 소음이 크다.

④ 로탱크식에 비해 화장실을 넓게 사용할 수 있다는 장점이 있다.

플러시밸브식 대변기는 적정 압력의 급수압이 필요하고, 소음 등이 커서 일반가정용에 적용하기에는 무리가 있다. **답** ②

11 다음 중 축동력이 가장 적게 소요되는 송풍기 풍량제어방법은? [20년 3회]

① 회전수제어
② 토출댐퍼제어
③ 흡입댐퍼제어
④ 흡입베인제어

송풍기 축동력의 소모량
토출댐퍼제어＞흡입댐퍼제어＞흡입베인제어＞가변익축류제어＞회전수제어 **답** ①

12 다음의 공기조화방식 중 전공기방식에 속하지 않는 것은? [22년 2회]

① 단일덕트방식
② 2중덕트방식
③ 팬코일유닛방식
④ 멀티존유닛방식

팬코일유닛방식은 전수방식에 속한다. **답** ③

13 공기조화방식 중 전공기방식에 관한 설명으로 옳지 않은 것은? [19년 1회]

① 덕트 스페이스가 필요 없다.
② 중간기에 외기냉방이 가능하다.
③ 실내 유효 스페이스를 넓힐 수 있다.
④ 실내에 배관으로 인한 누수의 염려가 없다.

전공기방식은 공기를 열매로 쓰는 공조방식으로, 열매인 공기는 덕트를 통해 실내로 반송(이동)된다. **답** ①

14 다음의 공기조화방식 중 부하특성이 다른 여러 개의 실이나 존이 있는 건물에 적용이 가장 곤란한 것은? [21년 3회]

① 이중덕트방식
② 팬코일유닛방식
③ 단일덕트 정풍량방식
④ 단일덕트 변풍량방식

단일덕트 정풍량방식은 부하를 조절하기 위해 동일 풍량을 취출하기 때문에 부하특성이 다른 여러 개의 실이나 존이 있는 건물에 적용이 곤란하다. **답** ③

15 공기조화방식에 관한 설명으로 옳지 않은 것은? [20년 4회]

① 멀티존유닛방식은 전공기방식에 속한다.
② 단일덕트방식은 각 실이나 존의 부하변동에 대응이 용이하다.
③ 팬코일유닛방식은 각 실에 수배관으로 인한 누수의 우려가 있다.
④ 이중덕트방식은 냉온풍의 혼합으로 인한 혼합 손실이 있어서 에너지 소비량이 많다.

단일덕트방식은 냉풍 혹은 온풍을 계절별로 한 가지만 공급할 수 있기 때문에 각 실이나 존의 부하변동에 즉각적인 대응이 어렵다. 반면 이중덕트방식은 에너지 소비량은 많지만 냉풍과 온풍을 각각의 덕트로 보내 각 실의 조건에 맞게 혼합하여 공급하므로 각 실이나 존의 부하변동에 대응이 용이하다. **답** ②

① 물을 사용하므로 추운 지방에서
도 동결의 우려가 있다.
② 온수의 온도차인 현열을 이용하
여 난방하는 방식이다.
④ 증기난방에 비하여 난방부하변
동에 따른 온도조절이 용이하다.
답 ③

16 온수난방에 관한 설명으로 옳은 것은?

① 추운 지방에서도 동결의 우려가 없다.

② 온수의 잠열을 이용하여 난방하는 방식이다.

③ 증기난방에 비하여 열용량이 커서 예열시간이 길다.

④ 증기난방에 비하여 난방부하변동에 따른 온도조절이 어렵다.

거주자의 쾌적성은 전체적인 실내
온도 분포가 균일하게 형성되는 바
닥 복사난방이 대류난방보다 우수
하다. **답** ③

17 대류난방과 바닥 복사난방의 비교 설명으로 옳지 않은 것은?

① 예열시간은 대류난방이 짧다.

② 실내 상하 온도차는 바닥 복사난방이 작다.

③ 거주자의 쾌적성은 대류난방이 우수하다.

④ 바닥 복사난방은 난방코일의 고장 시 수리가 어렵다.

① 복사난방을 바닥에 설치할 경우,
천장이 높은 방에서 수직온도 분
포를 균일하게 할 수 있어 쾌적감
이 높아지게 된다.
② 대류가 최소화되고, 실내 온도 분
포가 균일하여 실내의 쾌감도가
다른 방식에 비하여 좋다.
④ 외기침입이 있는 곳에서도 난방
감을 얻을 수 있는 방식이다.
답 ③

18 복사난방에 관한 설명으로 옳은 것은?

① 천장이 높은 방의 난방은 불가능하다.

② 실내의 쾌감도가 다른 방식에 비하여 가장 낮다.

③ 열용량이 크기 때문에 방열량 조절에 시간이 걸린다.

④ 외기침입이 있는 곳에서는 난방감을 얻을 수 없다.

발전기실은 가급적 변전실과 가까
운 곳에 설치한다. **답** ②

19 전기설비용 시설공간(실)에 관한 설명으로 옳지 않은 것은?

① 변전실은 부하의 중심에 설치한다.

② 발전기실은 변전실에서 멀리 떨어진 곳에 설치한다.

③ 중앙감시실은 일반적으로 방재센터와 겸하도록 한다.

④ 전기샤프트는 각 층에서 가능한 한 공급대상의 중심에 위치하도록 한다.

20 다음 설명에 알맞은 전시설비 관련 장치는? [21년 2회]

> 하나의 패널로 조합하도록 설계된 단위패널의 집합체로, 모선이나 자동 과전류차단 장치, 조명, 온도, 전력회로의 제어용 개폐기가 설치되어 있으며, 전면에서만 접근할 수 있는 것이다.

① 아웃렛
② 분전반
③ 배전반
④ 캐비닛

분전반
- 배전반(전원)으로부터 전기를 공급받아 말단부하에 배전하는 것으로서, 매입형과 노출형이 있다.
- 분전반설비는 주개폐기, 분기회로, 개폐기, 자동차단기(퓨즈차단기, 노퓨즈차단기)를 모아놓은 것이다.
- 하나의 패널로 조합하도록 설계된 단위패널의 집합체로, 모선이나 자동 과전류차단장치, 조명, 온도, 전력회로의 제어용 개폐기가 설치되어 있으며, 전면에서만 접근할 수 있다.
- 분전반은 가능한 한 부하의 중심에 두어야 한다.
- 1개 층에 분전반을 1개 이상씩 설치한다. **답** ②

21 소화활동설비에 해당되는 것은? [예상문제]

① 스프링클러설비
② 자동화재탐지설비
③ 상수도소화용수설비
④ 연결송수관설비

① 소화설비
② 경보설비
③ 소화용수설비 **답** ④

22 소방시설의 종류 중 피난설비에 해당하는 것은? [18년 4회, 24년 1회]

① 비상조명등
② 자동화재속보설비
③ 가스누설경보기
④ 무선통신보조설비

②, ③ 경보설비
④ 소화활동설비 **답** ①

23 소방용품 중 피난구조설비를 구성하는 제품 또는 기기와 가장 거리가 먼 것은? [19년 4회]

① 발신기
② 구조대
③ 완강기
④ 통로유도등

발신기는 경보설비에 해당한다. **답** ①

방열복은 인명구조기구로 피난구조설비에 속한다. 🔖 ①

24 **소방시설의 종류가 잘못 짝지어진 것은?** [20년 4회]

① 소화활동설비 – 방열복

② 소화용수설비 – 소화수조

③ 소화설비 – 자동소화장치

④ 경보설비 – 비상방송설비

광전식
- 광전효과를 이용, 소량의 연기에도 감지한다.
- 검지부에 들어가는 연기에 의해서 광전소자의 입사광량의 변화를 감지한다(연기에 의해 반응하는 것으로 광전효과를 이용하여 감지). 🔖 ①

25 **다음의 자동화재탐지설비의 감지기 중 연기감지기에 속하는 것은?** [21년 4회]

① 광전식　　　　　　　② 보상식

③ 차동식　　　　　　　④ 정온식